# Blender 3DCGアニメーション実践入門

キャラクターの魅力を引き出す動きの作り方

夏森 轄 著

## 本書のモデル素材について

本書で解説・使用しているモデル素材は本書のサポートサイトのサイトからダウンロードできます。

https://book.mynavi.jp/supportsite/detail/9784839987671.html

- 使い方の詳細は、本書内の解説を参照してください。
- モデルデータ、素材の著作権は著者が所有しています。このデータはあくまで読者の学習用の用途として提供されているもので、個人による学習用途以外の使用を禁じます。許可なくネットワークその他の手段によって配布することもできません。
- 画像データに関しては、データの再配布や、そのまままたは改変しての再利用を一切禁じます。
- 本書に記載されている内容やサンプルデータの運用によって、いかなる損害が生じても、株式会社マイナビ出版および著者は責任を負いかねますので、あらかじめご了承ください。

# はじめに

『Blender 3DCGアニメーション実践入門 －キャラクターの魅力を引き出す動きの作り方－』をお手にとって頂き、誠にありがとうございます。著者の夏森轄(なつもり かつ)です。
普段はBlenderでキャラクターモデルやアニメーションを制作したり、Youtubeで講座やタイムラプスなどを投稿したりしています。

本書は、キャラクターのアニメーション制作の入門書として、サンプルファイルに収録されたキャラクターデータを活用しながら、ポーズやアニメーション制作を通じてアニメーションの基礎を学ぶ内容となっております。
「アニメーションの学習」に重きを置いているため、モデリングやシェーディングの解説は省略しています。また、リギングについては最低限必要な仕組みのみを説明し、詳細な手順は割愛しています。予めご了承下さい。

モデリングやシェーディング、リギングの詳細な解説を知りたい方は、自分の前著の『Blenderでアニメ絵キャラクターを作ろう!モデリングの巻』と『Blenderでアニメ絵キャラクターを作ろう!トゥーンレンダリングの巻』をご覧いただけたら幸いです。こちらでは、キャラクターモデリングからトゥーンレンダリングまでを初心者向けに解説しています。

本書の解説では、主に「Blender4.1」と「Blender4.3.2」を使用しています。これ以外のバージョンでは、不具合が発生する可能性がありますので、作業をスムーズに進めるためにも、必ず「Blender4.1」または「Blender4.3.2」をご利用下さい。

一部、「Blender4.2」に関する情報も記載していますが、これは参考用の情報であり、「Blender4.2」上での動作環境や安定性についての保証はありません。

解説で使用しているキャラクターデータや参考用のBlenderファイルは、ダウンロードが可能です。本書と合わせて参照して頂けたら幸いです。

本書が、アニメーション制作の楽しさを発見するきっかけになれば嬉しく思います。

2025年2月 夏森 轄

1

Chapter

# アニメーションに関する基本操作

この章ではBlenderのアニメーションに関わる基本操作について解説します。

# はじめに

ここではBlenderのダウンロードと、サンプルファイル内のキャラクターデータについて解説をします。
キャラクターデータはポーズ制作やアニメーションの練習用に利用できます。

## 1-1 Blenderをインストール

Blenderのインストールは公式サイトの**ダウンロードページ**（https://www.blender.org/download/）から行えます。ダウンロードされたインストーラーをダブルクリックするとセットアップ画面が表示されますので、手順に従ってインストールをしましょう。
過去のバージョンをダウンロードしたい場合は、以下のURLから行うことができます。

**https://download.blender.org/release/**

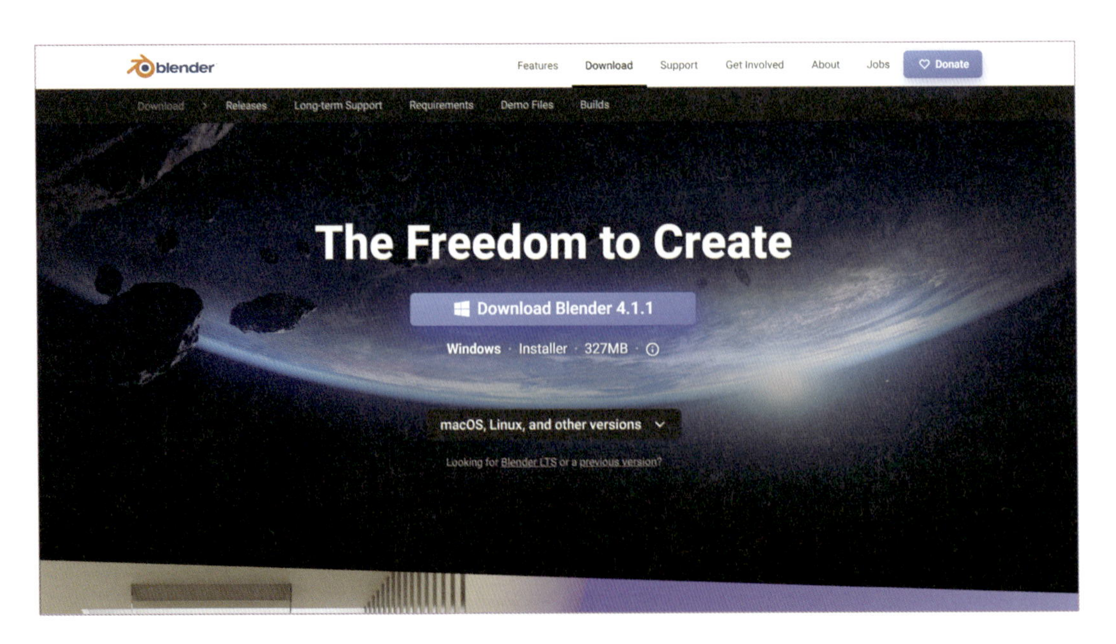


本書は**Blender4.1~4.3/Windows10**の環境で説明を行っています。また、Blenderを操作する際は、マウスはホイールが付いたもの、キーボードにはテンキーが付いたものを用意することをおすすめします。

## 1-2　Blenderの推奨スペック

Blenderの公式（URL：https://www.blender.org/download/requirements/）では、以下のスペックが推奨されています。

推奨スペック

| OS | Windows 10 または Windows 11 |
|---|---|
| CPU | 8コア |
| RAM | 32GB |
| GPU | 8GB VRAM |
| Displays | 1920×1080以上 |

## 1-3　本書で扱うキャラクターデータについて

本書では、サンプルファイルに収録されているキャラクターデータを用いてポーズやアニメーションの解説、そして実践を行っていきます。このキャラクターの名前は**ミスティー**といいます。モデルの周辺に丸い線や矢印などが表示されていますが、これはキャラクターを動かすためのコントローラーで**リグ**と呼びます。ゲームに例えると、リグは**ゲーム機のコントローラー**のようなもので、キャラクターを自由自在に操ったり、表情を変えたりすることが可能です。次のChapter2で、このキャラクターデータの読み込み方と**リグ**の扱い方を詳しく解説していきます。

MEMO

サンプルファイルのダウンロードは、**https://book.mynavi.jp/supportsite/detail/9784839987671.html**から行うことができます。

Chapter 1

2

# アニメーション用のプリファレンスの設定

Blenderには**プリファレンス**という様々な環境設定が行える項目があります。ここではBlenderでアニメーションを行いやすくするためのおすすめの設定を紹介します。アニメーション制作に慣れてきたら各自お好きなように設定を変えて構いません。

## 2-1 プリファレンスを開く

画面上部にある**編集 (Edit)** ＞**プリファレンス (Preferences)** をクリックし、**Blenderプリファレンス**というBlenderに関する設定が行えるメニューを開きましょう。言語の設定は、Blenderプリファレンスの左側の項目にある**インターフェース (Interface)** 内の**翻訳 (Translation)** から可能です。

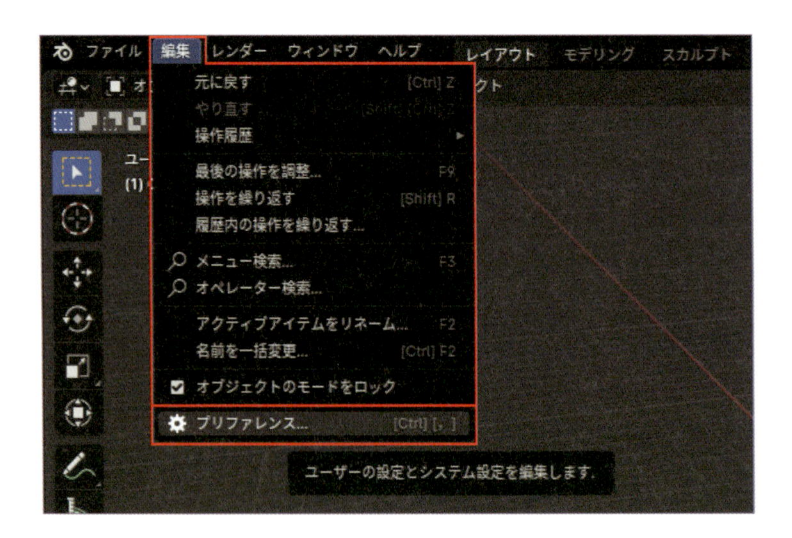


## 2-2 プリファレンスの各設定

各設定を変更します。操作に慣れてきたら、好きなように調整してみて下さい。

## 01 Step アンドゥ回数を設定

左側の項目内にある**システム**内の**メモリーと制限**から、**アンドゥ回数**を**50~100**に設定します。これは**Ctrl+Zキー**という**作業を1つ前に戻す**操作の回数を増やす項目です。デフォルトでは**32**となっていますが、それより前に戻りたいということがよくありますので、ここを**50~100**に設定しておくことをおすすめします。ただし、あまり上げすぎるとBlenderの動作が不安定になるので、その場合は下げると良いでしょう。

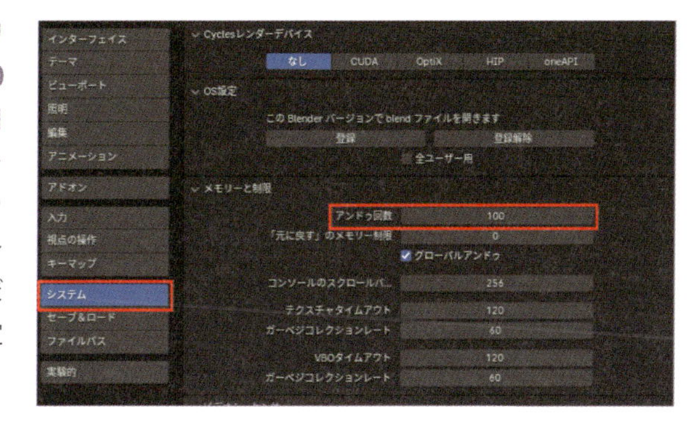

## 02 Step 視点の操作の設定

左側にある**視点の操作**内の**周回とパン**から、**選択部分を中心に回転**を有効にします。こちらは選択した対象を中心に視点が回転する設定となり、有効にすることでアニメーション作業が楽になります。次に**透視投影**を無効にします。これにより、視点を切り替える際、透視投影(パースありの視点)と平行投影(パースなしの視点)が自動で切り替わらなくなります。最後に**深度**を有効にします。これによりズームインが効かなくなるといったトラブルがなくなるので、有効にすることをおすすめします。

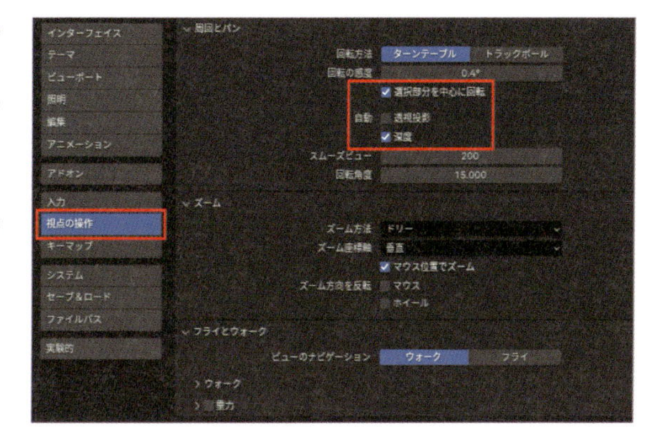

## 03 Step マウス位置でズームを設定

**視点の操作**内の**ズーム**から、**マウス位置でズーム**を有効にします。これは視点のズームイン、ズームアウトの操作を、マウスカーソルの位置を基準にすることができる機能です。アニメーションは視点の操作がとても多いので、少しでも快適にアニメーション制作が行えるように、この機能を有効にしておくと良いでしょう。

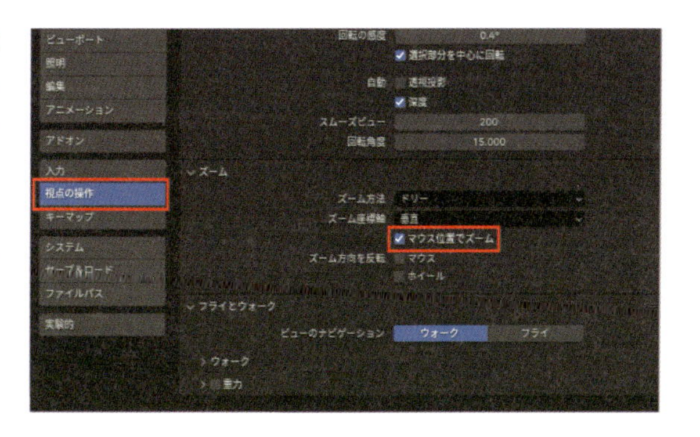

## 04 Step アニメーションの設定1

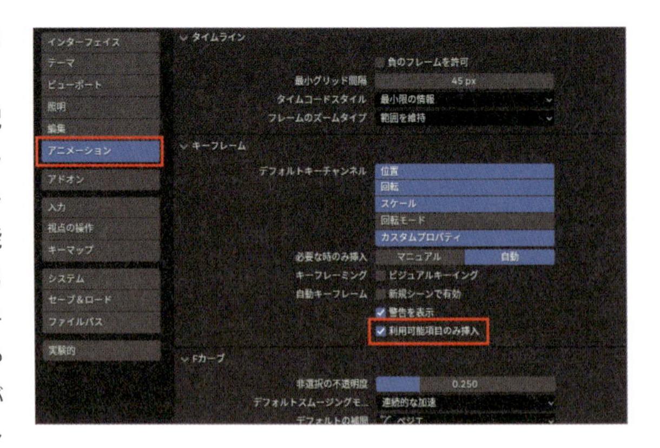


**アニメーション**の**キーフレーム**内にある**利用可能項目のみ挿入**を有効にします。こちらを設定することで、キーフレーム（動きを記録すること）を自動で打つことができる**自動キー挿入**という機能を使用する際、大量にキーフレームが打たれるのを防ぐことができます。この機能は**ドープシート**というアニメーションを管理する画面で、自ら設定したキーフレームにのみ自動キーが適用されるので、アニメーションが管理しやすくなります。ただし、人によっては無効の方が使いやすいかもしれませんので、アニメーション制作に慣れてきたらお好きな設定を選ぶと良いでしょう。**ドープシート**や**自動キー挿入**については後ほど詳しく解説します。

## 05 Step アニメーションの設定2

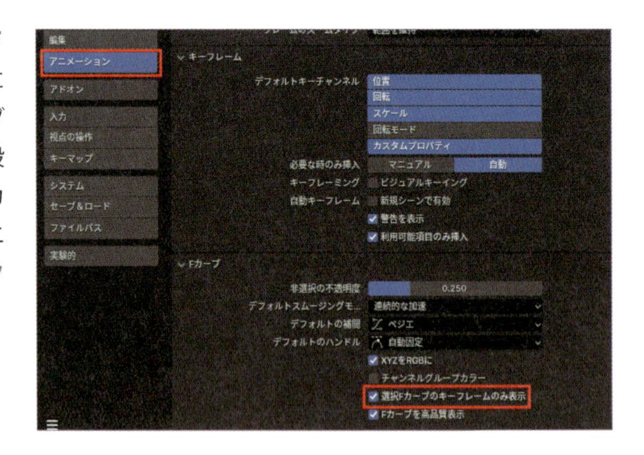


**アニメーション**の**Fカーブ**内にある**選択Fカーブのキーフレームのみ表示**を有効にします。こちらは**グラフエディター**というカーブでアニメーションを制御する作業画面に関する設定項目です。これを有効にすることで選択したカーブのみを表示することが可能になり、グラフエディターが使いやすくなります。**グラフエディター**に関しましては後ほど解説します。

### Column

#### 専門用語の解説

**オブジェクト**とは、3Dビューポートに配置されているものすべてを指します。**メッシュ**は、ポリゴンという多角面の集まりのことをいいます。**シーン**は、3Dビューポート上の空間そのものを指します。これらは用語としてよく出てきますので覚えておくと良いでしょう。

Chapter 1 3

# 画面の解説

Blenderに表示されている各画面の解説を行います。Blenderには各作業ごとに適したワークスペースが用意されており、画面上部にあるパネルから選ぶことができます。ここではデフォルトのワークスペースである**レイアウト**タブと、アニメーションに特化した**アニメーション**タブを紹介します。本書は、基本的にこの2つのタブを行き来することになります。

## 3-1 レイアウトタブ

まずはデフォルトで表示されているワークスペースの**レイアウト**を簡単に紹介します。様々な作業でよく使う万能なワークスペースとなります。

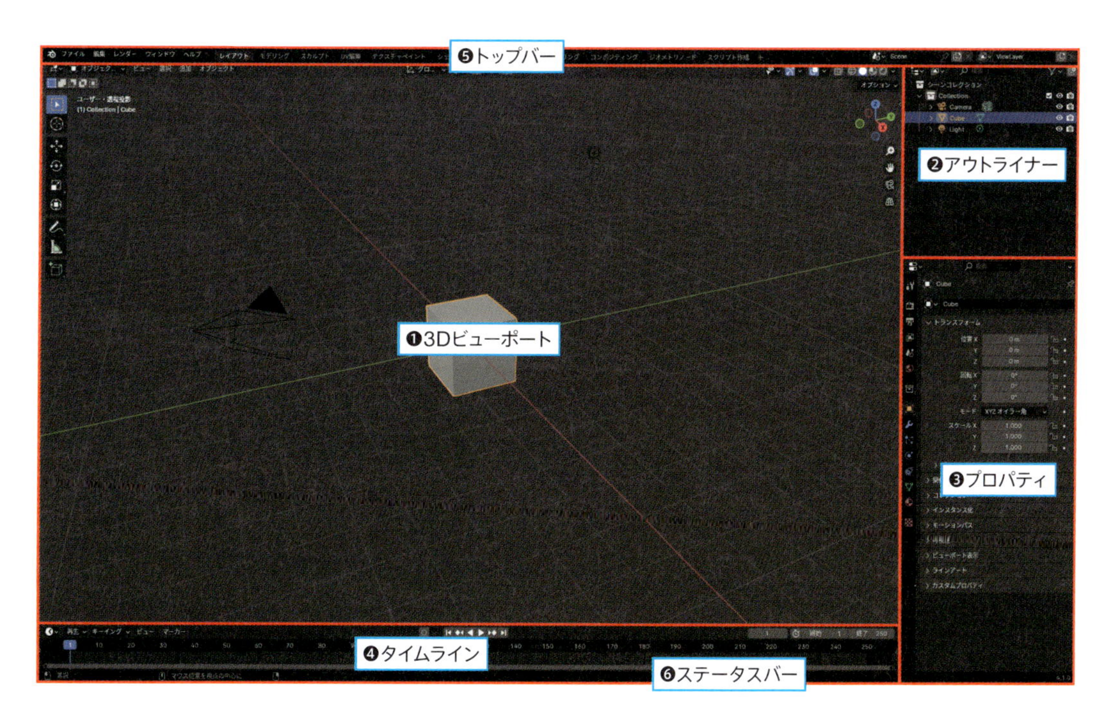


| | |
|---|---|
| ❶3Dビューポート | 3D空間を映すメインの画面です。 |
| ❷アウトライナー | 3Dビューポートの様々なデータをリスト形式にした画面です。 |
| ❸プロパティ | レンダリングに関する設定や、選択したオブジェクトに関する様々な項目が変更できます。 |
| ❹タイムライン | アニメーションの再生や停止、開始と終了のフレームの設定などが行えます。 |
| ❺トップバー | Blender全体に関わるメニューで、ファイルの保存やプリファレンスの設定、ワークスペースの切り替えなどが行えます。 |
| ❻ステータスバー | エラーメッセージやショートカットキーなど、様々な情報が表示されます。 |

## 3-2 アニメーションタブ

画面上部の「ワークスペース」内にある**アニメーション**タブをクリックします。すると、画面が切り替わり、様々なエリア（Blenderの各画面のこと）が表示されます。アニメーションタブとは、文字通りレイアウトがアニメーションに特化しているタブのことです。

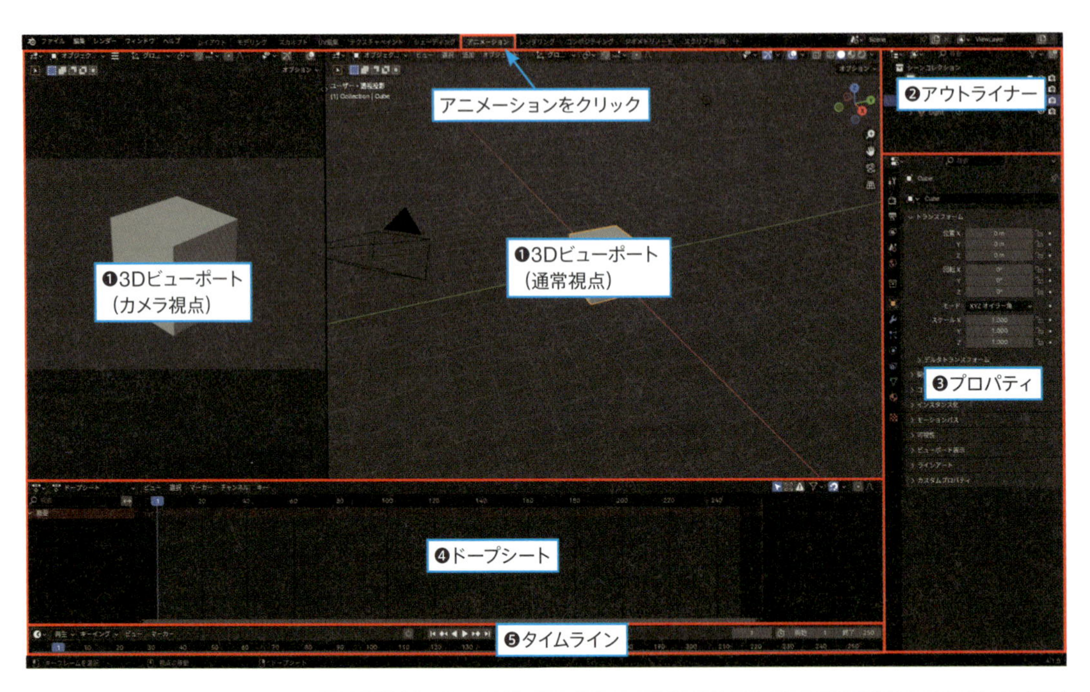


| | |
|---|---|
| ❶3Dビューポート | アニメーションタブでは3Dビューポートが2つ存在します。左側はカメラ視点で、右側は通常視点です。 |
| ❷アウトライナー | オブジェクトの選択、表示や非表示など、様々なデータを管理するのによく使用します。 |
| ❸プロパティ | レンダリングの設定だけでなく、アニメーションの様々な操作を行う際に使用します。 |
| ❹ドープシート | アニメーションでメインに使用する画面で、ここにキーフレームという変形を記録する機能を打っていきます。 |
| ❺タイムライン | ドープシートと似ていますが、アニメーション機能はほとんどなく、再生や停止などを行うために必要な画面です。 |

**Column**

### Blenderのバージョン確認と、バージョンアップの注意点

Blenderのバージョンは、いくつかの方法で簡単に確認できます。たとえば、起動時に表示される**スプラッシュ画面**の右上や、画面下の**ステータスバー**の右端にバージョンが表示されているので、そこをチェックしてください。
また、作業中のプロジェクトでバージョンを変えると、互換性の問題が起こることがあります。そのため、バージョンアップは新しいプロジェクトを始める前に済ませておく方が安心です。

# 3-3 3Dビューポート

3Dビューポートは、3D空間内のオブジェクトやアニメーションなどの確認ができるエリアです。**アニメーション**タブには2つの3Dビューポートがあり、右側はアニメーション制作の際に使用するメインの画面です。左側はカメラから見た視点となり、3D空間に表示される様々な情報が非表示になっています。ツールバーとサイドバーは3Dビューポートのヘッダー内にある**ビュー**から表示/非表示を切り替えられます。

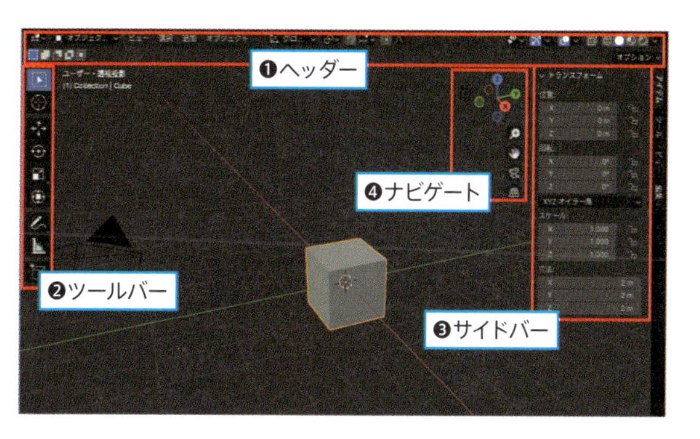


| | |
|---|---|
| ❶ヘッダー | やりたい作業に応じてモードを切り替えたり、3Dビューポート内の表示方法を変えたりなどの操作ができます。 |
| ❷ツールバー | アニメーションタブでは非表示になっていますが、選択方法を変えたり、オブジェクトの編集などを手軽に行ったりすることができます。**Tキー**が表示/非表示の切り替えをするショートカットです。 |
| ❸サイドバー | デフォルトでは非表示になっていますが、サイドバーというメニューがあり、オブジェクトの編集や視点に関する設定などが行えます。**Nキー**が表示/非表示の切り替えをするショートカットです。 |
| ❹ナビゲート | 視点の操作に関する項目です。一番上の座標軸を左ドラッグあるいは左クリックすると視点の回転や切り替えが可能です。座標軸の下にある2つのアイコンを左ドラッグすると視点の移動やズームインが行えます。さらに下2つのアイコンを左クリックするとカメラ視点、投影方法の切り替えが行えます。 |

# 3-4 アウトライナー

アウトライナーは画面右上にある、3Dオブジェクトをはじめとする、Blender内の様々なデータをリスト化したものです。アウトライナーの中には、3Dビューポート上に配置されているすべてのオブジェクトがリスト形式で表示されており、デフォルトでは、コレクション内にCamera（カメラ）、Cube（立方体）、Light（ライト）の3つが配置されています。また、アウトライナー内のオブジェクト名の右側に目玉アイコンがありますが、これはオブジェクトの表示/非表示の切り替えを行う項目です。さらに右側にあるカメラアイコンは、画像や動画へと出力するレンダリングを行う際の設定項目です。

| | |
|---|---|
| ❶矢印アイコン | クリックするとコレクションやオブジェクトの中身を開いたり閉じたりすることが可能です。Blenderではこの中身のことを**階層**と呼んでいます。 |
| ❷コレクション | 各オブジェクトが格納されている箱で、アウトライナーの右上端にあるコレクションのアイコンから新規作成できます。削除はコレクションを右クリックし、メニュー内にある**削除**をクリックするとできます。コレクション内にあるオブジェクトごと削除したい場合は**階層を削除**をクリックしましょう。フォルダのような使い方ができる他、様々な操作を行う際に**どのオブジェクトが、どのコレクションにあるか**が重要になってきます。右側にあるチェックマークは**ビューレイヤーから除外**という機能で、無効にするとコレクション内にあるオブジェクトを無いものとして扱うことができ、処理を軽くすることができます。 |
| ❸ビューポートで隠す | 目が開いているとオブジェクトが表示され、目が閉じているとオブジェクトが非表示になります。 |
| ❹レンダーで無効 | 白く表示されているとレンダリング時に表示され、黒く表示されていると逆に非表示になります。 |

Column

### アウトライナーのアイコンの意味について

オブジェクト名の左側に黄色いアイコンがありますが、こちらはオブジェクトの種類を意味します❶。たとえば**逆三角形**のアイコンは**メッシュ**を意味し、**カメラ**のアイコンは見た目通り**カメラ**という意味です。また、オブジェクト名の右側にも同様に**オブジェクトの種類**を意味する**緑色のアイコン**が存在し❷、これらをクリックするとプロパティの**オブジェクトデータプロパティ**（各オブジェクトの細かい設定が可能なメニュー）が開きますので設定項目を素早く開くことができます。また、オブジェクト名の右側には様々な操作を行う際にアイコンが増えます。たとえばオブジェクトにキーフレームを挿入すると、**キーフレームが挿入されているオブジェクト**という意味の**矢印が波打ったアイコン**が追加されます❸。各アイコンの意味を知っておくことで、アウトライナーを確認するだけでどこに何があるのかが理解できるようになります。アニメーション制作はアウトライナーの操作が多いので、アイコンの意味を理解するのはとても大事です。

## 3-5 プロパティ

プロパティは選択しているオブジェクトの設定の変更や、レンダリングに関する設定の確認や変更などができます。左側のアイコンをクリックすることで、項目の切り替えが可能です。右側にある様々な画面は、パネルという折りたためる画面で、パネルの左上にある下向き矢印∨を押すと右矢印>に表示が変わり、折りたたまれます。また、プロパティの上部領域はレンダリングや3Dビューポートの背景などに関する項目で、Blender全体に関わる設定なのでオブジェクトを選択しても変化しません❶。その下の領域はオブジェクトに関する項目なので、各オブジェクトを選択することで変化します❷。一見すると複雑そうに見える画面も、このようにある程度のルールが存在するので覚えておきましょう。また、プロパティは現在選択しているオブジェクトでメニューが変わります。作業中にあの項目がない、ということが起きたら、現在どのオブジェクトを選択しているか確認しましょう。

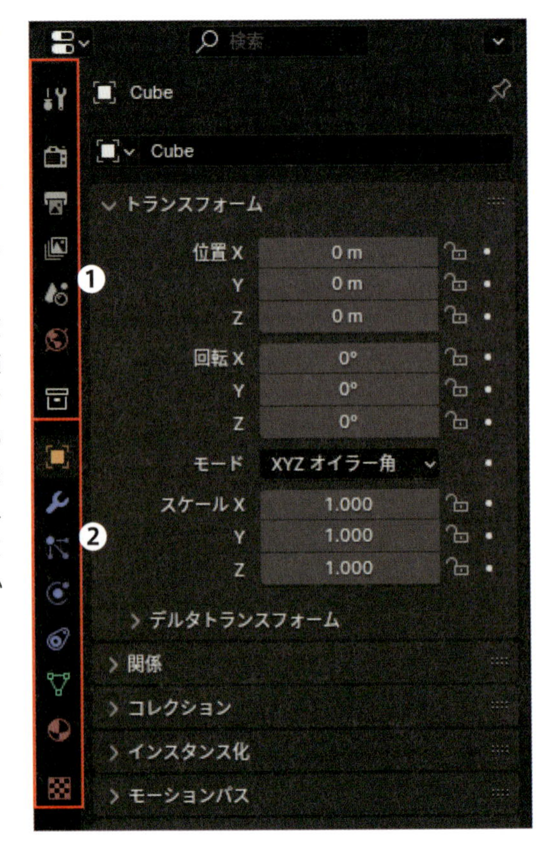

## 3-6 保存について

**ファイル＞保存（Ctrl+Sキー）**で上書き保存、あるいは**ファイル＞名前を付けて保存（Shift＋Ctrl+Sキー）**から別名で保存が行えます。初めて保存すると、**Blenderファイルビュー**という専用のウィンドウが表示されます。左のリストから保存先を指定❶、下の入力欄からファイル名の変更❷、右下にある**Blenderファイルを保存**から保存が可能です❸。また、**数字を追加して保存**を行うことで、上書き保存せずに、現在のBlenderファイル名に番号を追加して保存することができます。予期せぬトラブル対策のために、定期的に保存する癖をつけておきましょう。

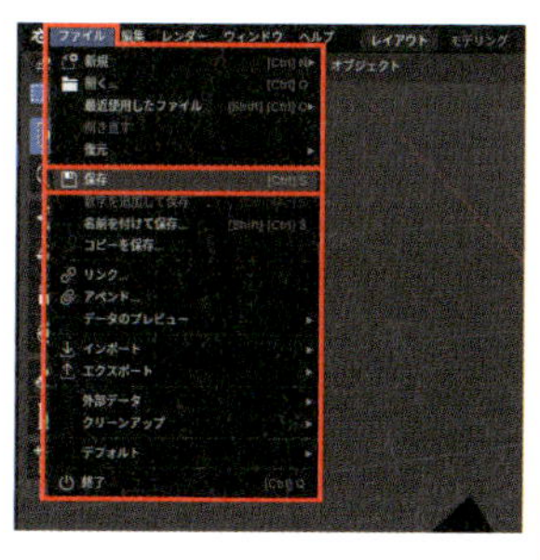


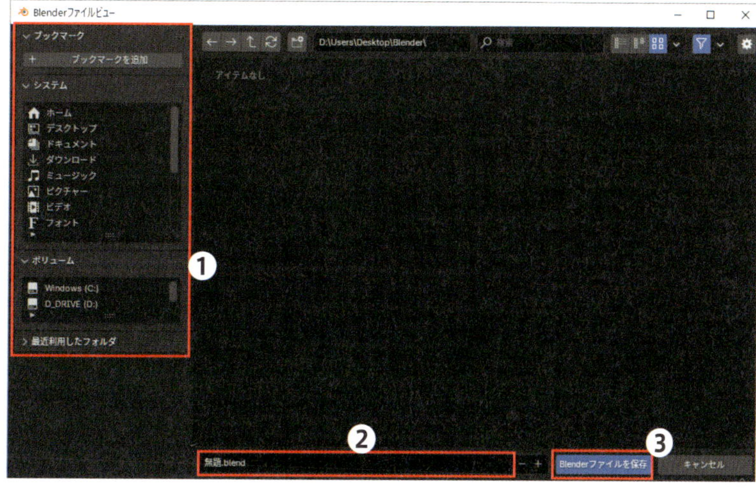


## Column

### Blenderが突然終了したら

アニメーション制作は動作が重くなることが多いので、Blenderがフリーズしたり、処理が追いつかなくなり突然強制終了したりすることが時々あります。Blenderは2分おきに自動で保存されるので、画面上部にあるトップバーから**ファイル＞復元＞自動保存**でデータを復元できます。覚えておきましょう。

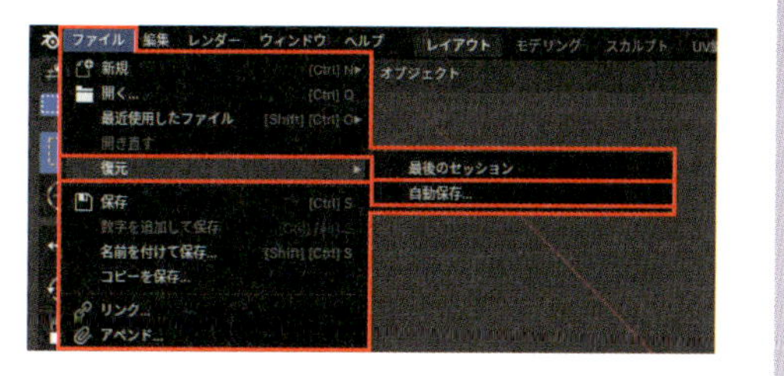

Chapter 1

# 4 基本的な操作

次は3Dビューポート上で行う操作について解説します。これらはアニメーションを行うための基本操作となりますので、しっかり押さえましょう。

## 4-1 視点移動

アニメーション制作をする際、様々な角度からポーズを確認するという作業が頻繁にあるので、以下の操作は最低限覚えることをおすすめします。これらの視点操作は、3Dビューポート上にマウスカーソルを置かないと行えないので注意してください。

| | |
|---|---|
| 中ボタンドラッグ | 視点の回り込み |
| Shift＋中ボタンドラッグ | 視点の平行移動 |
| マウスホイール上下回転 or Ctrl＋マウスホイール上下回転 | 視点のズームイン、ズームアウト |
| テンキー 1 | 正面視点 |
| テンキー 3 | 右側視点 |
| テンキー 7 | 真上視点 |
| テンキー 0 | カメラ視点 |
| Ctrl+テンキー 1、3、7 | 背面、左側、真下視点 |
| テンキー 5 | 透視投影（パースありの視点）と平行投影（パースなしの視点）の切り替え |
| テンキー / | ローカルビューに切り替え（現在選択しているオブジェクトのみ表示する）、もう一度押すと解除 |
| テンキー . | 選択している対象にズームイン |

**Column**

### 視点の操作が上手くいかない時は

視点の操作が上手くいかず、オブジェクトを見失うことがあります。その場合は一旦対象のオブジェクトなどを3Dビューポート、あるいはアウトライナーから選択をして、3Dビューポートのヘッダーの**ビュー＞選択をフレームイン（テンキーの［.］キー）**を選ぶと良いでしょう。こちらを実行すると選択している対象にすぐズームインができるのでアニメーション制作で大変役立つ機能です。ちなみに視点の様々な操作はこのビュー内から行うことが可能です。

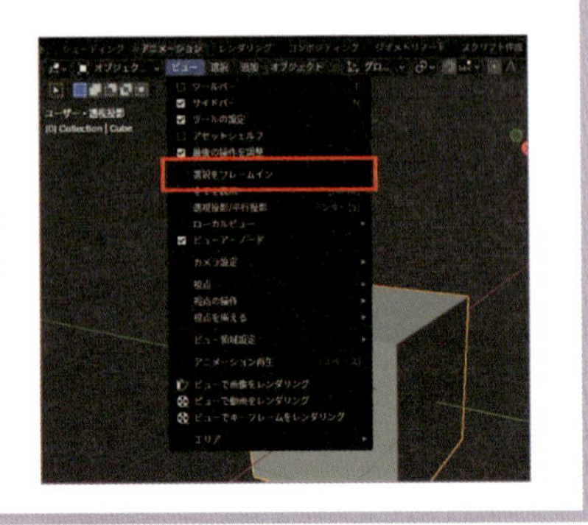

## 4-2 選択

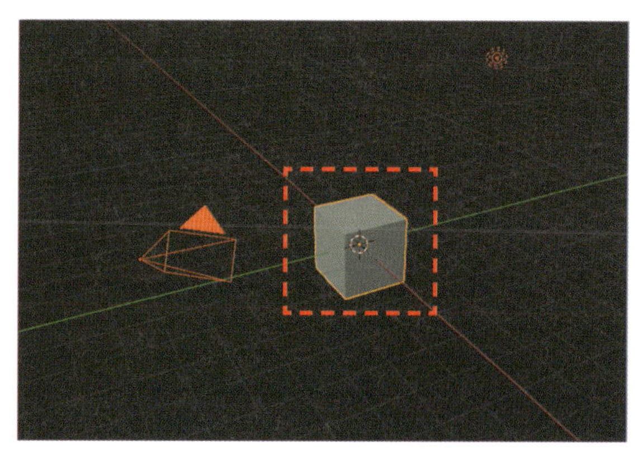

立方体を左クリックで選択すると、周辺に黄色いアウトラインが表示されますが、これは**今、この立方体を選択している**という意味です。**Shift＋左クリック**で複数選択すると、最後に選択したオブジェクトが黄色く表示されます。これを**アクティブなオブジェクト**と呼びます。アニメーションを制作する際、今何を選択しているかは必ず意識しましょう。また、すべてのオブジェクトを選択する操作は、3Dビューポート上部のヘッダー内にある**選択**＞**すべて（Aキー）**から行えます。選択解除は何もないところを左クリックする、あるいはヘッダー内にある**選択**＞**なし（Alt+Aキー）**から行えます。

### 様々な選択方法

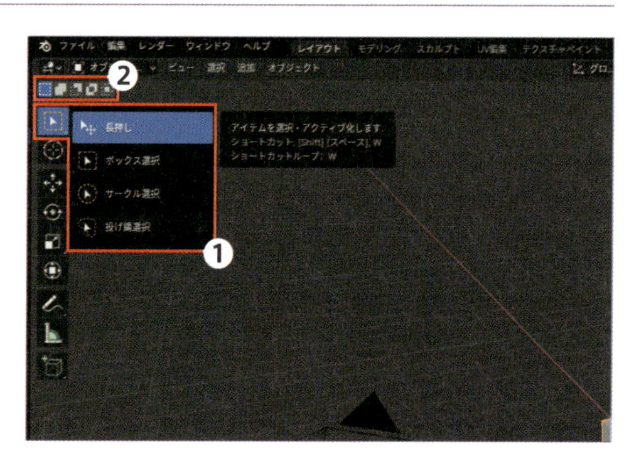


3Dビューポートの左側にあるツールバー（**Tキー**）の一番上にマウスカーソルを置いて左ボタンを長押しすると、選択方法を変更するメニューが表示されます❶。選択したいアイコンにカーソルを置いて、左ボタンを離すと決定します。この選択方法を切り替えるショートカットは**Wキー**となります。また、選択モードの上には**モード**という四角い小さなアイコンが並んでいて、こちらからより細かく選択方法が変えられます❷。基本的にはデフォルトの左側にある**新規に選択**にしておきましょう。

| | |
|---|---|
| 長押し | 選択物を選択した状態で左ボタンでドラッグすると、移動ができる選択方法です。 |
| ボックス選択 | 3Dビューポート上で左ボタンをドラッグすると四角い枠が表示され、この枠の中に含まれるオブジェクトをすべて選択することが可能です。ショートカットは**Bキー**です。 |
| サークル選択 | 円型のカーソルでなぞるように選択ができます。左ドラッグで選択、選択解除は**Ctrl**を押しながら左ドラッグです。**Cキー**がショートカットで、マウスホイールを上下に動かすことで大きさの変更が可能です。ショートカットの解除方法は右クリックです。 |
| 投げ縄選択 | 投げ縄のように選択ができます。左ボタンでドラッグした範囲を選択できます。ショートカットは**Ctrl+右ドラッグ**です。 |

## 4-3 移動、回転、拡大縮小

変形したい対象を3Dビューポート、あるいはアウトライナーから左クリックで選択した後、左の**ツールバー（Tキー）**からオブジェクトの移動、回転、拡縮が行えます。これらのいずれかを有効にすると、選択した対象に座標軸が表示され、矢印あるいは球体を左ドラッグすることで変形が可能です。色の付いた矢印と球体は座標軸に沿って変形し、中央の白い球体は現在の視点に対して平行に変形します。

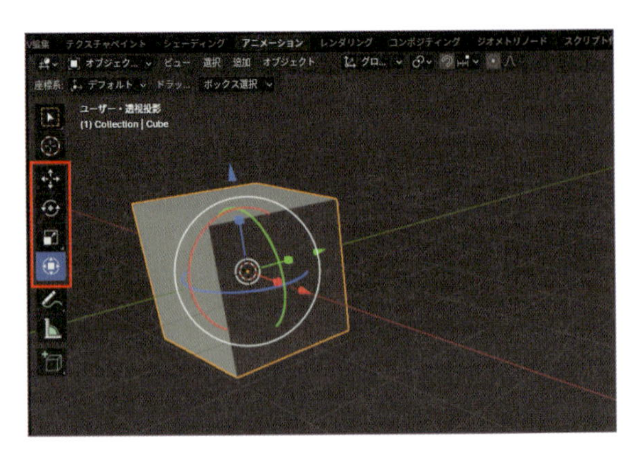


以下は変形のショートカットとなります。頻繁に使用する操作となりますのでしっかりと押さえましょう。

| | |
|---|---|
| G | 移動 |
| R | 回転 |
| S | 拡縮 |

移動、回転、拡縮中にマウスを動かすと、現在の視点に対して平行に変形します。左クリックで決定、右クリックでキャンセルとなります。また、このショートカットを実行中に以下の操作を行うと、より細かい変形が行えます。こちらの操作も覚えておくと作業効率がアップします。

| | |
|---|---|
| G、R、S実行中にX、Y、Z | 座標軸に固定した変形が行えます |
| G、R、S実行中にX、Y、Zを2回押し | 3Dビューポートの座標軸を基準とした**グローバル**か、各オブジェクト内にある座標軸の**ローカル**の切り替えを行うことができます |
| GRS実行中にShift | ゆっくりとした変形も行うことが可能で、アニメーション制作に時々使用します |
| G、R、S実行中にShift＋X、Y、Z | 実行した軸以外のみで変形することができます |

## 4-4 表示と非表示

オブジェクトなどを非表示にする操作は、アニメーション制作で時々使用することがあります。**オブジェクトモード**でオブジェクトを選択し、ヘッダー内にある**オブジェクト＞表示/隠す＞選択物を隠す（Hキー）**から行えます。すべてのオブジェクトを表示する**隠したオブジェクトを表示（Alt＋Hキー）**も同様に重要な操作です。

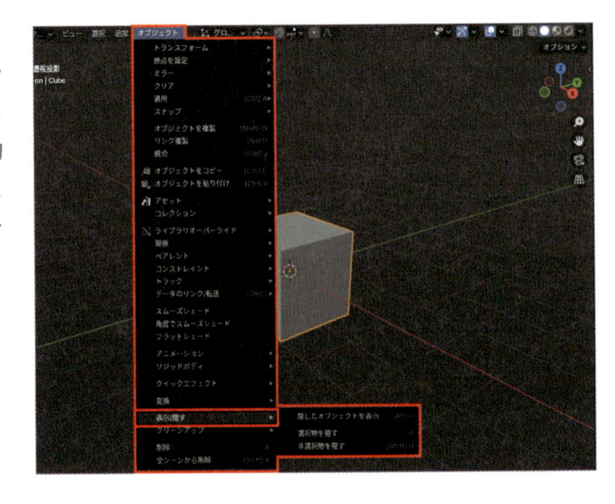

# 3Dビューポートのヘッダーについて

3Dビューポート上部の領域であるヘッダーには、Blenderの重要な操作が格納されています。ここの設定が変わるだけで、今までできた操作ができなくなるといったことが起きるのでヘッダーの確認をする癖はつけておきましょう。ここでは、アニメーションに関わる操作を中心に解説します。



## 5-1 モードの切り替え

Blenderでは、各作業に応じてモードを切り替えていきます。3Dビューポートの左上から、現在どのモードにいるか確認ができます。
たとえば**オブジェクトモード**は、オブジェクトの追加や削除、変形などを扱うモードで、**編集モード**はオブジェクトを編集するモードです。Blenderは、作業に応じてモードをよく切り替えますので、**あの操作ができない**といったトラブルがおきた際は、必ず今いるモードを確認しましょう。

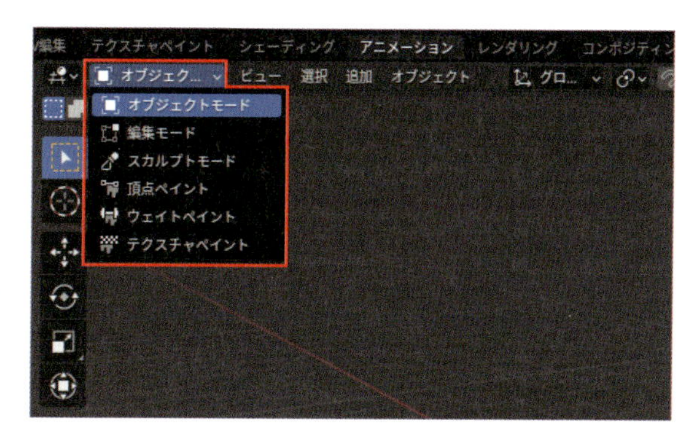


## 5-2 トランスフォームピボットポイント

**トランスフォームピボットポイント**とは、3Dビューポートの上部にある回転と拡縮の基点を決める項目です。ショートカットは **キー（ピリオド）**です（**パイメニュー**という円状のメニューが表示され、項目を左クリックすることで切り替えることが可能です。パイメニューのキャンセルは右クリックです）。Blenderではこのピボットポイントを切り替えることで、変形方法を変えることが頻繁にあります。ここが変わるだけで、今までできていた変形ができなくなる、ということがよく起きます。思うように回転、拡縮ができなくなったときは、多くはここの設定が原因であることが多いので、必ず確認しましょう。 Next Page

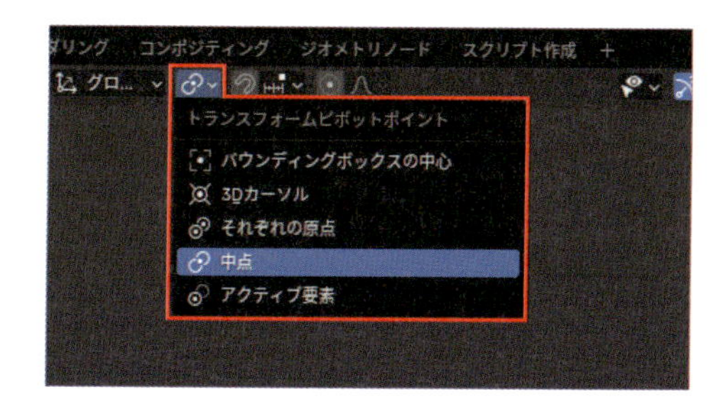


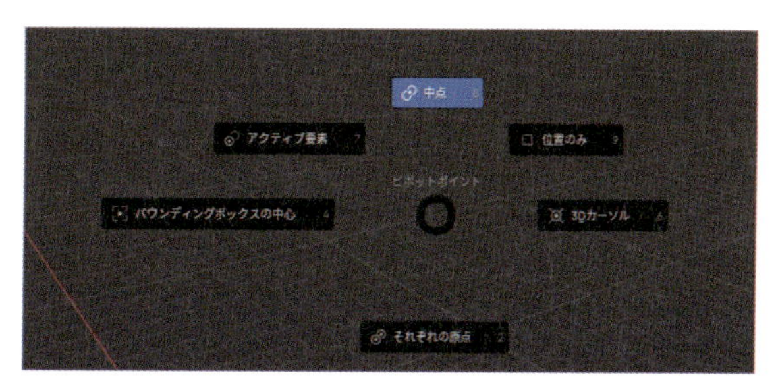

| | |
|---|---|
| バウンディングボックスの中心 | 選択しているオブジェクトをすべて包む、見えない立方体の中心が基準となります。 |
| 3Dカーソル | 3Dカーソルを基点に変形が可能になります。 |
| それぞれの原点 | 各オブジェクトにある小さなオレンジ色の点（原点）、あるいは各ボーンを基点に変形が可能です。 |
| 中点 | デフォルトの基準点で、複数選択した場合、各オブジェクトの中央が変形の基点となります。 |
| アクティブ要素 | アクティブなオブジェクトを基準とします。 |

以下の画像は、**中点**と**それぞれの原点**と**3Dカーソル**を比較したものです。**中点**にすると、複数選択したオブジェクトの中央が変形の基点となるのに対し、**それぞれの原点**は、各オブジェクトを基点に変形しています。アニメーション制作では**それぞれの原点**を使うことで、たとえば髪の毛やスカートをいっぺんに揺れ動かすことが可能になります。**3Dカーソル**は、文字通り3Dカーソルを基点に変形できるようになりますが、アニメーション制作時はほとんど使用しません。また、設定がいつの間にか**3Dカーソル**などになっていて、思うようにポーズやアニメーションが制作できなくなるといったトラブルも時々起きるので気をつけましょう。

※3Dカーソルとは、3Dビューポートの中央にある赤白の縞模様の円のことで、オブジェクトの追加や変形の基準となります。
**Shift＋右クリック**で3Dカーソルの移動、**Shift＋Cキー**で位置のリセットが行えます。

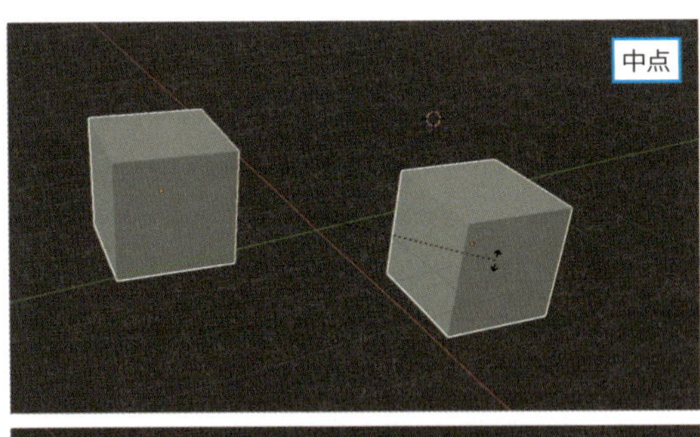


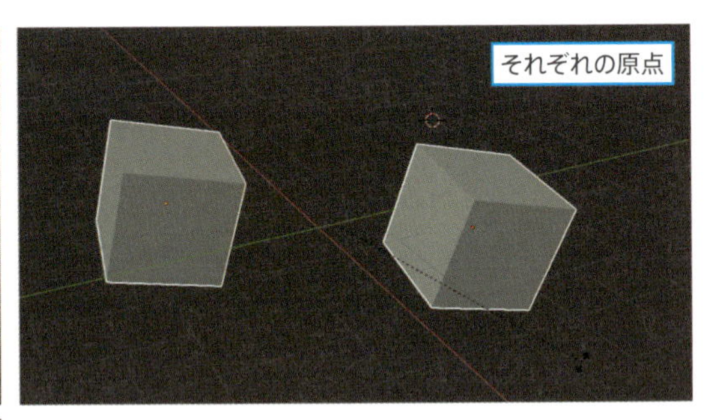


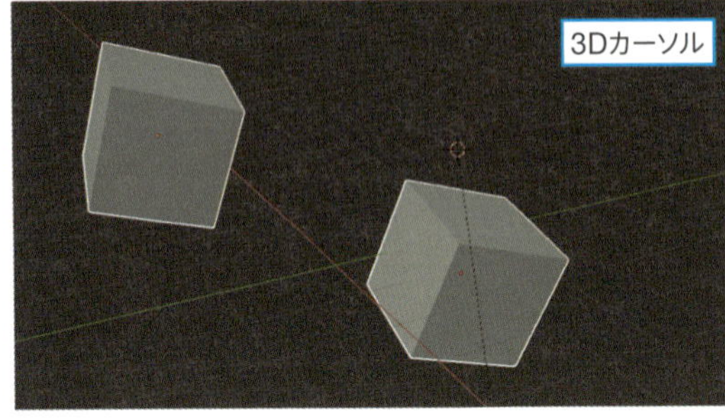


## 5-3 トランスフォーム座標系

トランスフォーム座標系とは、3Dビューポートの上部にある座標軸に関する項目です。ショートカットは**,キー（カンマ）**です。Blenderは基本的に、どの座標軸で変形するかを決めながら作業を行います。ピボットポイントと同様、ここの項目が変わるだけで、今までできた変形が全くできなくなるといったことが起きるので注意しましょう。 Next Page

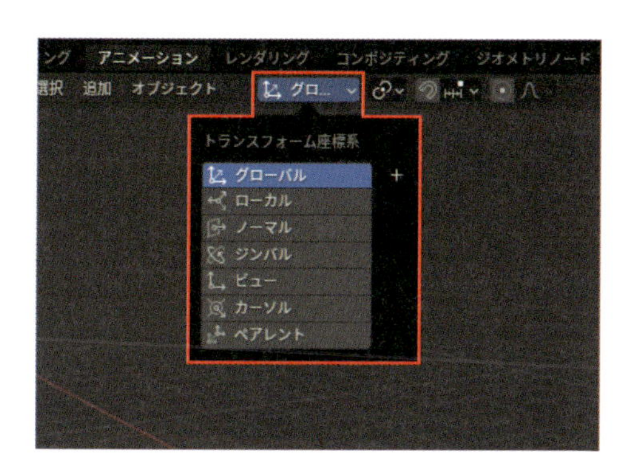


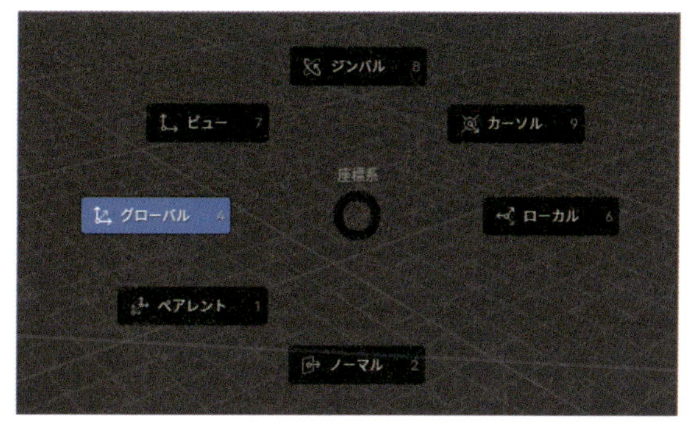


| グローバル | 3Dビューポート空間の座標軸を基準にします。Z軸は上下方向、Y軸は前後方向、X軸は左右方向となります。 |
|---|---|
| ローカル | 各オブジェクトが独自に持っている座標軸を基準にします。アニメーションでよく使用する座標軸です。 |
| ノーマル | ポリゴンの向きを基準にする座標軸で、Z軸がポリゴンの面に直行する方向になります。主にモデリング用の座標軸です。 |
| ジンバル | サイドバーのアイテム内にある回転のモードという項目を変更することで、座標軸が変わります。 |
| ビュー | 現在見ている視点に合わせた座標軸です。 |
| カーソル | 3Dカーソルを基準とした座標軸です。 |
| ペアレント | ペアレントとは親子関係のことで、オブジェクトを親と子に設定することで、子が親に合わせて変形します。このペアレントを基準とした座標軸です。 |

アニメーションでは、基本的に**グローバル**か**ローカル**かを切り替えながら制作していきます。

Blenderに慣れてきたら、それ以外の座標軸も使うことがありますが、まずはこの2つを扱うことができれば問題ありません。以下の2つの画像は、ボーンというキャラクターを動かすための骨組みを用いて**グローバル**と**ローカル**の違いを比較したものです。**グローバル**は3D空間の座標軸が基準となるので、ボーンの向きに合わせて回転することができません。**ローカル**はボーンの中にある座標軸が基準となるので、ボーンが斜めの方向を向いていたとしても、向きに合わせて曲げることが可能になります（ボーンの根元付近にある緑のY軸が、ボーンの方向を向いている点に注目して下さい）。この座標軸を使えば、たとえば腕や指などを自然な状態に曲げることができます。**ローカル**はキャラクターアニメーションでよく使用しますので覚えておきましょう。

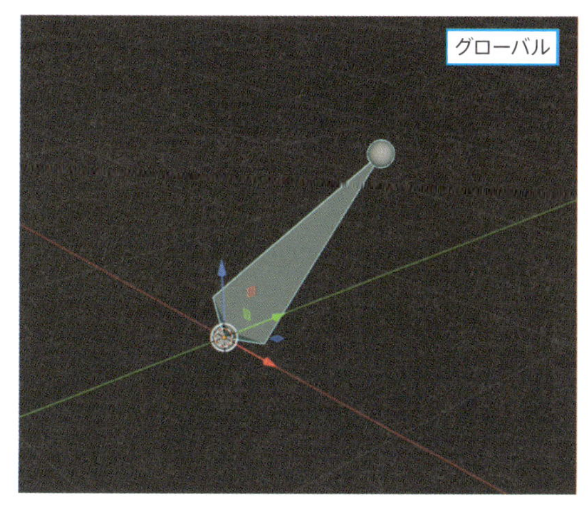


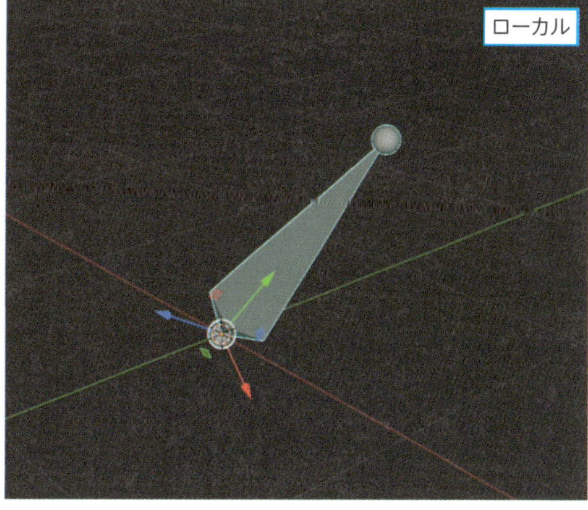

## 5-4 ビューポートシェーディング

オブジェクトの表示方法を切り替える項目です。作業に応じて表示方法を変えていきましょう。ショートカットは**Zキー**です。

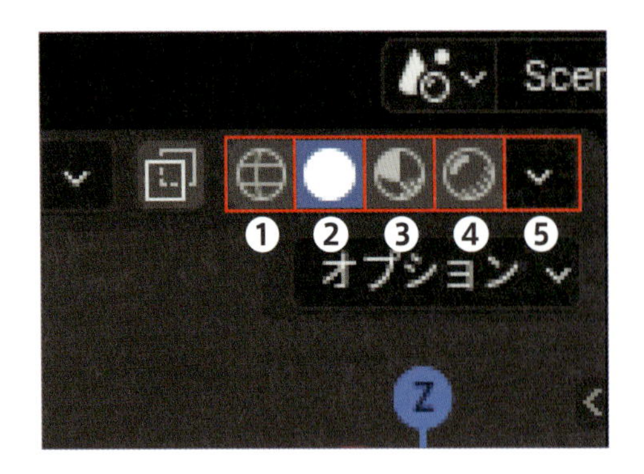


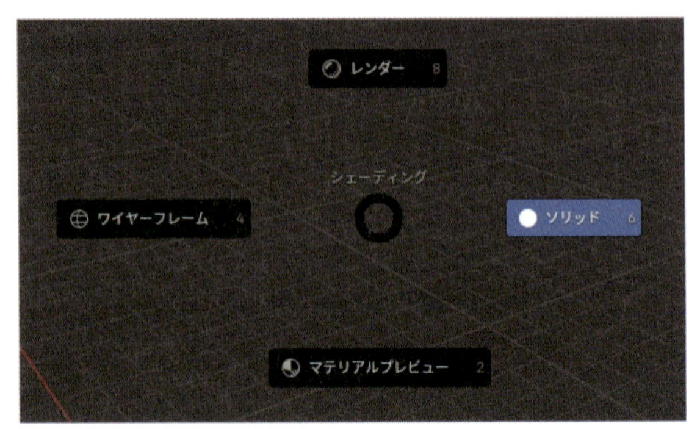


| | |
|---|---|
| ❶ワイヤーフレーム | オブジェクトを輪郭で表示します。一番動作が軽いですが透過されてしまいオブジェクトが見づらいのが欠点です。主にモデリング用の表示方法だと思うと良いでしょう。 |
| ❷ソリッド | オブジェクトを灰色で表示します。簡易的な表示なので動作が軽いです。 |
| ❸マテリアルプレビュー | オブジェクトに設定したマテリアルのみを表示します。設定したライティングは反映されません。マテリアルが設定されたオブジェクトが多ければ多いほど、読み込みや処理に時間がかかります。 |
| ❹レンダー | レンダリングした結果を簡易的に表示します。設定したライティングなども読み込まれるので一番動作が重く、読み込みにとても時間がかかります。 |
| ❺シェーディング | 各シェーディングの細かい設定が行えます。 |

動作が重いと、アニメーションを再生した際に再生速度が下がってしまい、正確な動きの速度が分からなくなります。基本的には軽くて見やすい**ソリッド**でアニメーション制作を行うことをおすすめします。**マテリアルプレビュー**と**レンダー**はマテリアルなどを読み込むまでにとても時間がかかりますので、最終的な確認を行う際に使用すると良いでしょう。

※**マテリアル**とはオブジェクトの表面に設定した質感のことです。**マテリアルプレビュー**にすると、オブジェクトに設定した材質やテクスチャなどが表示されます。

**Column**

### キーフレームを挿入できる場所は意外と沢山あることについて

Blenderでは、さまざまな項目や数値欄にキーフレームを挿入することができます。数値欄やチェックマークの上で右クリックすると、メニューが表示されます。その中に**キーフレームを挿入（Iキー）**という項目があれば、そこにキーフレームを設定してアニメーションを作成することができます。

Chapter 1

6

# ドープシート

ドープシートは、アニメーション制作でよく使用するエリアとなります。ここでキーフレームというものを打っていき、動きの記録や調整を行いながらアニメーションを制作します。ここでは基本的なことのみ触れ、より細かい解説は後ほど行います。



## 6-1 画面の説明

ドープシートは、主に5つの画面に分けることが可能です。ドープシートは操作が独特なので、最初は覚えるのが大変かもしれません。しかし、各画面の意味を知っておくことで、後に行うアニメーション制作がスムーズに進みますので、まずは少しずつ覚えていきましょう。

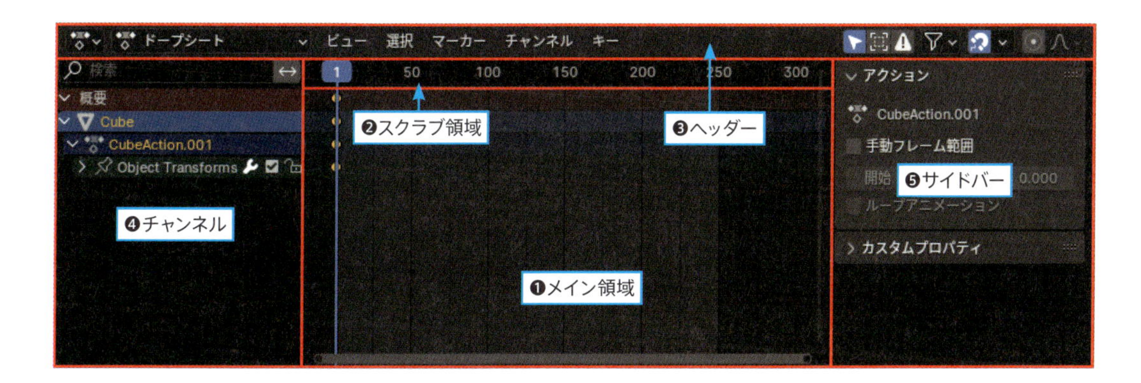


| | |
|---|---|
| ❶メイン領域 | この領域にキーフレームというオブジェクトの変形を記録するポイントを打っていき、アニメーションを制作します。 |
| ❷スクラブ領域 | フレームの番号が明記されている領域です。スクラブとは直訳すると**擦る**という意味で、この領域を擦るように左ドラッグすると現在のフレーム番号の移動が行えます。 |
| ❸ヘッダー | モードの切り替えや、メニューの表示/非表示、キーフレームの様々な操作などが行えます。 |
| ❹チャンネル | オブジェクトのキーフレームに関する情報を見ることが可能で、XYZ軸の細かい調整が行えます。左側の右矢印>をクリックすると下矢印∨になり、パネルが開きます。 |
| ❺サイドバー | アニメーションに関する様々な設定が行えます。ドープシートのヘッダーの**ビュー**（**Nキー**）から表示/非表示の切り替えが行えます。 |

## 6-2 ドープシートの画面操作

ドープシート内にマウスカーソルを置いて、以下の操作を行うと、画面の拡縮や、ズームインとズームアウトを行うことができます。実際にやってみて、操作に慣れると良いでしょう。

| マウスホイールを上下に回転 | ドープシート内のズームイン、ズームアウト |
|---|---|
| 中ボタンドラッグ | ドープシート内の移動 |

## 6-3 フレーム移動

ドープシートのメイン領域内に、現在のフレーム番号が上に書かれている青い縦線がありますが、これは**プレイヘッド**といいまして、**今、あなたはこのフレームにいますよ**という意味です。プレイヘッドは、ドープシートの上部にある、フレーム番号が明記されているスクラブ領域を左クリック、あるいは左ドラッグすることで移動できます。メイン領域はキーフレームを扱う画面なので、ここを左クリックしてもプレイヘッドは移動できませんので注意しましょう。このプレイヘッドの移動のショートカットは**Alt+マウスホイール回転**となります。

### Column

#### フレームとフレームレートについて

フレームとは、1秒間で表示される1枚1枚の画像のことで、Blenderのデフォルトの設定では1秒で24フレーム表示されるようになっています。そしてこの1秒間に何枚のフレームが構成されているかを表す単位を**フレームレート（fps）**といいます。

画面右側にある**プロパティ**の**出力プロパティ**をクリックすると、フォーマットパネル内に**フレームレート**という項目があります。

ここからフレームレートの確認や変更が行えます。一般的にアニメーションは24fpsで制作され、ゲームは30fpsあるいは60fpsで制作されることが多いです。

本書ではデフォルトの**24**の状態にした上でアニメーションを制作していきます。

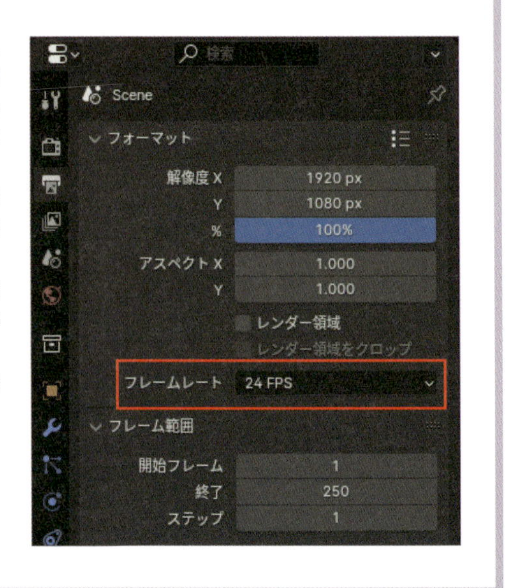

## 6-4 キーフレームの挿入

キーフレームとは、オブジェクトの変形（移動、回転、拡縮）などを記録するための機能です。**オブジェクトモード**で対象のオブジェクトを選択し、3Dビューポートのヘッダー内にある**オブジェクト＞アニメーション＞キーフレームを挿入（Iキー）**からキーフレームを打つことが可能です。これを実行すると、ドープシート上にキーフレームが挿入されます。

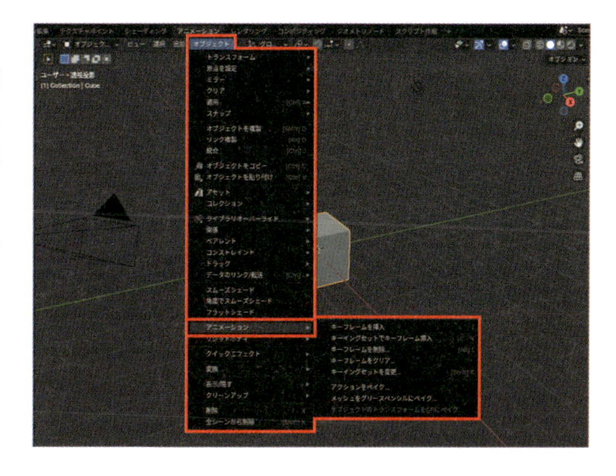

### Column

#### キーフレームの打ち方には2つの方法がある

**キーフレームを挿入（Iキー）**とは別に**キーイングセットでキーフレーム挿入（Kキー）**という操作があります。**キーイングセット**というのは**どれをキーフレームで登録するか選ぶためのメニュー**のことで、たとえば位置や回転など特定の変形のみにキーフレームを挿入したい時に使用します。

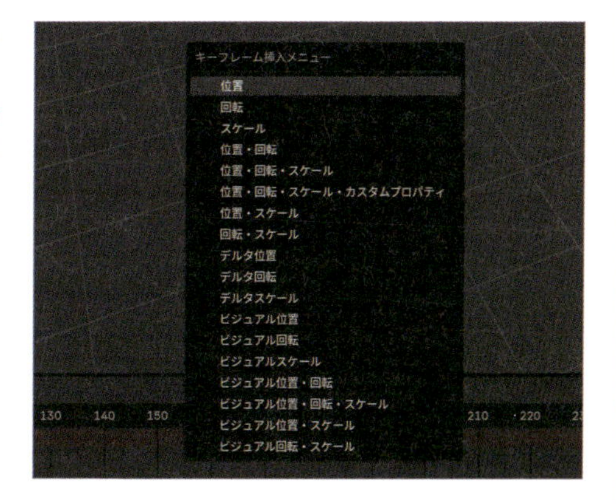


この2つの違いを箇条書きにすると以下の通りです。ちなみにこの2つの操作のショートカットキーは、3Dビューポート上にマウスカーソルを置かないと実行できないので注意しましょう。

| | |
|---|---|
| キーフレームを挿入（Iキー） | メニューの表示なしで素早くキーフレームが打つことができます。実行すると位置、回転、拡縮すべての変形にキーフレームが挿入されます。特定の変形のみキーフレームを打てるようにしたい時は**タイムライン**の**キーイング**内にある**アクティブなキーイングセット**という項目から設定を行う必要があります。 |
| キーイングセットでキーフレーム挿入（Kキー） | どの変形にキーフレームを打つか決める**キーフレーム挿入メニュー**が表示されます。ここから位置、回転、拡縮のアニメーションを細かく管理することができます。 |

## 6-5 キーフレームの選択と表示方法

キーフレームを選択すると黄色く表示され、キーフレーム以外をドープシート上で左クリックすると灰色で表示されます。すべてのキーフレームを選択したい場合は全選択の**Aキー**を実行しましょう。また、ドープシート上で左ドラッグすると**ボックス選択**（**Bキー**）といって、四角で囲むように選択することが可能です。

ドープシート上にキーフレームが表示されなくなったら、それはキーフレームを挿入した対象が3Dビューポート上で選択されていないということなので、選択をしましょう。ドープシートは基本的に**3Dビューポート上で選択している対象**のキーフレームを表示します。

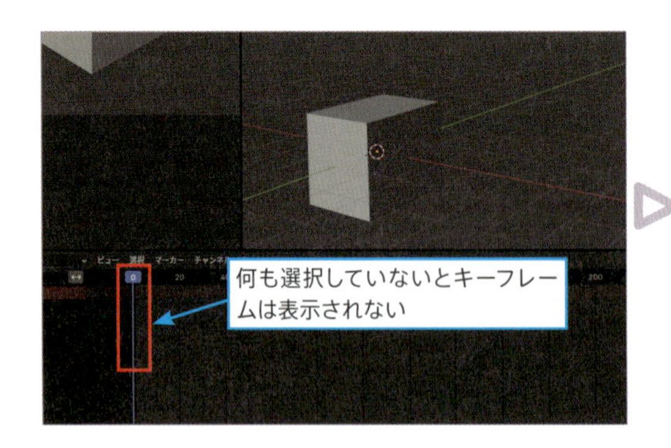


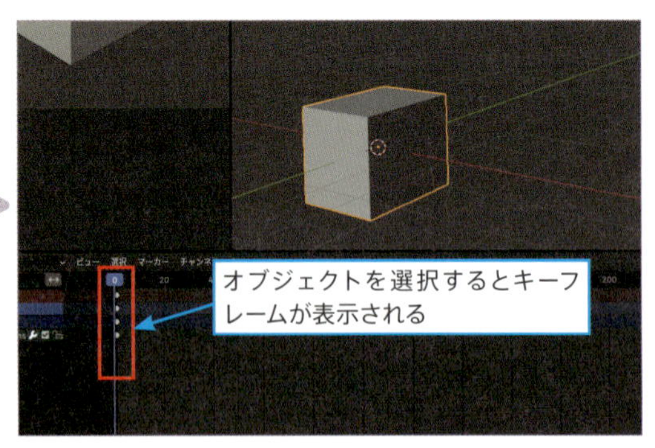


### Column

**オブジェクトの選択なしですべてのキーフレームを表示する方法**

ドープシートの右上にある**選択中のみ表示**を無効にすると、選択なしですべてのキーフレームが表示されます。選択してキーフレームを確認するのが面倒な時はこちらの機能を使用すると良いでしょう。

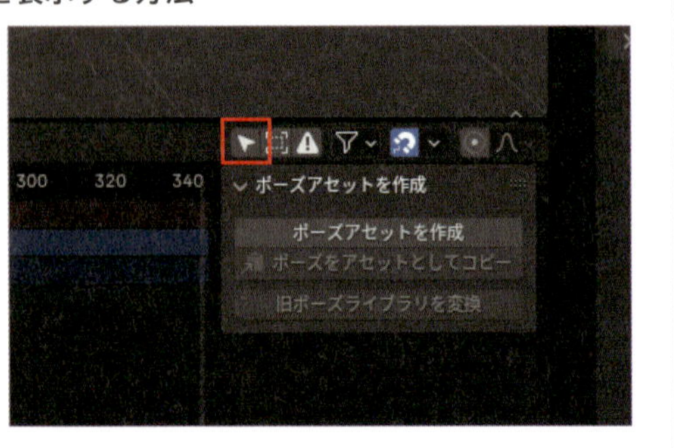

## 6-6 キーフレームの基本操作

キーフレームに関する最低限覚えた方が良いショートカットを記載します。これらの操作はドープシートのヘッダーにある**キー**内から行うことも可能です。また、ここのショートカットはドープシート上にマウスカーソルを置かないと実行できないので注意してください。

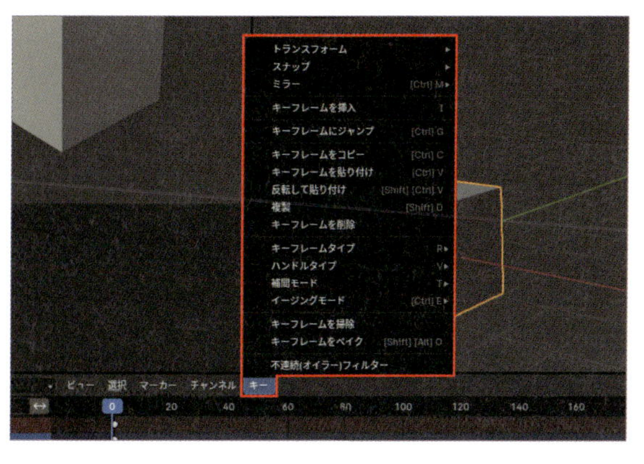


| G | 選択したキーフレームの移動が行えます。キーフレームを左ドラッグするのでも同様の操作が行えます |
|---|---|
| X | 選択したキーフレームの削除が行えます |
| Shift＋D | 選択したキーフレームを複製します |
| Ctrl+C、Ctrl+V | キーフレームのコピー＆ペーストができます |
| キーフレームを複数選択時にS | キーフレームの間隔を調整できます |

## 6-7 数値欄からキーフレームを操作

このキーフレームの操作はドープシートだけでなく、サイドバー（**Nキー**）の**アイテム**タブ内にある**トランスフォーム**パネルの数値欄、あるいはプロパティの**オブジェクトプロパティ**の**トランスフォーム**パネル内から行うことが可能です。この**トランスフォーム**パネル内にある数値欄からX、Y、Zの3つの座標軸の変形を管理することが可能です。また、キーフレームを挿入すると数値欄の色が変化します。❶のように数値が黄色く表示されている場合は**このフレームにキーフレームが打たれていますよ**という意味です。❷のように緑色で表示されている場合は**このフレーム以外にキーフレームが打たれていますよ**という意味です。そして❸のように灰色の場合はどこにもキーフレームが打たれていないことを意味します。その他、数値欄の右隣に南京錠アイコンがありますが、こちらを有効にすることで数値の編集を防ぐことができます❹。

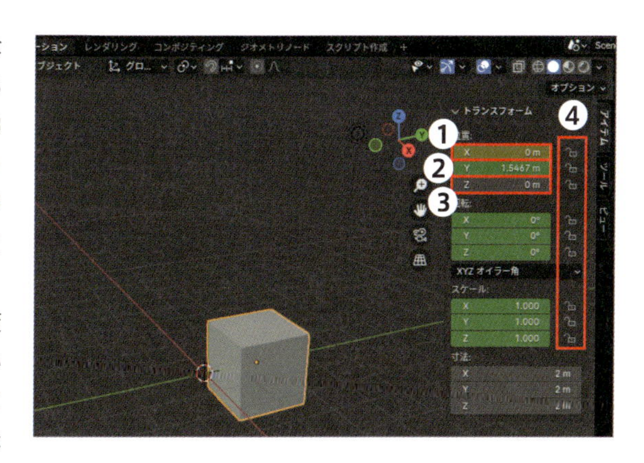


Next Page

数値欄を右クリックすると、キーフレームに関するメニューが表示されます。X、Y、Z軸まとめてキーフレームを打ちたい場合は**キーフレームを挿入**を、各軸を1つずつキーフレームを打ちたい場合は**単一キーフレームを挿入**を選びましょう。キーフレームを削除したい場合は対象のキーフレームを選んで**キーフレームを削除**から行えます。キーフレームを丸ごと削除したい場合は**キーフレームをクリア**から行えます。

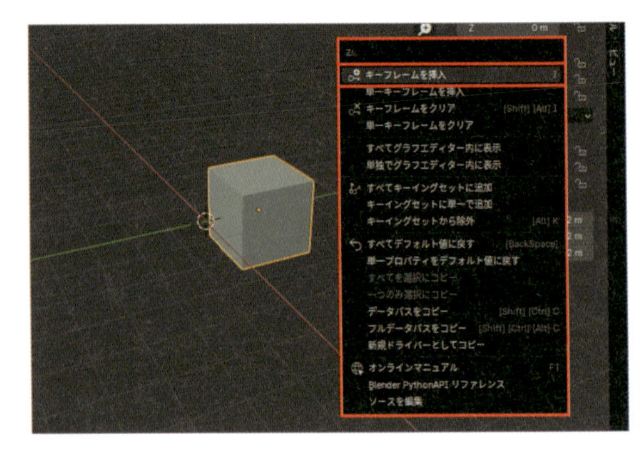


**Column**

### ドープシート上の「キーフレーム挿入」について

マウスカーソルをドープシート上に置いて**Iキー**を押すと**キーフレーム挿入**というメニューが表示されます。これは**どのチャンネルにキーフレームを挿入するか決めるメニュー**となります。3Dビューポート上で行うキーフレーム挿入の**Iキー**と似ていて混同しそうですが、通常は3Dビューポート上で行う**Iキー**を使用することをおすすめします。Blenderはどのエリアにマウスカーソルを置いているかで操作が変わりますので、マウスカーソルの位置は常に気をつけましょう。

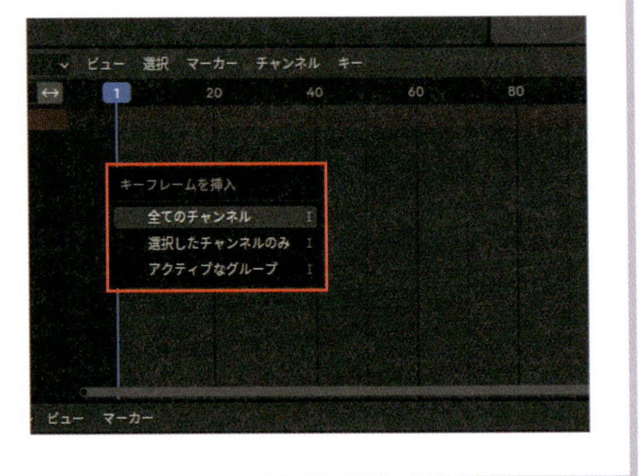

Chapter 1

7

# タイムライン

ドープシートと似ていますが、アニメーション編集機能はほとんどありません。この画面ではアニメーションの再生や停止、フレームの開始と停止、アニメーションの様々な設定を行うことができます。タイムラインはデフォルトのワークスペースである**レイアウト**にもありますが、簡単にいうと**簡略版ドープシート**で、主に使用するのはタイムライン上部にある項目となります。

## 7-1 再生と停止

タイムラインの上部にある右向きの三角アイコンをクリックすると、アニメーションが開始されます（左向きの三角アイコンは逆再生となります）。停止したい場合は、再生ボタンのところに停止ボタンが表示されるのでクリックしましょう。この再生と停止のショートカットは**Spaceキー**です。
Blenderの3Dビューポート、あるいはドープシートやタイムラインにマウスカーソルを置いて**Spaceキー**を押すと、アニメーションが開始されます。もう一度**Spaceキー**を押すと停止します。このショートカットはアニメーション作業で頻繁に使うので覚えておきましょう（メニューから実行したい場合は、3Dビューポートのヘッダーの**ビュー**＞**アニメーション再生**から行えます）。

## 7-2 開始と終了

タイムライン上部の右側にある開始と終了は、フレームの開始と終了を決める項目です。たとえば**1**フレーム目から**48**フレーム目までアニメーションを再生したい場合は、開始を**1**にし、終了を**48**にする必要があります。
開始フレームと終了フレームの間が、レンダリング結果として反映されます。
ちなみに左の数字は**現在自分がいるフレーム**となります。

## 7-3 自動キー挿入

タイムライン上部に球体マークのアイコンがありますが、これは**自動キー挿入**という機能です。ここを有効にすると、3Dビューポート上でオブジェクトなどの**位置**(**Gキー**)や**回転**(**Rキー**)、**拡縮**(**Sキー**)を行うと、自動でキーフレームが挿入できます(プリファレンスで**アニメーション**の**キーフレーム**パネル内にある**利用可能項目のみ挿入**を有効にしていた場合、フレーム内にキーフレームがないと自動でキーが挿入されません)。こちらを使用することで、**キーフレームを挿入**(**Iキー**)や**キーイングセットでキーフレーム挿入**(**Kキー**)による手動の操作を省力することができるのでアニメーション制作が捗ります。

## 7-4 アクティブなキーイングセット

タイムライン上部の左側に**キーイング**という項目がありますが、この機能は主に**キーフレームを挿入**(**Iキー**)に関係があります。**キーフレームを挿入**(**Iキー**)は素早くキーフレームを打つことができますが、デフォルトのままだとすべての変形にキーフレームが打たれてしまいます。このメニュー内にある**アクティブなキーイングセット**をクリックすると、様々な選択肢が出てきます。たとえば**Location**をクリックすると、**キーフレームを挿入**(**Iキー**)を実行した際に**位置**のキーフレームのみを打つことが可能になります。項目の右側にあるバツボタンをクリックすると削除が行えます。位置、回転、スケールのうち必要のないものにキーフレームを挿入させたくない時に使用すると良いでしょう。また、この操作のショートカットは、3Dビューポート上で**Shift＋Kキー**となります(キーイングセットに関するメニューが表示されます)。

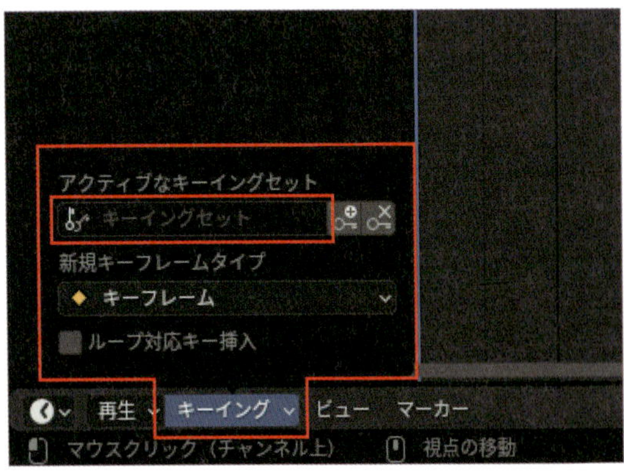


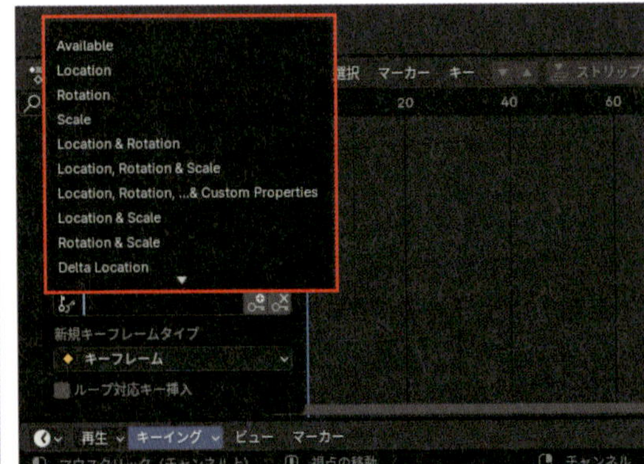

**Column**

### 「テキスト情報」について

3Dビューポートの左上にテキストが表示されていますが、こちらは**テキスト情報**といいます。この機能の表示/非表示は、3Dビューポートの右上にある**ビューポートオーバーレイ**内にある**テキスト情報**から行えます。ここには現在の視点や、選択しているオブジェクト名などが表示されます。**(0)** と括弧内に数字が明記されている箇所がありますが、これは**現在自分がいるフレーム数**を意味します。

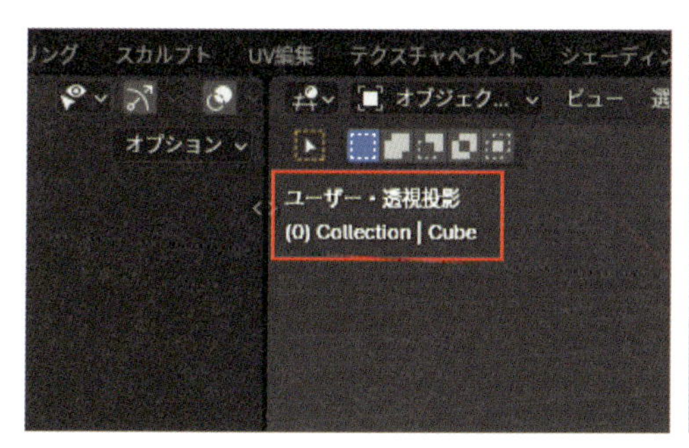


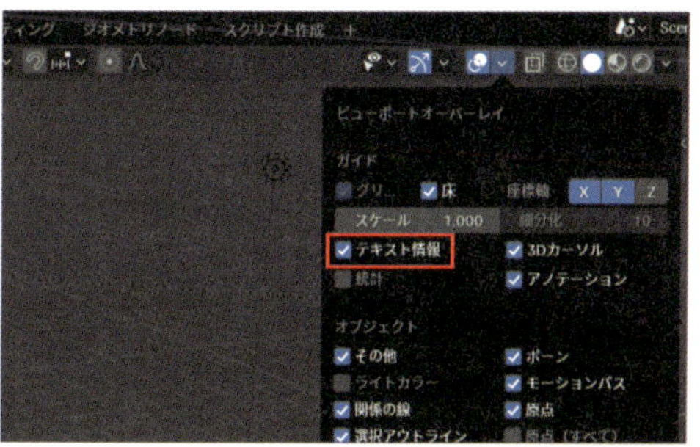


また、再生（**Spaceキー**）を行うとFPS（フレームレート）が表示されます。白く表示されていれば正常ですが、ここが赤く表示されると**設定したFPSよりも再生速度が遅い**ことを意味します。この場合、処理が重いオブジェクトを非表示にしたり、3Dビューポートの右上にあるビューポートシェーディングを**ソリッド**表示にしたりして対策を取る必要があります。この**テキスト情報**はアニメーション制作でよく確認するので覚えておきましょう。

通常の速度

通常の速度よりも遅い

Chapter 1

# 8 カメラとレンダリング

レンダリングとは、3Dビューポートに配置されているカメラの視点から撮影を行い、画像や動画に仕上げることです。アニメーション制作にはカメラとレンダリングの理解が欠かせません。ここではカメラの操作方法とレンダリングの方法について少しだけ触れます。

## 8-1 カメラの操作方法

Blenderで画像や動画を出力するためには、3Dビューポート上に**カメラ**というオブジェクトを必ず配置する必要があります。カメラはBlender起動時にデフォルトで配置されており、他のオブジェクトと同様に**移動**（**Gキー**）や**回転**（**Rキー**）を行うことが可能です。カメラの追加は3Dビューポートの**追加**（**Shift＋Aキー**）＞**カメラ**から行えます（3Dカーソルの位置にオブジェクトが追加されます）。

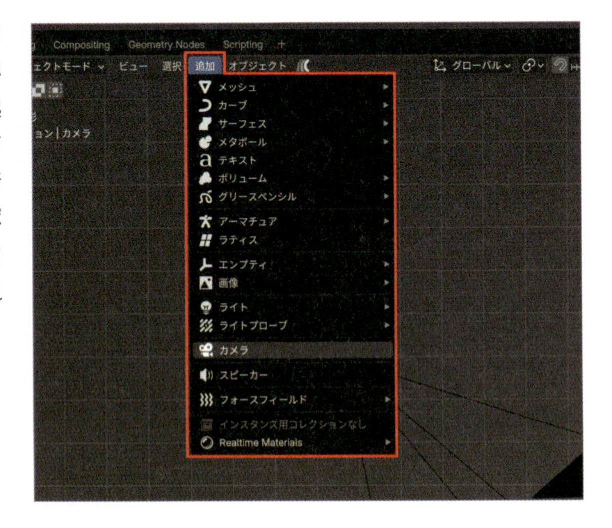


3Dビューポートの右側にあるカメラアイコンをクリック、あるいは**テンキーの0キー**を押すとカメラから見た視点となり、四角い枠が表示されるようになります。この四角い枠内に映る景色が、画像や動画として出力されます。もう一度カメラアイコンをクリック、あるいは**テンキーの0キー**を押すとカメラ視点が解除されます。

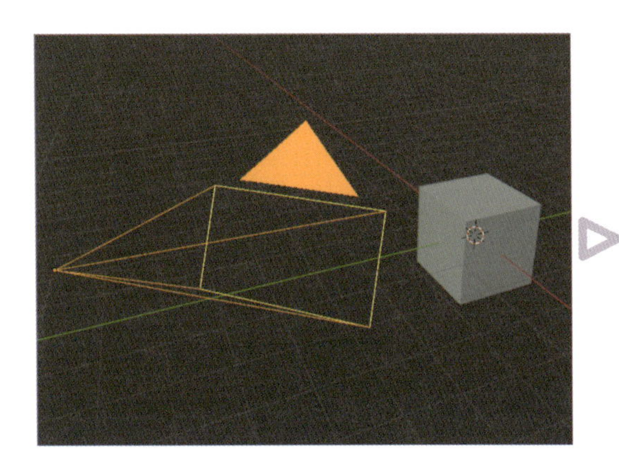

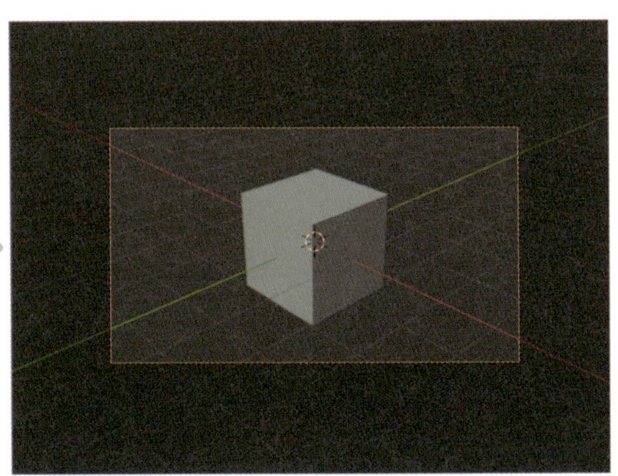

Column

### 現在の視点を常にカメラ視点にする方法

**テンキーの0キー**でカメラ視点にし、3Dビューポートの右側にある南京錠アイコン（切り替え）をクリックすると、現在の視点を常にカメラ視点にすることが可能です。有効にすると、カメラの枠に赤い点線が表示されます。この機能を有効中の状態でカメラ視点にした際、視点を動かすとそれに合わせてカメラも動きます。あるいはサイドバーの**ビュー＞ビューのロック**内から、**カメラをビューに**を有効にすることでも同様の操作が可能です。常にレンダリングの視点にすることができるので、アニメーション作業でとても役立ちます（いちいちモード切り替え→カメラを選択→動かすといった操作をする必要がなくなります）。

## 8-2 レンダリングエンジンについて

Blenderにはレンダリングエンジンが複数搭載されており、プロパティの**レンダープロパティ**内にある**レンダーエンジン**から選ぶことが可能です。レンダリングエンジンには**Eevee**、**Cycles**、**Workbench**の3つが存在し、違いは以下の通りです。

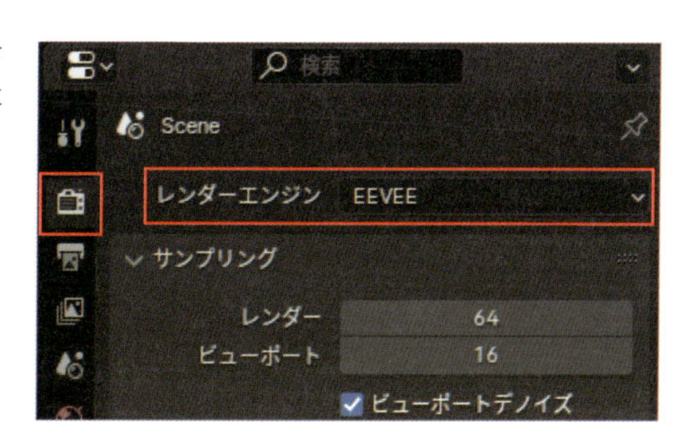


| | |
|---|---|
| **Eevee** | 高速かつリアルタイム性に優れたレンダリングエンジンです。アニメ調な表現に向きます。 |
| **Cycles** | 高品質な光や影を表現してくれます。ただし、複雑な計算処理を行うため、レンダリングに時間がかかります。写実的な表現に向きます。 |
| **Workbench** | 3Dビューポート内のレンダリングに特化したレンダリングエンジンで、照明やマテリアルの設定などは反映されません。最終的なレンダリング出力には不向きですが、簡易的な表示でプレビューを行う際に使用します。 |

**Workbench**はプレビュー用に使用されるレンダリングエンジンなので、メインで使用するのは**Eevee**、**Cycles**のいずれかとなります。

※本書ではデフォルトの**Eevee**で作業を行います。

## 8-3 画像をレンダリングする方法

画像をレンダリングする前に、出力する画像のサイズを決める必要があります。

### 01 Step 出力プロパティ＞フォーマット＞解像度の設定

カメラを選択し、プロパティの**出力プロパティ**＞**フォーマット**パネル内にある**解像度**からサイズの変更が可能です。**X**は横幅で**Y**は高さです。**%**は指定サイズの何%かを決める項目で、レンダリング結果を素早く見たい時に使用します。また、右上のアイコンは**フォーマットプリセット**といって、予め設定されたフォーマットが表示されます。基本的に解像度が低ければ低いほど出力結果の画像が小さくなり、画質が悪くなります。

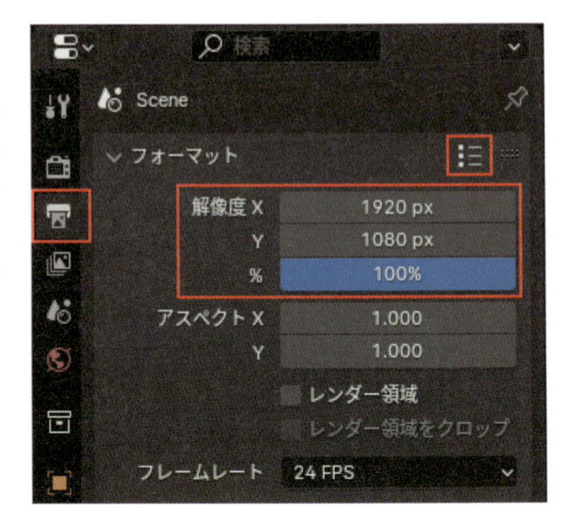


### 02 Step 出力プロパティ＞出力＞ファイルフォーマット

ファイルのフォーマットは**出力**パネル内にある**ファイルフォーマット**から変更することが可能です。画像は**PNG**もしくは**JPEG**が一般的です。背景を透過させたい場合は**PNG**に設定し、カラーを**RGBA**にします。さらにプロパティの**レンダープロパティ**＞**フィルム**パネル内から**透過**を有効にすることで背景の透過が可能になります。

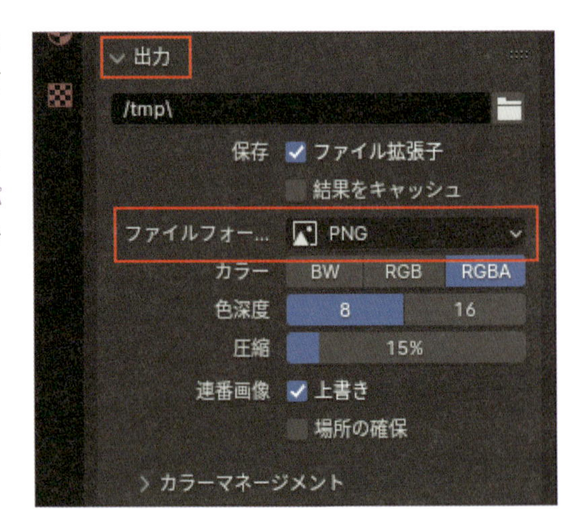


### 03 Step レンダリング

画像のレンダリングは、画面上部のトップバー内にある**レンダー**＞**画像をレンダリング**（**F12キー**）から行えます。実行すると、新たに**Blenderレンダー**という新規の画面が開き、レンダリングが開始されます。

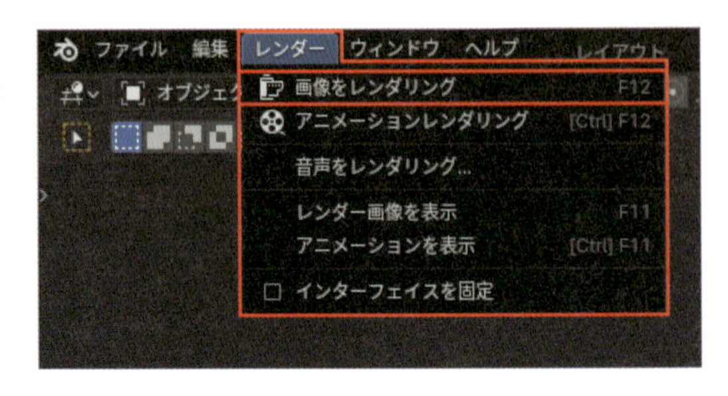

**04 Step レンダリング画像を保存**

出力した画像に問題がなければ、**Blenderレンダー**の**画像**から**名前を付けて保存**を選ぶと、Blender専用のウィンドウ**Blenderファイルビュー**が表示されるので、ここから保存先を指定します。ちなみに右側にある**ファイルフォーマット**からファイル形式を変更することも可能です。

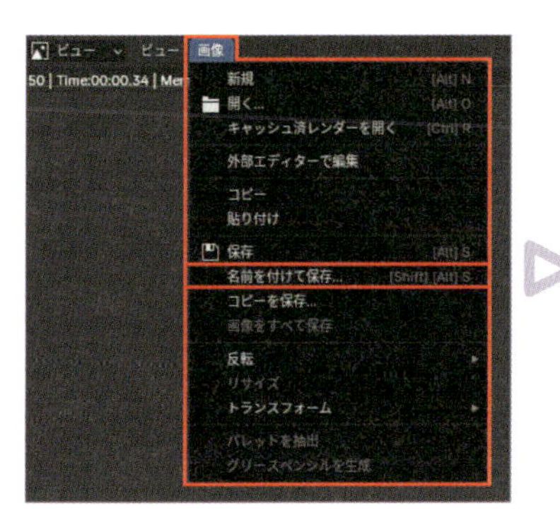


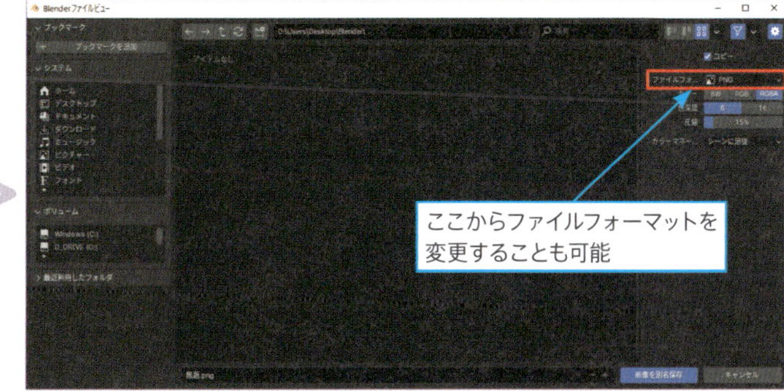


## 8-4 動画をレンダリングする方法

アニメーションをレンダリングする際は、先に保存先とファイル形式を指定する必要があります。

**01 Step 出力プロパティ>出力>保存先**

プロパティの**出力プロパティ**内にある**出力**パネルから、**出力パス**の右側のファイルアイコンをクリックすると**Blenderファイルビュー**が開くので、保存先を指定します。

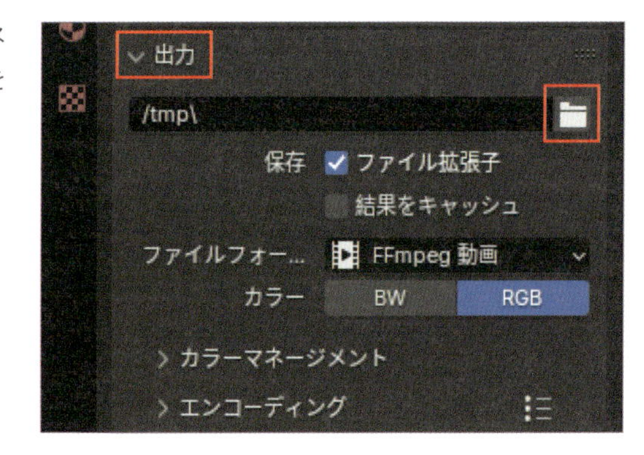


**02 Step 出力プロパティ>出力>ファイルフォーマット**

同じく**出力**パネルにある**ファイルフォーマット**から動画の形式を決めることが可能です。動画に関する項目は右側の3つとなり、動画以外を選びますと連番画像出力となります。原則mp4が出力できる**FFmpeg 動画**を選ぶことをおすすめします。

※Blender4.2では、動画フォーマットは**FFmpeg 動画**のみになりました。

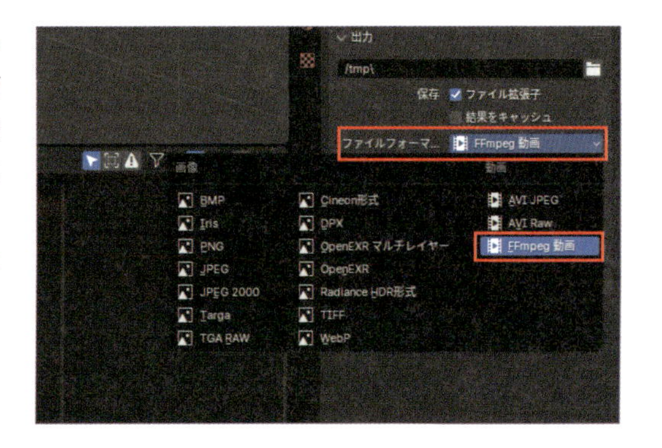

## 03 Step 出力プロパティ＞出力＞エンコーディング

**エンコーディング**の右側にあるアイコンをクリックすると、エンコーディングの主要な設定ができるメニューが表示されます。基本的によく使用される**H264（Mp4内）**をクリックすると良いでしょう。また、**エンコーディング**パネル内からより細かい設定を行うことができます。

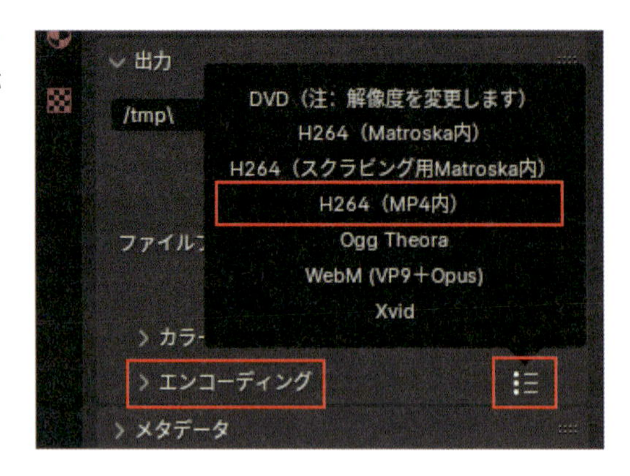


## 04 Step レンダリング

動画のレンダリングは、トップバーの**レンダー**＞**アニメーションレンダリング（Ctrl+F12キー）**から行えます。実行するとレンダリングが開始されますのでしばらく待ちます。レンダリングが完了すると、保存先に動画が出力されます。保存先へ移動する手間を省きたい場合は**レンダー**＞**アニメーションを表示（Ctrl+F11キー）**からすぐに確認ができます。

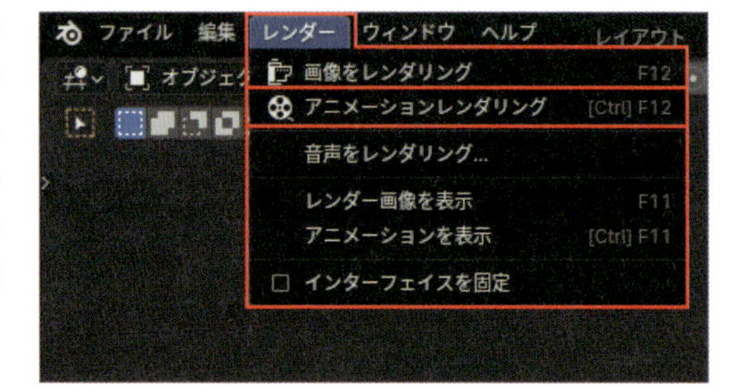


**Column**

### サンプリングについて

プロパティの**レンダープロパティ（カメラのアイコン）**では、レンダリング時のサンプリング数を設定することができます。サンプリング数を上げると、よりきれいなレンダリングが可能になりますが、その分処理に時間がかかります。**ビューポート**は3Dビューポート内でのサンプリング数を指し、デフォルトでは**16**に設定されています。一方、**レンダー**は最終的にレンダリングする際のサンプリング数です。これらの設定はパソコンの性能に応じて調整できますが、基本的にはデフォルトのままで問題ない場合がほとんどです。

Chapter 1

9

# エリアのカスタマイズ

Blenderは**エリア**と呼ばれるいくつかの四角の画面で構成されており、好きなように移動させせたり分割できたりと、自由にカスタマイズすることができます。アニメーション制作ではエリアのカスタマイズがよく必要になるので、操作を一通り知っておくと良いでしょう。

## 9-1 エリアの境界を移動

移動させたいエリアの境界にマウスカーソルを置くと、カーソルが矢印へと変わります。
マウスカーソルをエリアの境界に乗せたまま、マウスの左ボタンでドラッグすると、エリアの境界を移動することができます。左ボタンを離すと、エリア移動が決定します。

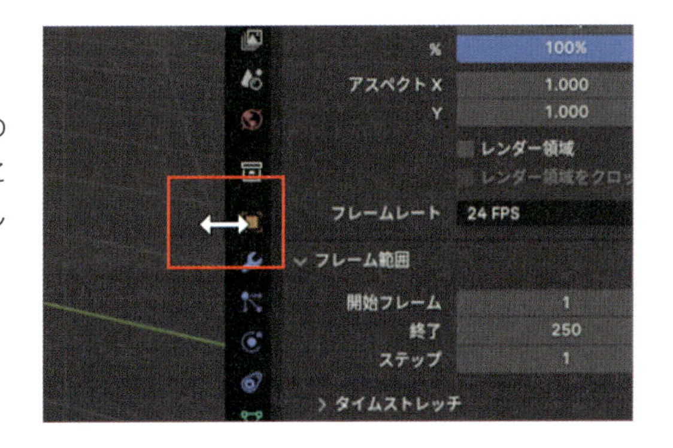


## 9-2 エリアを分割・統合

分割したいエリアの角にマウスカーソルを置くと、マウスカーソルが十字型になります。この状態でマウスの左ボタンでドラッグすると、画面が分割されます。エリアを統合したい時は、統合したい方向にマウスを動かすと、マウスカーソルが矢印型へと変わります。左ボタンを離すと、エリアが統合されるようになります。また、画面端を右クリックするとエリアの設定に関するメニューが表示され、同様のことが行えます。

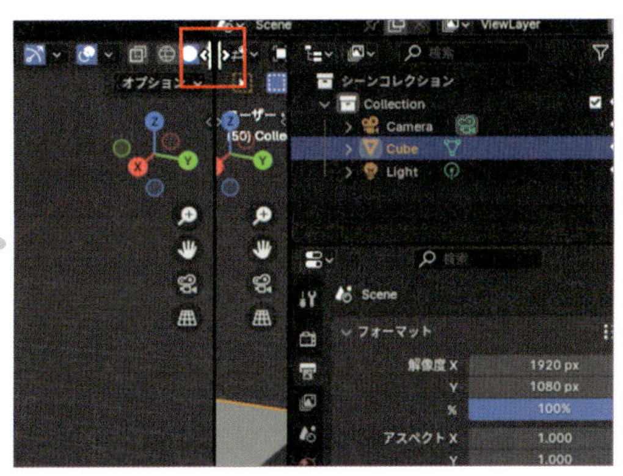

## 9-3 エディタータイプについて

各エリアの左上にある**エディタータイプ**からエディターを変えることができます。**3Dビューポート**、**アウトライナー**、**ドープシート**、**タイムライン**などもこの中に格納されているので、こちらからお好きなエディターに変えると良いでしょう。

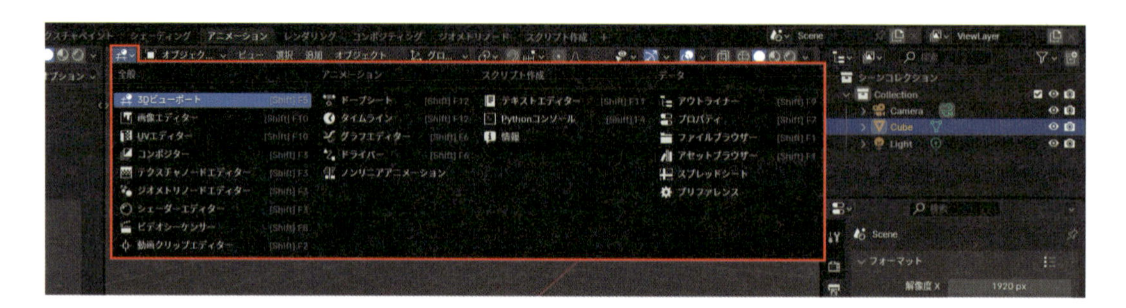


### Column

#### エリアを元に戻す方法

各エリアの状態は、操作を続けるにつれ複雑に変化してゆきます。エリアを元に戻すのが大変な時は、一旦Blenderファイルを保存しましょう。次に新規にBlenderを立ち上げ、トップバーの**ファイル**>**開く**から**Blenderファイルビュー**を表示し、右端にある歯車アイコンをクリックして下さい。右側にメニューが表示されるので、その中に**UIをロード**のチェックを外した状態で保存したBlenderファイルを開きます。この操作を行うことで、デフォルトのUI設定が読み込まれます。

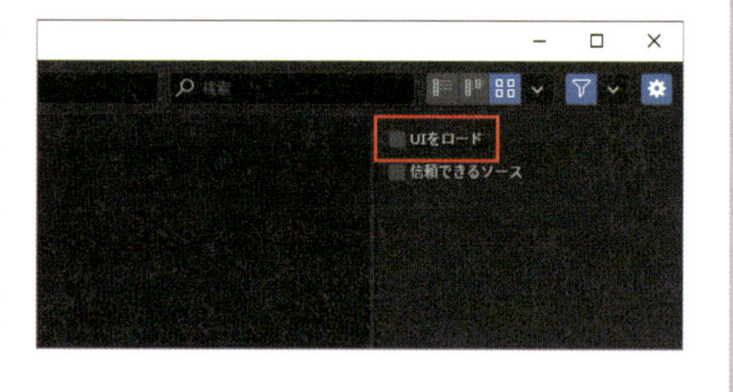

2

Chapter

# ポーズを作成しよう

この章ではキャラクターアニメーションの練習として、ポーズの基本について解説します。
キャラクターデータを使って実際にポーズを作成する方法も学んでいきます。

Chapter 2

1

# 作業の流れ

Blenderで3DCGアニメーションを作るには、アニメーションの基本的な知識とBlenderの操作の両方を理解することが必要です。この章では、キャラクターアニメーションに進む前に、まずポーズ作りを学びます。ポーズ作りは、キャラクターの魅力を最大限に引き出す重要な基礎スキルです。ここでは、Blenderの操作方法を通じて、キャラクターが活き活きと動くための土台を築くことを目指します。

## 1-1 ポーズがキャラクターの魅力を引き出す

3DCGアニメーションの制作では、動きの基本をしっかりと理解することがとても大事ですが、同じくらい**キャラクターの魅力を引き出す**ことも重要です。アニメーションを作るためには、まずキャラクターがどのように動くかを考え、その動きに合ったポーズを作ります。アニメーションは、こうしたポーズを一つひとつ繋げることで完成します。良いポーズを作ることで、キャラクターが活き活きと見え、観る人に強い印象を与えることができます。逆に、ポーズが弱いと、どれだけ動きを滑らかにしても、アニメーション全体が魅力を欠いてしまいます。だからこそ、まずは楽しみながらポーズ作りに取り組んでみて下さい。楽しんで作ることで、自然で魅力的なポーズが生まれるかもしれません。

## 1-2 ポーズの制作の手順を習得

キャラクターデータをBlender内に読み込んだ後、まずは**リグ**を使えるように設定します❶。次に、リグの使い方を習得します❷。リグの操作を学んだら、実際にポーズを作成し、最後に完成したポーズを動画に出力する❸という流れで作業を進めます。

❶データの読み込み

❷リグの操作方法

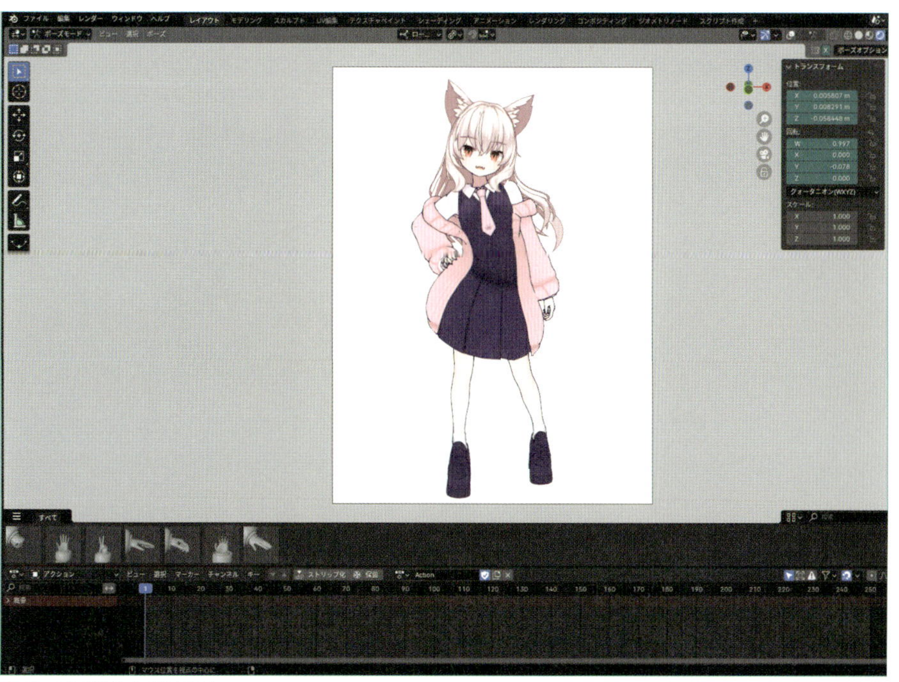

❸ポーズの製作と動画出力

## 1-3 キャラクターデータの仕組み

キャラクターデータの仕組みについて、図を用いて解説をします。キャラクターがどのように動いているかを理解することで、各作業の理解がより深まります。

### リギングとは何か?

キャラクターアニメーションとは、3Dキャラクターを自由に動かし、表情や動作を作り出す作業です。この作業を行うためには、キャラクターを動かすための**骨組み**が必要です。この骨組みを作成し、3Dモデルと関連付ける作業を**リギング**と呼びます。以下が**リギング**の工程です。

#### ボーン❶とアーマチュア❷

キャラクターを動かすためには、まずボーンを組み立てる必要があります。ボーンとは、キャラクターの各部位を動かすための**骨**にあたります。このボーンが集まったものを**アーマチュア**と呼びます。アーマチュアが正しく構成されていないと、キャラクターを思い通りに動かすことができません。

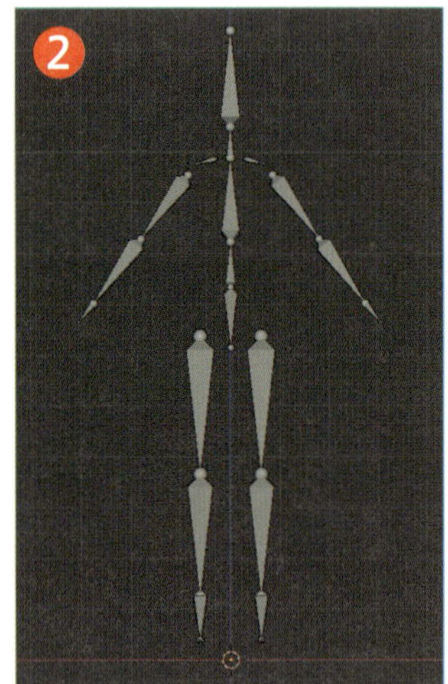


#### ボーンの組み立て❸と設定❹

ボーンをキャラクターの身体に合わせて配置し、3Dモデルとボーンを関連付けます。さらに、**リグ**(キャラクターを動かすためのコントローラー)を使いやすくするための設定を行い、キャラクターの動きがよりスムーズになるように調整します。

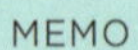
MEMO

リギングに関しては**Chapter5-3 リグのアドオンについて**でも詳しく解説しています。

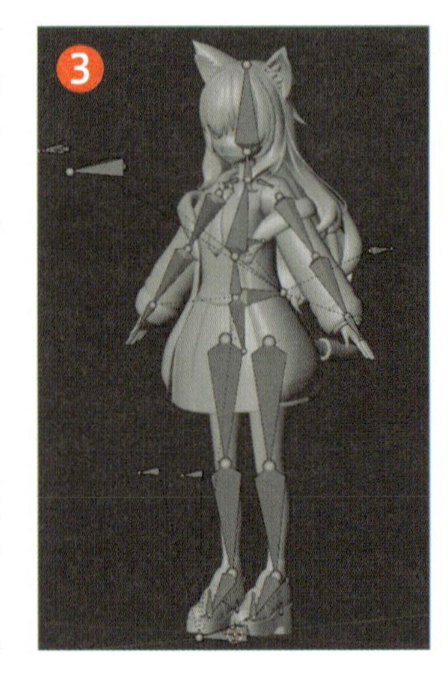


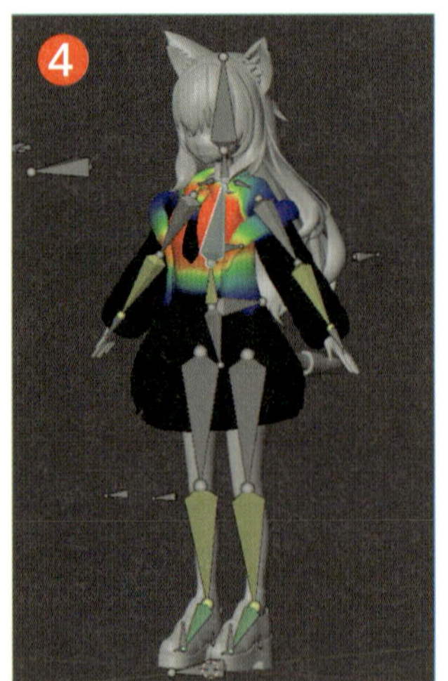

### カスタムシェイプ❺とローカルの設定❻

各ボーンの見た目を分かりやすくするためにカスタムシェイプというボーンの形状を変える機能を使用します。これにより、リグの操作が視覚的に分かりやすくなります。また、各ボーンの根元には座標軸があり、トランスフォーム座標系をローカルに設定することで、ボーンの変形がボーン自身の座標系に基づいて行われます。

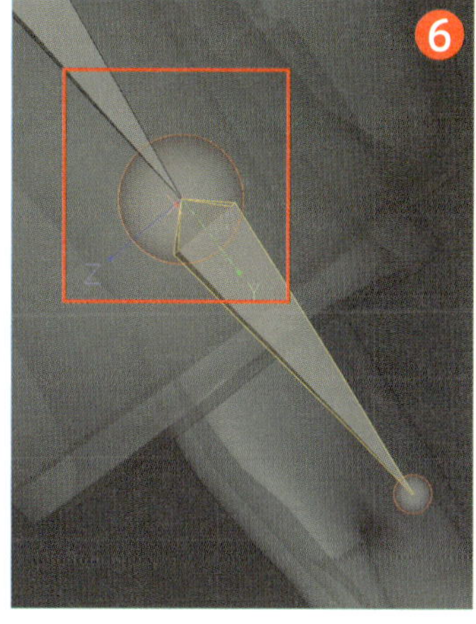


### アーマチュアの配置

ここでは、リギングの基本的な仕組みを理解してもらうために、ボーンの配置にのみ焦点を当てて解説します。アーマチュアはオブジェクトモードで、3Dビューポートのヘッダー内の追加（Shift+Aキー）＞アーマチュアから追加できます。ボーンはヘッド、ボディ、テールの3つで構成されており、ヘッドとテールは関節となります。

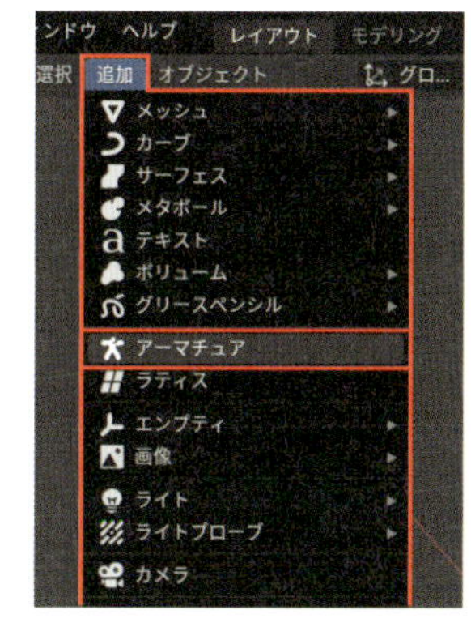


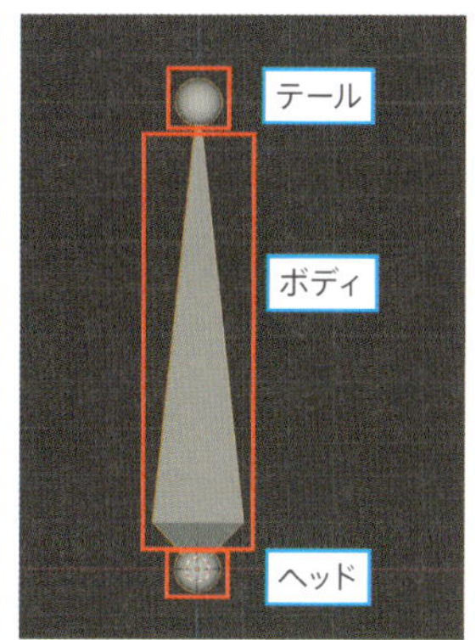


プロパティ内のオブジェクトデータプロパティ（人型のアイコン）のビューポート表示パネル内にある最前面を有効にすると、メッシュよりも前に表示することができます。アーマチュアがメッシュに隠れて見えなくなったら、ここを確認しましょう。

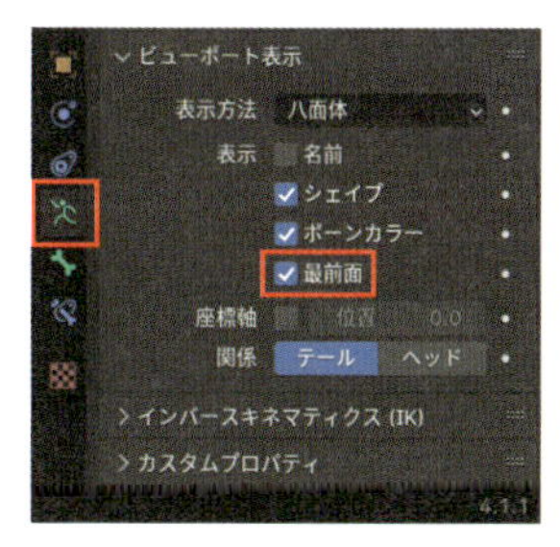


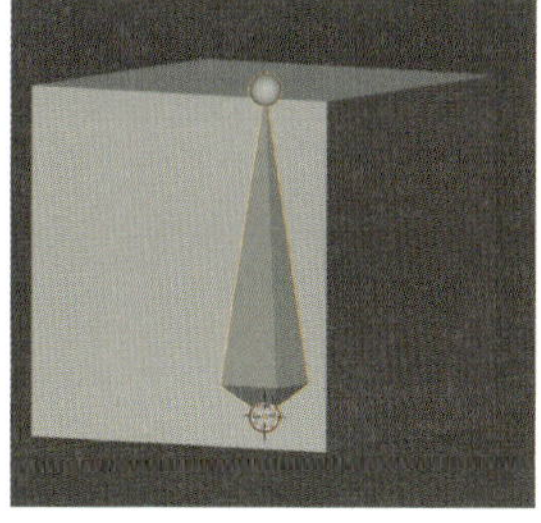

MEMO

リギングの基礎的な解説は、著者のYoutubeチャンネルで行っているので、こちらを参考にして頂けたら嬉しいです。この動画では、ボーンの基本操作、リグの作り方、IKの設定方法、カスタムシェイプの設定などを解説しています。

【Blender】リギング入門講座　～初心者向けに親子関係、リグの作り方、IKとFKを解説～
URL：https://youtu.be/Y7HVmRkbleE

Chapter 2

2

# キャラクターデータを読み込もう

ポーズやアニメーションを制作するためには、リグの使い方をしっかりと理解することが大事です。リグの操作に慣れることで、キャラクターを思い通りに動かせるようになります。それでは、まずはキャラクターデータを読み込み、リグに触れて操作に慣れていきましょう。ここでは、リンクという機能を用いてキャラクターデータをBlender内に読み込みます。

## 2-1 アペンドとリンクとは何か

Blenderデータを読み込む方法には2通りあります。一つはアペンド（コピー）で、もう一つはリンク（同期）です。それぞれの違いを以下にまとめます。

| | |
|---|---|
| アペンド | Blenderファイルからデータを複製します。複製したデータは読み込み先のファイルにそのまま含まれるため、即座に修正できますが、データ容量が重くなる傾向にあります。 |
| リンク | Blenderファイルからデータをリンクとして複製します。元のファイルが変更されると、リンクされたデータもその変更が反映されます。データ容量が軽く、モデルの差し替えなどが容易ですが、一部の操作に制限があります。 |

リンクの特徴は、**読み込み元を修正すると、読み込んだ先も修正される**ことです。一方、アペンドはデータをそのままコピーするだけなので、どちらのデータを変更しても他のファイルには反映されません。アニメーション制作中にキャラクターのメッシュの形状やリギングに問題が見つかることがありますが、リンクを使用すると、読み込み元で行った修正が自動的に読み込んだ先にも反映されるため、モデルの差し替えや修正が容易になります。さらにリンクで読み込むとBlenderのデータ容量も軽くなるため、複数データを管理する際にはリンクを使用することをおすすめします。ただし、データの中身や使用用途によってはアペンドの方が適していることもあるので、状況に応じて使い分けると良いでしょう。

**POINT**

**リンクを使用する際の注意点**

リンクで読み込まれたキャラクターは、読み込み元でないとメッシュなどを編集することができません。また、リンクを使用する際は読み込み元と読み込み先のBlenderファイルの置き場所を変えないようにしましょう。エラーの原因になります。読み込み元の修正を反映させたい場合は、読み込み先のファイル>開くから、読み込み先を開きましょう。

## 2-2 リンクでキャラクターを読み込む

リンクを使用してデータを読み込む理由は、リグに関する操作を行う際、誤って他の操作をしてしまうことを防ぐためです。リンクで読み込んだデータは様々な操作が制限されるため、たとえば、メッシュを誤って編集したり、リグを編集してしまったりすることを防ぐことができます。アニメーション制作の際はリンク読み込みがおすすめです。ここでは、リンクを使ってキャラクターデータを読み込みますが、その前に管理しやすくするために、読み込み元のBlenderデータと、読み込み先のBlenderデータを同じフォルダに入れておきましょう。

※サンプルファイルはhttps://book.mynavi.jp/supportsite/detail/9784839987671.htmlからのダウンロードが行えます。

### 01 Step フォルダーを作成

まず、2つのBlenderデータを読み込むためのフォルダを作成します。フォルダーを作成したい場所で右クリックして**新規作成**>**フォルダー**を選びます。フォルダ名は自由ですが、ここでは**Blender_pose**とします。このフォルダ内に2つBlenderデータを入れることで、データの関連性を一目で把握できます。

### 02 Step デフォルトのオブジェクトを削除

新しくBlenderを立ち上げたら、デフォルトで表示されている3つのオブジェクトは必要ないので、**オブジェクトモード**から、3Dビューポート上で全選択のショートカットの**Aキー**を押してから、削除のショートカットの**Xキー**を押します（表示されたメニューから**削除**を選択）。あるいは**Deleteキー**で削除しましょう。この新規に立ち上げたBlender内に、キャラクターデータをリンクで読み込みます。

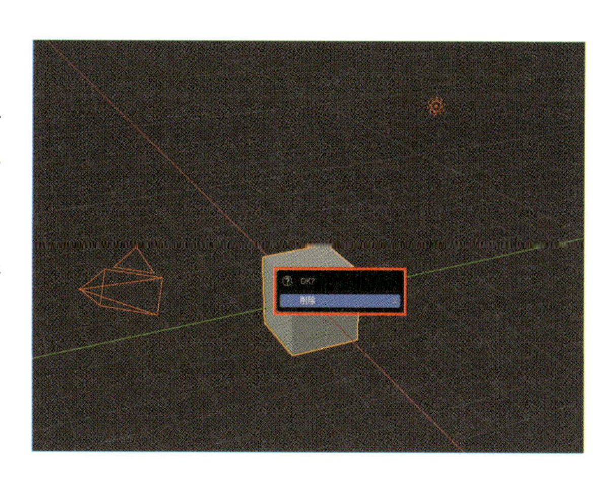

## 03 Step ファイルの保存

画面上部のファイルメニュー＞保存（Ctrl+Sキー）を選びます❶。Blender専用ウィンドウのBlenderファイルビューが開きますので、左側の保存先を指定するリストから、先ほど作成したフォルダBlender_poseを選びます❷。下の入力欄にファイル名としてposeと入力し❸、右下のBlenderファイルを保存をクリックして保存します❹。右上の表示モードをサムネイルにすると、Blenderファイルの中身がサムネイルで表示されます。これにより、開くファイルの中身が一目で分かりやすくなりますので、常にサムネイルにしておくことをおすすめします❺。本書ではサムネイル表示で解説を進めます。ファイル名をposeとしていますが、好みに応じて変更しても問題ありません。

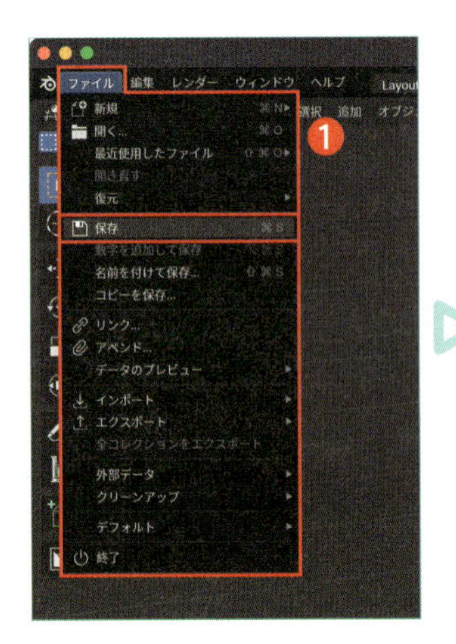


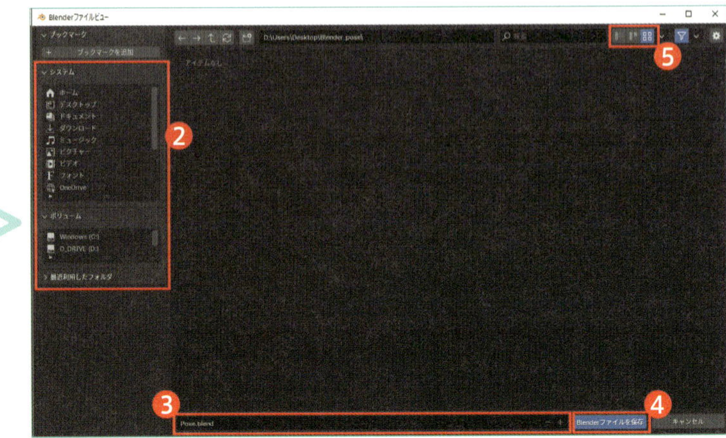


## 04 Step ファイルの移動

サンプルファイルからChapter02＞Chapter02Chara.blendを、Blender_poseフォルダ内に移動します。リンクを使用する際はファイルやフォルダの位置、ファイル名を変えないようにしましょう。必ずしも同じフォルダでなくても構いませんが、Blenderファイルとフォルダの位置を事前に決めておくと管理がしやすくなります。また、サンプルファイルの中には、Finishというフォルダとsampleというフォルダがあります。Finishフォルダには完成したBlenderファイルと動画が入っています。一方、sampleフォルダにはカメラに関するデータが入っています。こちらはポーズ制作を終えた後に使用します。

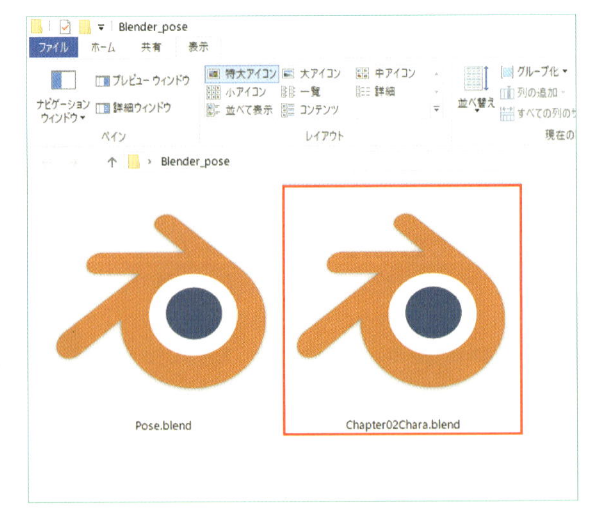


**IMPORTANT**

サンプルファイル内にはBlender4.1とBlender4.3.2の二つのフォルダがあります。もしBlender4.3以降のバージョンを使用している場合、Blender4.1フォルダ内のデータではアウトラインが正しく表示されないという問題が発生します。そのため、Blender4.3を使用している方は、必ずバージョンをBlender4.3.2にした上で、Blender4.3.2フォルダ内のデータを使うようにして下さい。

## 05 Step ファイルをリンク

読み込み先であるPose.blendを開いていることを確認し、画面上部のトップバーからファイルメニュー→リンクを選びます。Blenderファイルビューが開きますので、ここから読み込みたいデータが含まれているBlenderファイルを選択します。Blender_poseフォルダ内のChapter02Chara.blendをダブルクリックします。

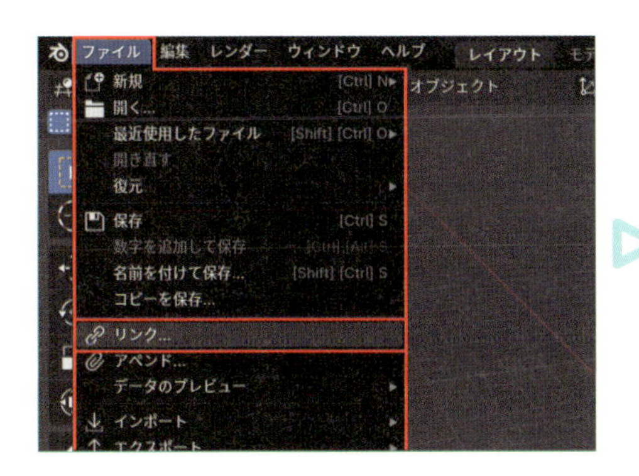


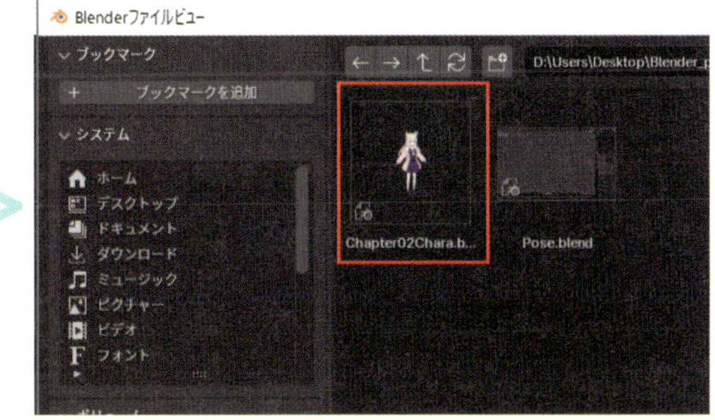


## 06 Step Collectionをダブルクリック

ダブルクリックしたBlenderファイル内のデータが表示されます。フォルダをダブルクリックすることで、その中のデータが表示されます。ここからオブジェクトやマテリアルを選んで読み込むことができます。ここではコレクション内にあるオブジェクトを使用するので、Collectionをダブルクリックします。

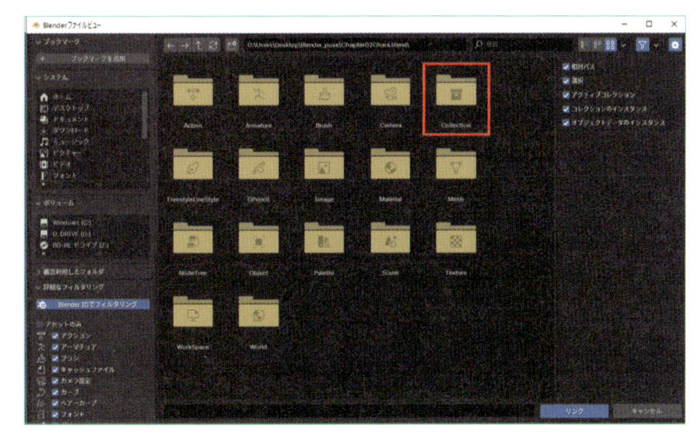

## 07 Step ファイルを読み込む

コレクションが表示されるので、Charaコレクションを選択し、右下のリンクをクリックします（あるいはCharaコレクションをダブルクリック）。

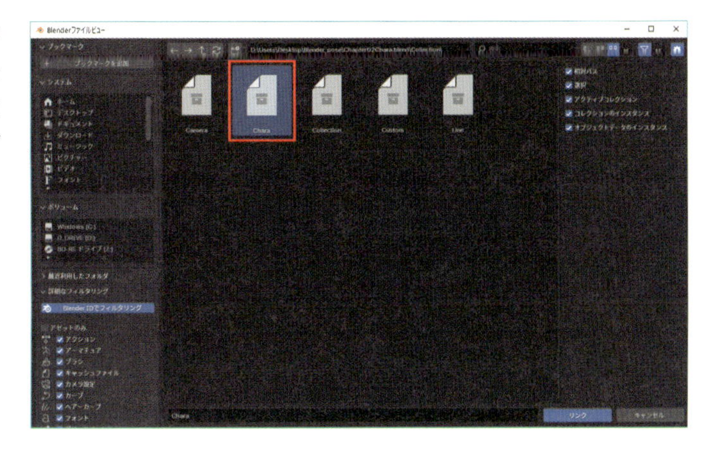

## 08 Step キャラクターが読み込まれたか確認

キャラクターが読み込まれました。右上のアウトライナーで、先程選択したコレクションが表示されていることを確認しましょう。リンクで読み込まれたコレクションは、**オレンジ色の箱が重なったアイコン**で表示されます。

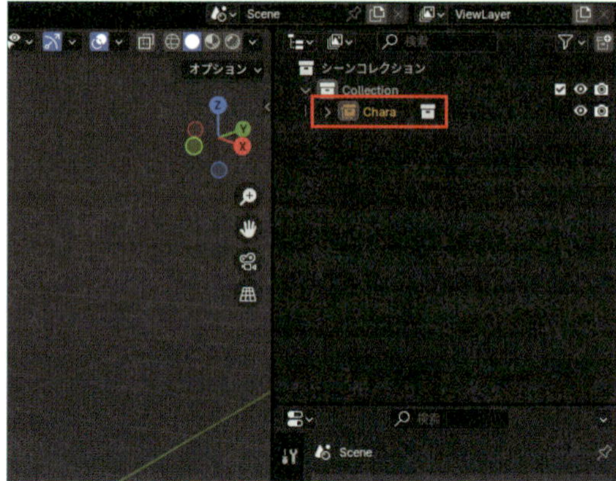


## 09 Step アウトライナーの確認

アウトライナーは階層で管理されており、左側にある矢印>をクリックすると階層が展開されます。下矢印∨をクリックすると階層が閉じます。ここに**鎖マーク**が付いた**Chara**コレクションが表示されていることを確認します。**鎖マーク**は、リンクで読み込まれたデータであることを示しています。アウトライナーの操作はアニメーション制作でよく利用されます。アニメーションでは、キャラクターや小道具、背景など多くのオブジェクトを扱うため、アウトライナーを使うことでこれらのオブジェクトを素早く見つけて選択したり、編集したりできます。また、リグ付きのキャラクターデータを扱う際には、アウトライナーから階層を開いて不要なオブジェクトを一時的に隠すことがよくあります。

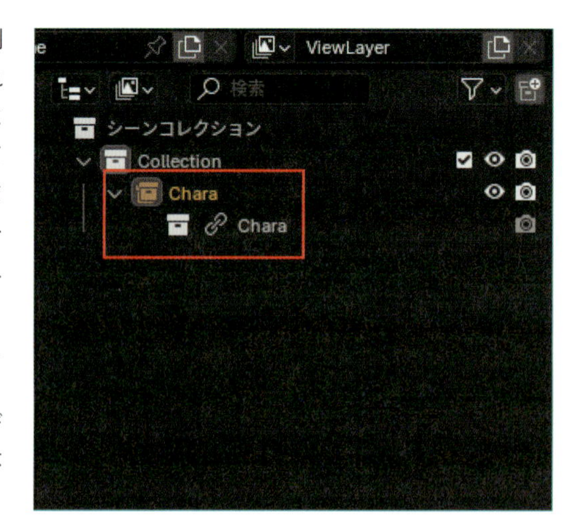

## 2-3 ライブラリオーバーライドを適用する

リンクで読み込んだキャラクターは、このままではオブジェクトモードでの変形しかできません。そこでライブラリオーバーライドという機能を使って、リンクで読み込んだオブジェクトの一部を操作できるように設定する必要があります。ライブラリオーバーライドとは、リンクで読み込んだデータの一部を変更できるようにする機能です。オーバーライドは直訳すると上書きという意味です。

### 01 Step オーバーライドを作成

オブジェクトモードで読み込んだオブジェクトを選択し、3Dビューポートのヘッダーからオブジェクトメニュー＞ライブラリオーバーライド＞作成を選ぶと、アーマチュアを動かせるようになります。

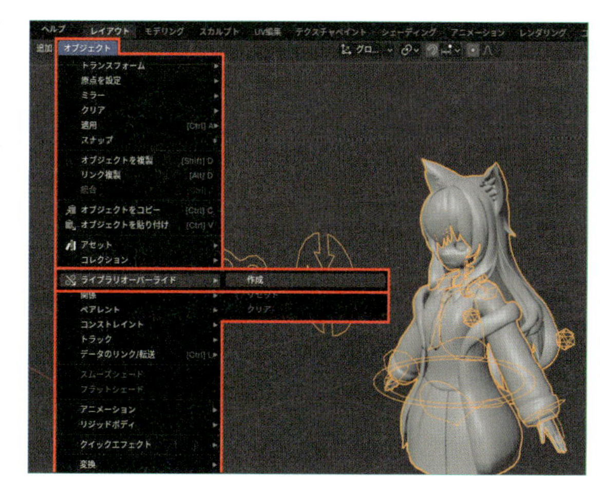


### 02 Step モードメニューを確認

オブジェクトモードでリグを選択し、左上のモードメニューを確認すると、オブジェクトモード、編集モード、ポーズモードの3つのモードが表示されます。オブジェクトモードは、オブジェクトの選択、変形、追加などを行うモードです。編集モードは、リグを作り込むモードですが、リンクで読み込まれた場合は使用できません。ポーズモードは、ポーズやアニメーションを作成するモードです。先ほどライブラリオーバーライドを作成したことで、ポーズモードを使用できるようになりました。本書ではオブジェクトモードとポーズモードを行き来しながらポーズを制作していきます。

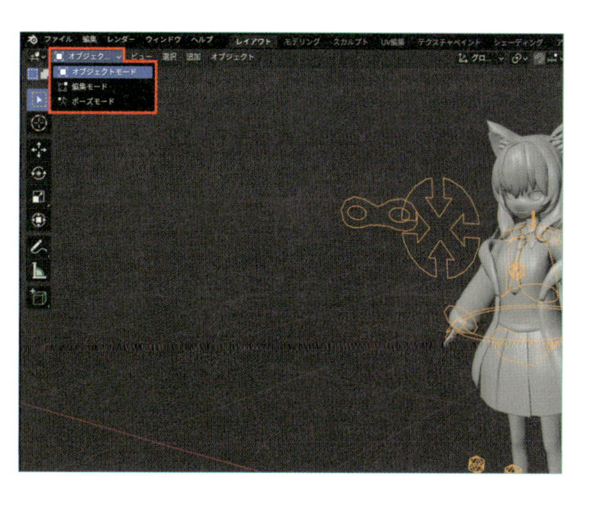

## 03 Step アウトライナーを確認

ライブラリオーバーライドを作成するとアウトライナーのコレクションの階層が変化します。鎖マークが鎖を矢印で貫いたアイコンに変更されていることを確認しましょう。これはリンクで読み込まれたデータに、ライブラリオーバーライドが適用されたことを意味します。

## 04 Step アウトライナーからオブジェクトの表示/非表示

アウトライナーからオブジェクトの表示/非表示を管理する方法を紹介します。Charaコレクションの左側にある矢印>をクリックして、下矢印∨にして階層を展開します。次に、Armatureの矢印アイコンをクリックしてさらに展開します。すると、アーマチュアとペアレントの関係にあるメッシュがすべて表示されます。このように、親のアーマチュアに子のメッシュが階層内に格納される仕組みになっています。ここで目玉アイコンやレンダーアイコンの有効/無効を設定することで、オブジェクトの表示方法を管理できます。オブジェクトが非表示、あるいはレンダリングされないなどのトラブルが発生した場合は、アウトライナーの設定を確認して下さい。

**POINT**

### ペアレントについて

ペアレントについて改めて解説をします。ペアレントとは、オブジェクトを親と子に設定することで、親の変形に合わせて子が動くようにする設定のことです。❶のように親と子を設定したオブジェクトの場合、親が変形すると子もそれに合わせて変形し、子が変形しても親には影響がありません❷。アーマチュアと3Dモデルのペアレントの場合、アーマチュアが親で、3Dモデルが子となります。

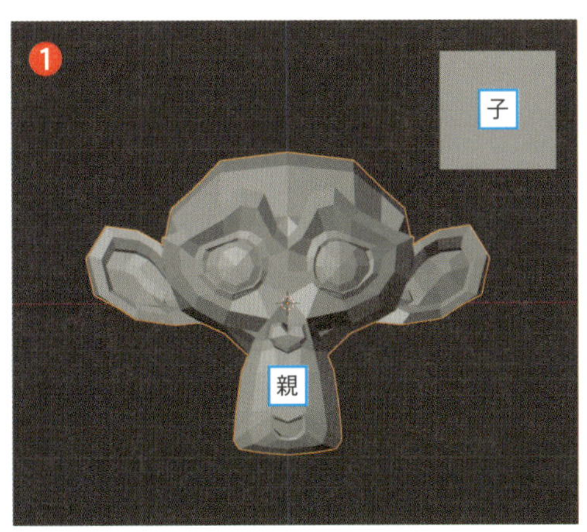


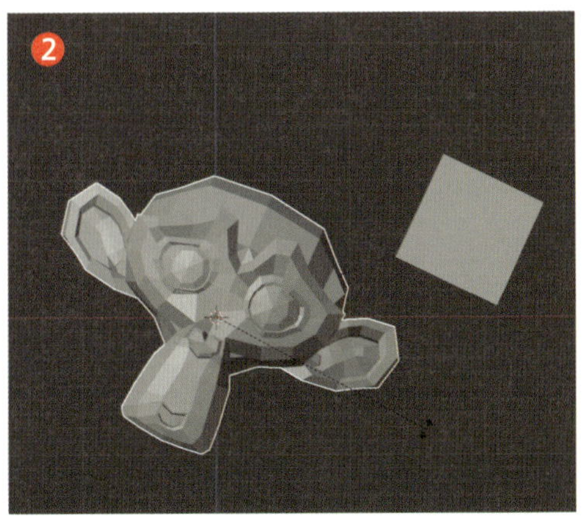

ペアレントの設定方法は、オブジェクトモードで、最初に子にしたいオブジェクトを選択し、次に親にしたいオブジェクト（正確にはアクティブなオブジェクト）をShiftで選択します。その後、ヘッダー内のオブジェクトメニュー＞ペアレント（Ctrl+Pキー）＞オブジェクトを選ぶことで、オブジェクト同士をペアレントの関係にすることができます。逆に、ペアレント解除をしたい時は、子のオブジェクトを選択し、ヘッダーのオブジェクト＞ペアレント＞親子関係をクリア（Alt+Pキー）を実行することで解除できます。アーマチュアの場合、ペアレントの設定は編集モードで、ヘッダー内のアーマチュア＞親から、各ボーンを選択する順番で設定することができます。アウトライナーを確認すると、子になったオブジェクトは親の階層内に格納されていることが分かります。アウトライナー内の親のオブジェクト名の左側にある矢印アイコンから、階層の開閉と確認が可能です。

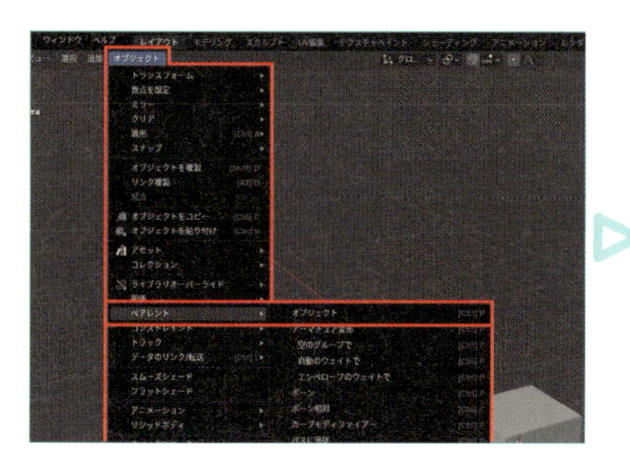

## 05 コレクションの確認
Step

Lineというコレクションには、ラインアートというカメラを使って輪郭線を管理するためのオブジェクトが格納されています。ラインアートとは、グリースペンシルというオブジェクトを使用して3Dモデルから輪郭線を抽出し、アニメ調の表現を行う機能です。本書で扱うキャラクターデータでは、ラインアートによって輪郭線が抽出されるように設定をしています。そのため、輪郭線を表示するにはカメラを配置する必要があります（カメラの配置は後ほど行います）。なお、ラインアートは処理が重くなる傾向があるため、このコレクションのビューレイヤーを除外を無効にしておくことをおすすめします。これにより、Lineコレクションはないものとして扱われるので、処理が軽くなります。この設定を有効にするのは、ポーズやアニメーション制作の最終段階に入った時です。

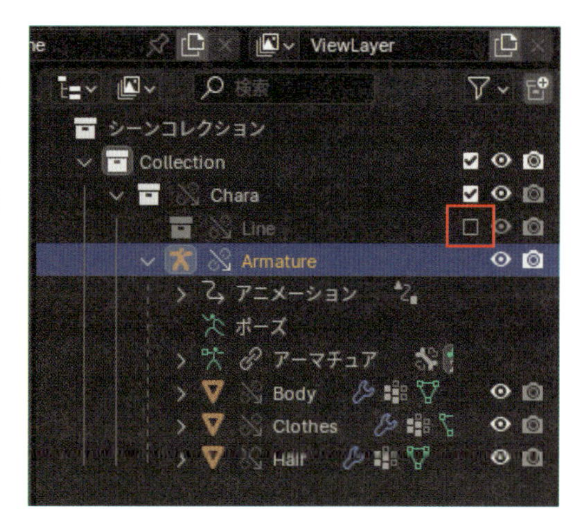

## 06 Step 選択可否と可視性の設定

**モデル**（**メッシュ**）が選択できる状態になっていますが、アニメーションの操作に関係がないため、誤って選択しないように設定を変更します。3Dビューポート右上のヘッダーにある**選択可否と可視性**をクリックします。表示されるメニューの中から**メッシュ**と**グリースペンシル**の右側にある矢印をクリックし、これらのタイプのみを選択できないように設定します。**グリースペンシル**は、コレクション**Line**内のラインアートを誤って選択するのを防ぐために選択不可にしています。

**POINT**

**選択可否と可視性**について

**選択可否と可視性**は**オブジェクトのタイプごとに表示や選択の可否を決める機能**です。目玉アイコンからはタイプごとに表示/非表示を切り替えられ、矢印アイコンから選択の可否を決定できます。たとえば、メッシュのみを非表示にしたい場合は、**メッシュ**の目玉アイコンをクリックすることで、すべてのメッシュを一括で非表示にできます。

## 07 Step レンダープロパティの設定

レンダリング時にテクスチャの色味が正常に映るように設定します。プロパティの**レンダープロパティ**パネル内にある**カラーマネージメント**には、**ビュー変換**という項目があります。これはフィルターのような役割を果たし、設定によってレンダリング時に色味をリアルに調整できます。ここを**標準**（フィルターなしの状態）にすると、色味が通常通りになります。レンダリング時にキャラクターの色味が霞んで見える場合、設定が**標準**ではなくデフォルトの**Agx**（カメラフィルムのような色味になります）になっている可能性がありますので、変更して下さい。

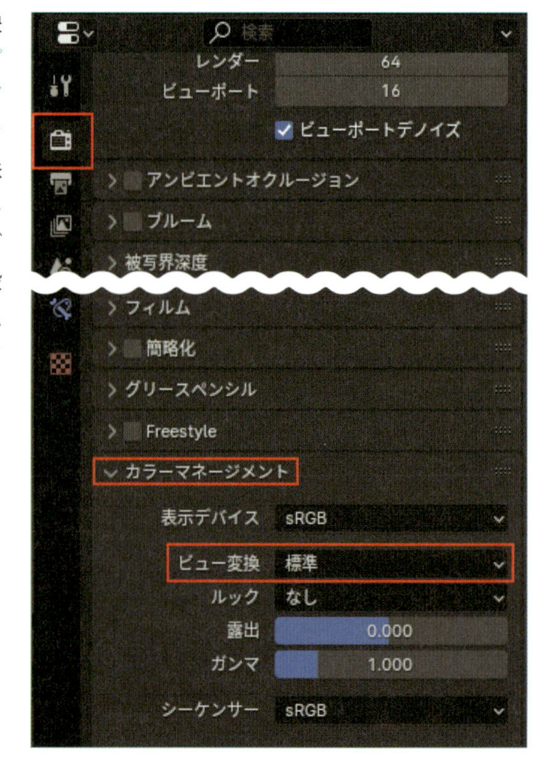

POINT

**読み込み元の修正が反映されない時は**

リンクを使用すれば、読み込み元を修正するだけで読み込み先にも反映されると説明しましたが、たまにエラーで反映されないことが起きます。その場合は、読み込み先で対象のオブジェクトやアーマチュアを右上のアウトライナーから選択し、右クリックを実行します。メニュー内にあるライブラリオーバーライド＞トラブルシュート＞再同期をクリックすることで反映されます。

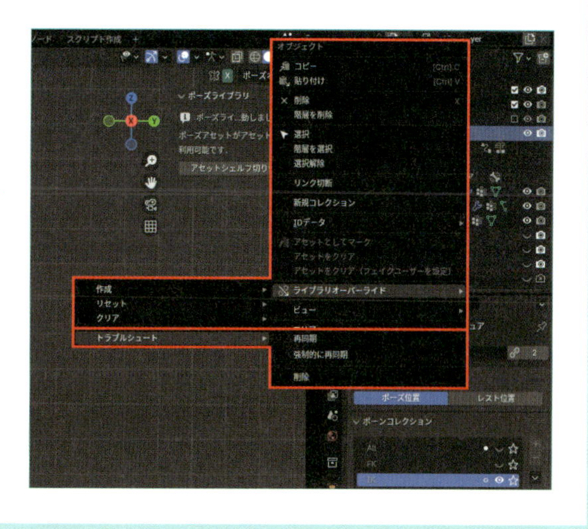

## 2-4 手のポーズをアペンドで読み込む

キャラクターの読み込みが終わったら、次は手の演技を行うためのポーズをアペンドで読み込みます。登録したポーズを使用することで、同じポーズを何度も作る手間が省けます。リンクで読み込むと設定が複雑になり、トラブルの原因となることがあるため、アペンドを使用することをおすすめします。手のポーズはアセットシェルフというポーズの呼び出しができるメニューを用いて操作します。また、このポーズを管理しているのはドープシートのアクションモードですので、こちらについても解説します。

### 01 Step メニューからアペンドの呼び出し

画面上部のトップバーからファイル＞アペンドを選び、Blender_poseフォルダ内にあるChapter02Chara.blendをダブルクリックします。

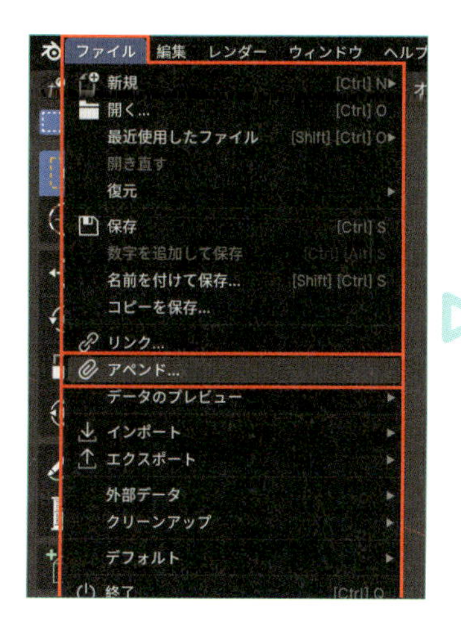

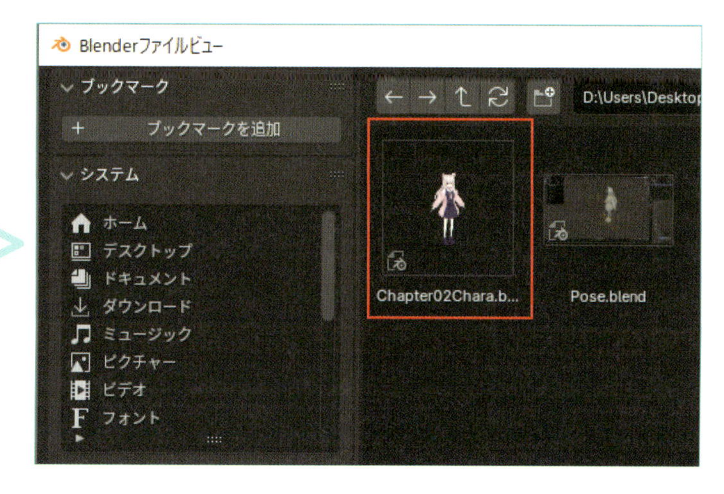

## 02 Step Actionをダブルクリック

フォルダが複数表示されるので、この中にある**Action**をダブルクリックします(このフォルダにはキーフレームに関するデータが格納されています)。

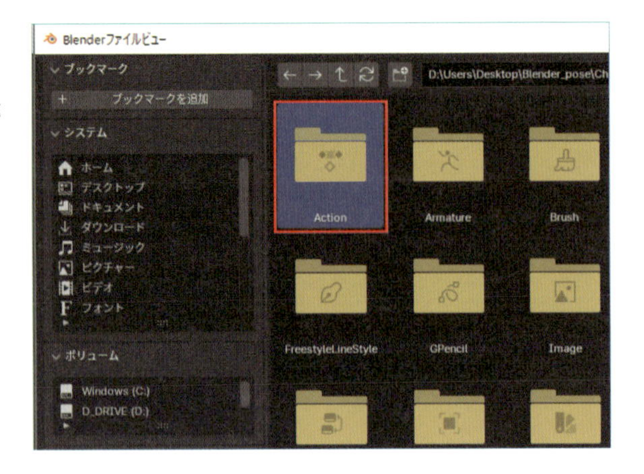


## 03 Step ポーズの読み込み

手のポーズがこの中に格納されていますので、すべてのアクションを**Shift**で選択します❶。あるいは左ドラッグですべてのポーズを選択するのも良いでしょう。次に**アペンド**を実行し、アクションを読み込みます❷。これらの手のポーズは**ポーズライブラリ**という機能を用いて登録したもので、この機能に関しましては後ほど解説します。

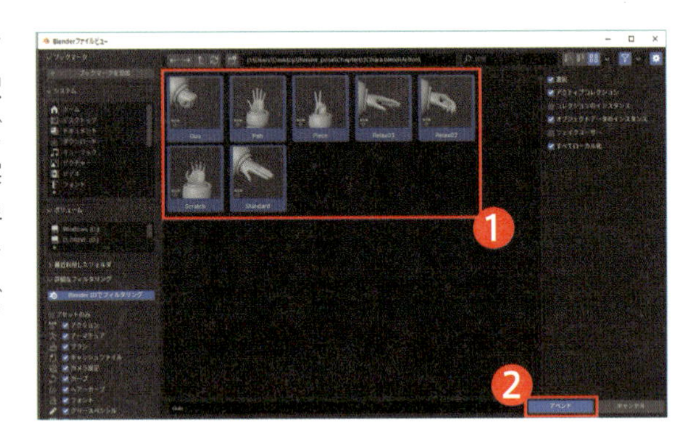


## 04 Step ポーズモードに切り替える

手のポーズが読み込まれたかを確認します。先ほど読み込んだポーズは**アセットシェルフ**というメニューから確認を行うことができます。この**アセットシェルフ**はリグの**ポーズモード**でないと確認ができないので、リグを**ポーズモード**に切り替える必要があります。**オブジェクトモード**でリグを選択し、左上のモードから**ポーズモード**に変えます。登録されたポーズは、**ポーズモード**でアーマチュアを動かして作られたものなので、登録されたポーズの適用もこのモードでないとできません。

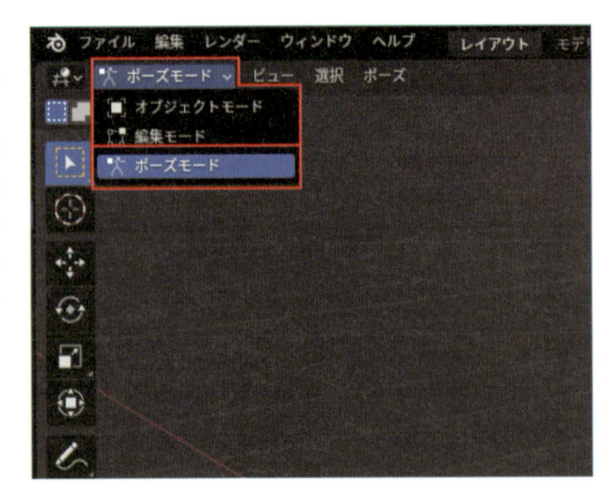

## 05 Step アセットシェルフを表示

右側にある**サイドバー**（**Nキー**）から**アニメーション**タブをクリックし❶、**ポーズライブラリ**パネルを開きます。次に、**アセットシェルフ切り替え**をクリックすると❷、3Dビューポートの下に**アセットシェルフ**メニューが表示されます。**ポーズライブラリ**は、キャラクターのポーズを登録する機能です。**アセットシェルフ**は、ポーズライブラリで保存したポーズを管理し、簡単にアクセスできるようにする機能です。
このメニューを閉じるには、**アセットシェルフ切り替え**を再度クリックか、メニュー上部を下にドラッグです。

※サイドバーに**アニメーション**タブが表示されない場合は、トップバーから**編集**＞**プリファレンス**を選び、**アドオン**タブに移動します。**アドオン**内で**アニメーション：ポーズライブラリ**にチェックマークを付けて有効にして下さい（Blender4.2は**Pose Library**と表示されています）。アドオンとは、Blenderに機能を追加するものです。**ポーズライブラリ**はその一種で、常に有効にしておくことをおすすめします。

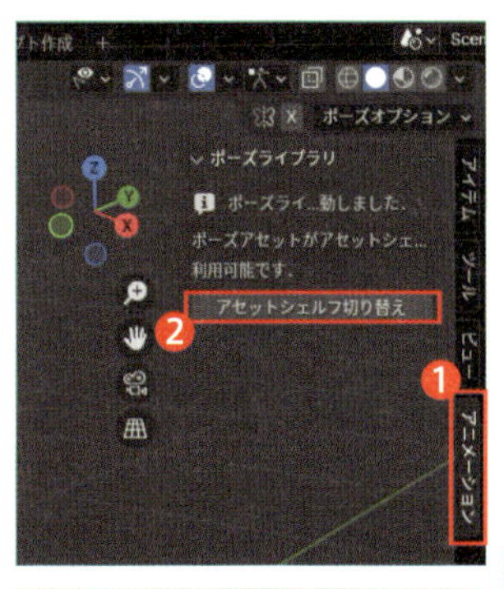


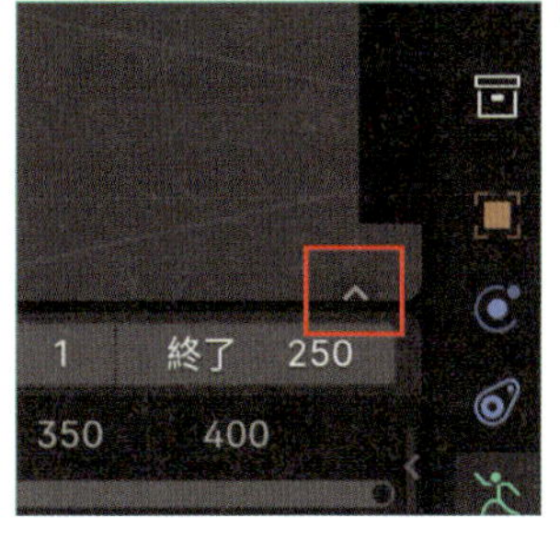


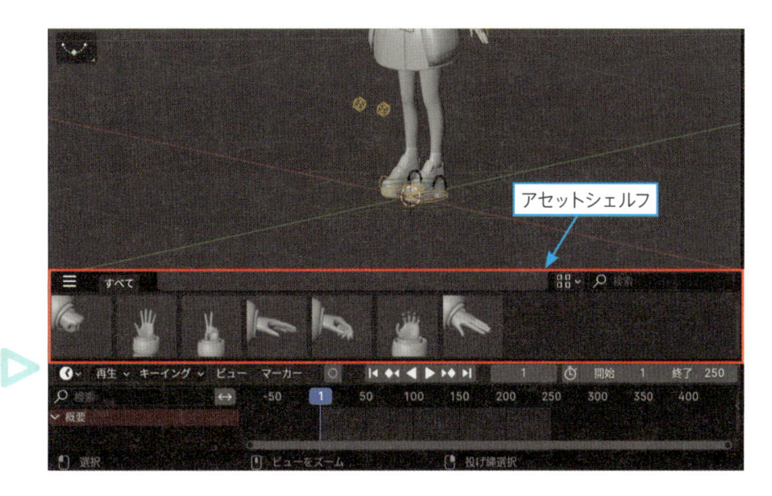


**MEMO**

Blender4.3以降では**アニメーション**タブはありませんので、3Dビューポートの右下にある小さな矢印アイコンをクリックして**アセットシェルフ**を表示しましょう。

## 06 Step ボーンの確認

実際にポーズを呼び出してみましょう。ポーズを適用するには二つの方法があります。一つは**ポーズモードで何も選択されていない状態で呼び出す**こと、もう一つは**ポーズモードで対象のボーンを選択して呼び出す**方法です。ここでは、前者の何も選択されていない状態でアセットシェルフからポーズを呼び出す方法を説明します。まず、**ポーズモード**でボーンが何も選択されていないことを確認します。選択を解除するには、3Dビューポートの空白部分を左クリックするか、ショートカットの**Alt+Aキー**を押します。

## 07 Step ポーズを反映させる

3Dビューポートの下にあるアセットシェルフのサムネイルを左クリックします。すると、手のポーズが適用されます。このように、ボーンを選択していない状態でサムネイルをクリックすると、簡単に手のポーズが反映されます。確認が終わったら、手のポーズをデフォルトのStandardに戻しておきましょう。また、サムネイルにマウスカーソルを置くと、ポーズの名前が表示されます。

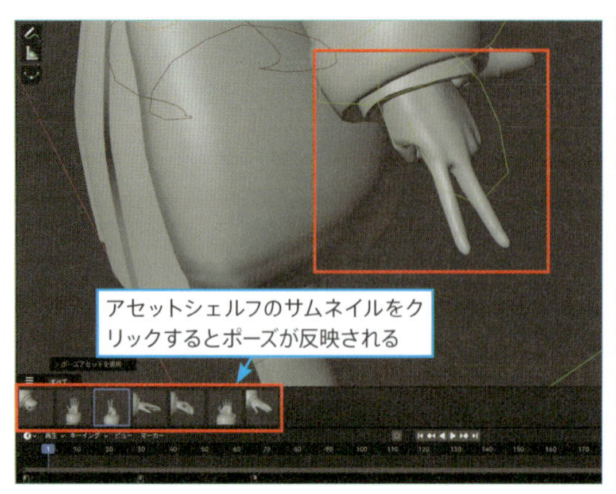


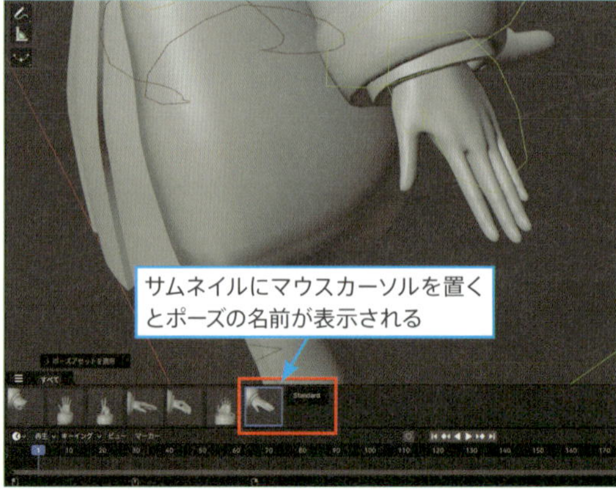


## 08 Step ドープシートに切り替える

この手のポーズがどのように管理されているかを確認しましょう。ポーズやアニメーションのデータを複数管理できる機能があり、今後の作業に役立つので紹介します。レイアウトタブでは下部がタイムラインになっているので、左上のエディタータイプからドープシートに切り替えます（アニメーションタブのドープシートでも作業できます）。

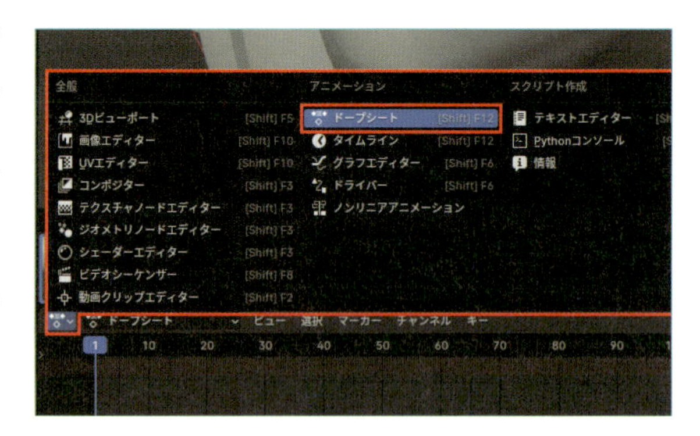


## 09 Step モードをアクションに変更

ドープシートの左側にあるモードは、キーフレームの管理方法を変更するプルダウンメニューです。ここをクリックしてアクションを選択します。

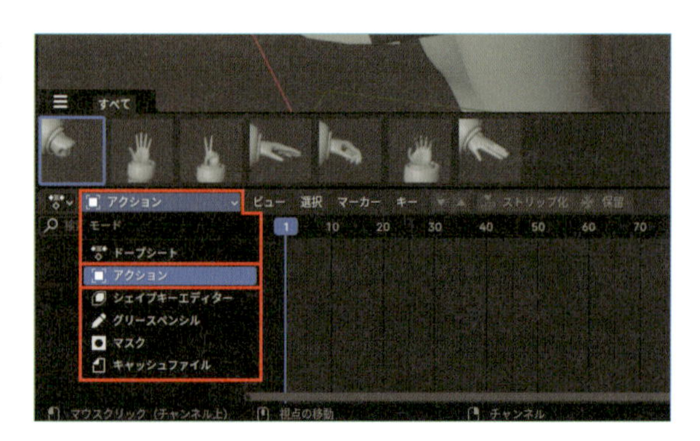

## 10 Step 新しいアクションを作成

ドープシートのヘッダーの中央にある**新規**ボタンをクリックすると、新しいアクションを作成できます。また、右側にある盾のアイコン（フェイクユーザー）をクリックして有効にすると、トラブルを防げます。既にアクションのデータが存在する場合は、右側のバツボタンをクリックすると**新規**が表示され、新たにアクションの作成が可能になります。

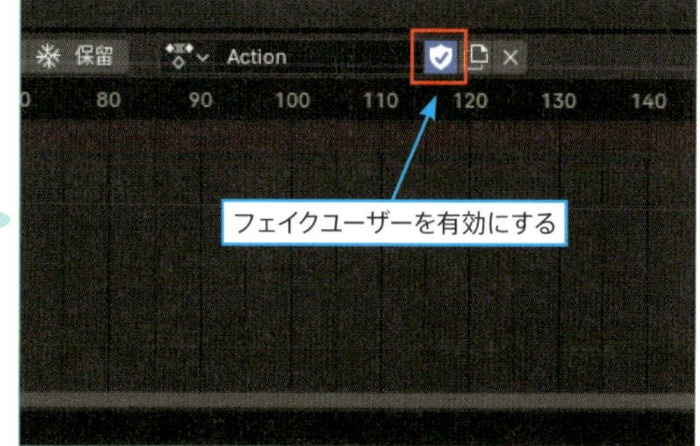


### POINT

#### アクションの基本解説

アクションとは、複数のポーズやアニメーションの管理、登録したポーズを確認するためのドープシートのモードの一つです。たとえば、キャラクターの**歩き**や**走り**のアニメーションを別々に管理したい場合、このモードが便利です。ドープシートのヘッダー上部の操作は以下の通りです。

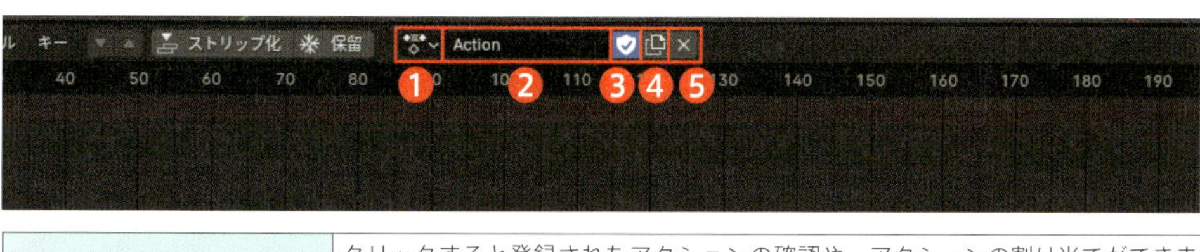


| | |
|---|---|
| ❶リンクするファイルを閲覧 | クリックすると登録されたアクションの確認や、アクションの割り当てができます。ポーズライブラリで登録したポーズもここに格納されています |
| ❷名前 | アクションの名前を変更できます |
| ❸フェイクユーザー | 有効にするとBlenderを閉じたとき、自動で削除されるのを防ぎます（Blenderは容量を軽くするため、使用されていないデータを自動で削除します） |
| ❹新規アクション | 現在割り当てているアクションを複製し、新たにアクションを作成します |
| ❺アクションをリンク解除 | オブジェクトに割り当てているアクションのリンクを解除します。これにより割り当ては解除されますが、アクションそのものは削除されません |

なお、デフォルトのモードであるドープシートは、アクションのように複雑な設定項目がないシンプルなモードです。キャラクターの動きや表情を繰り返し使いたい場合はアクションを使用し、アニメーション制作時に全体のタイミングやキーフレームを調整するためにはドープシートを使うと良いでしょう。

## 11 Step リンクするアクションを閲覧からActionに変更

ドープシートのヘッダーにある**リンクするアクションを閲覧**をクリックすると、登録されたアクションを閲覧できます。先程読み込んだアクションもここに格納されています。左側に本が並んでいるアイコンは登録されたポーズを示しており、アセットシェルフから呼び出すことができます。また、**F**の文字は**フェイクユーザー**を有効にしているアクションを示し、Blenderを閉じても削除されません。間違って手のポーズにキーフレームを打つのを防ぐために、ここで割り当てるアクションは先ほど新規に作成した**Action**にしておきましょう。

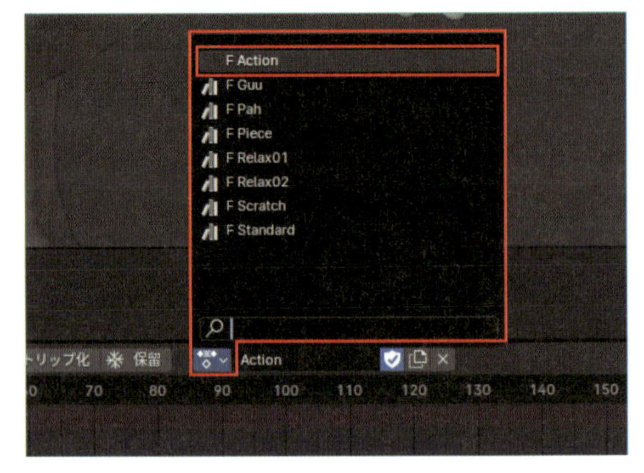


### POINT

#### 不要なアクションを削除する方法

アウトライナーの左上にある**表示モード**を**Blenderファイル**に切り替えます❶。次に、**現在のファイル**内の**アクション**パネルをクリックすると、登録されているアクションが表示されます❷。不要なアクションを右クリックし、メニューから**削除**を選択すると、そのアクションが削除されます❸。作業が終わったら、**表示モード**を**ビューレイヤー**に戻しましょう。登録したポーズも同様に、この操作で削除可能です。

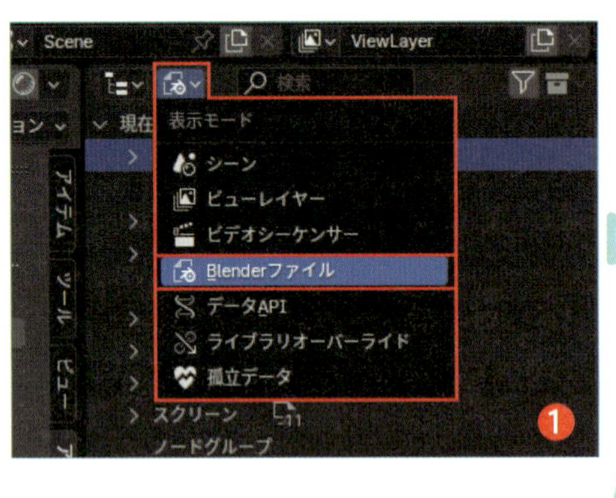

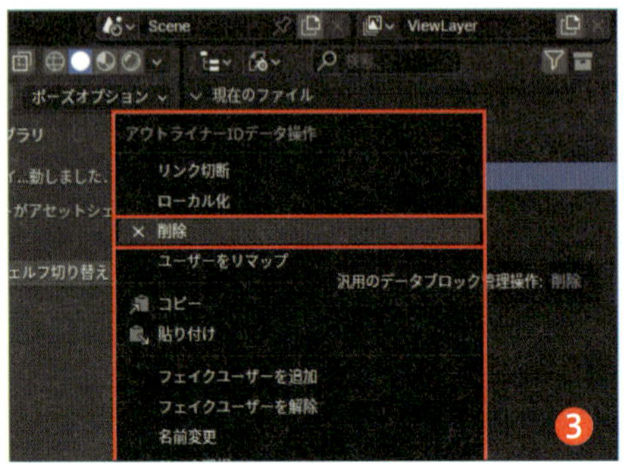

## POINT

### ポーズを登録する方法

手のポーズは**ポーズライブラリ**の**ポーズアセットを作成**機能を使用して保存しています。この機能は**ドープシート**エディターのサイドバー（**Nキー**）の**ポーズアセットを作成**パネル内にあります。登録したいボーンを**ポーズモード**で選択し、**ポーズアセットを作成**をクリックすると❶、ドープシート上にキーフレームが挿入され、ポーズが登録されます。対象のボーンを選択しないとポーズは登録されないので注意して下さい（各ボーンの表示方法については後ほど解説します）。サムネイルを作成するには、カメラを用意する必要があります。**オブジェクトモード**で**追加**（**Shift＋Aキー**）＞**カメラ**を選び、ポーズ全体が見えるようにカメラを配置します。カメラ視点を操作する際は、カメラ視点（**テンキーの0キー**）に切り替えて、3Dビューポートの右側にある南京錠アイコンを有効にしてカメラ視点を固定すると良いでしょう❷。カメラの位置が決まったら、**ポーズアセットを作成**をクリックし、**アセットシェルフ**内に新たにポーズを登録します。

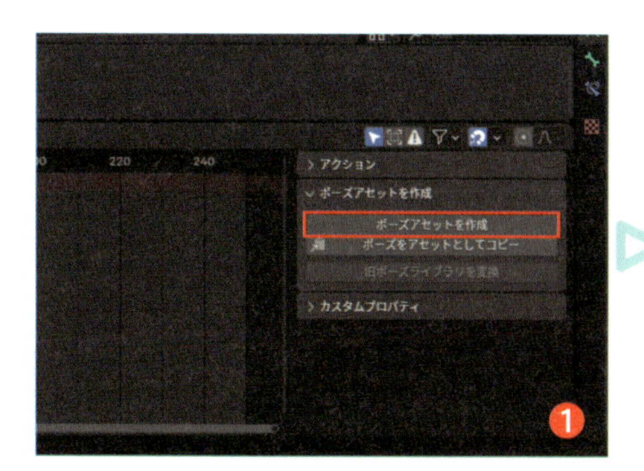


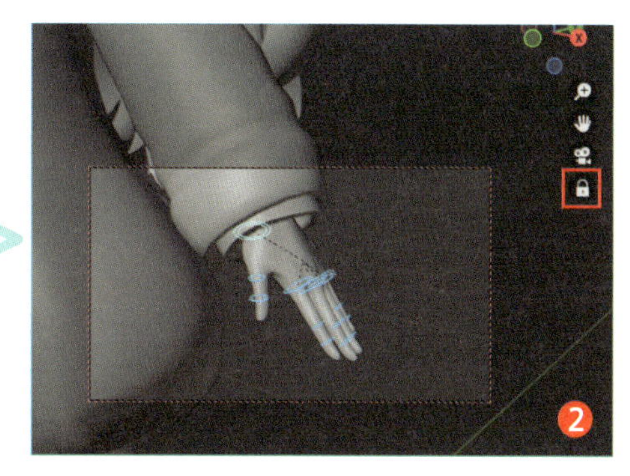

Chapter 2

3

# リグの解説

本書で使用するキャラクターには、複数のボーンが設定されています。それぞれのボーンの役割を理解することで、アニメーションを自分の思い通りに作成できるようになります。ここでは、各ボーンの役割について解説します。

## 3-1 各ボーンには役割がある

本書で使用するキャラクターのボーンは、以下の役割を持っています。画像は**ポーズモード**ですべてのボーンを選択した状態にしています。リグはゲーム機のコントローラーのようなもので、各ボーンはコントローラーのスティックやボタンのように、特定の役割を果たしています。たとえば、手のボーンは腕の動きを制御し、足のボーンは脚や足首の動きを調整します。また、各ボーンは**カスタムシェイプ**という機能を使って形を変えています。これは、ボーンにメッシュ（形状）を割り当てることでリグを見やすく、操作しやすくする機能です。他にも表情を制御するボーンが存在しますが、こちらは後ほど解説します。

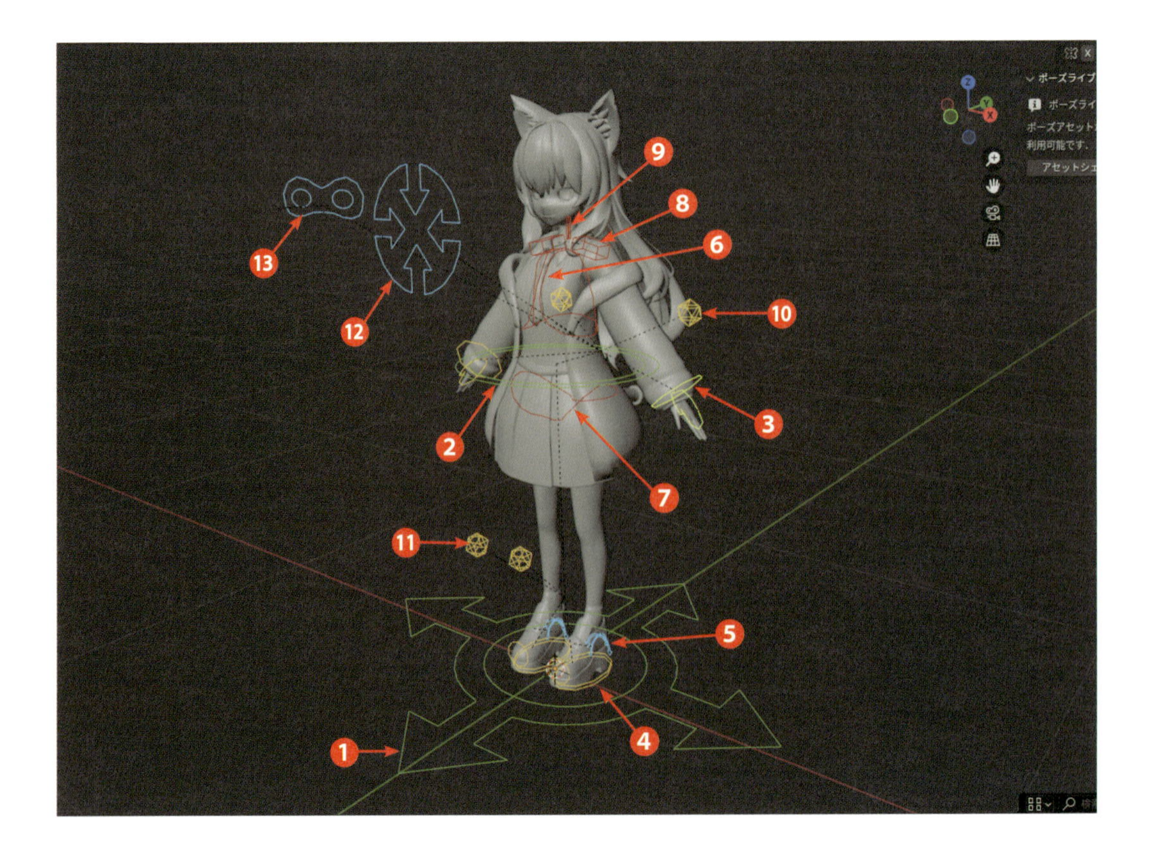

| | |
|---|---|
| ❶Root | キャラクター全体を動かす最上位のボーンです。キャラクターの基礎的な位置決めや移動に使用されます。 |
| ❷RootUpper | キャラクターの上半身を動かさずに、下半身だけ動かすことができるボーンです。 |
| ❸HandIK | 手を動かすためのボーンです。黄色いミトンのような見た目に変更しています。腕のポーズや動きを表現するために使用します。 |
| ❹FootIK | 足を動かすためのボーンです。黄色いスリッパのような見た目に変更しています。膝の屈伸や足の運びを制御します。 |
| ❺Footheel.Control | かかとを上げることで、足のつま先を変形させることができるボーンです。 |
| ❻Chest.Control | 胸を動かすためのボーンで、変形すると腰も連動して動くように設定しています。赤い肺のような見た目に変更しています。 |
| ❼Hips.Control | 骨盤を動かすためのボーンです。赤いパンツのような見た目に変更しています。 |
| ❽Shoulder | 肩の向きを変えるボーンです。腕を動かす際はこちらも調整すると良いでしょう。 |
| ❾Neck | 首を制御するボーンです |
| ❿ElbowIK | 肘の向きを調整するボーンです |
| ⓫KneeIK | 膝の向きを調整するボーンです |
| ⓬HeadIK | 顔の向きを調整するボーンです |
| ⓭EyeIKCenter | 目の向きを調整するボーンです。このボーンの中にある球体を動かすと、左右の目をそれぞれ調整することが可能です |

## 3-2 各ボーンを動かそう

各ボーンを動かすことで、キャラクターがどのように動くかを実際に確かめてみましょう。まずは**Root**というボーンを動かして、キャラクター全体が動くことを確認します。**Root**とは、キャラクター全体を動かすボーンで、直訳すると**根源**という意味です。リグの最上位のコントローラーであり、**Root**を変形させると、他のボーンも連動して変形します。主にキャラクターの立ち位置を決める際に使用するボーンで、アニメーション制作では必須となります。

### 01 Step 事前設定

ボーンを動かす前に、以下の設定の変更を行います。トランスフォーム座標系を**ローカル**にし❶、トランスフォームピボットポイントを**それぞれの原点**にします❷。次にビューポートシェーディングが**ソリッド**であることを確認しましょう❸。**ローカル**にすることで、ボーンの座標軸を基準に変形できるようにします。また、トランスフォームピボットポイントを**それぞれの原点**に設定することで、各ボーンを一括して変形しやすくします。ビューポートシェーディングを**ソリッド**にすることで、動作が重くならないようにします。アニメーションを作る時は、キャラクターの動きを正確に制御するために、座標軸とピボットポイントを確認することが重要です。特にピボットポイントが不適切に設定されていると、ボーンが意図しない方向に回転することがあります。

## 02 Step ポーズモードに切り替え

オブジェクトモードでキャラクターのリグを左クリックで選択した後、左上のモードメニューからポーズモードに切り替えます。ポーズモードはボーンの各部分を動かしてポーズやアニメーションを制作するモードです。このモードでは、キャラクターの動きを細かく調整したり、ポーズを正確に設定したりすることができます。ポーズやアニメーションの編集はポーズモードでのみ可能なので、アニメーション制作を行う際には必ずこのモードに切り替えて作業を進める必要があります。

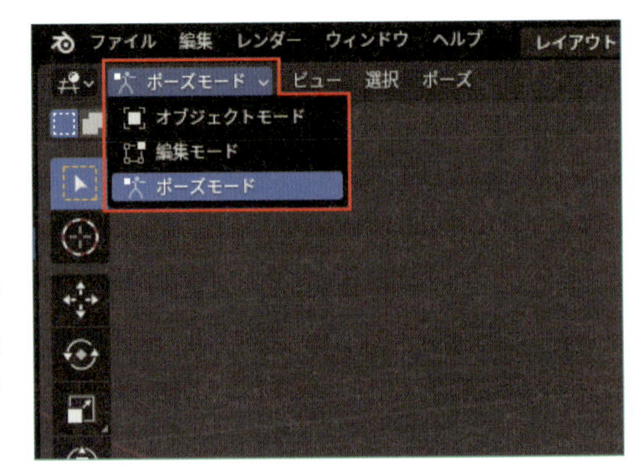


## 03 Step Rootを選択し、移動コマンドを選択

キャラクターの真下にある大きな矢印が付いた円は、Rootというボーンです。このボーンはキャラクターの位置を決めるために使用され、立ち位置を決める役割を持っています。キャラクターの真下に配置されることが多いです。Rootボーンを左クリックで選択し、次に移動のショートカットのGキーを押します。

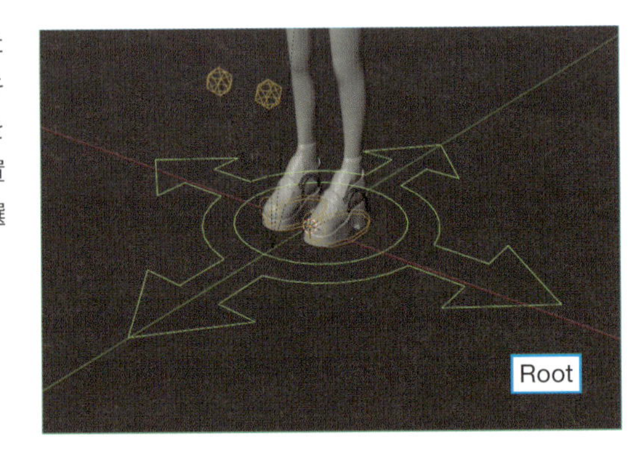


## 04 Step Rootの移動

すると、Rootボーンの動きに合わせて他のボーンもすべて連動して動くようになります。位置の決定は左クリックで行い、移動のキャンセルは右クリックで行います。ここでは一旦右クリックでキャンセルしましょう。左クリックで決定した場合は、Ctrl+Zキーで一つ前に戻りましょう。

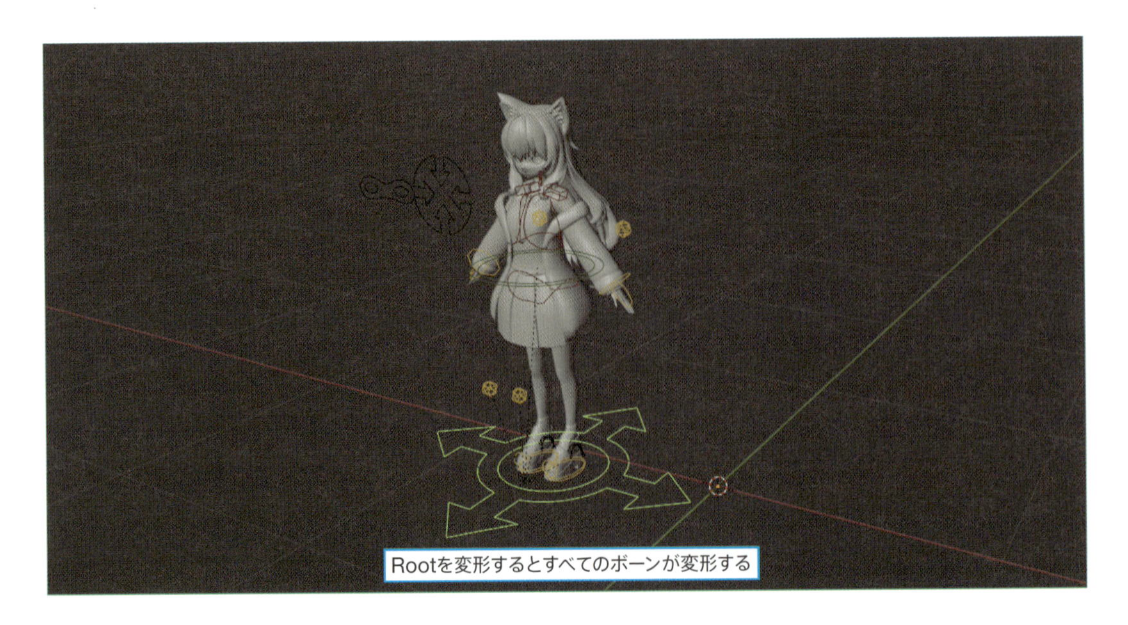

POINT

### リグの変形をキャンセルする操作

ボーンの変形のキャンセルは、**ポーズモード**から**Aキー**ですべてのボーンを選択し、3Dビューポートのヘッダーから**ポーズ**＞**トランスフォームをクリア**＞**すべて**を実行することで行えます。この機能は、ポーズやアニメーションを作る時、設定したポーズをリセットして元の状態に戻すために使用します。この操作によって、ボーンが初期の状態に戻り、再度新しいポーズを作成することができます。また、このメニューから位置（**Alt+Gキー**）、回転（**Alt＋Rキー**）、拡縮（**Alt+Sキー**）を実行することで、各変形をキャンセルすることが可能です。これらのショートカットはキャラクターアニメーションでよく使用しますので覚えておくと良いでしょう。

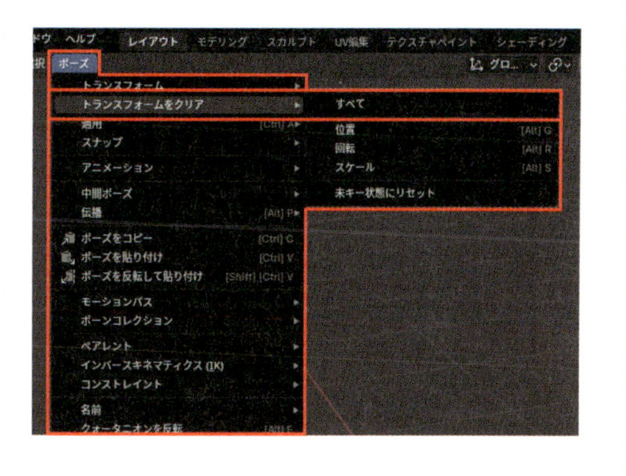


## 05 Step RootUpperを動かす

キャラクターの腰周りにある二重の円は**RootUpper**と呼ばれるボーンです。このボーンは、キャラクターの上半身を動かさずに下半身だけ動かすことができます。これにより、たとえば階段を上るアニメーションなどを簡単に制作することができます。**RootUpper**を選択し、移動の**Gキー**を押して動作を確認してみましょう。確認が終わったら、右クリックでキャンセルをします。

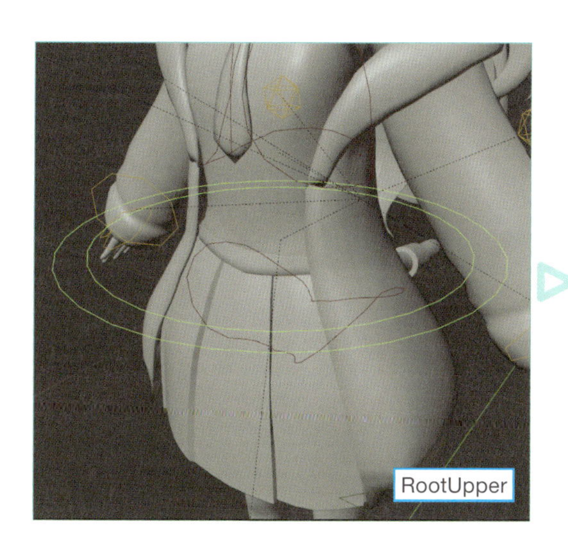
RootUpper

RootUpperを動かすと下半身は動くが、上半身は動かない

## 3-3 手と足のボーンを動かそう

ポーズやアニメーションを作成する際、手や足の動きによって、キャラクターのアクションをより魅力的に見せることができます。以下の手順で、手と足のボーンを使って動きを確認してみましょう。

### 01 Step 手を動かす

キャラクターの手には、黄色いミトン型のボーン（**HandIK**）があります。このボーンを選択し、**Gキー**を押して移動すると、キャラクターの手がこのボーンに追従して動き、肘も手の位置に合わせて曲がります。動作確認が終わったら、右クリックで移動をキャンセルしましょう。

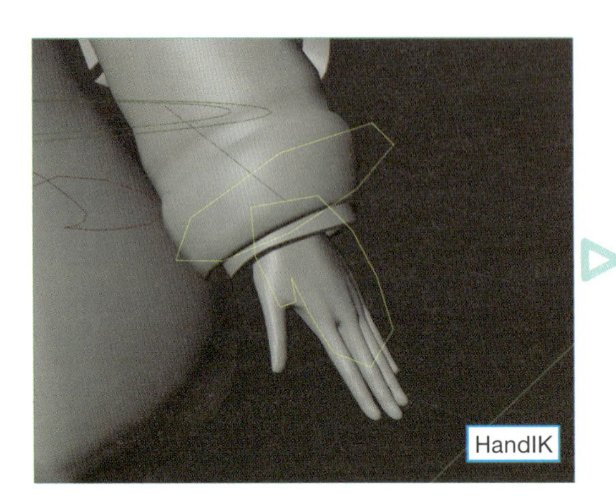

HandIK

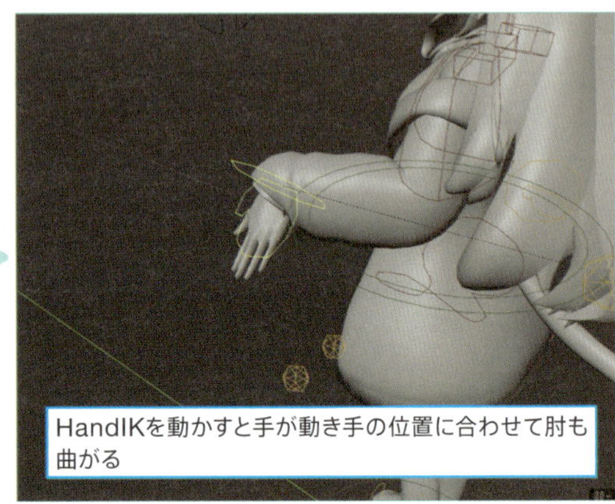

HandIKを動かすと手が動き手の位置に合わせて肘も曲がる

### 02 Step 足を動かす

足に黄色いスリッパのようなボーン（**FootIK**）があります。こちらも**HandIK**と同様に、選択して**Gキー**で移動させせると、足がこのボーンに追従し、膝も足の位置に合わせて曲がります。確認が終わったら、右クリックで移動をキャンセルしましょう。手や足を追従させる仕組みを**IK**（**インバースキネマティクス**）と呼び、これに関しては後で解説をします。

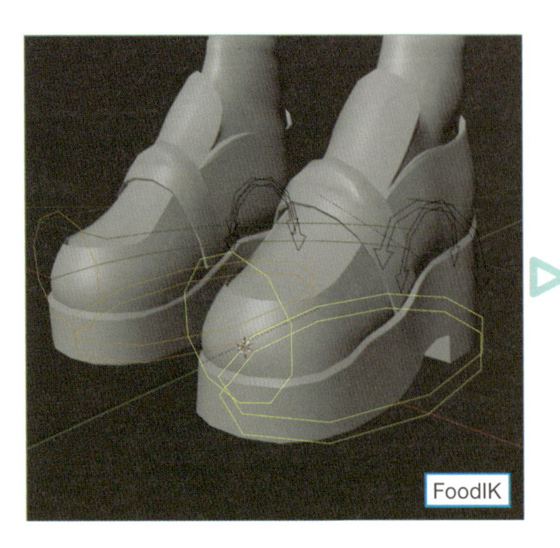

FoodIK

FoodIKを動かすと足が動き、足の位置に合わせて膝も曲がる

## 03 Step かかとを動かす

足のかかとには、矢印型のボーン（**Footheel.Control**）があります。このボーンはかかとを上げたり下げたりするためのもので、移動はできませんが、回転の**Rキー**のみで操作可能です。**Footheel.Control**を選択し、**Rキー＞Zキー**（ローカル軸）を実行すると、かかとの上げ下げができます。このボーンを使うことで、つま先を曲げる動作と、足のかかとを上げる動作を制御できます。足を地面に設置させるにはこのボーンが重要です。

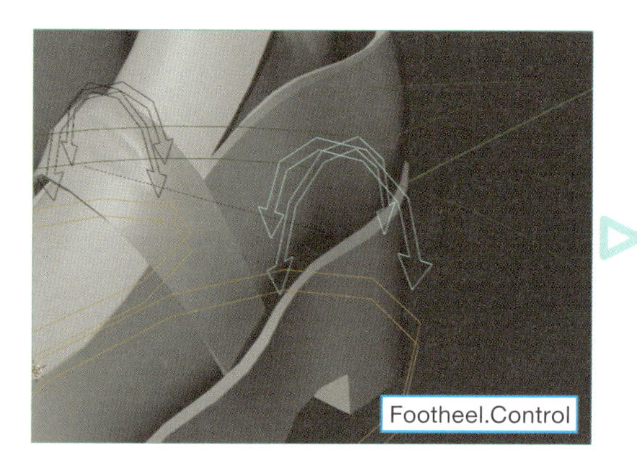


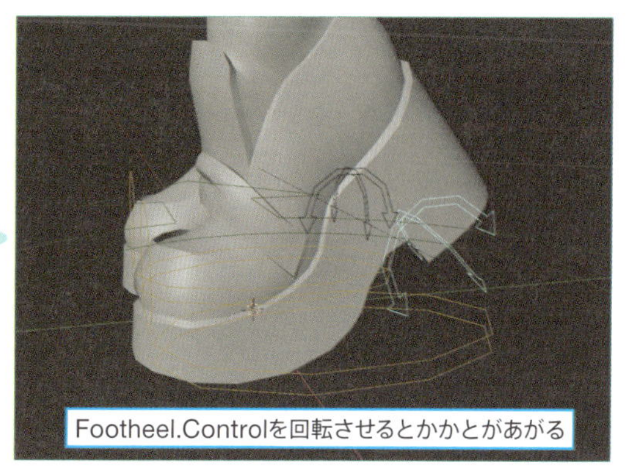


## 04 Step 肘と膝の向きを制御

肘と膝には、カクカクした球体（ICO球）のボーン（**ElbowIK**と**KneeIK**）があります。これを選択し、**Gキー**で移動させることで、肘と膝の向きを制御できます。たとえば、**FootIK**や**HandIK**を動かした後に、**ElbowIK**と**KneeIK**を使って肘と膝の向きを調整します。すべてのボーンの操作が終わったら、**Aキー**で全選択し、**Alt+Gキー**で位置のリセット、**Alt＋Rキー**で回転をリセット、**Alt+Sキー**でスケールをリセットしましょう。

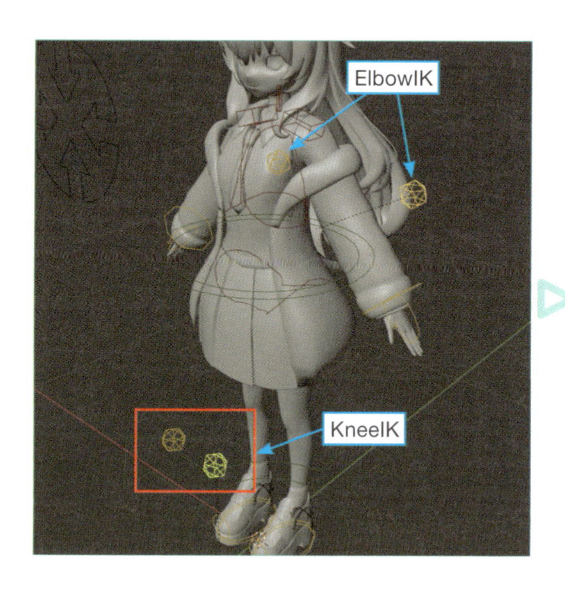

## 3-4 顔と目を制御するボーンについて

キャラクターの表情を豊かにするためには、目や顔の動きを上手に制御することが重要です。本書で使用するキャラクターの顔と目の向きを変えるには、以下のボーンを使います。

### 01 Step 顔を動かす

キャラクターの顔の正面には、中央に矢印が集中する形のボーン（**HeadIK**）があります。このボーンを選択し、**Gキー**で移動させると、キャラクターがこのボーンのある方向に向きます。また、**Rキー**で回転させると、顔も同時に回転します。このボーンがあることで、顔の向きを簡単に変えることができ、たとえば歩きながらや走りながら一定の方向を向くアニメーションを制作するのが容易になります。

HeadIK

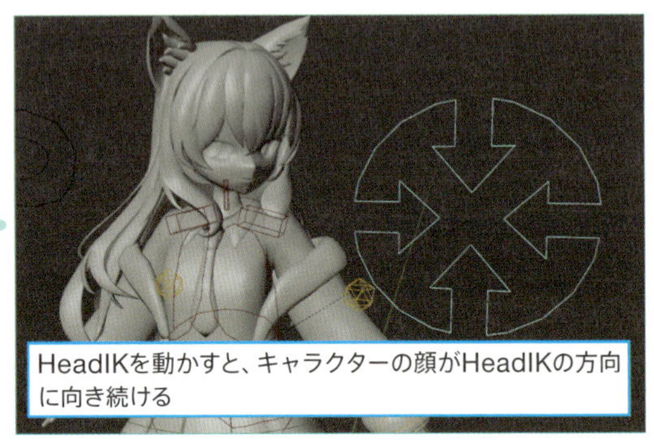
HeadIKを動かすと、キャラクターの顔がHeadIKの方向に向き続ける

### 02 Step 目を動かす

顔の**HeadIK**ボーンのやや手前には、マスクのような形状のボーン（**EyeIKCenter**）があります。マスク型のボーンを選択して**Gキー**で移動させることで、キャラクターの目の向きを変えることができます（キャラクターがこのボーンの方を見ます）。また、**EyeIKCenter**の中央にある小さな円は、左右の目を別々に動かすためのボーンです。このコントローラーを使うことで、目の向きを簡単に調整できます。操作が終わったら、**Aキー**ですべてのボーンを選択し、変形をキャンセルするために**Alt+Gキー**で位置をリセット、**Alt＋Rキー**で回転をリセット、**Alt+Sキー**でスケールをリセットしましょう。

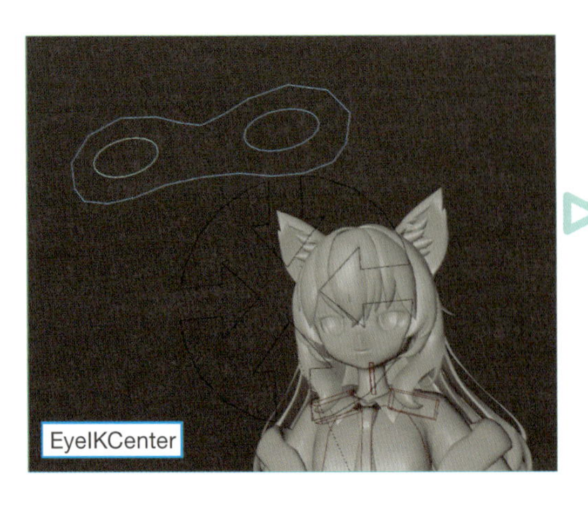
EyeIKCenter

EyeIKCenterを動かすとキャラクターの目がEyeIKCenterの方にむく

## 3-5 胴体を制御するボーンについて

キャラクターの胴体は、アニメーションやポーズの制作において非常に重要です。特に腰は、キャラクターの立ち位置や身体全体のバランスを決める重要なパーツです。腰のボーンを使って身体の重心を調整することで、自然な立ち姿を作ることが可能です。

### 01 Step 上半身を動かす

身体の上半身には、赤色の肺のような形状のボーン(**Chest.Control**)があります。このボーンを選択し、**Gキー**で移動させたり、**Rキー**で回転させたりすることで、上半身の動きを制御します。このボーンは、腰のボーンとも連動して動くように設定されていますが、腰のボーンはデフォルトで非表示になっています。なお、このボーンを動かしても顔が正面を向いたままなのは、顔を制御する**HeadIK**ボーンが正面に固定されているためです。

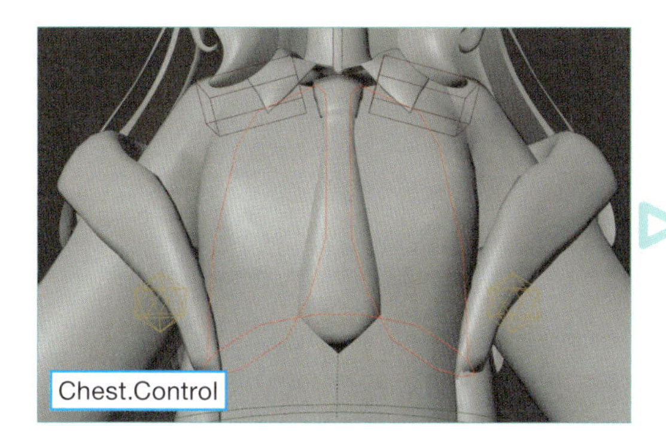

### 02 Step 下半身を動かす

キャラクターの下半身には、赤色の骨盤のような形状をしたボーン(**Hips.Control**)があります。このボーンを選択し、**Gキー**で移動させたり、**Rキー**で回転させたりすることで、下半身の動きを制御できます。このボーンは、足を地面に設置したり、キャラクターの身体の傾きを調整したりする際に非常に重要です。多くの場合、最初に動かすことが多い重要なボーンです。

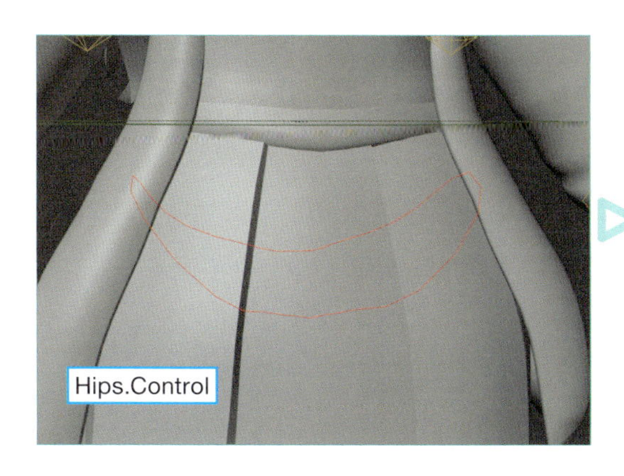


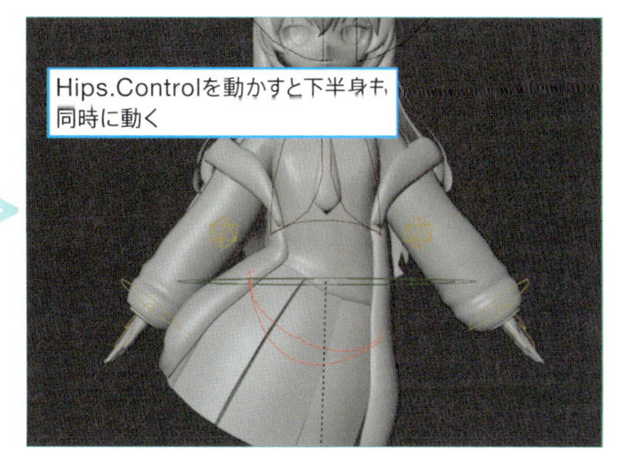

## 03 Step 肩を動かす

肩には四角い立方体の形状をしたボーン（**Shoulder**）があります。腕を動かす際には、肩のボーンも動かすことを忘れないように注意しましょう。また、首に細長いボーン（**Neck**）があり、こちらを使って首の向きを制御します。操作が終わったら、**Aキー**ですべてのボーンを選択し、変形をキャンセルするために**Alt+Gキー**で位置をリセット、**Alt＋Rキー**で回転をリセット、**Alt+Sキー**でスケールをリセットするようにしましょう。

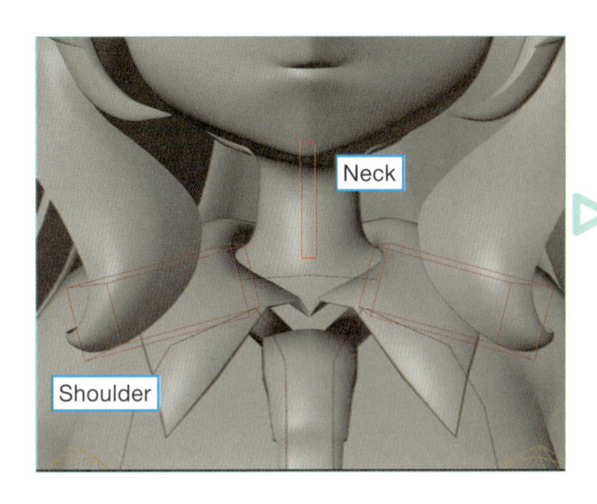

**POINT**

### ビューポート表示について

リグを選択し、プロパティの**オブジェクトデータプロパティ（人型のアイコン）**の**ビューポート表示**パネル内で**名前**を有効にすると、3Dビューポート上にボーン名が表示されます。作業中にどのボーンがどれか分からなくなった場合は、この機能を活用して下さい。また、**最前面**を有効にすると、ボーンが常に他のオブジェクトよりも前に表示されます。さらに、**座標軸**を有効にすると、各ボーンの根元に座標軸が表示されるようになります。これにより、ボーンの向きや動作方向が分かるようになります。

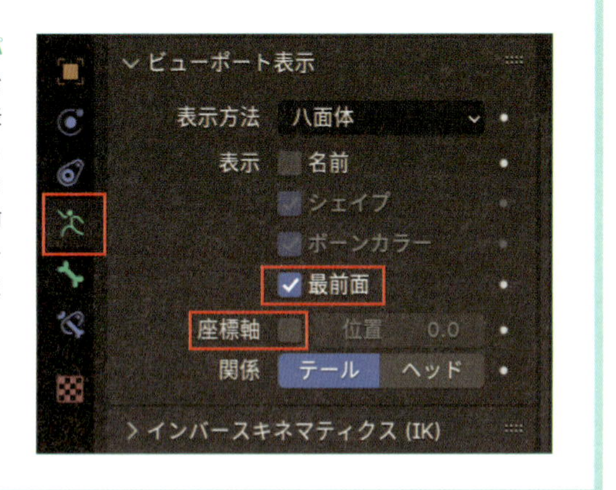

Chapter 2

4

# IKとFKについて

このリグを扱う上で重要なIKとFKについて解説します。キャラクターを動かすためには、IKとFKという2種類の方法があります。これらを理解し、適切に使い分けることが重要です。



## 4-1 IKとFKとは何か

IK（インバースキネマティクス）とは**一つのボーンを動かすだけで、複数のボーンが連動する仕組み**のことです。一方、FK（フォワードキネマティクス）とは**一つひとつボーンを動かす仕組み**です。3DCGアニメーションは、IKとFKを使い分けながら制作するのが一般的です。FKは各ボーンを手動で制御するため、細かい動きのコントロールが可能ですが、ポーズ作りに時間がかかります。たとえば、脚を地面に着地させたいときには、脚を動かし、膝を曲げ、足首やつま先を調整し、さらに足が地面にめり込んでいないか確認する、といった多くの操作が必要になります。IKを使用すれば、これらの操作を一つのコントローラーだけで簡単に行うことができます。ただし、IKは便利な反面、細かい動きのコントロールが難しいことや、位置が固定されることで不自然な動きが生じやすいという欠点もあります。それぞれにメリットとデメリットがあるため、状況に応じて使い分けると良いでしょう。

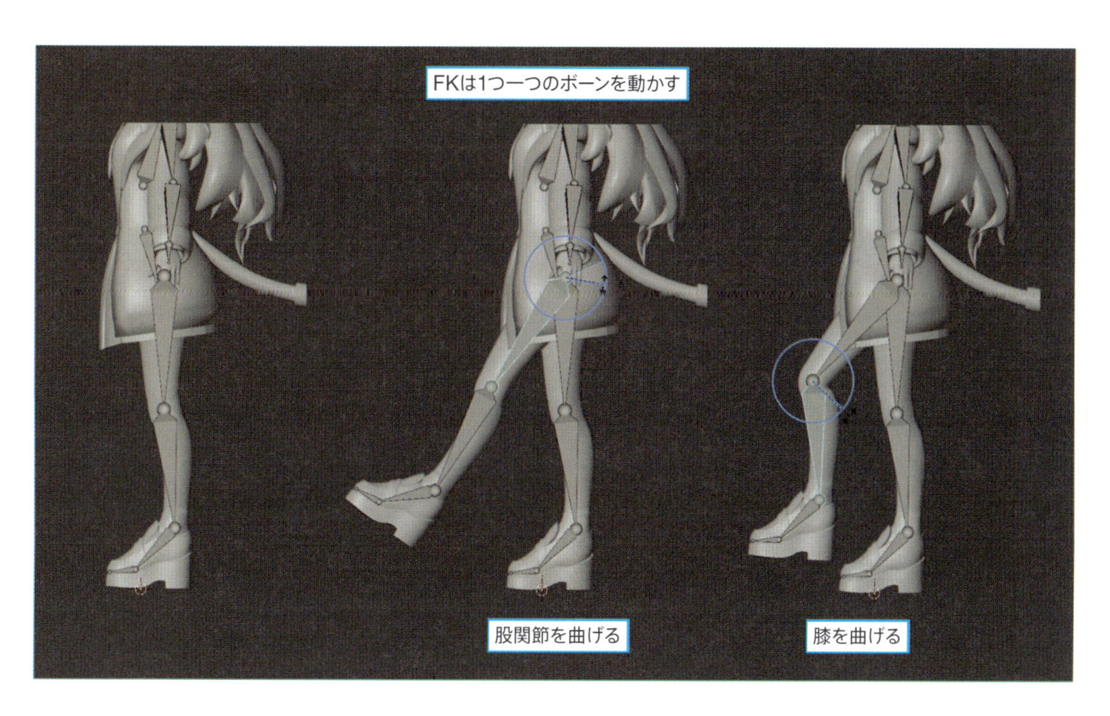

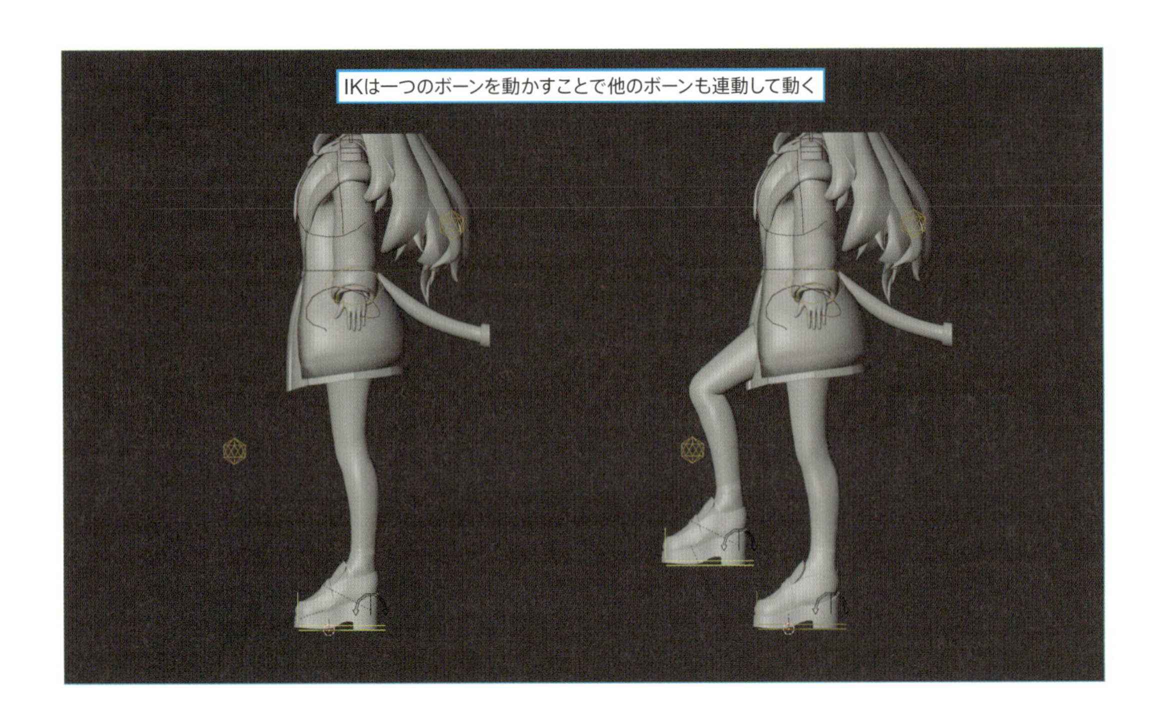


## 4-2 IKとFKを切り替える

本書で扱うキャラクターは、デフォルトでは手と足がIKに設定されています。HandIKやFootIKなど、末尾にIKと名前が付いているボーンは、文字通りIKで動くボーンです。また、本書のキャラクターのリグは、手と足のみIKとFKを切り替えることが可能です。ここではその切り替え方について解説します。

### 01 Step ボーンコレクションを開く

本書で扱うリグのIKとFKの切り替えは、IKFKSwitchというボーンで管理されています。このボーンはデフォルトでは非表示になっているため、まずはこれを3Dビューポート上に表示します。リグを選択し❶、右側のプロパティ内のオブジェクトデータプロパティ（人型のアイコン）をクリックします❷。この中にボーンコレクションというパネルがあるので、それを開きます❸。ボーンコレクションは、各ボーンをコレクションというフォルダにまとめ、そのコレクションごとの表示や選択を管理する機能です。こちらの機能は後ほど詳しく解説します。

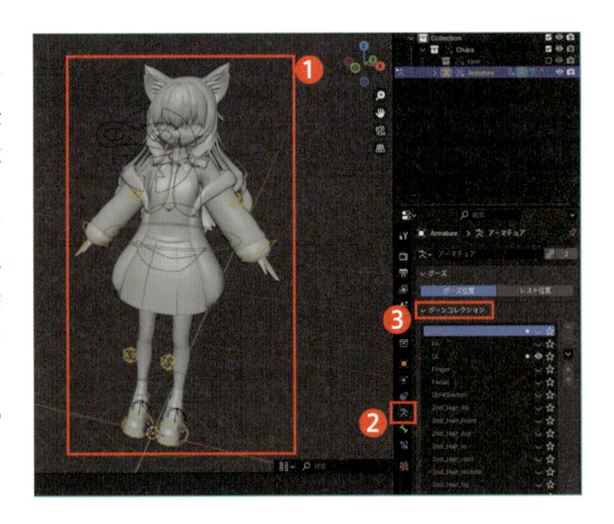

## 02 Step IKFKSwitchの可視も有効

ボーンコレクション内の右側には目玉アイコンがあります。こちらは可視という機能で、これを有効にすると目が開き、そのコレクションが表示されます。再度クリックすると目が閉じ、コレクションが非表示になります。デフォルトではIKのみが表示されていますので、ここではIKFKSwitchというコレクションの可視も有効にします。可視の右隣にある星マークはソロという別の機能で、こちらを有効にすると可視が使用できなくなり、他のコレクションが非表示になりますので注意して下さい（★は有効中で、☆は無効中という意味です）。IKFKSwitchには、キャラクターの動かし方を変更するためのボーンが格納されています。

IKFKSwitchの可視を有効にすると、キャラクターの後ろ側に新たにボーンが表示されます。このボーンは直接の変形には使用できず、主にポーズモードのサイドバー（Nキー）から操作します。このボーンをポーズモードで選択します。

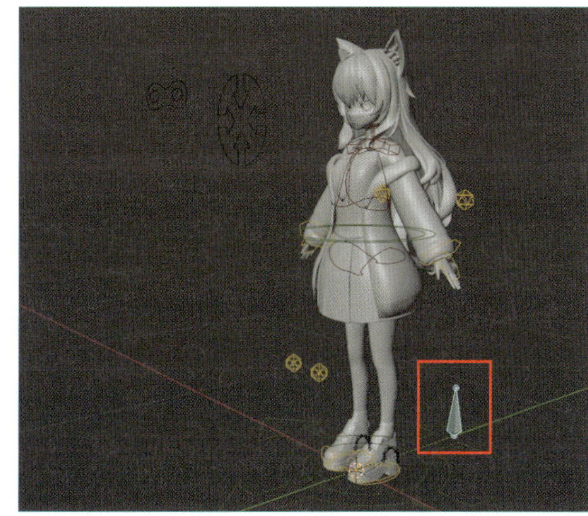

## 03 Step サイドバーのアイテムタブを確認

次に、サイドバー（Nキー）を表示し、アイテムタブをクリックします。サイドバーの一番下にプロパティパネルがあるので、それを開きます。すると、Arm-IK.LやArm-IK.Rなど、4つの数字入力欄が表示されます。これらはIKとFKを切り替えるための項目です。Arm-IKは腕のIKの設定、Leg-IKは脚のIKの設定に対応しています。また、それぞれのボーン名の末尾にあるLとRは、Left（左）とRight（右）を意味します。

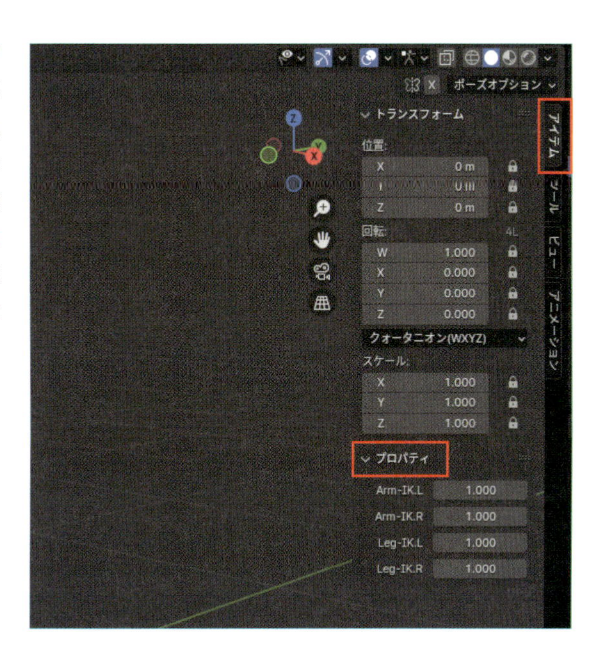

## 04 Step IKとFKを切り替える

数字欄をクリックして**1**と入力するとIKに、**0**とするとFKに切り替えられます(あるいは数値欄を左ドラッグすることで、数値の変更が可能です)。実際に**HandIK**や**FootIK**を選択して**Gキー**で動かしたり、**Rキー**で回転させたりした後に、IKとFKの数値を変更してみましょう。**1**に設定するとボーンがIKに追従し、**0**に設定するとIKに追従しなくなります。

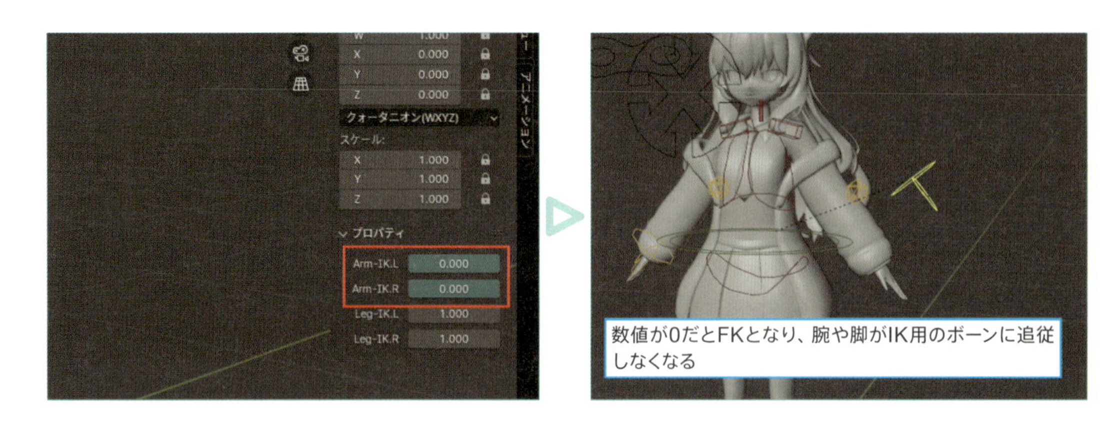

数値が0だとFKとなり、腕や脚がIK用のボーンに追従しなくなる

## 05 Step FKの操作

手や脚の数値を**0**にしてFKに設定した場合の操作方法を紹介します。**ボーンコレクション**内に**FK**というコレクションがありますが、ここには**FK**で操作が可能なボーンが格納されています(一部のボーンはIKでも操作可能です)。この**FK**コレクションの**可視**(**目玉アイコン**)を有効にしてボーンを表示します。すると、キャラクターの内部に長方形型のボーンが表示されます。このボーンを選択し、回転の**Rキー**で腕や脚を動かすことが可能です(IKではこれらの腕と脚のボーンは制御されているため動きません)。

FKコレクション内にある腕と脚のボーンはFKでのみ操作が可能

## 06 Step ポーズのリセット

操作が終わったらAキーですべてのボーンを選択し、3Dビューポート上部のヘッダー内にあるポーズ>トランスフォームをクリア>すべてを選んで変形をキャンセルします。あるいはすべてのボーンを選択した状態で、移動のキャンセルAlt+Gキー、回転のキャンセルAlt+Rキー、拡縮のキャンセルAlt+Sキーを実行する方法もあります❶。次にIKFKSwitchを選択し、4つの数値をすべて1に戻してIKに切り替えておきます❷。最後に、ボーンコレクションのIKFKSwitchの可視（目玉アイコン）を無効にし、IKの可視のみを有効にしましょう❸。

※この手順は必ず行って下さい。そうしないと、ポーズ制作時にリグが正常に動作しない問題が起きることがあります。

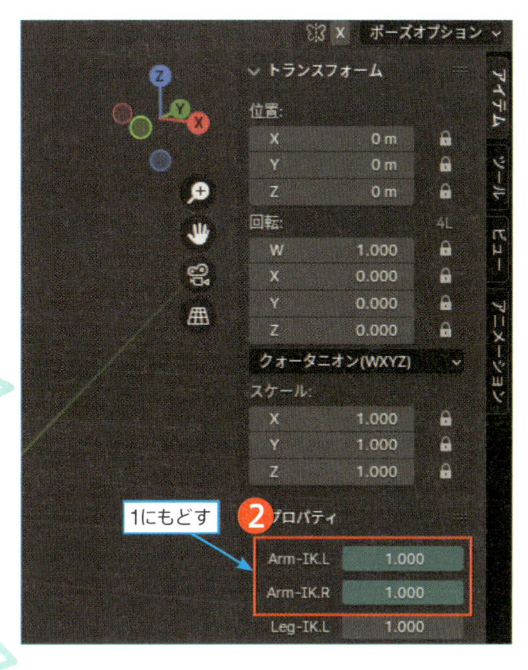


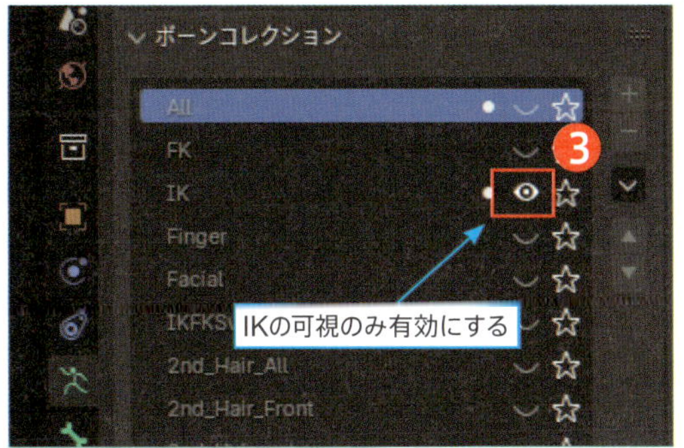


### POINT

#### IKとFKを切り替える際の注意点

IKとFKの切り替えを使用する際、必ず注意すべき点は、数値を1か0のいずれかに設定することです。たとえば、数値を0.5にするとIKとFKの中間状態となり、アニメーションの管理が非常に複雑になります。また、この切り替えをゆっくりとした動作中に行うと、不自然なアニメーションになることが多いため、頻繁に切り替えるのは避けるべきです。素早い動作中や映像のカット切り替えのタイミングなど、切り替えが目立ちにくい場面で行うのが望ましいです。

POINT

### リグが動かなくなったら

リグ（ボーン）を**ポーズモード**で選択し、プロパティの**オブジェクトデータプロパティ（人型のアイコン）**をクリックすると、**ポーズ**という項目があります。これはアーマチュアの状態を決める項目です。デフォルトでは**ポーズ位置**になっていますが、ここが**レスト位置**になっていると、ポーズが常にデフォルトの位置に固定され、ポーズモードでの変形ができなくなります。常に**ポーズ位置**に設定しておきましょう。

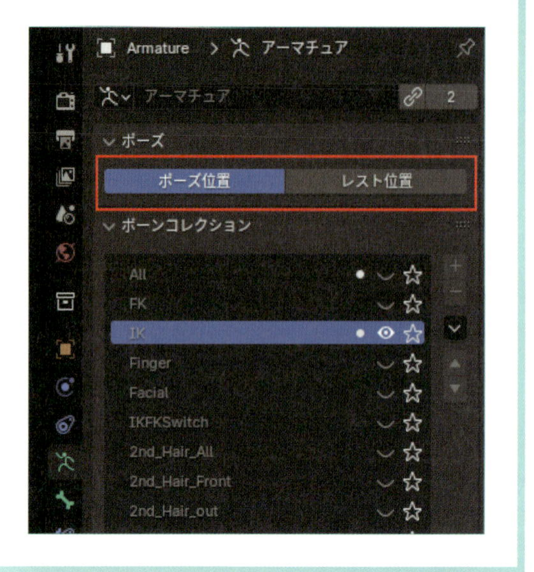

Chapter 2

5

# ボーンコレクションについて



先ほど少しだけボーンコレクションについて触れましたが、ここで改めて詳しく解説します。ボーンコレクションとは各ボーンをコレクションごとに分ける機能です。ボーンが多くなると、3Dビューポートで見づらくなることがあります。そこで、ボーンコレクションを使うことで、これらのボーンをグループに分けて管理することができます。たとえば左腕のボーンと右腕のボーンを別々のコレクションに分けることで、作業がしやすくなります。また、ボーンコレクションでは必要なボーンだけを表示できるため、作業がスムーズに進みます。特にアニメーション作業中に特定のボーンだけを操作したいときに役立ちます。

## 5-1 ボーンコレクションの操作方法

リグを選択し（モードはオブジェクトモードでもポーズモードでも大丈夫です）、プロパティのオブジェクトデータプロパティ内にあるボーンコレクションでコレクションを確認できます。このコレクション内に各ボーンが格納されており、ボーンの表示や非表示などの操作が可能です。コレクションは、ボーンを管理するフォルダのようなものと考えると良いでしょう。先ほどライブラリオーバーライドを作成したことで、コレクションのほとんどの機能はグレーアウトしていますが、コレクションの表示/非表示は行えます。ここでは、以下の操作を覚えておくと良いでしょう。また、コレクションの右側にある小さな点●は、選択しているボーンがそのコレクション内に入っていることを示します。

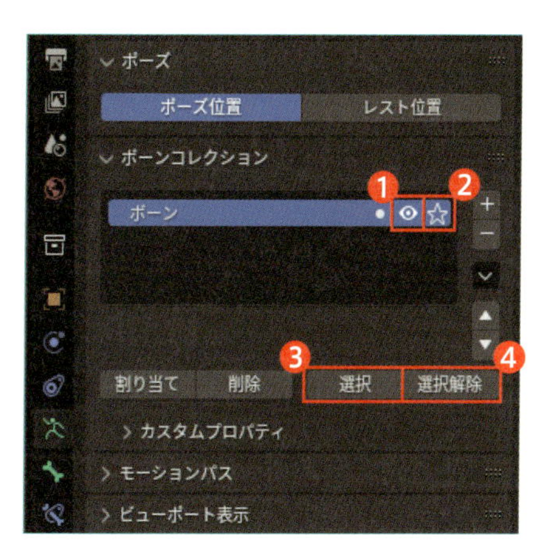


| | |
|---|---|
| ❶可視 | 目玉アイコンをクリックすると、コレクション内のボーンの表示や非表示の操作ができます。 |
| ❷ソロ | 星アイコンをクリックすると、そのコレクションだけが表示されます。ソロが有効な間は、可視（目玉アイコン）が使用できなくなります。 |
| ❸選択 | 選択中のコレクション内のボーンを選択します。 |
| ❹選択解除 | 選択中のコレクション内のボーンの選択を解除します |

POINT

### ボーンコレクションの基本操作

ボーンコレクションの基本操作をここに記載します。ボーンコレクションを使ってボーンを管理したい場合は、こちらを参考にして下さい。また、ボーンコレクションのショートカットは**Mキー**で、どのコレクションに移動するかを決めるメニューが表示されます。

| | |
|---|---|
| ❶ボーンコレクションを追加 | 新しいコレクションを追加します。 |
| ❷ボーンコレクションを削除 | 既存のコレクションを削除します。 |
| ❸ボーンコレクションを移動 | コレクションを移動します。 |
| ❹割り当て | 選択しているボーンを、現在選択中のコレクションに追加します。 |
| ❺削除 | 選択しているボーンを、現在選択中のコレクションから削除します。 |

## 5-2 ボーンコレクション一覧

本書で使用するキャラクターのボーンは、以下のようにコレクションでまとめています。コレクションを利用して、可視（目玉アイコン）でボーンの表示や非表示を操作してみて下さい。確認が終わったら、**IK**のみを表示状態にし、それ以外は非表示にしましょう。また、**Joint**より下にあるいくつかのコレクションは、さらに細かくボーンの表示や非表示を管理するためのものです。たとえば、**Root**コレクションはRootボーンのみ表示し、**IK.L**コレクションは左側のIKに関連するボーンのみを表示します。

| | |
|---|---|
| All | すべてのボーンを表示します。主にすべてのボーンの変形をキャンセルしたい時に使用します。 |
| FK | FKモードで使用できるボーンが格納されています。 |
| IK | IKモードで使用できるボーンが格納されています。 |
| Finger | 指のボーンのみ格納されています。手の演技をさせたい時に使用します。 |
| Facial | 表情を管理するボーンが格納されています。 |
| IKFKSwitch | IKとFKを切り替えられるボーンが格納されています。 |
| 2nd_Hair_All | 髪の毛のボーンがすべて表示されます。 |
| 2nd_Hair_out | 髪の毛の外側のボーンのみ表示します。 |
| 2nd_Hair_in | 髪の毛の内側のボーンのみ表示します。 |
| 2nd_Skirt | スカートのボーンのみ表示します。 |
| 2nd_etc | 袖やネクタイ、尻尾などのその他の揺れ物系のボーンのみ表示します。 |
| Joint | 腕や脚を制御するためのボーンを表示します。ここにあるボーンはこの書籍では使用しません。 |

Column

### セカンダリーアニメーションとは何か？

髪の毛やスカートなど、メインを支えるサブの動きは**セカンダリーアニメーション**と呼ばれます。セカンダリーアニメーションを制作することで、メインのアニメーションをより良くすることが可能になります。3DCGアニメーションでは、一般的にメインとなる身体の動きを先に制作し、その後にサブである髪の毛やスカートなどの動きを作成します。サブの動きを先に作ってしまうと、メインの動きを調整する際にサブも再調整する必要があるため、作業効率が非常に悪くなります。したがって、まずはメインの動きを完成させてから、サブの動きの制作に取り掛かりましょう。髪の毛、スカート、ネクタイ、尻尾など、揺れる要素に関するボーンが格納されているコレクション名は、すべて名前の先頭に**2nd**と明記されています。

Column

### Blender4.3のボーンコレクションについて

Blender 4.3では、ボーンコレクションの下部にある点のアイコンを左ドラッグすることで、メニューの表示を広げたり縮めたりできます。作業画面をすっきりさせたいときに使用しましょう。

Chapter 2

6

# 立ちポーズを作ろう

それでは、いよいよポーズの制作に入ります。まずは基本となる立ちポーズから制作していき、その後にレンダリングを行うためのカメラの設定をします。本書では、数あるポーズの中から自信のある立ちポーズをテーマに作業を進めますが、自分で立ちポーズを作成したい方は、ぜひ自由に取り組んで下さい。ただし、最初から難しいポーズに挑戦するのではなく、簡単な立ちポーズから始めることをおすすめします。

## 6-1 ポーズを制作する前の準備段階

ポーズの制作に入る前に、様々な準備を行います。ここでは、ポーズが変形していないかを確認するために変形をキャンセルすることや、ポーズ制作を行いやすくするためにオブジェクトの表示方法を変えるやり方を紹介します。まずは意図せぬ変形をなくすために、すべてのボーンの変形をリセットします。

### 01 Step Allの可視(目玉アイコン)を有効にする

リグがポーズモードであることを確認したら、プロパティのオブジェクトデータプロパティ（人型のアイコン)のボーンコレクションから、Allの可視(目玉アイコン)を有効にします。

## 02 ボーンのリセット

Step

**Aキー**ですべてのボーンを全選択します。次に、3Dビューポートのヘッダーにある**ポーズ**>**トランスフォームをクリア**>**すべて**をクリックし、選択したボーンの変形に関する値をすべてリセットします（あるいは変形のキャンセルのショートカットである**Alt+Gキー**、**Alt+Rキー**、**Alt+Sキー**を実行するのも良いでしょう）❶。終わったら**All**の可視は解除し、**IK**コレクションのみ可視を有効にします❷。**あのボーンがない**という事態に陥りましたら、ボーンコレクションを確認するか、隠したオブジェクトを表示するショートカットの**Alt+Hキー**を3Dビューポート上で実行して下さい。

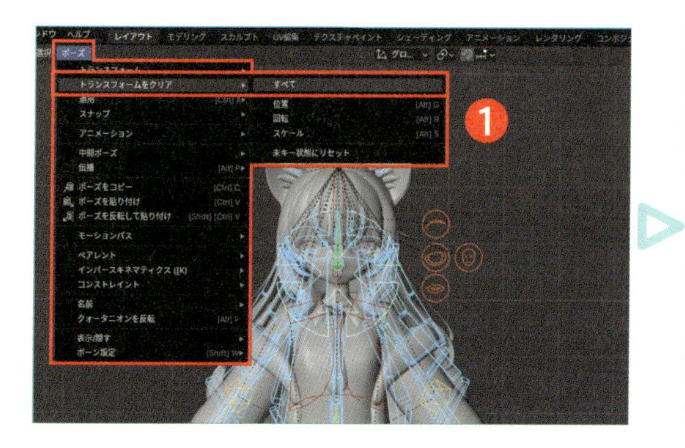


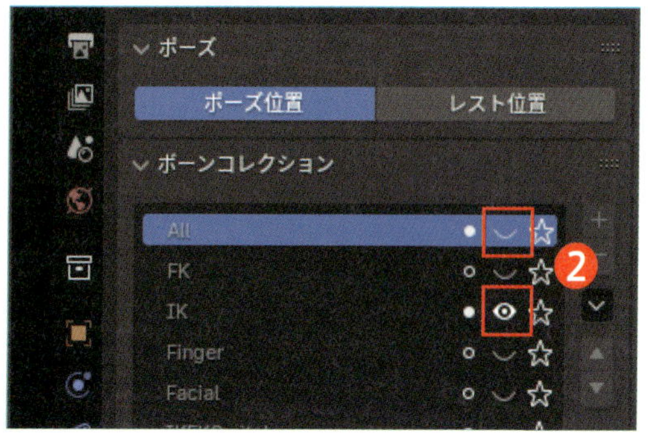


### POINT

### ソリッドでモデルのテクスチャを表示する方法

**ソリッド**表示のデフォルトの設定では、オブジェクトは灰色で表示されます。このままポーズを制作しても問題はありませんが、キャラクターのテクスチャを表示しながら作業したい場合には、表示方法を変更します。まず、**ビューポートシェーディング**の右側にある下矢印をクリックして下さい。すると、シェーディングに関するメニューが表示されます。このメニューは**ソリッド**の表示方法を変更するためのもので、レンダリングには反映されませんが、処理が軽い状態でオブジェクトの表示を変えることができます（**マテリアルプレビュー**や**レンダー**で作業すると処理が重くなるため）。ここでは、テクスチャの表示方法について説明しますが、このメニューの詳細については後ほど解説します。

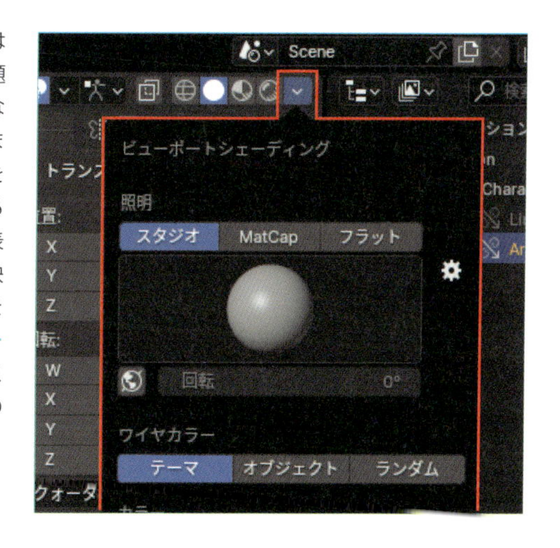


メニュー内には**カラー**という項目があります。これはオブジェクトの色を変更する機能です。デフォルトでは**マテリアル**（マテリアルのカラーを表示）に設定されていますが、**テクスチャ**を選択します。

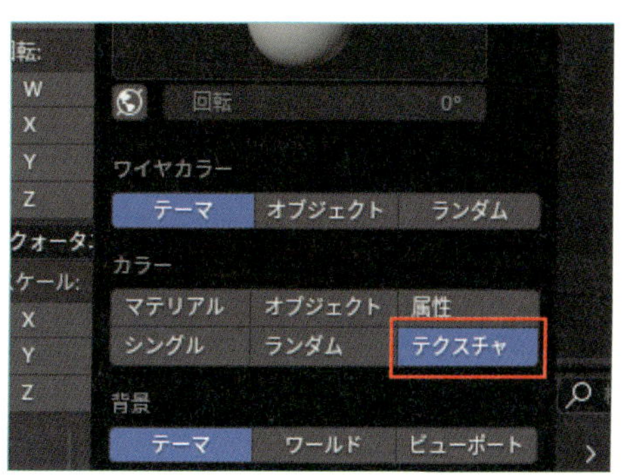

モデルに設定されたテクスチャが表示され、ポーズの完成イメージが掴みやすくなります。

また、**照明**という項目もあります。これはオブジェクトの表示方法を変更し、光の当たり具合や表面の状態を確認するための機能です。デフォルトでは**スタジオ**になっていますが、これを**フラット**に変更すると、テクスチャがよりはっきりと表示されます。各自の作業スタイルに合わせて設定を変更すると良いでしょう。
※このChapterでは照明はデフォルトの**スタジオ**、カラーは**マテリアル**を使用して作業を行っています。

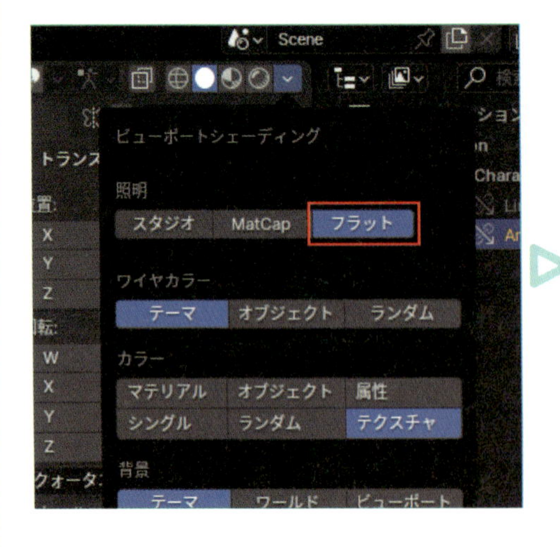

## 6-2 実践！まずは腰の位置を決めよう

アニメーション制作する際は、まず**腰**の位置を決めることが重要です。ほとんどの動きは腰を中心に起こります。歩く、走る、座る、ジャンプするなど、どんな動作でも、腰の動きが全体に大きく影響します。最初に腰を動かすことで、腕や脚などの他の部分が自然にその動きに従い、結果として説得力のあるポーズやアニメーションが作りやすくなります。手や足が先に動くこともありますが、基本的に腰が先に動くと考えましょう。
また、腰の位置と向きがポーズのバランスや立ち位置を決定します。先に頭や腕を調整してしまうと、キャラクターの位置や向きを変更する際に再度腕などを調整する必要が生じ、作業効率が悪くなります。腰は重心をコントロールする重要な要素であり、安定したポーズを制作するには欠かせません。本書では、ポーズ制作のポイントを解説しながら、**自信のある立ちポーズ**をテーマに制作していきます。

今回制作する**自信のある立ちポーズ**です。

## 01 Step 正面視点に切り替える

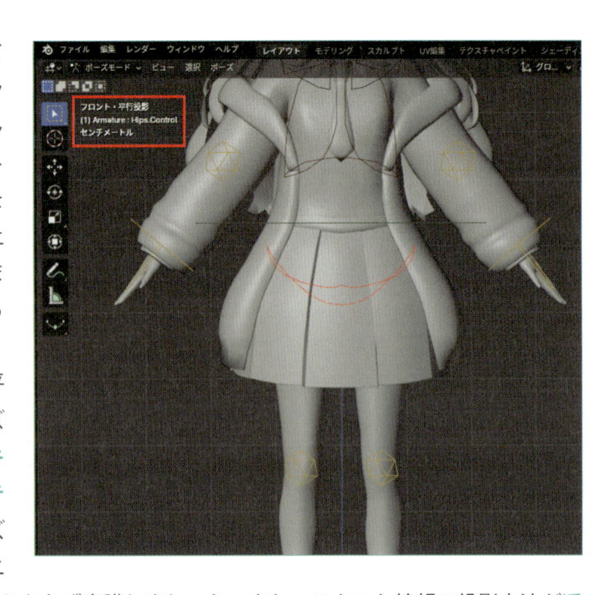


それでは、実際に立ちポーズを作成していきましょう。**Hips.Control**（キャラクターの腰にある赤い骨盤型のボーン）を動かします。調整しやすくするために3Dビューポート上にマウスカーソルを置き、**テンキーの1キー**を押して**正面視点**にします（3Dビューポートの左上にある**テキスト情報**から現在の視点が確認できます。**フロント**と表示されていれば**正面視点**になっています）。

移動と回転による変形は、現在の視点に対して平行に行われます。いきなり様々な視点からポーズを制作するのは難しいので、まずは正面（**テンキーの1**キー）、側面（**テンキーの3**キー）、真上（**テンキーの7**キー）といった基本的な視点からポーズを制作することをおすすめします。ポーズやアニメーション制作の際には**今自分がどの視点にいるか**を必ず意識しましょう。また、テキスト情報の投影方法が**透視投影**になっている場合は、**テンキーの5キー**を押して**平行投影**にしておきましょう。平行投影にすることでパースがなくなり、正確な形状が把握できます。

## 02 Step 余計なボーンを非表示にする

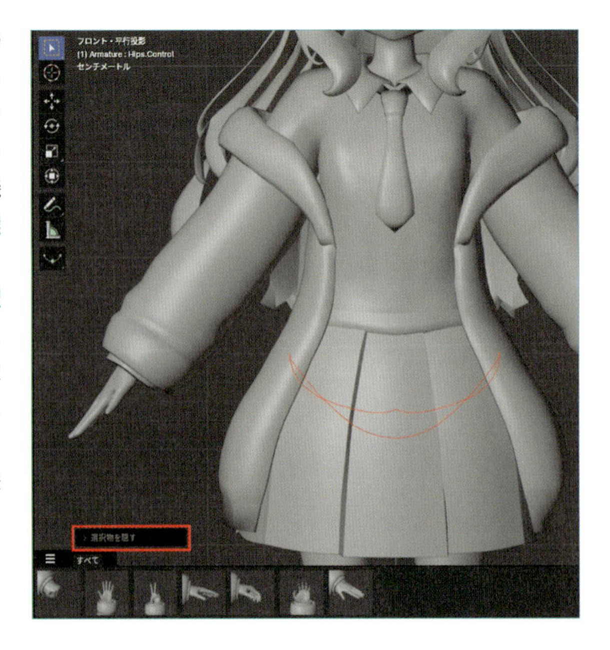


現在、様々なボーンが表示されていてやや見づらいので、腰のボーンのみ表示します。**Hips.Control**を選択した状態で**Shift＋Hキー**を押すと、選択していないオブジェクトやボーンが非表示になります（**非選択物を隠す**機能）。また、ヘッダーの**ポーズ**＞**表示/隠す**＞**非選択物を隠す**を選ぶことでも同じ操作が可能です。この操作を行うと、3Dビューポートの左下に**選択物を隠す**という小さなパネルが表示されます。これは**オペレーターパネル**という名前で、操作後に自動的に表示されます。このパネル内から、さらに細かい設定を行うことができます。

※本書の画像には、解説のためにボーンの非表示や再表示を行っている箇所があります。

**MEMO**

リンクで読み込んだボーンに対して、ポーズモードで非表示に関する操作を行った場合、**Ctrl+Zキー**で操作を元に戻すことができません。再表示したい場合は、隠したものを表示するショートカットの**Alt+Hキー**を実行しましょう。

## 03 腰を回転させる

Step

**Hips.Control**を選択し、回転のショートカットである**Rキー**を使用します（または左側のツールバーにある**回転**を使うこともできます）。腰を右側に上げ、右片足に体重を乗せるような姿勢を作ります。このように腰を左右どちらかにずらすだけで、立ち位置のバランスが変わり、体重移動が表現できます。

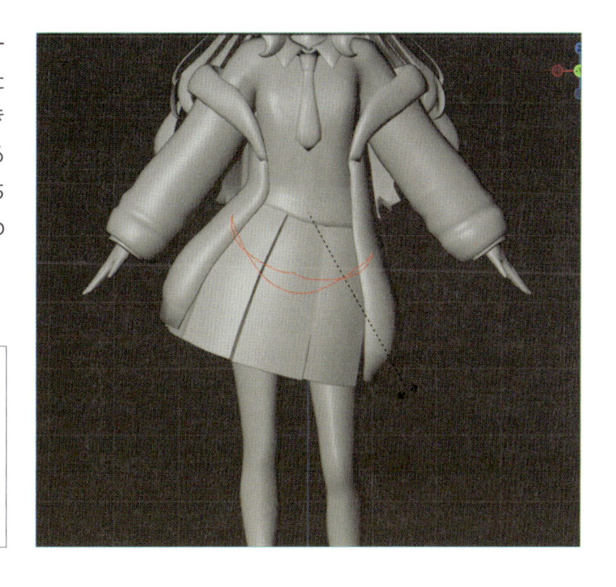

MEMO

上手く回転しない場合は、3Dビューポートの上部にあるトランスフォームピボットポイントの設定を確認して下さい。ここが3Dカーソルなどに設定されていると正しく回転しないため、それぞれの原点か中点に設定しておきましょう。

## 04 足の調整

Step

腰を回転させた結果、右足が上がったので、次に腰の位置を調整します。移動のショートカットである**Gキー**を使い、腰を下げていきます。右足が地面に着地したら、移動を確定させせます。3Dビューポートの中央にある赤い線（X軸）を地面と見立てて調整すると良いでしょう。キャラクターが地面に立っているポーズやアニメーションを作成する際は、必ず**足が地面に着地しているか**を確認しましょう。足が浮いていると、キャラクターが宙に浮いているように見えたり、不自然な印象を与えたりします。現実の世界では体重は足で支えられているため、3DCGアニメーションにおいても、足が地面にしっかり着地していることで、そのキャラクターが実際にそこに立っているというリアリティが生まれます。

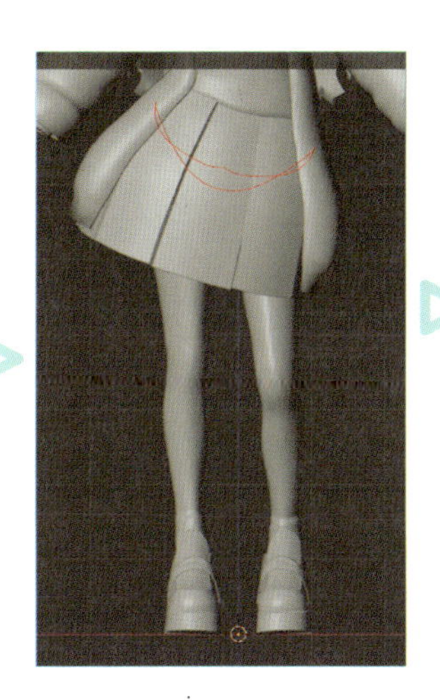

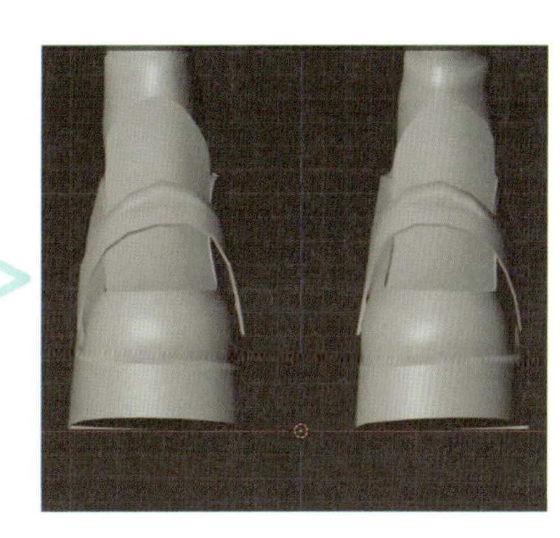

## 05 Step トランスフォーム座標系の確認

一旦、他の角度からポーズを確認しましょう。体重を支えている右足の膝が曲がっていると、膝を曲げたまま立つという非常に疲れる姿勢になってしまうので修正が必要です。まずは、3Dビューポート上で**トランスフォーム座標系**が**ローカル**（各オブジェクトやボーンの座標軸）になっていることを確認します。ここが別の座標軸になっていないか注意して下さい。

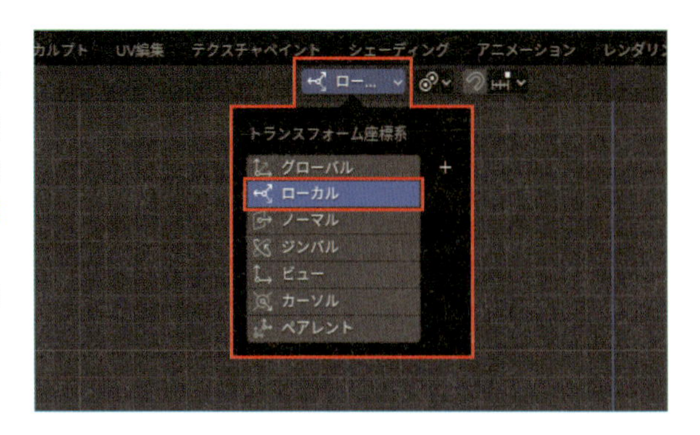


## 06 Step 座標軸の変更からの腰の調整

**Hips.Control**を選択し、**Gキー**（**移動**）＞**Zキー**を実行後に、さらにもう一度**Zキー**を押すと、座標軸を**ローカル**から**グローバル**に変更できます（先ほど3Dビューポート上部のヘッダーの**トランスフォーム座標系**を**ローカル**にしたため、この操作が必要です）。この操作により、グローバル（3D空間の座標軸で、Z軸が上下、X軸が左右、Y軸が前後です）のZ軸に沿った上下移動が可能になるので、右足が浮かない程度に修正を行っていきます。足が**IK**に設定されていれば、腰を調整するだけで膝を曲げたり、足を地面に着地させたりすることが可能です。

**MEMO**

膝が曲がらない、あるいは上手く追従しない場合、足の設定が**FK**になっている可能性があります。この場合は、**ボーンコレクション**から**IKFKSwitch**コレクションを表示し、ポーズモードで選択して下さい。サイドバー（**Nキー**）の**プロパティ**から各数値を**1**に設定しましょう。

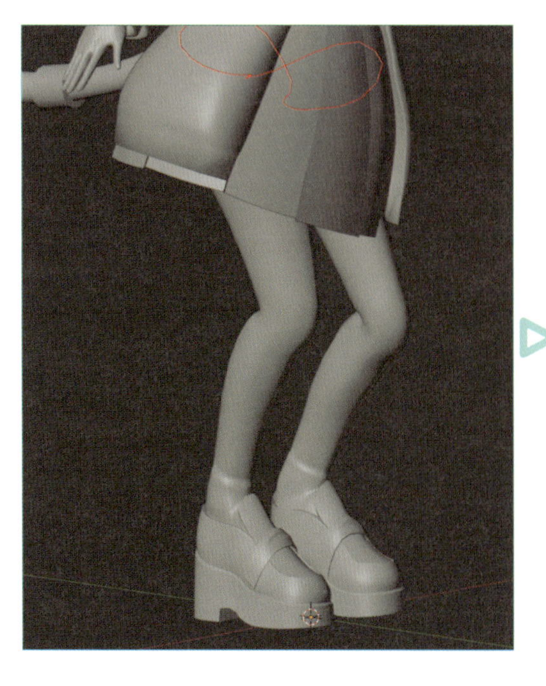

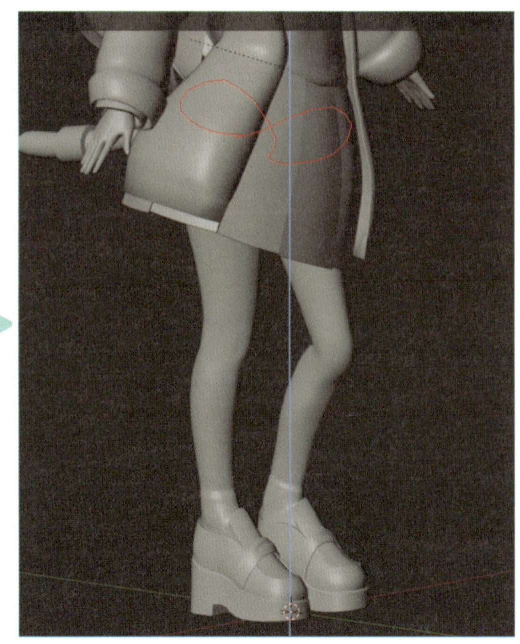

Column

### 重心について

**重心**とは、キャラクター全体のバランスを取るための中心の点です。たとえば、人が立っているときは、重心はお腹のあたりにあります。重心の位置は、キャラクターの体型や動きによって変わりますが、**頭と腰の間**に重心を置くと安定しやすいです。アニメーションでは、動きのあるポーズを作ることが多いので、重心をお腹のままにしておくと、動きが少なく感じることがあります。そのため、**頭と腰の間**と広い範囲内で重心を調整することが重要です。たとえば、前かがみのポーズを作るときは、重心を上半身に寄せると、より自然でダイナミックな動きになります。また、両足で立つときは、重心を足と足の間に置くと安定します。一方、片足で立つ時は、重心を体重の掛かった足の上に置くと、バランスが良くなります。

## 6-3 足の調整をしよう

今のままだと両足が垂直でポーズがぎこちなく見えるため、両足を広げて自然なバランスを出していきましょう。

### 01 Step 足の軸を修正する

隠したものを表示するショートカットの**Alt+Hキー**を実行し、隠したボーンを表示します（または3Dビューポートのヘッダーにある**ポーズ**>**表示/隠す**>**選択物を再表示**から操作可能です）。次に、左足のボーン（左足にあるスリッパのような形状のボーン）を選択し、移動の**Gキー**>**Zキー**を押すと、**ローカル**座標で左右に移動できるようになるので、左側に足を配置します。このリグの両足の座標軸は左右がZ軸方向になっているため、**ローカル**座標ではZ軸にする必要があります。右足のボーンも同様に選択し、移動の**Gキー**>**Zキー**を押して、両足の調整を行いましょう。

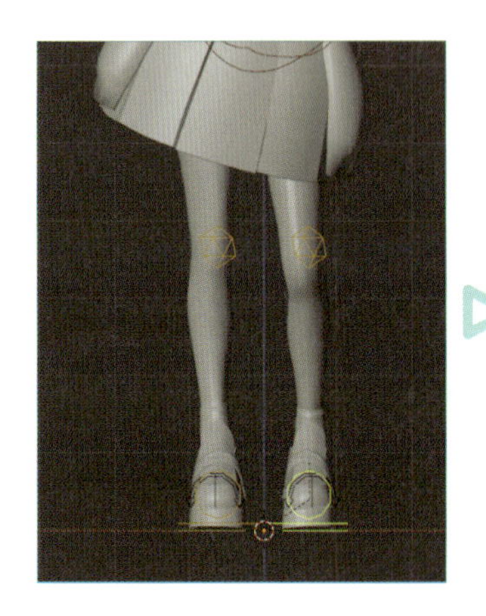

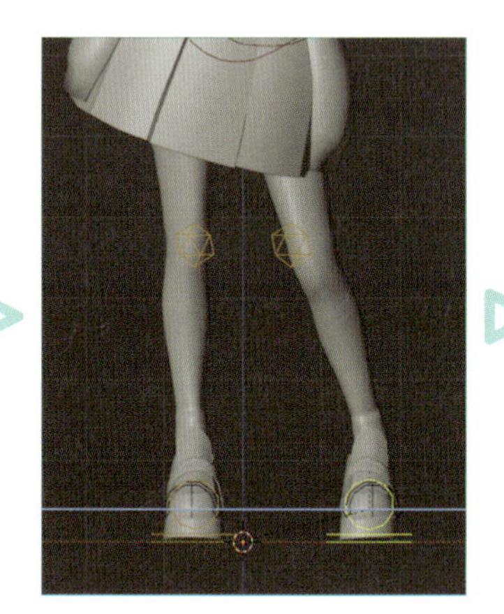

**Column**

### ポーズを左右対称に変形する方法

左右対称のボーン（ボーン名の末尾に**.L**あるいは**.R**が付いている）がある場合、ヘッダーの右上にある**X**を有効にすると、ボーンを左右対称に変形することができます。もしくは、右上の**ポーズオプション**内の**X軸ミラー**から有効/無効を切り替えることができます。必要に応じて使い分けましょう。

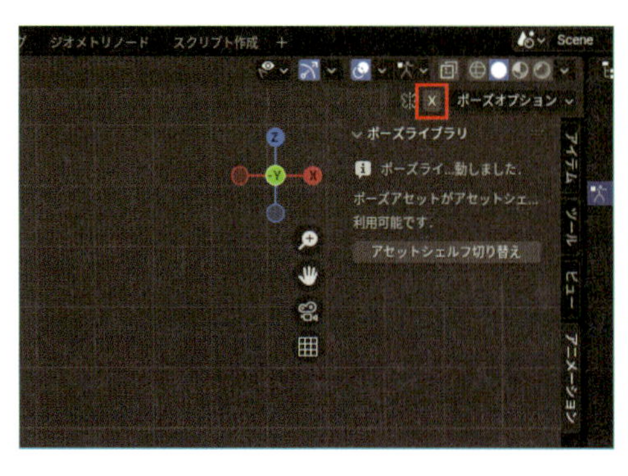


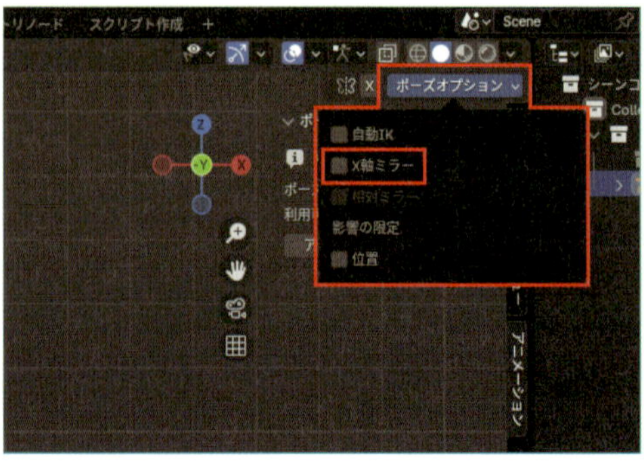

## 02 Step 足を後ろに下げる

次は側面のポーズの修正を行います。**テンキーの3キー**を押して側面視点にします。今のポーズでは両足が重なって一本足に見えてしまうため、少しだけ足をズラして立体感を出します。左足のボーンを選択し、移動の**Gキー**>**Xキー**を押し、後ろ側に配置します。足の立体感を意識することで、動きのあるポーズが制作しやすくなります。

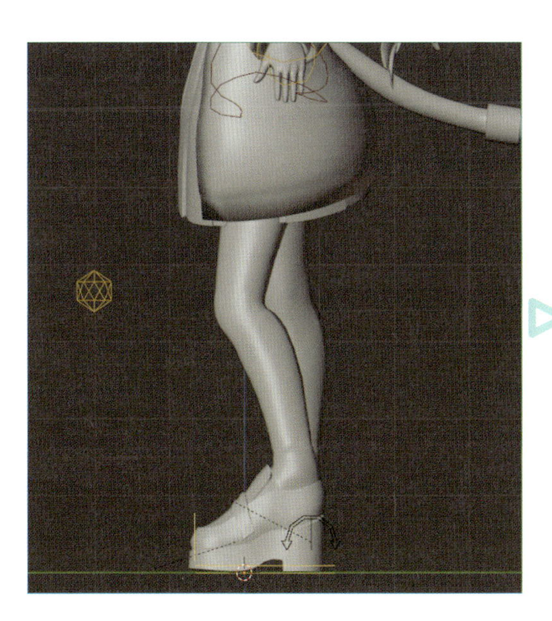

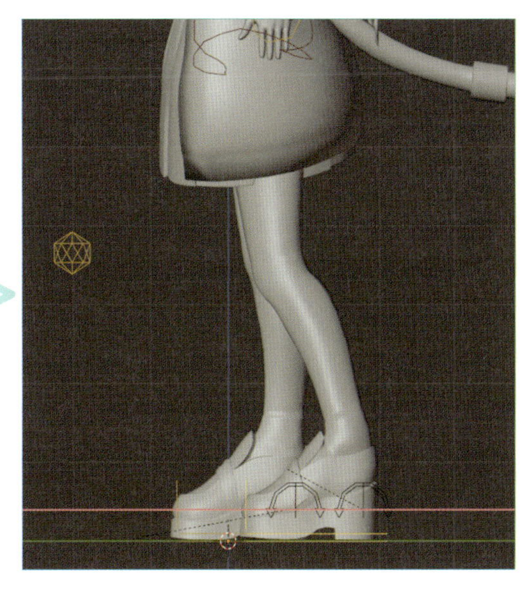

### Column

#### 膝と足の向きついて

ここでは膝（**Knee.IK**）の調整は行いませんでしたが、足と膝の向きを調整する際に役立つコツを紹介します。膝は通常、足と同じ方向を向きます。たとえば、膝がまっすぐの状態で足首だけを横に向けると、とても不自然なポーズになります❶。基本的に、足と膝の向きを一致させることが重要です❷。また、膝を足より身体の内側へ向けることは可能ですが❸、逆に外側に向けることはできません。

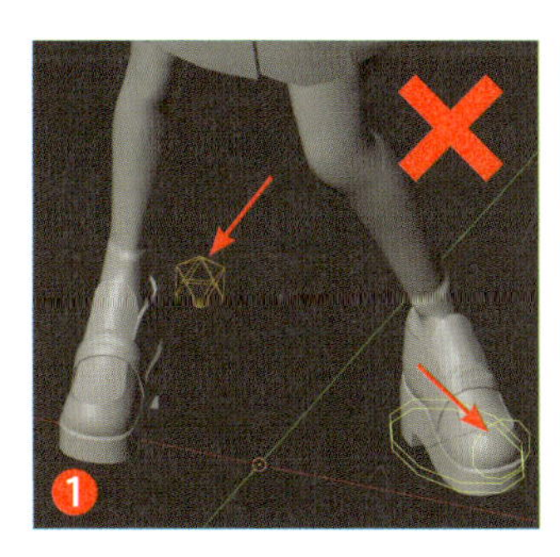


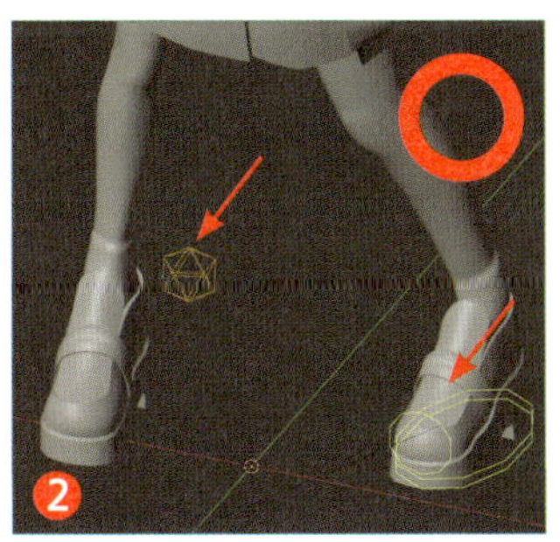


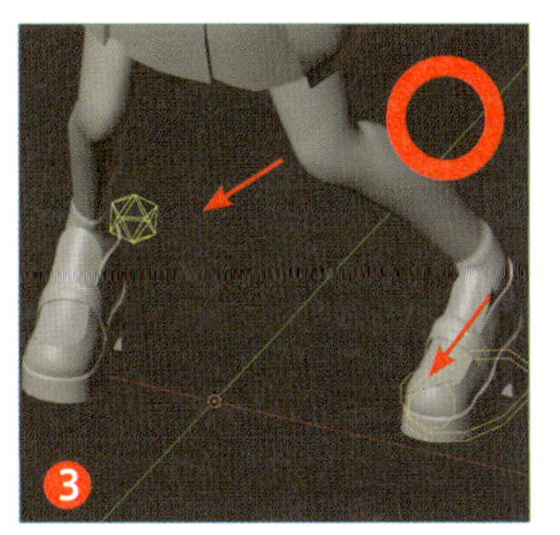


### IMPORTANT

ボーンの調整をする場合、邪魔になるボーンを**Hキー**で非表示にして作業を行い、終わったら**Alt+Hキー**にて再表示させます。

## 6-4 上半身と下半身の調整をしよう

### 01 Step 身体を反らせる

キャラクターを側面（テンキーの3キー）から確認すると、上半身が垂直になるので❶、少しだけ胸を張るようなポーズに調整します。骨盤のボーン（Hips.Control）はRキーを使って回転させ、お尻を突き出すようにします。骨盤は人体の構造上斜めに傾いているため、この構造に合わせることでポーズが自然に見えます。また、移動のGキーで腰を前に突き出すと、身体のラインが曲線になります❷。次に、胸のボーン（Chest.Control）も回転のRキーや移動のGキーで調整します。胸を張るようにボーンを傾けると、背骨のラインが曲線を描くため、垂直感が失われます❸。

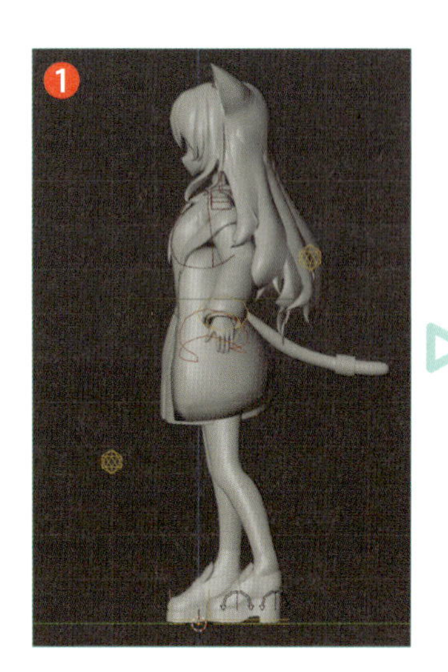


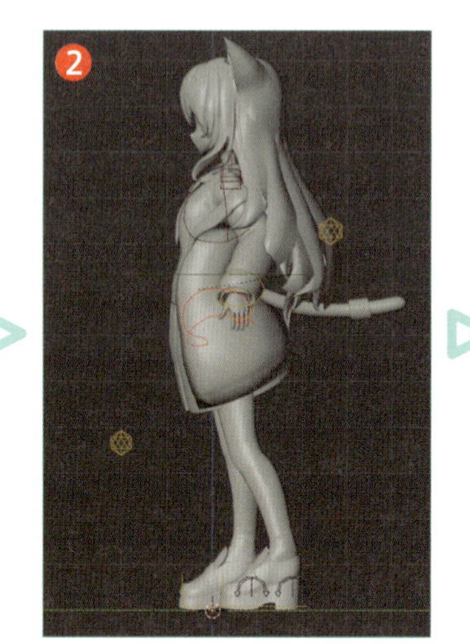


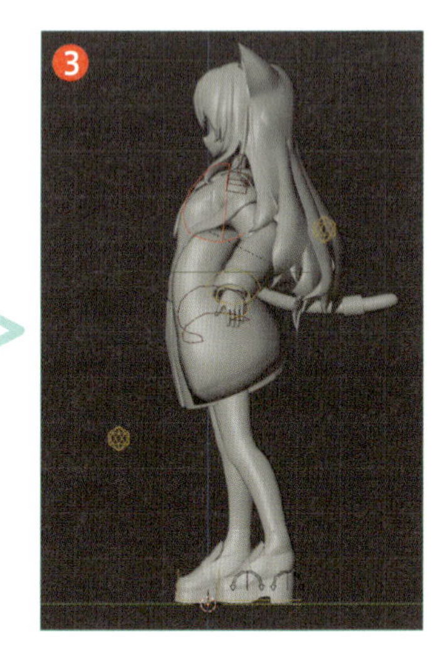


### 02 Step 上半身の調整

正面の調整を行います。テンキーの1キーを押して正面視点に切り替え、上半身のボーンを選択して移動のGキーと回転のRキーで修正します。腰が傾いたことで身体がアンバランスになるので、上半身は腰とは逆方向（キャラクターから見て右方向）に傾けてバランスを整えます。腰を左向きに傾けたことで、身体全体が左に寄りすぎてしまうので、バランスを取るために上半身が右に傾きます。こうすることで立ちポーズを取るときに安定感が生まれます。

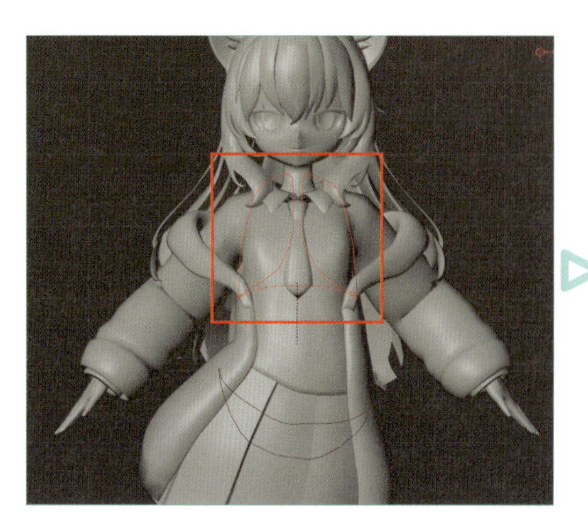

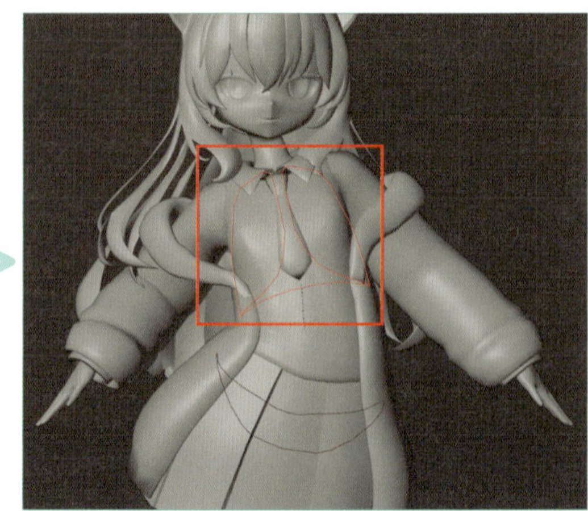

## 03 Step 首の調整

首の向きを微修正します。首のボーン（**Neck**）を選択して回転の**Rキー**で、上半身とは逆方向（キャラクターから見て左方向）に少しだけ回転させます。頭を制御するボーン（**HeadIK**）も同じく逆方向に回転（**Rキー**）させます。頭が上半身とは逆方向に傾くことで、ポーズが立体的で自然に見えます。

## 6-5 手の調整をしよう

次に、手の調整を行います。手は感情や意思が強く表現されるパーツです。たとえば、握り拳は怒りや決意などを表し、開いた手はリラックスや嬉しさなどを示します。手のポーズが適切であれば、キャラクターが何を考えているのか、どう感じているのかが視覚的に伝わりやすくなります。このまま両手を下に下ろしても良いのですが、**自信のある立ちポーズ**がテーマなので、右手は腰に当て、左手は下に下ろしたポーズにすることで、強気で自信のあるキャラクター性を表現します。

### 01 Step 右手の位置を調整

手をコントロールするボーンの**HandIK.L**と**HandIK.R**を使用して手の位置を決めます。**ポーズモード**で右手の**HandIK.R**を選択し❶、移動の**Gキー**で腰付近に手を配置します❷。次に、回転の**Rキー**>**Zキー**で手の向きを調整します❸。画像は**正面視点**(**テンキーの1**キー)で作業を行っています。また、手の変形は**移動**>**回転**の順で行うと調整が容易です。手の回転を**ローカル**で行う場合、座標軸**X**は上下の回転、**Z**だと左右の回転を制御します。**Y**を選ぶと手をねじることができます。この段階では手の位置や向きは大まかで構いません。細かい調整は後ほど行いますので、腰に手を当てているポーズができたら次の工程に進みましょう。

**MEMO**

手が動かない、または上手く追従しない場合、手の設定が**FK**になっている可能性があります。**ボーンコレクション**から**IKFKSwitch**を表示し、サイドバー(**Nキー**)の**プロパティ**で各数値を**1**に設定して下さい。

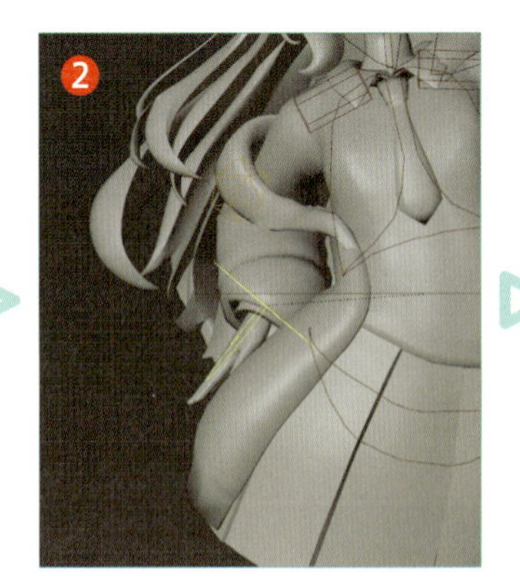


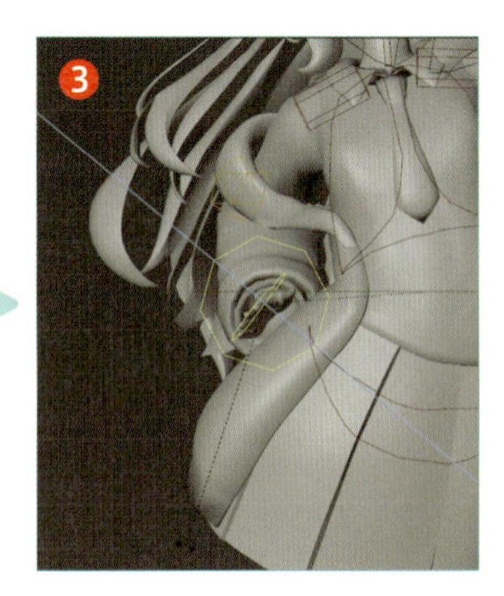


### 02 Step 左手の位置を調整

左手の**HandIK.L**を選択し❶、移動の**Gキー**や回転の**Rキー**を使って腕を下げます❷。**HandIK.L**を下に下ろしすぎると、モデルの手とIKのボーンが離れすぎて微調整が難しくなるので、手とボーンが一致するように注意しましょう。また、後に指の関節を曲げるため、指が身体にめり込まないように、身体(衣装)と手の間に隙間を作るようにして下さい。Next Page

**MEMO**

左手を調整しようとしているのに右手も左右対称に変形してしまう場合、3Dビューポートのヘッダーの右上にある**X**が有効になっているので無効にして下さい。

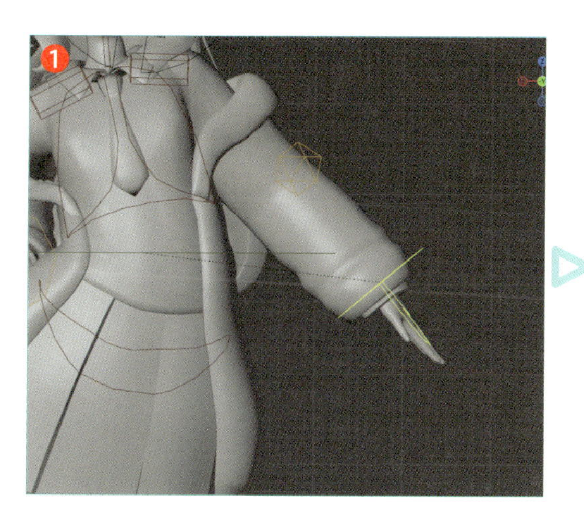

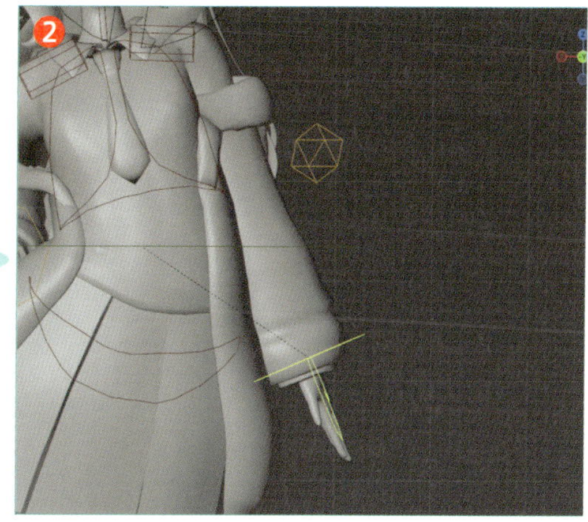



## 6-6 肘の向きを調整しよう

肘の角度は、IKでポーズやアニメーションを制作する際、特に気をつけるべきポイントです。肘の向きを制御するボーン**ElbowIK**は、肘の後ろ側にあります。このIKボーンを動かさないままポーズやアニメーションを作ると、肘が常に後ろを向くため、ポーズによっては不自然な腕の向きになることがあります。ポーズを制作する際は、手の位置だけでなく肘の向きにも注意を払いましょう。

### 01 Step 表示を上面にする

実際に腰に手を当てた際、肘は真後ろではなく斜め後ろを向きます。肘の向きを修正するために、まず**テンキーの7キー**を押して**真上視点**に切り替えます。

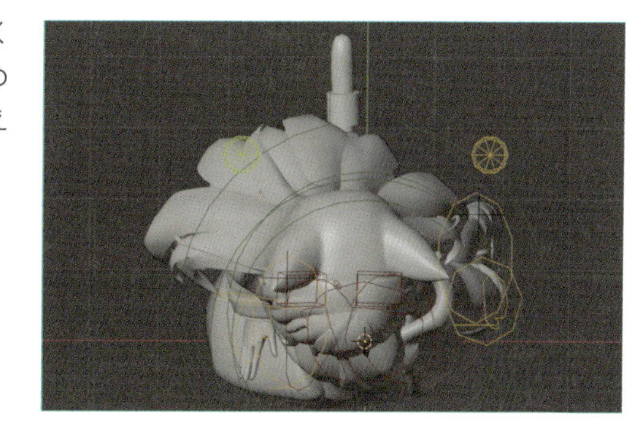

### 02 Step 髪の毛を隠す

肘が髪の毛に隠れていて見えない場合は、髪の毛を一旦非表示にしましょう。アウトライナーの**Armature**の左側にある右矢印をクリックして階層を開きます。この中にあるメッシュ**Hair**の目玉アイコンをクリックして非表示にします。

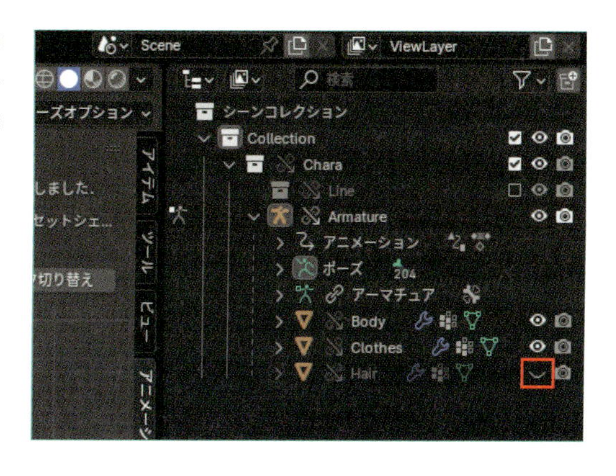

**03** Step **肘の調整**

右肘（**ElbowIK.R**）を選択し、移動の**Gキー**を押して肘を斜め後ろ側に配置します。その後、肘の角度に問題がないか他の角度からも確認してみましょう。

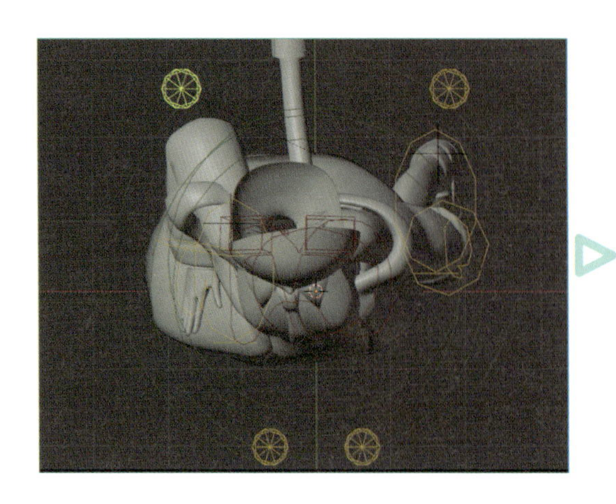

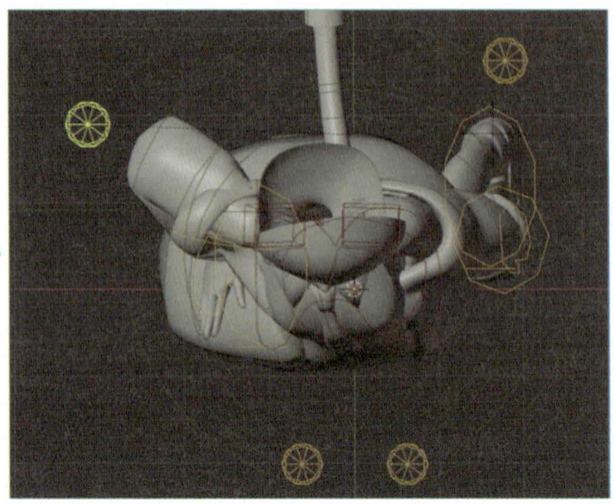

## 6-7 肩の向きを調整しよう

腕を上げる際、肩を上げずに腕だけが上がることはありません。実際に肩を押さえながら腕を上げようとすると分かりますが、ほとんど上がりません。腕のポーズを制作する際は、肩の向きも必ず調整する必要があります。

**01** Step **肩を上げる**

**テンキーの1キー**を押して**正面視点**に切り替えます。右腕が上がったことで肩も自然に上がるため、右肩の**Shoulder.R**を選択し、回転の**Rキー**で少しだけ上げましょう。

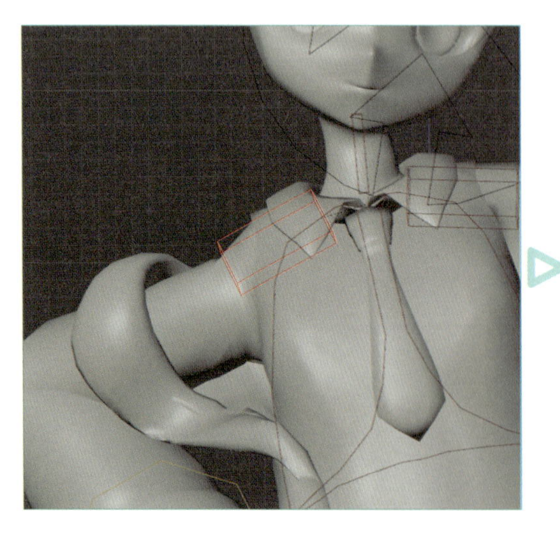

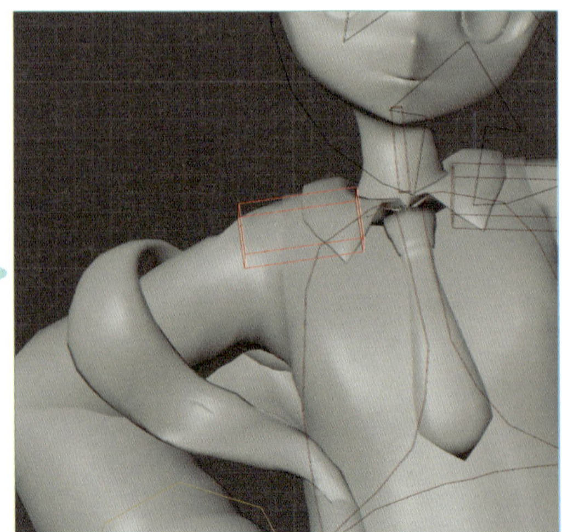

## 02 Step 髪の毛の表示

肘と肩の調整が終わったら、右上のアウトライナーからHairオブジェクトの目玉アイコンをクリックして再表示します。ポーズの制作過程で髪の毛を隠したい場合は、この方法で表示/再表示を切り替えることができます。

# 6-8 視線を調整しよう

視線とは目の向きのことです。視線は、キャラクターがどこに注目していて、何に関心を持っているのかを示します。たとえば、誰かをじっと見つめている場合、そのキャラクターに対して強い感情や関心を持っていることを意味します。また、視線は視聴者にどこを見てほしいのかを演出する役割も果たします。キャラクターが何かを見ていると、視線の先に視聴者も自然と引き寄せられるのです。これらの理由から、ポーズ制作において視線を意識することは、キャラクターの意思や感情を表現する上で非常に重要です。

## 01 Step ビューポートシェーディングメニューを開く

オブジェクトが見た目の灰色なので、目の位置が分かりづらくなっています。この問題を解決するために、ソリッドでテクスチャを表示します。マテリアルプレビューに切り替えることもできますが、読み込みに時間がかかり、処理が重くなることがあるため、なるべくソリッドで作業することをおすすめします。3Dビューポートの右上にあるビューポートシェーディングから、右側の矢印をクリックしてメニューを開きます。

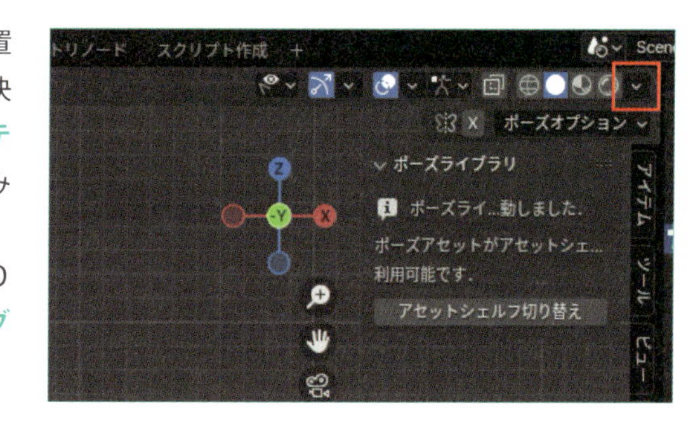


## 02 Step 表示を変更する

このメニューから、照明をフラットに、カラーをテクスチャに変更すると、ソリッドでテクスチャが表示されるようになります。既にテクスチャ表示で作業している場合は、この工程は飛ばして次に進みましょう。

## 03 Step 目の向きを調整

テンキーの1キーを押して正面視点であることを確認します。次に、EyeIKCenterを選択し、移動のGキーで視線がこちらに向くように調整します。間違えて中の円2つ（EyeIK.LとEyeIK.R）を動かさないように注意しましょう。これらが動いてしまうと、目の焦点が合っていないキャラクターになってしまいます。

## 04 Step 表示を変更する

作業が終わったら、ビューポートシェーディングの右側の矢印をクリックし、照明をスタジオに、カラーをマテリアルに戻します。既にテクスチャ表示で作業を行っている場合は、この工程も飛ばして構いません。視線の調整は、ポーズやアニメーションが完成した後も頻繁に行われるため、ここではざっくりした目の修正として考えると良いでしょう。

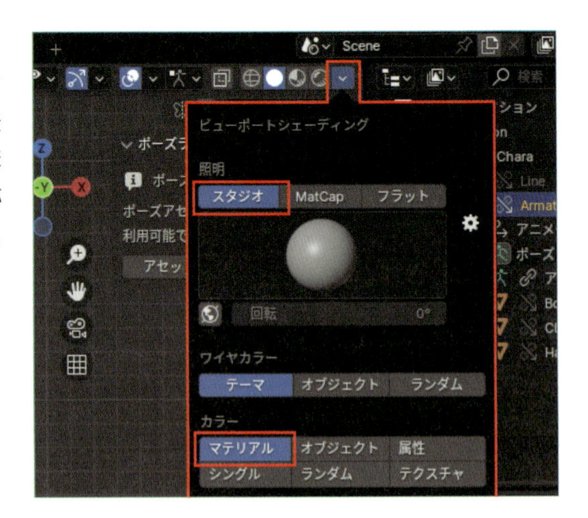


# 6-9 指を調整しよう

指のポーズは、ポーズアセットを適用した後に手動で微修正を行う方法で調整します。

## 01 Step 手のポースを変更する

ボーン以外を左クリックして選択を解除します（あるいはAキーを2回押すか、Alt+Aキーを押します）。3Dビューポートの下にあるアセットシェルフからRelax02をクリックします。アセットシェルフがない場合はサイドバー（Nキー）のアニメーションタブから、ポーズライブラリパネル内にあるアセットシェルフ切り替えをクリックして下さい（Blender4.3以降は、3Dビューポートの右下にある小さな矢印アイコンをクリックするとアセットシェルフが表示されます）。Relax02をクリックすると、両手の指が変形します。左手の指が服に食い込んでいる場合は、手のIKボーンをGキーで移動して下さい。

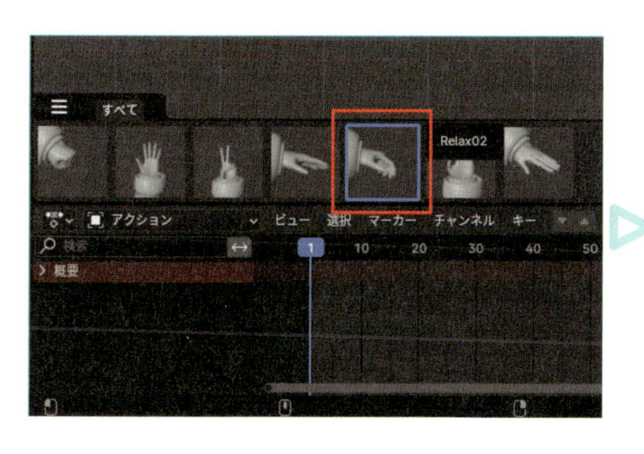


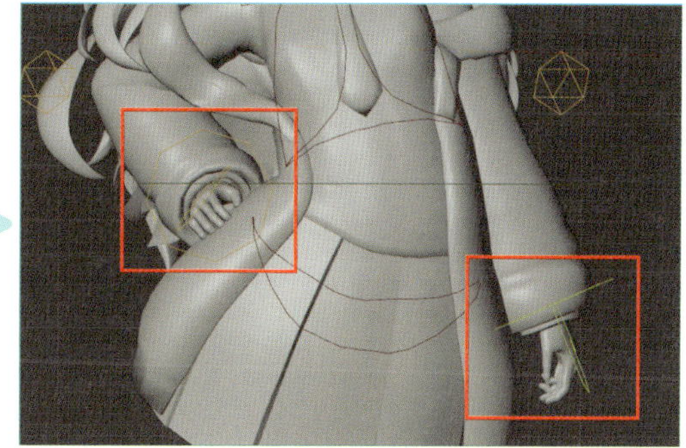

## 02 Step 指のボーンを表示する

現状ではアセットシェルフ内のポーズをただ適用しただけなので、次に、指と手のボーンの調整を行います。右側のプロパティで**オブジェクトデータプロパティ**をクリックし、**ボーンコレクション**パネルを開きます。ここに**Finger**というコレクションがあるので、**可視**（**目玉アイコン**）を有効にして指のボーンを表示します。本書で扱うキャラクターの指のボーンは二重の円の形になっています。

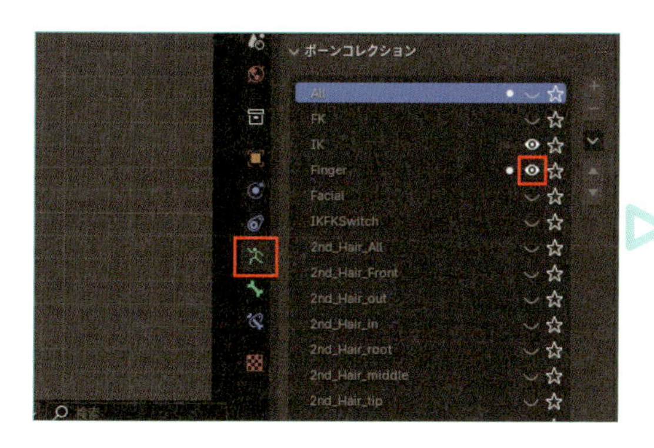


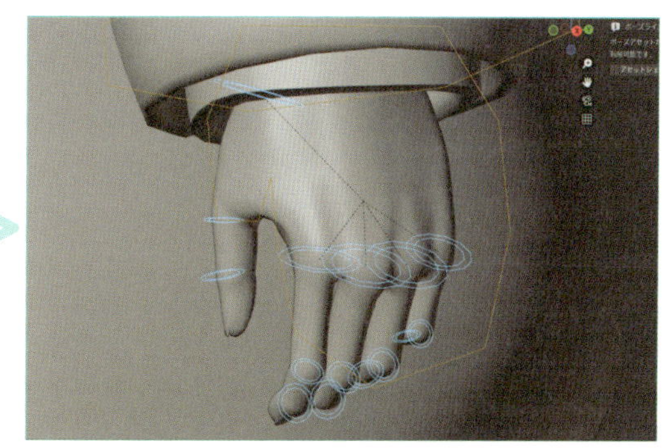

## 03 Step 右手の位置の調整

指の調整の前に、まず手の位置と向きを調整をします。手の位置と向きを明確に決めないと、後で指を再調整することになり、二度手間になるからです。**正面視点**（**テンキーの1**キー）に切り替え、右手のIK（**HandIK.R**）を選択します。移動の**Gキー**や回転の**Rキー**>**Zキー**で位置と向きを決めます。腕が内側に向かってカーブすることを意識すると、ポーズが作りやすくなるでしょう。この段階では指が身体にめり込んでいますが、指は後で調整するので気にせずに手の位置と向きを決めましょう。

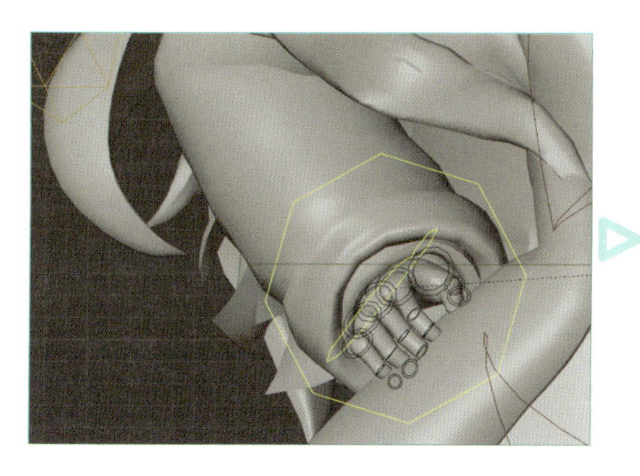

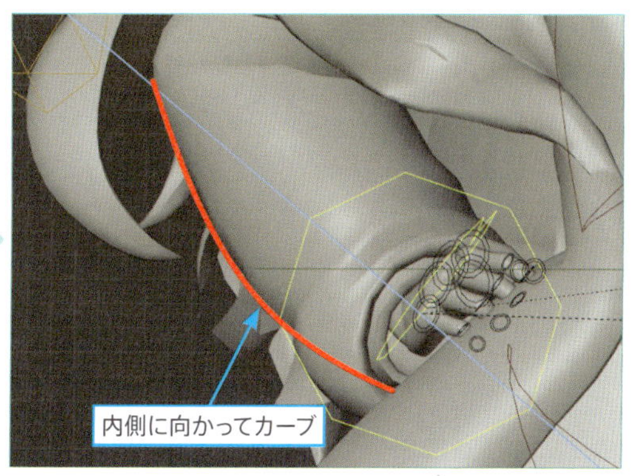

## 04 Step 指のボーンを選択する

右手の指にのみアセットシェルフのポーズを適用します。何もないところで左ドラッグして**ボックス選択**（**Bキー**）を行い、右手の指を選択します。

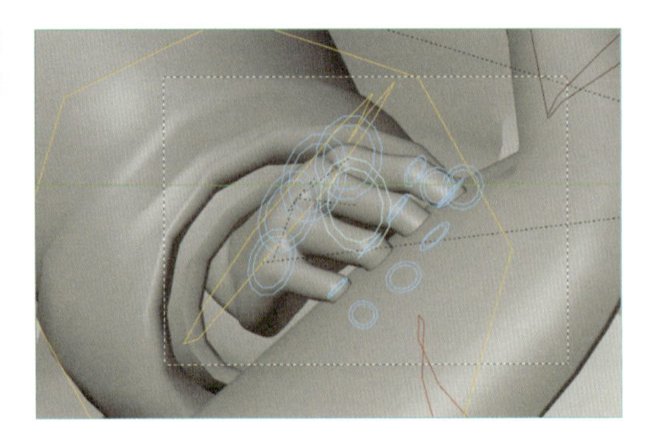

## 05 Step 指のアセットシェルフの設定と位置調整

右指のボーン（二重の円）がすべて選択されていることを確認したら、下のアセットシェルフから**Relax01**をクリックして適用します。指の曲がり方が緩やかになるので、再度右手のIK（**HandIK.R**）を選択し、移動の**Gキー**や回転の**Rキー**で手の位置を調整します。この際、親指以外の4本の指が身体にめり込まないようにしましょう（親指は次のステップで修正します）。手の位置を一旦決めたら、なるべくその位置を動かさないようにしましょう。手を動かすと指のポーズも再調整が必要になり、作業時間がかかります。

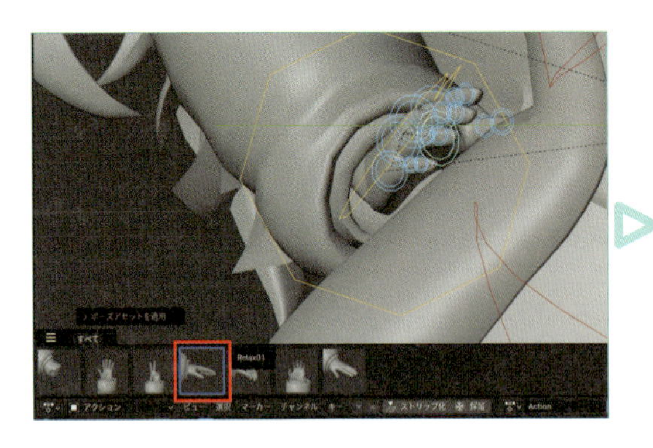


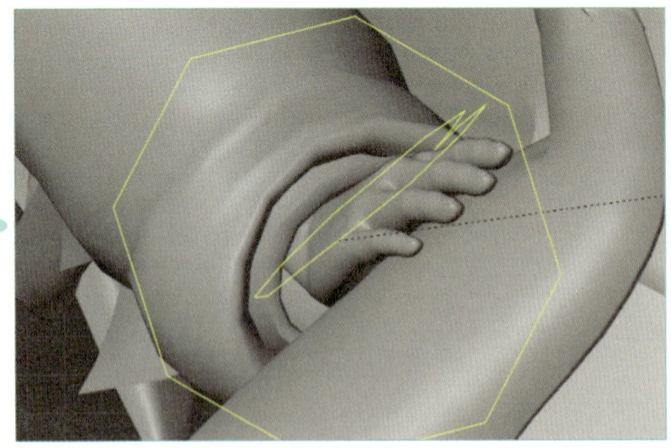

## 06 Step 指のボーンのみ表示

指の調整を行う前に、他のボーンを誤って選択しないようにします。プロパティで**オブジェクトデータプロパティ**をクリックし、**ボーンコレクション**内の**Finger**の**可視**（**目玉アイコン**）のみを有効にして、指のボーンだけを表示させせます。

## 07 Step トランスフォームピボットポイントの確認

指の修正を行う前に、3Dビューポート上部にある**トランスフォームピボットポイント**が**それぞれの原点**に設定されていることを確認して下さい。ここを**それぞれの原点**にした状態で、指のボーンを複数選択して回転させると、一度に指を曲げることができます。デフォルトの**中点**だと、複数選択した際にその中央が基点となり、指が上手く変形しませんので注意して下さい。

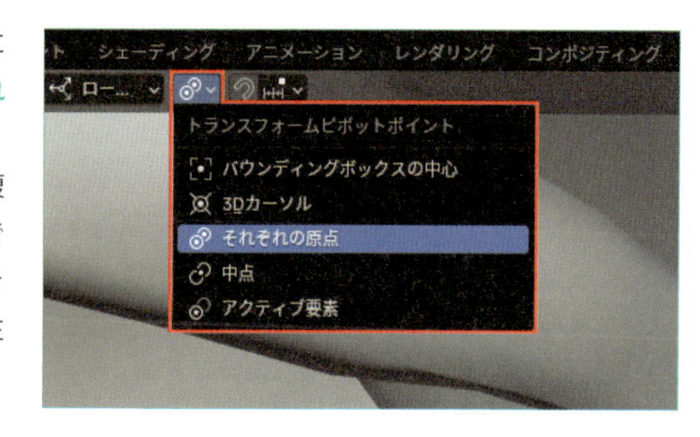


## 08 Step 親指のボーンの修正

親指の修正を行います。視点を変えて右手の親指を確認すると、身体にめり込んでいる場合があります。視点を変えながら回転の**Rキー**で修正することも可能ですが、ここでは座標軸を固定しながら回転する方法で修正します。右手の親指の付け根のボーンを選択し、**Rキー（回転）>Xキー**を実行して左右に回転させ、親指が見えるように調整します（**トランスフォーム座標系**を**ローカル**に設定する必要があります）。

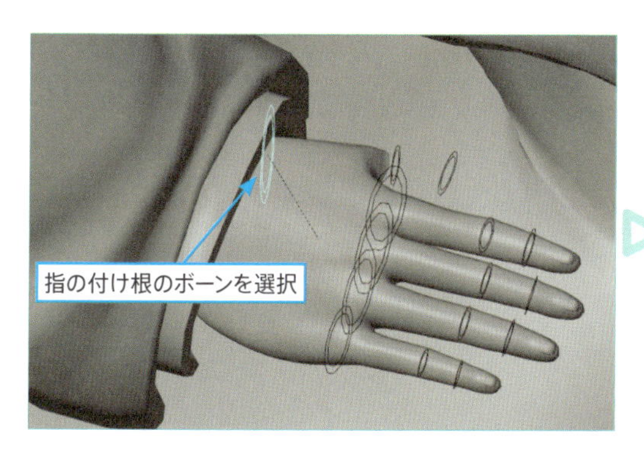


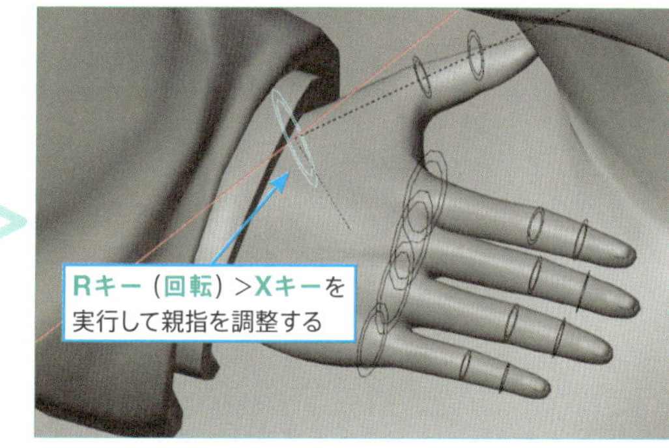


## 09 Step 指の位置を修正

現在、親指を除く4本の指がすべて同じ方向を向いていて不自然なので、指を外側に広げましょう。人の手は開いたときに指が外側に広がり、指と指の間に隙間ができます。また、中指は外側に広がらずまっすぐ向くので、中指を基準にして他の指を外側に向けましょう。4本指の付け根（第三関節）のボーンをそれぞれ選択し、回転の**Rキー>Zキー**を実行するとローカルのZ軸方向に回転させることができます。この操作を用いて指を左右に回転しましょう。

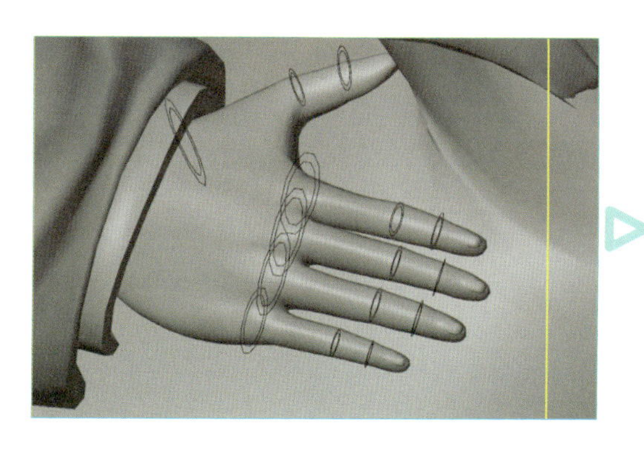

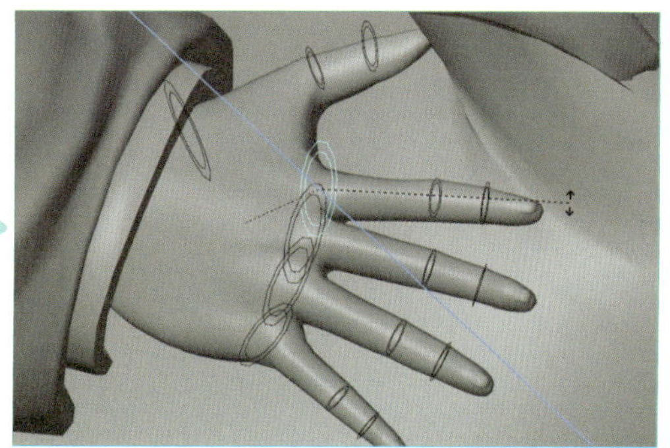

## 10 Step 指の曲がりの調整1

指の関節があまり曲がっておらず、腰を掴んでいるように見えないので、関節を曲げましょう。指が腰をしっかり掴んでいるように見せるため、各指の関節を曲げます。親指を除く4本指の第二関節のボーンを左ドラッグによる**ボックス選択（Bキー）**、または**Shift＋左クリック**で複数選択をし、回転の**Rキー＞Xキー**を実行します。

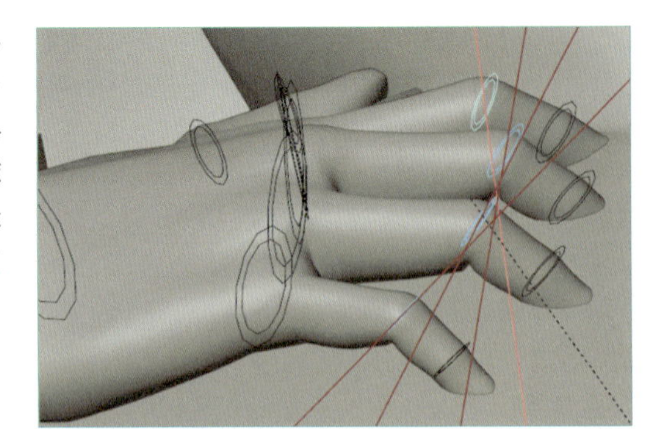

## 11 Step 指の曲がりの調整2

親指を除く4本指の第三関節を選択し、**回転**の**Rキー＞Xキー**を実行します。必要に応じて第二関節のボーンも調整して下さい。終わったら、**テンキーの1キー**で**正面視点**に切り替え、指が曲がっているか確認しましょう。上手くいかなかった場合は、すべての指のボーンを左ドラッグなどで選択して、変形をリセットするショートカットの**Alt+Gキー**、**Alt+Rキー**、**Alt+Sキー**を実行し、再度指を調整しましょう。

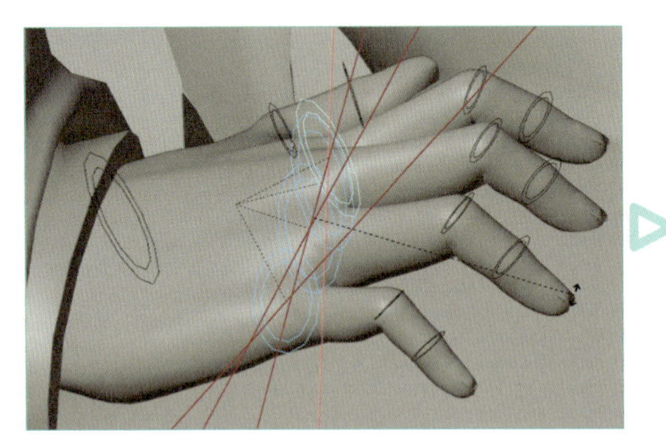

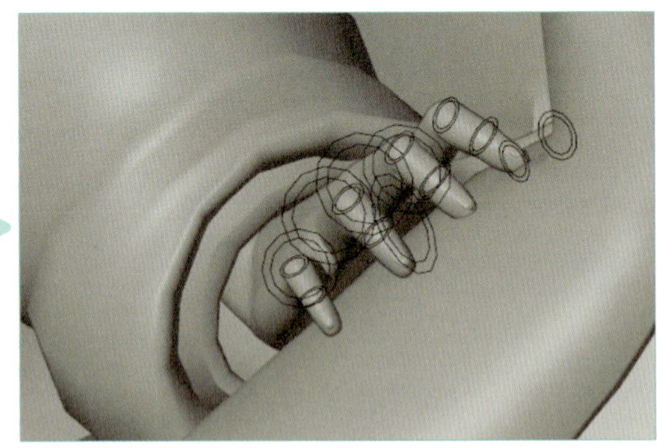

## 12 Step 親指を隠す

腰に手を当てるポーズでは、正面から見た時に親指は後ろ側に隠れてほとんど見えません。そこで、親指の付け根のボーンを選択し、回転の**Rキー＞Zキー**と**Xキー**を交互に行いながら親指を隠します。

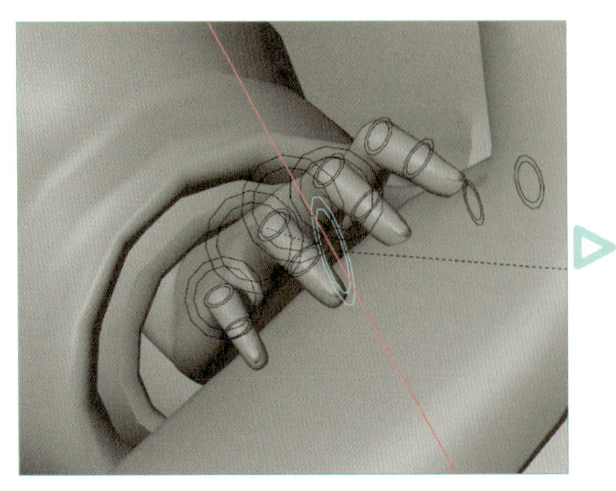

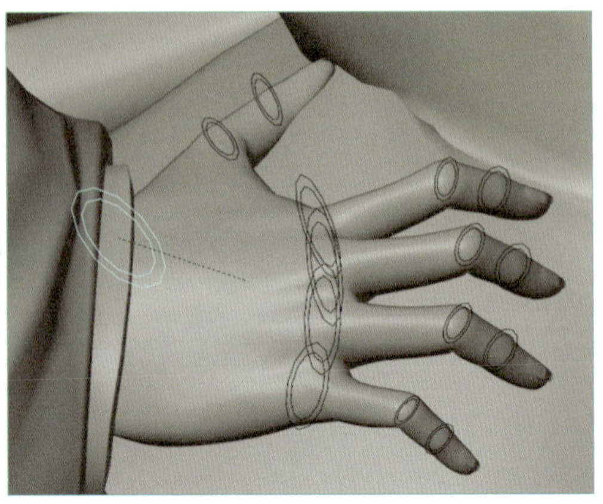

## 13 Step ボーンの表示設定

作業が終了したら、プロパティの**オブジェクトデータプロパティ**の**ボーンコレクション**から、**IK**コレクションの**可視**のみを有効にします。

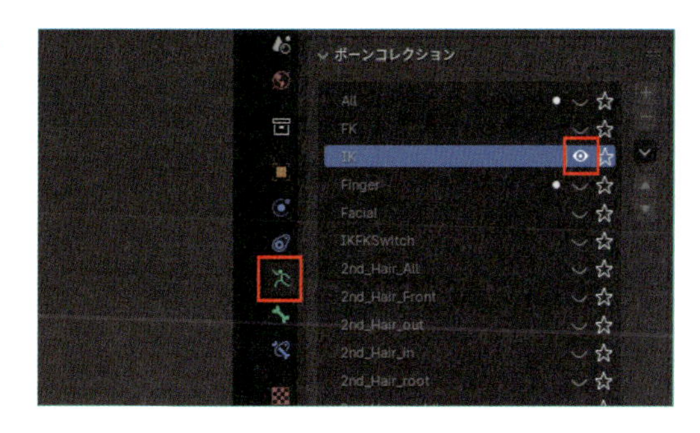


### Column

#### 指を自然に見せるには

指を自然に見せるコツは**指の関節ごとに異なる傾きをつける**ことです。実際に手をリラックスさせると、指が少し曲がることに気づくでしょう。小指が最も曲がり、薬指、中指、人差し指の順番に曲がり方が小さくなります。すべての指が完全にまっすぐだと、手が硬く、ロボットのように見えてしまいます❶。基本的に、**指の関節の角度や向きをすべて同じにせず、それぞれ異なるようにする**と、リラックスした自然な指になります❷。関節ごとに異なる傾きをつけることで、手のポーズに立体感が生まれます。

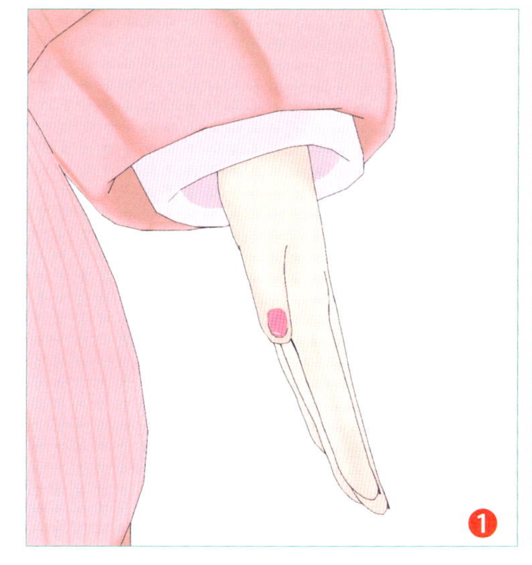

## 6-10 髪の毛、スカート、尻尾を調整しよう

髪の毛、スカート、尻尾などの揺れ物は**セカンダリーアニメーション**と呼ばれ、主にメインの動きに追従するパーツとして扱われます。セカンダリーアニメーションを制作することで、アニメーションにディテールが加わります。たとえば髪の毛がふわっと動く、スカートが風に揺れるといった細かな動きが加わると、アニメーション全体がよりリアルで魅力的になります。この項目では、髪の毛、スカート、尻尾を簡単に動かす方法を解説します。

### 01 Step 髪の毛のボーンを確認

髪の毛を制御するボーンは**ボーンコレクション**内で管理できます。プロパティの**オブジェクトデータプロパティ**内の**ボーンコレクション**から**2nd_Hair_○○**という名前のコレクションを確認しましょう。これらには髪の毛のボーンが格納されています。たとえば**2nd_Hair_All**はすべての髪の毛ボーンを表示します。この複数のコレクションを表示/非表示に切り替えながら、髪の毛を制御していきます。

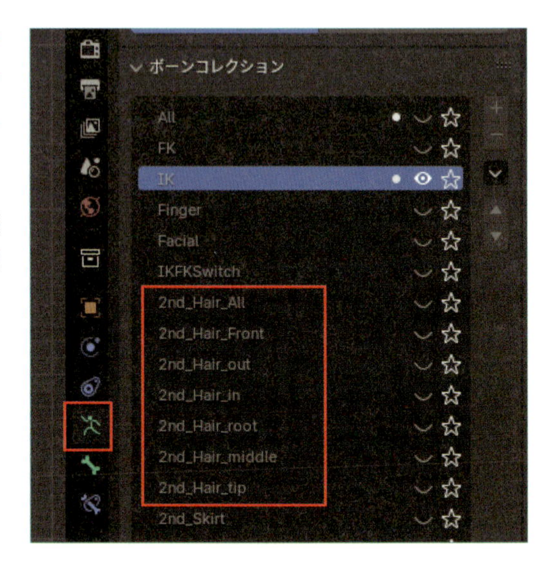


### 02 Step 髪の毛のボーンを表示させる

ここでは後ろ髪の揺れを表現します。**ボーンコレクション**内の**IK**コレクションの**可視**（**目玉アイコン**）を無効にし、**2nd_Hair_out**と**2nd_Hair_in**の**可視**を有効にします。これにより、後ろ側の髪の毛のボーンのみが表示されます。**in**は後ろ髪の内側、**out**は外側のボーンを指します。

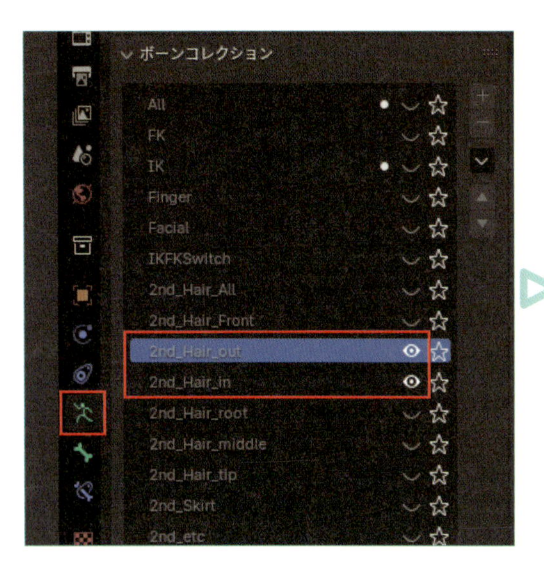


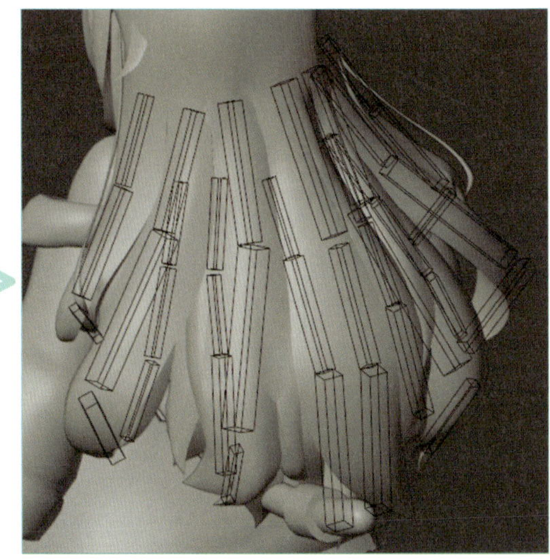

## 03 Step トランスフォームピボットポイントの確認

3Dビューポート上部にある**トランスフォームピボットポイント**が**それぞれの原点**になっていることを確認します。これにより、髪の毛が揺れ動くように変形させることが可能になります。

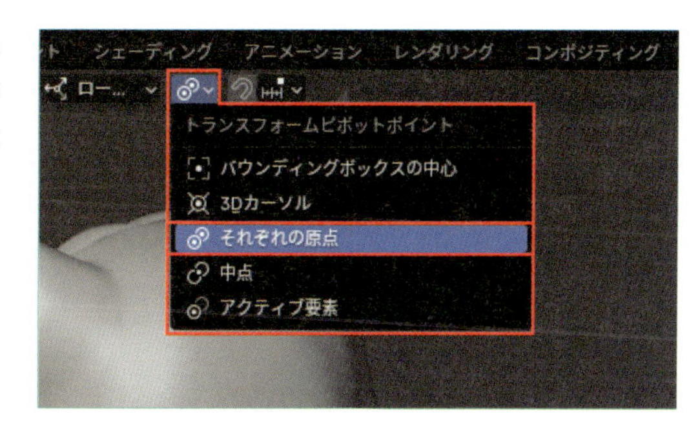


## 04 Step 髪の毛を横方向に回転

**IK**コレクションが非表示で、**2nd_Hair_out**と**2nd_Hair_in**のボーンが表示されていることを確認したら、**テンキーの1キー**で**正面視点**にします。次に、3Dビューポート上で**Aキー**で全選択し、**Rキー**で回転させてマウスを動かすと、風になびく髪の表現が可能になります。ここでは、風が右側（キャラクターから見て右側）から吹いていると想定し、髪を左方向に揺らします。髪の毛を傾けすぎると強風の中にいるように見えるので、やりすぎには注意しましょう。

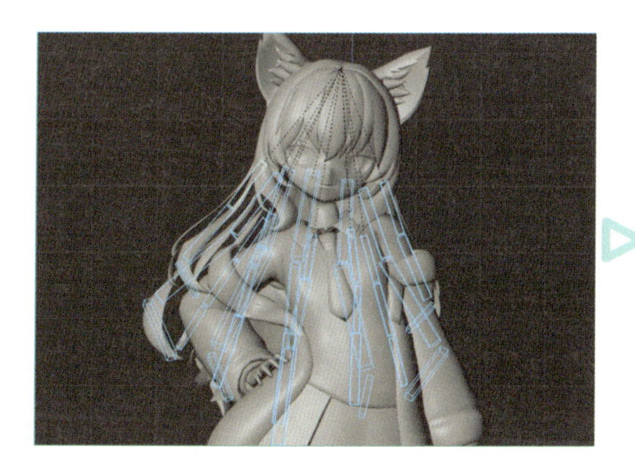

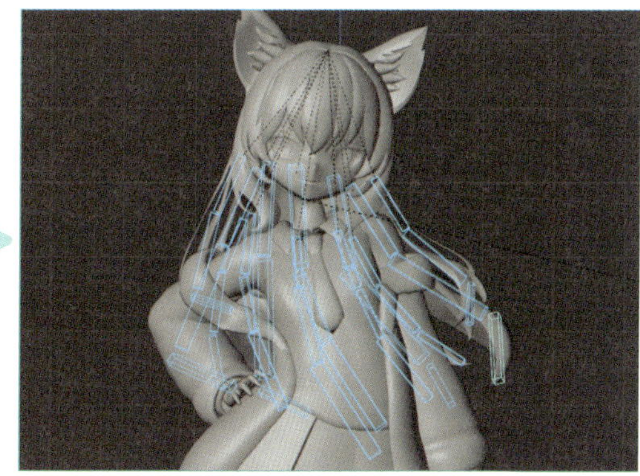

## 05 Step 髪の毛を後方に回転

側面から確認します。**Ctrl+テンキーの3**で左側の視点にし、回転の**Rキー**で髪の毛をやや上げます。これで、風になびく髪が表現できました。

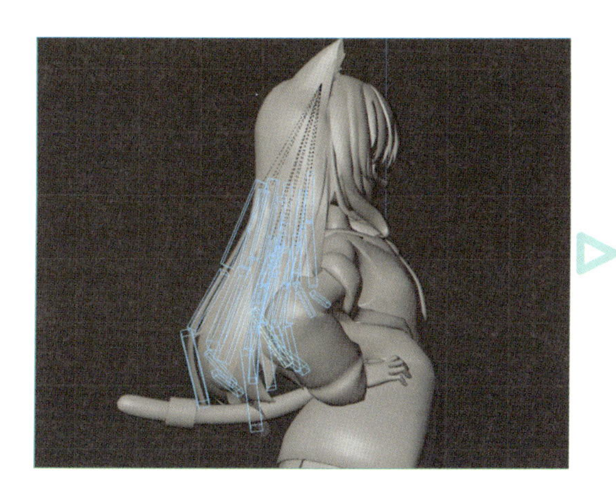

## 06 Step 髪の毛の修正(必要がある場合)

後ろ側の微修正を行います。腰に手を当てるポーズを行った際に、後ろ髪が腕を貫通している場合は修正が必要です。後ろ髪の右側にある4つの房の付け根のボーンを複数選択し、**Rキー**(**回転**)>**Xキー**で髪の毛を後方に回転させます(髪の毛のローカルX軸は前後に回転します)。3Dビューポートの上部にある**トランスフォームピボットポイント**を**それぞれの原点**になっていることを確認し、髪の毛が腕を貫通しないように調整します。修正後は左クリックで決定します。

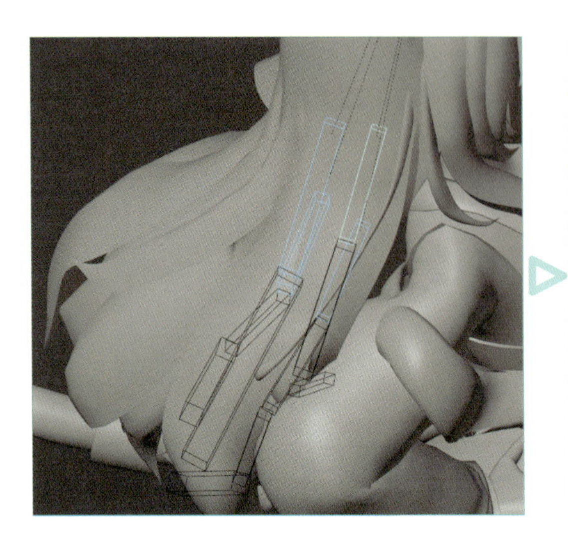

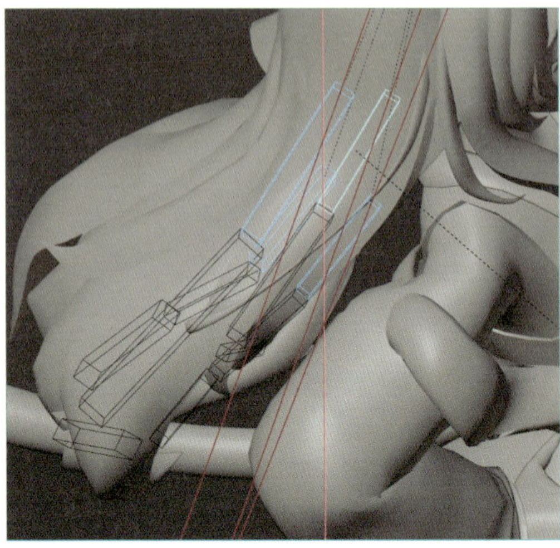

## 07 Step 前髪のボーンを表示

次に横髪の調整を行います。顔を傾けたことで横髪が身体を貫通している場合、それを修正します。プロパティから、**オブジェクトデータプロパティ**の**ボーンコレクション**内の**2nd_Hair_Front**コレクションの**可視**(**目玉アイコン**)のみを有効にします(**2nd_Hair_out**と**2nd_Hair_in**の可視は無効にします)。**2nd_Hair_Front**には前髪と横髪のボーンが格納されています。

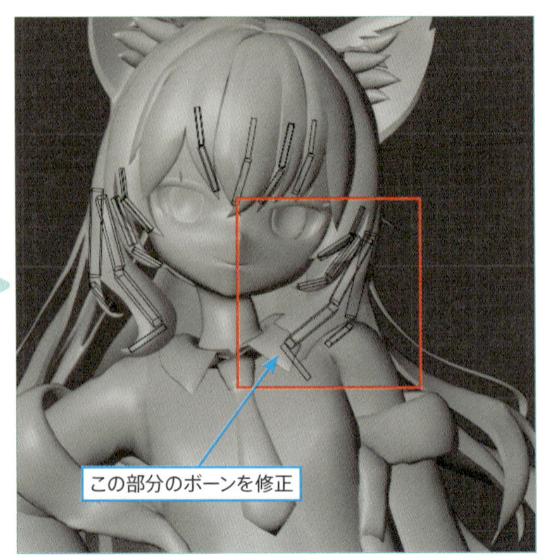

## 08 Step 肩に掛かる髪の毛の修正

側面視点（**テンキーの3キー**）に、左側の横髪の付け根にある2つのボーンを選択します。**Rキー**で回転させ、髪が身体に重ならないように調整し、調整が終わったら左クリックで決定します。髪の毛の大まかな調整はこれで終了ですが、気になる箇所があったら各自で調整して下さい。

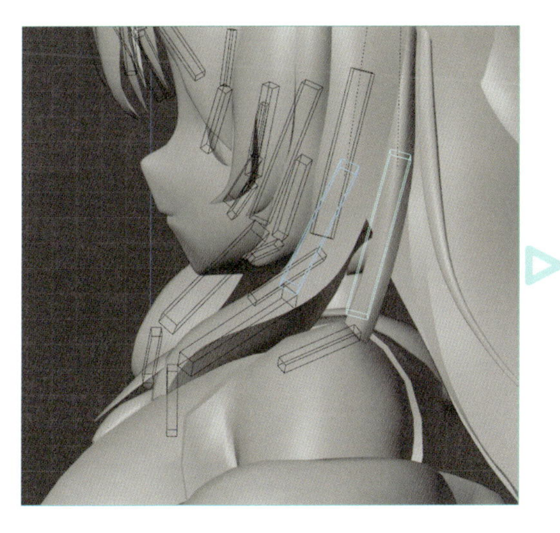

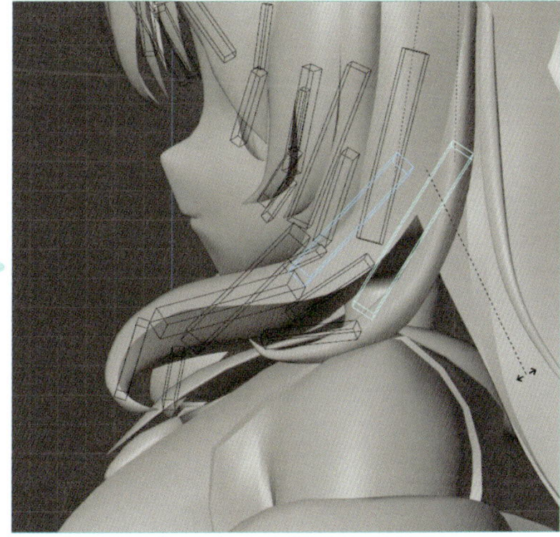

## 09 Step スカートのボーンを表示

次にスカートの調整を行います。プロパティから、**オブジェクトデータプロパティ**の**ボーンコレクション**内の**2nd_Skirt**コレクションの**可視**（**目玉アイコン**）のみを表示します。このコレクションには、スカートを制御するボーンが含まれています。

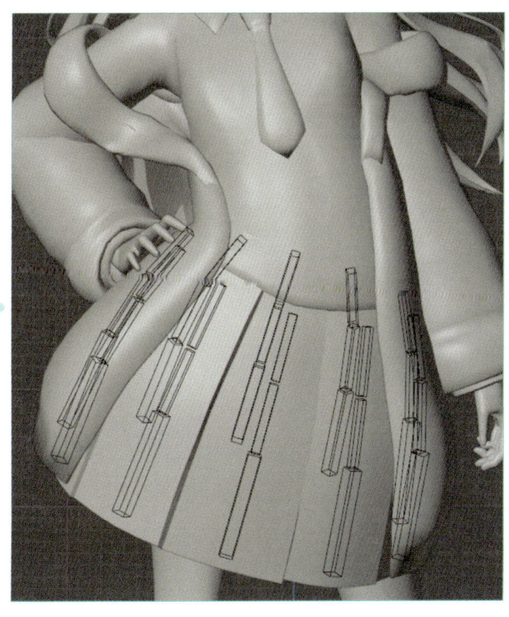

## 10 Step スカートのボーンを回転

3Dビューポートの上部の**トランスフォームピボットポイント**が**それぞれの原点**であることを確認し、**正面視点**（**テンキーの1キー**）にします。次に、3Dビューポート上で**Aキー**で全選択し、**Rキー**でスカートを少しだけ回転します。スカートが重力に従って下へ落ちるように調整し、手がスカートで隠れないように注意します。スカートの微調整で手が隠れてしまう場合は、**ボーンコレクション**から**IK**コレクションの**可視**のみを有効にし、手のIK用のボーンを調整して下さい。

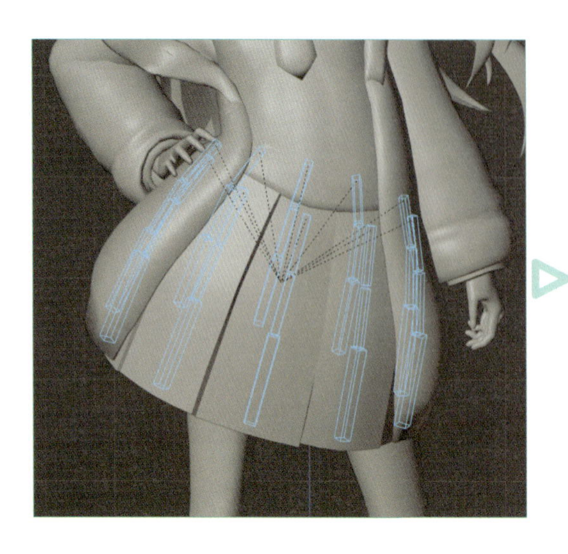

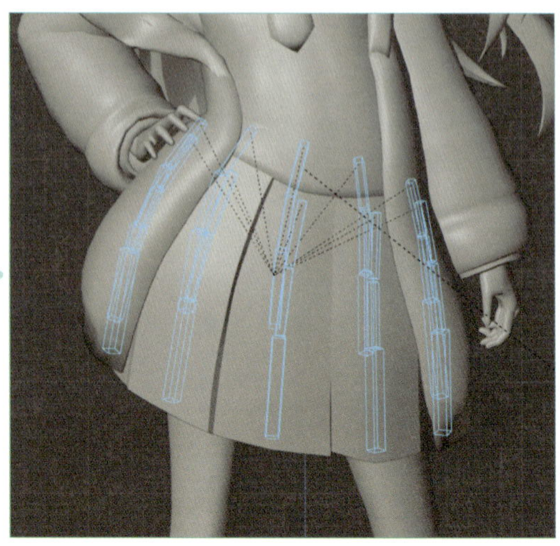

## 11 Step 尻尾のボーンを表示

最後に尻尾の調整を行います。プロパティから、**オブジェクトデータプロパティ**の**ボーンコレクション**内の**2nd_etc**コレクションの**可視**のみを有効にします。このコレクションには、尻尾、ネクタイ、衣装の肩や袖を調整するボーンが含まれています。

## 12 Step 尻尾のボーンを下に回転

3Dビューポート上部の**トランスフォームピボットポイント**が**それぞれの原点**または**中点**であることを確認し、側面視点（**テンキーの3**キー）にします。尻尾の付け根のボーンを選択し、**Rキー**で下に回転します。その他の視点から確認し、尻尾が身体を貫通していないか確認しましょう。もし貫通していたら、尻尾のボーンを回転の**Rキー**で調整します。

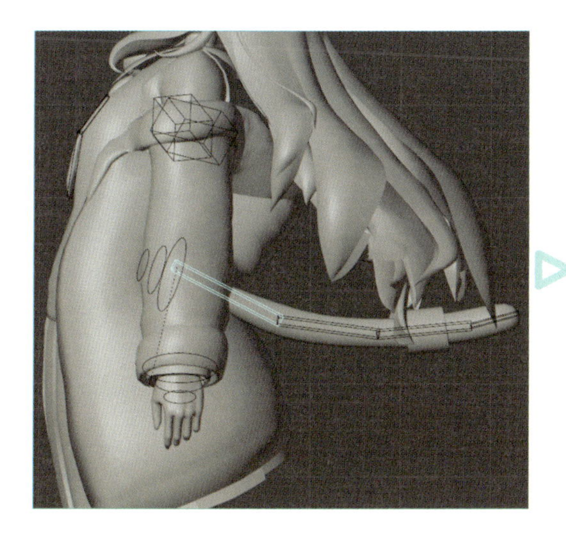

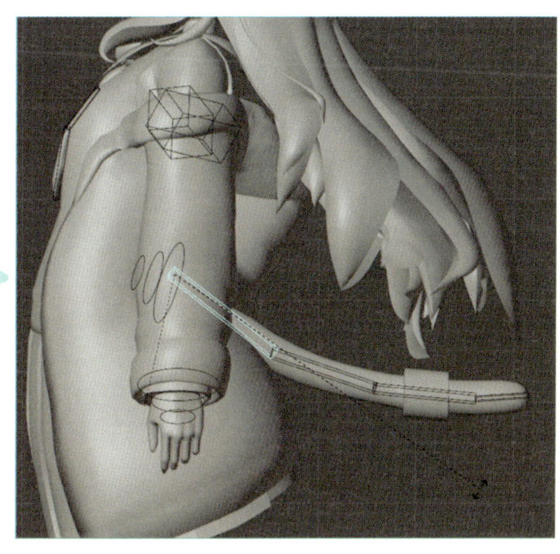

## 13 Step ボーンの表示・非表示

調整が終わったら、プロパティの**オブジェクトデータプロパティ**の**ボーンコレクション**内から**IK**コレクションの**可視**のみを有効にします。

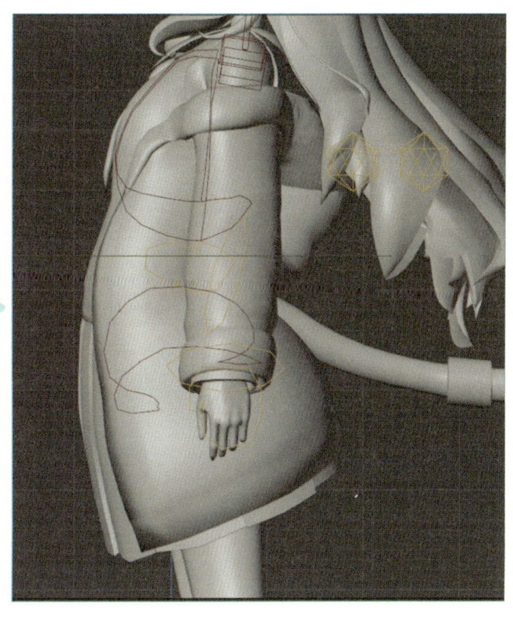

# 6-11 ソリッドのシェーディングに関する解説

決めポーズに問題がないかを確認するために、キャラクターを黒く塗りつぶしてシルエット表示にします。シルエットを意識したポーズを作ることで、見る側に意図がはっきり伝わる良いポーズが作れます。
シルエット表示を行うために必要な**ソリッド**の設定項目について解説します。このメニューの項目を理解することで、今後の作業がより効率的で、そして意図した通りに進められるようになります。3Dビューポートの右上にある**ビューポートシェーディング**の、右側の下矢印アイコン（シェーディング）をクリックすると、**ソリッド**の表示に関する様々な設定項目が表示されます。

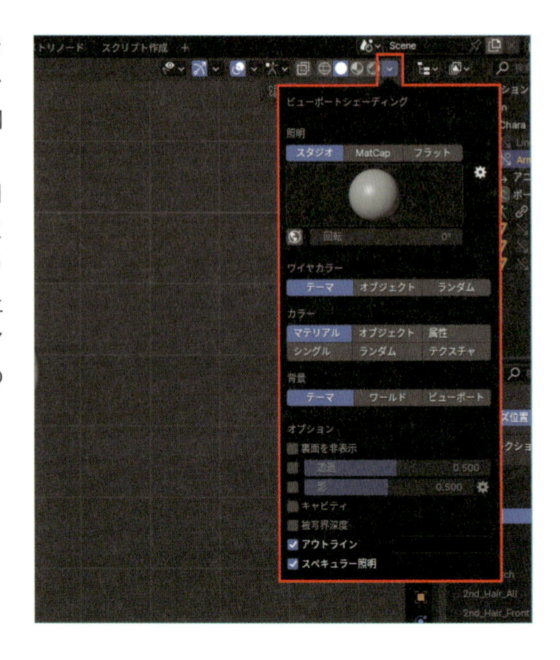


## 照明

照明は、オブジェクトに当たる光の方向や強さを設定する項目です。主にオブジェクトの滑らかさを確認したり、作業中のオブジェクトを見やすくしたりするために使用します。**スタジオ**に設定すると、以下の画面が表示されます。

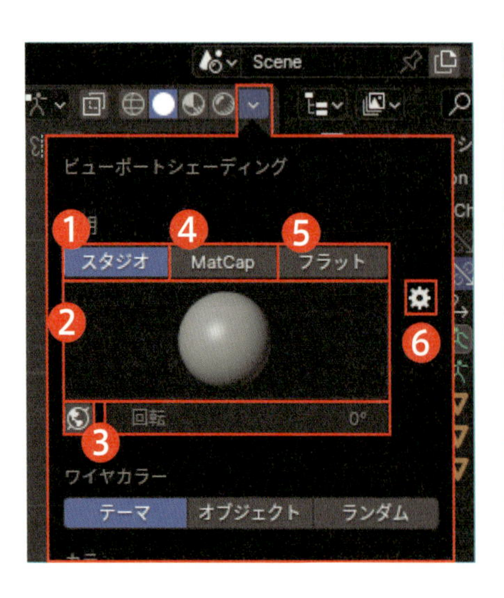


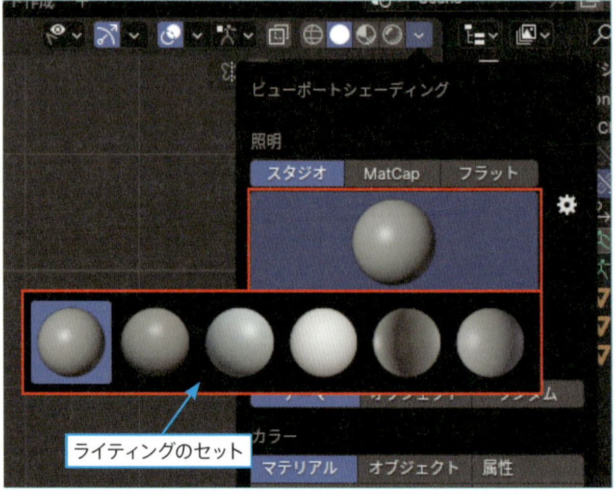

| | |
|---|---|
| ❶スタジオ | 3Dビューポート内の自動的なライティングで、オブジェクトを照らす方法を設定します。 |
| ❷スタジオライト | ソリッド表示中のオブジェクトの見え方を変更します。光の当たり方や質感、滑らかさを確認するために使用します。クリックするとスタジオのライティングのセットが表示され、好きなセットを選ぶことが可能です。この設定はレンダリングには反映されません。 |
| ❸ワールド空間ライティング | こちらを有効にし、回転の数値を調整すると、3Dビューポート内のライティングの方向を変えられます。光を別の角度から当てたいときに使用します。 |
| ❹ Matcup | レンダリングせずに光や質感を表現できるテクスチャです。ここを**Matcup**に設定すると、**スタジオライト**から様々なMatcupに切り替えられます（レンダリングには反映されません）。 |
| ❺フラット | 光を表示しない設定です。オブジェクトをベタ塗りにしたい時や、テクスチャの色を正確に表示したいときに使用します。 |
| ❻ライト設定を表示 | スタジオやMatcupは外部からインストール可能です。ここをクリックするとプリファレンスが表示され、外部のMatcupをインストールすることができます。 |

## ワイヤカラー

ワイヤーフレームの色を変更することができます。主にメッシュの細部をチェックする時や、複数のオブジェクトが重なっている場合に、ワイヤーフレームの色を変えて視認性を向上させるために使用します。**ワイヤーフレーム**は、3Dビューポートの右上にある**ビューポートオーバーレイ**の**ワイヤーフレーム**を有効にすることで表示されます。この設定は**ビューポートシェーディング**の**ワイヤーフレーム**からも変更できます（右側の下矢印をクリック）。

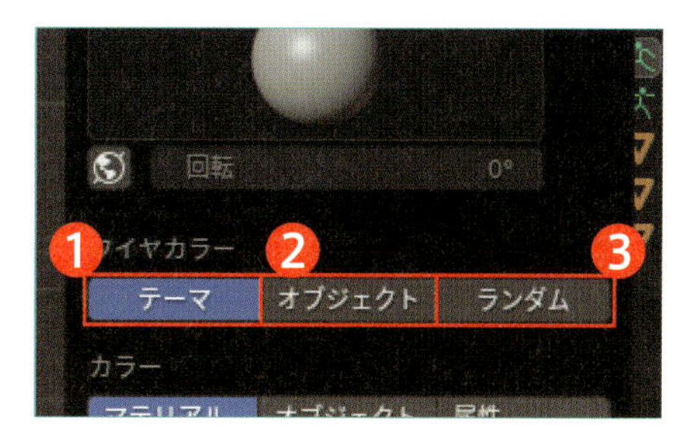


| | |
|---|---|
| ❶テーマ | デフォルト設定で、ワイヤーフレームを黒く表示します。特別な目的がない限り、基本的に**テーマ**にするのが良いでしょう。 |
| ❷オブジェクト | オブジェクトごとにワイヤーフレームの色を変える設定が反映されます。この色の設定は、プロパティの**オブジェクトプロパティ**の**ビューポート**パネル内の**カラー**から変更可能です。 |
| ❸ランダム | ワイヤーフレームの色がランダムに表示されます。 |

## カラー

3Dビューポート内のオブジェクトの表示色を調整する項目です。各オブジェクトに色を設定することで、**ソリッド**表示時にオブジェクトを区別しやすくなります。また、**ソリッド**のオブジェクトが意図しない表示になっている場合は、こちらの設定を確認して下さい。 Next Page

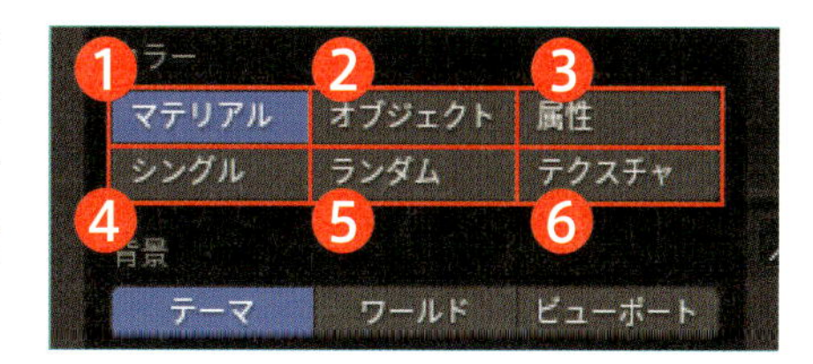


| | |
|---|---|
| ❶マテリアル | オブジェクトの表面が、プロパティの**マテリアル**の**ビューポート表示**パネル内で設定した色や質感になります。 |
| ❷オブジェクト | オブジェクトの表面が、プロパティの**オブジェクトプロパティ**の**ビューポート**パネル内にある**カラー**から設定した色になります。 |
| ❸属性 | オブジェクトの表面が、プロパティの**オブジェクトデータプロパティ**の**カラー属性**パネルで設定した色になります。何も設定されていない場合は、**オブジェクトプロパティ**の**ビューポート**パネル内の**カラー**が反映されます。 |
| ❹シングル | すべてのオブジェクトを単一の色で表示します（**ラインアート**も含みます）。有効にすると下に**カラー**が表示され、そこで色を変更できます。 |
| ❺ランダム | すべてのオブジェクトに対して色がランダムに選択されます。オブジェクトごとに色を設定するのが難しい場合に便利です。 |
| ❻テクスチャ | オブジェクトに設定したテクスチャが表示されます。また、**照明**を**フラット**に設定すると、陰影なしのテクスチャが表示されます。 |

❶、❷、❸の設定は、プロパティの該当パネルから行います。カラーをクリックするとカラーパレットが表示されるので、そこからオブジェクトの色を変えられます。❸については、右上のプラスボタンをクリックすると、カラー属性の設定メニューが表示され、そこから色を設定できます。

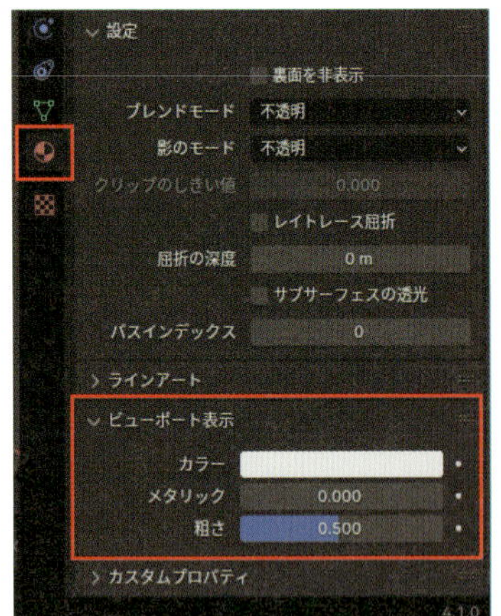


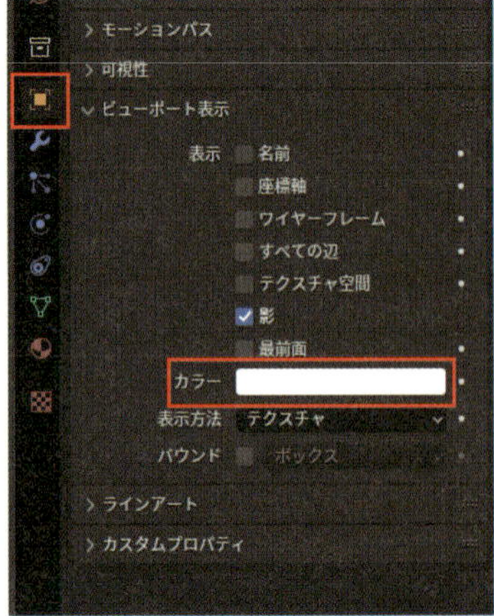


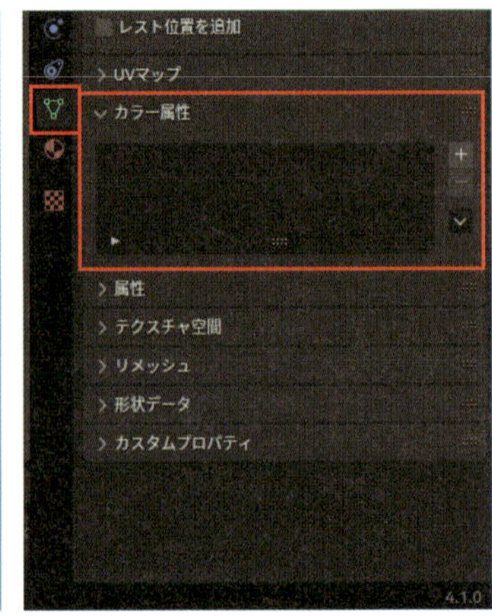


## 背景

3Dビューポート上の背景色を変更できます。背景色を変更することで、作業中のオブジェクトが見やすくなります。特に必要がない場合はテーマを使用し、目的に応じてワールドかビューポートから背景色を変更すると良いでしょう。

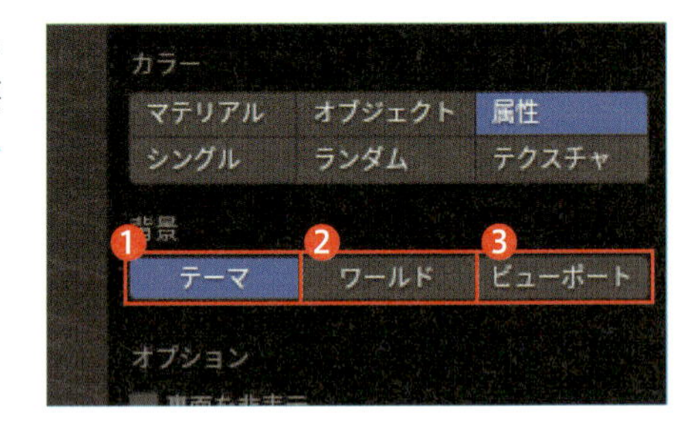


| | |
|---|---|
| ❶テーマ | トップバーの編集＞プリファレンスからテーマ＞3Dビューポート＞スペースのテーマ＞グラデーションカラーで設定した背景色が表示されます。 |
| ❷ワールド | プロパティのワールド＞ビューポート表示パネル内にあるカラーから設定した背景色が表示されます。 |
| ❸ビューポート | こちらを有効にすると下にカラーが表示され、そこで指定した色が背景色になります。 |

## オプション

その他、表示方法を変更する様々な設定項目です。必要に応じて有効/無効を切り替えて下さい。

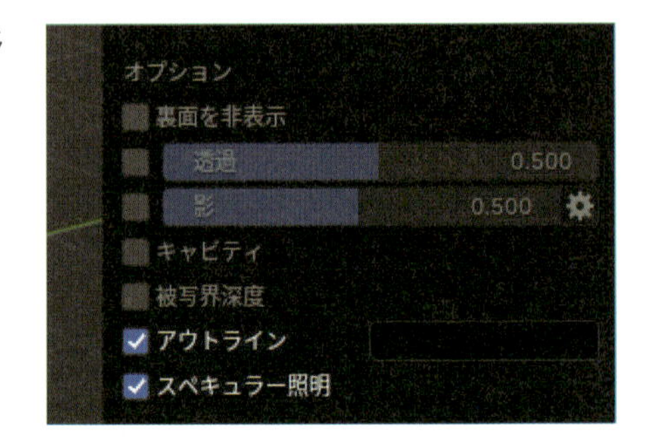

| 裏面を表示 | 面の裏側を表示します。基本的には無効にしておくのが良いでしょう。 |
|---|---|
| 透過 | 有効にするとオブションが透過され、右側の数値欄で透過具合を調整できます。3Dビューポートの右上にある**透過表示を切り替え**（**Alt+Zキー**）と同じ機能です。モデリングではよく使用しますが、アニメーションでは特に目的がない限り使用しませんので、通常は無効にしておきましょう。 |
| 影 | 有効にするとオブジェクトに落影が表示されます。右にある歯車アイコンからさらに細かい影の設定が行えます。 |
| キャビティ | オブジェクトに光と影の凹凸を付け、段差を見やすくする機能です。特に必要がない場合は無効にしておきましょう。 |
| 被写界深度 | ピントの調整ができます。カメラ視点かつカメラの**オブジェクトデータプロパティ**の**被写界深度**を有効にすることで機能します。 |
| アウトライン | オブジェクトに簡易的なアウトラインを表示します。色を変更することが可能です。 |

**Column**

### シルエットの重要性

シルエットを意識したポーズは、キャラクターが何をしているのか、どんな気持ちなのか、次に何をするのかを視聴者にスムーズに伝えることができます。こちらの画像では、キャラクターが手を振っています。この動作がシルエットだけでも伝わるように工夫すると、画像の意味や意図がよりはっきりと伝わります。ただし、シルエットで分かりにくいポーズがあった場合は、色のコントラストを強調したり、見る人に視線を引き付ける工夫をしたりして、ポーズの意図を明確に伝えましょう。

## 6-12 シルエットを確認しよう

ここまでの設定項目を参考に、キャラクターをシルエット表示にしていきます。ポーズを黒く塗りつぶすことで、シルエットが容易に確認できるようになります。

### 01 Step ビューポートシェーディングの設定

ビューポートシェーディングをソリッドに設定し、右側の下矢印アイコン（シェーディング）をクリックしてシェーディングメニューを表示します。この中の照明をフラット（ライティングが表示されず、オブジェクトの色のみ表示する機能）にし、カラーをシングル（すべてのオブジェクトを単一の色にする機能）にします。すると、キャラクターの色味が変化します。

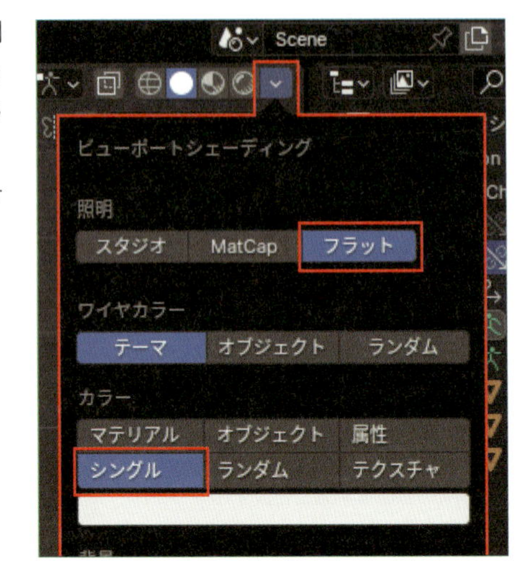


**POINT**

### シェーディングメニューの注意点

シェーディングの操作はCtrl+Zキーで元に戻すことができません。デフォルトの設定に戻したい場合は、対象の項目を右クリックし、メニュー内のデフォルトに戻すを選択して下さい。

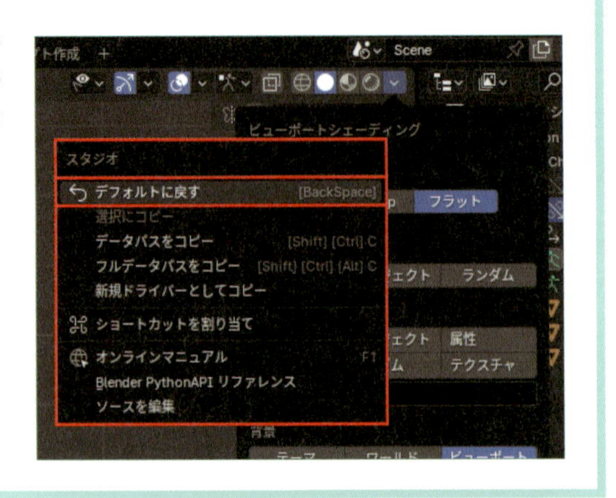

## 02 Step カラーピッカーの設定

シングルの下にあるカラーをクリックするとカラーピッカーが表示されます。ここからオブジェクトを黒く塗りつぶします。任意の場所をクリック、または左ドラッグして色を変更できます。より細かい色の調整は、下の数値欄に数字を入力することで行えます。

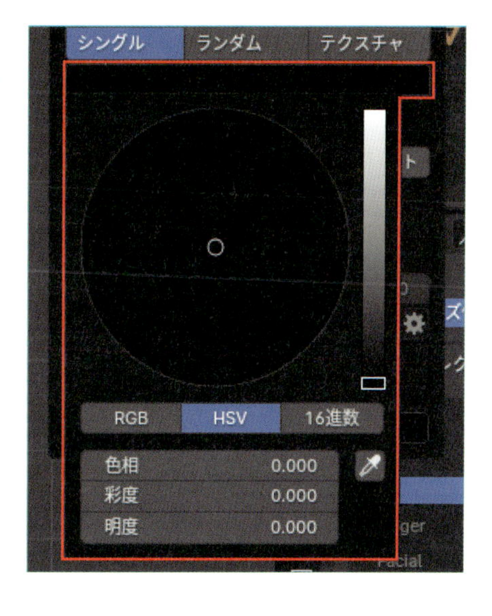


## 03 Step アウトラインを無効にする

シルエット表示する際にアウトラインの表示は不要なので、シェーディング内のアウトラインを無効にします。

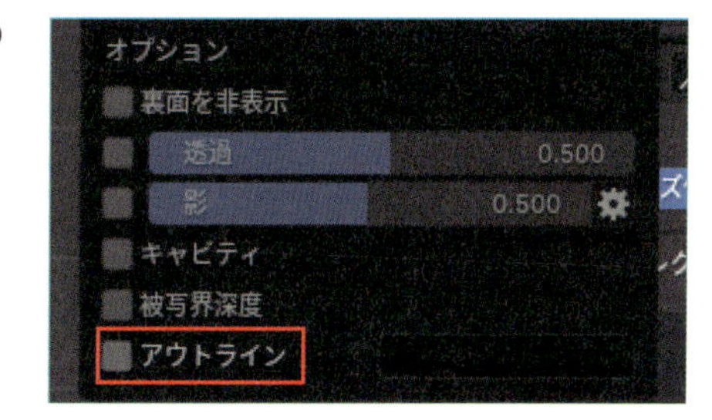


## 04 Step 背景のカラーを設定

背景が暗い場合は明るくしましょう。背景をビューポート（背景色を自分でカスタムできる機能）に変更し、下のカラーをクリックして白に設定します。これでキャラクターをシルエット表示できます。

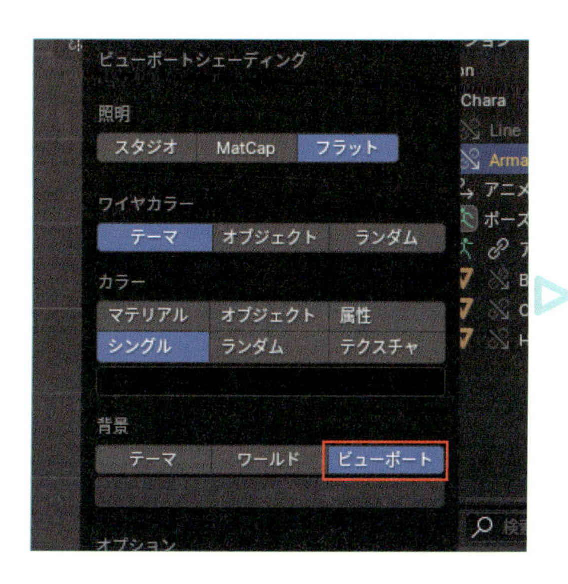

## 05 Step キャラクターのシルエットを確認

3Dビューポート上のグリッドや座標軸、キャラクターのリグが表示されている場合は、一時的に非表示にします。3Dビューポートの右上に**オーバーレイを表示**（**円が2つあるアイコン**）を無効にすると、3Dビューポート上の様々な情報を非表示にできます。これでキャラクターのシルエットがはっきりと確認できます。シルエットに問題があれば（たとえば、キャラクターが何をしているか分からないなど）、再度**オーバーレイを表示**を有効にして、シルエットを参考にボーンの調整（移動や回転など）を行って下さい。プロパティの**ボーンコレクション**の**可視**も、必要に応じて有効/無効を切り替えて下さい。シルエットに大きな問題がない場合は次のステップに進みましょう。

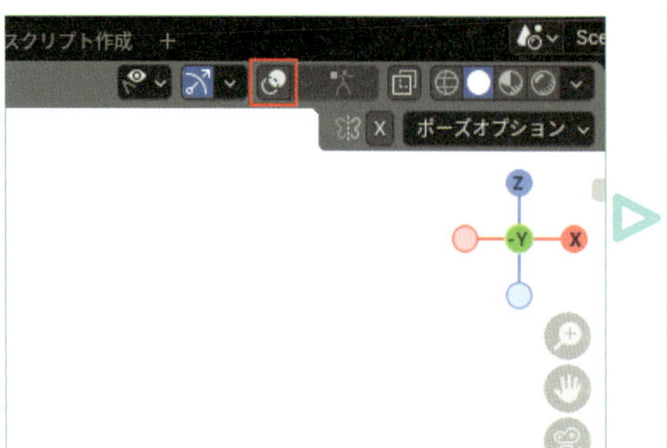

## 06 Step ソリッドの表示を変更

次は表情を制作していきますが、その前に**ソリッド**の表示方法を変更します。3Dビューポートの右上のメニューから、照明を**フラット**、カラーを**テクスチャ**、背景を**テーマ**にします。この設定により、テクスチャが**ソリッド**で表示され、キャラクターの表情が分かりやすくなります（3Dビューポートの右上にある**オーバーレイを表示**を有効にするのも忘れないようにしましょう）。

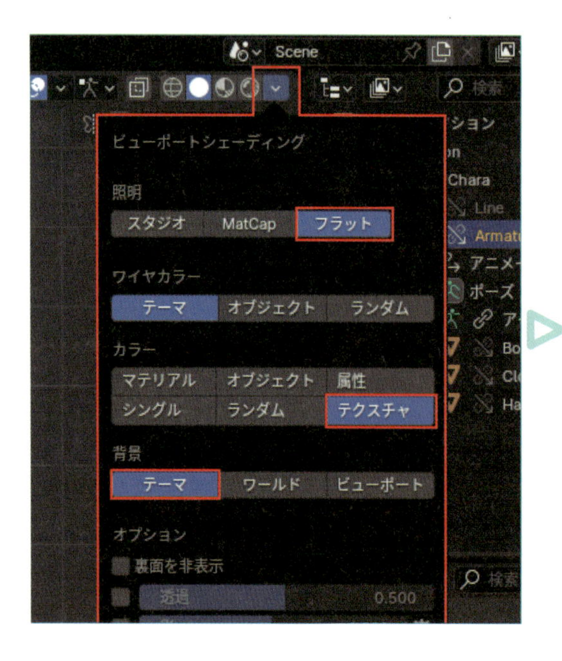

# 6-13 表情を変えよう

3DCGアニメーションでは、豊富な表情バリエーションを作ることで、キャラクターの感情を自在に表現できます。ここでは、表情を制御するボーンを表示し、自由に表情を変更していく方法を説明します。

## 01 Step 表情のボーン表示

プロパティの**オブジェクトデータプロパティ**から、**ボーンコレクション**内にある**Facial**コレクションの**可視**を有効にします。ここには、キャラクターの表情を制御するボーンが格納されています。

## 02 Step シェイプキーの確認

**Facial**コレクションを表示すると、キャラクターの横側に4つのアイコンが現れます。本書で扱うリグは、**シェイプキー**という表情を作る機能（正確には頂点の移動を記録する機能）をボーンで管理する仕組みを採用しています。これらのアイコンは、上から順に、眉毛に関するボーン**Facial_eyelash**❶、目に関するボーン**Facial_eye**❷、表情全般に関するボーン**Facial**❸、そして口に関するボーン**Facial_mouth**❹です。

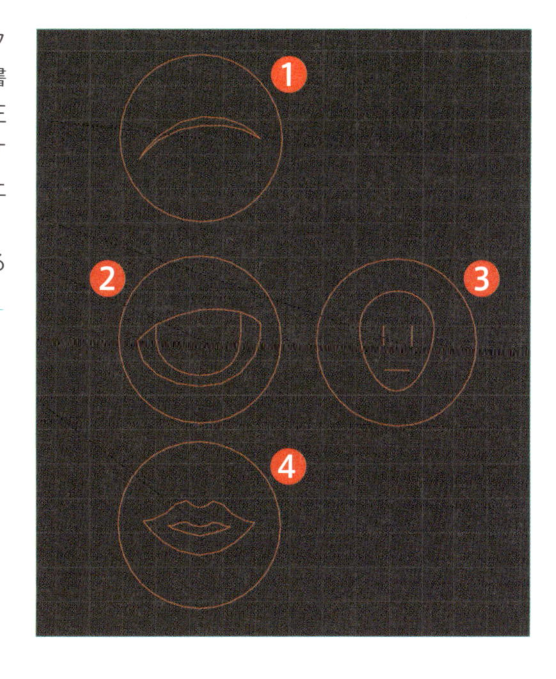

## 03 Step ボーンを選択しアイテムメニューを表示

これらのボーンで表情を変えるには、**サイドバー**（**Nキー**）を使って操作を行います。まずは、表情を制御する4つのボーンのいずれかを選択します❶。ここでは、口を制御するボーン**Facial_mouth**を選択しています。次に、右側のサイドバーを開き、**アイテム**タブをクリックします❷。続いて**プロパティ**パネルをクリックします❸。すると、ズラッと数値（シェイプキーの数値）が表示されます。これらの数値を左ドラッグ、あるいは数値入力で調整することで、キャラクターの表情を変えることができます。注意点として、表情を制御するボーンを選択しないと**プロパティ**が表示されませんので、必ずボーンを選択してから操作して下さい。

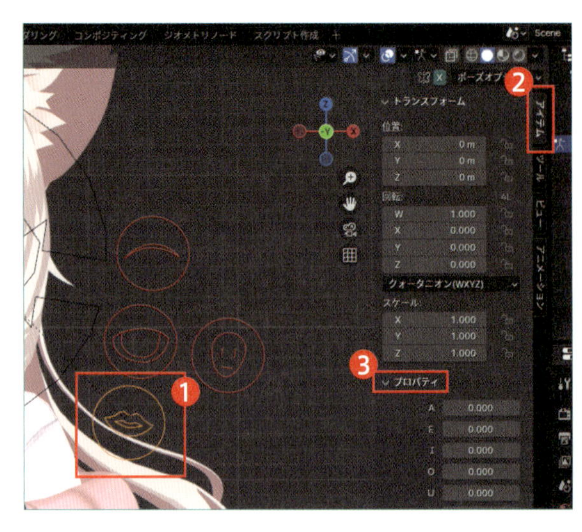


## 04 Step 数値を変更

試しに表情を変えてみましょう。**プロパティ**内の**A**の数値欄に**1**と入力するか、左ドラッグで**1**にすると、キャラクターの口が開きます。その他の各数値を調整することで、様々な表情を制作できます。また、**リンク**で読み込んだモデルの場合、数値欄を変更すると青く表示されます。これは数値が更新されたことを示しています。

**MEMO**

画像では**ボーンコレクション**内の**IK**コレクションを一時的に非表示にしています。

## 05 Step 表情を設定

プロパティ内の情報について、少しだけ解説します（数が多いため、ここでは基本的なシェイプキーのみ説明します）。口を制御するボーンFacial_mouthのプロパティ内には、A、I、U、E、Oというシェイプキーがあります。これらはあいうえおの母音に対応した口の動きを再現するためのシェイプキーです。これらの5つは、口の動きとセリフを合わせる際に重要なシェイプキーとなります。rough01は大きな口を開けるためのシェイプキーで、3種類存在します。目を制御するボーンFacial_eyeには、Closeという目を閉じるシェイプキーがあり、Close.LとClose.Rで片目を閉じる表現が可能です。表情全体を制御するボーンFacialには、主に赤らめ（Blush）や青ざめ（Aozame）など表情全体に関わるシェイプキーが含まれています。なお、これらのシェイプキーの中には、マテリアルプレビューでないと正しく表示されないものもあります。時間があれば、これらのシェイプキーを使って、好きな表情を作って遊んでみて下さい。

**MEMO**

この画像の表情はFacial_eyelash（眉）のBrow_Angerを1、Facial_eye（目）のSmileを1、Facial_mouth（口）のnikoを1、Facial（表情）のBlushを1にすることで制作できます。また、3Dビューポートの右上にあるビューポートシェーディングをマテリアルプレビューにし、アウトライナーからLineを一時的に表示しています。

**Column**

### なぜボーンで表情を制御するのか

表情を作成する機能のシェイプキーは、対象のオブジェクトを選択しないと数値を変更できません。もしシェイプキーをボーンで管理しないとしたら、リグのモードをポーズモードからオブジェクトモードに切り替え、メッシュオブジェクトを選択して、プロパティのオブジェクトデータプロパティ内にあるシェイプキーの数値を調整する必要があります。ポーズやアニメーション制作をする際に、モードをいちいち切り替えて表情を変えるのは非常に非効率的で手間がかかります。そのため、シェイプキーはボーンで制御するのが望ましいです。ちなみに、表情をリグで制御するフェイシャルリグという仕組みもあります。これはボーンを用いて表情を細かくコントロールできる優れた方法ですが、リグの設定や操作が難しく、初心者には少しハードルが高いかもしれません。本書のキャラクターデータでは、操作がシンプルで扱いやすいシェイプキーを使用しています。

Chapter 2

7

# カメラを回してレンダリングしよう

カメラを配置してそのまま画像をレンダリングするのも良いですが、せっかく作り込んだポーズが正面からしか見られないのは少し寂しいものです。そこで、最後にカメラを回してキャラクターを撮影しましょう。

## 7-1 レンダリング設定

このセクションでは、サンプルファイルに収録されているアニメーションの設定済みのカメラをアペンド機能を使って読み込みます。

### 01 Step アペンドを選択

画面上部のトップバー内にあるファイル＞アペンドを選択します。

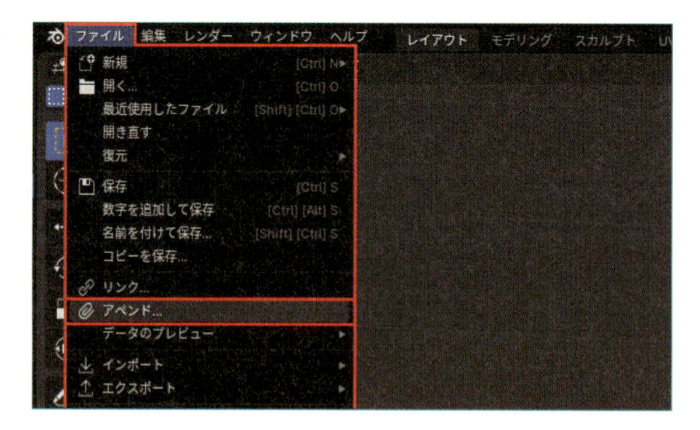


### 02 Step サンプルファイルを開く

Blenderファイルビューが開くので、サンプルファイルに含まれているsampleフォルダ内のCamera.blendをダブルクリックします。

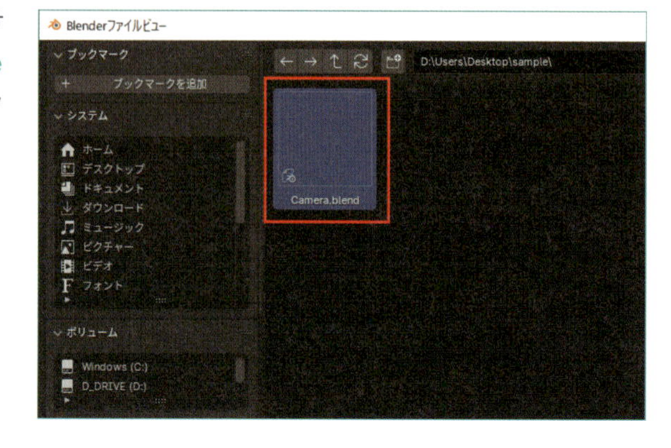

## 03 Step Objectフォルダを開く

Camera.blend内のデータが表示されます。ここではオブジェクトそのものを読み込みたいので、Objectフォルダをダブルクリックします。

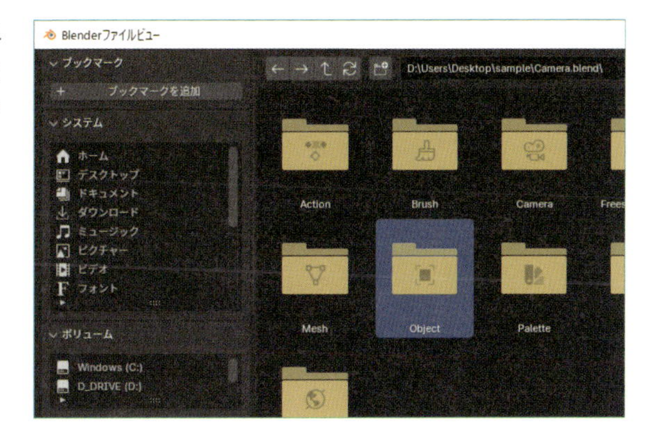


## 04 Step オブジェクトを読み込み

オブジェクトデータが表示されますので、その中にあるCameraとCubeの2つのオブジェクトデータを左ドラッグでボックス選択するか、Shift＋左クリックで複数選択します。そして、右下のアペンドボタンをクリックして読み込みます。すると、3Dビューポート内にカメラオブジェクトと立方体オブジェクトが追加されます。ちなみにカメラオブジェクトはオブジェクトモードでヘッダーの追加（Shift＋Aキー）＞カメラから追加が可能です。

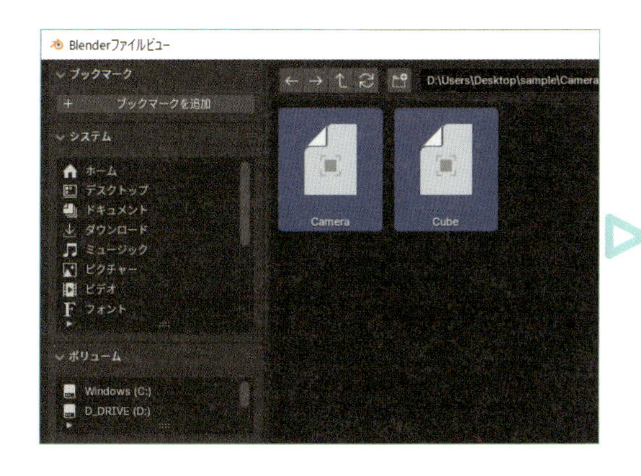


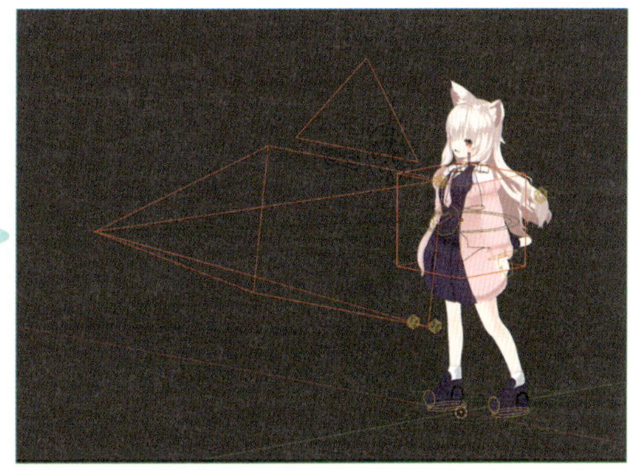

## 05 Step タイムラインを確認

この2つのオブジェクトはペアレントの関係にあり、立方体オブジェクトが親に、カメラオブジェクトが子に設定されています。そのため、立方体を回転させるとカメラも一緒に回転し、キャラクターの周りを回るように撮影することが可能になります。アニメーションは既に設定されているので、下のタイムラインのスクラブ領域（タイムライン上部に数値が表示されている領域）を左右にドラッグすると、カメラが立方体の周りを回転します。

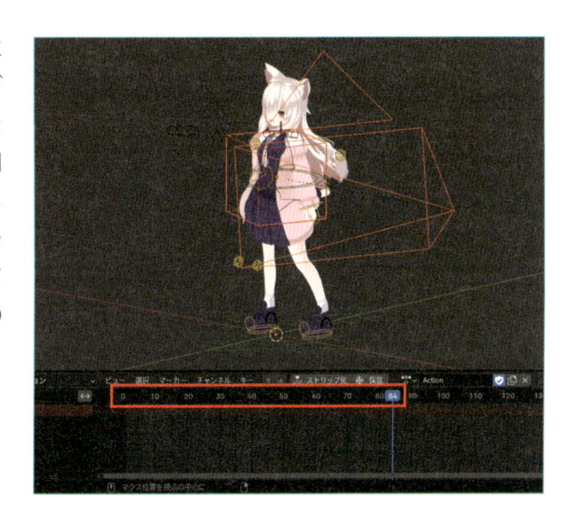

POINT

### 制作したポーズが反映されない時は

プレイヘッドを移動した際に、制作したポーズが初期ポーズに戻ったり、別のポーズに変わったりすることがあります。これは、どこかにキーフレームを設定している可能性があるためです。キーフレームは、特定のフレームでキャラクターのポーズや位置を記録するもので、設定されているポーズはフレームを動かす度に反映されます。この問題を解決するには、不要なキーフレームを削除しましょう。**ボーンコレクション**から**All**の目玉アイコンをクリックしてすべてのボーンを表示します❶。次に、ドープシートの右上にある**選択中のみ表示**を無効にし❷、ボーンを選択しなくてもキーフレームが表示されるようにします。ドープシート上にキーフレームが表示されていたら、それを選択して**Xキー**で削除しましょう❸。

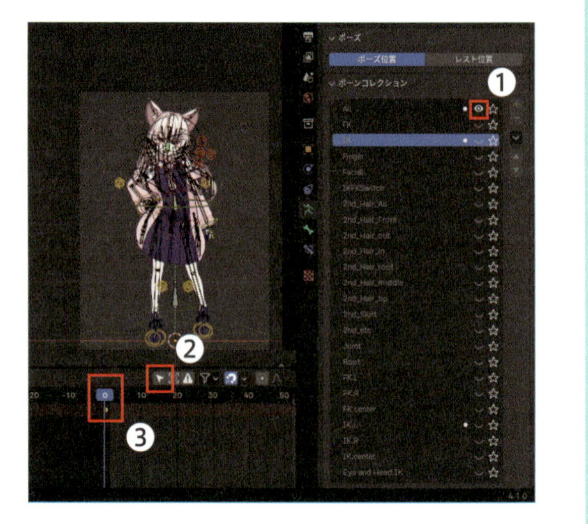


## 06 Step カメラビューに切り替える

カメラオブジェクトの設定を行います。**テンキーの0キー**か、3Dビューポートの右側にあるカメラアイコンをクリックすると、現在の視点がカメラ視点に切り替わります。キャラクターがカメラの枠内に収まっていない場合、カメラ枠のサイズを変更する必要があります。

## 07 Step カメラサイズを変更

右側のプロパティから**出力プロパティ**をクリックし、**フォーマット**パネル内の**解像度X**と**解像度Y**を変更します(レンダリングの画面サイズを決めることができる項目)。**解像度X**を**1200**、**解像度Y**を**1600**に設定します。ここの解像度は各自好きなように調整して構いません。

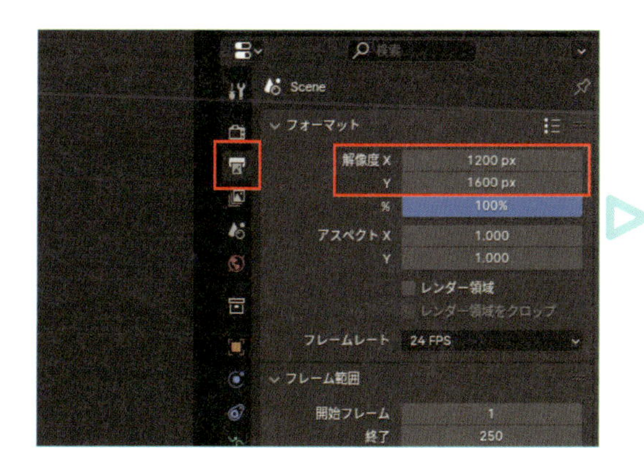

## 08 Step カメラ枠をクリック

キャラクターがまだカメラ枠内に収まらない、あるいはキャラクターがカメラから遠い場合、カメラオブジェクトを調整します。左上のモードを**オブジェクトモード**に切り替え、カメラ枠をクリックすると、枠が黄色くなりカメラオブジェクトが選択されます。

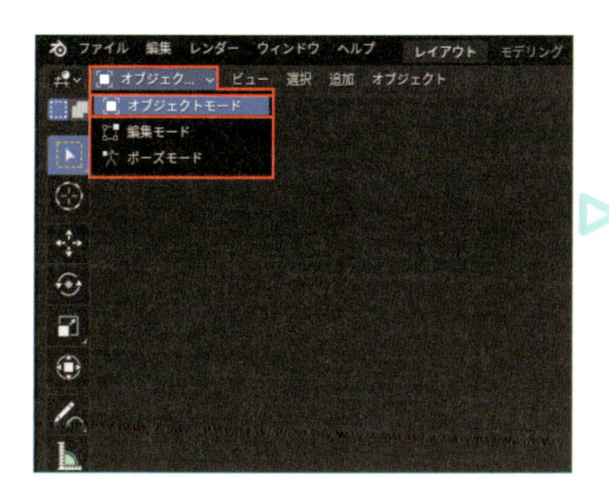

## 09 Step カメラ枠の調整

右側の**サイドバー**(**Nキー**)を開き、**アイテム**タブを選択します。**トランスフォーム**パネル内で、カメラの位置や回転を調整できます。ここでは、位置**Y**(奥行き)を**-1.8**に、位置**Z**(高さ)を**0.9**に設定しています。この数値でキャラクターが上手く収まらない場合は、各自で数値を調整して下さい。

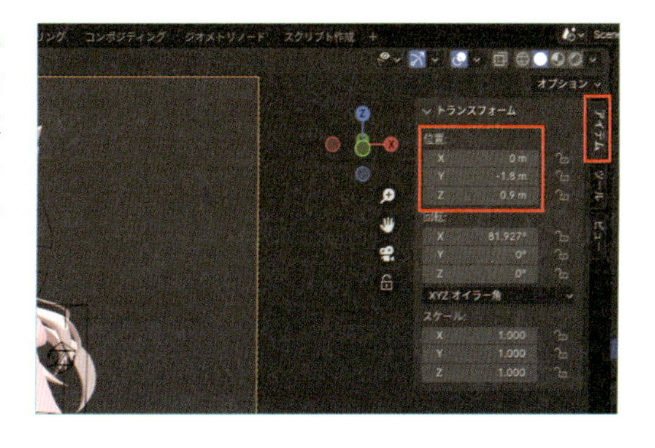

## 10 Step 顔と目の位置の調整

顔と目の位置の調整をします。**アウトライナー**から**Chara**＞**Amature**を選択し、左上のモードを**ポーズモード**に切り替えます（**ポーズモード**が表示されない場合、カメラオブジェクトが選択されているので、リグを選択しましょう）。顔を制御するボーン**HeadIK**と、目を制御するボーン**EyeIKCenter**を**Gキー**で移動させ、キャラクターがカメラの方を見るように調整します。この2つのボーンが見つからない場合、プロパティの**オブジェクトデータプロパティ**から**ボーンコレクション**内の**IK**コレクションの**可視**を有効にして下さい。他にもポーズを修正したい場合は、プロパティの**ボーンコレクション**の表示、非表示を切り替えながら調整しましょう。

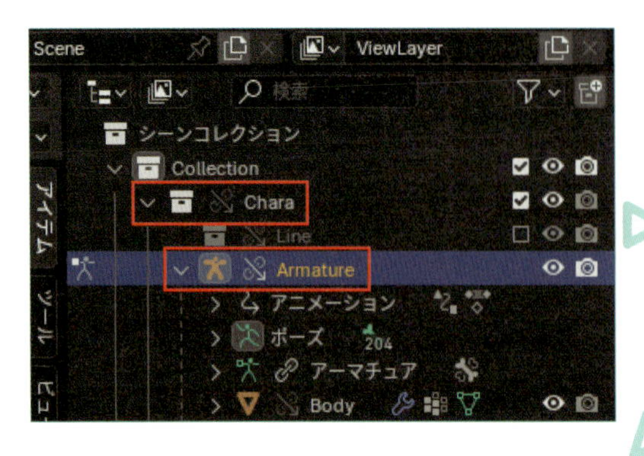


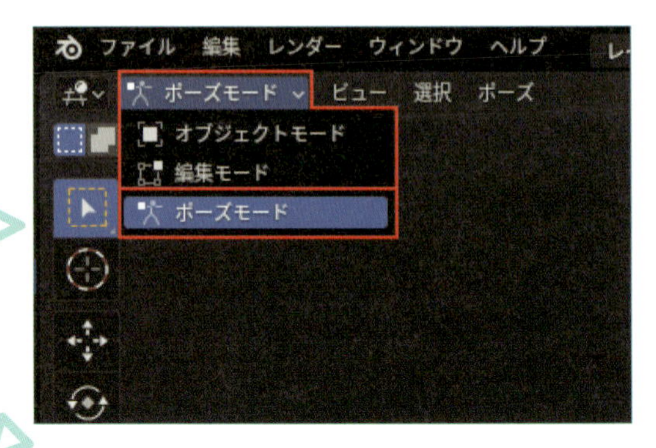

## 11 Step アウトラインを表示

アウトラインを表示します。右上のアウトライナーで**Cube**の目玉アイコンをクリックして非表示にします❶。これを非表示にしないとラインアートが正しく表示されません。また、**Cube**の目玉アイコンの右側にあるカメラアイコン（レンダーで無効）が無効になっていることを確認しましょう。次に**Chara**＞**Armature**からアウトラインを表示する**Line**コレクションのチェックマークをクリックして表示します❷。これでカメラ視点でアウトラインが表示されます（ポーズやアニメーション制作時は処理が重くなるので、除外しておきましょう）。Next Page

**MEMO**

先に**Line**コレクションのチェックマークを有効にすると、**Cube**がある部分にラインアートが表示されません（**Cubu**の内部に3Dモデルがあるため、3Dモデルのラインアートが隠れてしまいます）。**Cube**を非表示にし、**Line**コレクションのチェックマークを無効にしてから再度有効にするとラインアートが表示されます。

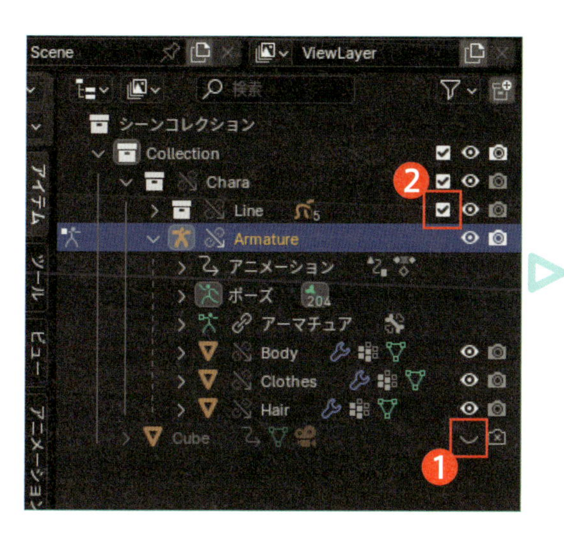

## 12 Step ビューポートシェーディング確認

最後にレンダリングを行いますが、一旦**ビューポートシェーディング**を**レンダー**（**簡易的なレンダリング結果を表示します**）に切り替えて、レンダリング結果を確認します。読み込みに少し時間がかかることがありますので待ちましょう。

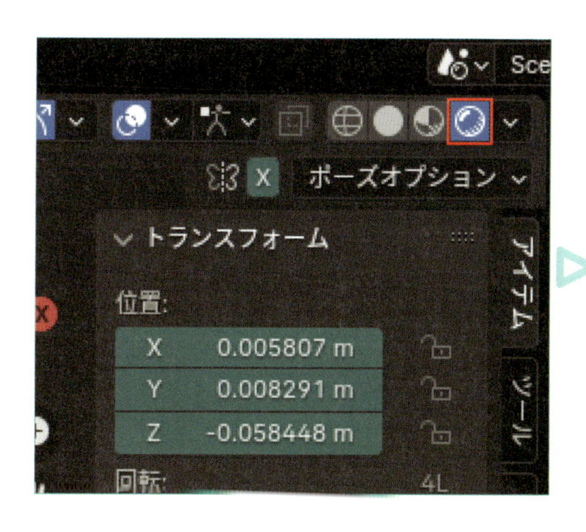

## 13 Step 背景を白にする

❶**レンダー**で確認すると、背景が薄暗いので真っ白にします。プロパティの**ワールドプロパティ**（**地球儀アイコン**）をクリックすると、3Dビューポート空間（ワールド）の設定が行える項目が表示されます。

Next Page

❷**サーフェス**パネル内の**カラー**は、3D空間の色味を決める項目となるので、こちらをクリックします。カラーピッカーが表示されるので、右の明暗のグラデーションを一番上に設定し、背景を真っ白にします。

## 14 Step 出力設定

次に、動画を出力するための設定をします。プロパティの**出力プロパティ**をクリックし、**出力**パネル内の**フォルダーを開くアイコン**を選択します。**Blenderファイルビュー**が開きますので、任意のフォルダを作成し、動画の名前も決めて（ここでは**pose**と入力しています）、右下の**フォルダーを開く**をクリックします。

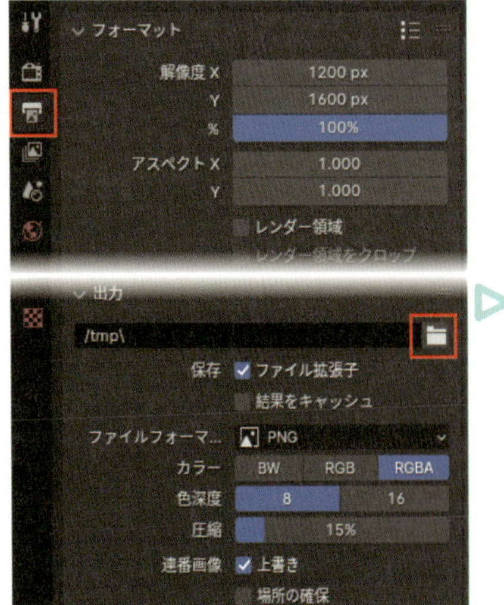


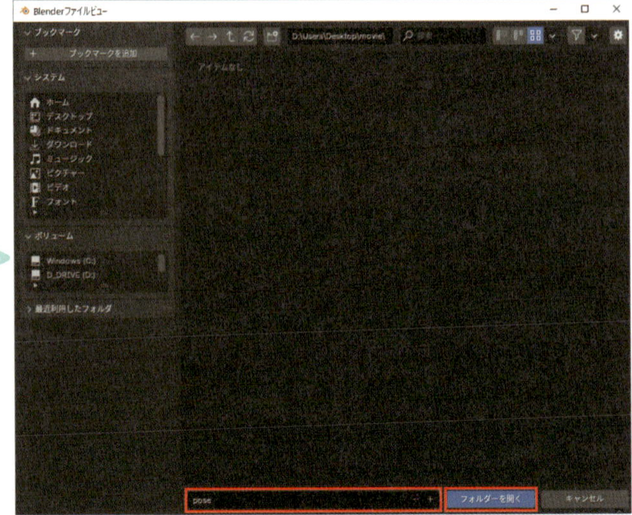

## 15 Step エンコーディング設定

ファイルフォーマットは、mp4形式で出力できる**FFmpeg動画**を選択し、**エンコーディング**パネルの右側にあるアイコンから**H264（Mp4内）**を選択します。これで動画を出力する準備が整いました。

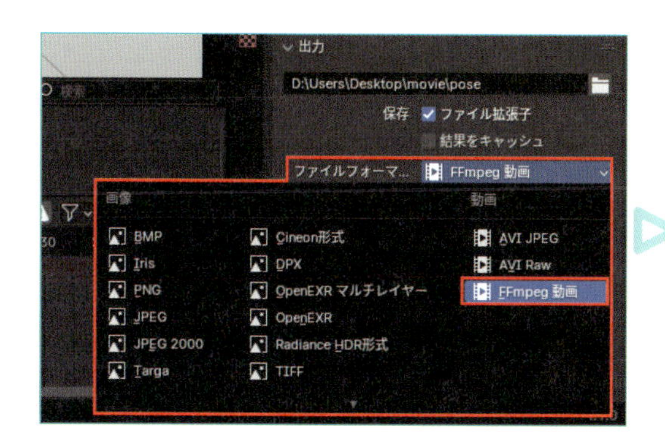


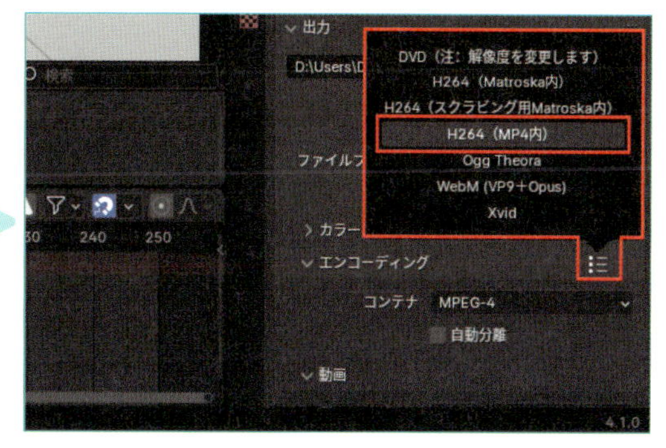


## 16 Step 開始フレームと終了フレームを設定

**開始フレーム**と**終了フレーム**を確認します。これはレンダリングする範囲を決める項目です。**タイムライン**エディターからも調整が可能です。ここでは、開始を**1**、終了を**250**に設定します。なお、下のステップはレンダリング時に各フレームをスキップする数を決める項目です。たとえばフレームレートが**24**の場合、ステップを**2**にすると、**12**でレンダリングが可能です。ここでは、デフォルトの**1**にしておきましょう。

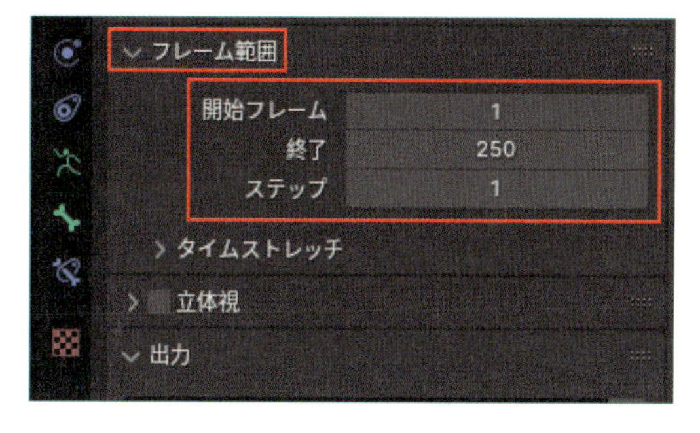


## 17 Step レンダリング

トップバーの**レンダー**から**アニメーションレンダリング**（**Ctrl+F12キー**）を実行します。**Blenderレンダー**ウィンドウが表示され、レンダリングが開始されますのでしばらく待ちます。

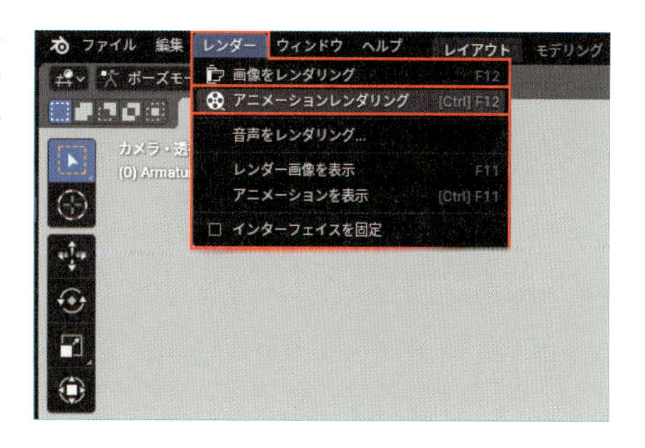

## 18 Step レンダリングを確認

レンダリングが完了すると、指定した保存先に動画が出力されています。保存先へ移動する手間を省きたい場合は、**レンダー＞アニメーションを表示**（**Ctrl+F11キー**）から即座にアニメーションの確認が可能です。

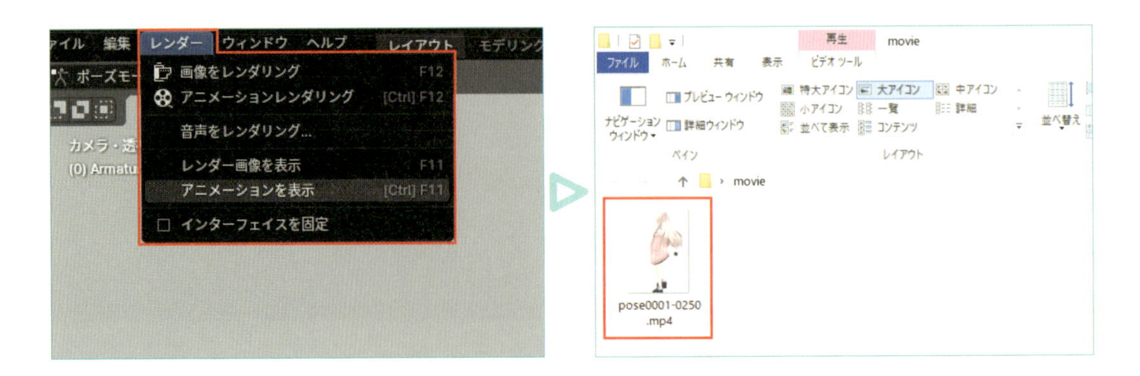


### Column

### レンダリングが上手くいかない時は

レンダリングが上手くいかない場合、いくつかの原因が考えられますが、特に多いのは以下の3つです。

**アウトライナーのレンダーを無効の設定**

アウトライナーの右側にあるカメラアイコンが無効になっていると、レンダリング時にオブジェクトが表示されません。有効にすることでオブジェクトがレンダリングされます。逆に、表示させたくないオブジェクトが出力されている場合は、この設定を無効にしましょう。

**ファイル拡張子が無効になっている**

レンダリングが始まらない時は、ファイル拡張子が無効になっているかもしれません。こちらは、レンダリングされた出力ファイルに、指定された拡張子（.pngや.mp4）を追加する機能です。通常は、この機能を有効にしておくと良いでしょう。

**立体視パネルが有効になっている**

立体視パネルが有効になっていると、画像や動画が立体視用に出力されます。立体視を意図していない場合は、この設定を無効にしておきましょう。

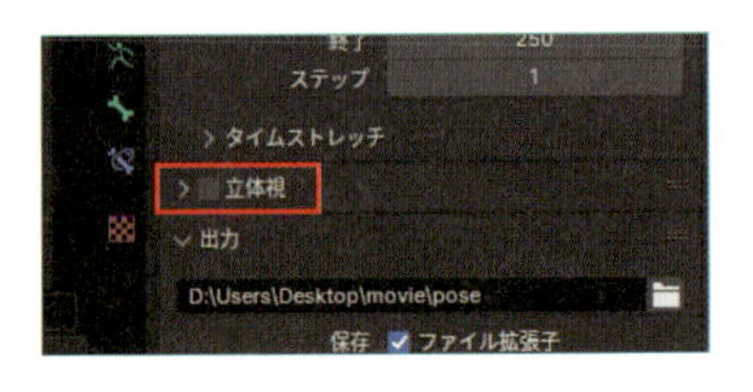

## 7-2　魅力的なポーズを作るためには？

ここまでポーズ制作を学んできましたが、この先は実際に自分でポーズを作ってみましょう。以下に、魅力的なポーズを作るためのテクニックをいくつか紹介します。

### キャラクターの性格に合ったポーズを作ろう

キャラクターの魅力を最大限に引き出すためには、そのキャラクターの性格や感情に合ったポーズを選ぶことが大切です。たとえば、元気で活発なキャラクターには、身体を広げて開放的に見せるポーズがぴったりです。このポーズでは、キャラクターが周囲に対してオープンで、自分の気持ちを自由に表現している印象を与えることができます。一方で、落ち着いた性格のキャラクターには、身体を内側に向けた穏やかでリラックスしたポーズが合います。腕や脚をあまり動かさず、まっすぐに一定の方向に向けることで、ポーズが整理され、落ち着いた雰囲気を伝えることができます。

## 感情を表現しよう

ポーズを工夫することによって、キャラクターの感情を表現することができます。たとえば、怒っているときは、拳を強く握りしめて、胸を張り、腕や脚をまっすぐ伸ばすと、身体全体に緊張感が出て、怒りが伝わります。さらに、視線をじっと見つめる、髪の毛が逆立つような表現を加えると、怒りがより強調されます。一方で、恐怖を表現するには、両手で身体を守るようなポーズや、顔を下に向けるポーズが効果的です。さらに、身体をかがめて腰を引く**へっぴり腰**のポーズを取ることで、キャラクターが怖がっている、または警戒していることが視覚的に伝わります。涙を流すことで、恐怖の感情がさらに強調されます。

## 印象に残るポーズを作ろう

皆さんも自分のアイデアを活かして、キャラクターが活き活きと見える魅力的なポーズを作ってみましょう。

Column

### ラインオブアクション

身体のポーズが水平や垂直になると、ポーズが硬く見えてしまうことがあります。そこで意識した方が良いのが**想像上の曲線**です。足、腰、頭をひねり、曲線を出していくことでポーズに動きが生まれ、キャラクターが活き活きとし始めます。この想像上の線は**ラインオブアクション**と呼ばれます。ラインオブアクションとは、動きの流れを表す線のことです。この線に沿って身体の各パーツを誇張すると、動きがより強調され、表現が豊かになります。こちらは、アクションの多いアニメーションほど重要なテクニックです。

Column

### 資料を探すコツ

資料（リファレンス）を探す際は、英語で検索するのがおすすめです。たとえば、歩きのアニメーションを制作する場合は『Walk Reference』、ボールを投げるアニメーションを制作する場合は『Ball Throw Reference』のように、『(検索したいワード) Reference』と検索すると参考になる動画が多数見つかります。

3

Chapter

# アニメーションの基礎を学ぼう

このChapterでは、ボールのバウンドやボーンを使った揺れのアニメーションを通じて、アニメーションの基礎やBlenderの操作を学びます。

Chapter 3

1

# 簡単なアニメーションを作ろう!

キャラクターアニメーションに進む前に、まずは簡単なアニメーションを制作しましょう。最初から複雑なアニメーションを作ろうとすると難しさを感じて挫折することもあるので、先にシンプルな動きから始めることをおすすめします。ここでは**ボールのバウンド**を制作しながら、**グラフエディター**というアニメーション制作に関わる重要なエディターの操作を学んでいきます。

## 1-1 ボールアニメーションを制作しよう!

ボールの動きには、アニメーションの基本がたくさん詰まっています。たとえば、重力を意識したボールが跳ねるときの**潰しと伸ばし**を使った弾力の表現や、自然で滑らかな動きを作るための**運動曲線**などです。ポーズ制作では自由に色々冒険して、自分の感覚でポーズ作りを楽しむことが大切ですが、アニメーション制作では動きに一貫性があることが重要です。1秒前と1秒後の動きがバラバラだと、アニメーションが不自然に見えてしまうからです。そこで、本書では数値入力を使って、キャラクターや物体の動きをしっかりとコントロールしていきます。もちろん、**手動でアニメーションを作りたい!**という方は、自由に調整してアニメーション制作を楽しんで下さい!

※下図はこれから作るボールがバウンドするアニメーションです。青い線は動きの軌跡を表していて、点がボールの位置になります。

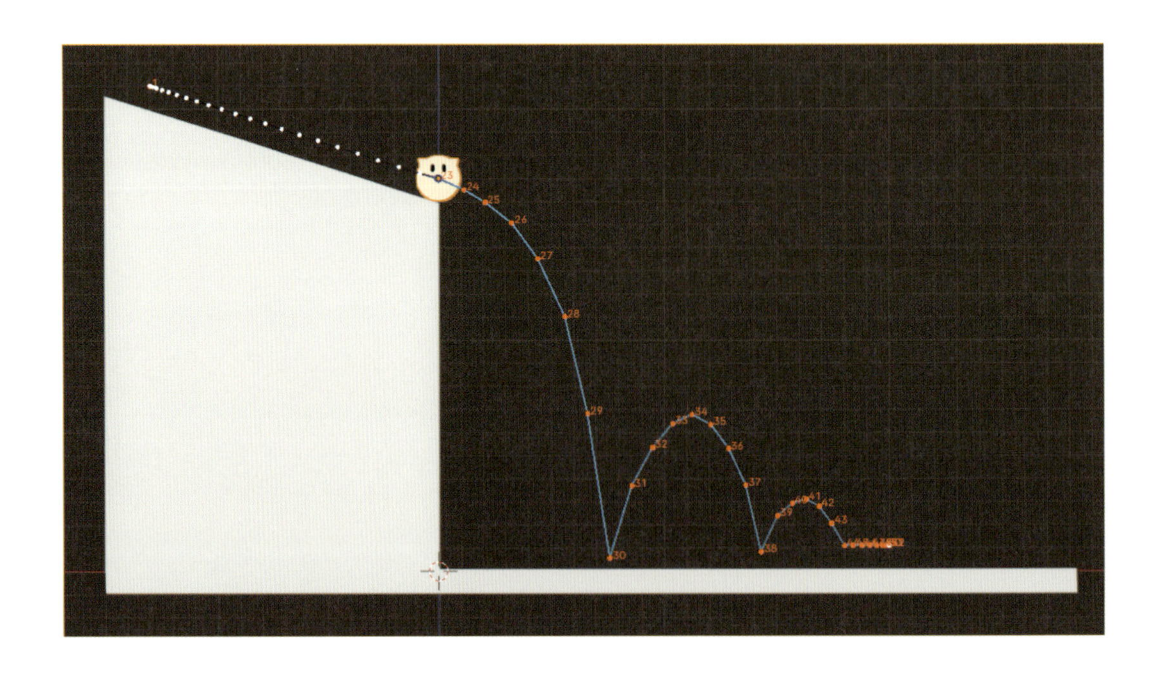

**Column**

### 重力について

3DCGアニメーションで重力を表現するのはとても重要です。ボールが落ちるとき、最初はゆっくりですが、だんだん速くなり、地面に着くとバウンドして少し上がります。その後、また落ちるときも、同じように速くなって地面に着きます。もし重力を無視してしまうと、キャラクターが宙に浮いてしまったり、動きが軽すぎて変に見えたりします。アニメーションを作るときは、いつも重力を意識しましょう。ただし、あえて重力を無視することで、視聴者に斬新な驚きを与えることもできます。

## 1-2 サンプルファイルを読み込む

まずはボールのBlenderファイルを読み込みましょう。

### 01 Step サンプルファイルを読み込む

サンプルファイルから、**Chapter03（フォルダ名）＞Ball_animation.blend**を開くと、床とボール（見た目は球体型の猫ですが、柔らかいボールだと思って下さい）が配置されたBlenderファイルが開きます。このボールを使ってバウンドのアニメーションを作成します。基本的な手順としては、**3Dビューポート**内でオブジェクトを変形させながら、画面下部の**ドープシート**や**タイムライン**を活用して進めていきます。また、右上の**アウトライナー**や右側の**プロパティ**は、オブジェクトに関する操作を行うために必要なエリアです。このレイアウトは、画面上部にある**アニメーション**タブのデフォルトレイアウトを少し編集したものです。

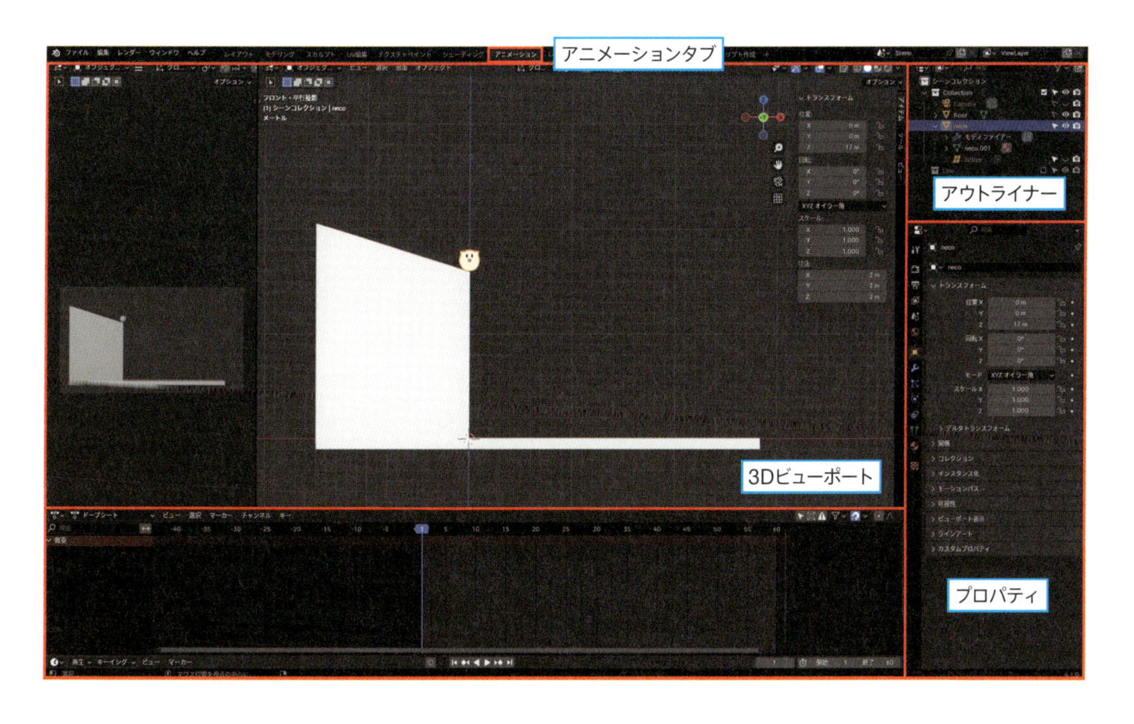

**Column**

**マウスカーソルの位置に気をつけよう**

Blenderでアニメーションを作る時は、3Dビューポートとドープシートを行き来することがよくあります。Blenderでは**マウスカーソルの位置によって操作が変わる**という特徴があります。たとえば、3Dビューポート上でキーフレームを挿入する**Iキー**を押すと、ドープシート上にキーフレームが挿入されますが、これをドープシート上でやると違うメニューが表示されます。普段と違う操作になる時は、必ずマウスカーソルがどのエリアにあるのかを確認しましょう。

### 02 Step アウトライナーの表示／非表示の設定

床のオブジェクトは選択できない設定になっています。この設定は、右上のアウトライナーにある**選択を無効**から有効/無効を変更することができます❶。このアイコンは、アウトライナーの右上にある**フィルター**（**漏斗アイコン**）❷のメニュー内の**制限の切り替え**から、表示/非表示を切り替えることができます❸。

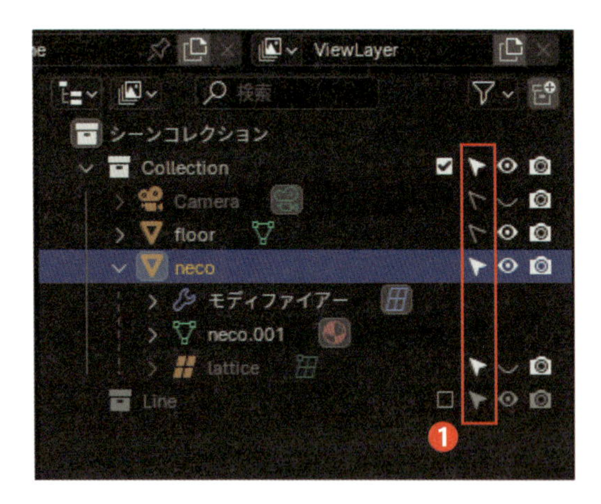

## 1-3 ボールのスタート位置を決めよう

アニメーションを制作する時は、キーフレームを設定しながら進めていきます。キーフレームとは、キャラクターや物体の動きを記録するための機能です。まず、ボールの初期位置を決め、その位置にキーフレームを設定します。次に、ボールがどこへ移動するのかを決め、その新しい位置にもキーフレームを設定します。このように、**物体を動かす**→**キーフレームで動きを記録する**→**フレームを進める**→**再び物体を動かす**→**キーフレームで動きを記録する**という手順を繰り返すのが、アニメーション制作の基本です。まずは、ボールの動きを計画的に作っていきましょう。

## 01 Step ドープシートの設定

まずはスタート位置を決めます。下のドープシートから1フレーム目に移動します。ドープシートの画面では、マウスホイールで画面のズームインとズームアウトができ、中ボタンドラッグで画面を移動できます。また、ドープシート上部のスクラブ領域(フレーム番号の表示されている領域)をクリック、あるいは左ドラッグでフレーム移動ができます。

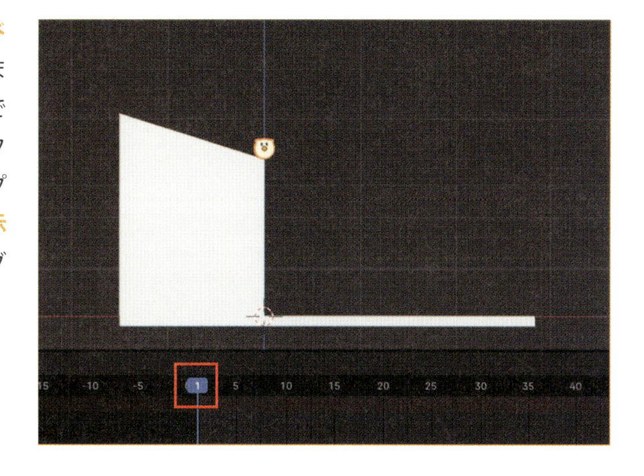

## 02 Step オブジェクトの移動

3Dビューポートの視点を正面(テンキーの1キー)にし、さらに平行投影(テンキーの5キー)に設定されていることを確認して下さい。平行投影にすることで、物体の位置を正確に確認できます。なお、現在の投影方法は、3Dビューポートの左上にあるテキスト情報から確認できます。次に、左上のモードがオブジェクトモードであることを確認したら、位置を移動するためにボール(necoオブジェクト)を選択します。右側のサイドバー(Nキー)のアイテムタブ内にあるトランスフォームパネルから、Xの位置を-13、Yの位置を0、Zの位置を21と入力します。この設定により、ボールがちょうど床に着地するように配置されます。手動で調整する場合は、正面視点にしつつ、移動のショートカットのGキーで調整します。

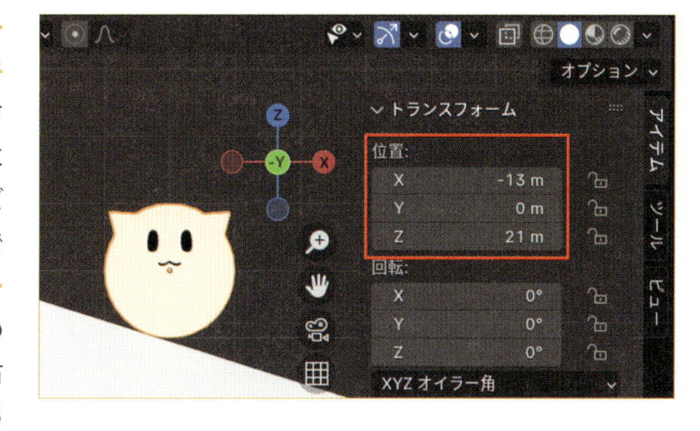


### Column

#### 3Dビューポートの視点は常に意識しよう

アニメーション制作では、3Dモデルが動いている方向や角度が正しいかどうかを確認するために、3Dビューポートの視点を変えながら作業することが大事です。ですが、初心者の方はまず正面視点(テンキーの1キー)、側面視点(テンキーの3キー)、真上視点(テンキーの7キー)と、最低限の基本的な視点から始めることをおすすめします。まずはこの3つの視点に慣れてから、徐々に他の視点も使ってみて下さい。このChapterで使用するBlenderファイルは、正面視点のみでアニメーション制作ができるようにしています。

## 03 Step キーフレームを挿入

ボールの位置にキーフレームを挿入します。3Dビューポートのヘッダーにある**オブジェクト＞アニメーション＞キーイングセットでキーフレーム挿入（Kキー）**を実行します❶❷。すると、キーフレームの挿入に関するメニューが表示されます。ここでは**位置**をクリックします❸。

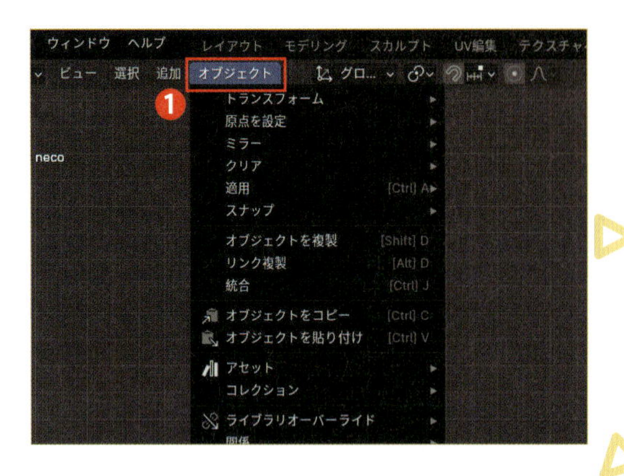


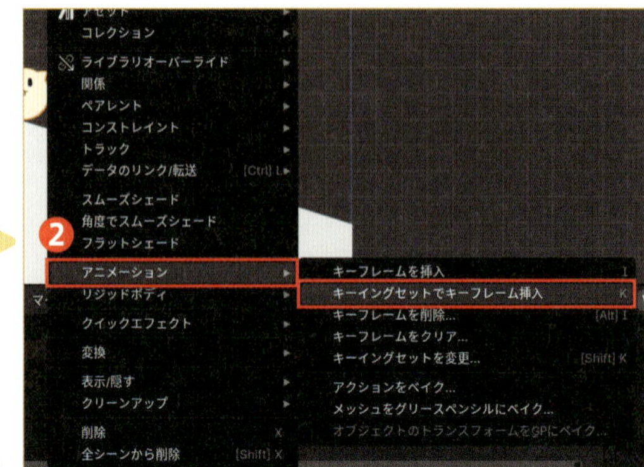


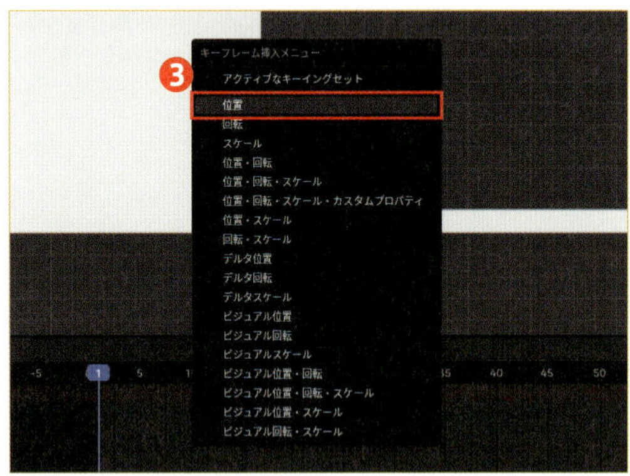


## POINT

### キーフレームが打てない場合は

何も選択されていない状態でキーフレームを打とうとすると、以下のように**アクティブキーイングセットに適切なコンテクストがありません**というエラーメッセージが表示されます。基本的にアニメーションは、選択したオブジェクトを対象にキーフレームを打ちますので、必ず対象のオブジェクトを選択しましょう。

## 04 Step ドープシートの確認

ドープシート上に1フレーム目にキーフレームが打たれていることを確認します❶。1フレーム以外にキーフレームがある場合は、それを選択して左ドラッグ（あるいはGキー）で移動させて修正します。また、ドープシートの左側にあるチャンネル内には、新たにボール（necoオブジェクト）のキーフレーム情報が追加されています。下矢印アイコン❷をクリックすると、変形に関するX軸（左右）、Y軸（奥行き）、Z軸（高さ）の情報が展開されます。今回、位置にキーフレームを設定したため、位置の変形情報のみが表示されています。アニメーション制作では、このチャンネル内から操作することがよくあるので覚えておきましょう。

MEMO

チャンネル内の文字が見づらい場合は、トップバーの**編集>プリファレンス**から、**インターフェイス**内にある**解像度スケール**の数値を上げることで、Blender内の文字を大きくすることができます。

## 05 Step Y位置を削除

奥行きの**Y位置**は使用しないため、この軸を削除しましょう。左側のチャンネル内にある**Y位置**を選択（文字がオレンジ色に表示されていたら選択しています）し、右クリックをします。すると、チャンネルに関するメニューが表示されるので、この中にある**チャンネルを削除**（**Xキー**）を実行します。これでY軸の情報だけを削除することができました。この手順を覚えておくと、不要なデータを整理して作業効率を上げることができます。

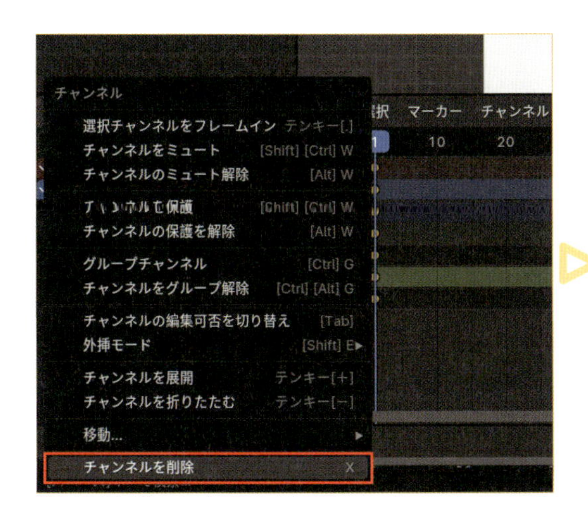


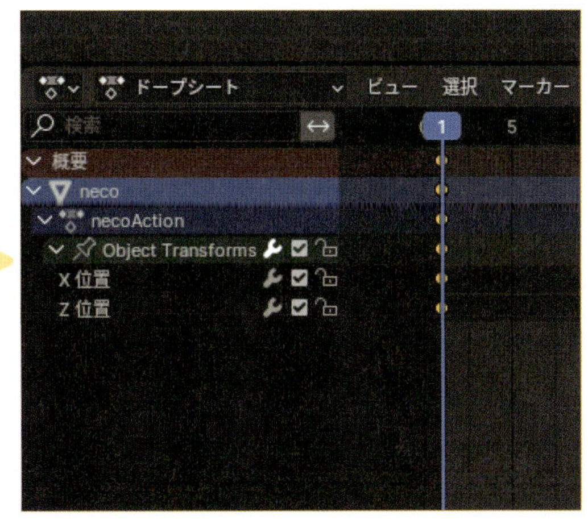

**Column**

### 秒数について

ドープシート上部（スクラブ領域）にフレームの番号ではなく、秒数が表示された場合は、ドープシートのヘッダーにある**ビュー**>**秒を表示**（**Ctrl+Tキー**）を無効にしましょう。この機能は、特定の動作が何秒続くかを確認したいときに役立ちます。

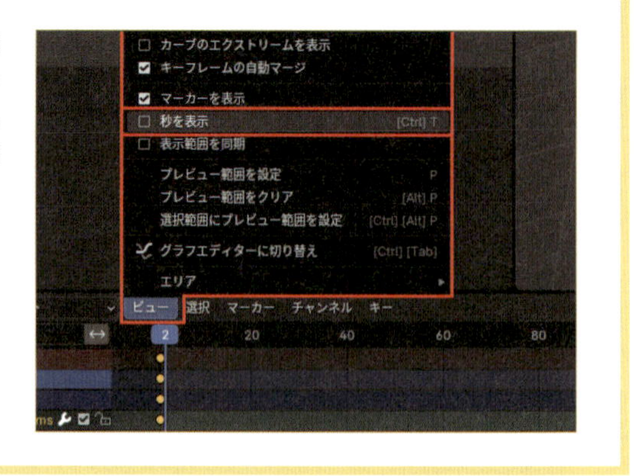


## 1-4 ボールを動かしてみよう

アニメーションを作るとき、動きを細かく分けると管理がしやすくなります。本書で制作するバウンドするボールの動きは、縦の動き（移動のZ軸）、横の動き（移動のX軸）、回転の動き（回転のY軸）の三つに分けられます。このように、まずは横の動きを決めて、次に縦の動き、最後に回転の動きを加えることで、スムーズにアニメーションを完成させることができます。

### 01 Step フレームを移動

3DCGアニメーションの制作に慣れていない場合は、各軸を個別にしてキーフレームを設定する方法をおすすめします。まず、ボールの横の動きである**X軸**にキーフレームを打ちます。**52**フレーム目に移動し、この地点をボールが動きを止めるポイントとして設定します。

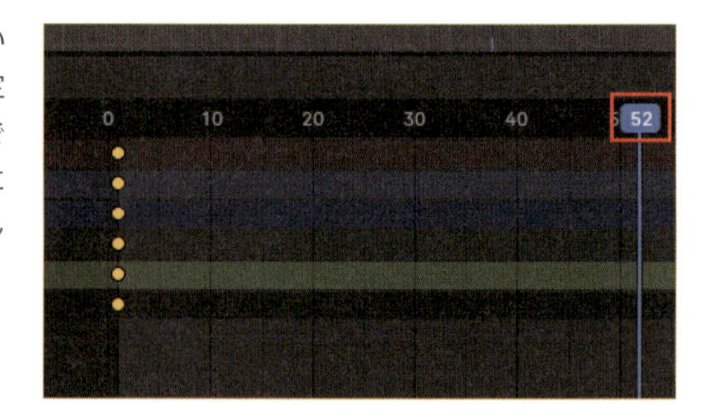


### 02 Step 位置を調整

ボールが選択されていることを確認したら、**サイドバー**（**Nキー**）の**アイテム**タブ内にある**トランスフォーム**パネル内から、位置Xに**20**と入力します。数値欄が赤色で表示されているのは、**数値は変更されたけど、まだキーフレームは挿入されていないよ**という意味です。
緑色は**他のフレームにキーフレームが挿入されているよ**という意味です。

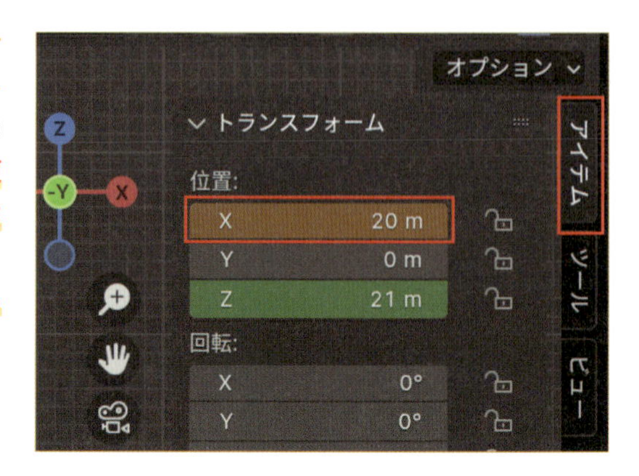

## 03 Step キーフレームを挿入

ボールは移動していますが、数値を入力した段階ではまだキーフレームは挿入されないので、ここで、X軸にキーフレームを挿入しましょう。位置Xにマウスカーソルを置き、右クリックすると、キーフレームに関するメニューが表示されます。この中にある**単一キーフレームを挿入**（マウスカーソルを置いた対象の数値欄にのみキーフレームを挿入する機能）をクリックすると、位置Xの数値欄にのみキーフレームが挿入されます。数値が黄色で表示されるのは**ここにキーフレームが挿入されているよ**という意味です。

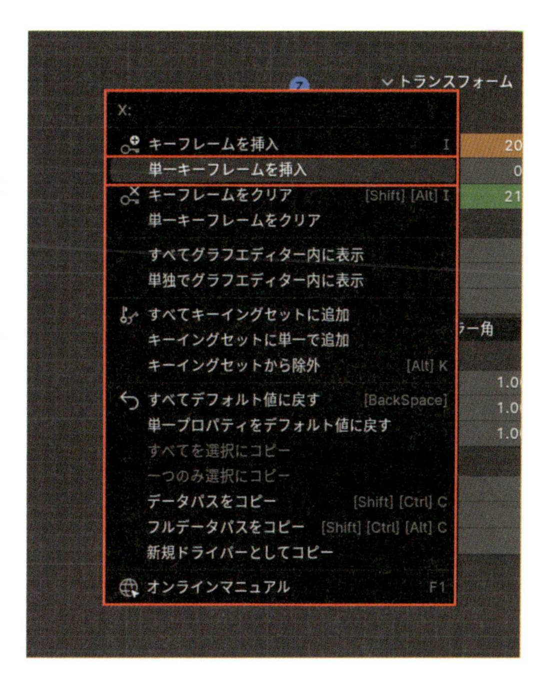


### MEMO

キーフレームを挿入する前にフレーム移動をすると、入力した数値（赤色で表示された数値欄）が元に戻ってしまうので、作業中はフレーム移動しないように注意してください。誤ってフレームを移動してしまった場合は、**Ctrl+Zキー**で操作を元に戻せます。

## 04 Step アニメーションの確認

一旦アニメーションの確認をします。ドープシート上部の**スクラブ領域**（**フレーム番号がある領域**）を左ドラッグ、あるいは**Spaceキー**を押すとアニメーションが再生され、猫が横に動くようになります（停止はもう一度**Spaceキー**）。このようにキーフレームとキーフレームの間は、Blender側が自動で動かしてくれます。このキーフレーム間の動きを調整する操作は後ほど行います。

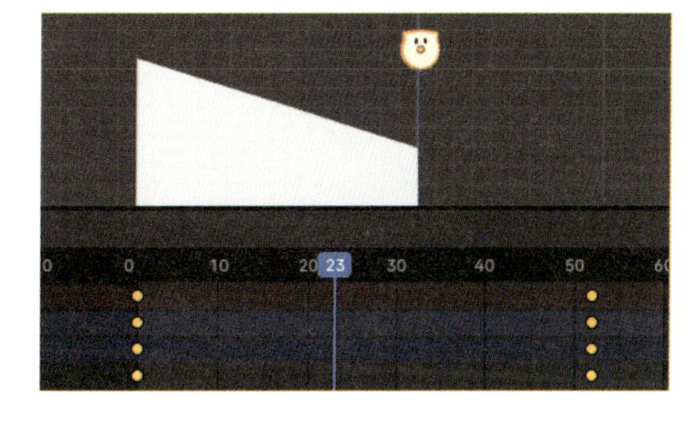


### Column

#### チャンネルの操作の制限について

チャンネル名の右側には、チェックマーク❶と錠前アイコン❷がありますが、これらはアニメーションやドープシート上での操作を制限する機能です。チェックマークは**チャンネルのミュート切り替え**という機能で、無効にするとその軸の変形を停止することができます。たとえば、X軸とY軸の動きを止めて、Z軸の動きだけを確認したい時など、各軸の動きを細かく確認したい時に使用します。錠前アイコンは、その軸のキーフレーム操作を無効にする機能です。有効にすると、その軸のキーフレームがグレーアウトし、新たにキーフレームの挿入をすることができなくなります。主に誤ってキーフレームを挿入するのを防ぐために役立ちます。アニメーション制作中に動きが突然再生されなくなったりした場合は、これらの機能が原因でないか確認をして下さい。

## 05 Step 自動キー挿入を有効にする

左右のX軸の調整が終わったので、次は上下のZ軸を調整し、ボールのバウンド動作を大まかに作っていきます。先程は手動でキーフレームを挿入していきましたが、作業効率を上げるために自動挿入機能を使用します。ドープシートの下にある**タイムライン**内から**自動キー挿入**を有効にすることで、オブジェクトを動かしたり数値を入力したりした際に、自動的にキーフレームが挿入されるようになります。アニメーション制作時には、基本的にこの機能を有効にしておくと良いでしょう（Blender4.3では自動キー挿入を有効にすると球体アイコンが赤くなります）。

## 06 Step 編集ロックを行う

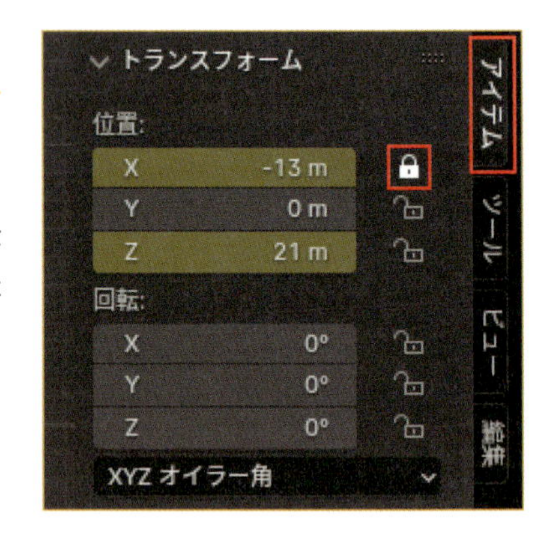


X軸にキーフレームが挿入されないようにロックをかけます。**サイドバー**（**Nキー**）の**アイテム**タブ内にある**トランスフォーム**パネルで、位置Xの数値欄の右側にある錠前アイコンを有効にします。これで特定の軸のみ編集できなくすることができます。ここでは、位置Xの編集を無効にします。なお、オブジェクトが突然変形できなくなった時は、このロックが誤って有効になっている可能性があるため、確認してみましょう。

## 07 Step フレーム移動とZ軸に入力1

**23**フレーム目に移動し、**サイドバー**から位置Zに**17**と入力します。**自動キー挿入**を有効にしているため、この数値を入力するだけでキーフレームが自動的に挿入されることを確認しましょう。ここでは数値入力で済ませていますが、手動での調整をしたい方は、オブジェクトを選択し、移動の**Gキー**で位置の調整をして下さい（X軸はロックしているため、上下のZ軸のみ動かせます）。

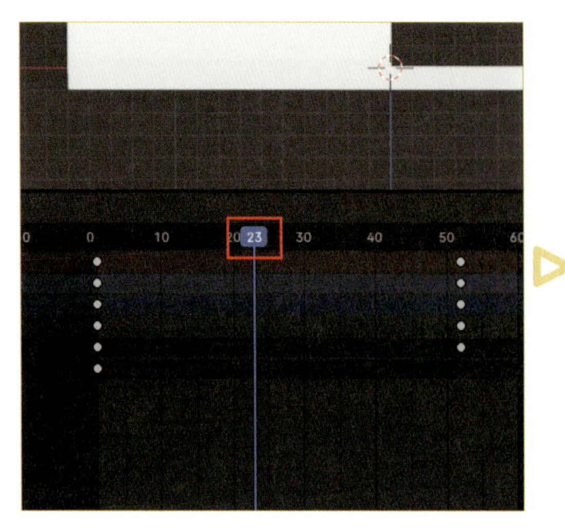


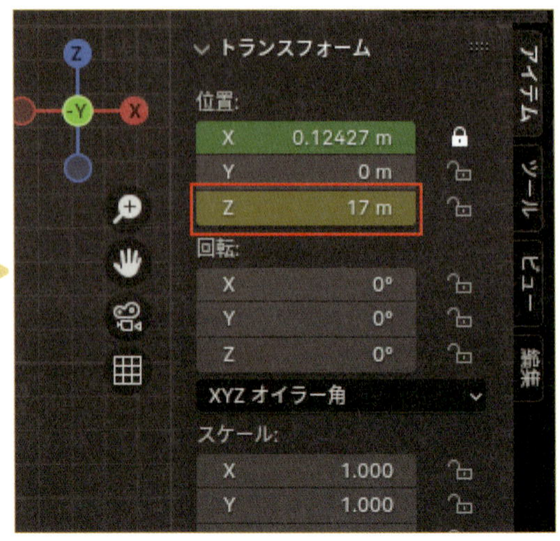

## 08 Step フレーム移動とZ軸に入力2

ドープシート上から30フレーム目に移動し、ボールを選択します。サイドバー（Nキー）から位置Zを0.57と入力します。この数値を入力するとボールが床に埋まりますが、これは後で行う潰しと伸ばしという柔らかさを表現する変形作業のための下準備です。この位置に設定しておくことで、後の作業で自然な動きを作りやすくなります。

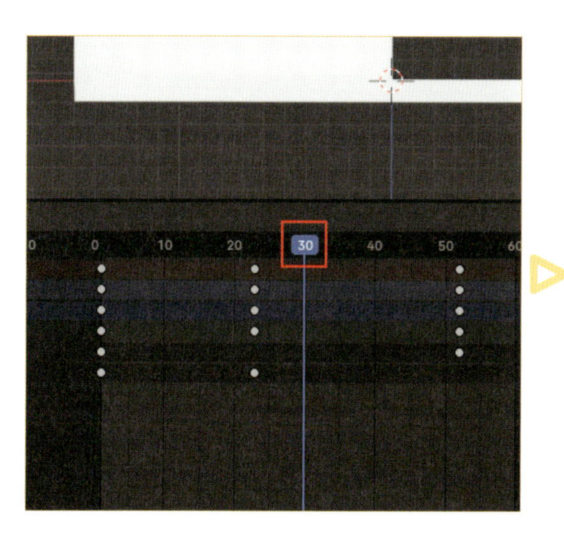


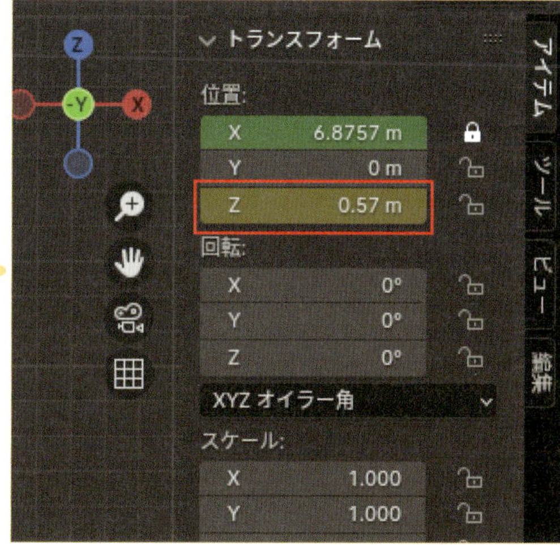


## 09 Step フレーム移動とZ軸に入力3

次は、最初（1回目）にボールが跳ねる高さを決めます。34フレーム目に移動し、サイドバー（Nキー）から位置Zを6.7と入力します。

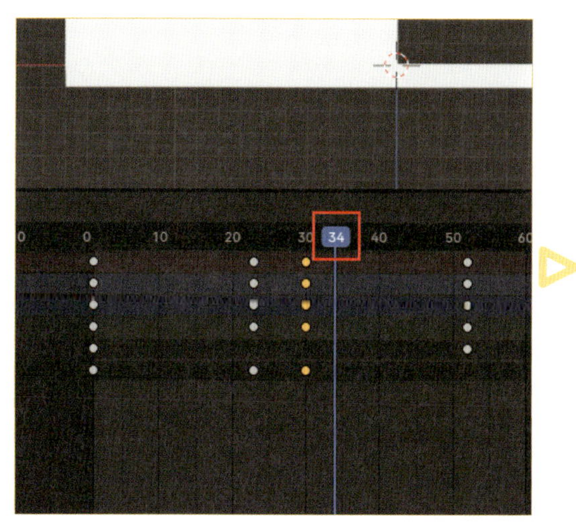


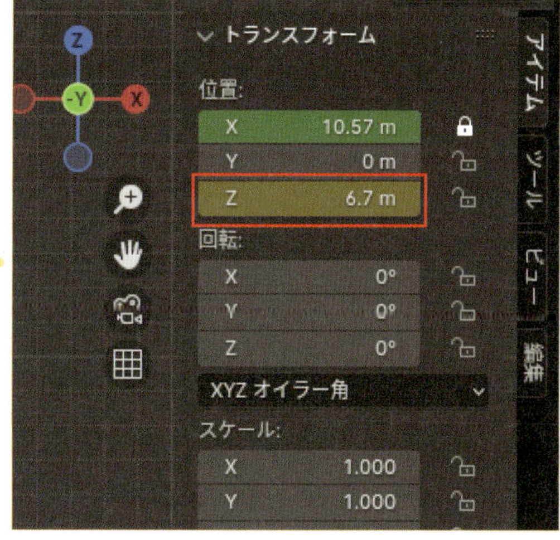

## Column

### 跳ねる高さの目安について

本書の手順では初心者向けに数値入力を推奨していますが、手動で調整したい方は、ボールが落ちて地面にぶつかるまでの距離を考慮し、その距離の半分、あるいは少し下くらいの高さに設定すると良いでしょう。本書は軽いボールを想定しているため、軽さを表現するためにやや高めに配置しています。ただし、重いボール（たとえばボウリングボール）の場合は、ほとんど跳ねないため、重さを表現するためにはもっと低い位置に配置するか、跳ねさせない方が望ましいです。

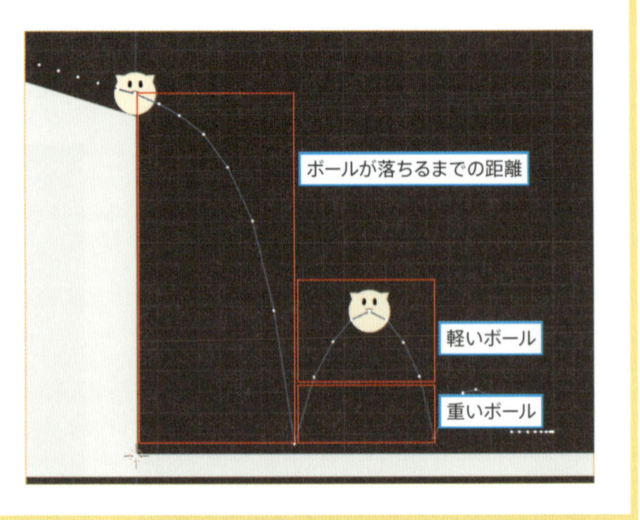


### 10 Step フレーム移動とZ軸に入力4

一度ボールがバウンドした後、再び地面にぶつかります。**38**フレーム目に移動し、**サイドバー**（**Nキー**）から位置Zに**0.84**と入力します。この数値でもボールが床の中に若干埋もれますが、後で変形を行うので、このまま進めましょう。

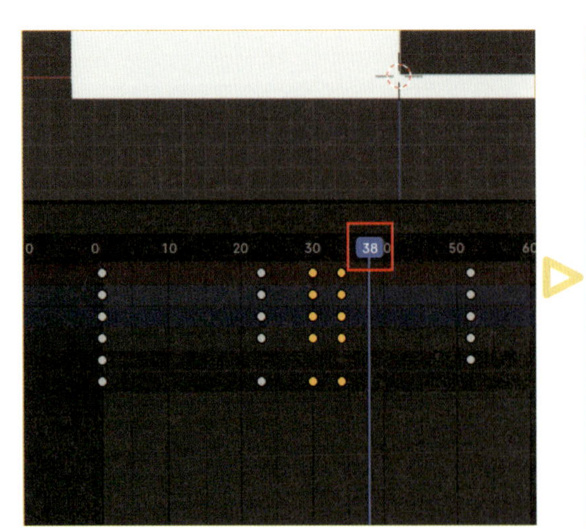


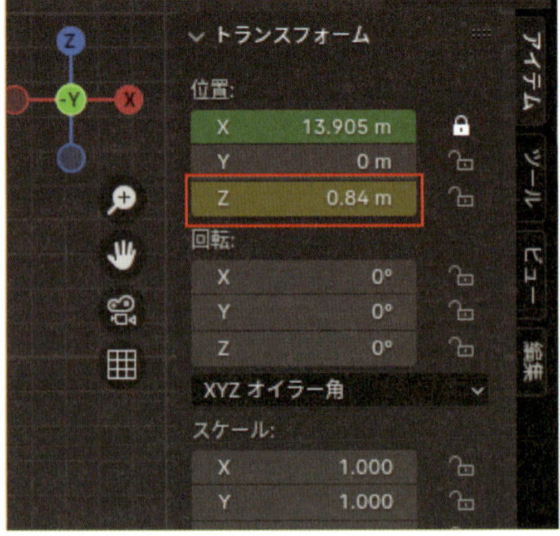

## 11 Step フレーム移動とZ軸に入力5

2回目のボールの跳ねを表現します。**41**フレーム目に移動し、位置Zを**3**と入力します。ここでのバウンドの高さの目安は、一回目のバウンドの高さの半分、またはそれよりも下に設定すると良いでしょう。もちろん、ボールの質感や重さによって変動しますが、この目安を参考に調整するとバウンドアニメーションが制作しやすいです。

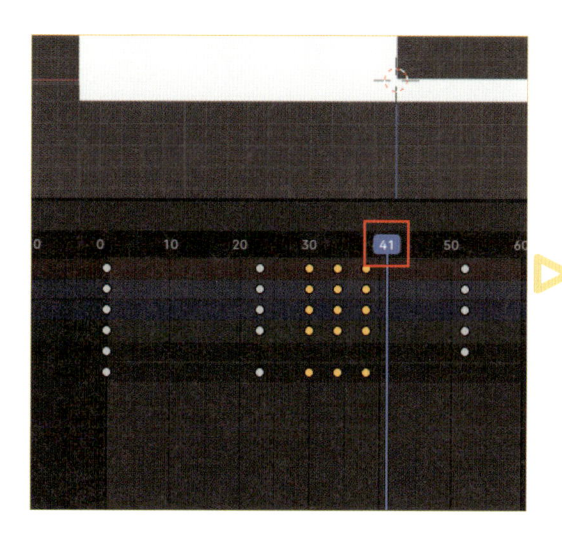

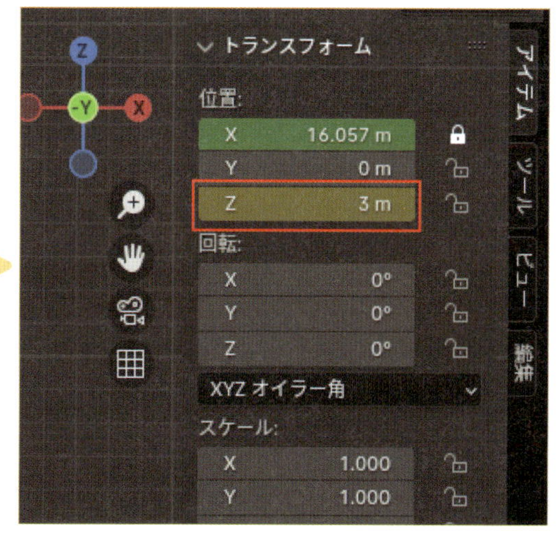


## 12 Step フレーム移動とZ軸に入力6

2回目のボールの着地を表現します。**44**フレーム目に移動し、位置Zを**1.1**と入力します。大まかな位置が決まりましたので、一旦**Spaceキー**でアニメーションを再生してみましょう。ボールが坂の上から転がり落ちた後にバウンドするアニメーションになっています（本来、ボールの跳ねる回数はもっと多いのですが、初心者向けとして今回は2回にとどめています）。ただし、まだキーフレームとキーフレームの間の動きが不自然ですので、この間の動きを調整するための**グラフエディター**については次の項目で解説します。

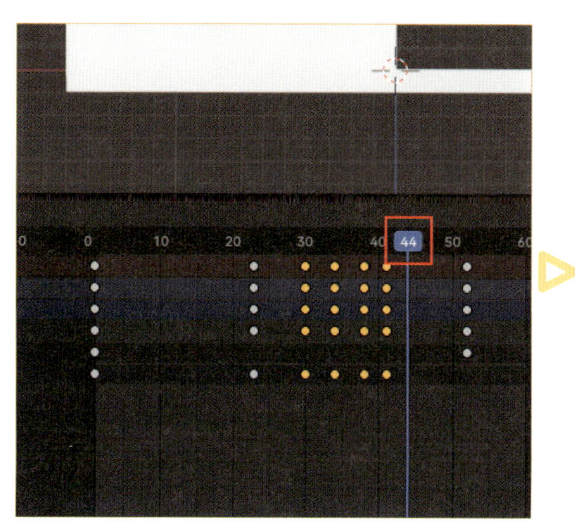

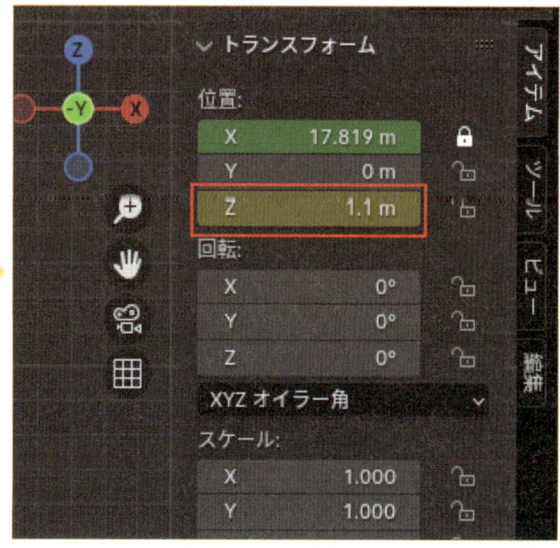

## 1-5 グラフエディターで動きの調整をしよう その1

グラフエディターは、キーフレームとキーフレームの間の動きを調整するためのエディターです。アニメーションの動きを**カーブ**で視覚的に表示し、このカーブを使って動きの早さやスムーズさを細かく調整することができます。アニメーション制作では頻繁に使用するエディターなので、使い方を覚えておくと良いでしょう。

### 01 Step グラフエディターに変更

ドープシートの左上にある**エディタータイプ**をクリックすると、様々なエディターが表示されるので、この中にある**グラフエディター**をクリックします。

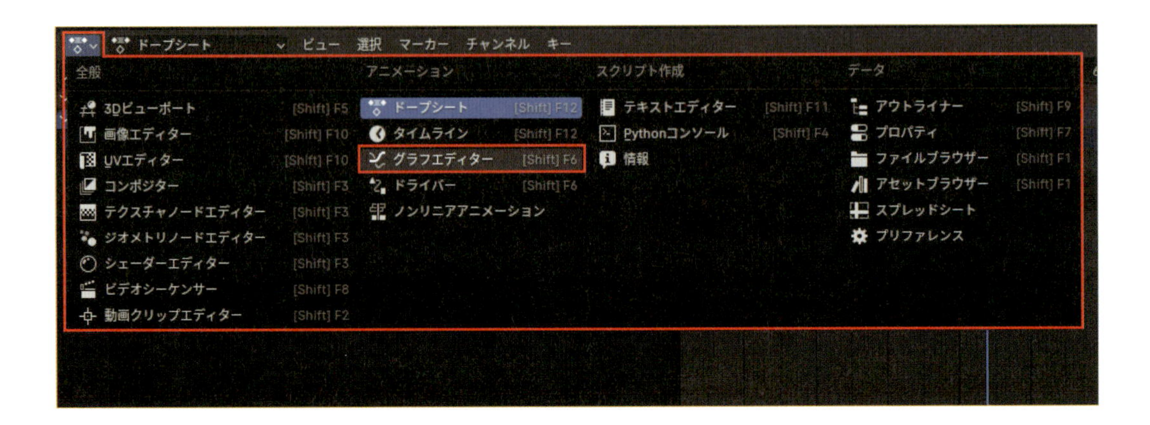


ドープシートが**グラフエディター**へと変化しました。こちらのエディターもドープシートと同様に、**マウスホイールを上下に回転**で画面のズームイン、ズームアウト、**中ボタンドラッグ**で画面の移動ができます。また、**Ctrl+中ボタンドラッグ**で画面を縦か横に引き伸ばすことが可能です。

ちなみにこのグラフエディターへの切り替えは、**ドープシート**のヘッダー内にある**ビュー**>**グラフエディターに切り替え**（**Ctrl+Tabキー**）からでも可能です。

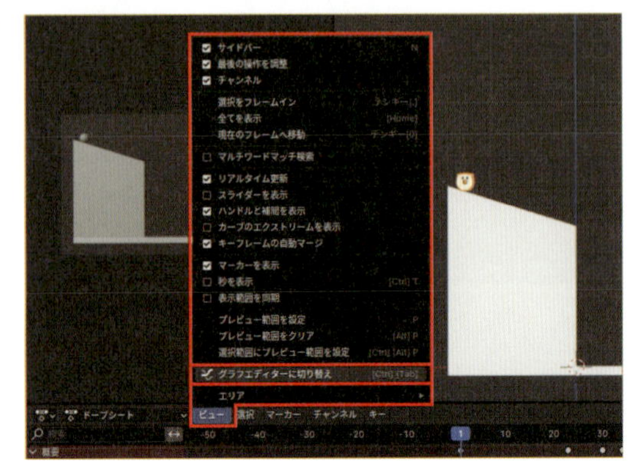

## 02 Step すべてグラフエディター内に表示

グラフエディター内でキーフレームを分かりやすく表示する操作を行います。**最初にボール（necoオブジェクト）が選択されていることを確認して下さい**。ボールを選択しないと、グラフエディター上にキーフレームや曲線が表示されません。次に、3Dビューポートのサイドバー（Nキー）を表示し、キーフレームを挿入した位置Xまたは位置Zの数値欄を右クリックします。メニュー内にすべてグラフエディター内に表示という項目があるので、これをクリックします（この操作はキーフレームが挿入されていないと表示されません）。これは位置、回転、拡縮（スケール）のいずれかのカーブをグラフエディター内にすべて表示する機能です。この操作により、グラフエディター上に位置のカーブがすべて表示されました。ちなみにグラフエディター上のカーブは、正確にはFカーブと呼ばれています。

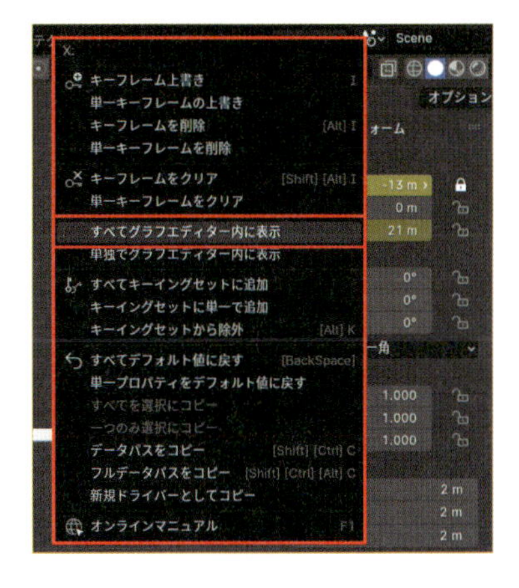


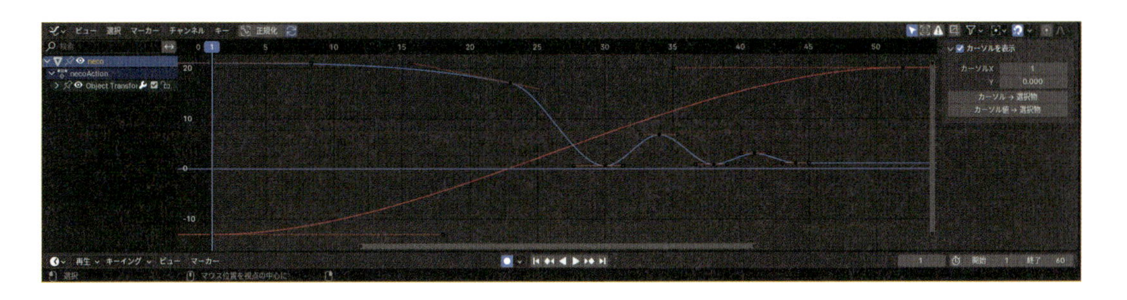

## 03 Step グラフエディターの画面

グラフエディターの画面について解説します。左側には縦に数値が表示されており、これは変形の数値を示しています。中央にある0を基準にキーフレームを上下に動かすことで、位置や回転の調整をすることが可能です。一方、横は時間を示しており、グラフエディターはこの**縦の変形の軸**と**横の時間の軸**を調整するのが主な使い方となります。

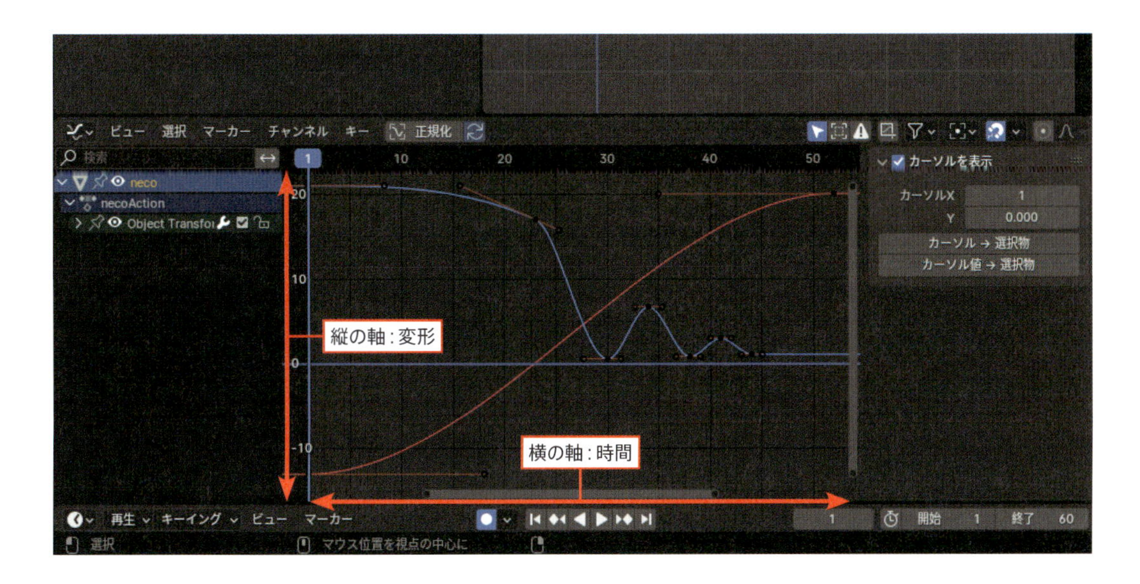

## 04 チャンネルを選択

Step

画面の左側は**チャンネル**という領域で、各軸のカーブを管理するためにあります。チャンネル内にある右矢印❶をクリックするとパネルが開き、X位置、Z位置と、軸の情報が表示されます。それぞれの軸を選択、あるいはShiftで複数選択すると、その軸を調整することができます❷。すべての軸を選択したい場合は、チャンネル内にあるオブジェクト名あるいは**Action**パネル、**Object Transforms**パネルのいずれかを選択し❸、全選択のショートカットである**Aキー**を実行しましょう。

また、目玉アイコン❹をクリックするとキーフレームの表示/非表示の切り替えが可能なので、キーフレームが表示されなくなったらこちらを確認しましょう。

### Column

#### キーフレームの表示に関する操作

対象のカーブをグラフエディター内にすべて表示したい場合は、グラフエディターの左側にあるチャンネルの軸を選択し、グラフエディター上部のヘッダー内にある**ビュー**>**全てを表示**（**Homeキー**）を押すことでできます。また、選択しているキーフレームにズームインしたい時は**選択をフレームイン**（**テンキーの.キー**）を実行しましょう。

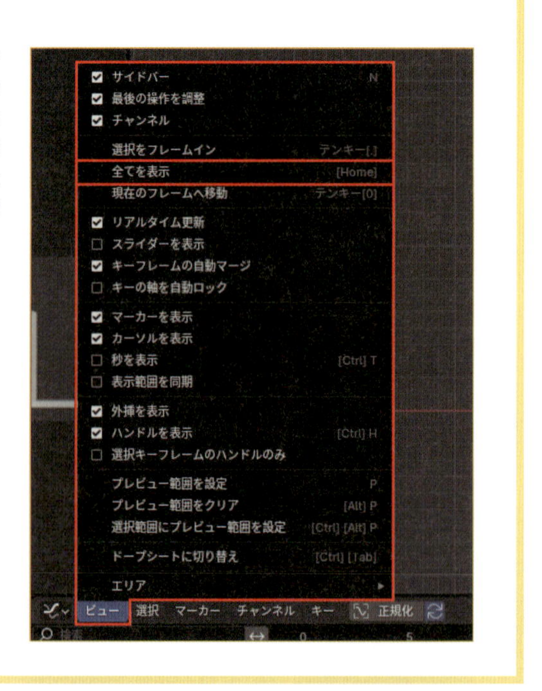

## 05 Step グラフエディターの確認

簡単な操作の確認をします。**グラフエディター**の左側にあるチャンネルから、**Z位置**（**高さ**）を選択してZ軸のカーブのみを表示します（カーブが表示されない場合は3Dビューポートからボールを選択しましょう）。次に**23**フレーム目に移動し、グラフエディターからキーフレームを選択します。左ドラッグでキーフレームの移動（あるいは**Gキー**）が行えますので上下左右に動かして確認をしましょう。先ほど説明した通り、上下の値は変形の軸なのでボールが上下に動きます。左右の値は時間なのでボールの落ちるタイミングがズレます。

※確認が終わったら**Ctrl+Zキー**で一つ前に戻りましょう。

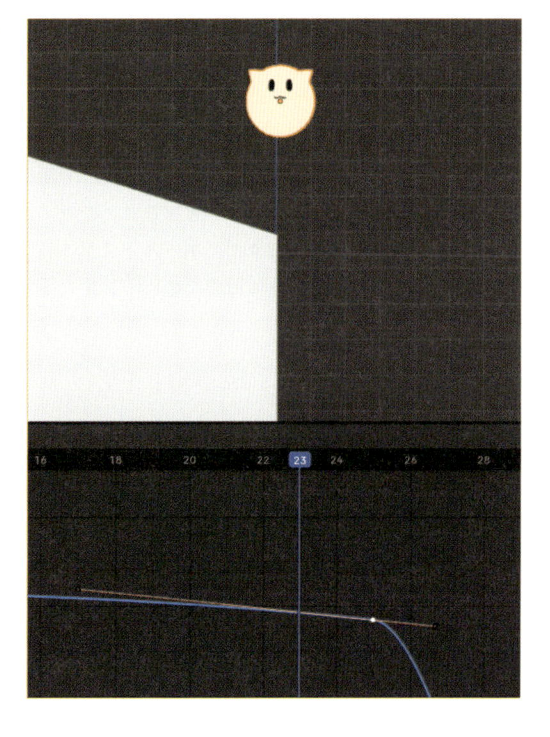


## 06 Step ハンドルの確認

**23**フレーム目のキーフレームを選択すると、縦長の細い線が表示されます。これは**ハンドル**といい、三つの点を元に左ドラッグして動かすことでカーブを変形させることができます。この**ハンドル**を変形することで、アニメーションに変化を加えることが可能です。

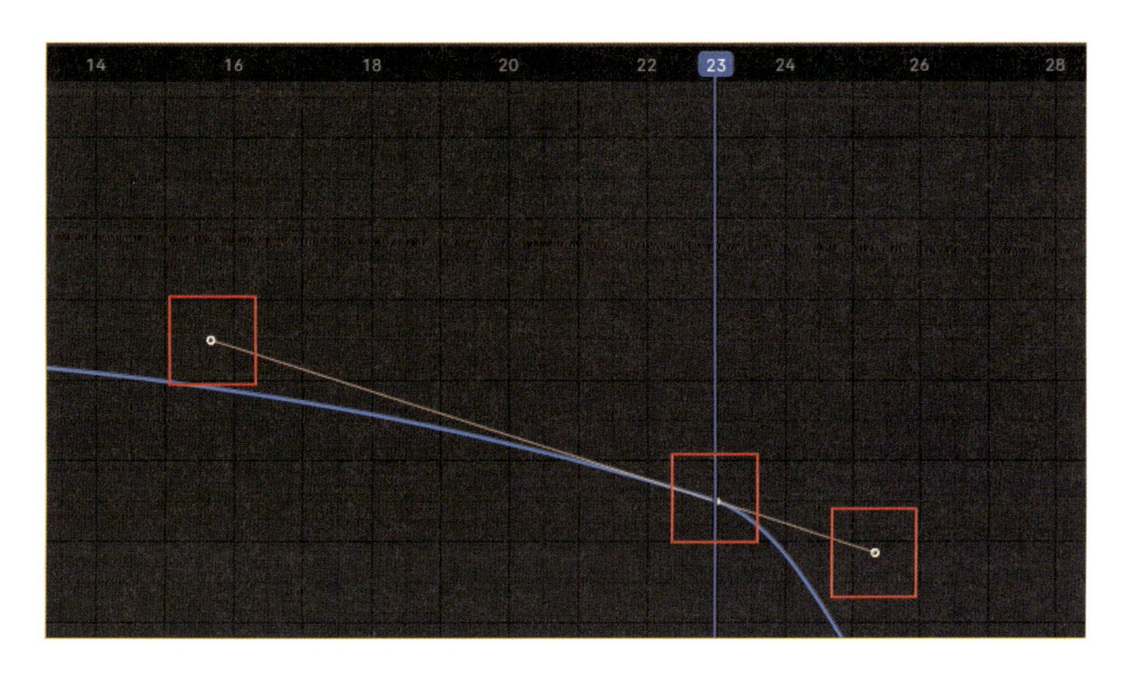

## 07 Step アクティブキーフレームパネルを表示

ハンドルの操作は、ドープシートの右側にある**サイドバー**（**Nキー**）の**Fカーブ**タブの**アクティブキーフレーム**パネル内から細かい調整が行えます。キーフレームは中央の点の位置となり、右ハンドルと左ハンドルは文字通り左右の点のことです。点を選択して操作するのが難しい場合は、こちらの数値を左ドラッグすることで簡単に調整が行えます。後に行うキャラクターアニメーションでは、このメニューから数値入力をして動きを細かく調整しますが、ボールアニメーションでは、カーブの形状やタイミングを調整する練習のために、あえて手動でグラフエディターを簡単に操作します。

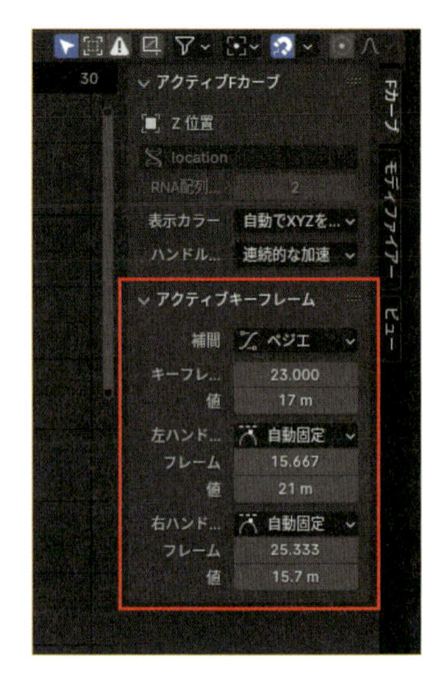


### Column

### ハンドルが表示されない場合は

ハンドルがどこにもない場合は、設定でハンドルを非表示にしている可能性があります。グラフエディター上部のヘッダーから**ビュー**＞**ハンドルを表示**（**Ctrl+Hキー**）を有効にしましょう。

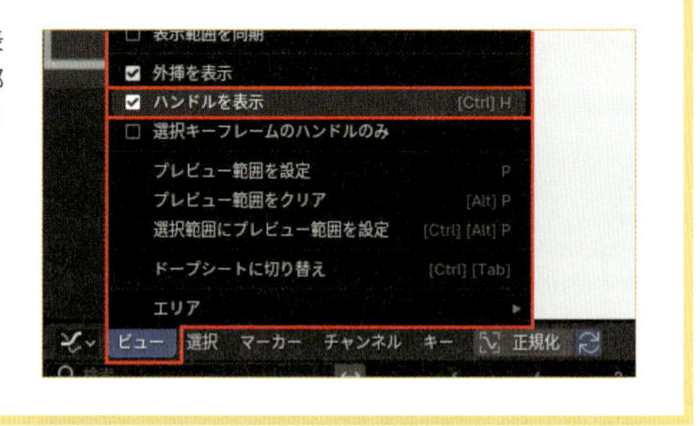


## 08 Step ボールの位置を調整1

ハンドルを用いてキーフレーム間の動きを調整します。**1**フレーム目から**23**フレーム目の動きを確認すると、ボールが宙に浮いているか、床の中にめり込んだ状態になっています。この不自然な動きをハンドルを用いて直し、ボールが転がって見えるように調整をしましょう。現在のフレームを**16**フレーム目に移動し、グラフエディターから**23**フレーム目の左ハンドルを選択します。

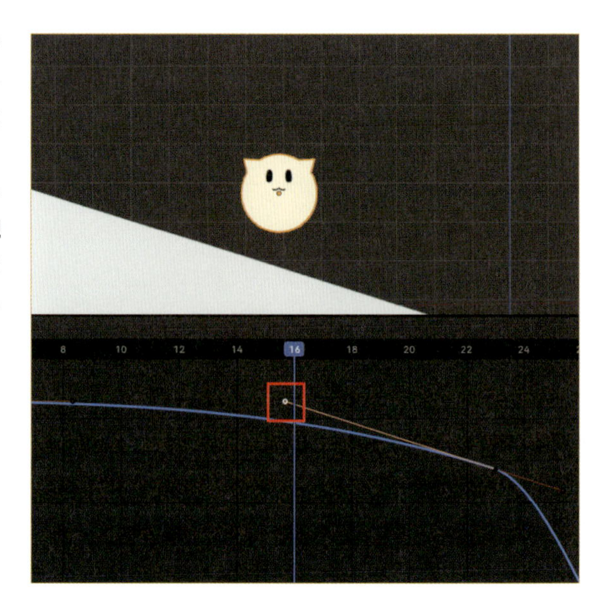

## 09 Step ボールの位置を調整2

次に左ドラッグ（あるいは**Gキー**を押して移動）をし、左ハンドルを動かします。すると、グラフエディターのカーブがハンドルの傾きに応じて変形し、3Dビューポート内のボールの動きにも影響が出ます。ボールが床に接地したら、マウスの左ボタンを離して操作を確定します（**Gキー**の場合は左クリックで決定）。このように、二つの画面を見ながら修正していくのがグラフエディターの基本操作となります。

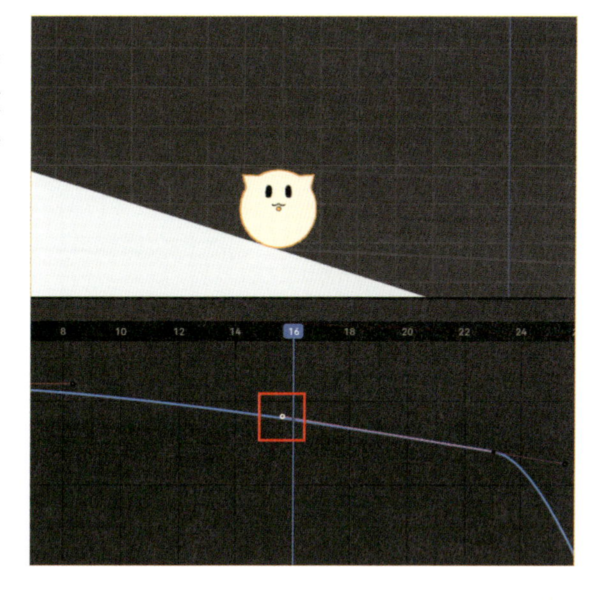

## 10 Step グラフエディターのX位置を確認

X位置のカーブを確認してみましょう。グラフエディターの左側にあるチャンネルから**X位置**をクリックすると、赤いカーブが表示されます。このX軸のカーブは、二つのキーフレームのみで構成されているため、滑らかなカーブを描いているのが分かります。しかし、キーフレームが増えれば増えるほど、このカーブがガタつくようになり、動きがぎこちなくなることがあります。そのため、アニメーションを制作する際は**最低限のキーフレーム数から始める**ことをおすすめします。確認が終わったら、チャンネルから再び**Z位置**を選択しましょう。

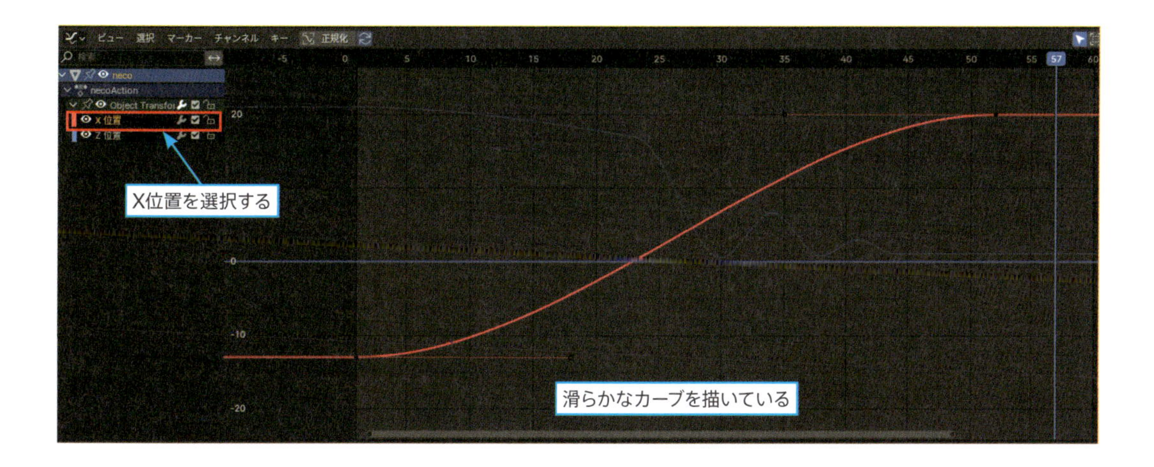

Column

### イージングとは何か

アニメーションを自然に見せるための重要なテクニックの一つに、動きの速度に変化を付けるというものがあります。以下の❶、❷、❸の画像をご覧下さい。どの画像も、物体の動く軌跡や動く時間は同じですが、❷は徐々に動きが速くなり、❸は徐々に減速しています。このように、動きの始めや終わりに速度の変化を付けることで、動きにメリハリが生まれます。この技法を**イージング**と呼びます。基本的に、どんな物体も急に止まったり急に動いたりすることはありません。通常は徐々に加速し、徐々に減速します。この動きの特徴は**慣性の法則**に基づいており、**イージング**はこの法則に従ったテクニックだと理解すると良いでしょう。また、**イージング**は**スローイン・スローアウト**と呼ばれることもあります。

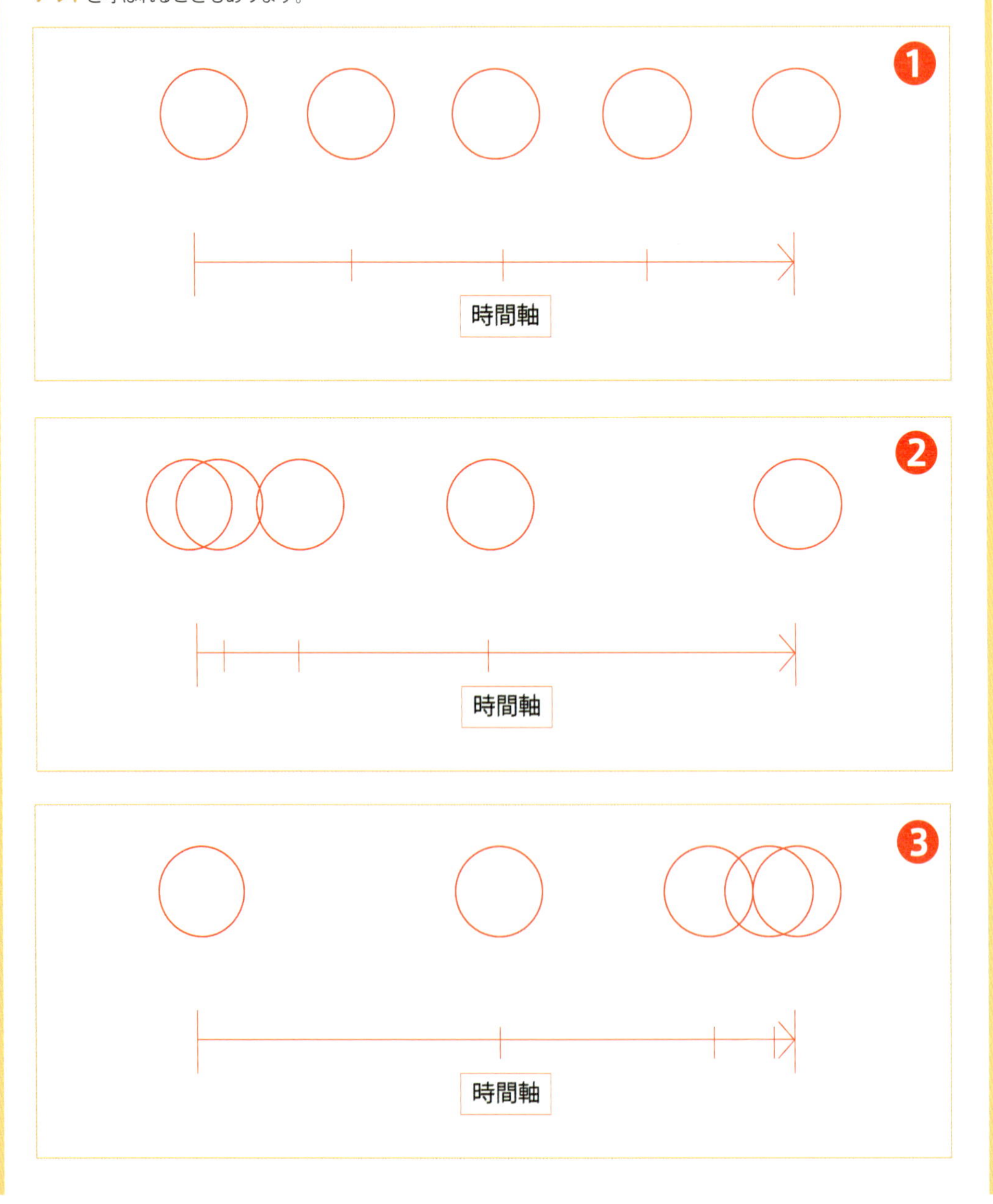

カーブの形状は以下の通りです。❹はイージングを適用していない場合です。カーブは直線となり、動きが等速になります。❺のカーブは、次第に曲がり方が強くなっていくので動きが加速します。逆に❻のカーブは、次第に緩やかになっていますので動きが減速します。この加速と減速を組み合わせると、カーブの形状は❼になります。

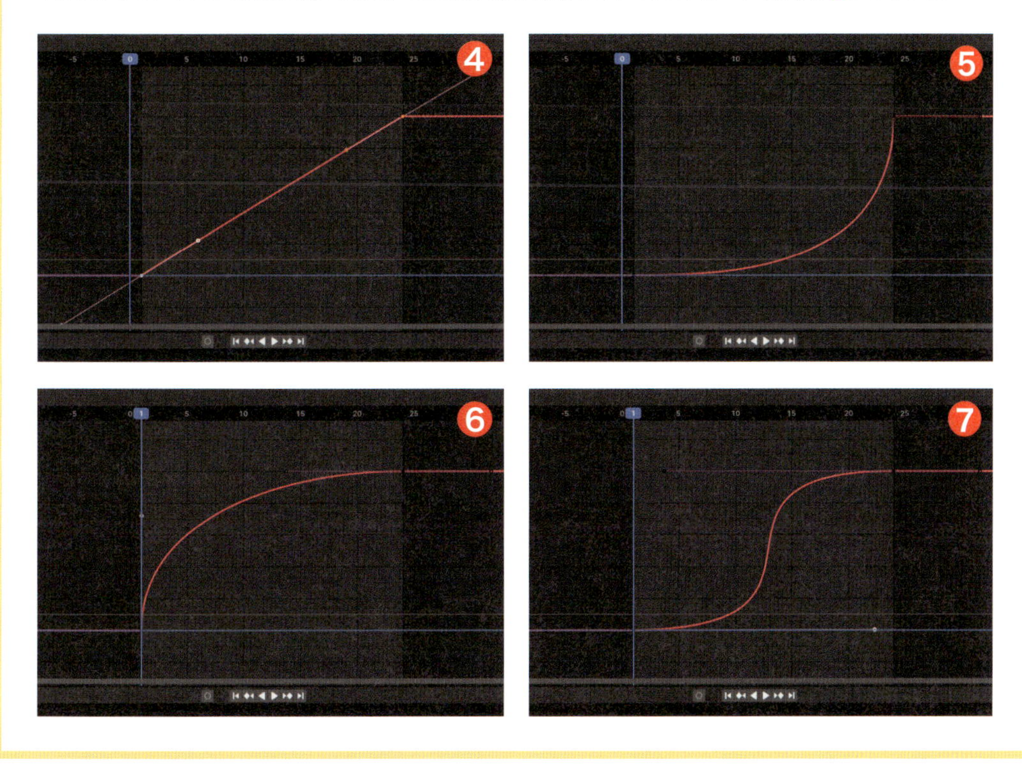


## 1-6 グラフエディターで動きの調整をしよう その2

次はボールのバウンドの修正をします。現在のままだとボールがバウンドしているように見えないため、グラフエディターでハンドル設定を調整していきます。

### 01 Step Z軸を選択してフレームを移動

グラフエディターの左側にあるチャンネルから**Z位置**（**高さ**）をクリックし、Z軸のカーブを表示させましょう❶。次に、**30**フレーム目に移動し❷、このフレームにあるハンドルを調整します。デフォルト設定では、左右のハンドルを動かすと反対側の点が逆方向を向いてしまいます。滑らかな曲線を描きたいときはこれで問題ありませんが、ボールのバウンドを表現する際には、直線的なカーブを作ることで、より自然な動きを表現することができます。そのために、ハンドルの設定を変更していきましょう。

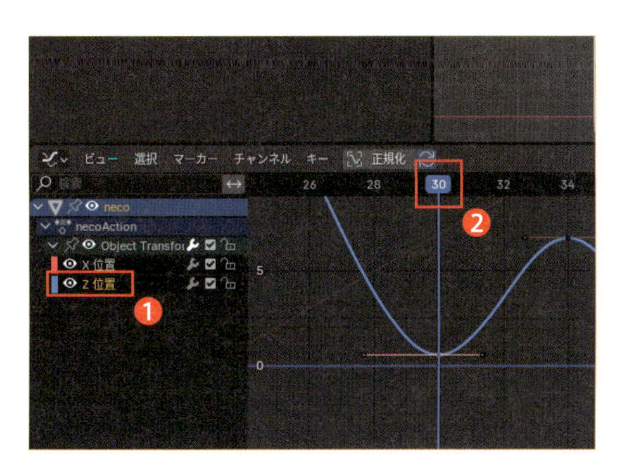

## 02 Step ハンドルタイプを変更

❶30フレーム目にあるハンドルの中央の点を選択し、右クリックからメニューを表示します。カーブの設定に関する項目がいくつかありますが、この中にある**ハンドルタイプ**（**Vキー**）＞**ベクトル**をクリックします（グラフエディターのヘッダーの**キー**＞**ハンドルタイプ**から設定することも可能です）。中央の点を選択しないと、左右の点が同時に適用されないので注意しましょう。

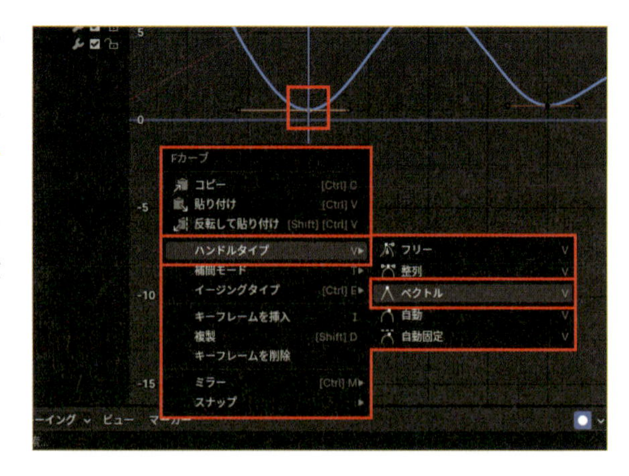


❷ハンドルの方向が変化し、カーブが直線になりました。**ベクトル**はハンドルを直線状にすることができる機能です。デフォルトに戻したい場合は、右クリックから**ハンドルタイプ**（**Vキー**）＞**自動固定**を選びましょう。

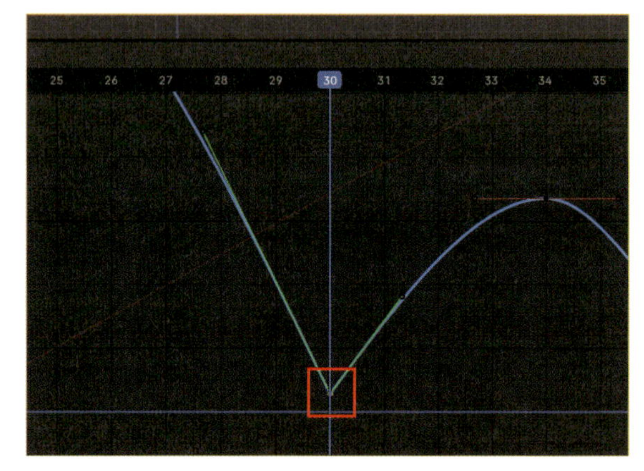

## 03 Step 複数のハンドルタイプを変更

同じ操作を他のキーフレームにも行いますが、ハンドルを複数選択して、いっぺんにハンドルタイプを変えていきます。38フレーム目と44フレーム目にあるハンドルの中央の点を**Shift**で複数選択し、右クリックから**ハンドルタイプ**（**Vキー**）＞**ベクトル**をクリックします。これでボールがバウンドするアニメーションに仕上がりました。

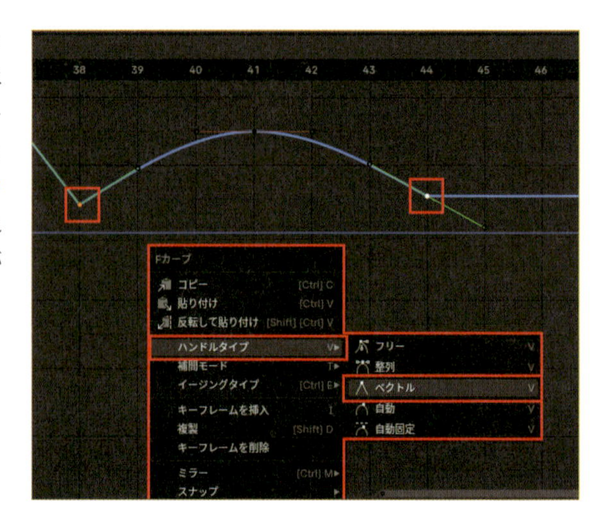

## 04 Step 曲線の修正方法

曲線の修正方法を紹介します。**30**フレーム目の右ハンドルと、**38**フレーム目の左ハンドルを複数選択します。次に拡大縮小のショートカットである**Sキー**を押すと、二つのハンドルの中央を基点にハンドルの調整ができます。その他、ハンドルの中央の点を選択して拡縮の**Sキー**を押すことでも放物線の調整が可能なので、各自好きなように調整しましょう。ただし、曲線はできるだけ左右対称な放物線を描くようにしましょう。これが左右非対称な曲線や直線だと不自然な動きになります。

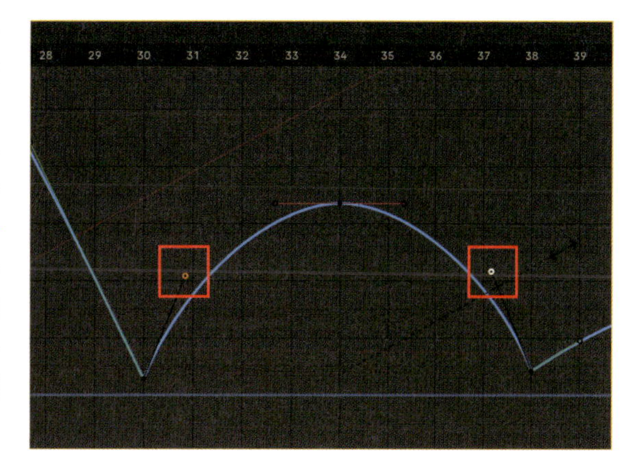


### Column

#### 運動曲線について

現実での自然な動きの軌跡のほとんどは曲線（**運動曲線**）を描いており、ボールのバウンドの軌跡も曲線です。この「曲線を描いた動き」を意識することで、アニメーションにおいても現実に近い動きにすることが可能になります。曲線を意識した動きは、可愛らしさや柔らかさにもつながることが多いです。

### Column

#### ハンドルのタイプについて

ハンドルには5つのタイプが存在しますので、これらの違いを解説します。制作するアニメーションに合ったハンドルタイプ（ショートカットは「Vキー」）を選びましょう。

#### フリー

ハンドル3点を自由に動かせるタイプです。ハンドルの向きや長さを独立して調整できるため、動きを細かくコントロールしたい時に適しています。

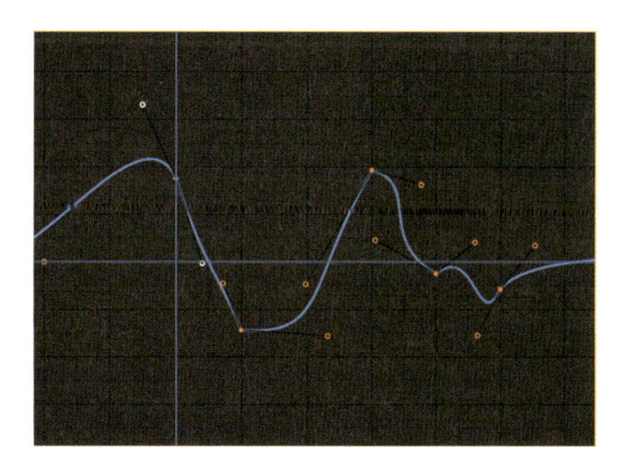

### 整列

ハンドルが自動的に一直線に揃えられます。一つのハンドルを動かすと、もう片方も一緒に動き、スムーズなカーブが作成されます。

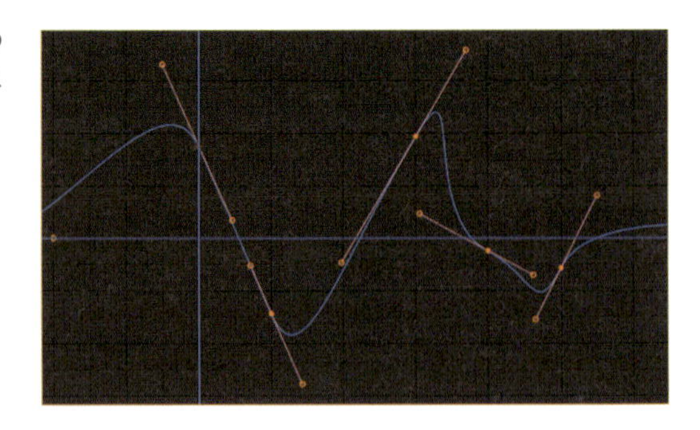

### ベクトル

ハンドルが一直線に配置され、直線的な補間を作ります。直線的な移動や、突然の動きの変化を表現する場合に適しています。

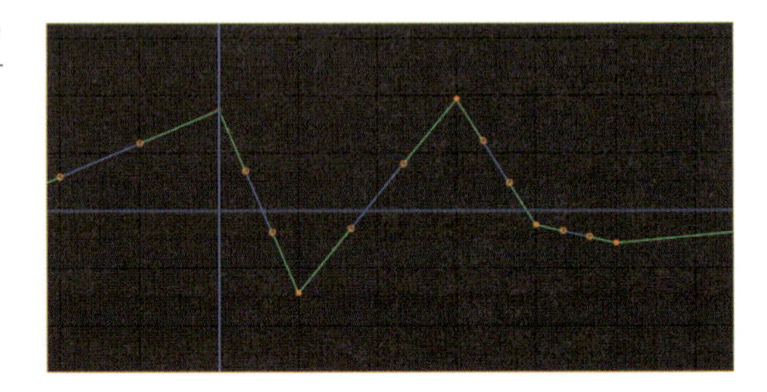

### 自動

自動的に滑らかなカーブを作成するタイプです。ハンドルは手動で調整できませんが、自然な補間を作り出します。滑らかな補間を簡単に設定したい時に適しています。

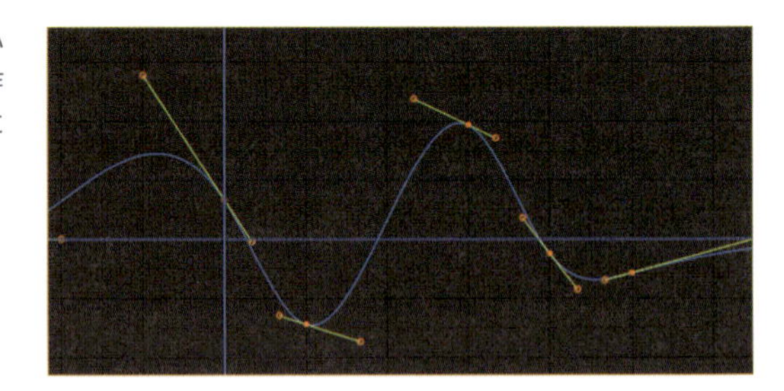

### 自動固定

こちらも自動的にカーブを滑らかにしてくれますが、「自動」よりもカーブが強くなりすぎないように制限します。隣接するキーフレーム間で安定した動きを保ちたい場合に使用します。

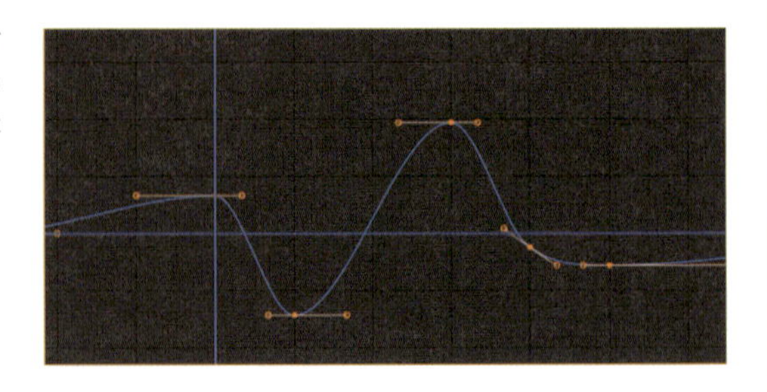

## 1-7 ボールを回転させよう

左右のX位置と上下のZ位置の調整が終わったので、次はボールを回転させます。

### 01 Step 回転Yの数値欄にキーフレームを挿入

まず**0**フレーム目に移動し、3Dビューポートの**サイドバー**（**Nキー**）で回転Yの数値欄を右クリックします。メニュー内にある**単一キーフレームを挿入**をクリックすると、回転Yにキーフレームが挿入されます。

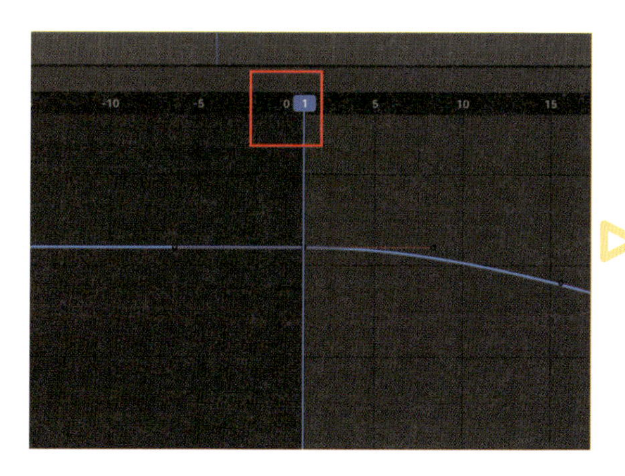


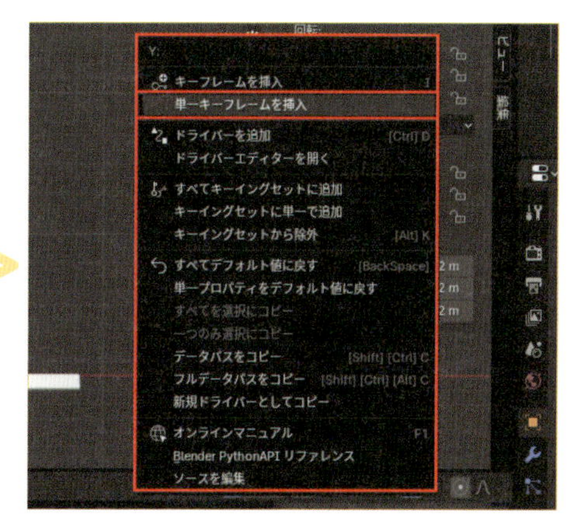


### 02 Step 回転Yの数値欄に数値を入力

**52**フレーム目に移動し、**サイドバー**（**Nキー**）から回転Yの数値欄に**360**と入力します。一旦**Spaceキー**でアニメーションを再生すると、ボールが回転しながらバウンドするようになります（停止は再び**Spaceキー**）。

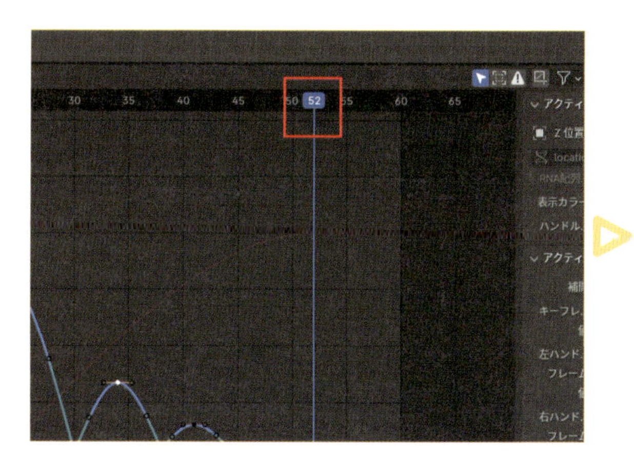


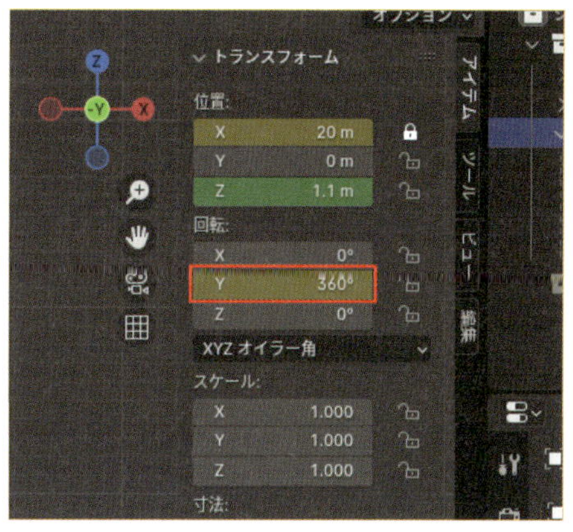

Column

### 「正規化」について

グラフエディターの左上にある**正規化**を有効にすると、すべてのカーブの変形値が**-1**から**1**までの範囲内に表示されるようになります。これにより、アニメーションの動きは変わらないものの、異なる変形の範囲を持つカーブ同士の編集がしやすくなります。特にカーブの数が増えて複雑になった場合、この機能を使用すると作業がスムーズに進みます。

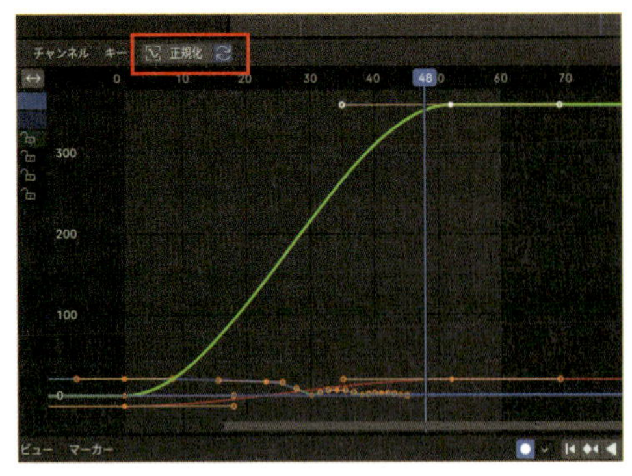


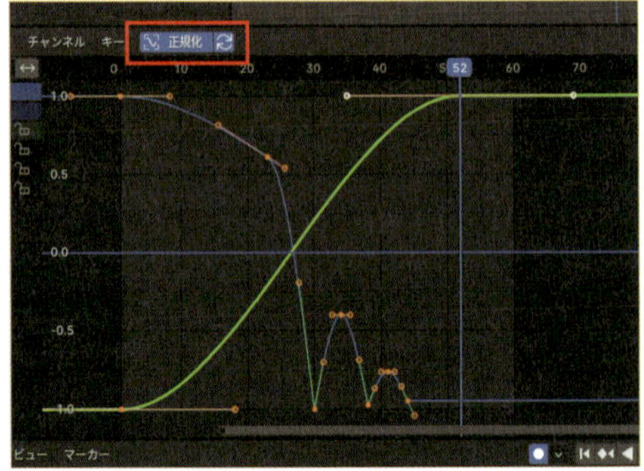


## 03 Step モーションパスを選択

次に、**モーションパス**という機能を使用して、一旦動きの確認をします。**モーションパス**とは、オブジェクトやボーンの動きの軌跡を視覚化する機能で、アニメーションの動きを把握するのに便利です。この機能を使うには、対象のオブジェクトまたはボーンを選択している必要があります。まず、ボールを**オブジェクトモード**で選択します❶。次に、プロパティから**オブジェクトプロパティ**❷をクリックします。そこに**モーションパス**というパネルがあるので開くと❸、モーションパスに関する設定項目が表示されます。

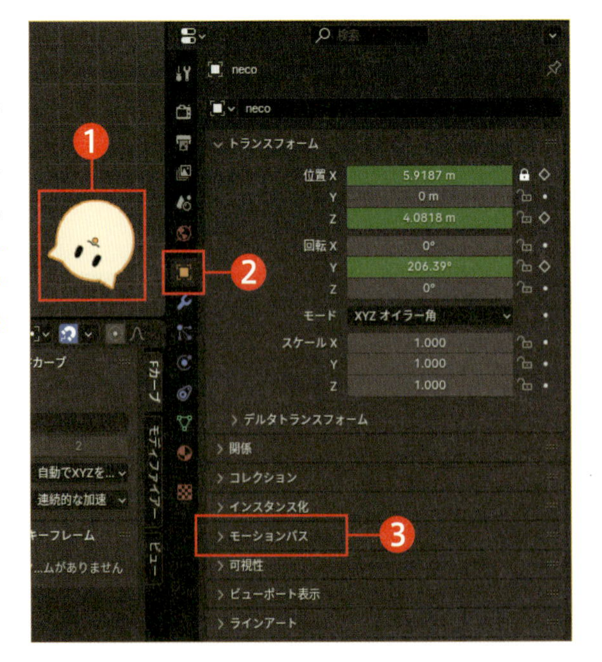

## 04 Step モーションパスの設定

モーションパスに関する設定を行います。パスタイプはデフォルトの指定範囲❶を選び、計算範囲はシーンフレーム範囲❷に設定します。この設定にすることで、対象のオブジェクトの全フレームの動きにモーションパスを適用できるようになります。設定が完了したら、下部にある計算...❸をクリックします。

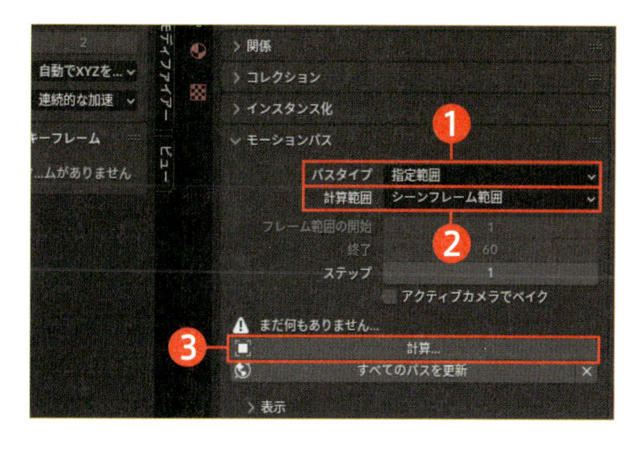


モーションパスの設定メニューが表示されますが、これらは先程設定を済ませているため、OKをクリックします❹。すると、3Dビューポート上に水色の軌跡（モーションパス）が生成され、オブジェクトの動きが視覚的に確認できるようになります。

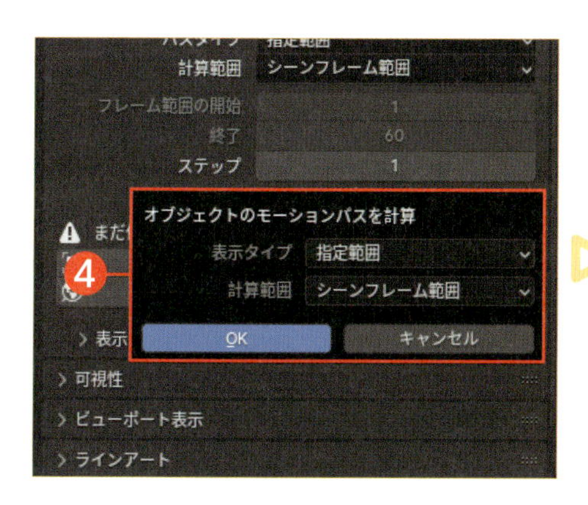


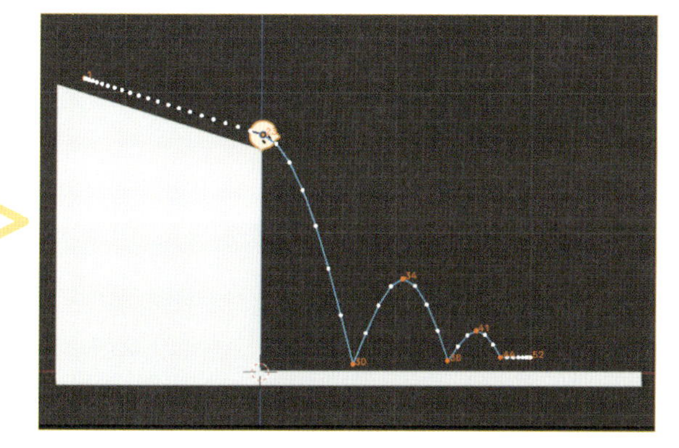

## 05 Step モーションパスの見方

モーションパスには小さな白い点が表示されており、これはボールの位置を示しています。点の間隔が広いほどボールは速く動き、点の間隔が狭いとゆっくり動くことが分かります。今回のようにオブジェクトモードでキーフレームを挿入した場合、モーションパスはボールの中央にあるオブジェクトの原点が通る位置に表示されます。オレンジ色の点と数字❶は、キーフレームが設定されている場所とそのフレーム番号を示し、白い点❷はキーフレームが設定されていないフレームを表しています。

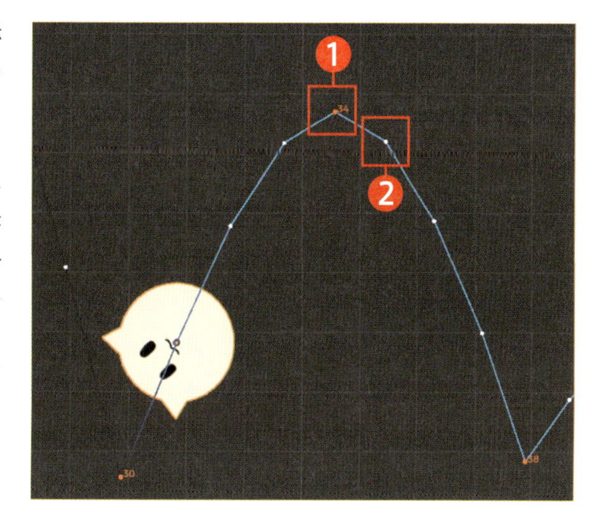

## 06 Step モーションパスの更新と削除

プロパティ＞オブジェクトプロパティ＞モーションパス内にあるパスを更新をクリックすると、選択したオブジェクトのモーションパスが更新されます。すべてのモーションパスを更新したい時は、すべてのパスを更新をクリックします。3Dビューポート上での変更は自動で反映されますが、手動入力やグラフエディターでの変更は自動更新されません。そのため、その場合は手動でアップデートする必要があります。

逆にモーションパスを削除したいときは、パスを更新、またはすべてのパスを更新の横にある×ボタンをクリックします。モーションパスを再生成する場合は、対象のオブジェクトを選択し、再度計算...をクリックする必要があります。

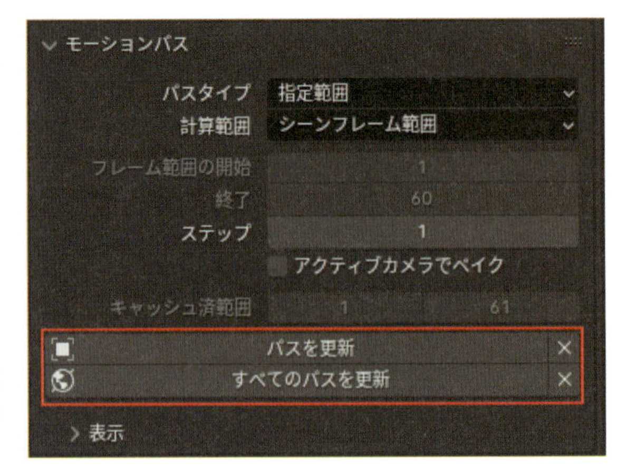


## 07 Step 軌跡の確認

動きの軌跡に問題がないかを確認します。基本的に本書の手順どおりに進めていれば❶のように放物線を描くボールのバウンドが表現されるはずです。しかし、❷のように歪な軌跡になっている場合は、グラフエディターで修正が必要です。Next Page

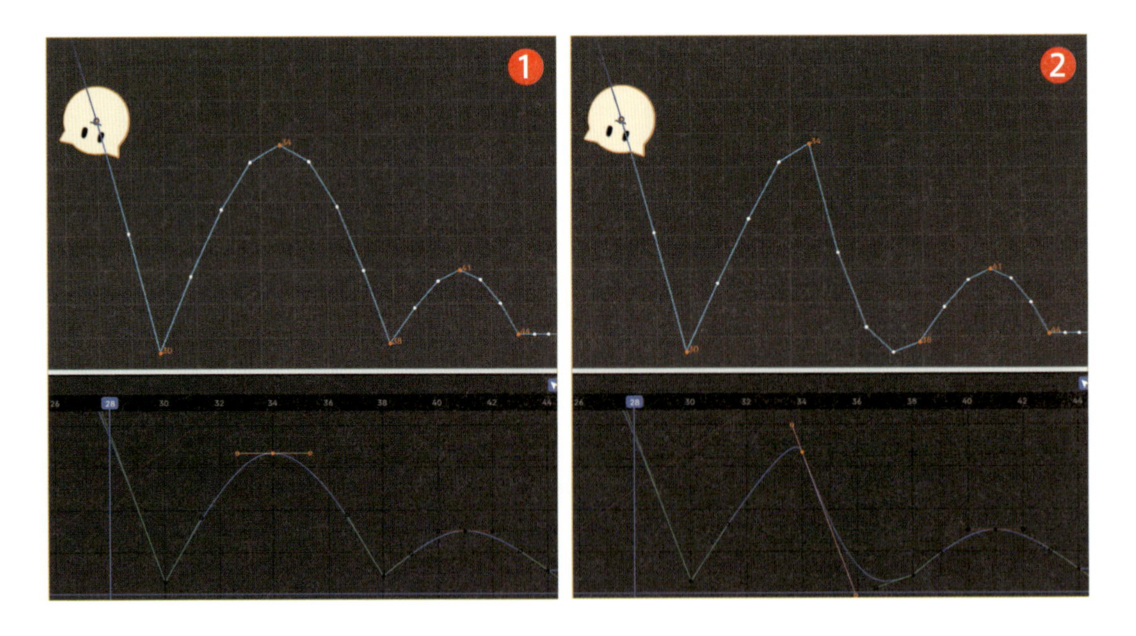

グラフエディター上でハンドルを操作した後に**元に戻したい**と思った場合は、対象のハンドルを選択し、グラフエディター上で**右クリック**＞**スナップ**＞**水平のハンドル**で調整できます❸。

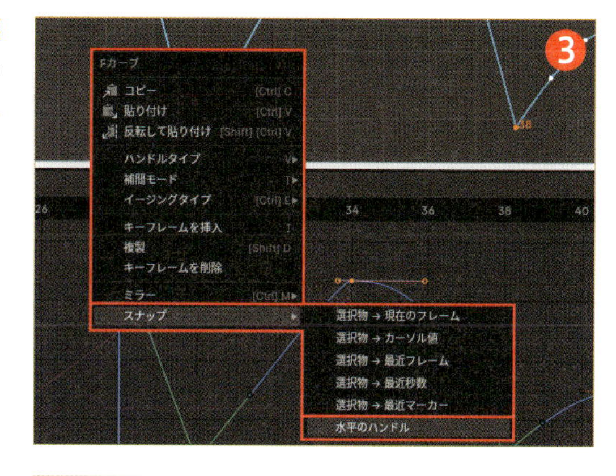


左右のハンドルを左右対称に戻したい場合は、対象のハンドルを選択し、**右クリック**＞**ハンドルタイプ**（**Vキー**）＞**自動固定**（**自動的にカーブを滑らかにする機能**）を選びます。これらの操作を参考にしながら、放物線を描くように修正しましょう。なお、地面に衝突する際の跳ね返りを表現するためには、**ハンドルタイプ**（**Vキー**）を**ベクトル**に設定すると良いでしょう❹。

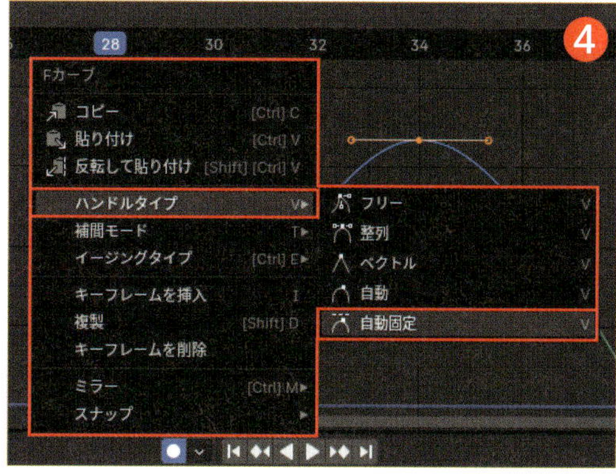


## 08 Step カーブをキーフレーム化

次に、このカーブをキーフレーム化し、ボールのアニメーションを細かく修正します。カーブをキーフレーム化する操作はいくつかありますが、ここではドープシート上から行う手順を説明します。左上のエディタータイプから**ドープシート**を選択するか、グラフエディター上で**Ctrl+Tabキー**を押してドープシートに移動します❶。次に、ドープシート上で全選択のショートカットの**Aキー**を押します。続けてドープシートのヘッダーにある**キー**＞**キーフレームをベイク**（**Shift+Alt+Oキー**）を選択します❷。

※この操作は取り消しができないため、事前に**別名で保存**しておくことをおすすめします。

Next Page

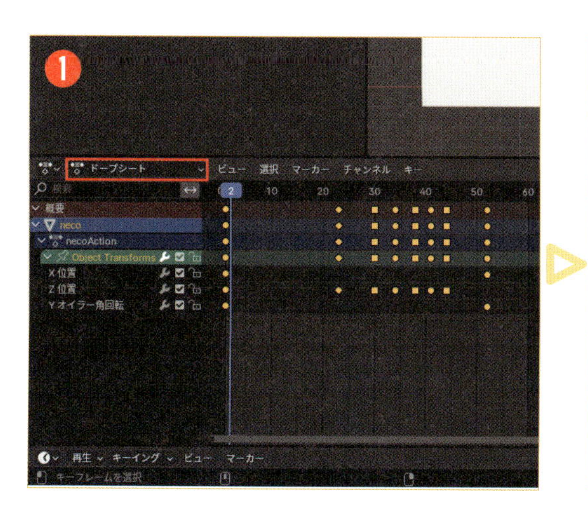


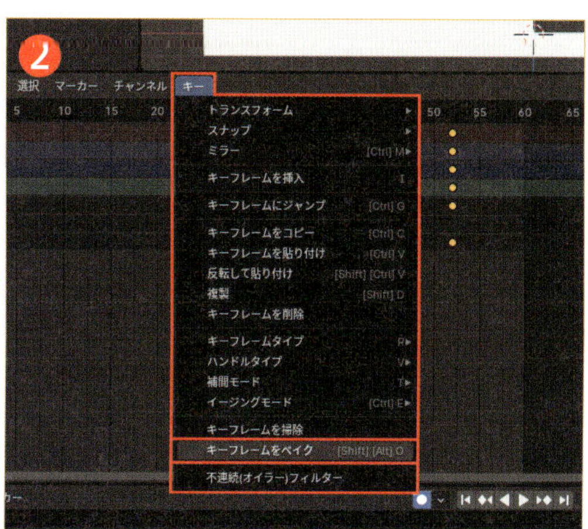

すると、キーフレーム間に水色の小さなキーフレームが挿入されます。これは**キーフレームをベイク**を実行した際に生成されるキーフレームのタイプです。通常のキーフレームと同様に**移動**（**Gキー**）、**削除**（**Xキー**）、数値調整などが可能です。

## 09 Step フレームの調整

カーブをキーフレーム化したことで、ボールの細かい調整ができるようになったので、ボールのバウンドを修正します。ここでは、ボールが地面に着地する瞬間のY回転の値を**0**に設定します。これにより、後に行うボールの変形が上手くいくようになります。**30**フレーム目に移動し❶、**サイドバー**（**Nキー**）のY回転の値を**0**にします❷。**38**フレーム目も同じ操作をします❸。なお、**44**フレーム目もボールが地面に着地する瞬間ですが、転がる動きを見せたいので、この回転はそのままにします。

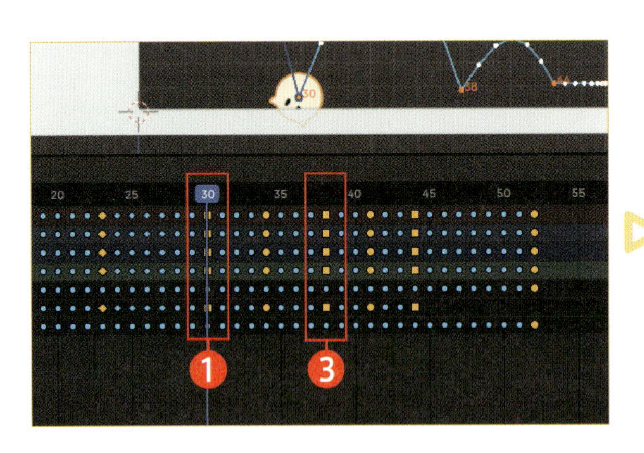


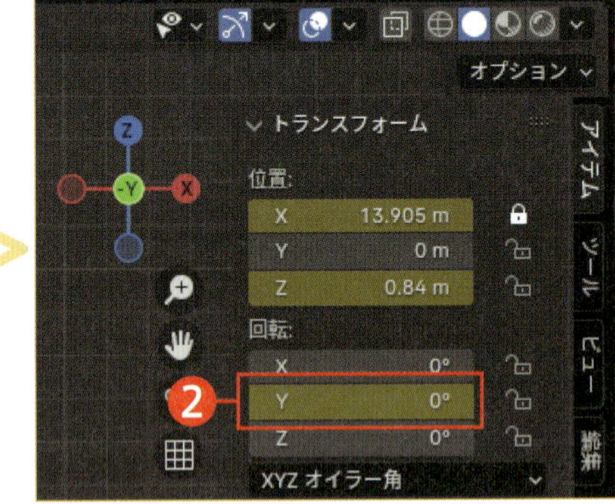


## 10 Step モーションパスの更新

カーブをキーフレーム化した後、モーションパスを更新しましょう。**プロパティ**＞**オブジェクトプロパティ**＞**モーションパス**パネル内にある**パスを更新**をクリックします。

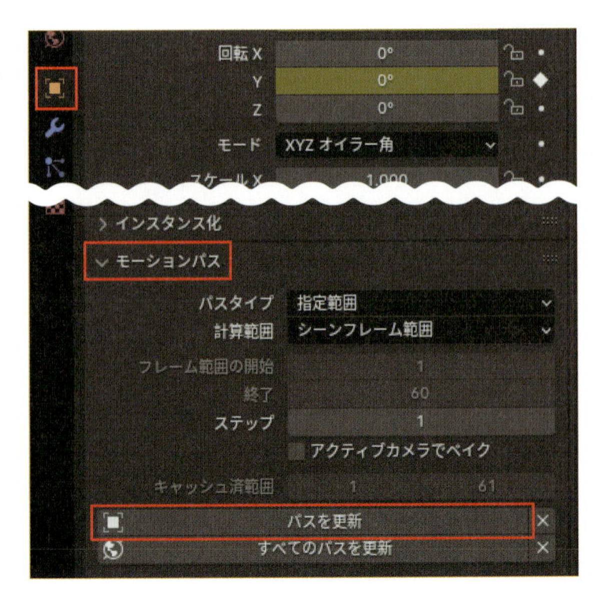

# 1-8 ボールの柔らかさを表現しよう

次は**潰しと伸ばし**というテクニックを使って、ボールが持つ柔らかさや重みを表現します。この**潰しと伸ばし**は、ディズニー発祥の**アニメーション12の原則**（参考URL：https://sp-magazine.disney.co.jp/p/7091）の一つで、動きに合わせて伸び縮みさせる技法です。**曲線**（**運動曲線**）を描くように動かすことで自然に見えるというテクニックも、この12の原則に含まれています。

## 潰しと伸ばしの有無の比較

以下の画像は、潰しと伸ばしを適用していない画像❶と適用している画像❷の比較です。硬い物体であれば❶のように潰しと伸ばしを付けなくても問題ありませんが、柔らかい物体の場合は❷のように潰しと伸ばしをすることで動きのぎこちなさがなくなり、さらに物体の柔らかさを伝えることができるので、動きに説得力が増します。ボールが地面にぶつかる瞬間に少し潰れ（潰し）、跳ね返る際に伸びる動き（伸ばし）を加えることで、ボールに弾力や質感があるように見せるのです。

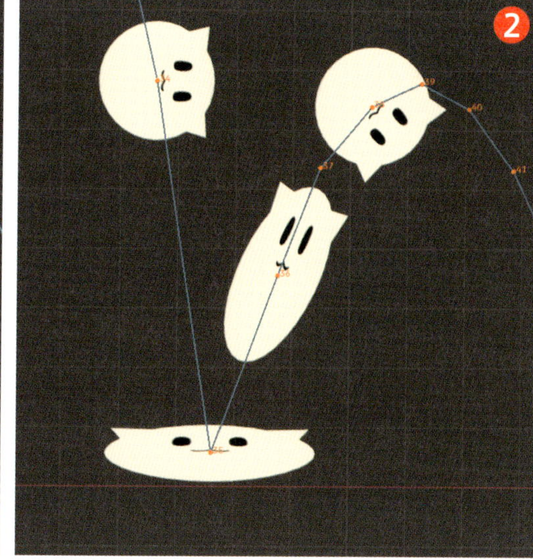


## ラティスとは何か

ラティスとは、透明な立方体の枠内に収めたオブジェクトを、その枠を動かすことで自由自在かつ手軽に変形できる機能です。図で説明すると、オブジェクトの外側にラティスがあり❶、この枠内にあるオブジェクトは、ラティスの動きに合わせて変形するという仕組みです❷。ラティスはオブジェクトを直接編集せずに変形できるため、アニメーション制作でよく使用されます。

Next Page

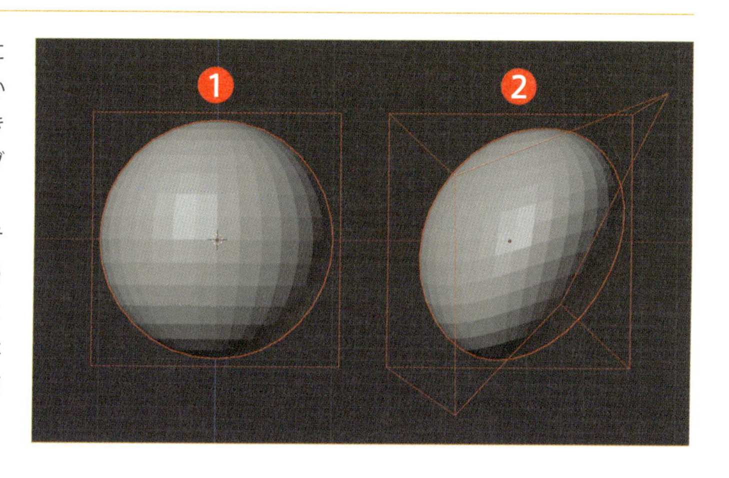

次に、ラティスの適用方法を紹介します。プロパティの**モディファイアープロパティ**から**変形**>**ラティス**を追加し、モディファイアー内にある**オブジェクト**から対象のラティスを指定します。その後、3Dビューポート上で**ラティス（子）**を選んでから**オブジェクト（親）**の順にペアレント（**Ctrl+Pキー**）を設定し、メニュー内から**オブジェクト**を選択することでラティスを適用できます。本書で扱うボールは、この手順でラティスを適用しています。

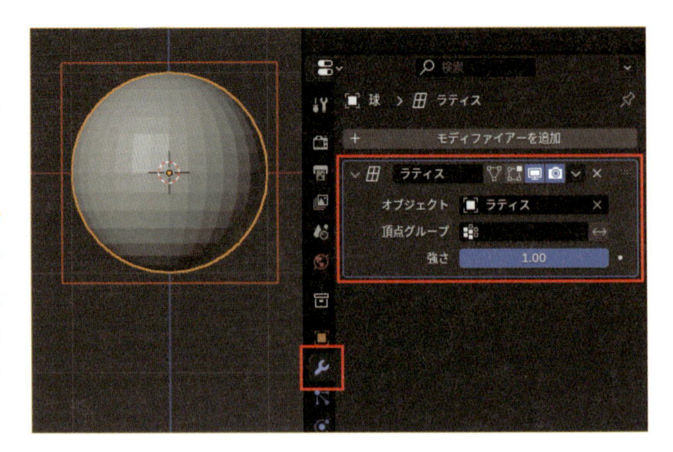


## Column

### モディファイアーとは何か

モディファイアーとは、元のオブジェクトの形を維持したまま、様々な変形を加えることができる機能です。使用するには、まず**オブジェクトモード**で変更したいオブジェクトを選択します。次に、画面右側のプロパティから**モディファイアープロパティ（スパナのアイコン）**をクリックし、**モディファイアーを追加**ボタンを押します。ここで、使用したいモディファイアーを一覧から選べます（**ラティス**もその一種です）。モディファイアーを適用する際は、モディファイアーの右上にある矢印アイコンをクリックし、**適用**を選択します。これで、オブジェクトはモディファイアーによって変形された状態が確定し、モディファイアーは削除されます。一度適用したモディファイアーは元に戻せないので、注意して下さい。また、モディファイアーを削除する場合は、右上の**×ボタン**を押すだけで大丈夫です。

## 「潰しと伸ばし」をしよう

### 01 Step ラティスを表示

ボールに適用されているラティスを表示します。右上のアウトライナーの**neco**オブジェクトの左側にある右矢印をクリックすると、階層が開きます。この中にある**lattice**の目玉アイコンをクリックして表示すると、3Dビューポート上にラティス（透明な立方体）が表示されるようになります。

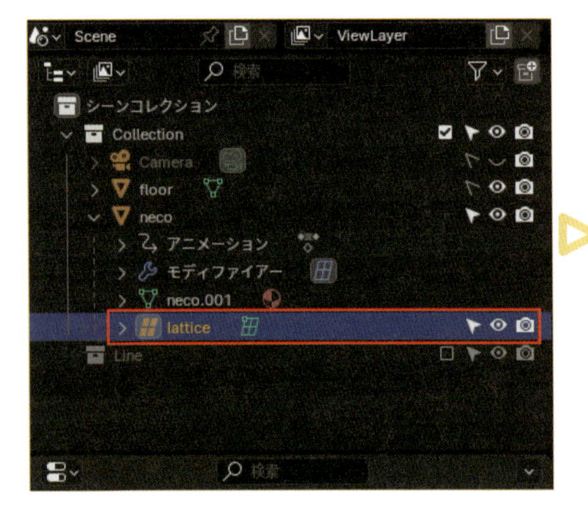


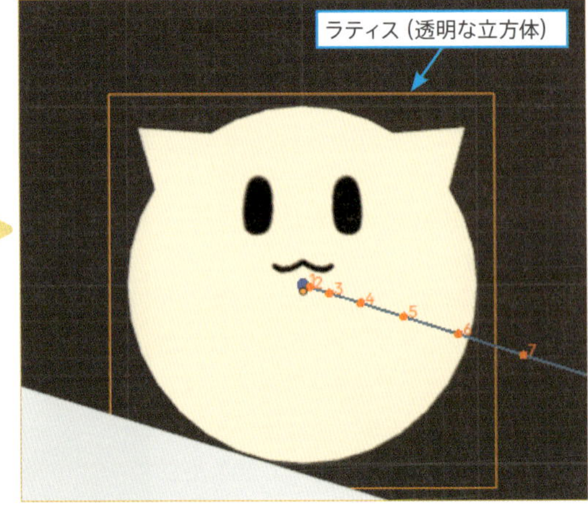

## 02 Step フレーム移動とデータプロパティの設定

30フレーム目に移動し、右上のアウトライナーからlatticeを選択します❶。あるいは3Dビューポートからボールを囲んでいるラティスを選択するのも良いでしょう。次にプロパティからオブジェクトデータプロパティをクリックします❷。この中にシェイプキーというパネルがあるのでクリックすると、数値の一覧が表示されます❸。これはシェイプキーという頂点の移動を記録する機能で、ベース（base）というオリジナルメッシュを元に、シェイプキーをどんどん追加して変形を記録していきます。右上の+ボタンをクリックするとシェイプキーが追加され、−ボタンをクリックするとシェイプキーが削除されます。この機能は主にキャラクターの表情の制作や、様々な変形を記録したいときに使用します。ここでは、予め変形を記録されたシェイプキーを使って潰しと伸ばしを表現します。

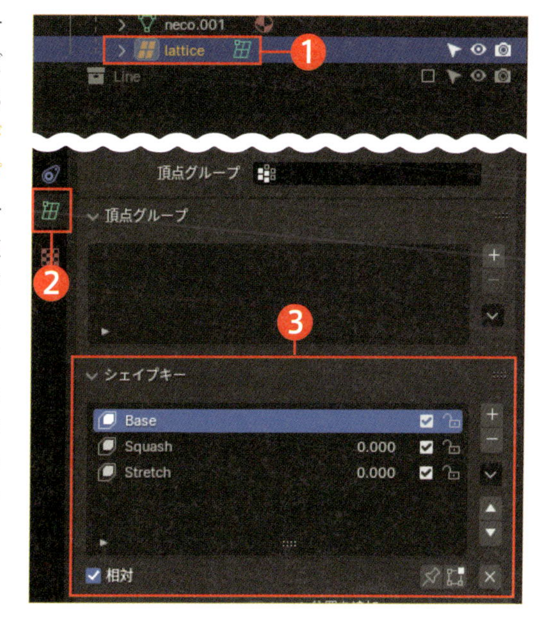


## 03 Step Squash（潰し）を設定

シェイプキーパネル内にあるSquash（潰し）の数値を左クリックすると、数値入力ができるので1と入力すると、ボールを上下に押し潰すことができます（あるいは数値欄を左右に左ドラッグすることでも調整ができます）。これで地面にぶつかった衝撃でボールが上下に押し潰す表現ができました。

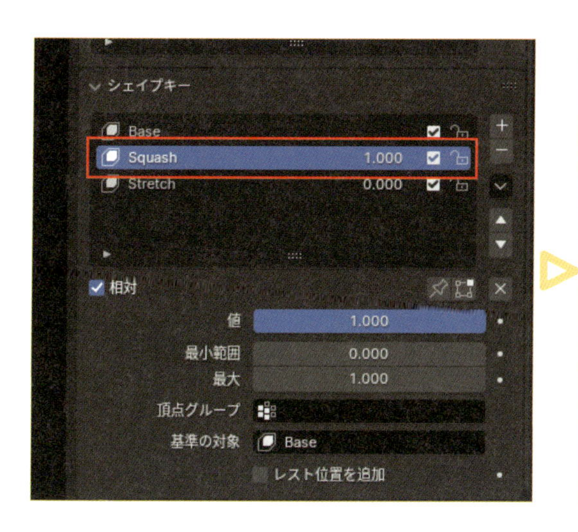


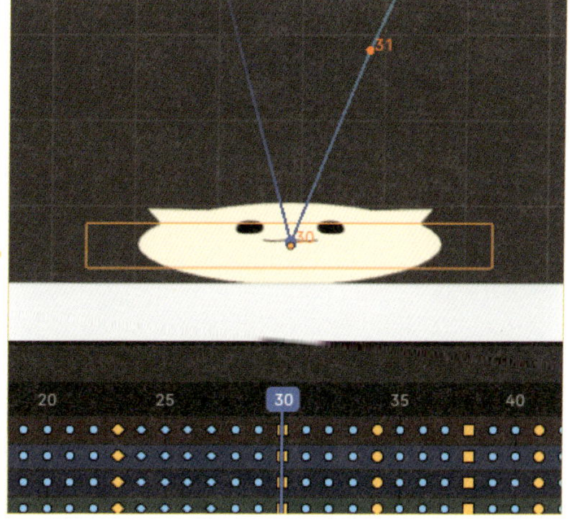

## 04 Step キーフレームを挿入

30フレーム目にいることを確認した後、プロパティのシェイプキー内にあるSquash（潰し）の数値を右クリックします。次に、メニューからキーフレームを挿入（Iキー）を選択すると、数値欄が黄色に変わり、キーフレームが挿入されます。ドープシートを確認すると、シェイプキーに関連する項目が新たにチャンネル内に追加され、挿入したキーフレームが表示されていることが確認できます。

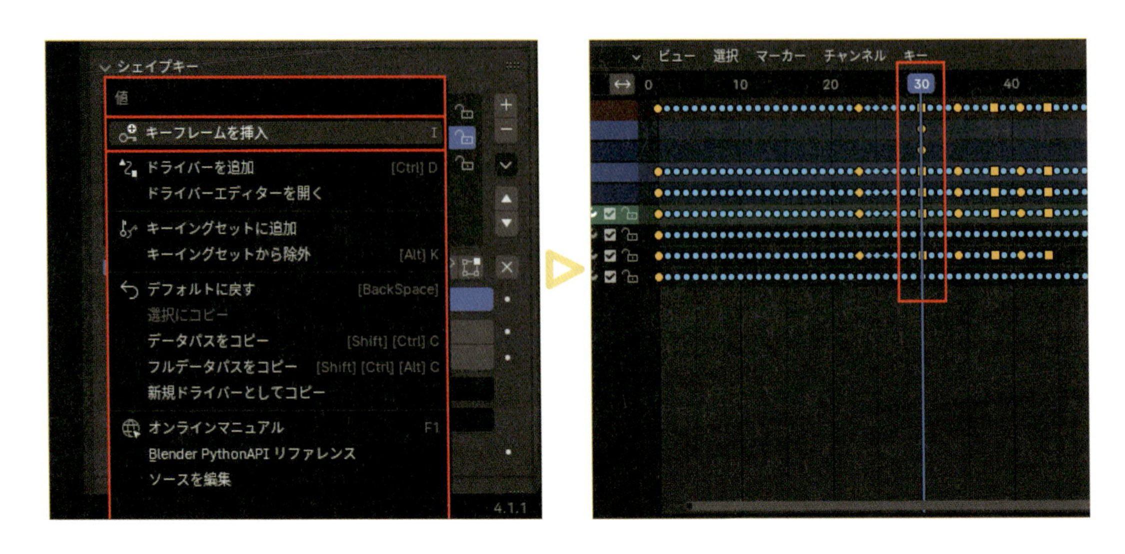


## 05 Step Squash（潰し）の値を設定

ボールが潰れたままアニメーションが進行しないよう、必要な箇所にだけ潰しと伸ばしを適用します。ボールが地面にぶつかる前の29フレーム目に移動し、シェイプキーパネルからSquash（潰し）の値を0に設定します（タイムラインの自動キー挿入を有効になっているため、数値入力しただけでキーフレームが挿入されます）。

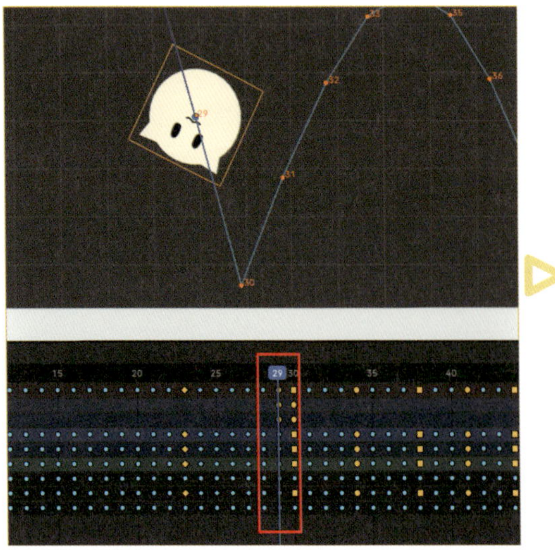

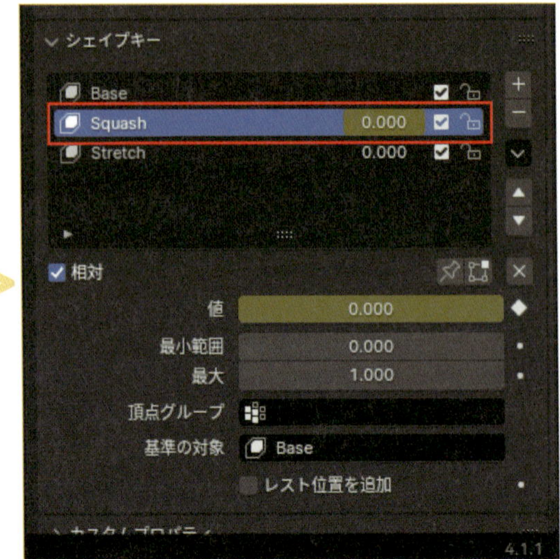

## 06 Step 30フレーム目にStretch（伸ばし）を入力

次に、地面の跳ね返りを表現するために伸ばしを行いますが、他の動きに影響しないよう設定します。30フレーム目に移動し、シェイプキーパネルのStretch（伸ばし）に0を入力します。その後、数値欄を右クリックしてメニューを表示し、キーフレームを挿入（Iキー）をクリックします。

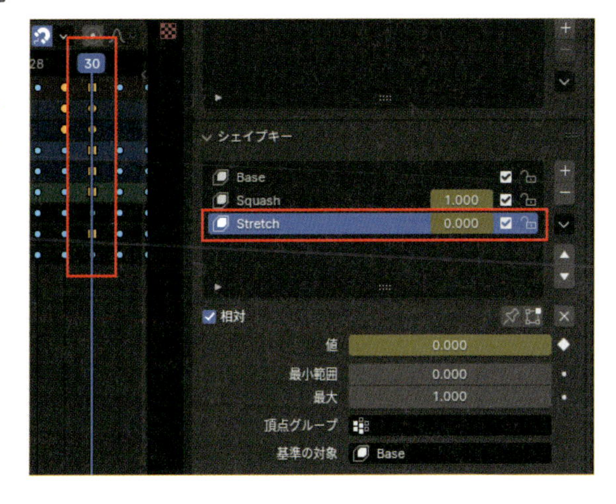

## 07 Step 31フレーム目にSquash（潰し）、Stretch（伸ばし）を入力

31フレーム目に移動し、Squash（潰し）を0と入力し、Stretch（伸ばし）を0.5と入力します。

## 08 Step オブジェクトを回転

ボールがおかしな方向を向いているので修正します。31フレーム目にいることを確認したら、ボールオブジェクトを選択し、サイドバー（Nキー）の回転Yに384と入力します（この数値でうまくいかない場合は、各自数値を左右にドラッグするなどして調整してください）。これでボールが軌道に合わせて伸びるようになります。

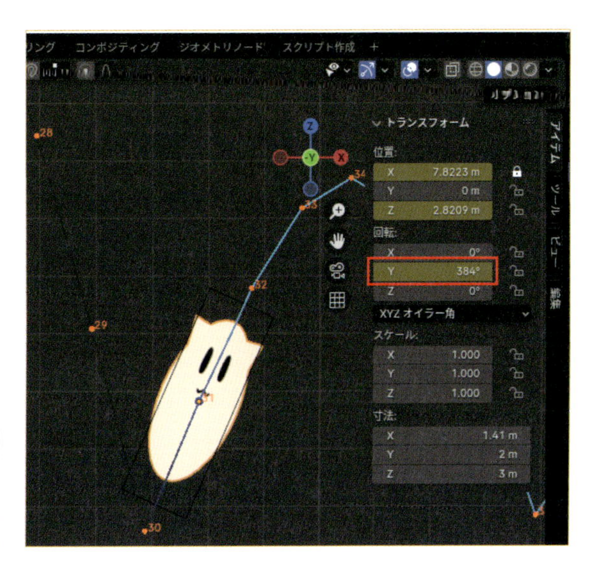

MEMO

回転をかけるのはあくまでボールオブジェクトであり、latticeでないことを注意してください。

## Step 09 32フレーム目にStretch（伸ばし）を入力

32フレーム目に移動し、再びラティス（透明な立方体）を選択します。シェイプキーパネル内からStretch（伸ばし）の数値に0と入力します。

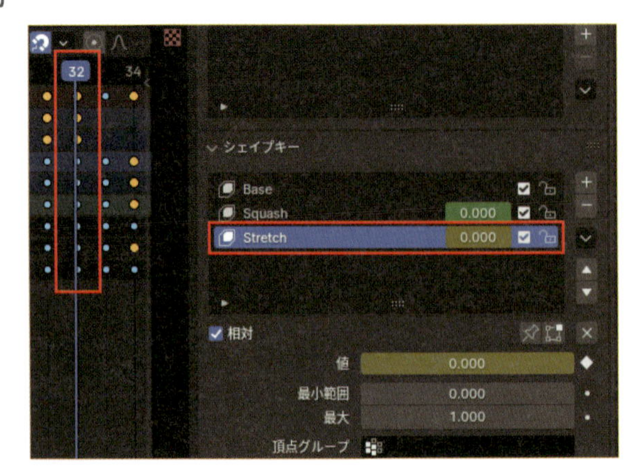


## Step 10 37フレーム目にキーフレーム挿入

二回目の地面の衝突と跳ね返りにも同様の操作をします。37フレーム目に移動し、Squash（潰し）の数値欄が0になっていることを確認したら、右クリック＞キーフレームを挿入（Iキー）をクリックします（潰しが他の動きに影響しないように0を入力する必要があります）。

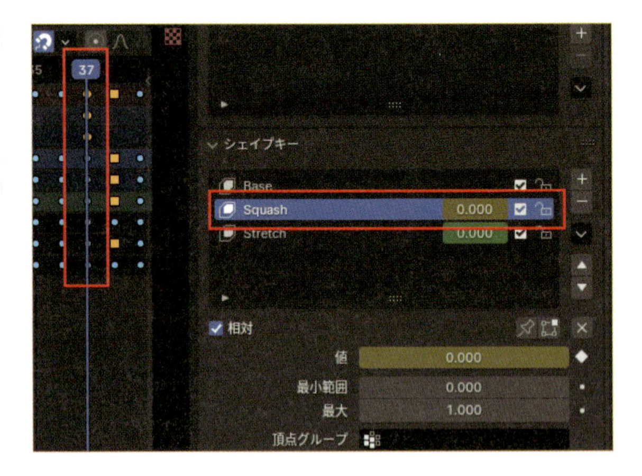


## Step 11 38フレーム目にキーフレーム挿入

38フレーム目に移動し、Squash（潰し）の数値欄に0.5と入力します。下のStretch（伸ばし）は右クリック＞キーフレームを挿入（Iキー）をクリックし、0のキーフレームを挿入します（先ほどと同様、伸ばしが他の動きに影響しないように、キーフレームを挿入する必要があります）。

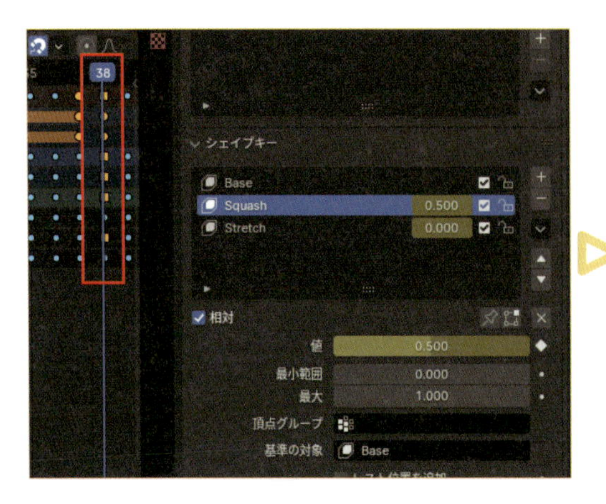


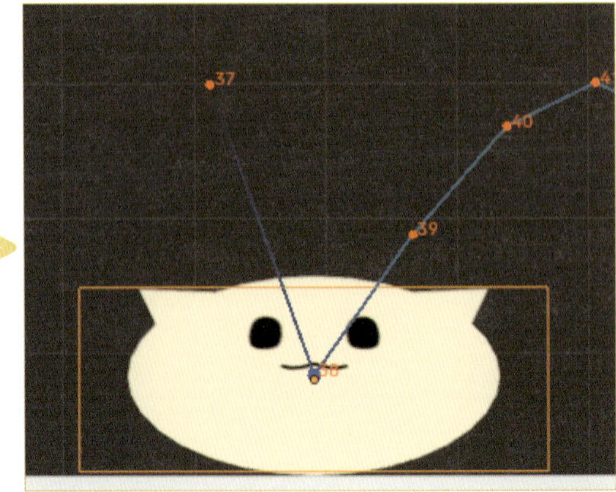

## 12 Step 39フレーム目にSquash（潰し）、Stretch（伸ばし）を入力

39フレーム目に移動し、Squash（潰し）の数値欄に0と入力します。下のStretch（伸ばし）には0.3と入力します。

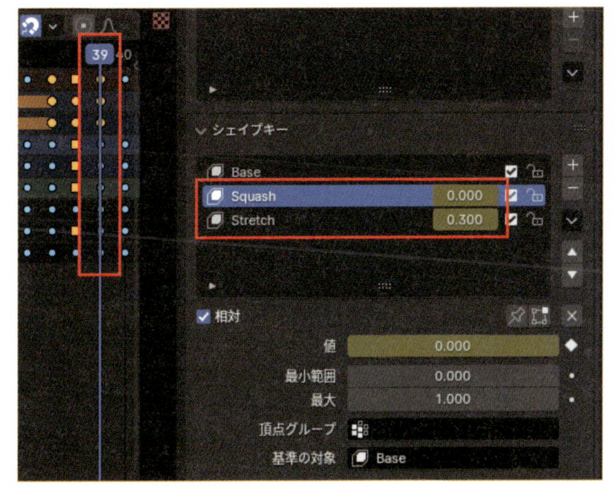


## 13 Step オブジェクトを回転

ボールの向きを修正します。ボールを選択し、サイドバー（Nキー）の回転Yに395と入力します（この数値でうまくいかない場合は、各自数値を左右にドラッグするなどして調整してください）。

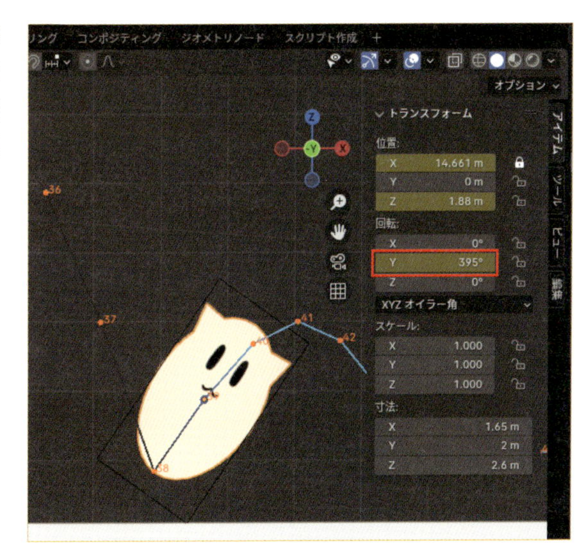


## 14 Step 40フレーム目にキーフレーム挿入

40フレーム目に移動し、下のStretch（伸ばし）に0と入力してキーフレームを挿入します。終わったら、アニメーションに問題がないか再生（Spaceキーします。停止は再びSpaceキー）を押すとできます。

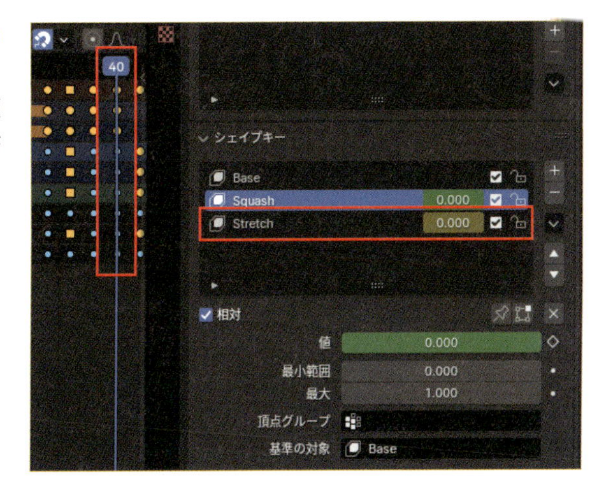

## 15 Step レンダリング

サンプルデータ内にカメラを用意していますので（非表示＆非選択にしています）、動画を出力したい方は**プロパティ**の**出力プロパティ**内にある**出力**パネル内から設定をしましょう。出力先を指定し、**ファイルフォーマット**を**FFmpeg動画**にします。さらに**エンコーディング**の右側から**H264（MP4内）**を指定します。最後はトップバーにある**レンダー**＞**アニメーションレンダリング**（**Ctrl+F12キー**）で動画を出力します。これでボールのアニメーションが完成しました。

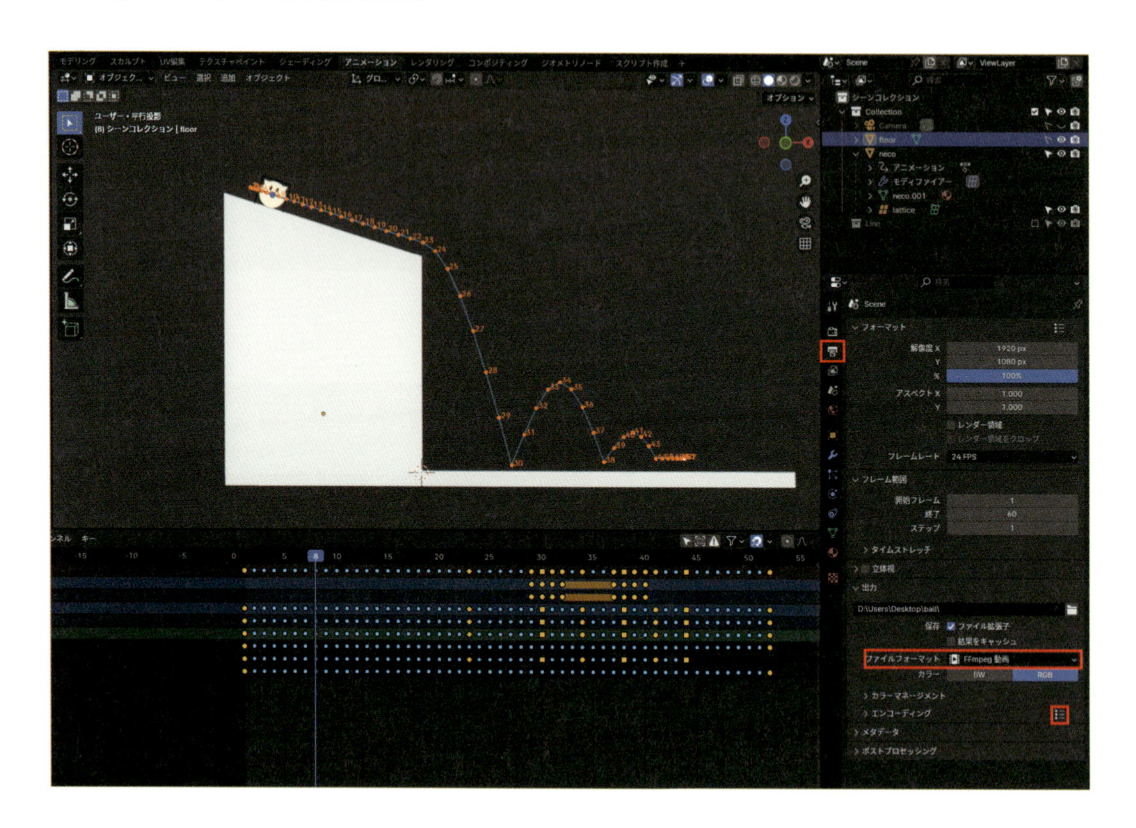

Chapter 3

2

# 揺れを作成しよう！

次は、ボーンを用いて揺れアニメーションを制作します。キャラクターアニメーションでは、髪の毛やスカートのように長いオブジェクトをボーンで左右に揺らすことがよくあります。これも、キャラクターを魅力的に見せる重要なポイントなので押さえておきましょう。

Chapter 1
Chapter 2
Chapter 3
Chapter 4
Chapter 5

## 2-1 揺れを自然に見せるには

まずは、以下の画像をご覧下さい。一つ目の動き❶は、髪の毛やスカートがまるで硬い物体のように動いてしまい、不自然に見えます（硬い物体であれば、この動きで問題ありません）。対して二つ目の動き❷は、髪の毛やスカートが根元から先端にかけて少し遅れて動き始めることで、柔らかくて自然な印象を与えることができます。このように、動きの一部が遅れて追従することを**オーバーラップ**といい、また、根元が止まっても先端がまだ動き続けているのを**フォロースルー**と呼びます。この二つのテクニックも**アニメーション12の原則**に含まれ、現実に近い動きを表現するために欠かせません。

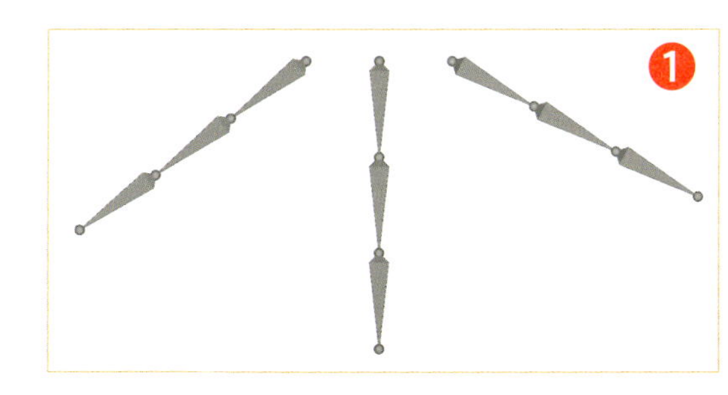


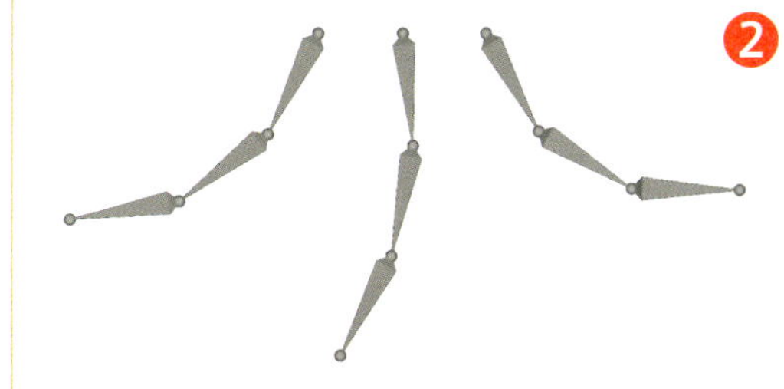


## 2-2 揺れのアニメーションを作成しよう

ボーンを用いて揺れの練習をします。ボーンはレンダリング時に反映されません（見えません）ので、ここでは動画の出力はしません。

## 01 Step サンプルファイルを開く

サンプルファイルに収録のNabiki_animation.blendを開いて、連結した三つのボーンが3Dビューポート上に配置されていることを確認しましょう。こちらのボーンを使用して揺れのアニメーションに慣れていきます。

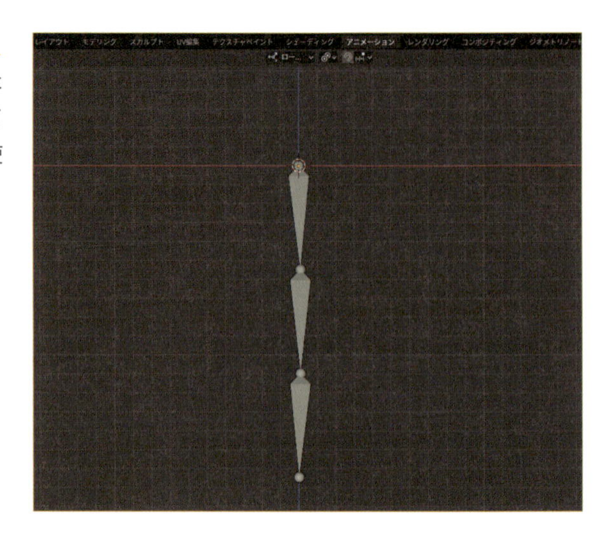

## 02 Step 設定を確認

設定の確認をします。3Dビューポートの上部の座標軸がローカル（各ボーンの軸を基準に変形する）、ピボットポイントがそれぞれの原点（複数選択した際、それぞれのボーンの原点を変形の基準点にする）、画面下にあるタイムラインの自動キー挿入（キーフレームが挿入されている場合、変形や数値入力をしただけで自動でキーフレームが挿入される）が有効になっていることを確認します。

## 03 Step ポーズモードで根元のボーンを選択

ボーンの根元を回転させ、大まかなアニメーションを制作します。1フレーム目にいることを確認したら、ポーズモードで根元のボーンを選択します。次に3Dビューポート上でキーフレーム挿入メニューのショートカットのKキーを実行し、回転をクリックします。

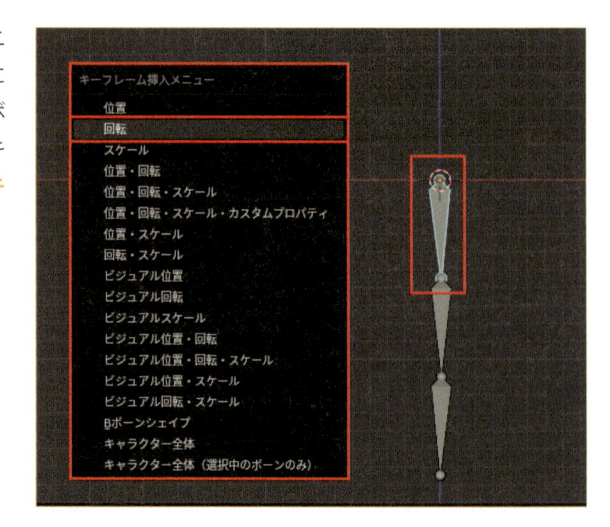

## 04 Step 12フレーム目に移動して回転

12フレーム目に移動し、テンキーの1キーで正面視点にします。回転のRキーで根元のボーンを右側に回転し、左クリックで決定します。ここの回転の角度は各自お好きなように調整して頂いて構いませんが、揺れの練習なのでなるべく大きめに回転することをおすすめします(本書では回転Zを0.45程度にしています)。

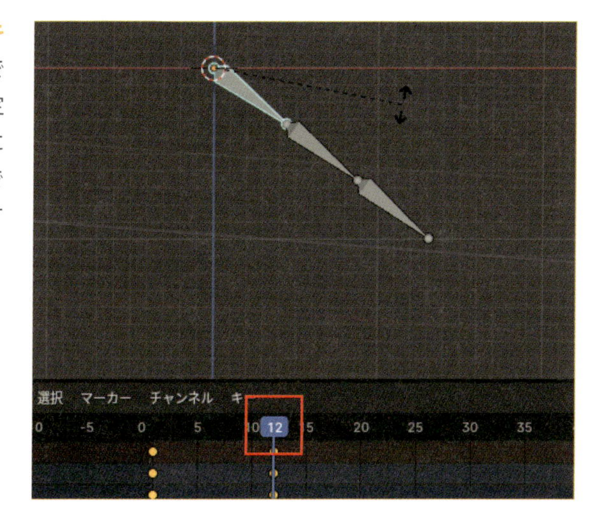


## 05 Step 24フレーム目に移動して回転

次は24フレーム目に移動し、左側に回転を行います。サイドバー（Nキー）を開き、アイテムタブからトランスフォームパネル内にある回転Zの数値の左側に-（マイナス）を入力すると、ちょうど反対方向に回転するようになります。

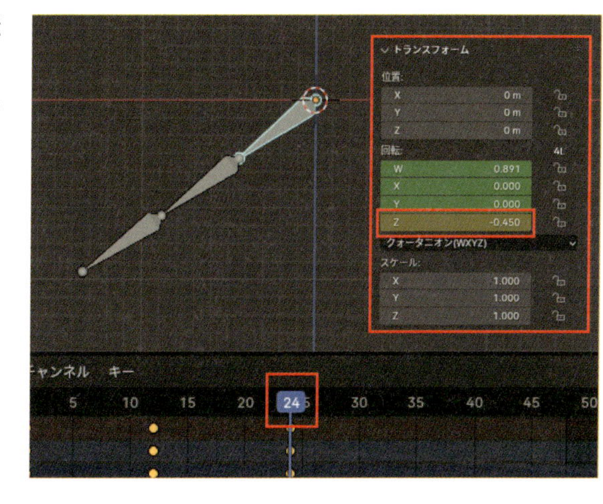


## 06 Step 33フレーム目に移動して回転

33フレーム目に移動し、サイドバー（Nキー）から回転Zの数値に0と入力します。これで大まかな回転ができましたが、今のままだと動きが固いので中間と先端のボーンも動かしていきます。

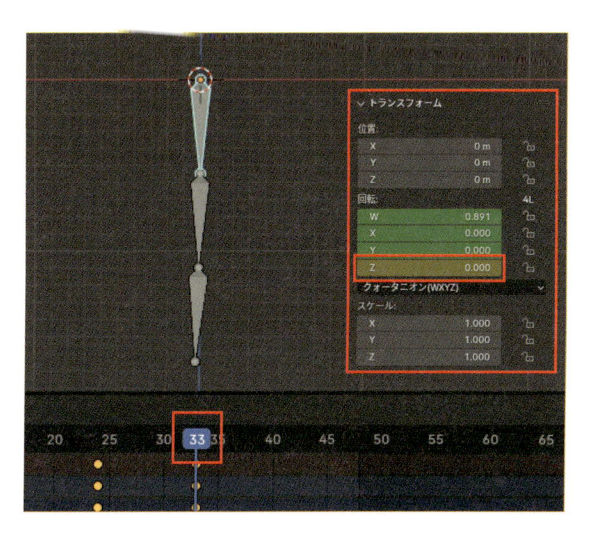

## 07 1フレーム目でKキーを実行して回転を設定

Step

中間、先端にキーフレームを挿入します。1フレーム目に移動し、中間と先端を左ドラッグ（ボックス選択）で複数選択します。3Dビューポート上で**Kキー**を実行して**回転**をクリックします。

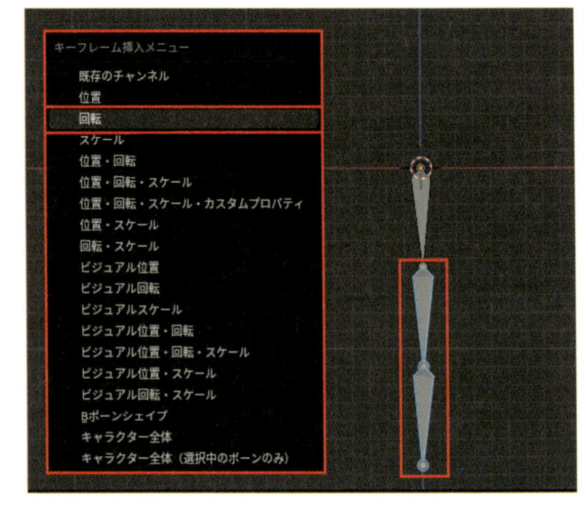


## 08 7フレーム目に移動

Step

次に、中間と先端にキーフレームを挿入し、動きを遅らせていきます（**オーバーラップ**）。動きを遅らせるコツは、**根元が加速する区間（最も速い区間）で、中間と先端を逆方向に回転させること**です。たとえば、根元を右向きに回転させた場合、加速する区間では中間や先端を左向きにしましょう。これにより、中間と先端が根元の動きに遅れてついてくるようになります（正確には、加速する区間で中間と先端は、根元がいた位置に向きます）。加速する区間は、モーションパスで点の間隔が広い部分です。ここでは**7**フレーム目あたりが該当するので、そのフレームに移動します。

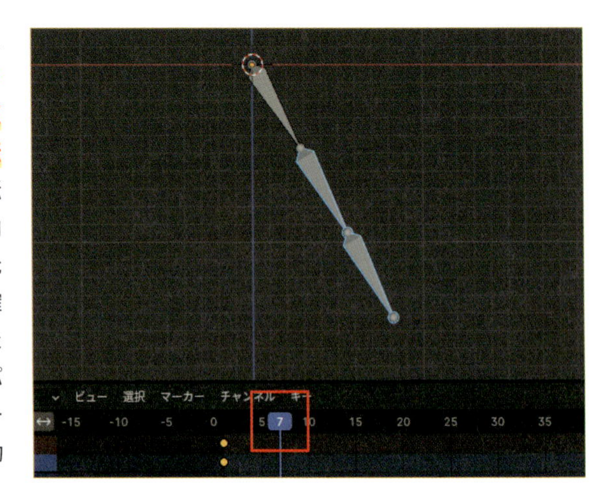


## 09 回転を設定と調整

Step

中間と先端が選択されていることを確認したら、**正面視点**（**テンキーの1キー**）に切り替え、根元とは反対方向に回転（**Rキー**）させます。たとえば、根元が右側に回転している場合、中間と先端は反対の左側に回転させます。回転時の注意点ですが、最初にスタートした地点を超えないようにします。スタート地点より中間や先端が動きすぎると、それらが独立して動いているように見えてしまいます。回転が完了したら、一度ドープシートのスクラブ領域（フレーム番号が書かれている領域）を左ドラッグして、動きを確認してください。もし中間や先端がスタート地点を超えていた場合、**7**フレーム目に戻って再調整しましょう。また、先端は最も遅れる箇所なので、中間よりも多めに回転させると効果的です。

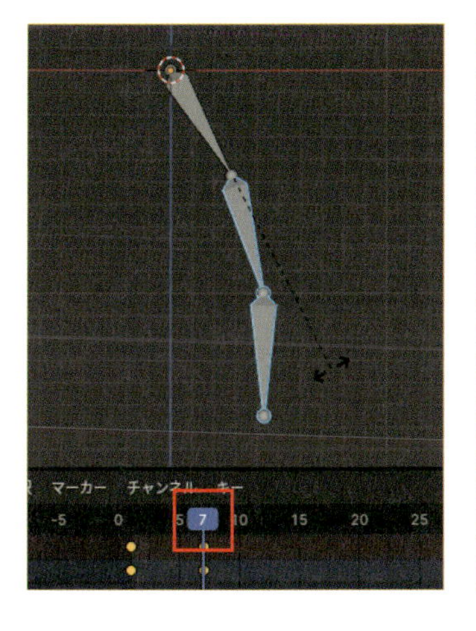


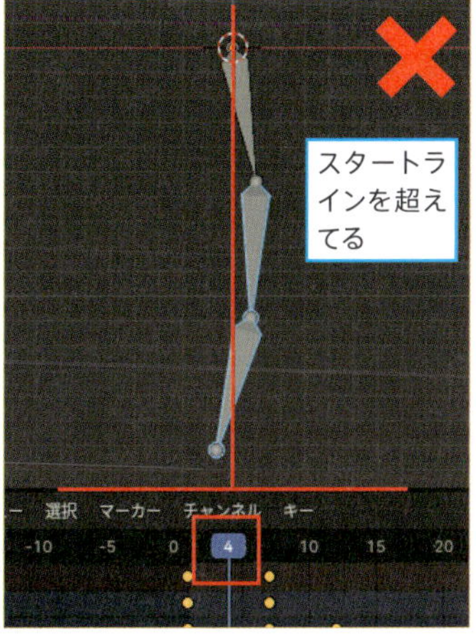


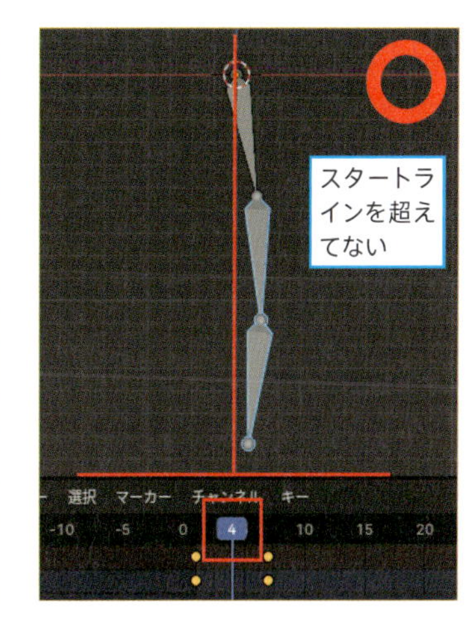


## 10 Step 18フレーム目に移動して回転

中間と先端の動きの続きを制作します。先程説明したように、**根元が加速する区間で、中間と先端を逆方向に回転する**方法を引き続き適用します。次に、根元が最も加速している区間を探します。ここでは、**18**フレーム目に移動し、中間と先端を選択します。その後、根元とは逆方向に回転（**Rキー**）させます。ここでは根元が左側に回転しているので、中間と先端は右方向へと回転させます。

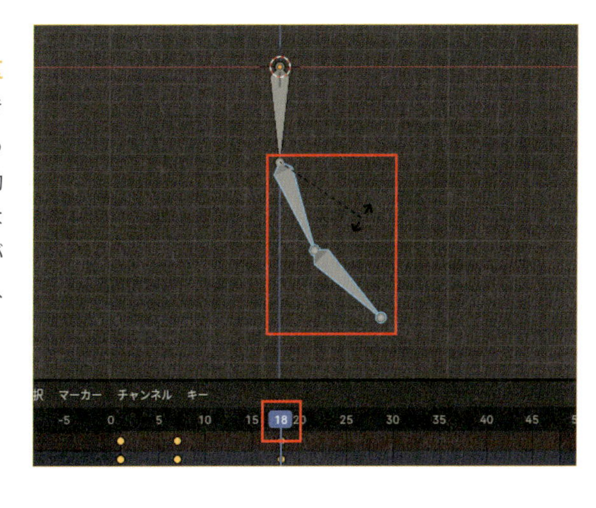


## 11 Step 29フレーム目に移動して回転

次も根元が最も加速している区間を探します。ここでは**29**フレーム目（あるいは**28**フレーム目）に移動し、中間と先端を選択して根元とは逆方向に回転（**Rキー**）を行います。

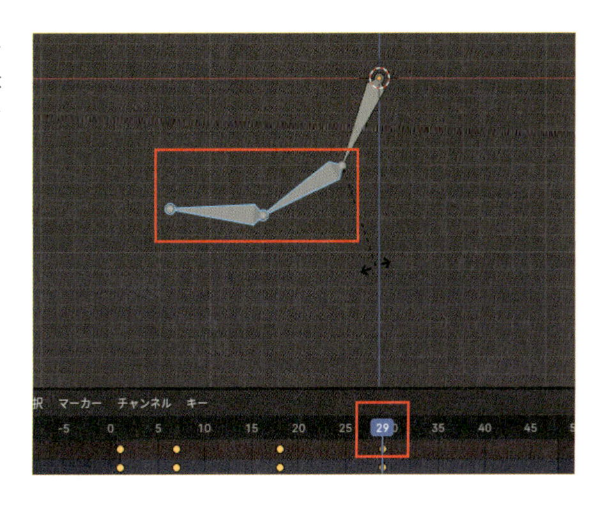

## 12 Step 36フレーム目に移動して回転

根元の動きが止まった後も、中間と先端はしばらく動き続けようとします（**フォロースルー**）。いきなりピタッと止まることはなく、少しずつ動きが小さくなって最終的に止まります。この動きを表現するために、根元が止まるフレームから少し進んだ**36**フレーム目あたりで止めます。その後、右方向に回転（**Rキー**）させ、本来止まるべき地点を超えて動かします。

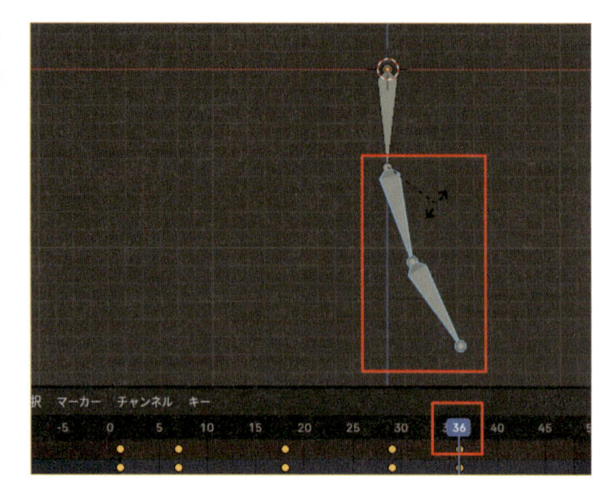


## 13 Step 42フレーム目に移動して回転

最後に、中間と先端の動きを止めます。**42**フレーム目に移動し、回転の**Rキー**で中間と先端を垂直にします。終わったら、**Spaceキー**で再生・停止を行い、動きに問題がないか確認しましょう。中間と先端が根元の後を追うように遅れて動いていれば、正しく動作しています。以上が揺れもののアニメーション作成方法です。

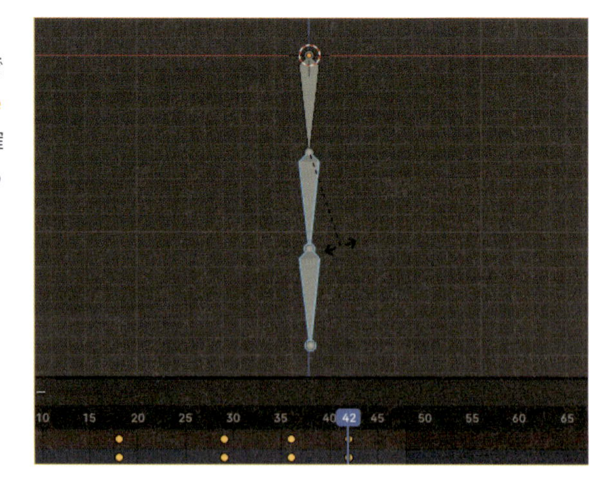

# 4 Chapter

# キャラクターアニメーションを制作しよう

それでは、いよいよキャラクターアニメーションの作成に入ります。このChapterでは、予め用意されたBlenderファイルを使用し、短いアニメーションを実際に制作していきます。**うなずく**、**手を振る**、**小さくジャンプ**、**物を持つ**、**歩き**の制作手順について解説します。1つずつ確認しながら進めていきましょう。

Chapter 4

1

# うなずくアニメーションを制作しよう

まずは「うなずき」のアニメーションから始めましょう。いきなり派手な動きを制作するのは難しいので、最初は小さな動きから取り組むのがおすすめです。「うなずき」はシンプルな動きですが、タイミングやリズムといったアニメーションの基本を学ぶのに最適です。コツは、頭だけでなく、身体や目線、髪の毛も連動させて動かすことです。

## 1-1 はじめに

うなずきは、キャラクターの感情や意思を表現する重要な動きの1つで、わずかな動きでもキャラクターに命を吹き込むことができます。この項目では、**内気なキャラクターが、こちらをじっと見つめた後、軽くうなずいて自分の決意を示す**という約3秒のアニメーションを作ります。こちらもボールアニメーションと同様に、初心者に向けて数値入力で動きをコントロールしていきますが、手動(ここでは、移動の**Gキー**や回転の**Rキー**など、手による操作という意味で使っています)で調整する際のコツも掲載しています。なお、本書に明記されている数値はあくまで目安なので、アニメーション制作に慣れてきたら自由に調整してみて下さい。

※以下は、これから制作する**うなずくアニメーション**です。

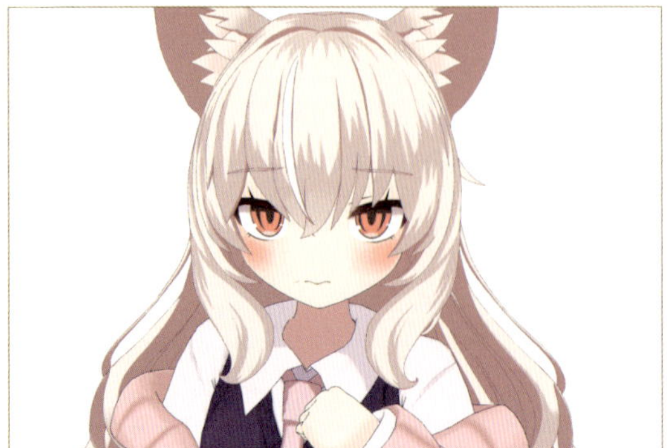

## 1-2 準備と確認

アニメーションを作成するためのBlenderファイルを用意しました。サンプルファイルに収録の**01_sample_Uh＞Animation_Uh.blend**からうなずきアニメーションを制作します。

### 01 Step サンプルファイルの確認

作業はサンプルファイル内の**01_sample_Uh**フォルダで行います。このフォルダには複数のBlenderファイルがあり、**Animation_Uh.blend**ファイルは、**Chapter04Chara.blend**のキャラクターデータを**リンク**して読み込んでいます。また、サンプルデータ内には**Blender4.1**と**Blender4.3.2**の2つのフォルダがあります。もしBlender4.3以降のバージョンを使用している場合、**Blender4.1**フォルダ内のデータではアウトラインが正しく表示されません。必ずバージョンを**Blender4.3.2**にした上で、**Blender4.3.2**フォルダ内のデータを使用して下さい。

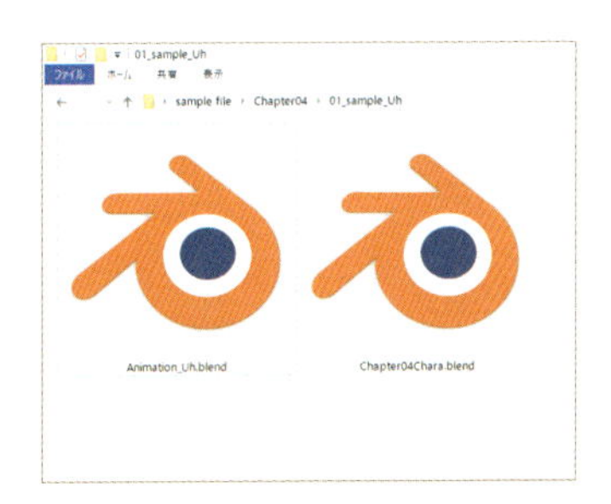


### 02 Step Animation_Uh.blendを開く

**Animation_Uh.blend**をダブルクリックして開きます。右側の3Dビューポートで変形をしつつ(左側はカメラ視点の3Dビューポート)、画面下のドープシートでキーフレームを挿入しながらアニメーションを作成します。サンプルファイルは、すぐ作業を始められるよう、**1**フレーム目に既にキーフレームが設定されています。

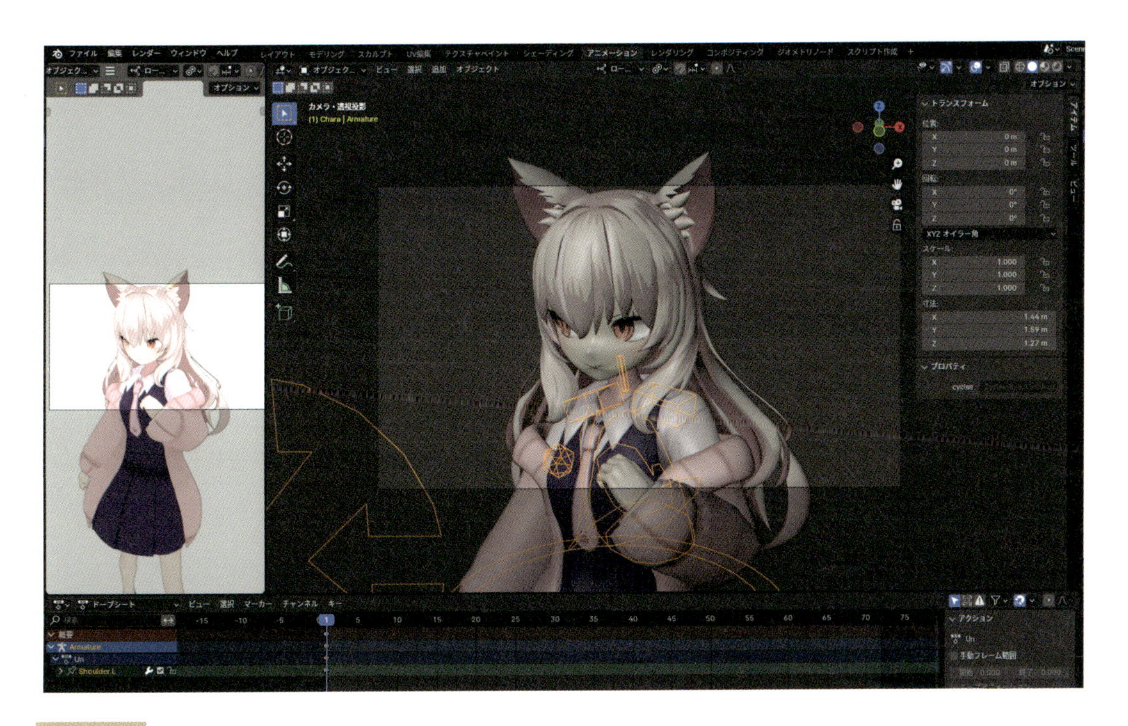

**MEMO**

3Dビューポートの右上にある**ビューポートシェーディング**メニュー内では、照明を**スタジオ**、カラーを**テクスチャ**に設定しています。これは、アニメーション制作中に全体の動きやテクスチャの見え方を確認しやすくするためです。ボーンが見づらかったら、カラーをデフォルトの**マテリアル**に戻しても問題ありません。シーンの目的に応じて最適な設定を選びましょう。

## 03 Step 各設定を確認

各設定を確認します。3Dビューポートのヘッダーにある**トランスフォーム座標系**が**ローカル(ボーンの軸を基準に変形)**、**トランスフォームピボットポイント**が**それぞれの原点(複数選択時に各ボーンを基点に変形)**に設定されていることを確認して下さい。これらの設定は、変形をする際の基準となるため、思い通りに動かない場合は必ず確認するようにしましょう。

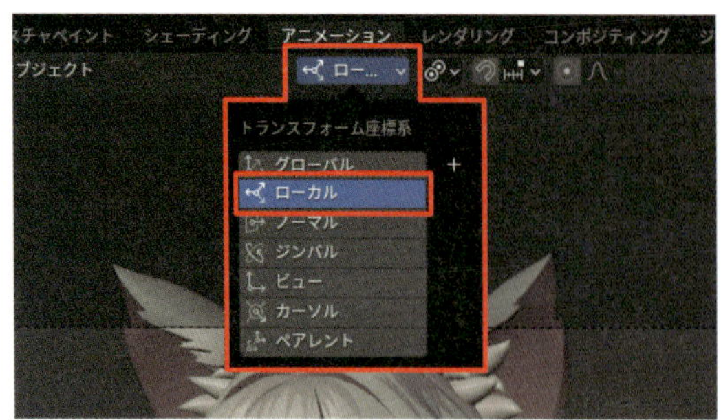


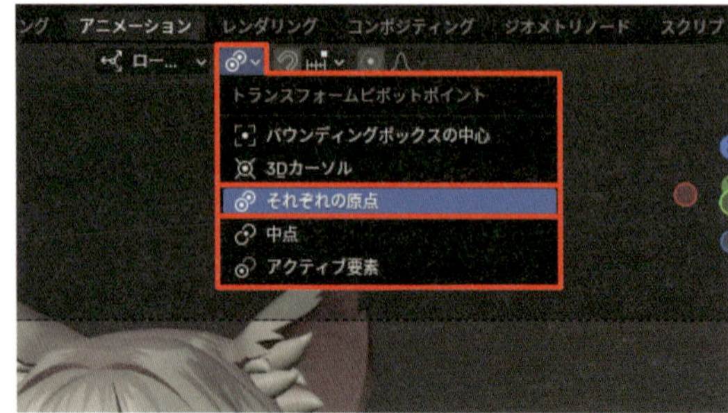


## 04 Step 選択に関する設定

次に、選択に関する設定をしましょう。3Dビューポートの右上にある**選択可否と可視性**をクリックします。誤選択を防ぐために、**メッシュ**、**グリースペンシル**、**カメラ**の選択を不可能にしています(アウトライナー上での選択は可能です)。これらのオブジェクトを3Dビューポート上で選択したい場合は、矢印アイコンをクリックして選択を有効にして下さい。

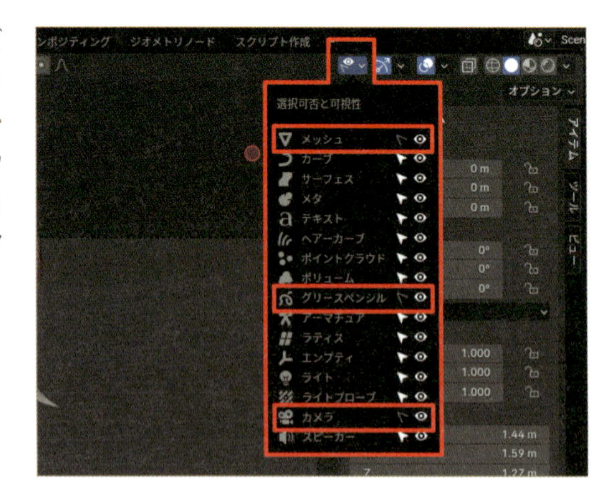


## 05 Step ドープシートとタイムラインの設定を確認

ドープシートとタイムラインの設定を確認します。画面下にあるドープシートの左上のモードが**ドープシート(すべてのキーフレームを編集できるシンプルなモード)**であることを確認し、タイムラインの**自動キー挿入(自動でキーフレームが挿入される機能)**が有効になっていることも確認して下さい。自動キー挿入は作業効率を上げるため、常に有効にしておくと便利です。 Next Page

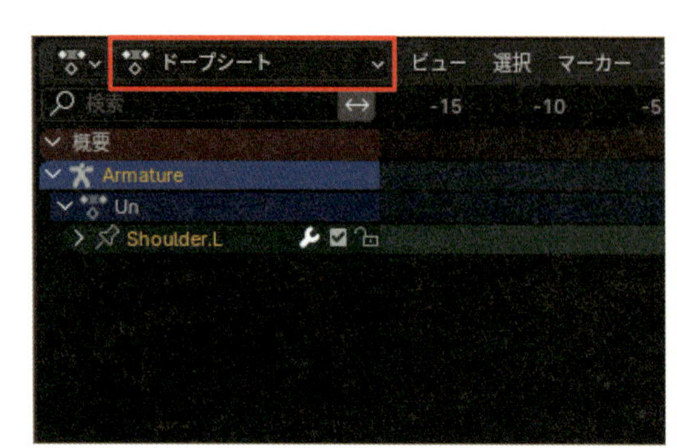

また、ドープシートのモードを**アクション**（アニメーション全体を管理するモード）に切り替えると、**Un**というアクションが既に設定されています。このアクション内でうなずきのアニメーションを制作していきます。本書では**ドープシート**モードで作業を進めるため、**アクション**モードの確認後は**ドープシート**に戻しておきましょう。

MEMO

**Un**アクションは、**ドープシート**モードでも編集可能です。特定のアクションに切り替える場合や、新たにアクションを追加する場合は**アクション**モードに切り替える必要があります。

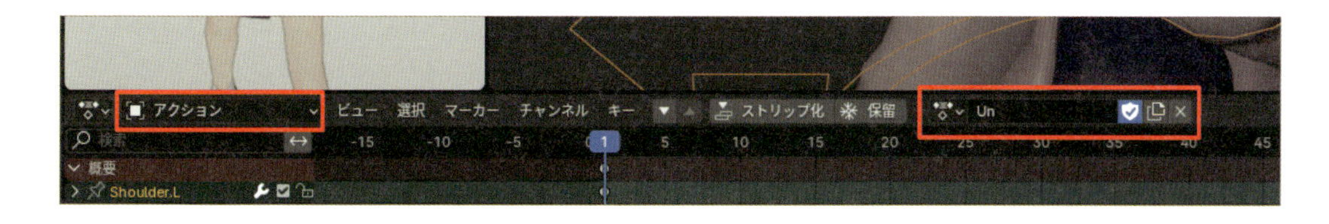


## 06 Step アウトライナーを確認

右上のアウトライナーを簡単に確認しましょう。**Line**コレクションには、ラインアート（カメラ視点でアウトラインを表示する機能）が格納されています。デフォルトでは、これが**ビューレイヤーから除外**されています。この機能が有効の状態でアニメーション制作をすると、ラインアートが表示されて動作が重くなったり、誤操作の原因にもなったりするため、無効にして除外しておくと良いでしょう。

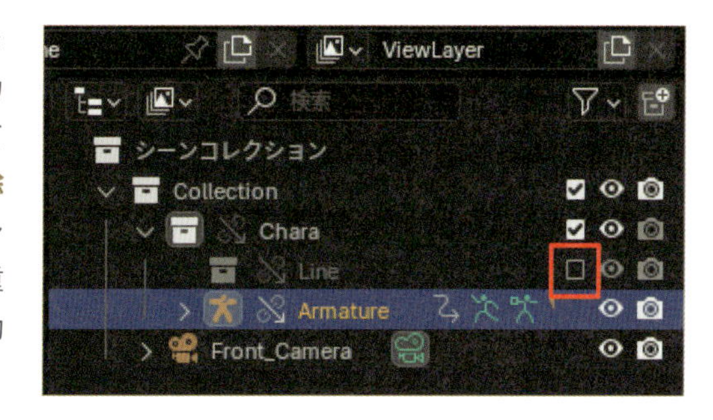


## 07 Step ボーンコレクションパネルを確認

最後に、プロパティの**オブジェクトデータタブプロパティ**の**ボーンコレクション**パネルを確認します。このパネルは、各ボーンをコレクションにまとめ、管理しやすくするための機能です。**IK**コレクションのみが表示されていることを確認して下さい。青色で表示されているコレクションは現在選択中のものを示し、目玉アイコンはコレクションの表示/非表示を切り替える機能、右側の星のアイコンはそのコレクションだけを表示する機能です。ボーンが表示されなかったり、不要なボーンが含まれていたりした時は、このパネルを見直して下さい。

※以降のアニメーション制作で変更点がない場合は、これまでの確認手順は省略しますのでご了承下さい。

## 1-3 まずは主要ポーズを作成しよう

アニメーション制作には**ポーズ・トゥ・ポーズ**という、先に重要なポーズ(キーポーズ) を制作し、後から間のポーズを作り足していくという代表的な制作技法があります。最初に重要なポーズを決めておくと、キャラクターの動きを計画的にコントロールできるので、途中で大きなミスが発生しにくくなります。特に初心者は、この**ポーズ・トゥ・ポーズ**でアニメーション制作することをおすすめします。ここでは、**こちらを見ているポーズ**、**うなずくポーズ**の2つの主要なポーズを制作します。これらのポーズを元に、後で**グラフエディター(カーブでキーフレーム間の動きを調整するカーブエディター)**で動きを細かく制御します。

### 01 Step 24フレーム目に移動

**こちらを見ているポーズ**を制作するため、画面下にあるドープシート内で**24**フレーム目に移動します。ドープシートの上部にあるフレーム番号(スクラブ領域) を左クリックするか、左ドラッグでフレームを移動できます。

※ここからの解説では、フレームを移動しながらポーズを作成していくため、現在作業しているフレームをしっかり把握しておきましょう。

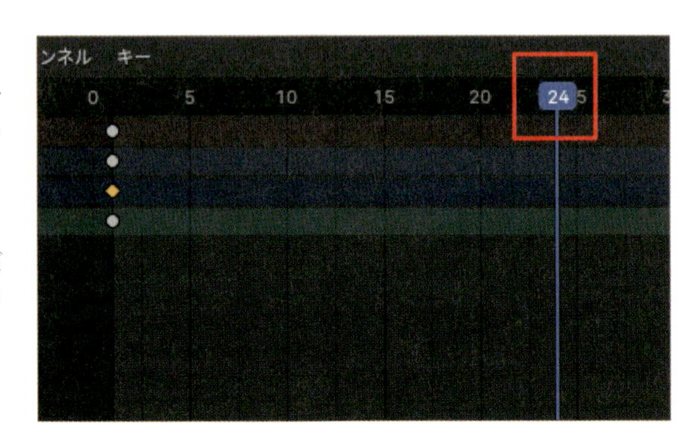


### 02 Step ポーズモードに切り替え

3Dモデルのリグを選択し、左上のモードから**ポーズモード**に切り替えます。

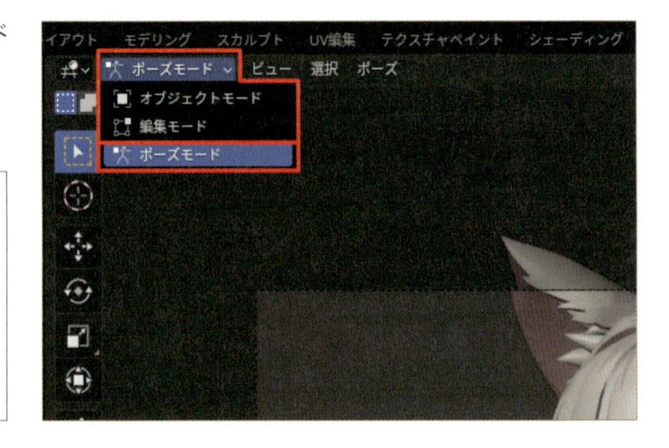


**MEMO**

本書では、キャラクターの正確な形状や位置を把握するために、平行投影(**テンキーの5キー**)で作業しています。3Dビューポートの左上にある**テキスト情報**から、現在の投影方法を確認できます。**透視投影**はパースが付いた投影方法で、**平行投影**はパースなしの投影方法です。

## 03 Step Rootupperボーンを選択

まず、キャラクターの立ち位置を決めるために腰を動かします。現在はカメラ視点になっているので、右側の3Dビューポートにマウスカーソルを合わせ、**テンキーの0キー**を押し、通常の視点に戻します。次にキャラクターの腹部中央にある緑色の円型の**Rootupper**ボーンを選択します。**Rootupper**は手と頭のIKボーンを同時に動かすことが可能です。一方、**Hips.Control**（赤い骨盤側のボーン）はIKボーンを固定したまま腰を動かします。どちらを先に動かすかは、制作したいアニメーションによって異なりますが、ここでは**Rootupper**ボーンから始めます。

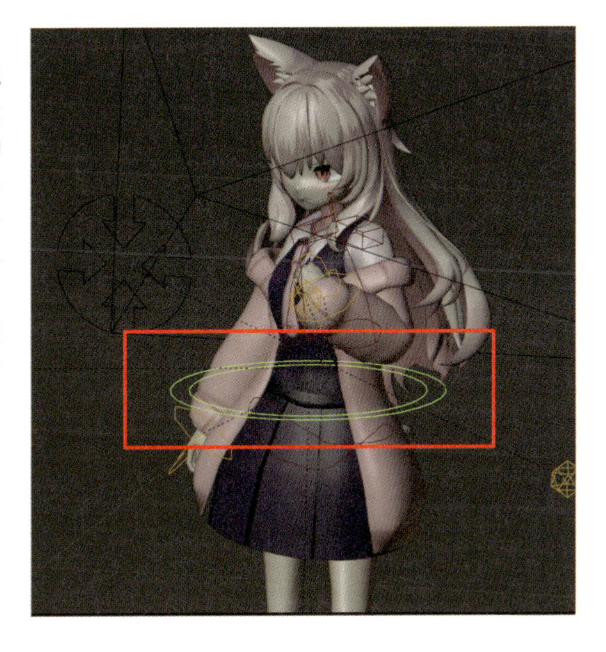

## 04 Step キャラクターを動かす

動きの確認のために、**テンキーの1キー**を押して**正面視点**に切り替えます。3Dビューポートの右側にある**サイドバー**（**Nキー**）の**アイテム**タブから、**トランスフォーム**パネルで、位置X（左右のX軸に沿った移動）に**0**と入力します。数値欄が黄色く表示された場合、それは**ここにキーフレームが打たれている**ということを意味し、緑色の場合は**他のフレームにキーフレームが打たれている**ということを示しています。すると、キャラクターがやや左に寄ります。手動で調整したい場合は、**Gキー**>**Xキー**を実行して、ローカルのX軸に沿って移動を行います。**1**フレーム目の位置Xは**-0.03**、次のキーフレームでの位置Xは**0**と、キーフレーム間の数値の変化はかなり小さめですが、キャラクターの動きが過剰にならず、繊細な動きを表現できます。

### Column

**変形のキャンセル**

ボーンの変形をキャンセルするには、**ポーズモード**で**Aキー**を押してすべてのボーンを選択、または対象のボーンを選択した状態で、3Dビューポートのヘッダーから**ポーズ**>**トランスフォームをクリア**>**すべて**を実行します。また、このメニューから位置（**Alt+Gキー**）、回転（**Alt＋Rキー**）、拡縮（**Alt+Sキー**）を実行することで、それぞれの変形をキャンセルできます。

## 05 Step 24フレーム目にキーフレームを確認

数値入力をしたことで、画面下にあるドープシートの**24**フレーム目にキーフレームが挿入されていることを確認しましょう。画面下のタイムライン内にある**自動キー挿入**を有効にしているので、変形するだけで自動でキーフレームが挿入されます。

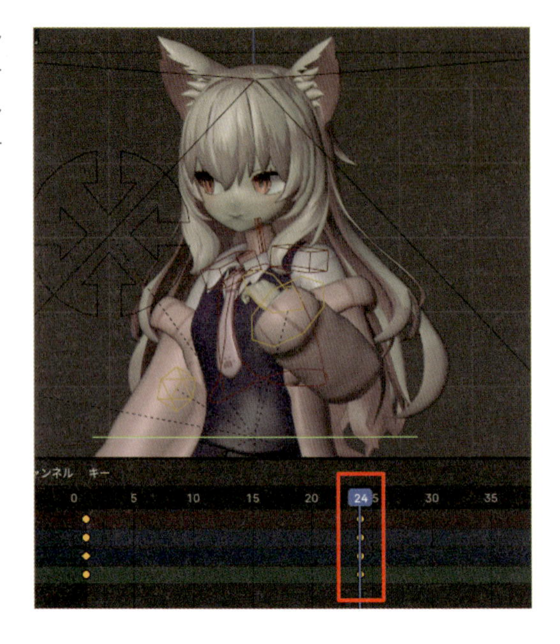


## 06 Step 24フレーム目で身体の向きを調整

身体の向きを調整します。現在のフレームが**24**フレーム目であることを確認したら、上半身にある赤いボーン**Chest.Control**（**上半身を制御するボーン**）を選択します。**サイドバー**（**Nキー**）の**トランスフォーム**パネルで、回転Yに**-0.1**、回転Zに**-0.05**と入力します(回転Yは身体のねじれ、回転Zは左右の回転を意味します)。手動で調整したい方は、**テンキーの1キー**で**正面視点**に切り替え、回転の**Rキー**>**Xキー**および**Yキー**を使って、キャラクターの上半身をやや左側に傾けます。上半身を回転させる際の基準ですが、**回転Yのねじれは、動きや力の流れを作るための数値**であり、**回転Xの前後と、回転Zの左右の回転は、身体のバランスを取るための数値**と考えると分かりやすいです。**Rootupper**と同様に、キーフレーム間での数値の変化は小さく抑えることで、繊細な動きを表現できます。

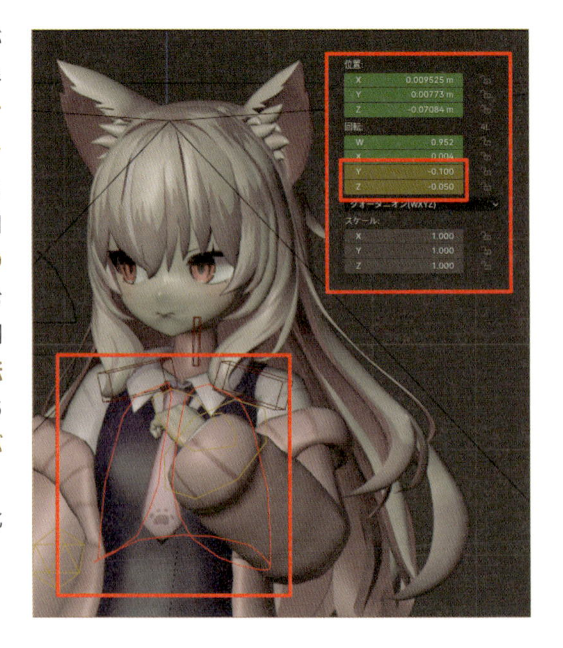


### MEMO

回転の数値欄が4つあるのは、**クォータニオン**という回転モードを使用しているためです。**W**は回転の角度や大きさを示しています。このモードを使用すると、回転に関する様々な問題が発生しにくくなります。**クォータニオン**は、回転の数値欄の下にある**回転モード**から設定できますが、本書で使用しているキャラクターデータは**クォータニオン**だけでなく、**オイラー角**という回転も使用しています。この2つは回転の仕組みが異なるため、回転モードを変更すると、数値入力が上手くいかなくなる可能性があります。そのため、本書のアニメーション制作ではモードを変更しないように注意してください。

**Column**

### 間違えて他のフレームにキーフレームを挿入してしまったら

キーフレームが**24**フレーム目ではなく、他のフレームに挿入されてしまった場合、ドープシートでキーフレームの上部を選択し、左ドラッグで移動させましょう。上部にある**概要**や**アーマチュア**に含まれるキーフレームをドラッグすると、すべてのキーフレームを一緒に移動できます❶。一方、下部の各ボーンにあるキーフレームをドラッグすると、ボーンごとに異なるパーツのキーフレームが動いてしまいます❷。そのため、1度に調整したいときは上部のキーフレームを使い、特定のパーツだけを調整したい場合は、左側のチャンネルを確認しながらキーフレームを移動するようにしましょう。

## 07 Step 顔の向きを調整

顔の向きも調整します。まず、矢印が中央に集中しているボーン**HeadIK**（**顔の向きを制御するボーン**）を選択し、**サイドバー**（**Nキー**）の**トランスフォーム**パネルから、位置X（左右の移動）に**0.015**、位置Y（前後の移動）に**-0.08**、位置Z（上下の移動）に**0.01**と入力します。手動で調整したい場合は、現在見ている視点に注意しながら、移動の**Gキー**で顔の向きを変えましょう（現在の視点に対して、平行に移動するため）。なお、位置Zは顔がしっかりとカメラに映るように**0.01**と設定していますが、たとえば**-0.01**とすると顔を僅かに下げることができます。より内気なキャラクターに近づけたい場合は、この数値を少し下げても良いでしょう。

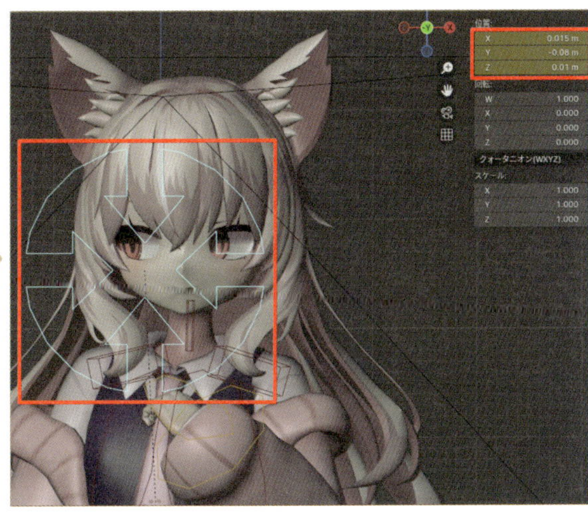

## 08 視線の調整

Step

視線の調整を行います。目を制御するボーン**EyeIKCenter**を選択し、**サイドバー**（**Nキー**）の**トランスフォーム**パネルから、位置X（左右の移動）に**0.05**、位置Y（前後の移動）に**0.2**、位置Z（上下の移動）に**0.1**と入力します。手動で調整する場合は、移動の**Gキー**でカメラ視線になるように調整します。やや上目遣いにすると目が大きく見え、無邪気さや純真さを感じさせ、可愛らしさが強調されます（上目遣いは、幼い子どもがよくする仕草です）。ここではカメラ視線を意識した数値になっていますが、位置Xを調整して視線を逸らしたり、位置Zを下げて下を向かせたりすることで、好みに合わせた視線を作ることもできます。

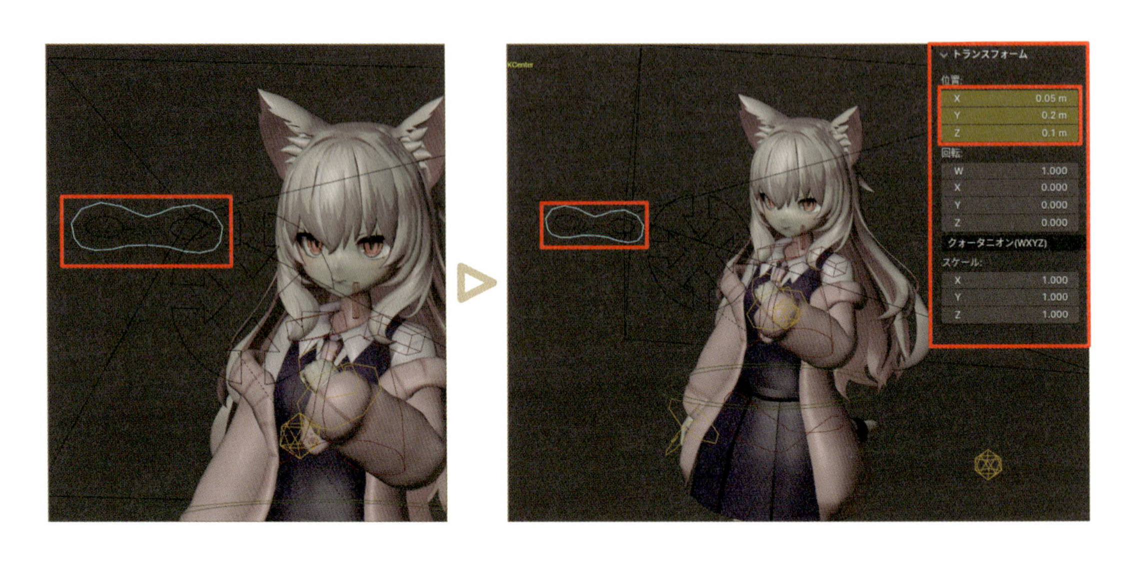


## 09 左手のポーズを設定

Step

左手のポーズを決めます。左手にある黄色いミトンの形状をしたボーン**HandIK.L**（**左手を制御するボーン**）を選択します。**サイドバー**（**Nキー**）の**トランスフォーム**パネルで、位置Xに**-0.08**、位置Yに**-0.27**、回転Wに**-0.04**、回転X（手の前後の回転）に**0.5**、回転Y（手のねじれ）に**0.03**と入力します。手を胸に当てることで、不安な心情を表現しています。手動で調整する場合は、**Gキー**で移動し、**X、Y、Zキー**（**もう1度押すとローカル、グローバル**と座標系の切り替えができます）や、回転の**Rキー**>**X、Y、Zキー**で操作しつつ、手が身体を貫通しないよう、様々な視点から確認しながら調整して下さい。

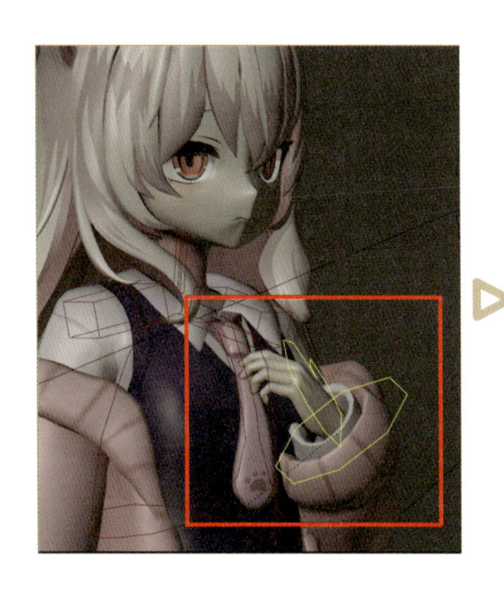

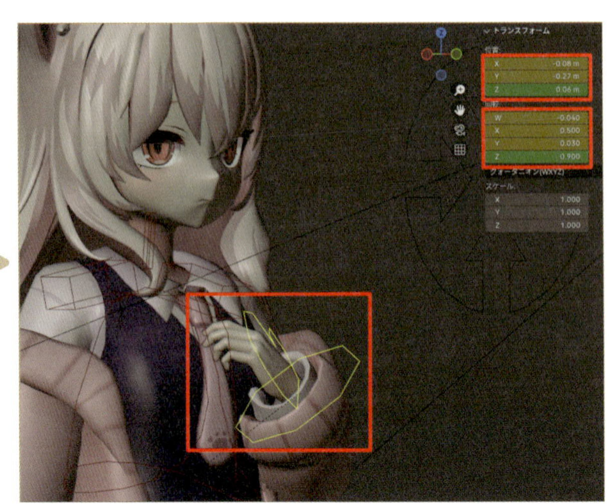

## Column

### 手を手動で調整する際のコツ

手を手動で調整する際は、**手首や指が折れ曲がっていないか**、**実際にポーズを取ったときに無理がないか**を確認することが重要です。また、**手が身体を貫通していないか**も十分注意して下さい。

### Step 10 Aキーで全ボーンを選択

ここまで制作した**こちらを見ているポーズ**を複製します。現在のフレームが**24**フレームであることを、ドープシートまたはタイムラインで確認します。さらに、左上のモードが**ポーズモード**になっていることも確認したら、3Dビューポートにマウスカーソルを置き、**Aキー**で全ボーンを選択します。複製を行う際は、対象のボーンを選択している必要があります。

### Step 11 キーフレームの複製

**24**フレーム目に挿入されているキーフレームの上部（ドープシートの左側にあるチャンネルの**概要**や**アーマチュア**に含まれるキーフレームです。チャンネルの矢印アイコンをクリックすることでチャンネルの開閉をすることが可能です）をドープシートで選択します❶。**24**フレーム目のキーフレームがすべて選択されますので、ドープシート上で右クリックをし、表示されるメニューから**複製**（**Shift＋Dキー**）を実行します❷。

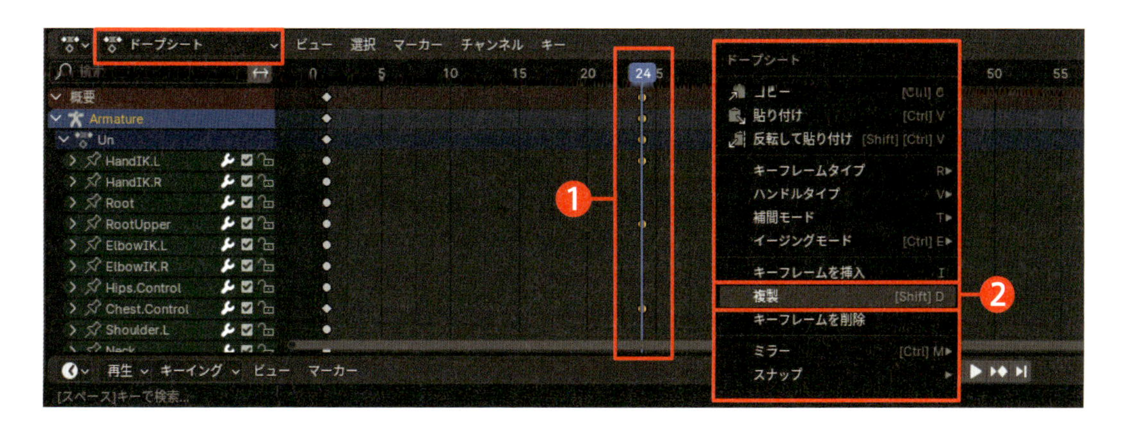


Chapter 1
Chapter 2
Chapter 3
Chapter 4
Chapter 5

## 12 Step 複製したキーフレームを35フレーム目に移動

複製されたキーフレームをどこに置くかを決めるモードになるので、**35**フレーム目にマウスカーソルを移動し、左クリックで位置を決定します(右クリックで複製のキャンセル)。間違って別のフレームに複製してしまった場合は、キーフレームの上部を選択し、左ドラッグで**35**フレーム目に移動しましょう。

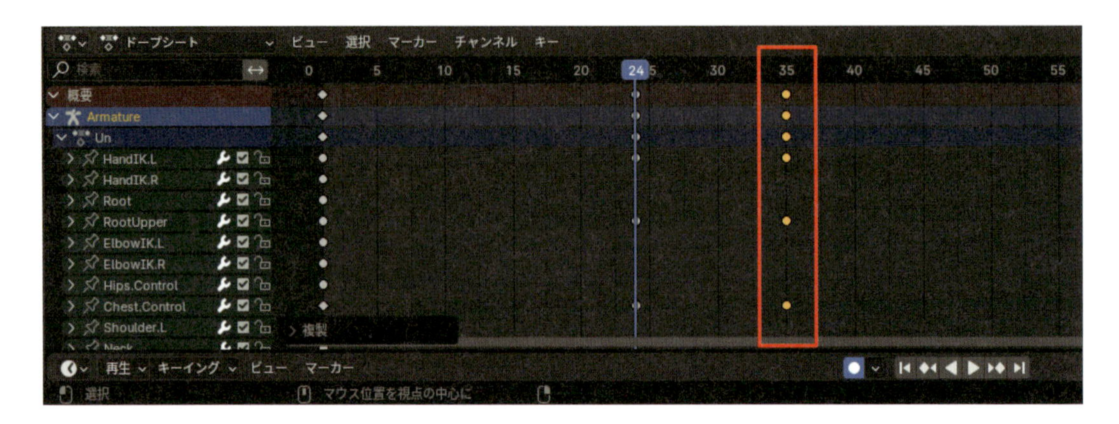


### Column

#### 「間」について

ポーズを複製すると、キャラクターが次のポーズに移る前にしばらくそのポーズを維持します。これをしないと、キャラクターが途切れなく動き続け、アニメーションが慌ただしく感じられてしまうことがあります。そこでポーズとポーズの間に**間**(ま)を作って、視聴者にちょっとした休息を与えることが大切です。可愛いキャラクターが一息つくことで、視聴者もほんのりと心が和むのです。

## 13 Step 全ボーンにキーフレームを挿入する

キャラクターアニメーションでは、意図しない動きを防ぐために、全ボーンにキーフレームを挿入することが大切です。❶まず、**35**フレーム目に移動します(ドープシート上部のフレーム番号が明記されているスクラブ領域を左クリックでフレーム移動)。次に、3Dビューポートにマウスカーソルを置き、**Aキー**で全ボーンを選択します。その後、3Dビューポートのヘッダーで**ポーズ**>**アニメーション**>**キーイングセットでキーフレーム挿入**(**Kキー**)をクリックします。

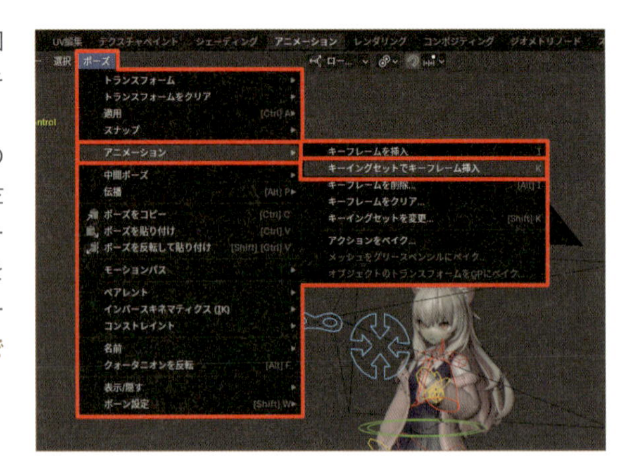

❷メニュー内にある**位置・回転**をクリックします。これで選択したすべてのボーンに、位置と回転に関するキーフレームがドープシート上に挿入されました。ここでは大きさを変えるアニメーションは行わないので、**スケール**は除外しています。全ボーンにキーフレームを挿入するという手順は、キャラクターが暴走しないように、抑制するために必要な工程だと考えると分かりやすいかもしれません。

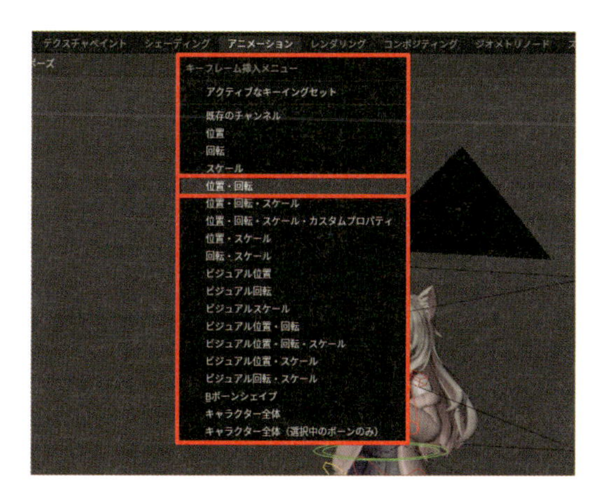


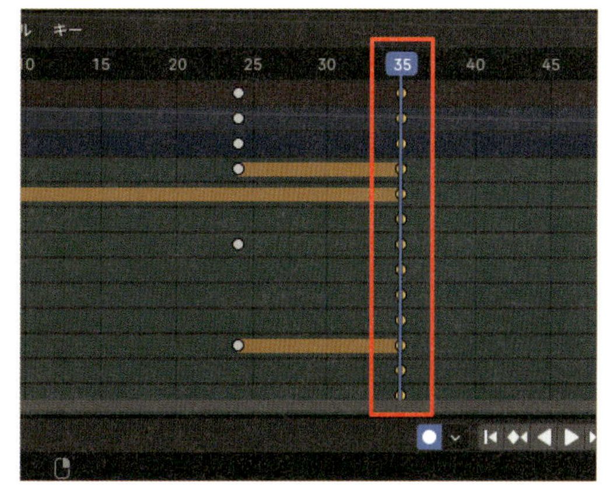


Column

### すべてのボーンにキーフレームを挿入する理由

次のポーズを作成する際、前のポーズで位置や回転のX、Y、Z軸すべてにキーフレームを挿入していないと、キャラクターが意図しない動きをすることがあります。これは、前のポーズで一部の軸にキーフレームが設定されていないために起きる症状です。たとえば、前のポーズでX軸の回転にキーフレームを挿入していなかった場合、次のポーズでX軸にキーフレームを挿入すると、前のポーズのX軸が変な方向に動いてしまいます❶。このような問題を避けるためには、ポーズを設定する際に全ボーンを選択し、キーフレームを挿入することが大切です。ただし、グラフエディターで動きを細かく調整する際には、動きをスムーズにするために、一部の軸のキーフレームを挿入しない、または削除することもあります。本書では**35**フレーム目に、全ボーンにキーフレームを挿入しましたが、**24**フレームでは、後でグラフエディターで調整を行うため、特定の軸にのみキーフレームを挿入しています。

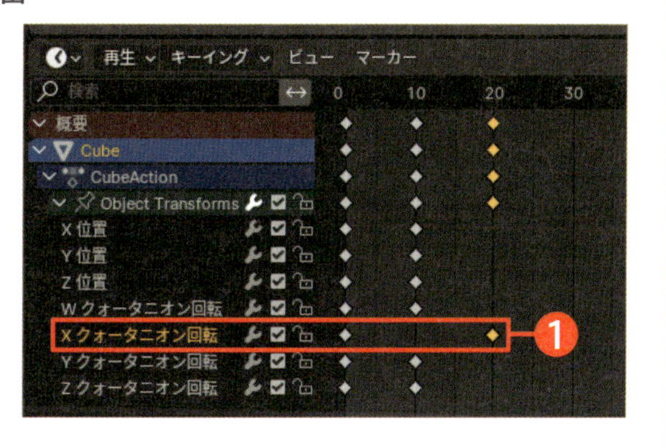

## 14 Step うなずくポーズを作成

うなずくポーズを作成します。**45**フレーム目に移動し、**Chest.Control**（**上半身を制御する赤色のボーン**）を選択します。**サイドバー**（**Nキー**）の**トランスフォーム**パネルから、回転X（前後の回転）に**0.09**と入力します。手動で調整する場合は、回転の**Rキー**>**Xキー**で、キャラクターが少し前のめりになるように動かして下さい。うなずく動作では、上半身はそこまで前傾しないので（大きく前傾しすぎると、倒れそうな印象を与えます）、ここの回転Xの数値は小さめに設定することをおすすめします。

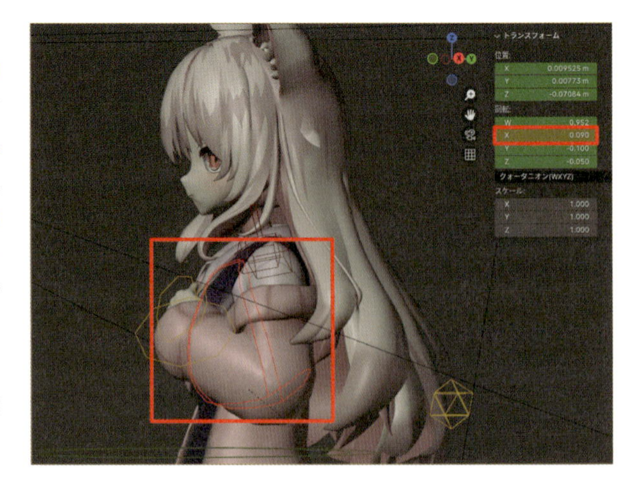

## 15 Step 顔を下に向ける

**Chest.Control**の調整により、キャラクターの身体が少し前のめりになっています。ここで、頭も少しだけ下に動かさないと、頭と身体が連動していないように見えて動きがぎこちなくなります。そこで**HeadIK**（**顔の向きを制御するボーン**）を選択し、**サイドバー**（**Nキー**）の**トランスフォーム**パネルから、位置Zに**-0.1**と入力します。手動の場合は移動の**Gキー**>**Zキー**で微調整して下さい。身体を動かす時は、顔も少し動かすことで動きの不自然さがなくなります。

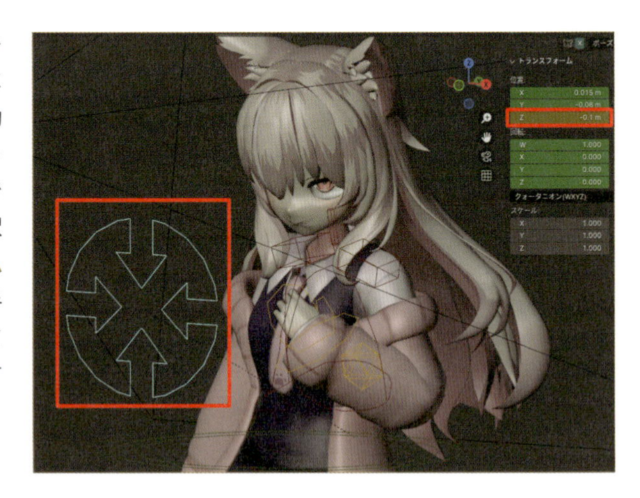

## 16 Step キーフレームを複製して貼り付け

**35**フレーム目のキーフレームを複製し、**55**フレーム目に貼り付けます。

まず、3Dビューポート上で**Aキー**を押して、全ボーンを選択します。その後、画面下にあるドープシートで**35**フレーム目の上部のキーフレームを選び、**複製**（**Shift＋Dキー**）を行います。キーフレームが複製されたら、**55**フレーム目に移動し、左クリックで貼り付けます。

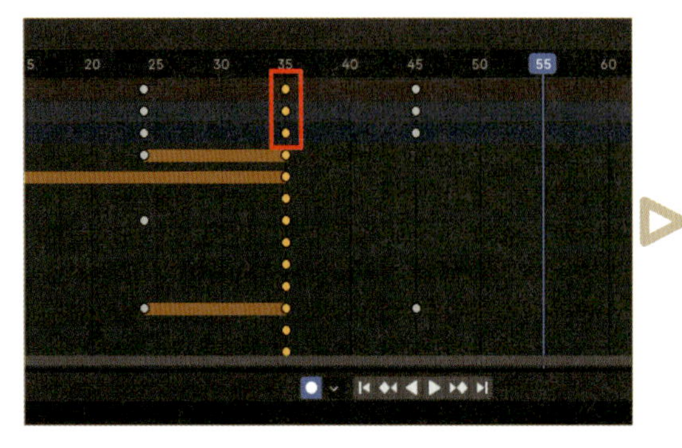


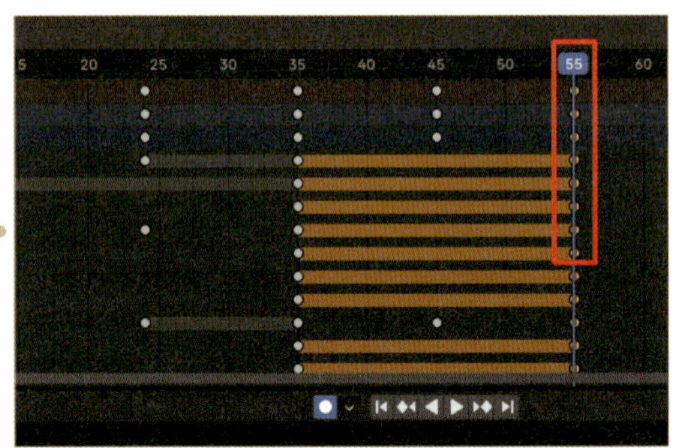

**Column**

### 「オイラー角」と「クォータニオン」とは何か

キャラクターを回転させる方法には、**オイラー角**と**クォータニオン**の2つがあります。設定の変更は、対象のオブジェクトやボーンを選んだ後、**サイドバー**（**Nキー**）を押して表示される**アイテム**タブの**トランスフォーム**パネルから**回転モード**を選ぶことでできます。

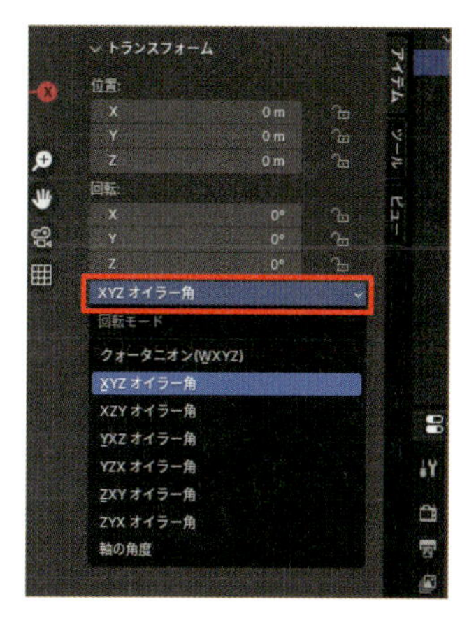


**オイラー角**とは、簡単にいうとオブジェクトやボーンを**どの順番で回転させるか**を決める方法です。**XYZオイラー角**や**ZXYオイラー角**など沢山の種類があり、一見すると難しそうに見えますが、実際は回転の順番が違うだけです。たとえば、**XYZオイラー角**は、**X軸を先に回して、その後Y軸、最後にZ軸を回転させるという感じです**。このオイラー角には、特定の条件で上手く回転しなくなるという欠点があり、これを**ジンバルロック**と呼びます（正確には、軸が重なり合って、軸のない方向に動かせなくなること）。

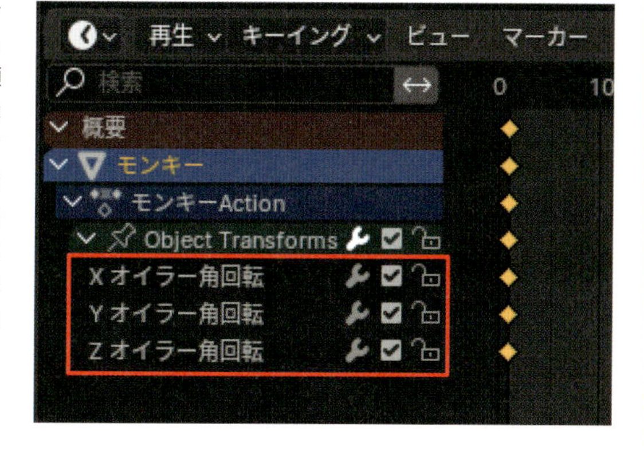


**クォータニオン**は、色んな方向から自由に回転できる方法で、直訳すると**4元数**（**しげんすう**）という意味です。4つの数値（W、X、Y、Z）を使うから4元数、という風に覚えると分かりやすいかもしれません。オイラー角は順番通りに回転するため、意図しない変形が発生しやすいですが、クォータニオンはそれを気にする必要がありません。その代わり、4つの数値を使うため、計算がかなり複雑になりがちです。また、キーフレーム間での最短距離で変形するため、時々キーフレームを挿入して手を加える必要もあります。使い分ける方法ですが、**手首や肩のように複数の軸で回転させる必要がある場合**は**クォータニオン**で、**前腕や脛のように1つの軸だけで回転させたい場合は**オイラー角（**まずはデフォルトのXYZオイラー角を使うと良いでしょう**）がシンプルで使いやすいです。

## 1-4 グラフエディターで調整しよう

主要ポーズの作成が終わったので、次のステップに進みます。ここでは、**グラフエディター**を使ってキーフレーム間の動きを調整します。現在、キーフレーム間は最短距離で動いているため、動きにメリハリがない状態です。ポーズ間にキーフレームを挿入しても良いのですが、そうすると動きが直線的になり、硬く不自然に見えることがあります。そこで、グラフエディターを使ってカーブを調整することで、動きの滑らかさや曲線的な動き（運動曲線）をコントロールすることができるようになります。グラフエディターでは、キーフレーム間の動きをより細かく調整でき、速度の緩急や自然なカーブが作りやすくなります。

### 01 Step ボーンを選択

グラフエディターを使用するには、まず対象のボーンを選択する必要があります。3Dビューポートで調整したいボーンを選びましょう。ここでは、**Chest.Control**（**上半身を制御する肺型の赤色のボーン**）を選択します。

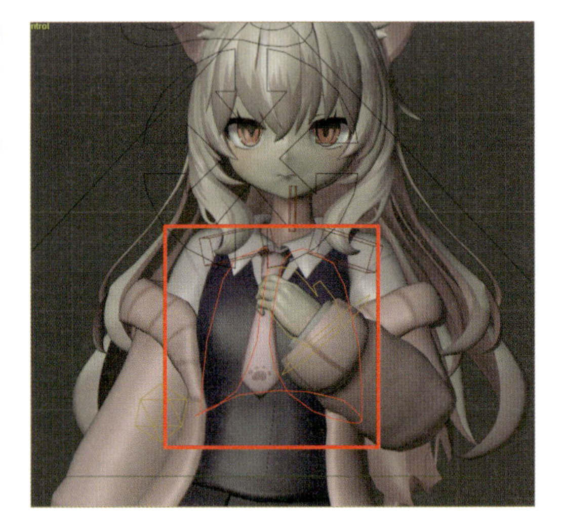

### 02 Step グラフエディターを選択

ドープシートの左上にある**エディタータイプ**から**グラフエディター**を選択して切り替えます。または、ドープシートのヘッダー内の**ビュー**＞**グラフエディターに切り替え**（**Ctrl+Tabキー**）を選ぶことでも切り替えが可能です。

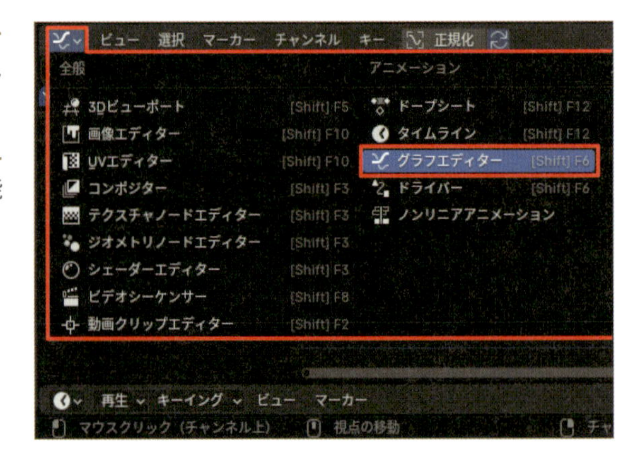

## 03 Step Chest.Controlの階層を展開

グラフエディターの左側にあるチャンネルから**Chest.Control**の階層を展開します(左側の矢印アイコンをクリックすると、開閉をすることができます)。その後、**Xクォータニオン回転**をクリックします。左側にある目玉アイコンは、グラフの表示/非表示を切り替える機能ですので、間違えて非表示にしないように注意しましょう。グラフエディターでは、縦軸は変形を、横軸は時間を表しています。

※チャンネル内にすべてのボーンが表示されている場合は、グラフエディターのヘッダー内にある右側の**選択物のみ表示(矢印アイコン)**を有効にして下さい。

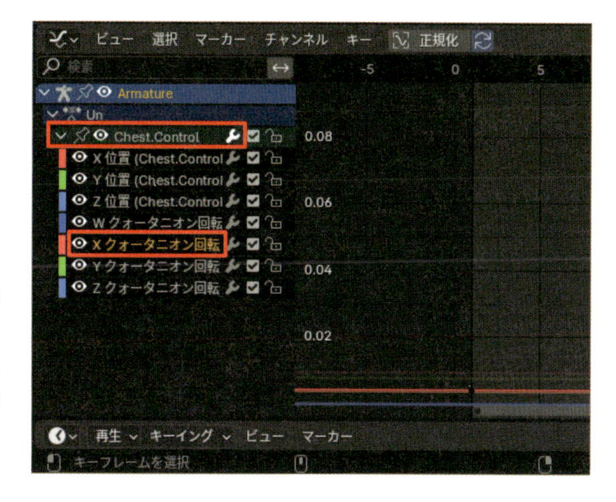

## 04 Step カーブを確認

カーブが小さすぎたり大きすぎたりして見づらい場合があります。この場合、グラフエディターのヘッダーから**ビュー**>**全てを表示(Homeキー)**を選ぶことで、現在選択しているカーブを画面いっぱいに表示できます。カーブの形状の変化によってハンドルやカーブが見づらくなることがあるので、その都度グラフエディター内で**Homeキー**を実行して調整しましょう。

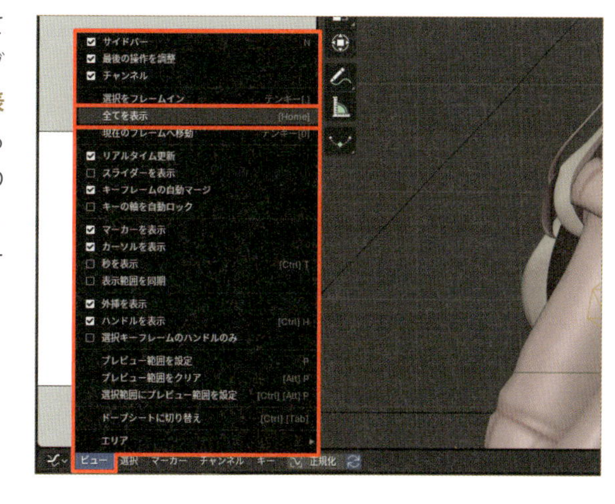

## 05 Step 1フレーム目にあるハンドルを選択

カーブの調整を行います。左側のチャンネルから、**Chest.Control**のX軸の回転に関わる赤いカーブが表示されていることを確認したら、**1**フレーム目にあるハンドル(中央の点)を選択します。**マウスホイール上下に回転**で画面のズームインとズームアウト、**中ボタンドラッグ**で画面の移動、**Ctrl+中ボタンドラッグ**で画面を縦か横に引き伸ばすことができます。グラフエディターが見づらかったら、エリアの境目(3Dビューポートとグラフエディターの境目)を左ドラッグして画面の大きさを調整しましょう。

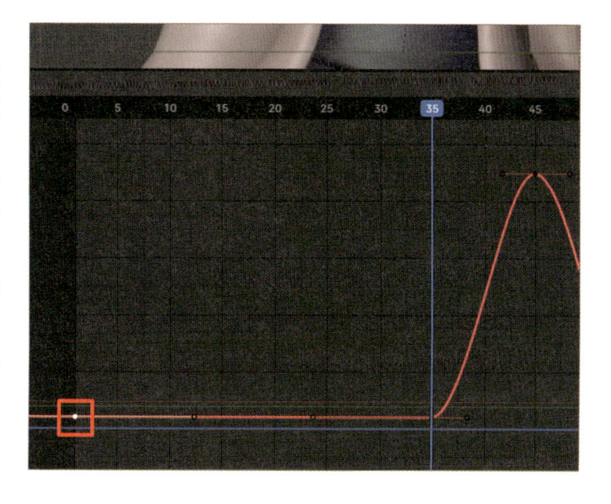

## 06 Step ハンドルに数値入力

グラフエディターの右側にある**サイドバー（Nキー）**の**Fカーブ**タブから**アクティブキーフレーム**パネルを開きます。このパネルは、現在選択しているハンドルの細かい調整が行えるメニューです。ここでは、**右ハンドル**のフレームに**14**、値を**0.155**と入力します。**フレーム**は配置するフレーム数のことを指し、**値**は変形の値を指します。**1**フレーム目の右ハンドルを右上側に配置することで、カーブが上に盛り上がるような形になりました。

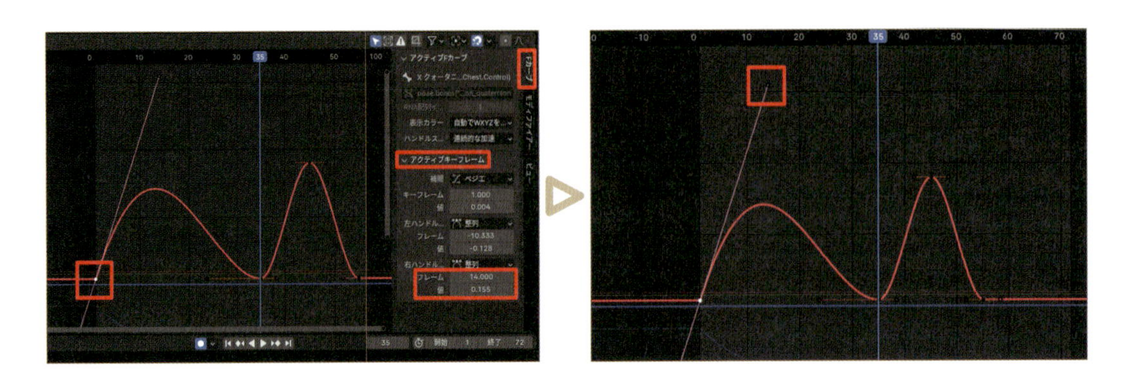


MEMO

指定された数値を入力しても、カーブの形が見本と違って見えることがあります。その時は、グラフエディターの表示を調整してみましょう。
グラフエディター上で**Ctrl+上下に中ボタンドラッグ**をすると、表示範囲を拡大、縮小できます。
それでも見づらい場合は、**サイドバー（Nキー）**内にある**回転X**の数値欄を右クリックし、そこから**単独でグラフエディター内に表示**を選ぶと、回転Xのカーブが画面全体に表示されて見やすくなります。

## 07 Step 35フレーム目にあるハンドルを調整

**35**フレーム目にあるハンドル（中央の点）を選択します。グラフエディターの右側にある**サイドバー（Nキー）**の**Fカーブ**タブから、**アクティブキーフレーム**パネルで、左ハンドルのフレームに**4**、値に**0**と入力します。

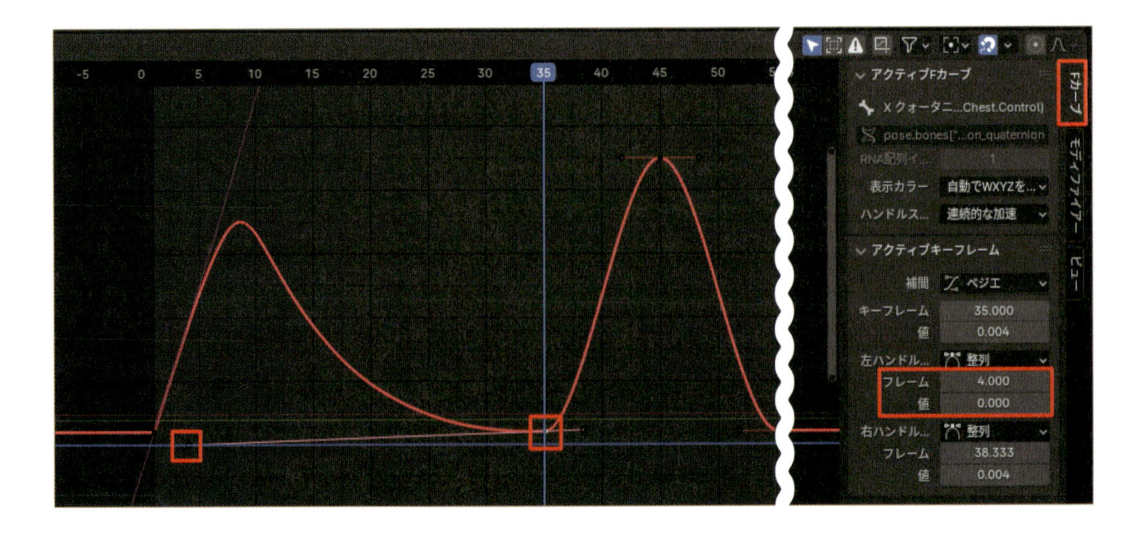

## 08 Step カーブの調整

画像のようなカーブの形状にすることで、キャラクターが横から正面を向くときに、少し前のめりの姿勢を作り出すことができます。ただし、その場で身体を回転させるだけでは、動きが機械的で不自然に見えてしまいます。そこで前のめりにすることで、キャラクターが重心を調整し、身体全体でバランスを取ろうとしているように見せることができます。手順通りに数値を指定しても画像のようなカーブにならない場合は、画像を参考にして手動でハンドルを調整して下さい。

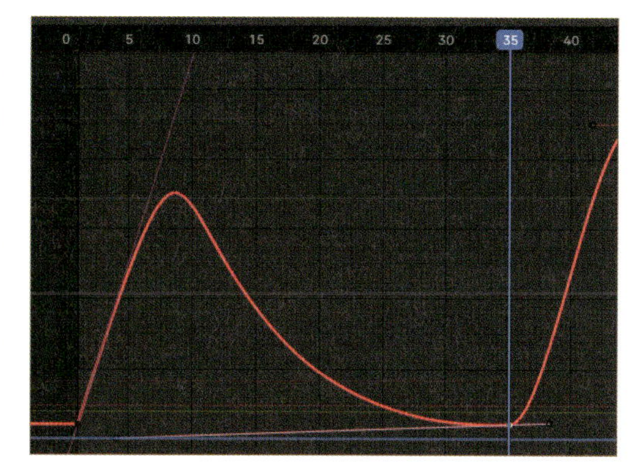

## 09 Step HeadIKのZ位置を選択

身体だけが前のめりになっていると、頭が動かないため不自然に見えてしまいます。そのため、頭の動きもグラフエディターで調整する必要があります。まず、**HeadIK**（**顔の向きを制御する円型のボーン**）を選択し、グラフエディターの左側のチャンネルから**Z位置**をクリックします。この**Z位置**は、頭の上下方向の動きを制御するチャンネルです。

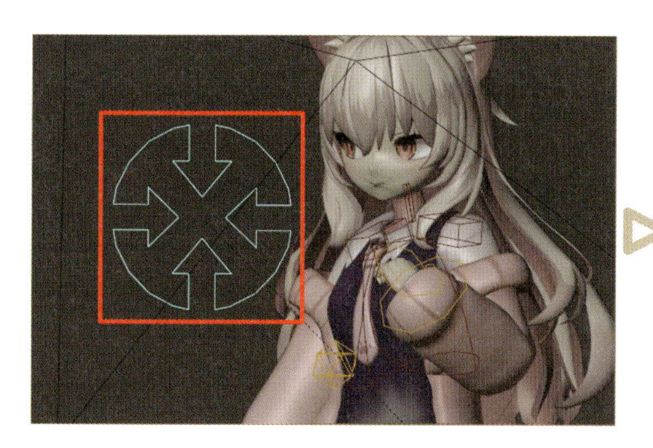

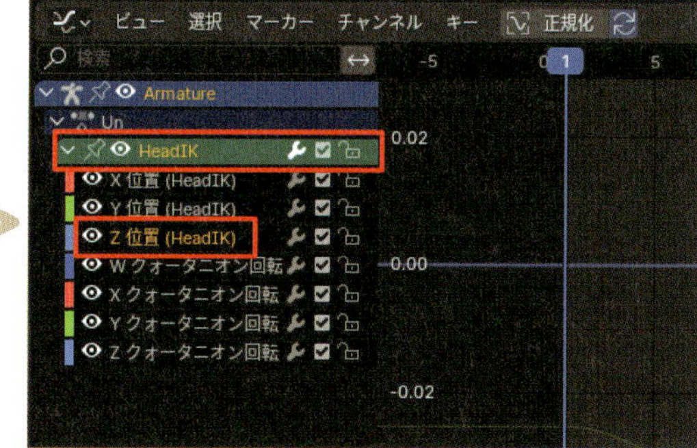


## 10 Step 1フレーム目にあるハンドルを調整

**1**フレーム目のハンドル（中央の点）をグラフエディターで選択します。グラフエディターの右側にある**サイドバー**（**Nキー**）の**Fカーブ**タブから、**アクティブキーフレーム**パネルで、右ハンドルのフレームに**15**、値に**-0.2**と入力します。

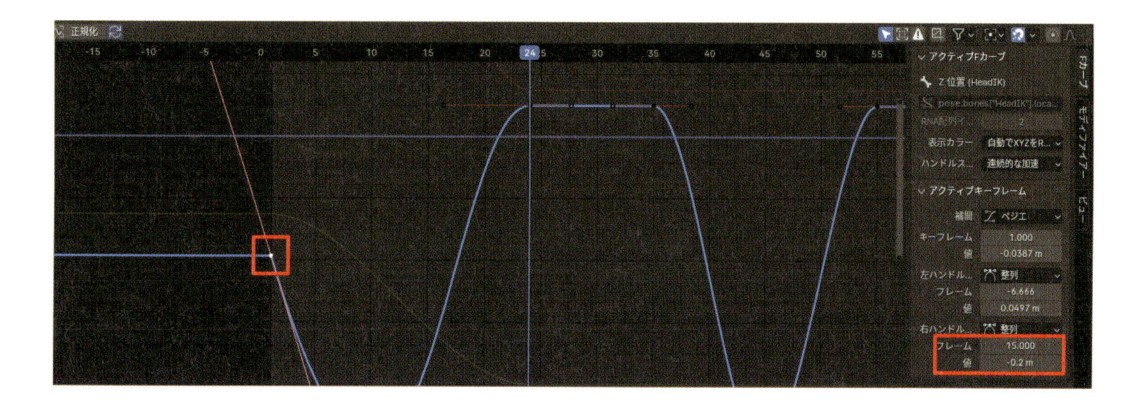

## 11 Step ハンドルの調整

カーブが凹んだため、ハンドルが大きく傾きました。この状態で**Z位置**チャンネルが選択されていることを確認し、グラフエディター内で**Homeキー**を押すと、現在選択されているチャンネルのカーブ全体が画面に収まり、見やすくなります。顔を下に向ける動作を加えることで、先程よりもぎこちなさが解消され、自然な動きに仕上がります。手順通りに数値指定しても画像のようなカーブにならない場合は、画像を参考に手動でハンドルを調整して下さい。

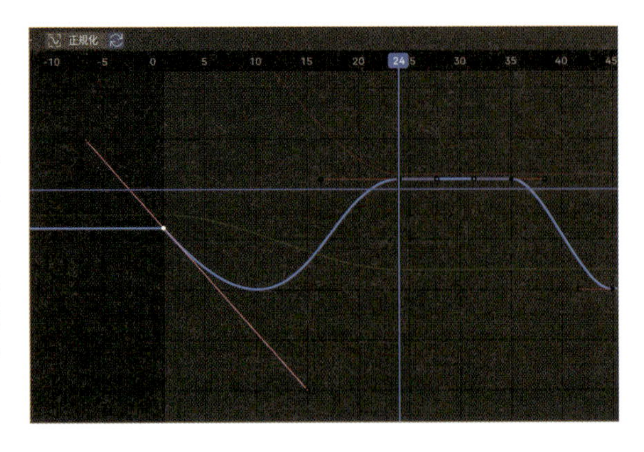


## 12 Step キーフレームの削除

さらに顔の動きをより細かく修正します。**HeadIK**の**Z位置**の**24**フレーム目にあるハンドル(中央の点)を選択し、**Xキー**>**キーフレームを削除**を押して削除します。これを削除することで、**1**フレーム目から**35**フレーム目までのカーブの形状を滑らかにすることができます。

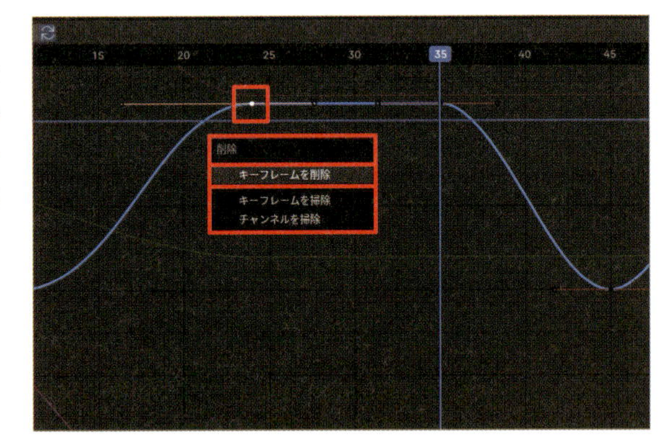


## 13 Step 35フレーム目のハンドルを調整

**35**フレーム目のハンドル(中央の点)を選択します。グラフエディターの右側にある**サイドバー**(**Nキー**)の**Fカーブ**タブから、**アクティブキーフレーム**パネルで、左ハンドルのフレームに**5**、値に**0.01**と入力します。

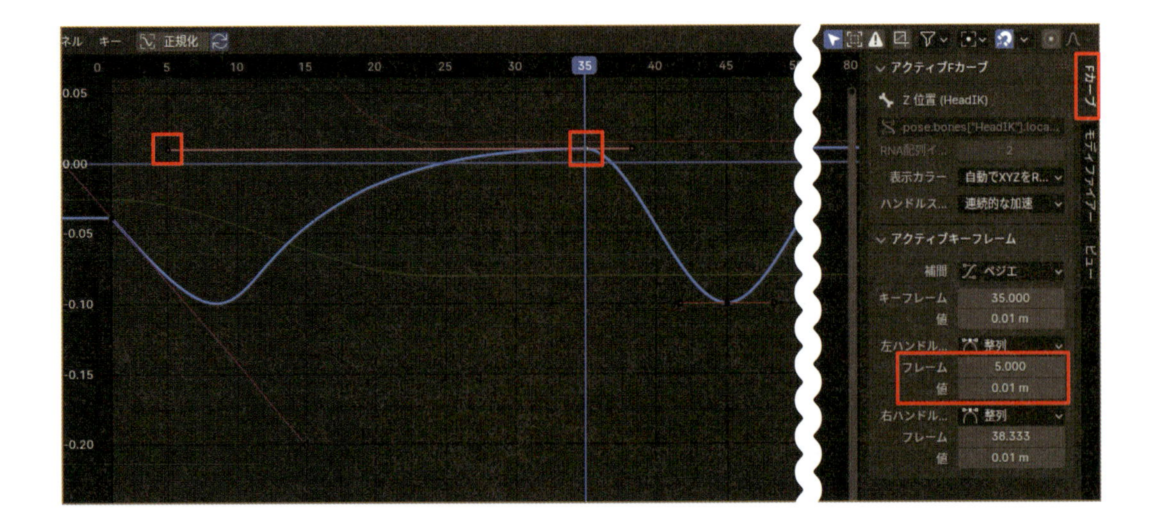

## 14 Step カーブの確認

画像のようなカーブの形状になっていれば問題ありません。この形状にすることで、**24**フレーム目で身体が急に止まることなく、前の動作（身体の向きを変える）からまだ少し影響を受けているような表現が可能になります。

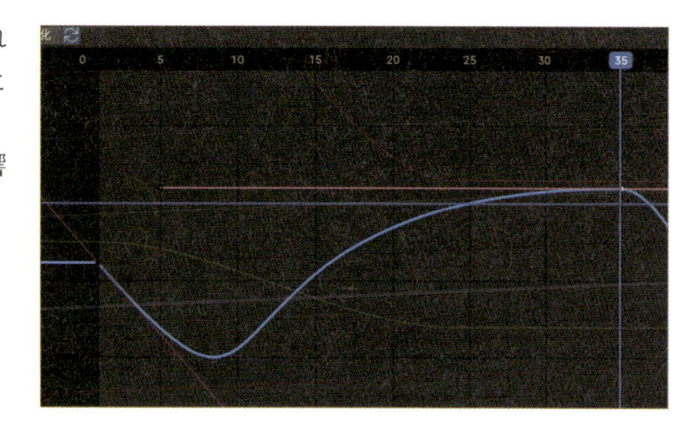

## 15 Step 35フレーム目のハンドルを選択

次に予備動作を制作します。**予備動作**とは、**アニメーション12の原則**の1つで、キャラクターがメインの動作をする前に見せる動きのことです。たとえば、前に勢いよく進む前に、少し後ろに下がることで、前に進む動きがより強調されます（予備動作は、メインの動きを際立たせるための動きといえます）。今回のアニメーションでは、首を下げる前に、ほんの少し首を上げるか後ろに引く動きを加えることで、首を下げる動きがより自然に、かつ強調されます。まずは**35**フレーム目のハンドル（中央の点）を選択します。

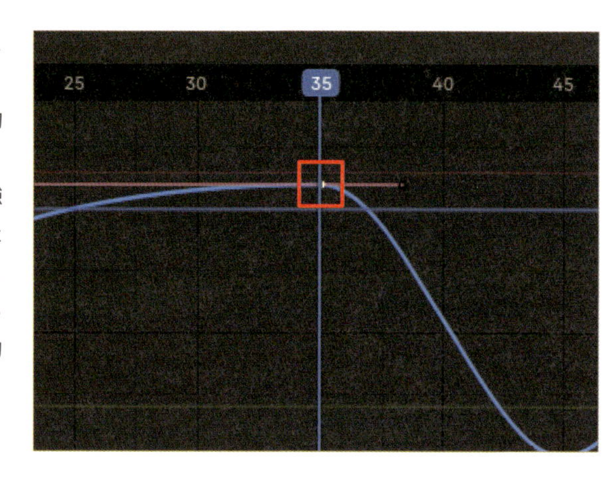

## 16 Step ハンドルのタイプを変更

ハンドルのタイプを変更します。グラフエディター内で右クリックを押してメニューを表示し、**ハンドルタイプ（Vキー）**＞**フリー**を選択します。この操作により、左右のハンドルがそれぞれ独立します。

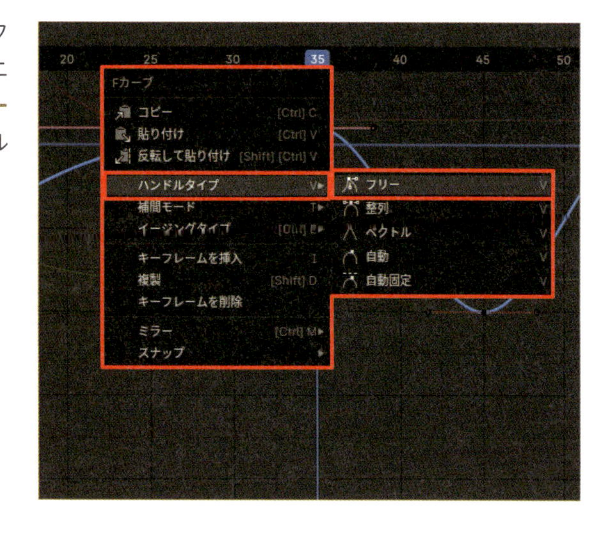

## 17 Step 35フレーム目のハンドルを調整

グラフエディターの右側にある**サイドバー**（**Nキー**）の**Fカーブ**タブから、**アクティブキーフレーム**パネルで、右ハンドルのフレームに**43**、値に**0.07**と入力します。**フリー**の右ハンドルを少し上げることで、顔を下げる前に、ちょっとだけ顔を上げる動作を追加することができます。

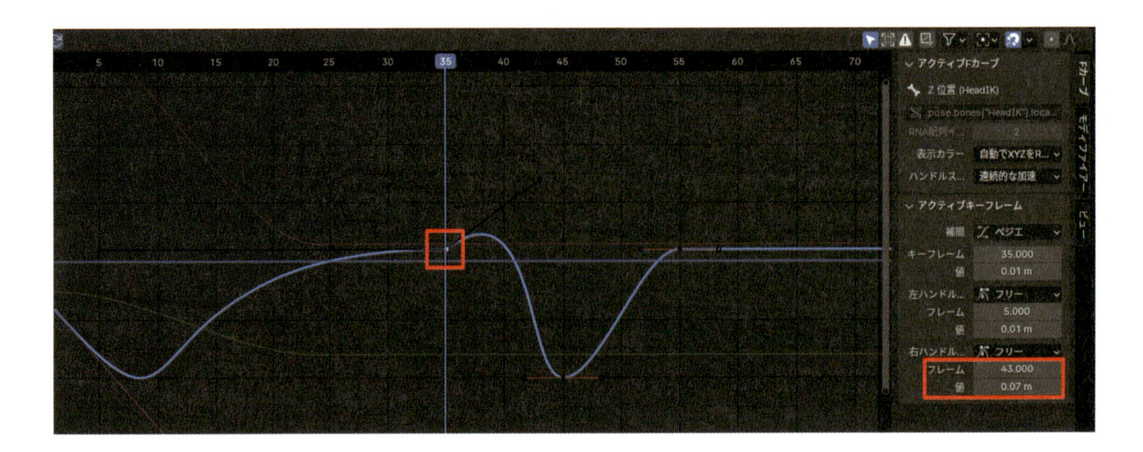


# 1-5 動きを修正しよう

一旦**Spaceキー**でアニメーションを再生しましょう（停止は再び**Spaceキー**）。すると、動きの違和感がいくつか見つかると思います。ここでは、**うなずくときに、手が動いていない**、**最後の動きが止まっている**という2つの問題点を修正します。

## 01 Step ドープシートに切り替え

キーフレームの追加と数値を入力するために、グラフエディターの左上にある**エディタータイプ**をクリックし、**ドープシート**に切り替えます。あるいはグラフエディターのヘッダーにある**ビュー**>**ドープシートに切り替え**（**Ctrl+Tabキー**）を実行することでも同様のことができます。

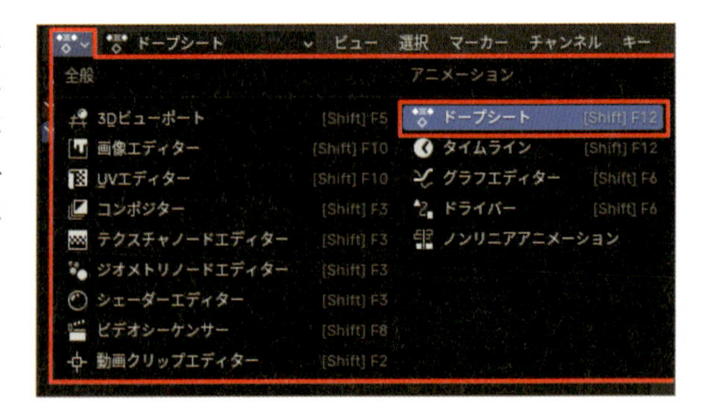


## 02 Step 左手の動きを調整

左手の動きを調整します。この動きは、最後に手をぎゅっと握りしめることで決意を表現しています。まず、左手を制御するボーン**HandIK.L**（**黄色いミトンの形状のボーン**）を選択します。次にドープシート上のフレーム番号（スクラブ領域）を左クリックし、**40**フレーム目に移動します。Next Page

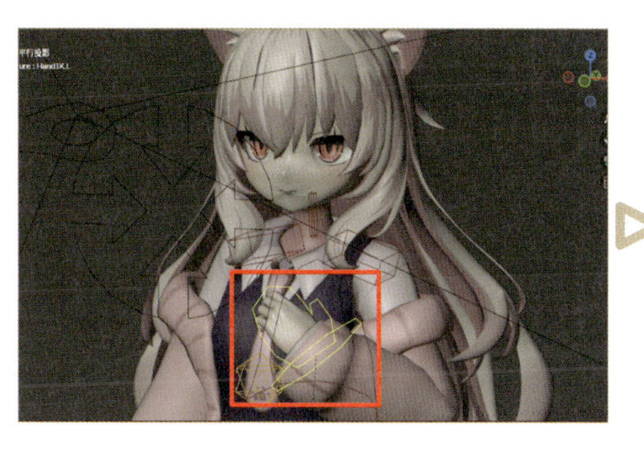

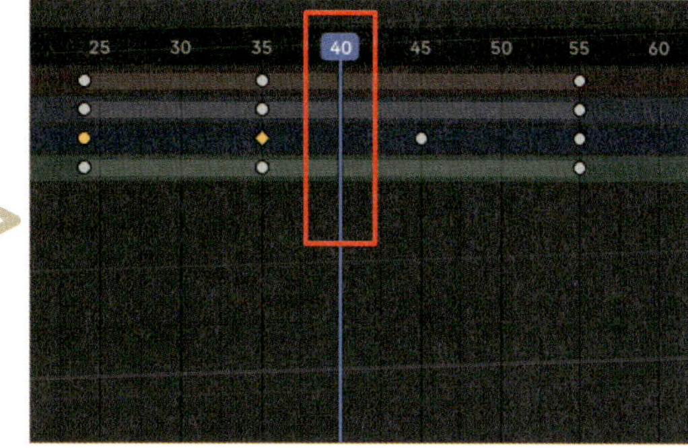


## 03 HandIK.Lの設定

Step

3Dビューポートの右側の**サイドバー**(**Nキー**)の**アイテム**タブから**トランスフォーム**パネルで、位置Xに**-0.1**、位置Yに**-0.3**、位置Zに**0.03**と入力します。

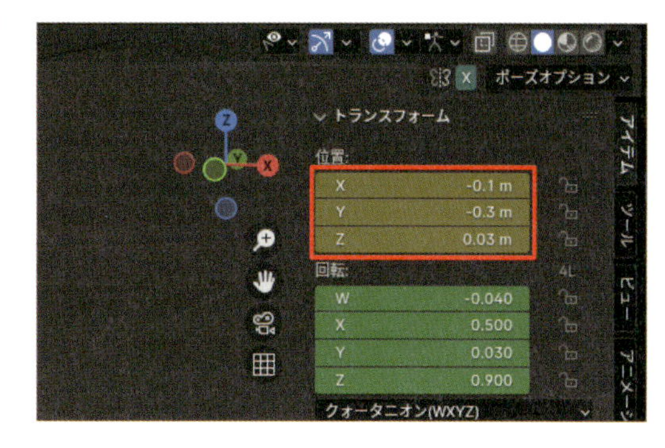


## 04 55フレーム目のHandIK.Lの設定

Step

ボーン**HandIK.L**が選択されていることを確認し、**55**フレーム目に移動します。**サイドバー**(**Nキー**)の**アイテム**タブの**トランスフォーム**パネルから、位置Xに**-0.07**、位置Yに**-0.3**、位置Zに**0.03**と入力します(ここの数値は目安なので、お好みで調整して構いません)。このように入力することで、**40**フレーム目で上げた手が、少しずつ止まるようになります。

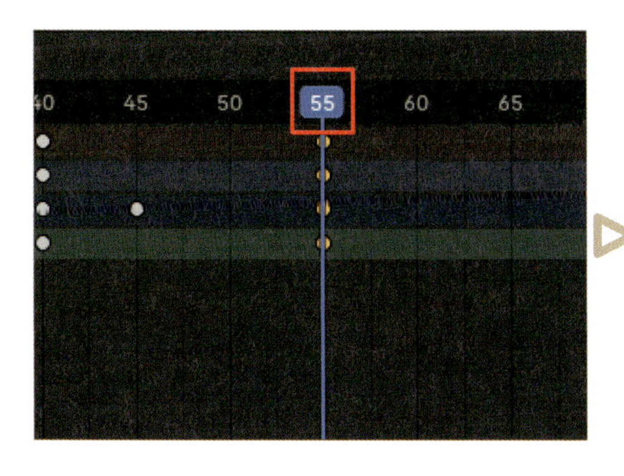

## 05 Step 72フレーム目に移動してChest.Controlだけを選択

最後の動きがピタッと急停止していて不自然なので、**身体が停止する際に、行き過ぎた動きを少し戻す動作**に変更します。ここで調整するのは、顔を制御するボーン**HeadIK**と、上半身を制御するボーン**Chest.Control**です。まず、3Dビューポート上で**Chest.Control**だけを選択します。次に、ドープシートの左側(チャンネル)に**Chest.Control**が表示されていることを確認します。もしチャンネル内にすべてのボーンが表示されていたら、ドープシートの右上にある**選択中のみ表示**(**矢印アイコン**)を有効にして下さい。

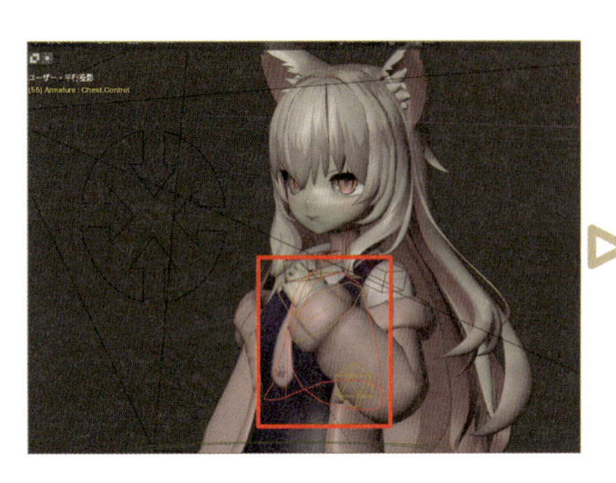

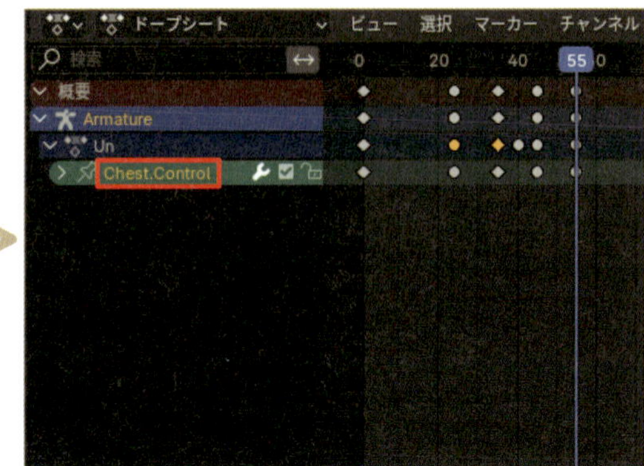


### Column

**単体でボーンを選択する理由**

ボーンを複数選択してカーブを管理することもできますが、その場合は最後に選択したボーン（アクティブなボーン）の変形に関する数値が**サイドバー**の**トランスフォーム**パネルに表示されます。アニメーション制作にまだ慣れないうちは、大量のカーブがグラフエディター内に表示されてしまい、混乱や誤操作の原因になることがあります。そのため、最初は1つのボーンだけを選択して変形することをおすすめします。

## 06 Step グラフエディターに切り替え

ドープシートの左上の**エディタータイプ**から**グラフエディター**を選択、あるいはドープシート上で**Ctrl+Tabキー**を実行して、画面を**グラフエディター**に切り替えます。

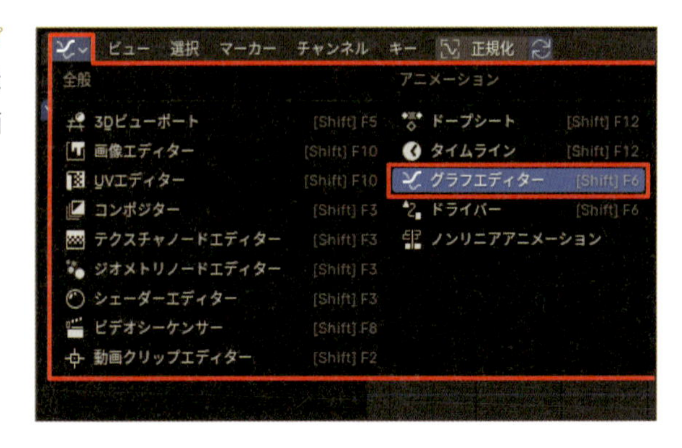

## 07 Step Xクォータニオン回転を選択

このステップでは、このボーンの各軸に2つのキーフレームを挿入します。グラフエディターの左側にある**Chest.Control**のパネルを開きます(右矢印アイコンをクリックして展開します)。次に、**Xクォータニオン回転**を選択します。なお、チャンネルとグラフエディターの境目を左ドラッグすることで、チャンネルの画面の大きさが変えられるので、見づらいと感じた時は調整して下さい。

## 08 Step 72フレーム目にキーを挿入

次に**72**フレーム目にいることを確認したら、グラフエディターのヘッダーにある**キー**>**挿入**>**選択したチャンネルのみ**(**Iキー**)を実行すると、選択したチャンネル内にキーフレームを挿入することができます。

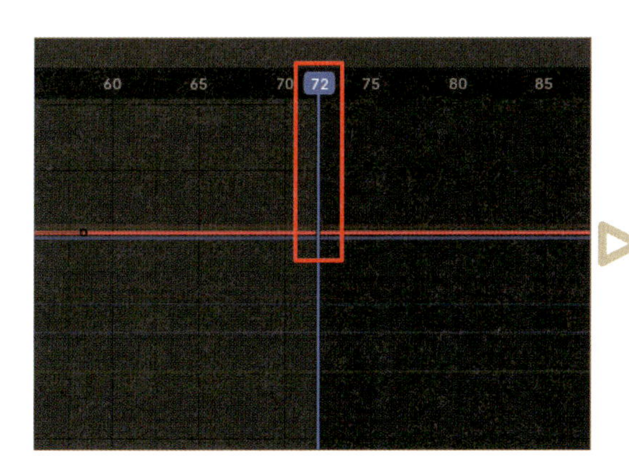


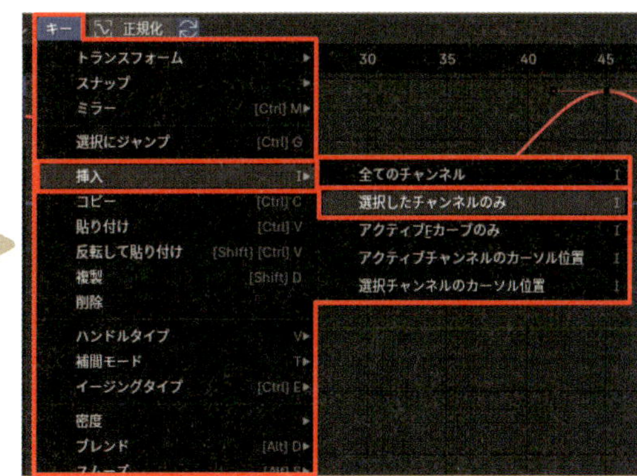


## 09 Step 55フレーム目のフレーム修正

次は**55**フレーム目に移動します。数値入力で変形を行う場合、対象のフレームに移動する必要があります。3Dビューポートの**サイドバー**(**Nキー**)の**アイテム**タブにある**トランスフォーム**パネルで、回転Xに**-0.01**と入力します。 Next Page

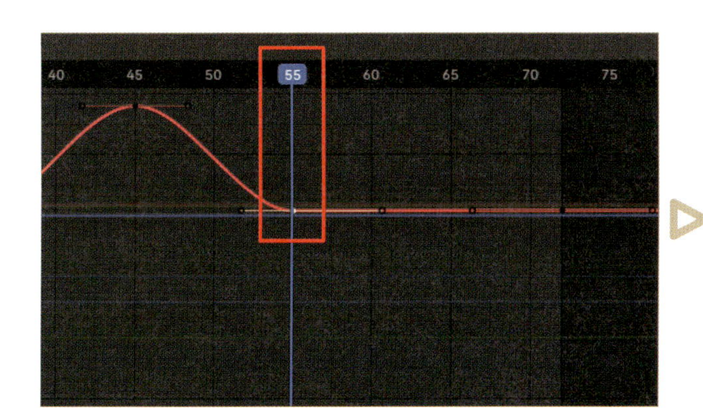

画像のようなカーブの形状になっていたら問題ありません。このようなカーブにすることで、停止しようと行き過ぎた身体が、少しだけ戻るという動作になります。

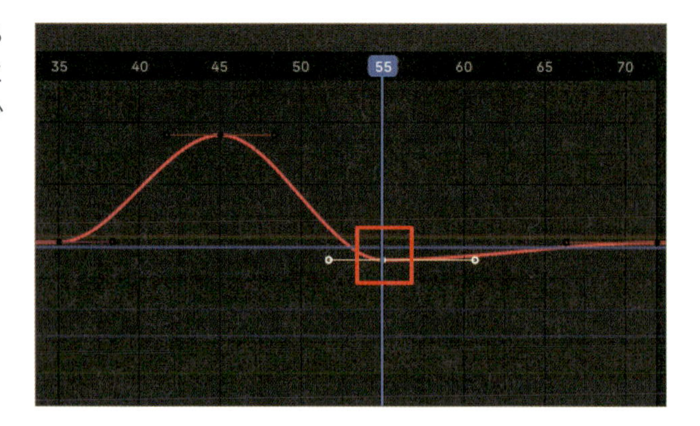


## 10 Step HeadIKチャンネル内にあるZ位置を選択

次に、顔を制御するボーン**HeadIK**にも同様の操作を行います。3Dビューポートで**HeadIK**を選択し、グラフエディターの左側の**HeadIK**チャンネル内にある**Z位置**を選択します。

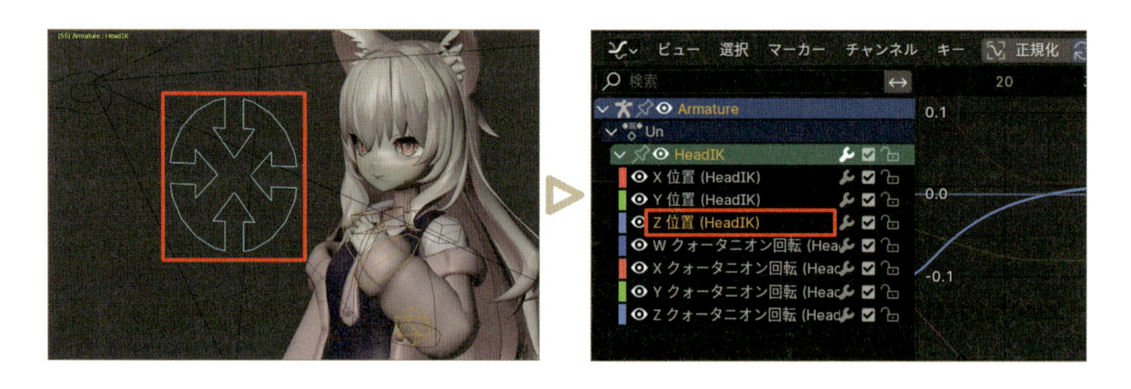


## 11 Step 72フレーム目にキーを挿入

**72**フレーム目にいることを確認したら、グラフエディターのヘッダーにある**キー**>**挿入**>**選択したチャンネルのみ**(**Iキー**)を実行します。この操作により、**55**~**72**フレームの間にカーブを作ることができます。

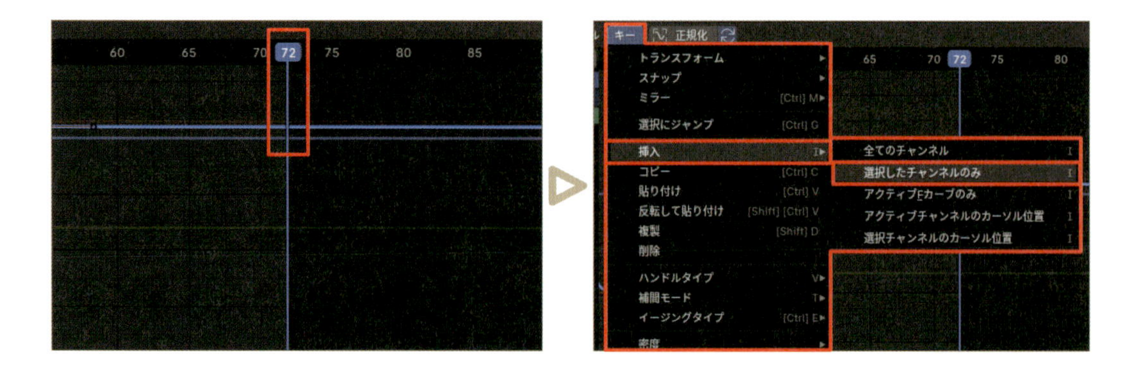

## 12 Step 55フレーム目のハンドルを調整

**55**フレーム目のハンドル(中央の点)を選択します。グラフエディターの右側にある**サイドバー**（**Nキー**）から、右ハンドルのフレームに**58**、値に**0.04**と入力します。

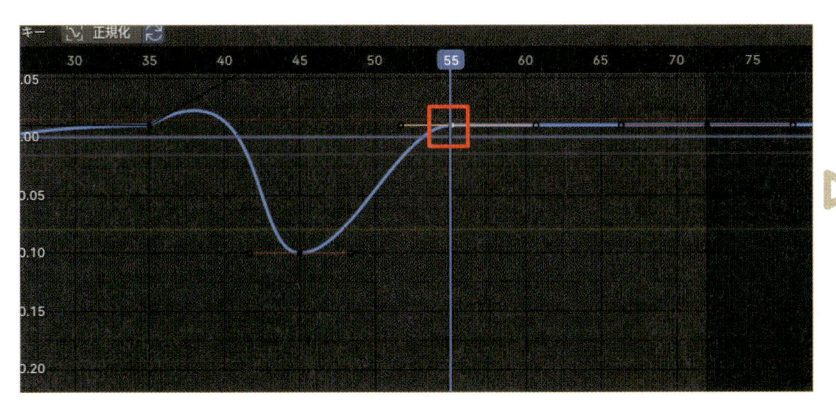

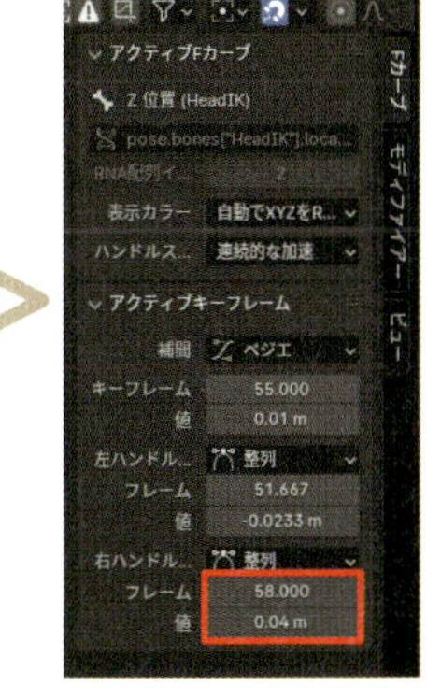

## 13 Step カーブの確認と調整

**HeadIK**のZ位置のカーブが画像のような形になっていれば問題ありません。この形にすることで、顔を上げた後に少しだけ下げる動きが加わります。人や動物は常にピタッと止まることは少なく、行き過ぎた後に少し戻すような余韻や反動があることが多いです。この動きを取り入れることで、アニメーションの動きに重みを感じさせることができます。作業が終わったら、グラフエディター左上の**エディタータイプ**から**ドープシート**を選択するか、グラフエディター上で**Ctrl+Tabキー**を押してドープシートに素早く切り替えましょう。

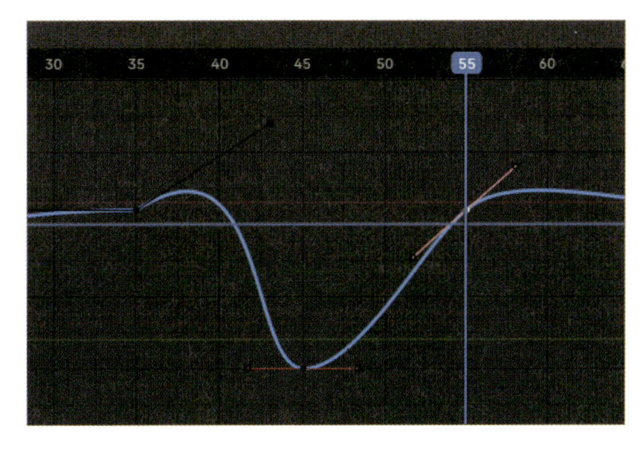

# 1-6 髪の毛を揺らそう

次は髪の毛を揺らすアニメーション(セカンダリーアニメーション) を作成します。揺れものはキャラクターの動きに反応して揺れるため、アニメーションの進行に合わせて作成する方法をおすすめします。この方法を**ストレートアヘッド**と呼びます。頭から順番に作成していくことで、髪の毛が身体の動きにどのように反応するのかが直感的に理解しやすくなります。髪の毛のボーンはとても多く、これらを1つひとつ制御するのは時間がかかるので、**ボーンコレクション**の機能を用いて、髪の毛のボーンのみを選択できるようにします。

## 01 Step ボーンコレクションの設定

右側のプロパティから、**オブジェクトデータプロパティ**の**ボーンコレクション**パネルにある**IK**コレクションを非表示にします。右側の目玉アイコンから、表示/非表示を切り替えることができます(星マークは、そのコレクションのみを表示する機能です)。次に、**2nd_Hair_out**コレクションと**2nd_Hair_in**コレクションの目玉アイコンをクリックして表示します。この2つのコレクションは後ろ髪を制御するボーンで、**out**は外側の髪の毛を、**in**は内側の髪の毛を意味しています。

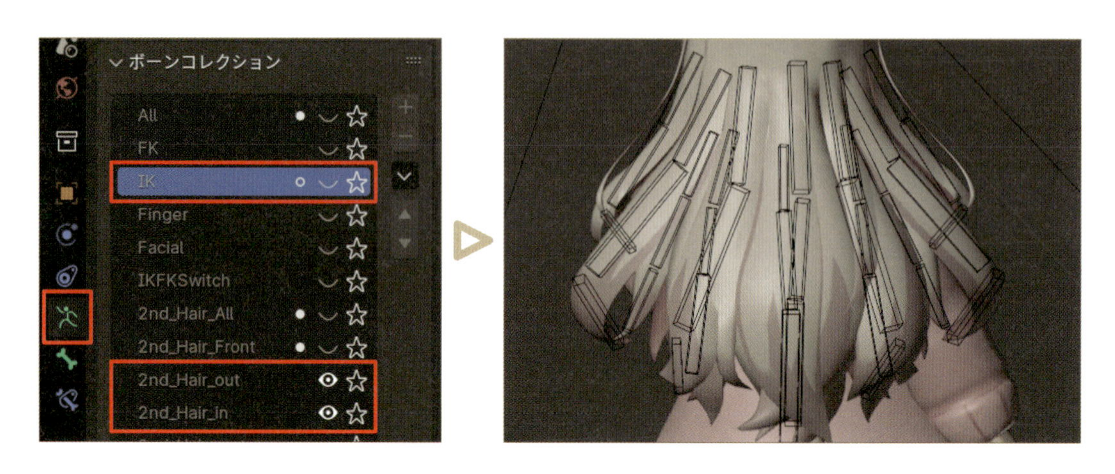


## 02 Step 髪の毛のボーンを選択

3Dビューポート上で全選択のショートカットの**Aキー**を押します。その際、**グラフエディター**から**ドープシート**に切り替えます。そうすると**ドープシート**上に後ろ髪を制御するチャンネルが表示されます。チャンネルが表示されない場合は、後ろ髪のボーンをどれか1つ選択した状態で**Aキー**を実行して下さい。ドープシートは、ボーンを選択していないとキーフレームが表示されない仕組みです。**Un**は現在編集しているアクションで、作成したキーフレームがすべてこの項目に表示されます❶。この項目に表示されているキーフレームは、ボーンが選択されていない状態でも表示されますが、操作はできません。一方で、後ろ髪に関するボーンは、**1**フレーム目以外にキーフレームが挿入されていないため、何も表示されていません❷。

## 03 Step 13フレーム目に移動

まずは対象のフレームに移動します。ここでは、身体が横から正面に振り向く際の**最も加速する区間**である**13**フレーム目に移動します。このフレームで髪の毛を揺れ動かすことで、後の調整が上手くいくようになります。

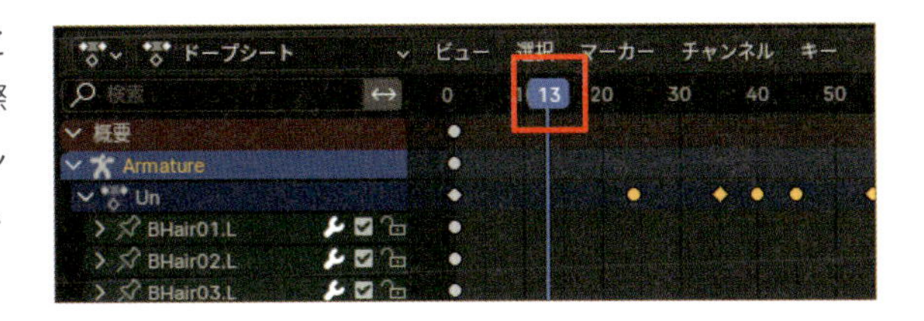


## 04 Step 髪の毛を調整

3Dビューポート上で**テンキーの1**を押して**正面視点**にします。次に、3Dビューポート上部の**トランスフォーム座標系**が**ローカル**になっていることを確認し、**Aキー**で後ろ髪のボーンをすべて選択します。回転のショートカット**Rキー**>**Zキー**を押し、**-5**と数値入力して**Enterキー**で決定します。これにより、入力した数値に合わせて髪の毛が回転します。手動で調整する場合は、マウスを左側に動かし、髪の毛が身体の動きに追従するように揺れるよう調整して下さい。回転の角度が大きすぎると、髪の動きが強風に吹かれているように見えてしまうため、少し揺れる程度に留めるのが理想です。身体が左に向かっているので、髪の毛はその反対側の右方向に揺れます(髪の毛は風がない場所では身体の動きに追従して揺れます)。また、回転を決定すると、3Dビューポートの左下に**オペレーターパネル**が表示されるので、クリックして開くと、より細かく変形の調整ができます。ここの**角度**に**-5**と入力し、**座標軸**を**Z**に、**座標系**を**ローカル**にすることで、同様の操作が行えます。

## 05 Step 24フレーム目で髪の毛を調整

次に、身体の動きが止まる**24**フレーム目に移動します。全選択のショートカットの**Aキー**を押して、回転のショートカットである**Rキー**>**Zキー**を実行します。その後、**7**と数値入力して、**Enterキー**で確定します(左下の**オペレーターパネル**から**角度**に**7**と入力しても構いません)。手動の場合は、マウスを右に移動させ、髪の毛が身体の停止に合わせて左に揺れるよう調整します。この揺れにより、キャラクターが動きを止めた後も、髪が慣性で少し遅れて揺れる自然な動きを表現できます。

## 06 Step 35フレーム目で髪の毛を調整

うなずく直前のポーズである**35**フレーム目に移動します。全選択のショートカットの**Aキー**を押し、回転のショートカット**Rキー>Zキー**を実行します。その後、**-3**と数値入力して**Enterキー**で確定します(左下の**オペレーターパネル**から**角度**に**-3**と入力しても構いません)。このように、身体(本体)が停止した後も、髪の毛(本体に付属するパーツ)が揺れ続けるテクニックを**フォロースルー**といいます。また、身体が停止すると、髪の揺れも次第に小さくなっていきます。手動で調整する場合は、マウスを左に移動して調整しましょう。

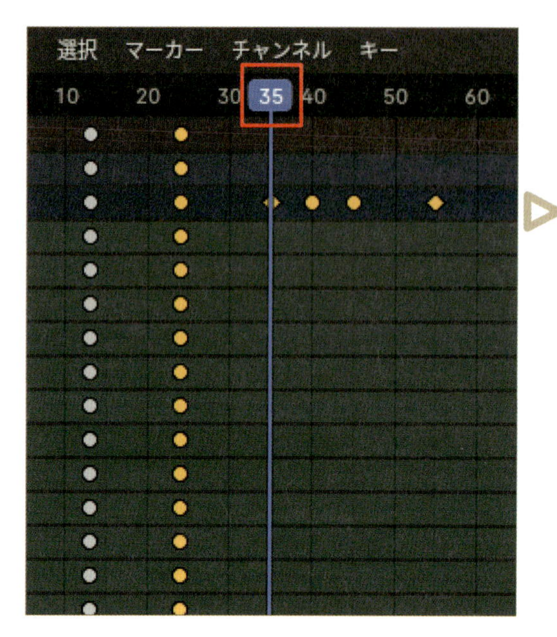


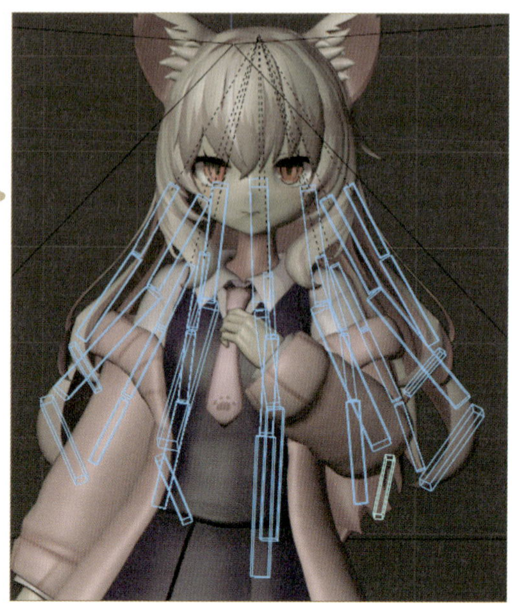

## 07 Step 1フレーム目のキーを複製して移動

髪の毛の動きを複製します。**1**フレーム目にあるキーフレーム上部を選択し、**複製**(**Shift+Dキー**)を行うと、どこにキーフレームを複製するか決めるモードになるので、最後の**72**フレーム目に配置します。**72**フレーム以外に配置した場合は、左ドラッグで移動して調整しましょう。これで髪の毛が少し揺れ動く表現になったかと思います。髪の毛の動きは完全に止まるのではなく、少しだけで良いので動きが続いていた方が自然です。

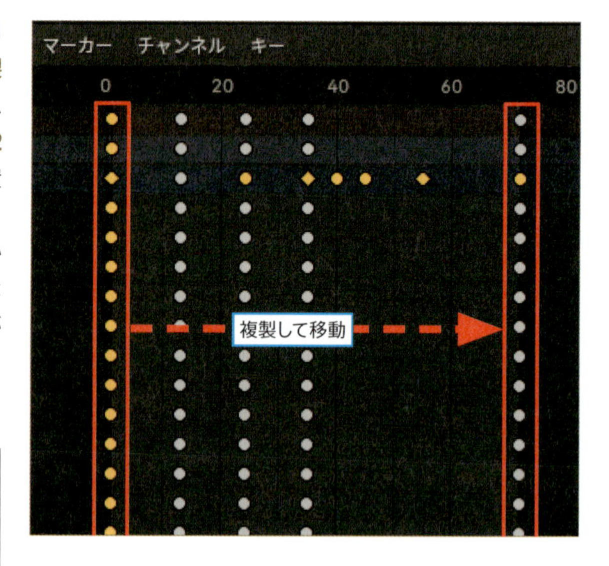


**MEMO**

複製をする際、既にキーフレームが打たれている箇所に複製すると、キーフレームが上書きされてしまうので、その場合は**Ctrl+Z**で1つ前に戻ってやり直して下さい。

## 08 Step 2nd_Hair_middleを有効にする

髪の揺れをさらに自然に見えるように調整します。右側のプロパティで、**オブジェクトデータプロパティ**内の**ボーンコレクション**パネルにある**2nd_Hair_middle**のソロ(右側の星アイコン)を有効にします。この星マークを有効にすると、該当コレクション内のボーンだけが3Dビューポート上に表示されます。**2nd_Hair_middle**コレクションは、後ろ髪の中間部分(ボーン)を表示し、細かな揺れの調整に使用します。ちなみに、**2nd_Hair_root**コレクションは髪の根元、**2nd_Hair_tip**コレクションは髪の先端部分のボーンのみを表示します。

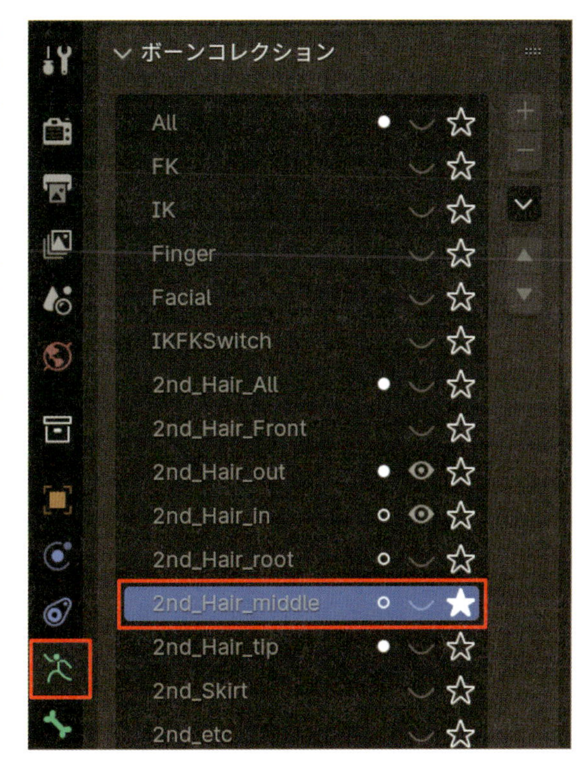


## 09 Step 13、24、35フレームを選択

3Dビューポートで後ろ髪の中間部分が選択されていることを確認します(未選択の場合は、3Dビューポート上で**Aキー**で全選択しましょう)。次に、ドープシート上で**13**フレーム目、**24**フレーム目、**35**フレーム目の、キーフレーム上部を選択します。選択するには**Shift＋左クリック**、またはキーフレーム上部を左ドラッグで囲む**ボックス選択**を使います。キーフレームがオレンジ色に変われば、選択が完了した状態です。**1**フレーム目と、最後の**72**フレーム目にあるキーフレームは選択しないように注意しましょう。**1**フレーム目を動かすと、動きが開始するフレームがズレてしまうからです。**72**フレーム目を動かさないのは、キーフレームが**72**フレーム以降からはみ出ないようにするためです。まずはレンダリング範囲内の**1～72**フレーム間で作業をして、アニメーション制作に慣れていきましょう。

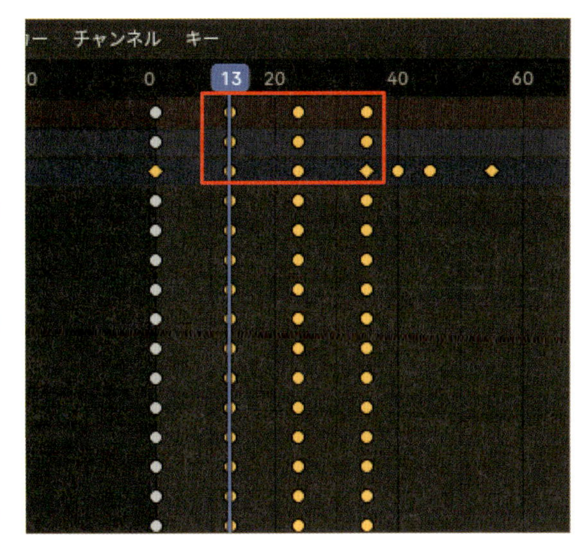


※キーフレームがオレンジ色に表示されていても、3Dビューポートに表示されていないボーンは編集できません。

## 10 Step キーフレームを移動

複数選択したこれらのキーフレームを左ドラッグし、5フレーム進めます。**13**フレーム目は**18**フレーム目に、**24**フレーム目は**29**フレーム目に移動します。

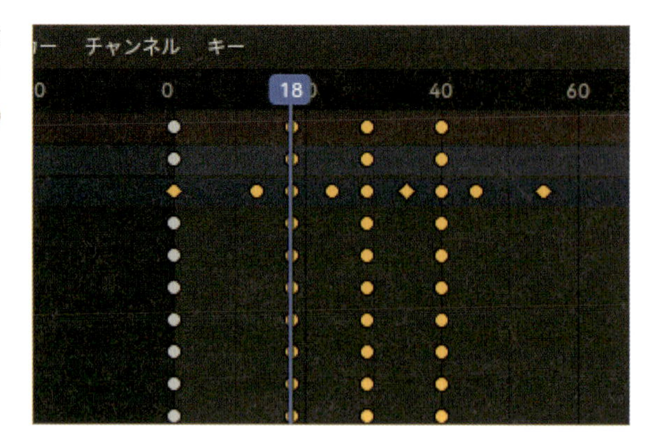


## 11 Step 2nd_Hair_tiを有効にする

次は髪の先端を動かします。右側のプロパティから、**オブジェクトデータプロパティ**の**ボーンコレクション**パネルにある**2nd_Hair_tip**のソロ(右側の星アイコン)のみを有効にします(**2nd_Hair_middle**のソロは無効にします)。

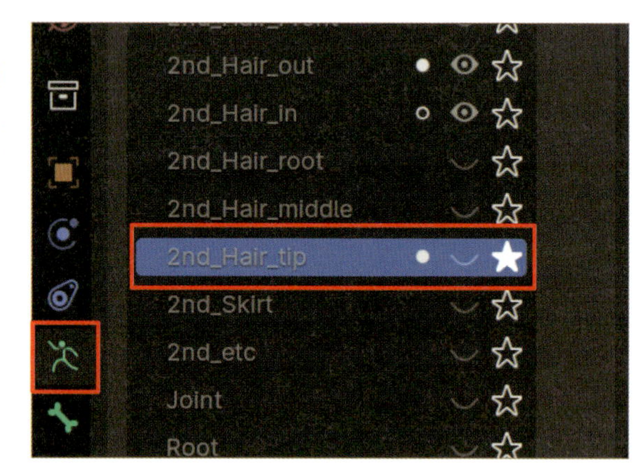


## 12 Step キーフレームを移動

3Dビューポート上で**Aキー**を押して、髪の先端のボーンを全選択します。次に、ドープシート上で**13**フレーム目、**24**フレーム目、**35**フレーム目の、キーフレーム上部を複数選択します。これらのキーフレームを左ドラッグして、10フレーム先へ移動させます(**13**フレーム目のキーフレームは、**23**フレーム目に移動することになります)。このようにキーフレームをズラすことで、髪の揺れを自然に表現することができます。

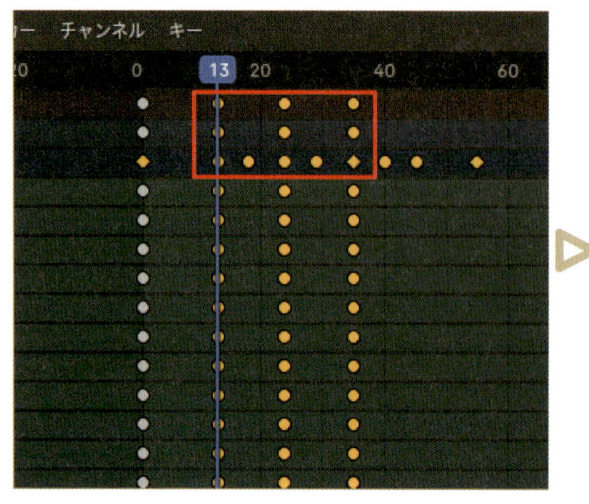


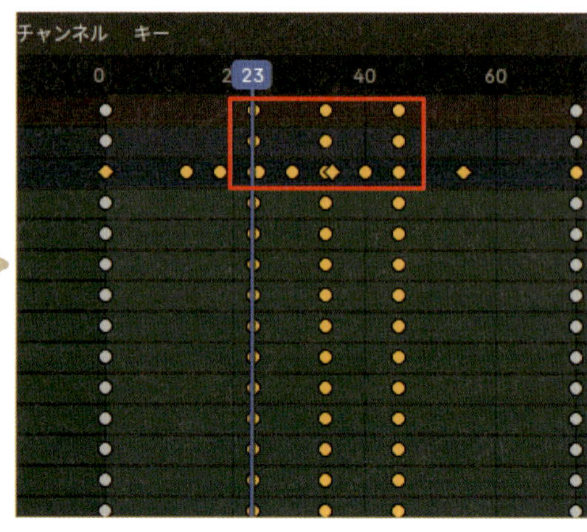

## 13 Step 2nd_Hair_Frontを有効にする

前髪と横髪の揺れを作成します。こちらの揺れは手順が長くなるため、先程のようにキーフレームをズラす方法ではなく、回転のみで調整します。右側のプロパティから**オブジェクトデータプロパティ**の**ボーンコレクション**パネルにある**2nd_Hair_Front**のソロ(星アイコン)のみを有効にし、**2nd_Hair_tip**のソロは無効にします。

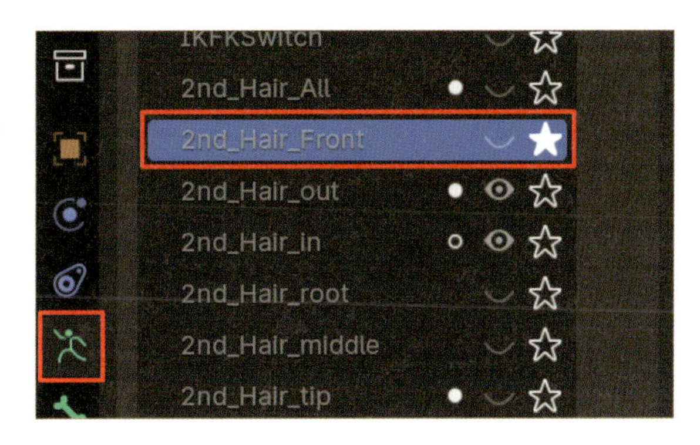


## 14 Step 13フレーム目で髪の毛を調整

3Dビューポート上で**Aキー**を押し、前髪と横髪のボーンを選択します。**13**フレーム目に移動し、3Dビューポート上で回転のショートカットの**Rキー**から**Yキー**を2回押して**グローバル**軸に切り替えます。その後、**5**と入力して**Enterキー**で確定します(左下のオペレーターパネルから、角度を**5**、座標軸を**Y**、座標系を**グローバル**に設定しても同様の操作ができます)。手動で調整する場合は、マウスを左に動かして調整します。この時、横から正面へ振り向く際の加速区間で、前髪と横髪が右側に小さく揺れる動きを作ります。

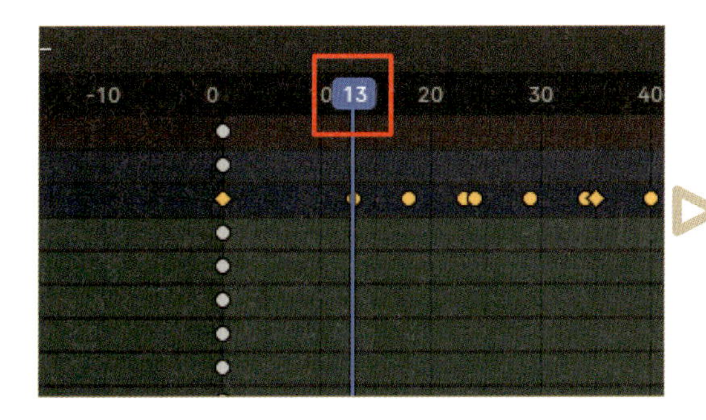

## 15 Step 29フレーム目で髪の毛を調整

**29**フレーム目に移動し、3Dビューポート上で回転のショートカットの**Rキー**から**Yキー**を2回押して**グローバル**軸に切り替えます。次に**-7**と入力して**Enterキー**で確定します(左下のオペレーターパネルから角度を**-7**、座標軸を**Y**、座標系を**グローバル**に設定しても同様の操作ができます)。手動で調整する場合は、マウスを右に動かして調整します。後ろ髪と同じ揺れ方だと不自然に感じるので、ランダム感を出すために**29**フレーム目で微調整しています。

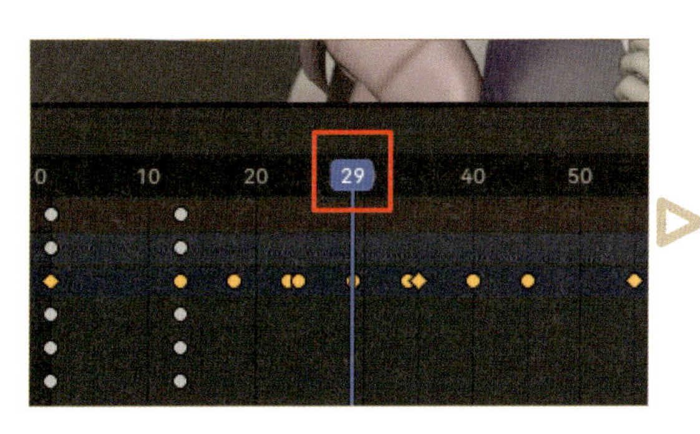

## 16 Step 1フレーム目のキーフレームを複製して移動

キーフレームを複製します。1フレーム目のキーフレーム上部を選択し、**複製**（**Shift＋Dキー**）を行います。次に**45**フレーム目に複製したキーフレームを左クリックで貼り付けます。

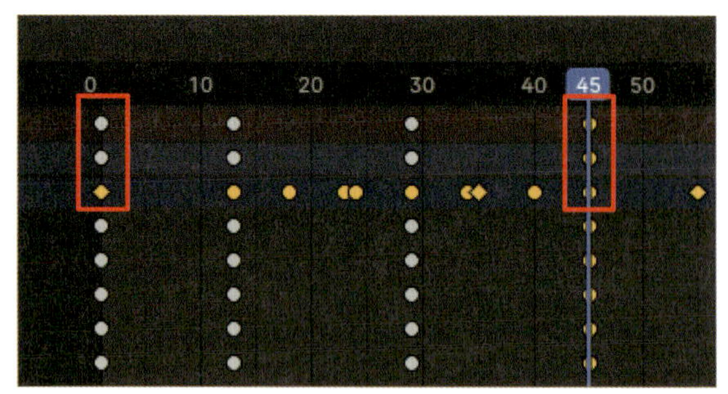


## 17 Step 1、または45フレーム目のキーフレームを複製して移動

同様の手順を繰り返し、**1**フレーム目または**45**フレーム目のキーフレームを複製し、**72**フレーム目にも貼り付けます。終了フレームにキーフレームがないと、動きがピタッと止まってしまい、動きが不自然に見えるため、できるだけキーフレームを設定しておきましょう。

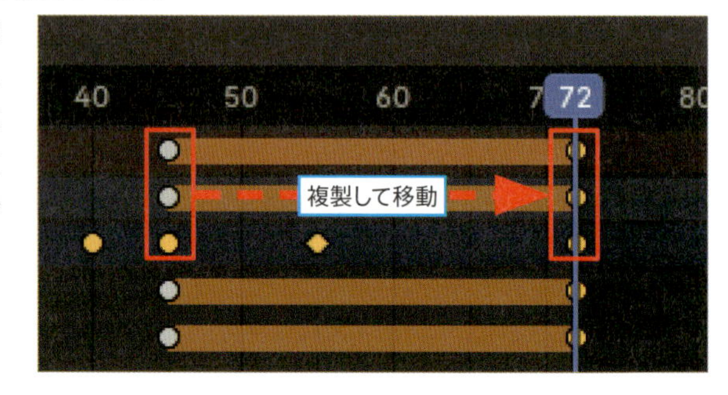


## 18 Step 55フレーム目で髪の毛を調整

**55**フレーム目に移動し、3Dビューポート上で回転の**Rキー**を押してから**Yキー**を2回押し、**グローバル**のY軸に切り替えます。その後、**3**と入力して**Enterキー**で確定します（左下のオペレーターパネルで**角度**を**3**、**座標軸**を**Y**、**座標系**を**グローバル**に設定することでも同様の操作ができます）。これにより、髪の毛が顔の動きに合わせてわずかに揺れる細かい表現ができます。手動の場合は、回転の**Rキー**を使い、マウスで左側に移動させて調整します。今回は数値入力を使いましたが、前髪や横髪の調整は手動の方が早く進められるため、アニメーション制作に慣れてきたら手動で調整する方法も試してみてください。

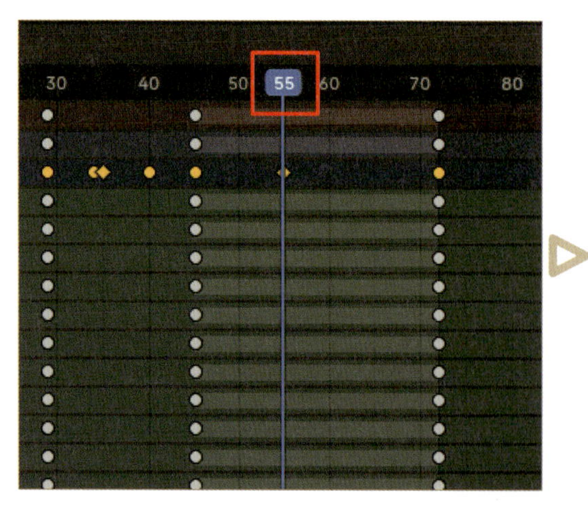

## 1-7 表情を変えよう

動きが一通り完成したので、次は表情を制作します。

### 01 Step Facialコレクションを表示

まずは、右側のプロパティで**オブジェクトデータプロパティ**の**ボーンコレクション**パネルから、**2nd_Hair_Front**のソロ(星アイコン) を無効にします。次に**2nd_Hair_out**と**2nd_Hair_in**コレクションを非表示にし(目玉アイコンをクリック)、**Facial**コレクションを表示します。

### 02 Step Facial_eyeを選択

3Dビューポート上、 キャラクターの右側にある4つの表情を制御するボーンが表示されます。その中で、目を制御するボーン**Facial_eye**を選択します❶。**Facial_eye**は円の中に目のアイコンが描かれたボーンです。次に、**サイドバー**（**Nキー**）の**アイテム**タブ❷を開き、**プロパティ**パネルをクリック❸して数値欄を表示します。この欄でキーフレームを挿入します。

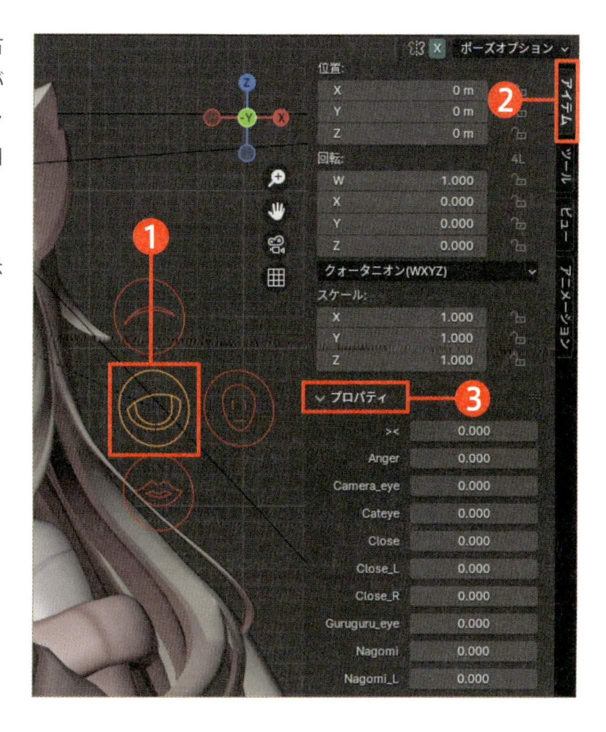

## 03 Step 6フレーム目にキーフレームを挿入

ドープシートで**6**フレーム目に移動します。**サイドバー**（**Nキー**）の**アイテム**タブにある**プロパティ**パネルの**Close**の数値欄を右クリックし、**キーフレームを挿入（Iキー）**をクリックします。これは目の開閉を制御するシェイプキー（頂点の移動を記録し、表情などを制御する機能）です。数値欄が黄色く表示されれば、シェイプキーにキーフレームが挿入されたことを意味します。このフレームで数値の**0**のキーフレームを挿入する理由は、目を閉じた後に再び目を開ける動作を作るためです。

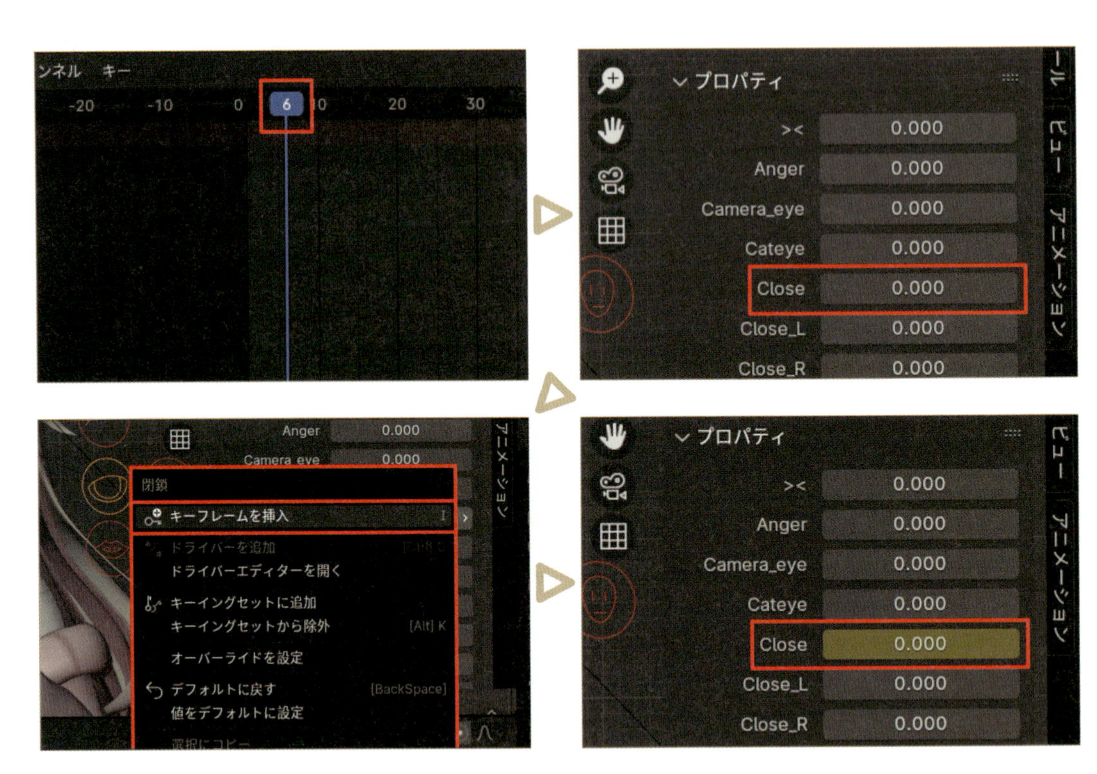


## 04 Step キーフレームを複製

**6**フレーム目にキーフレームを挿入したら、このキーフレームを複製して各フレームに貼り付けます。**6**フレーム目のキーフレーム上部を選択し、**複製（Shift＋Dキー）**を行います。そして**13**フレーム目、**35**フレーム目、**51**フレーム目に複製したキーフレームを配置します（複製したキーフレームに**Shift＋Dキー**を再度実行することで、連続して複製を行うことができます）。

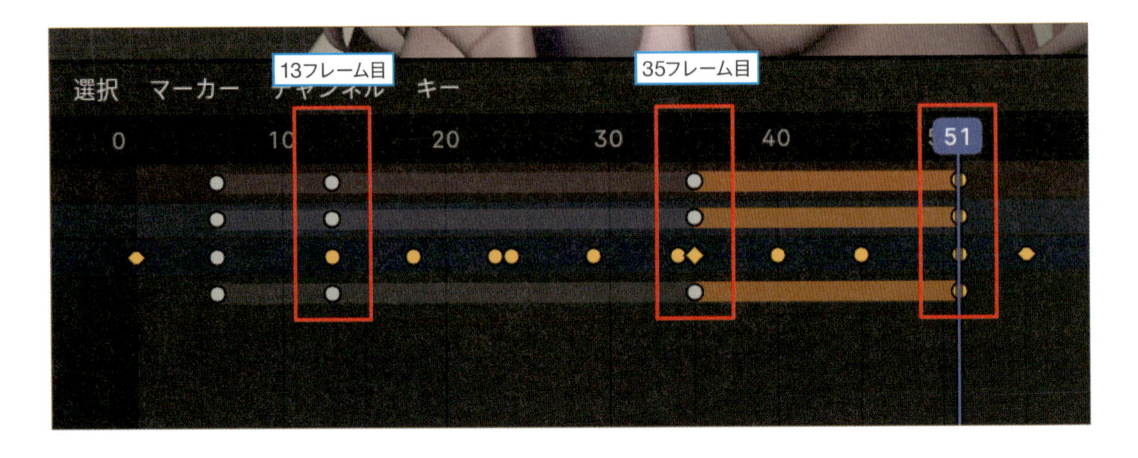

## 05 Step 8フレーム目にキーフレーム挿入

**8**フレーム目に移動し、**サイドバー**（**Nキー**）の**アイテム**タブの**プロパティ**パネルにある**Close**をクリックし、**1**と数値入力します。

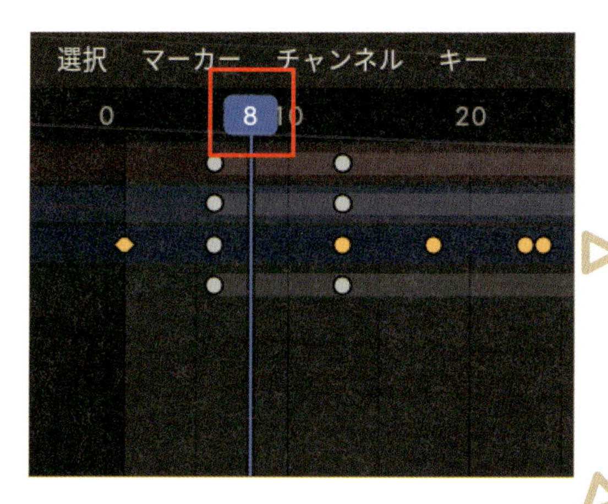


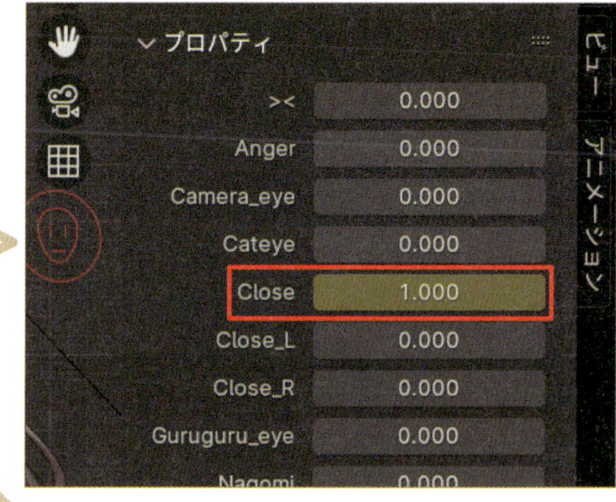

## 06 Step キーフレームを複製

**8**フレーム目のキーフレーム上部を選択し、**複製**（**Shift＋Dキー**）を行います。**11**フレーム目、**37**フレーム目、**49**フレーム目に、先程複製したキーフレームを貼り付けます。このようにキーフレームを配置することで、目の開閉が自然になります。

## 07 Step キャラクターの頬を赤くする

次に、表情を制御するボーン**Facial**を選択します。このボーンは、円の中に顔のアイコンが描かれています。**サイドバー**（**Nキー**）の**アイテム**タブから、**プロパティ**パネルで、**Blush**の数値を**1**に設定します。これにより、キャラクターの頬が赤くなります。数値欄が青緑色になるのは、リンクされたデータの数値が変更されたことを示しています。なお、**ソリッド**表示では頬の赤らめが正しく表示されませんが、**マテリアルプレビュー**や**レンダー**表示に切り替えると正しく確認することができます（3Dビューポートの右上の**ビューポートシェーディング**メニューから切り替えが可能）。レンダリング時は問題なく表示されるので、通常の作業は**ソリッド**表示のままでも大丈夫です。

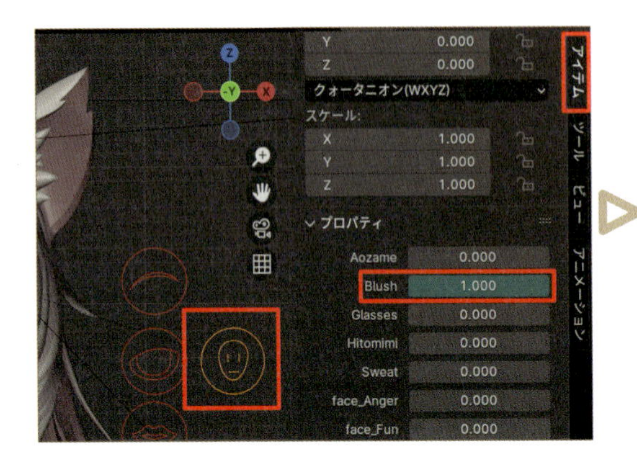

### Column

#### ニコっと笑わせよう！

シェイプキーのキーフレーム挿入を効果的に使えば、様々な表情を作り出せます。本書では詳しい手順は省略していますが、**40**フレーム目で、口を制御するボーン**Facial_mouth**を選択し、**サイドバー**（**Nキー**）の**プロパティ**内で**niko**を**0**、**unyo**を**1**としてキーフレームを挿入します（数値欄にマウスカーソルを置いて右クリックして**キーフレームを挿入**（**Iキー**）を実行）。**42**フレーム目では**niko**を**1**、**unyo**を**0**にしてキーフレームを挿入すると、キャラクターがうなずいた際にニコっと笑わせる演出が可能です。

# 1-8 動きを修正しよう

最後の仕上げとして、指の動きを調整します。

## 01 Step Fingerコレクションを表示

右側のプロパティで**オブジェクトデータプロパティ**の**ボーンコレクション**パネルの**Facial**を非表示にします(目玉アイコンをクリック)。次に**Finger**コレクションを表示します。このコレクションには指のボーンのみが含まれています。

## 02 Step 35フレーム目に移動して左手の指を範囲選択

ドープシート上で**35**フレーム目に移動し、3Dビューポート上で**テンキーの1キー**を押して**正面視点**に切り替えます。ボックス選択(ツールバーをボックス選択にする必要があります)や**Bキー**を使用して、左手の指を範囲選択します。後ほど選択したボーンにポーズを適用します。

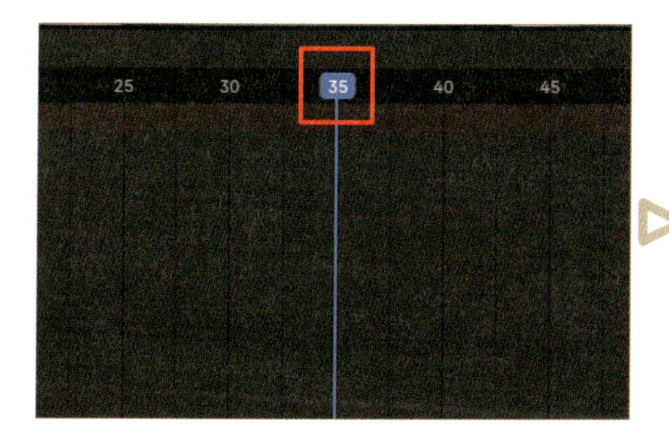


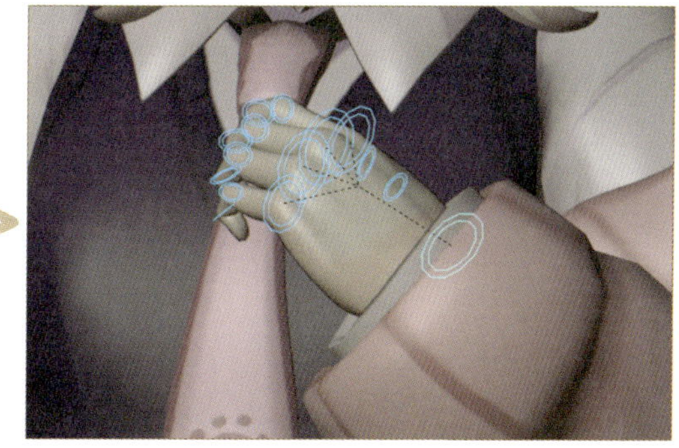

## 03 Step キーフレームを挿入

3Dビューポート上で**Kキー**を押して**キーフレーム挿入メニュー**を表示し、**回転**をクリックして回転に関するキーフレームを挿入します。この**Kキー**によるショートカットは、必ず3Dビューポート上で実行して下さい。

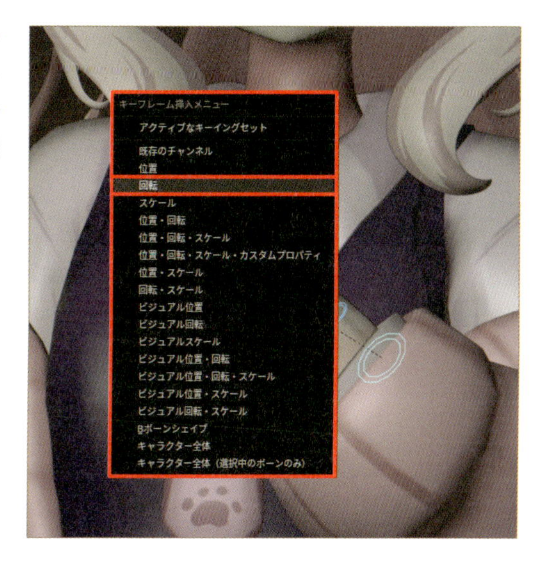

## 04 Step アセットシェルフを表示

ドープシート上で**42**フレーム目に移動し、**サイドバー**（**Nキー**）の**アニメーション**タブから**ポーズライブラリ**パネルを開きます。**アセットシェルフ切り替え**をクリックすると、ポーズに関するメニュー（**アセットシェルフ**）が3Dビューポートの下部に表示されます。3Dビューポートの右下にある小さな矢印アイコンをクリックしても**アセットシェルフ**を表示できます。

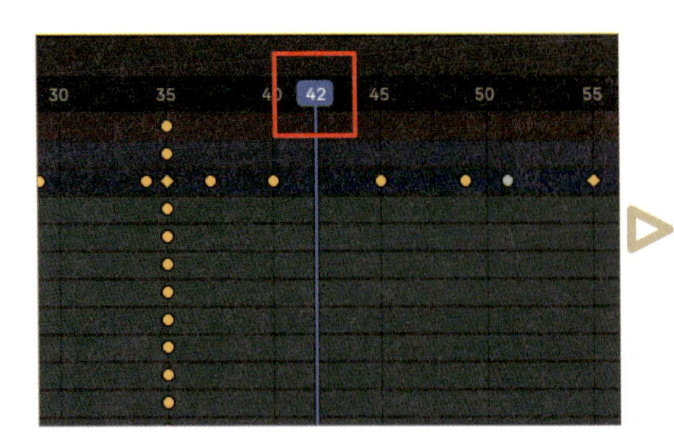


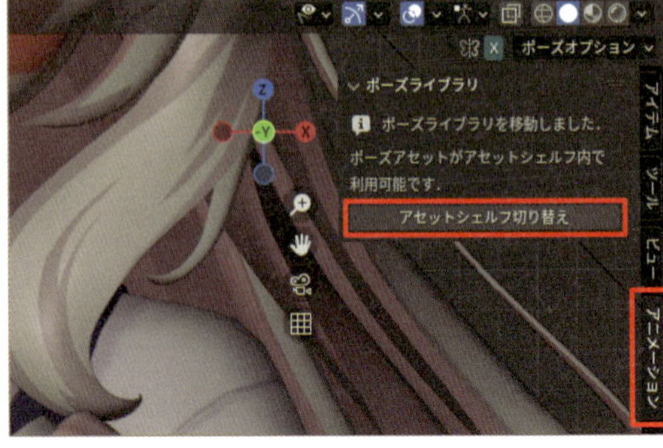


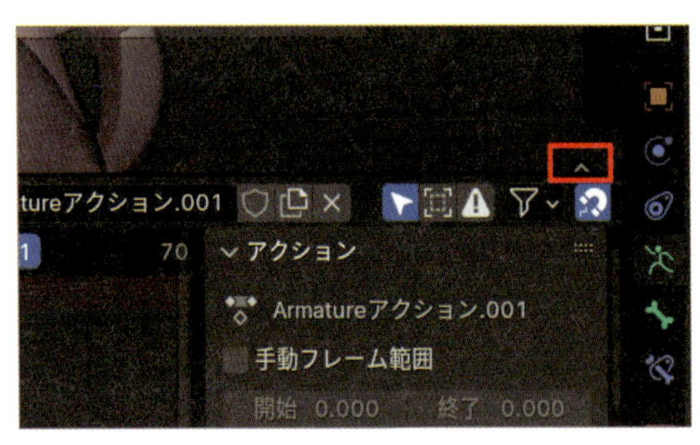


MEMO

アニメーションタブが表示されない場合も3Dビューポートの右下にある小さな矢印アイコンをクリックすればアセットシェルフが表示されます。

## 05 Step アセットシェルフを適用

**アセットシェルフ**内のポーズ**Guu**（手を握りしめているサムネイル）をクリックすると、左手を握りしめるポーズが適用されます。タイムラインの**自動キー挿入**が有効になっているため、ポーズを適用すると**42**フレーム目にキーフレームが挿入されます。ポーズが適用されたら、**アニメーション**タブで**アセットシェルフ切り替え**をクリックするか、**アセットシェルフ**上部を下にドラッグしてメニューを閉じます。

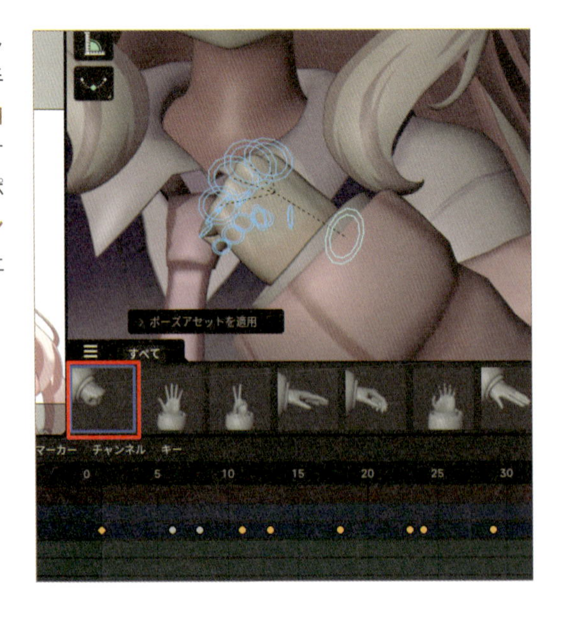

## 1-9 カメラワークを意識しよう

カメラワークを工夫して、キャラクターの演技をさらに引き立てましょう。ここでは、カメラをゆっくりとキャラクターに寄せることで、キャラクターがうなずく際の感情をより強く伝える演出を行います。

### 01 Step オブジェクトモードに変更

カメラを選択するには、一旦**オブジェクトモード**に変更する必要があります。3Dビューポートの左上のモードを**オブジェクトモード**に切り替えます。

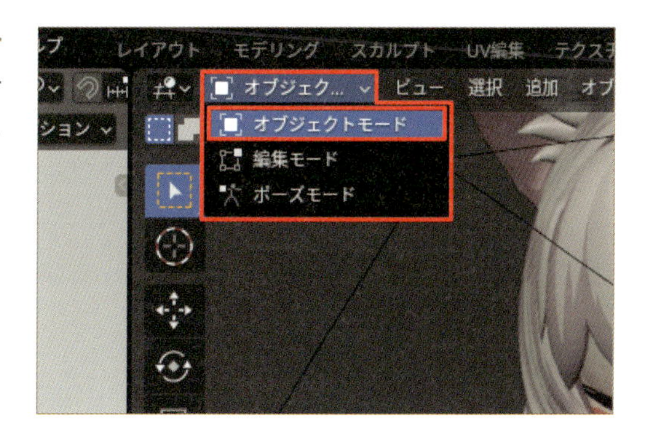


### 02 Step Front_Cameraを選択

右上のアウトライナーから**Front_Camera**を選択することで、3Dビューポート上に配置されているカメラを選択することができます。3Dビューポートの右上にある**選択可否と可視性**でカメラを非選択にしていますが、アウトライナーからの選択は可能です。

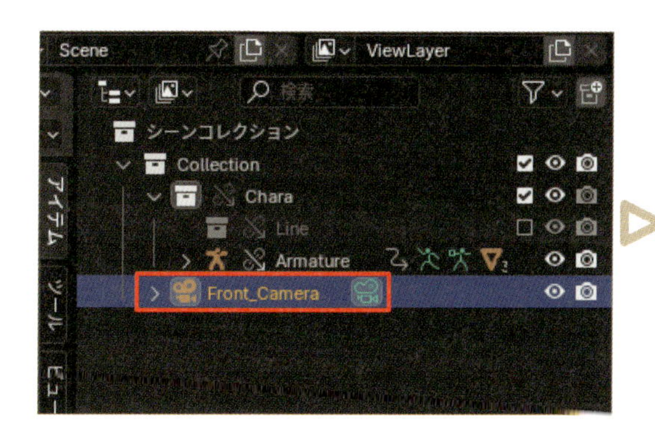


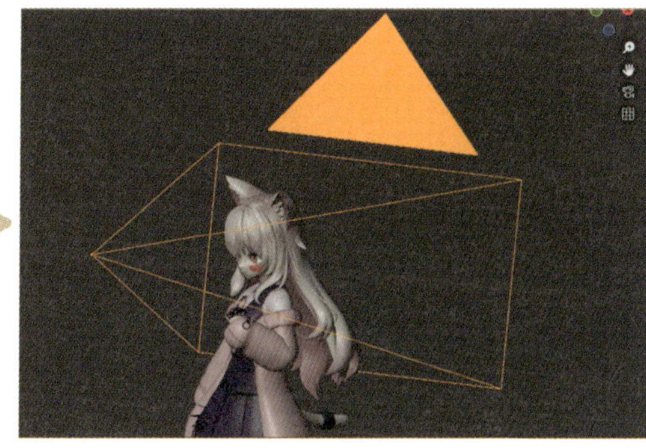

### 03 Step 単一キーフレームを挿入

❶ドープシート上で「1」フレーム目に移動します。

Next Page

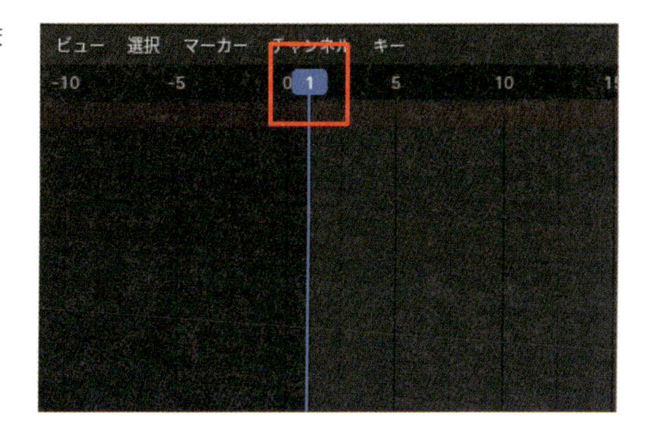

❷カメラが選択されていることを確認したら、3Dビューポートの**サイドバー**（**Nキー**）の**アイテム**タブから、位置Yにマウスカーソルを置いて右クリックをします。次に、メニュー内にある**単一キーフレームを挿入**(**対象の軸にのみキーフレームを挿入する機能**)をクリックします。

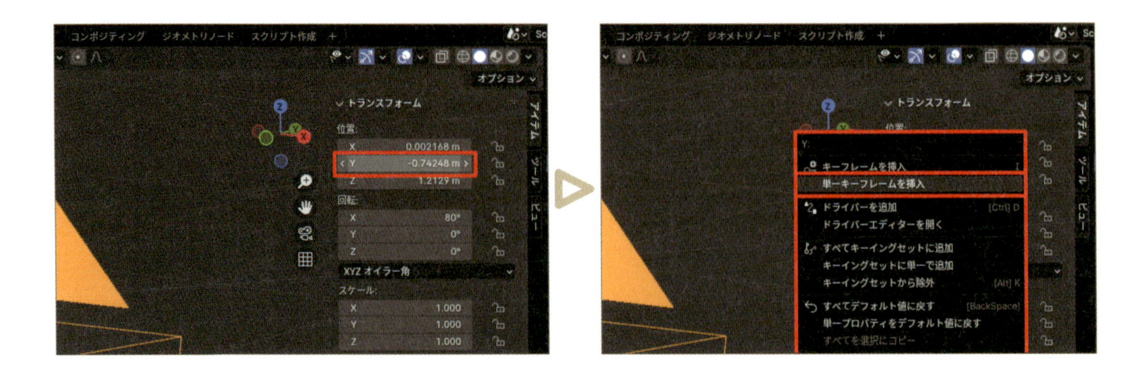

## 04 72フレーム目にキーフレームを挿入

Step

**72**フレーム目に移動し、**サイドバー**（**Nキー**）の**アイテム**タブから、位置Yの数値欄をクリックし、**-0.7**と入力します。手動で調整する場合は移動の**Gキー**＞**Yキー**から、**Yキー**を再び押して**グローバル**にしてカメラの調整をします。

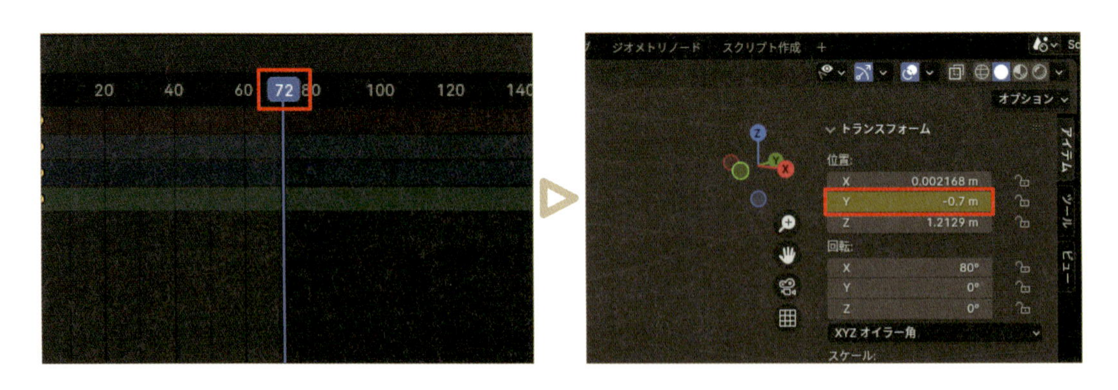

# 1-10 動画を出力しよう

動きとカメラワークが完成したら、最後に動画の出力を行いましょう。

## 01 Lineコレクションを有効

Step

右上のアウトライナーから**Line**コレクションを有効にし、ラインアート(アウトライン)を表示します。

## 02 Step 解像度と終了フレームの設定

右側のプロパティから**出力プロパティ**をクリックし、解像度Xが**1920**、解像度Yが**1080**、終了フレームが**72**であることを確認します。

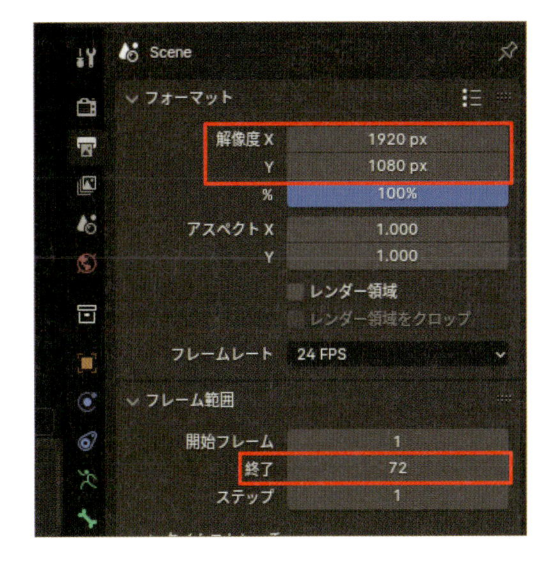


## 03 Step 出力方法を設定

**出力**パネルで出力先を指定します。ファイルフォーマットを**FFmpeg動画**に設定し、エンコーディングパネルの右側にあるプリセットメニューから**H264（MP4内）**を指定します。

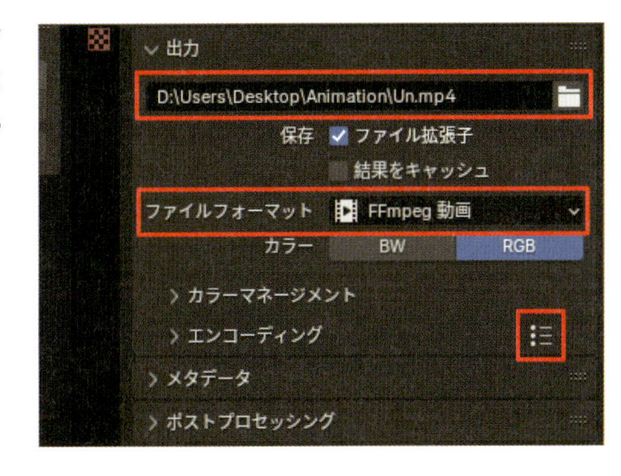


## 04 Step アニメーションレンダリング

トップバーの**レンダー**>**アニメーションレンダリング**（**Ctrl+F12キー**）を押して動画を出力します。**レンダー**>**アニメーション表示**（**Ctrl+F11キー**）からアニメーションの確認がすぐにできます。以上で、うなずきのアニメーションが完成です。

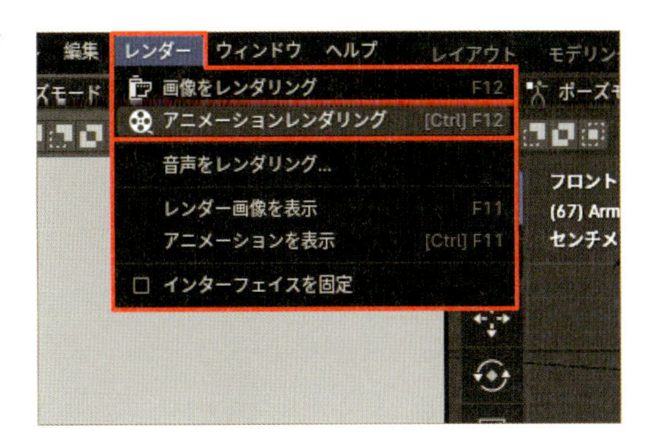

Chapter 4

2

# 手を振るアニメーションを制作しよう

手を振る動作は、肩や腕だけでなく身体全体にも影響を与えます。肩と腕が揺れると、身体全体がバランスを取ろうとして自然に連動して動くためです。また、手を振ることはただの動作ではなく、キャラクターが何かを伝えるジェスチャーにもなります。たとえば、元気に挨拶をしたり、遠くから呼びかけたり、ちょっと寂しげにお別れを告げたりと、手の振り方次第で伝えたい意味を自由に変えられます。ここでは、約3秒ほどの「笑顔でこちらに手を振っているアニメーション」を作ってみましょう。

## 2-1 準備

サンプルファイル**02_sample_Wavehand**内の**Animation_Wavehand.blend**を使って、手を振るアニメーションを制作します。

### 01 Step Animation_Wavehand.blendを開く

サンプルファイル内の**02_sample_Wavehand**フォルダから、**Animation_Wavehand.blend**をダブルクリックして開きます。このファイルは、うなずきアニメーションと同様に、最初のポーズがすでに完成した状態です。このサンプルデータの座標系は**ローカル**、ピボットポイントは**それぞれの原点**に設定されています。アニメーションが上手く変形しない時は、3Dビューポートの上部にある**トランスフォーム座標系**と**トランスフォームピボットポイント**の設定を確認して下さい。

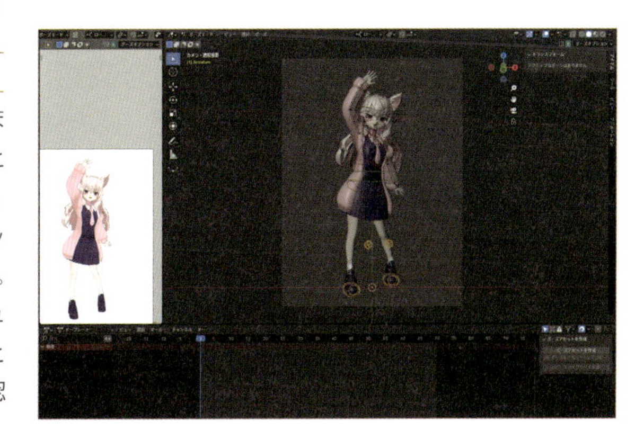

### 02 Step FKとIKを確認

このキャラクターデータは、腕の動きが**FK**（**各ボーンを個別に動かす仕組み**）で設定されています。**IK**では肘の動きが自動的に計算されますが、手を振るような自然な曲線の動きを制御するには不自然になりやすいため、ここでは**FK**を使用しています。プロパティの**オブジェクトデータプロパティ**内の**ボーンコレクション**パネルを確認すると、**FK**と**IK**コレクションが表示されているのが分かります。ここでは、**FK**コレクション内の上腕、前腕、手のボーンのみが表示されています。

**Column**

#### ボーンの表示/非表示を間違えて操作してしまった場合

このキャラクターデータは、操作しやすくするために一部のボーン（たとえばIK用の手のボーン）を非表示にしています。3Dビューポート上で隠したボーンを表示するには、**Alt+Hキー**を押します。ただし、**リンク**で読み込んだキャラクターデータの場合、**Ctrl+Zキー**で操作を元に戻すことができません（非表示のショートカットの**Hキー**も同様です）。誤って操作してしまった場合は、まず作業内容を保存（**Ctrl+Sキー**）し、その後データを開く（**Ctrl+Oキー**）ことで、ボーンの表示が元に戻ります。**リンク**で読み込んだデータは、元のデータ（**Chapter04Chara.blend**）の設定が反映されるため、再度開けば修正されます。

## 2-2 主要ポーズを作成しよう

まずは大まかなポーズを決めるために、主要ポーズの制作(**ポーズ・トゥ・ポーズ**)から始めます。ここでは数値入力で設定していますが、手動で調整したい方は、ここに明記されている数値を参考に変形しましょう。

### 01 Step 12フレーム目にキーフレームを挿入

立ち位置や身体の傾きを決めるために、まず腰から調整します。**ポーズモード**にいることを確認したら、ドープシートで**12**フレーム目に移動し、**Hips.Control**(**赤い骨盤型のボーン**)を選択します。3Dビューポートの**サイドバー**(**Nキー**)の**アイテム**タブにある**トランスフォーム**パネルで、位置Yに**0.02**、回転Zに**0.18**と入力します(キーフレームが自動で挿入されない場合は、下のタイムラインの**自動キー挿入**を有効にして下さい)。手を大きく振る際、上半身が左側に寄るので、バランスを取るために骨盤がやや左下に下がります。

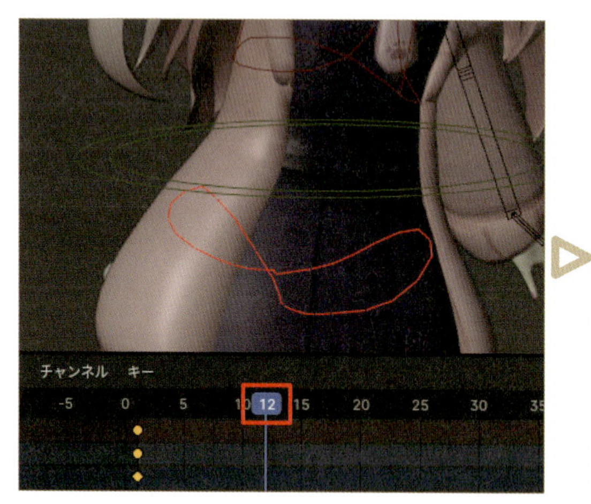

### 02 Step 上半身の調整

上半身の調整をします。**12**フレーム目であることを確認し、**Chest.Control**(**上半身を制御する赤色のボーン**)を選択します。3Dビューポートの**サイドバー**(**Nキー**)の**アイテム**タブにある**トランスフォーム**パネルで、位置Xに**0.02**、位置Zに**-0.02**、回転Yに**0.26**、回転Zに**-0.13**と入力します。このフレームのポーズは、手を大きく振ることで上半身が少し仰け反る姿勢を表現しています。

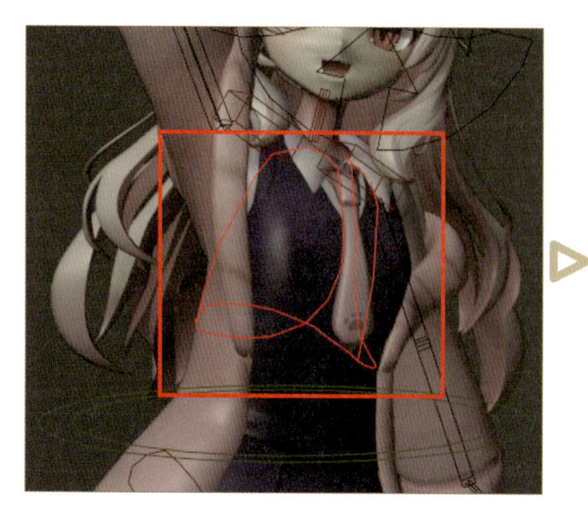

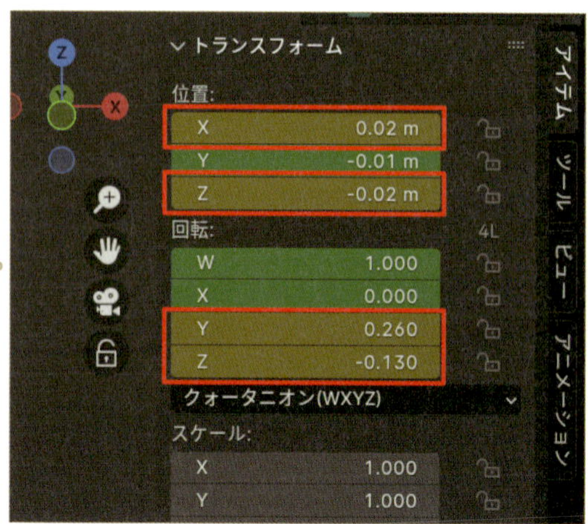

## 03 Step 顔の調整

顔の調整をします。**12**フレーム目であることを確認し、**HeadIK**（**顔の向きを制御するボーン**）を選択します。3Dビューポートの**サイドバー**（**Nキー**）の**アイテム**タブの**トランスフォーム**パネルから、位置Xに**-0.03**、位置Zに**0.03**、回転Yに**-0.14**と入力します。腰や上半身を動かす際は、顔の向きも調整しましょう。

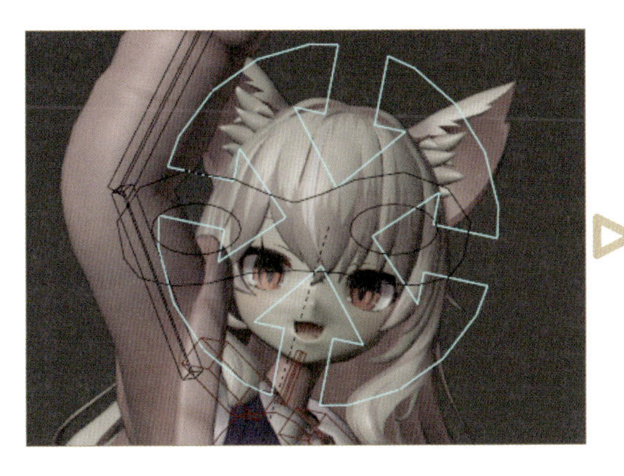

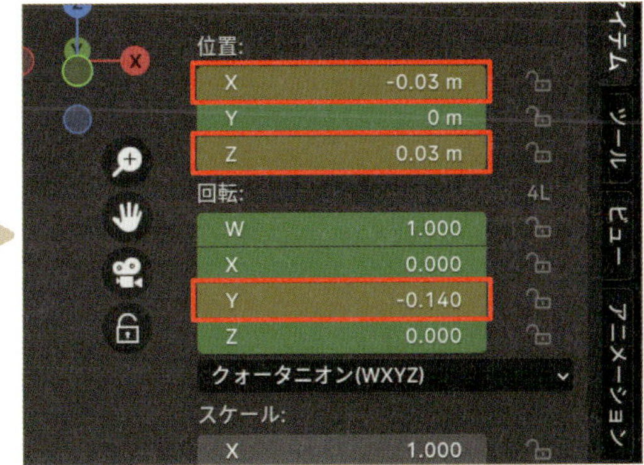


## 04 Step 右肩の調整

右肩の調整をします。右肩のボーン**Shoulder.R**を選択し、3Dビューポートの**サイドバー**（**Nキー**）の**トランスフォーム**パネルで、回転Wに**0.9**、回転Xに**-0.2**と入力します。このポーズでは腕がやや下がるため、肩もわずかに下げます。

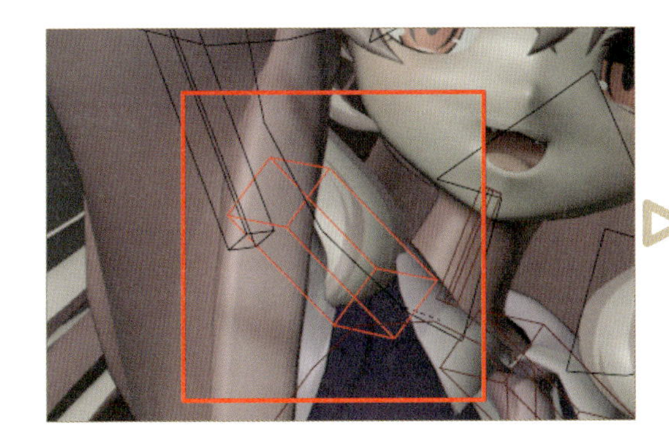

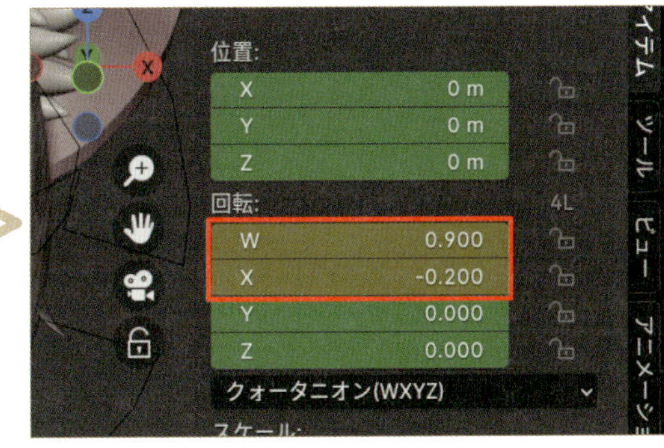


**Column**

### 腕を上げるときの注意点

腕を上げるポーズを制作する際は、肩もしっかりと上げましょう。実際に自分の肩を押さえた状態で腕を上げてみて下さい。全く上がらないのが分かります。

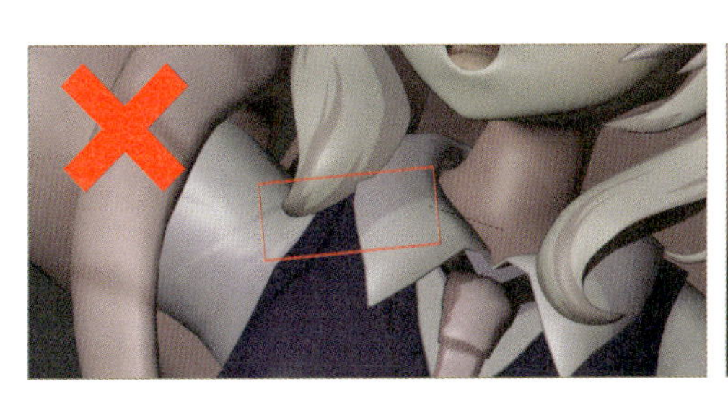

## 05 Step 右上腕の調整

右上腕のボーンを選択し、**トランスフォーム**パネルから、回転Xに**-0.5**、回転Zに**-0.2**と入力します。

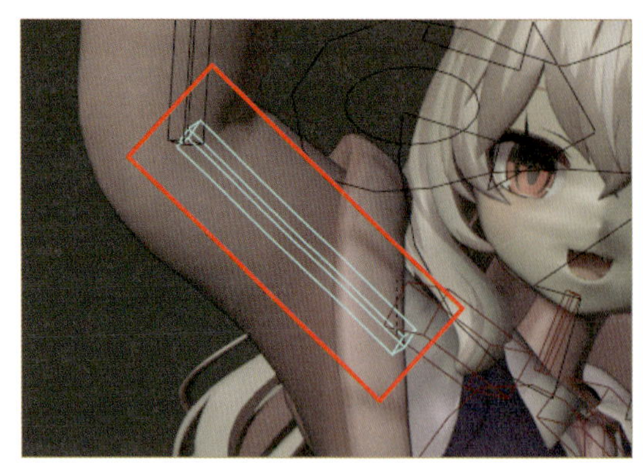

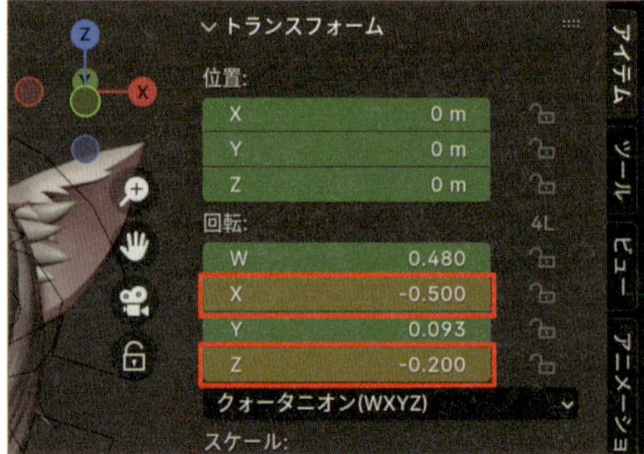


## 06 Step 右前腕の調整

右前腕のボーンを選択し、**トランスフォーム**パネルから、回転Xに**7**、回転Yに**-0.1**、回転Zに**0.1**と入力します。

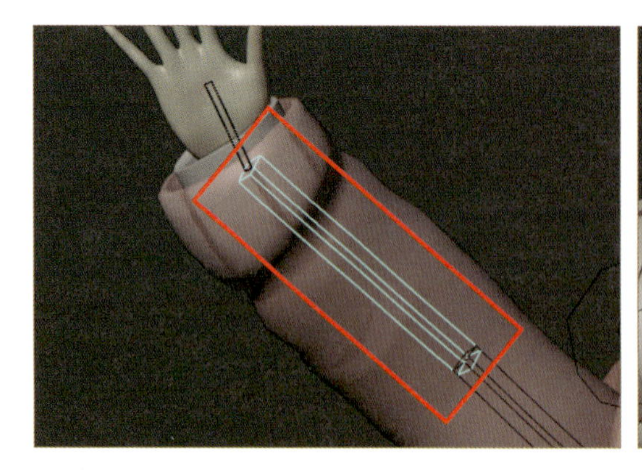

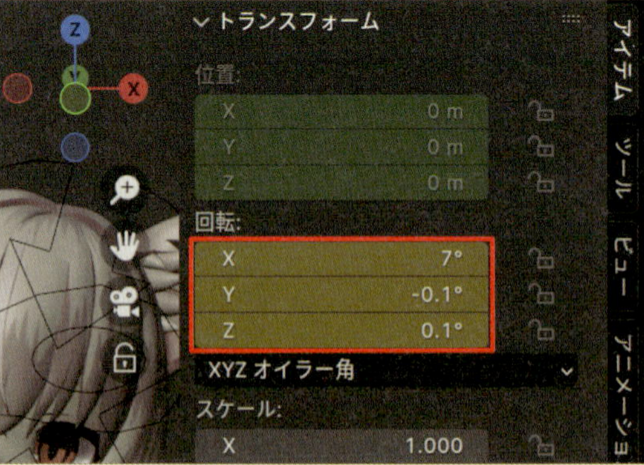


## 07 Step 右手の調整

右手のボーンを選択し、**トランスフォーム**パネルから、回転Xに**200**、回転Yに**126**、回転Zに**200**と入力します。手首は後ほど**グラフエディター**で細かく調整します。

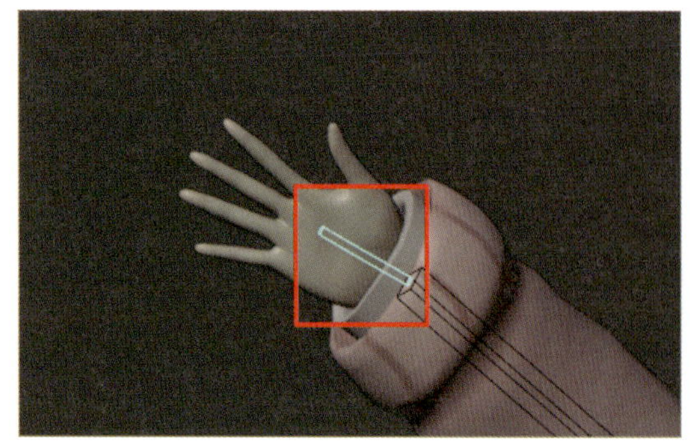

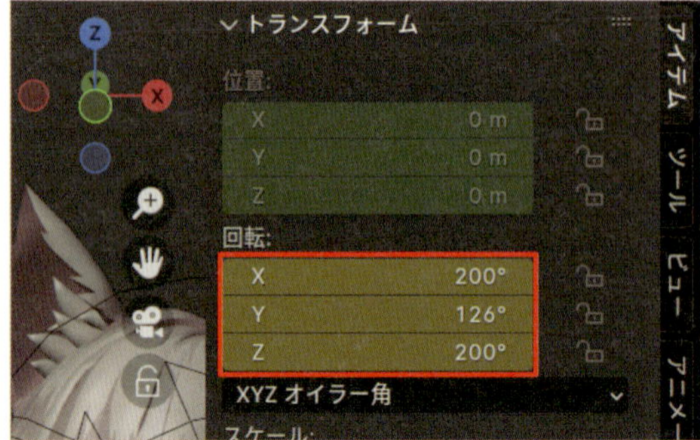

## 08 Step 動きを確認

動きを確認しましょう。腕を真上に伸ばし、右側に移動させると、身体は自然に腕と反対側へ少し傾きます。これは腕を強く振るために、身体が反対方向に動いてバランスを取る必要があるためです。もし身体も腕も同じ方向に動かそうとすると、非常に不自然で、実際にやってみると疲れる動きになってしまいます。

## 09 Step 12フレーム目にすべてのキーフレームを挿入

**12**フレーム目にすべてのキーフレームを挿入します。**12**フレーム目にいることを確認し、3Dビューポート上で**Aキー**を押して全ボーンを選択します。次に**Kキー**を押してキーフレーム挿入メニューを表示し、**位置・回転**のキーフレームを挿入します(または、3Dビューポートのヘッダーから**ポーズ**>**アニメーション**>**キーイングセットでキーフレーム挿入**を選択しても可能です)。全ボーンにキーフレームを挿入することで、特定のボーンにキーフレームが挿入されていないことによる予期せぬ動きを防ぐことができます。

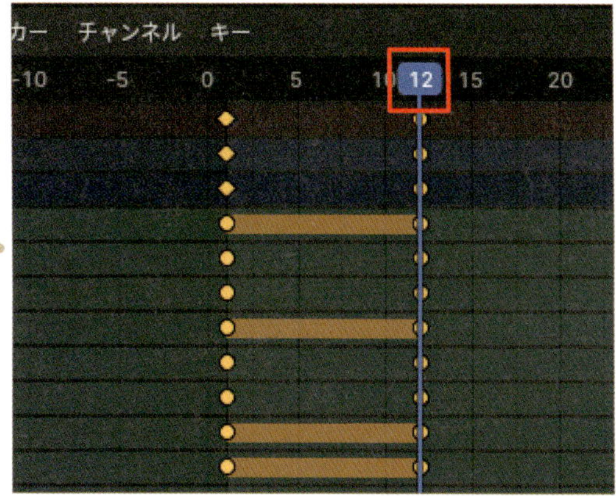

## 10 Step 1フレーム目のキーフレームを24フレーム目に複製

**グラフエディター**で動きを調整する前に、**1**フレーム目にあるキーフレームを複製します。全ボーンが選択されていることを確認し、ドープシートで**1**フレーム目のキーフレーム上部を選択します。複製のショートカットの**Shift＋Dキー**を押し、**24**フレーム目に複製します(ドープシートのヘッダーから**キー**>**複製**を選択しても同様です)。この複製により、**12**〜**24**フレーム間の動きも**グラフエディター**で調整可能になります。

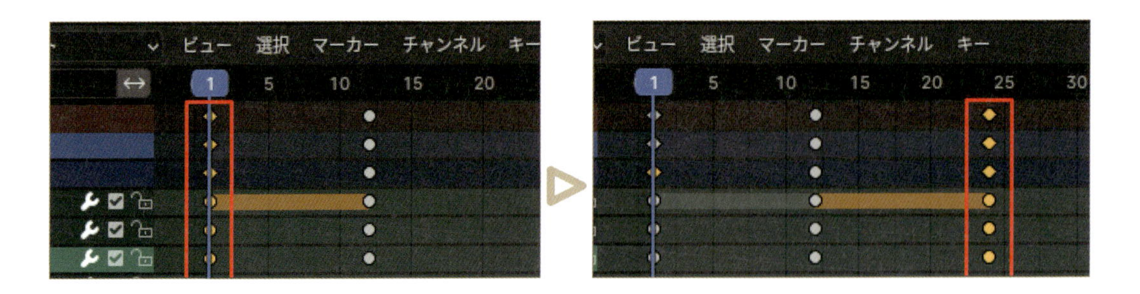


## 2-3 グラフエディターで調整しよう

グラフエディターでは、主に手首の動きを調整します。

### 01 Step グラフエディターに切り替え

ドープシートの左上にあるエディタータイプを**グラフエディター**に切り替えます。あるいはドープシート上で**Ctrl+tabキー**を押しても同様のことができます。

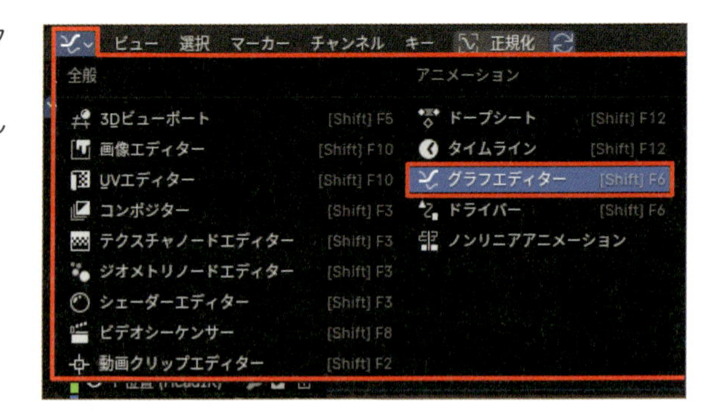


### 02 Step Zオイラー角回転を選択

右手のボーンのチャンネルのみを表示するため、3Dビューポート上で右手のボーン**Hand.R**を選択します。次に、グラフエディターの左側にあるチャンネルリストから**Hand.R**のパネル(右矢印アイコンをクリック)を開き、**Zオイラー角回転(青色のカーブ)**を選択します。

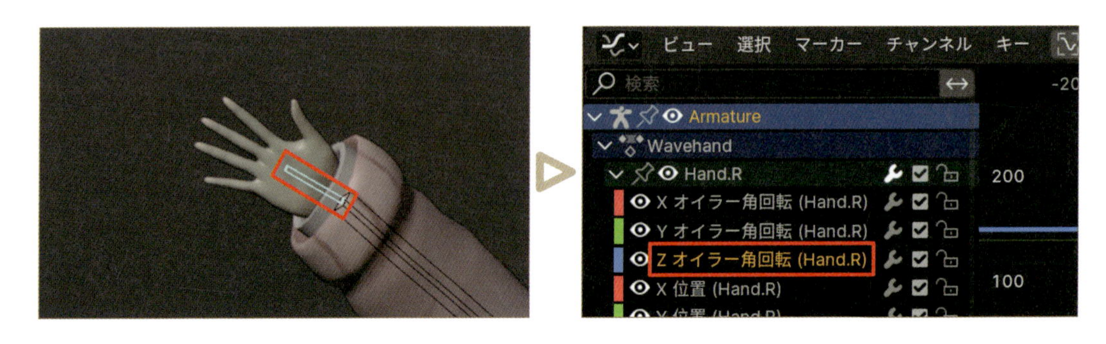

## 03 Step 12フレーム目のハンドルを修正

**12**フレーム目のハンドル(中央の点)を選択し、グラフエディター右側の**サイドバー**(**Nキー**)の**Fカーブ**タブの**アクティブキーフレーム**パネルで、右ハンドルのフレームを**16**、値を**270**と入力します。

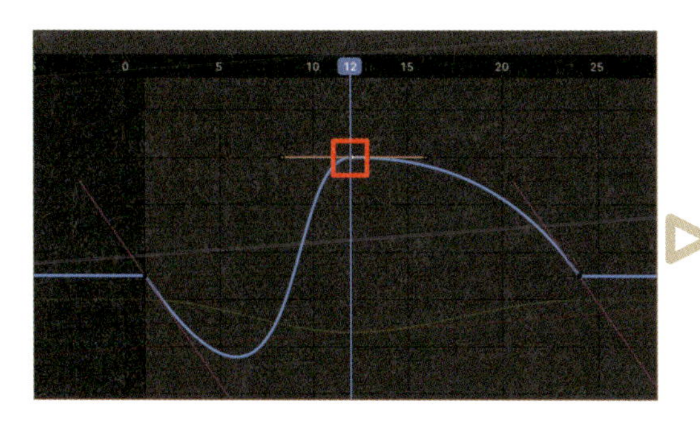

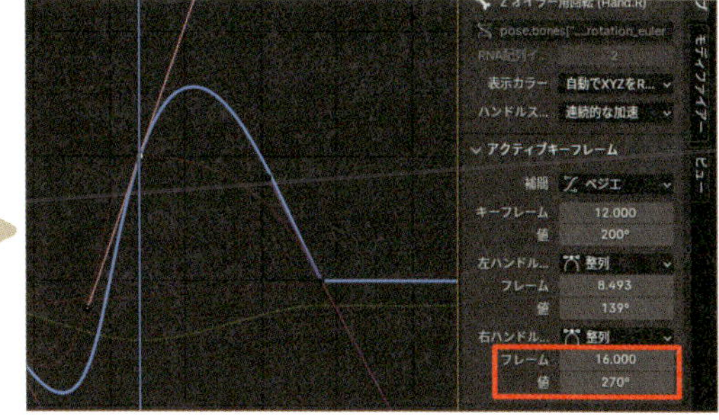

## 04 Step 設定したカーブを確認

右図のようなカーブに設定することで、腕の先端(手)と根元(肩)で動きのタイミングにズレが生じ、**オーバーラップ**(根元と先端で動きのタイミングをズラし、自然な動きを演出するテクニック)を表現することができます。

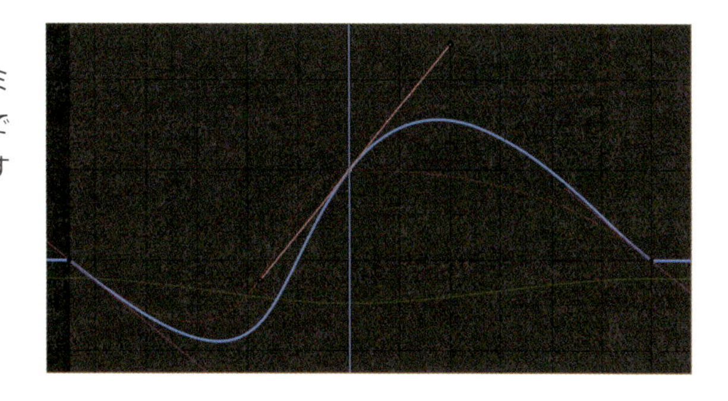

**オーバーラップ**を画像で説明してみましょう。**12**フレーム目では前腕と手は同じ方向に動いていますが、**13**フレーム目で前腕が反対方向(左方向)に動き始めても、手はまだ右方向に進んでいます。**14**フレーム目で手も前腕と上腕の動きに合わせて左方向に移動しているため、自然な動きが生まれます。

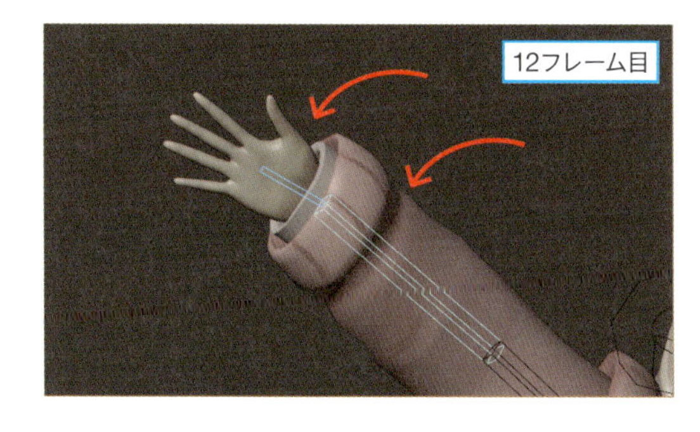


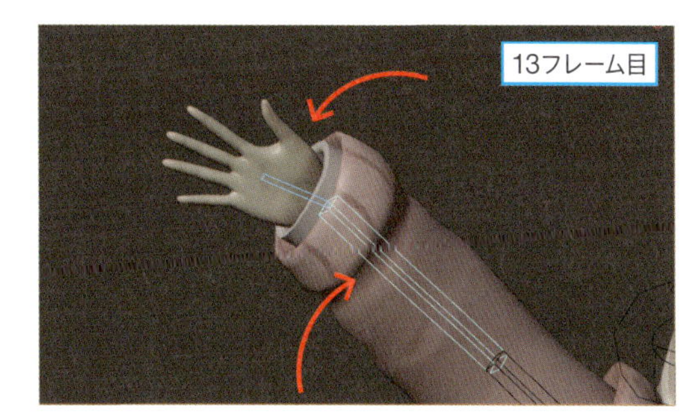


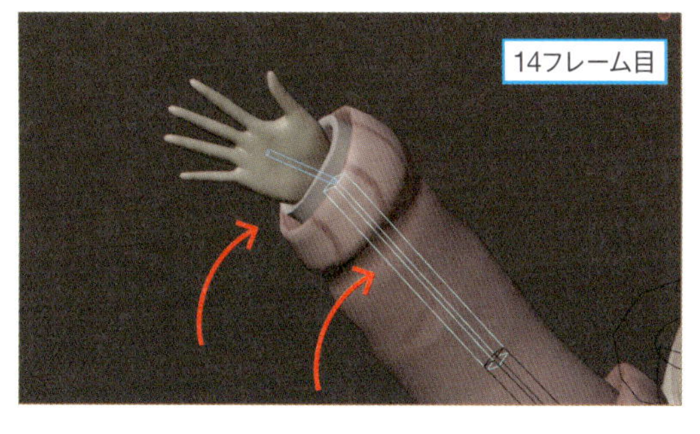

## 2-4 キーフレームを複製しよう

グラフエディターの調整が終わったら、次はキーフレームを複製してアニメーションをループさせましょう。

### 01 Step ドープシートに変更

グラフエディターの左上にあるエディタータイプから**ドープシート**を選択します。あるいはグラフエディター上で**Ctrl+tabキー**を実行することでも同様のことができます。

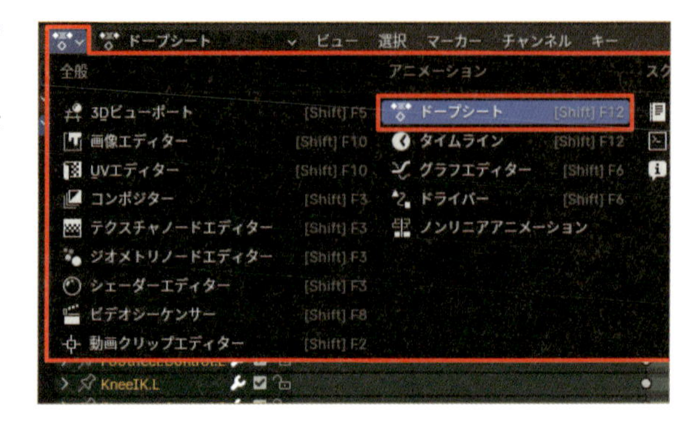


### 02 Step すべてのボーンを選択

キーフレームを複製する準備をします。まずは、3Dビューポートで全選択(**Aキー**)をして、表示されているすべてのボーンを選択します。次に、ドープシート上に表示されているキーフレーム上部を複数選択(**Shift＋左クリック**)、あるいは左ドラッグによるボックス選択で選択します。

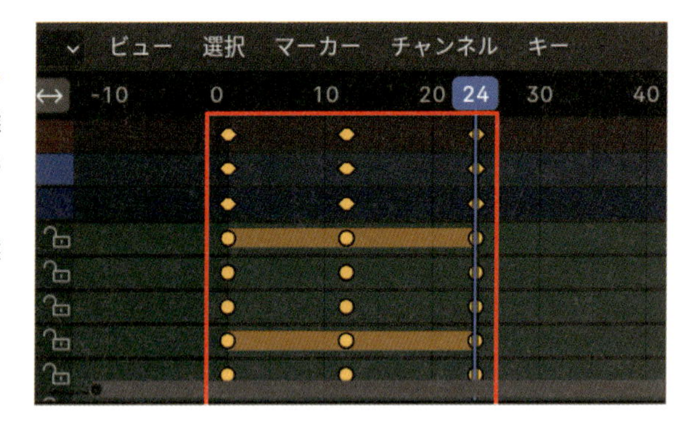


### 03 Step キーフレームの複製を2回行う

**複製**(**Shift＋Dキー**)を行います。複製したキーフレームの**1**フレーム目を、複製元のキーフレームの**24**フレーム目に合わせ、左クリックで確定します❶。配置後は複製したキーフレームが選択された状態のままですので、再度**Shift＋Dキー**を押します。次に、複製したキーフレームの**24**フレーム目を、複製元のキーフレームの**47**フレーム目に合わせ、左クリックで確定します❷。ドープシートのスクラブ領域(フレーム番号が表示されている領域)から、フレーム数を確認しながら複製すると作業がしやすいです。最後に、**Spaceキー**で再生して動作を確認すると良いでしょう。キャラクターが手を繰り返し振っていることを確認したら、次のステップに進みます。Next Page

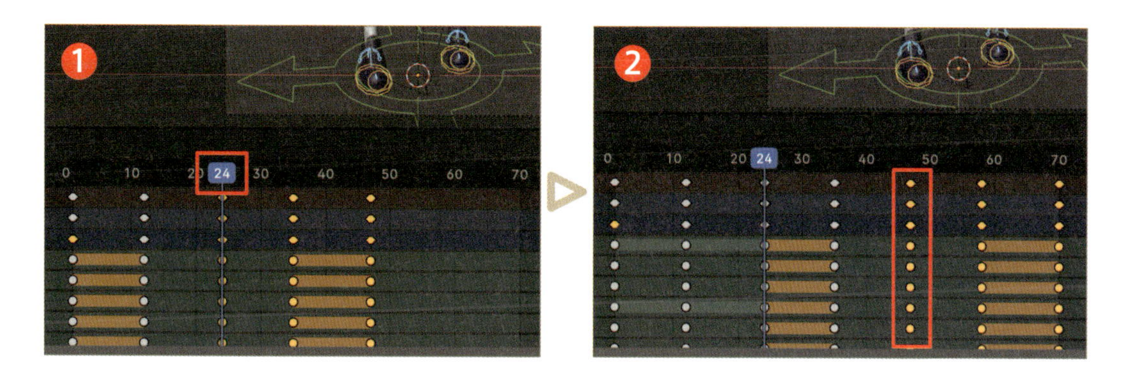


## 2-5　髪の毛、スカートの動きを制作しよう

身体の動きが一通り完成したので、次は髪の毛やスカートの揺れ(セカンダリーアニメーション)を制作します。

### 01 Step　ボーンコレクションの表示・非表示

まずは後ろ髪の揺れから制作します。右側のプロパティの**オブジェクトデータプロパティ**の**ボーンコレクション**パネルから、**2nd_Hair_out**と**2nd_Hair_in**コレクションのソロ(特定のコレクションのみを表示する星アイコン)を有効にします。

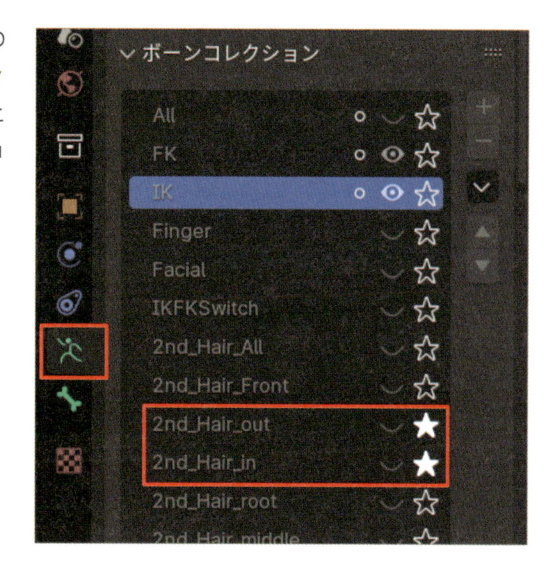


### 02 Step　12フレーム目に移動

3Dビューポート上で全選択のショートカットの**Aキー**を実行します。後ろ髪のボーンがすべて選択されていることを確認し、キーフレームを打つために**12**フレーム目に移動します(**1**フレーム目には既にキーフレームが挿入されています)。

## 03 Step 髪の毛に回転を付ける

3Dビューポート上で回転のショートカットの**Rキー＞Zキー**を実行し、**-10**と入力します。操作実行後に左下に表示される**オペレーターパネル**から、角度に**-10**と入力しても良いでしょう。

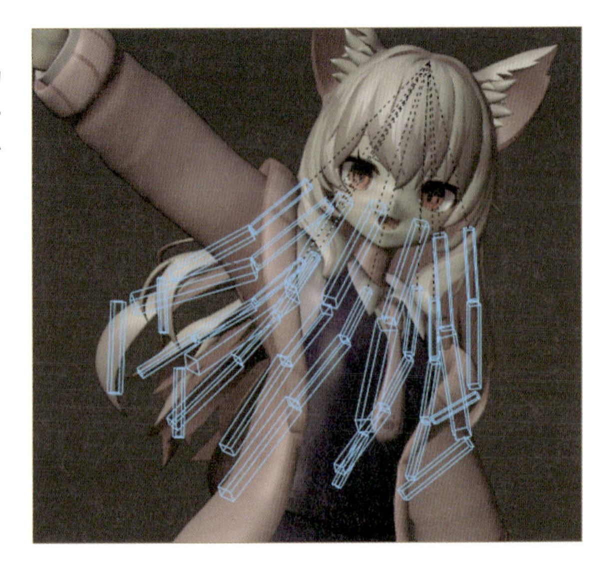

## 04 Step 髪の毛のキーフレームを複製する

**1**と**12**フレーム目のキーフレーム上部を**Shift＋左クリック**、または左ドラッグで複数選択します。次に**複製**(**Shift＋Dキー**)を行い、複製したキーフレームの先頭(**1**フレーム目)を**24**フレーム目に配置します。複製直後はキーフレームが選択された状態なので、続けて**Shift＋Dキー**を実行し、同様の操作を**47**フレーム目、**70**フレーム目にも行います。

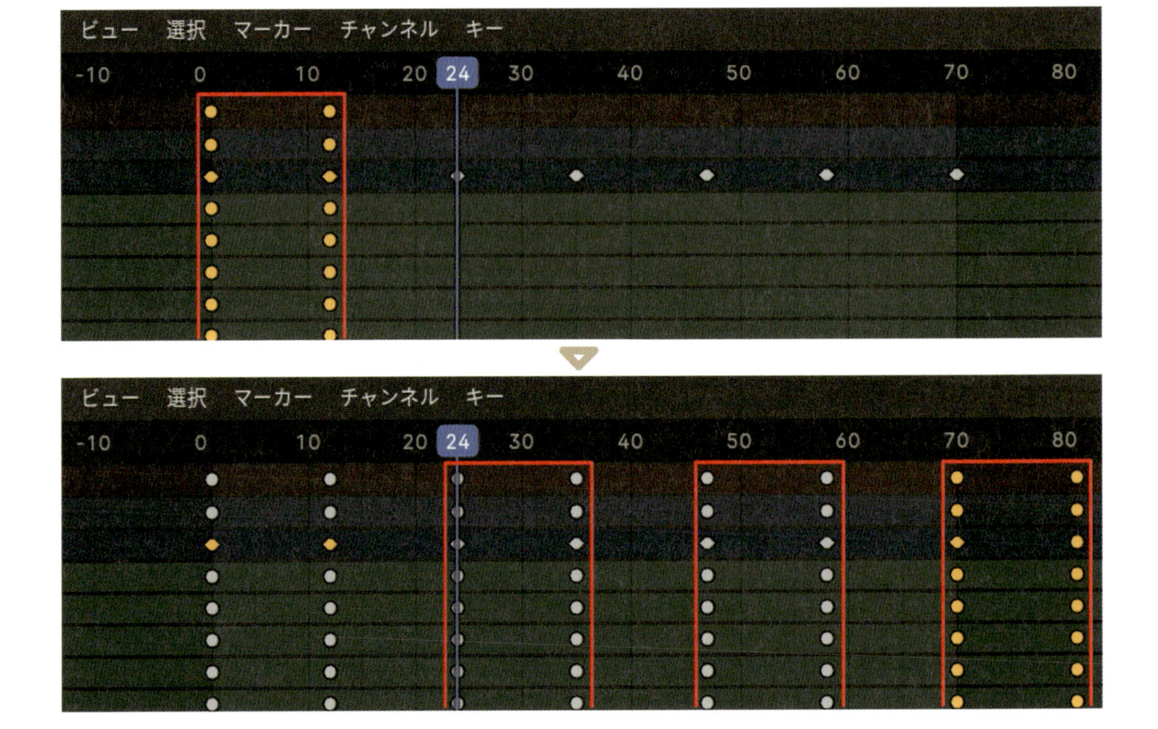

## 05 Step ボーンコレクションの表示・非表示

髪の毛の揺れが自然に見えるように調整します。右側のプロパティの**オブジェクトデータプロパティ**の**ボーンコレクション**パネルから、**2nd_Hair_middle（後ろ髪の中間のボーンが格納されているコレクション）**のソロのみを有効にします。

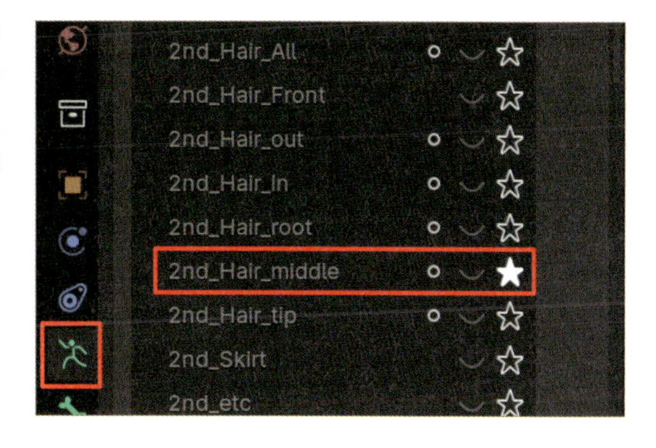


## 06 Step キーフレームの移動

3Dビューポート上で全選択のショートカットの**Aキー**を押し、表示されているボーンを選択します。次に、ドープシート上で同じく**Aキー**でキーフレームを選択し、移動の**Gキー**を押します。ここでは**5**フレームほど進めます。

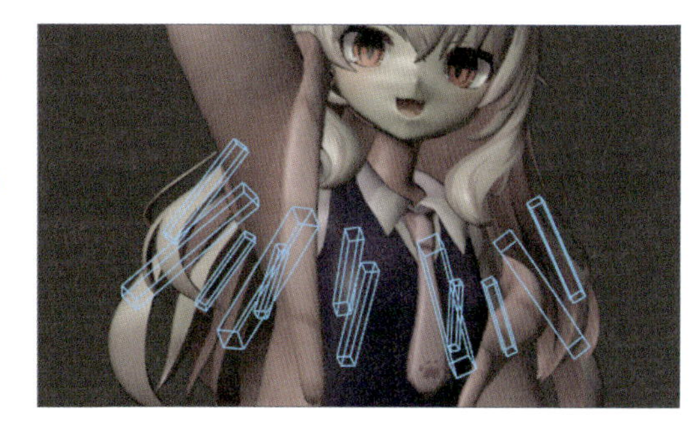

Chapter 1 Chapter 2 Chapter 3 Chapter 4 Chapter 5

## 07 Step ボーンコレクションの表示・非表示

右側のプロパティの**オブジェクトデータプロパティ**の**ボーンコレクション**パネルから、**2nd_Hair_tip（後ろ髪の先端のボーンが格納されているコレクション）**のソロのみを有効にします。

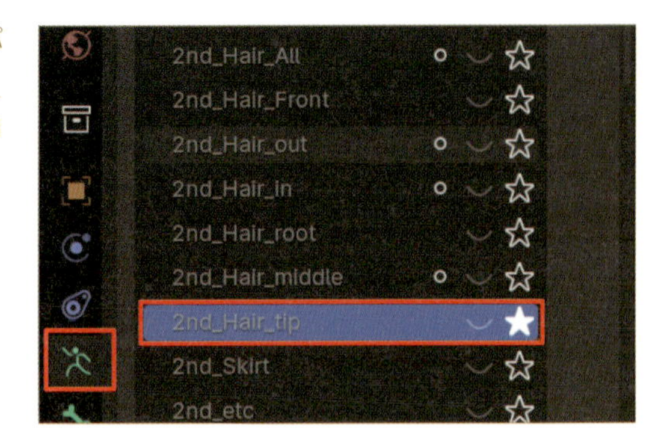


## 08 Step キーフレームの移動

3Dビューポート上で全選択のショートカットの**Aキー**を実行し、表示されているボーンを選択します。次に、ドープシート上で同じく**Aキー**でキーフレームを選択し、移動の**Gキー**を押します。ここでは**10**フレームほど進めます。

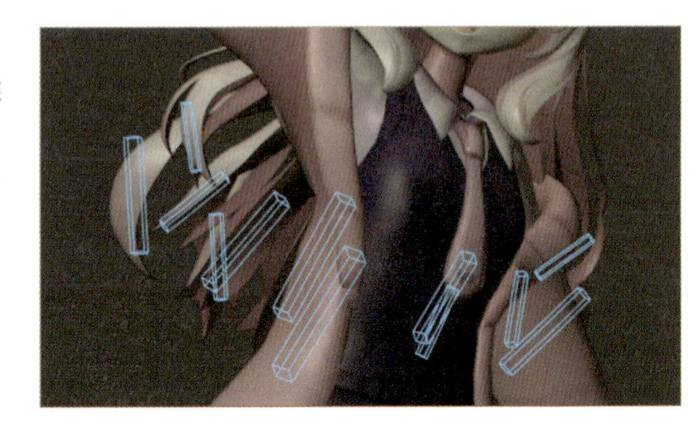

## 09 Step ボーンコレクションの表示・非表示

次は前髪と横髪の髪の毛の揺れを作成します。右側のプロパティの**オブジェクトデータプロパティ**の**ボーンコレクション**パネルから、**2nd_Hair_Front**コレクションのソロを有効にします。

## 10 Step キーフレームの移動

3Dビューポート上で**Aキー**を押して、表示されている前髪と横髪のボーンを選択します。その後、**12**フレーム目に移動します。

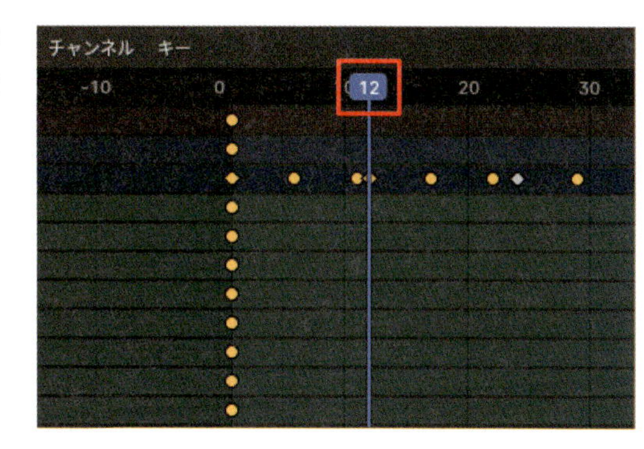


## 11 Step 髪の毛に回転を付ける

3Dビューポート上で回転の**Rキー**を押し、続けて**Yキー**を2回押して座標系を**グローバル**軸に切り替えます。その後、**-7**と数値入力すると、前髪と横髪が左側に回転します。操作後、左下に表示される**オペレーターパネル**で角度を**-7**、座標軸を**Y**、座標系を**グローバル**にすることでも同様の結果を得ることができます。

## 12 Step キーフレームを複製と移動

キーフレームを複製します。**1**と**12**フレーム目のキーフレーム上部を**Shift＋左クリック**、あるいは左ドラッグで複数選択をします。**複製**（**Shift＋Dキー**）を行い、複製したキーフレームの頭（**1**フレーム目）を**24**フレーム目に配置します。複製直後はキーフレームが選択された状態なので、続けて**Shift＋Dキー**を実行し、同様のことを**47**フレーム目、**70**フレーム目にも行います。

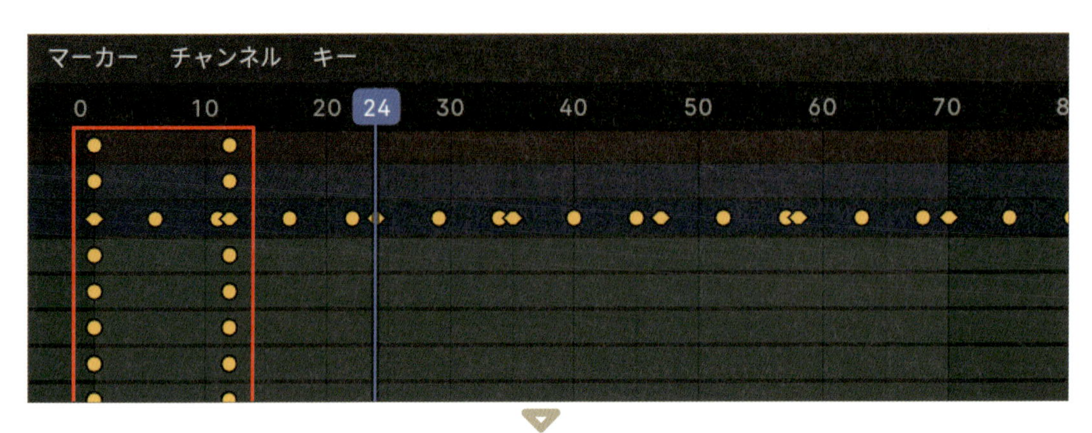


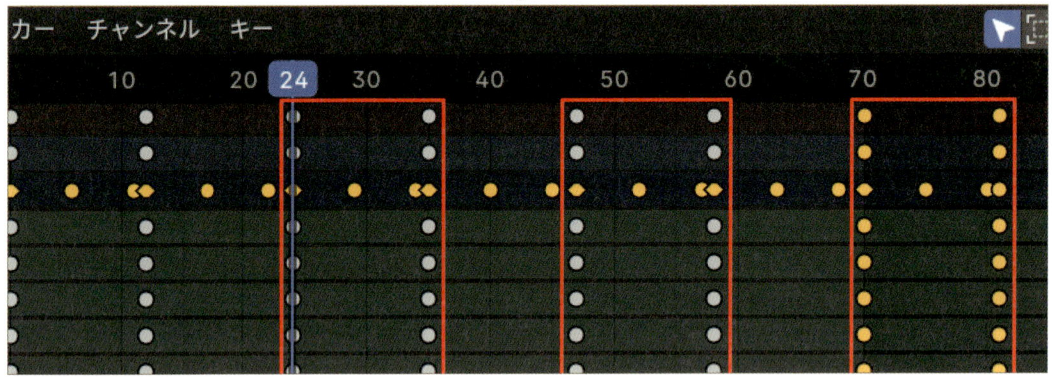


### Column

**揺れにランダム感を出してみよう！**

本書ではアニメーション制作の難易度が上がる都合上、省略していますが、髪の毛の揺れにランダム感を出すと、より自然な揺れが表現できます。ここで制作した前髪と横髪の揺れであれば、均等に挿入されているキーフレームを少しズラすことでランダム感が出ます。余裕があれば挑戦してみて下さい。

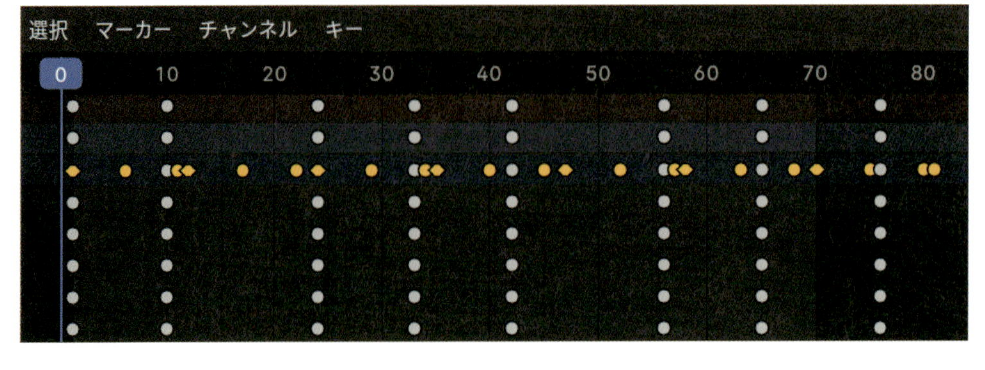

## 13 Step ボーンコレクションの表示・非表示

スカートに少し揺れを加えます。右側のプロパティの**オブジェクトデータプロパティ**の**ボーンコレクション**パネルから、**2ns_Skirt**のソロのみを有効にします(**2nd_Hair_Front**のソロを無効にするのを忘れないようにしましょう)。

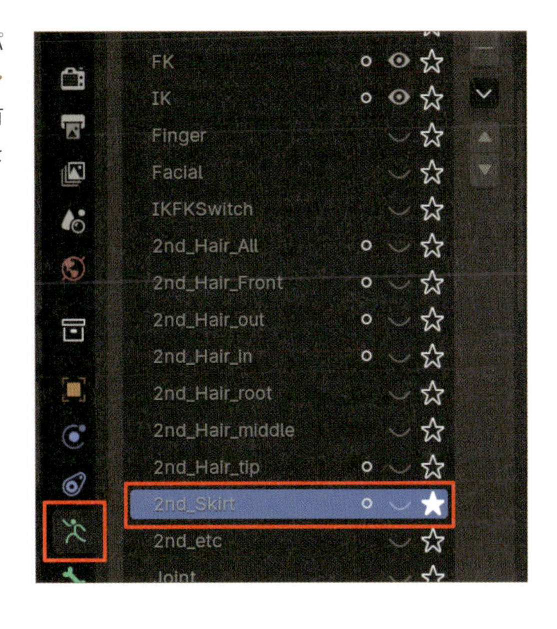


## 14 Step スカートに回転を付ける

3Dビューポート上で全選択のショートカットの**Aキー**を押し、スカートのボーンをすべて選択します。次に、**12**フレーム目に移動します。その後、3Dビューポート上で回転の**Rキー**を押し、**Yキー**を2回押して座標系を**グローバル**軸に切り替え、**-2**と数値入力することで、スカートが左側に回転します。操作後に、左下に表示される**オペレーターパネル**から、角度を**-2**、座標軸を**Y**、座標系を**グローバル**にすることでも同じことができます。手動の場合は、**テンキーの1キー**を押して**正面視点**に切り替え、回転の**Rキー**で調整します(身体の傾きに合わせて、スカートを揺れ動かす感じです)。

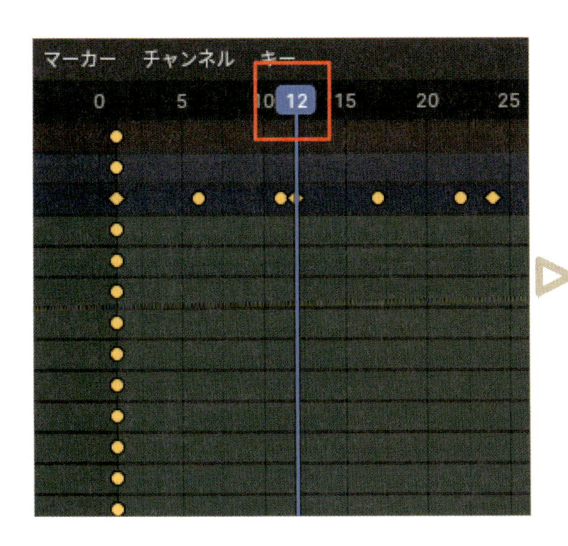


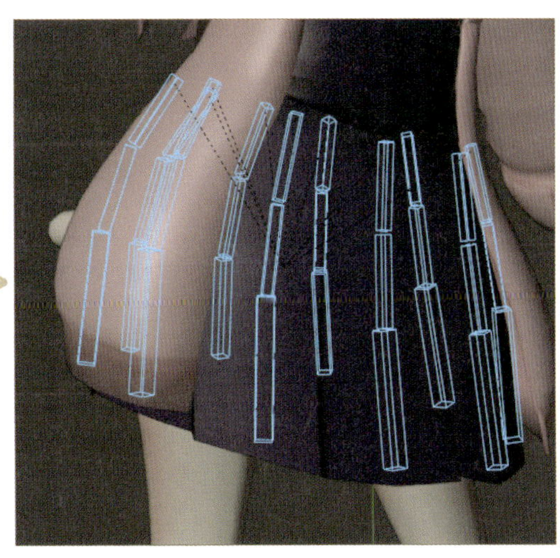

15 Step

**キーフレームを複製と移動**

キーフレームを複製します。**1**と**12**フレーム目のキーフレーム上部を**Shift＋左クリック**、あるいは左ドラッグで複数選択をし、**複製**(**Shift＋Dキー**)を行い、複製したキーフレームの頭(**1**フレーム目)を**24**フレーム目に配置します。複製直後はキーフレームが選択された状態なので、続けて**Shift＋Dキー**を実行し、同様のことを**47**フレーム目、**70**フレーム目にも行います。

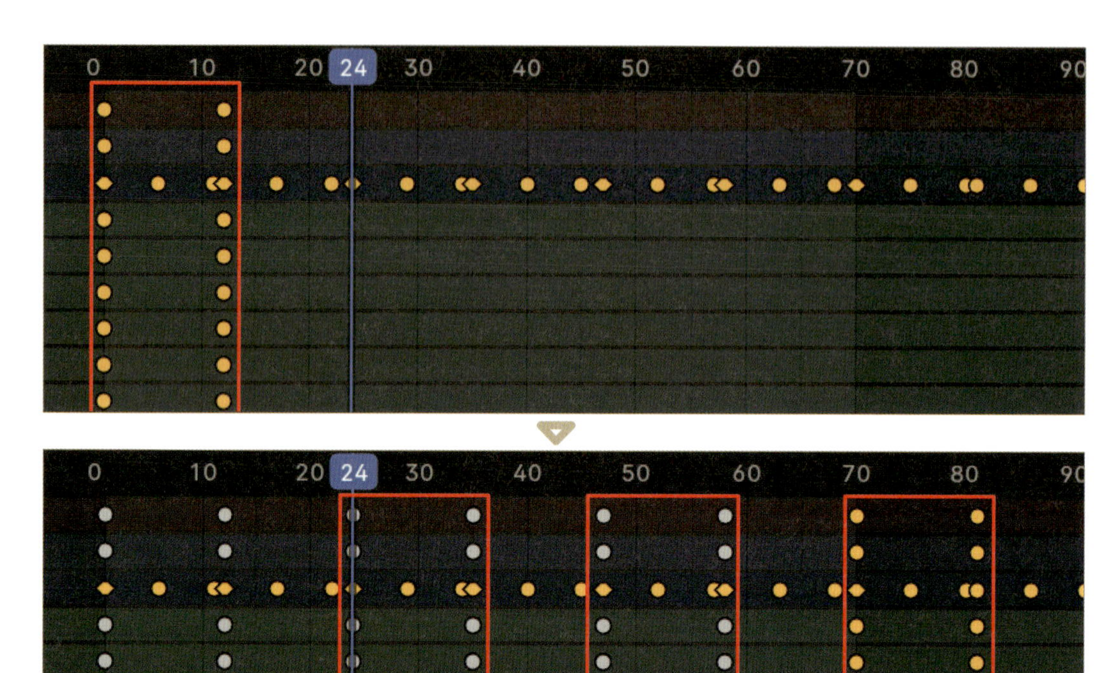

16 Step

**ボーンコレクションを無効にする**

作業が終わったら、右側のプロパティの**オブジェクトデータプロパティ**の**ボーンコレクション**パネルから、ソロ(星アイコン)をすべて無効にします。**FK**と**IK**のコレクションのみが表示(目玉アイコン)されていることを確認しましょう。

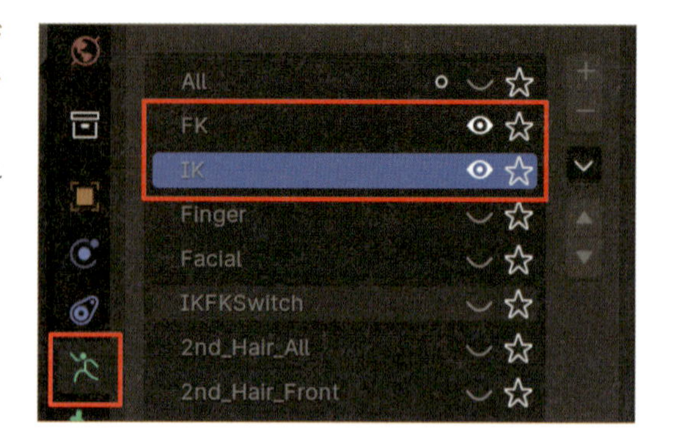


## 2-6 レンダリングをしよう

最後はラインアートを表示しつつ、動画を出力しましょう

## 01 Step 解像度の設定

右側のプロパティの**出力プロパティ**から設定の確認をします。**解像度X**と**解像度Y**は、サンプルでは**1200**、**1600**と設定していますが、各自お好きなサイズに変更して構いません。サイズを変更した場合は、アウトライナーから**Front_Camera**を選択し、プロパティの**オブジェクトプロパティ**（**黄色い四角のアイコン**）の**トランスフォーム**パネルから、位置を変更してキャラクターがカメラの中に入るように調整しましょう。

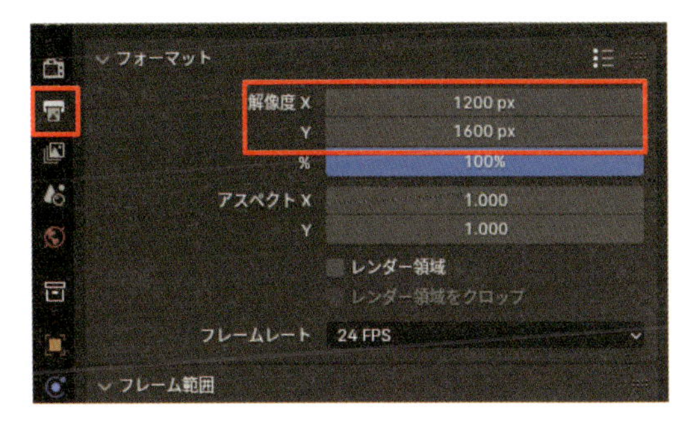


## 02 Step フレームと出力先、エンコーディングの設定

終了フレームが**70**であることを確認したら、**出力**パネルから出力先を指定します。ファイルフォーマットを**FFmpeg動画**にし、エンコーディングパネルの右側にあるプリセットメニューから**H264（MP4内）**を指定します。

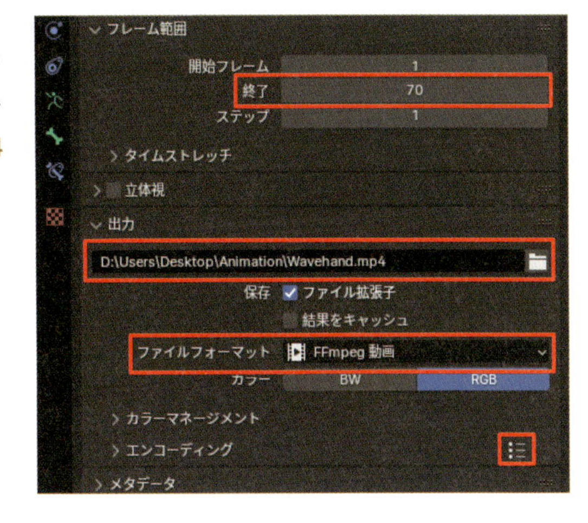


## 03 Step Lineを表示

アウトライナーから**Line**コレクションの**ビューレイヤーから除外**を有効にし、キャラクターのアウトラインを表示します。

## 04 Step レンダリングする

トップバーの**レンダー＞アニメーションレンダリング**（**Ctrl+F12キー**）を押して動画を出力します。**レンダー＞アニメーション表示**（**Ctrl+F11キー**）からアニメーションの確認がすぐにできます。以上で、手を振るアニメーションの完成です。

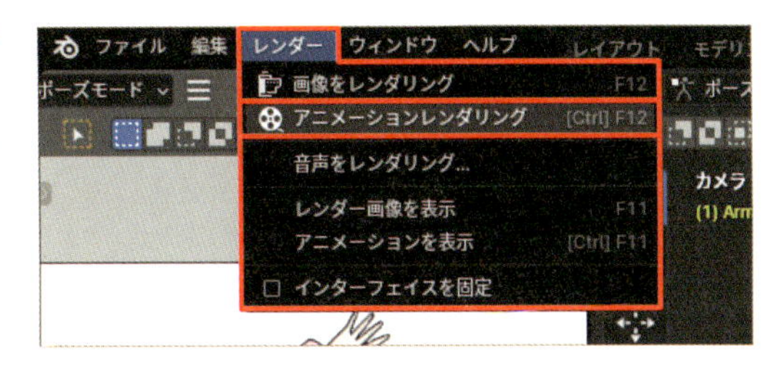

Chapter 4

3

# ジャンプするアニメーションを制作しよう

ここまで「うなずき」や「手を振る」アニメーションを制作し、主に上半身の動きについて学びました。これらは比較的小さな動きで練習をするのに適していますが、下半身はほとんど動かないため、表現が限定的でした。そこで、これまでの動きから一歩進んだ練習として、ジャンプ動作を制作します。今回は、「地面に並べられたフラフープの上を、両足でジャンプしながら進む」という3秒ほどのアニメーションを制作します。ジャンプはキャラクターの全身を使った動きで、重心移動や着地の衝撃を考慮する必要があるため、より高度なアニメーション技術が求められます。また、ジャンプ後に後ろを向くという演技も加え、より可愛らしい表現を目指します。ジャンプで大事なのは「足が地面にしっかりと着地していること」です。足をしっかりと地面に接触させ、キャラクターに重みを感じさせることで、動きにリアリティが生まれます。

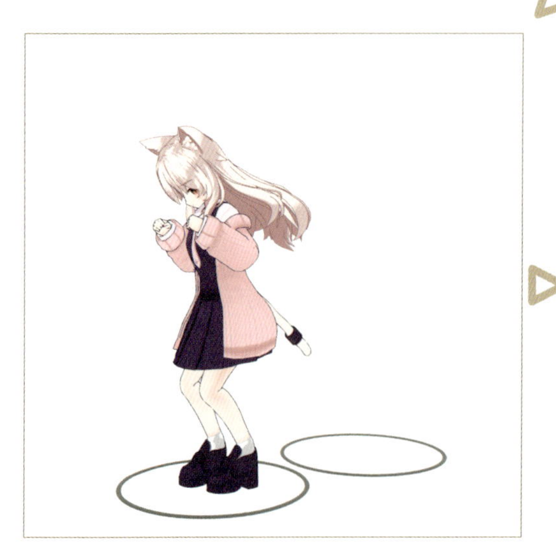

## 3-1 ジャンプを構成するポーズを確認

アニメーションを制作する前に、ジャンプを構成する各ポーズについて解説します。ジャンプを構成するのは、**予備動作**、**ジャンプする瞬間**、**空中**、**着地する直前**、**着地**の5つのポーズです。また、前方にジャンプをする際には、**放物線を描く**ことが重要で、これは前のChapterで説明した**重力を意識する**ことや、ほとんどの動きは**曲線**(**運動曲線**)を描くという基本を活かしたものです。

### 予備動作

予備動作(キャラクターがメインの動作をする前の動きのこと)は、ジャンプする前に力をためる動作です。キャラクターが膝を曲げ、身体全体を少し下に沈み込ませたポーズにすることで、まるでジャンプのエネルギーを蓄えているかのように見せることができます。この予備動作の時に発生する反動の力を利用して、ジャンプをするのです。

### ジャンプする瞬間

地面を蹴って身体が浮き始める瞬間のポーズです。大事なポイントは、足がまだ地面についていることです。足はバネのような役割を果たします。足が地面をしっかりと押し出し、全身が力を使って飛び上がる感じを表現しましょう。また、この瞬間のポーズは足だけでなく、腕や身体の傾きなどにも注意が必要です。

## 空中

キャラクターが空中で一番高い位置に到達した瞬間です。この時、身体を伸ばし、腕や足が軽やかに浮いている様子を表現します。ジャンプの勢いに応じて、腕や足の位置を調整し、リラックスしている感じを出すと良いでしょう。

## 着地する直前

キャラクターが地面に戻る準備をしている瞬間です。膝が軽く曲がり始めることで、着地の衝撃を吸収する準備ができていることを表現できます。

## 着地

キャラクターが降り立つポーズです。足が地面に着き、膝が少し曲がります。このポーズのポイントは、着地後にエネルギーを吸収するために身体が少し沈み込むことです。着地した後に、すぐ次の動作に行くのではなく、動作による反動を吸収する時間（間合い）が必要です。

## 3-2 まずは腰と足を調整しよう その1

5つの主要なポーズを作る際、最初から完璧に仕上げようとすると、後で修正したくなったときに各パーツの動きをもう一度調整しなければならず、作業が大変になることがあります。まずは、キャラクターの立ち位置を決めることから始めましょう。

### 01 Step サンプルファイルを開く

サンプルファイル内にある**03_sample_Jump**フォルダから、**Animation_Jump.blend**をダブルクリックして開きます。これまで制作したアニメーションと同様、最初のポーズが完成した状態です。

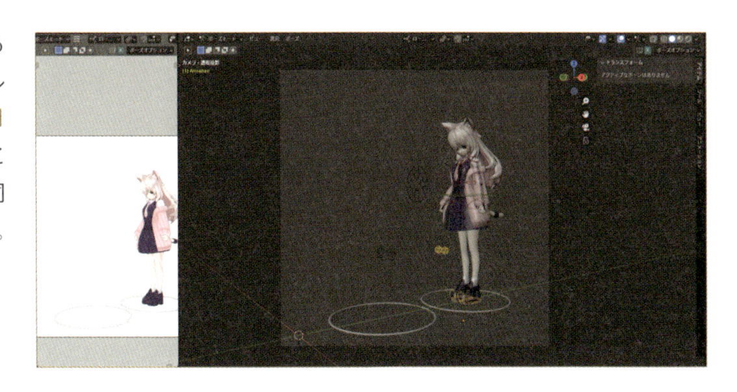

### 02 Step 予備動作のポーズを作成

ジャンプ前の予備動作となるポーズを作成します。**ポーズモード**にいることを確認したら、腰の位置を調整するために**Rootupper**（**下半身のみが動く緑色の円型のボーン**）を選択します。ドープシートから**10**フレーム目に移動し、3Dビューポートの**サイドバー**（**Nキー**）の**アイテム**タブの**トランスフォーム**パネルから、位置Yに**-0.05**、位置Zに**-0.1**、回転Xに**0.1**と入力します。手動で調整したい方は、**テンキーの3キー**を押して側面視点にし、移動の**Gキー**や回転の**Rキー**を使って腰を下げます。ジャンプの際には、身体を縮めて力を溜める動作が必要です。そのため、膝や身体など、各パーツを曲げて準備する姿勢を作ります。身をかがめた姿勢になったら、次に進みます。

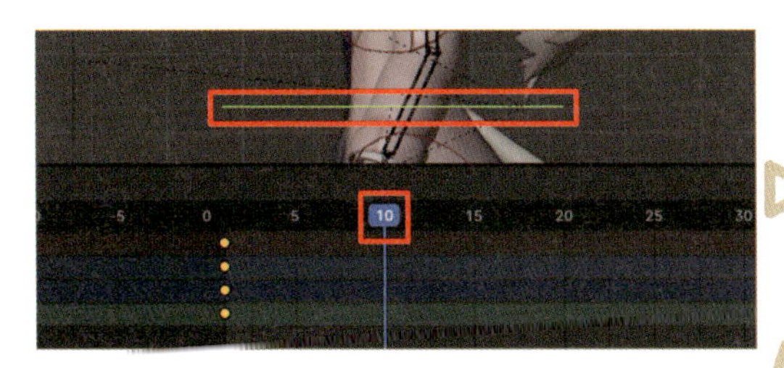


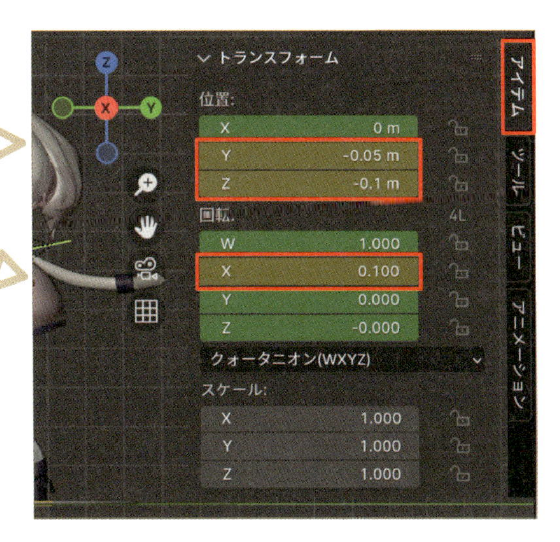

## 03 Step 左足のかかとの制御

足の向きを調整します。左足のかかとを制御するボーン**Footheel.Control.L**（**かかとにある矢印のボーン**）を選択し、**トランスフォーム**パネルから、回転Zに**20**と入力します。手動で調整する場合は回転の**Rキー**＞**Zキー**で調整しましょう。

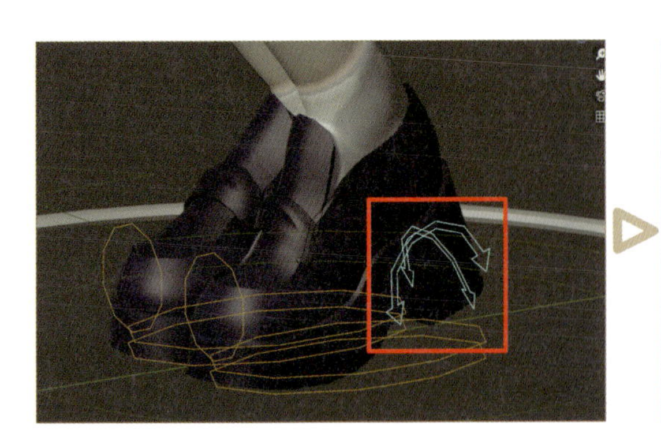

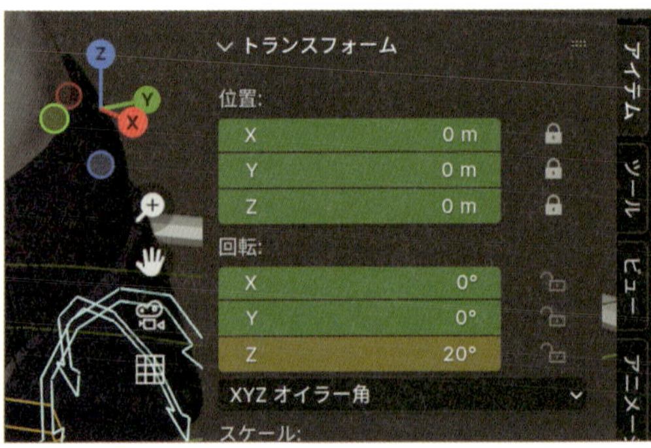


## 04 Step ポーズをコピーしてペースト

反対側の右足のかかとにも同様の対応をしますが、手動で数値入力や調整をするというのも作業効率が悪いので、ポーズをコピーしてペーストします。先程変形した左足のかかとのボーンだけを選択し、3Dビューポート上で右クリックをします。メニュー内にある**ポーズをコピー**（**Ctrl+Cキー**）を押すと、ポーズがコピーされます。下にあるステータスバー内に**内部クリップボードにポーズをコピーしました**と表示されれば、ポーズがコピーされた証拠です。

※ポーズをコピーする際は、必ず対象のボーンを選択しましょう。

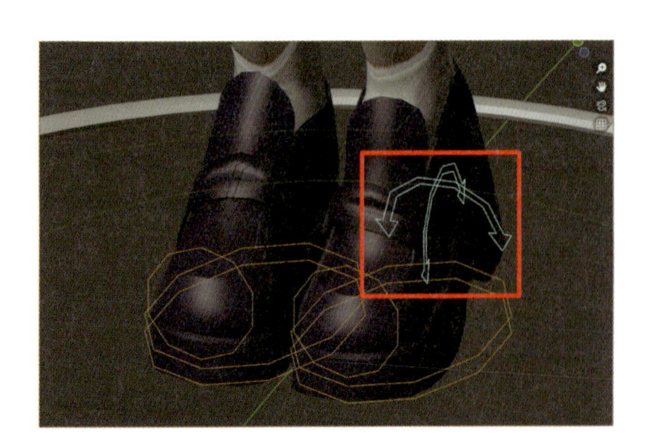

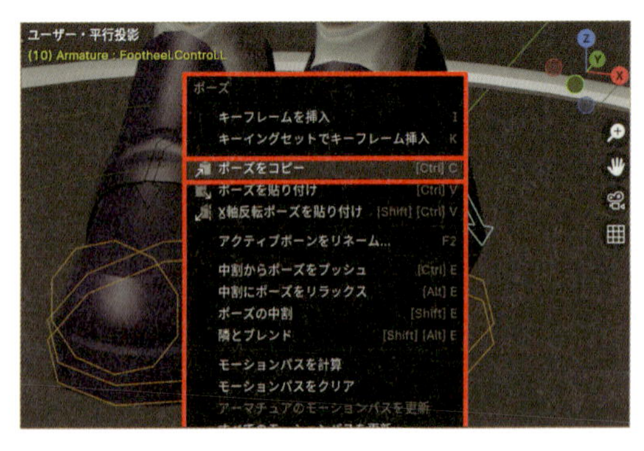


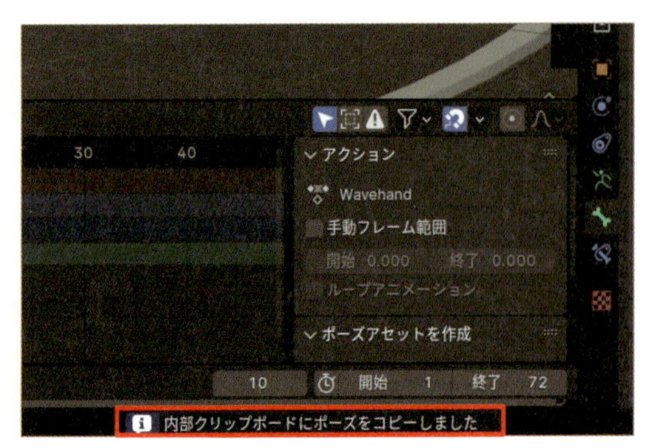

## 05 Step 反対の足にポーズを貼り付け

再度右クリックし、メニュー内の**X軸反転ポーズを貼り付け**(**Shift＋Ctrl+Vキー**) を実行すると、反対側にも同じポーズが適用されます。右足のかかとが、左足と同じように上がっていれば成功です。上手くいかない場合は、ボーンがコピーされていることを確認し、反対側の右足のかかとのボーン**Footheel.Control.R**を選択した状態で**X軸反転ポーズを貼り付け**(**Shift＋Ctrl+Vキー**) を実行して下さい。このように**つま先**を少し反らすことで、足全体の動きに躍動感が出ます。

> **MEMO**
>
> 手動で調整する際は、3Dビューポートの右上にある**X**アイコンを有効にするか、**ポーズオプション**から**X軸ミラー**を有効にすると、左右対称の変形が可能になります。アニメーションに慣れてきたらこの機能を利用することをおすすめします。

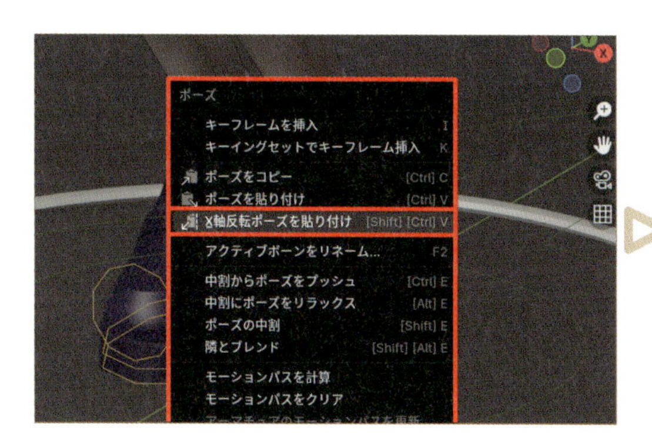


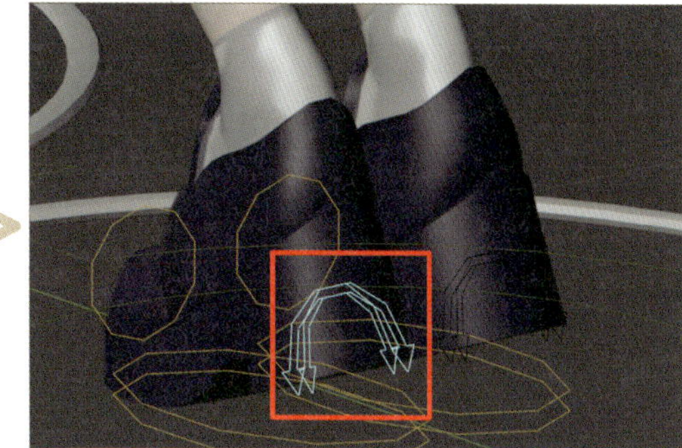

## 06 Step キーフレームを挿入

各ボーンにキーフレームを挿入します。**10**フレーム目にいることを確認したら、3Dビューポート上で全選択のショートカットの**Aキー**を押し、表示されている全ボーンを選択状態にします。次に、キーフレーム挿入メニューを表示するショートカットの**Kキー**を押し、メニュー内から**位置・回転**を選択します。

※繰り返しますが、このようにすべてのボーンにキーフレームを挿入することで、勝手にボーンが動いてしまうなどの意図せぬ変形を防ぐことができるからです。

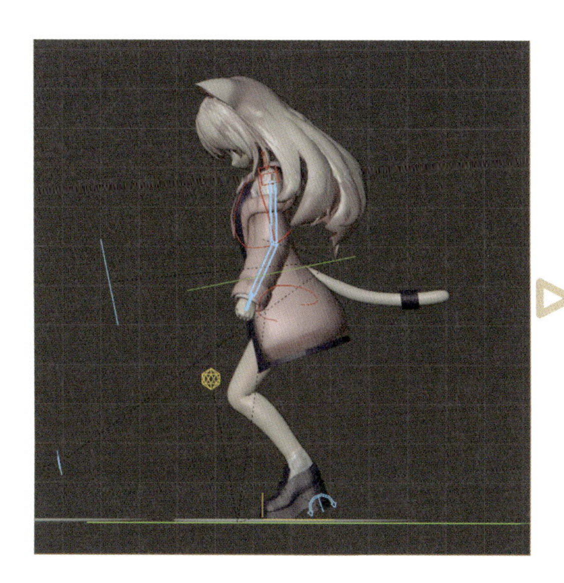

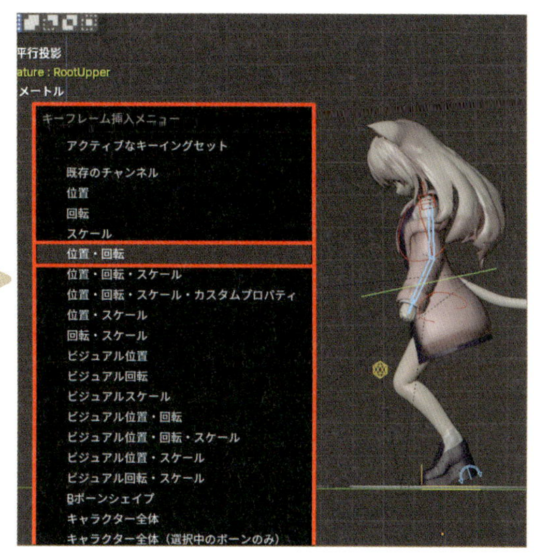

**Column**

### 「X軸反転ポーズを貼り付け」について

この操作は、コピーしたポーズを左右反転して貼り付ける機能です。片足のみを**コピー**（**Ctrl+Cキー**）した状態❶で**X軸反転ポーズを貼り付け**（**Shift＋Ctrl+Vキー**）を実行すると、反対側の足に反転したポーズが貼り付けられます❷。また、両足にキーフレームを挿入し、両足を選択してコピー❸した後で同じ操作を行うと、それぞれの足に反転したポーズが貼り付けられます❹。この機能は、歩きや走りのアニメーション制作、左右反転のポーズを制作する際に便利です。ただし、この操作はボーンの名前の末尾に**.R**や**.L**が付いている、左右対称になっているボーンにのみ適用されます。

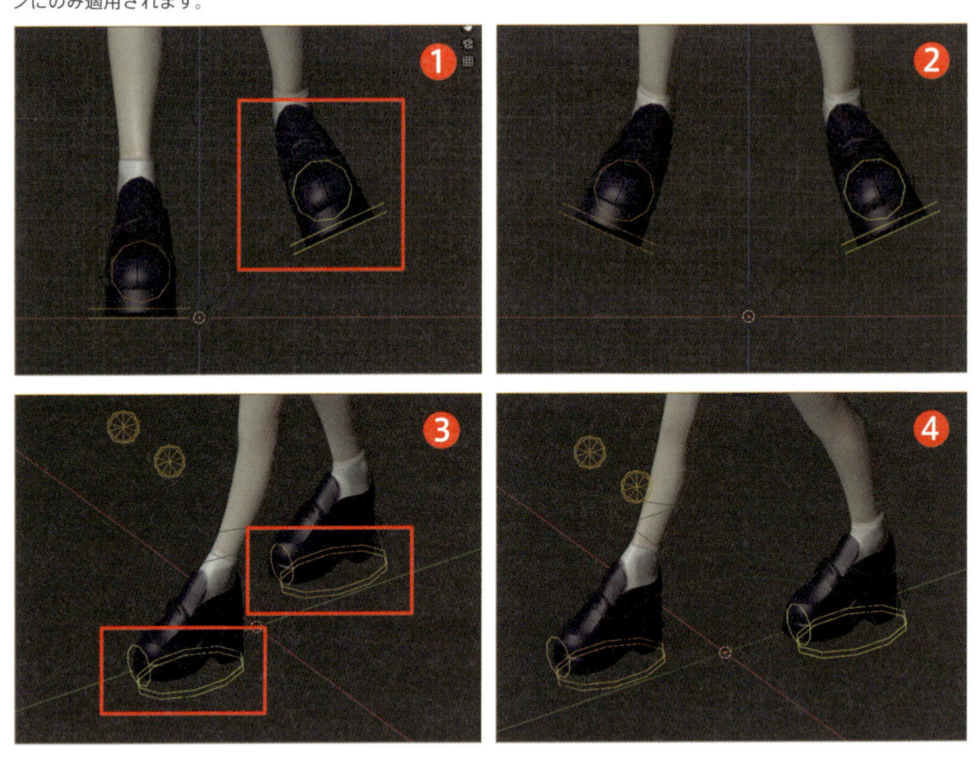

## 07 Step 14フレーム目にキーフレームを挿入

次に、足が地面から離れる寸前のポーズを作り、腰と足の位置を決めます。**14**フレーム目に移動し、**Rootupper**（**下半身のみが動く緑色の円型のボーン**）を選択します。**サイドバー**（**Nキー**）の**アイテム**タブの**トランスフォーム**パネルから、位置Yを**-0.1**、位置Zを**0.01**、回転Xを**0**と入力します。足をバネのように使ってジャンプするため、このポーズがないとキャラクターが突然空中に飛び上がるような不自然な動きになり、違和感が生じます。また、ジャンプの際にはつま先をしっかり地面に設置することが重要で、これによって力を溜めてジャンプする動きを表現することができます。つま先を設置していないと、キャラクターが踏ん張っていないように見え、ジャンプの勢いや力強さが欠けてしまいます。Next Page

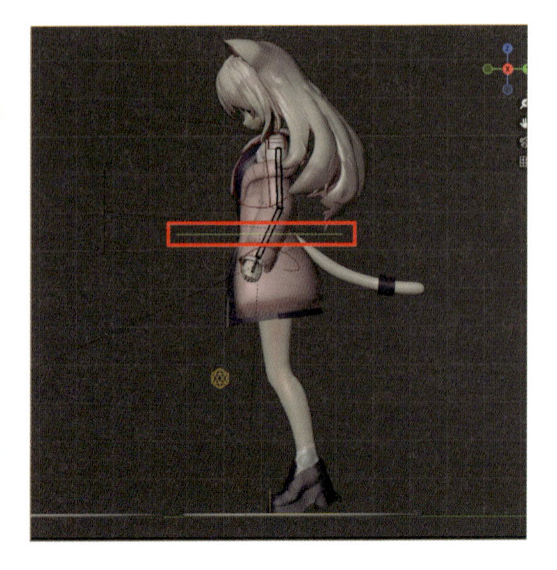

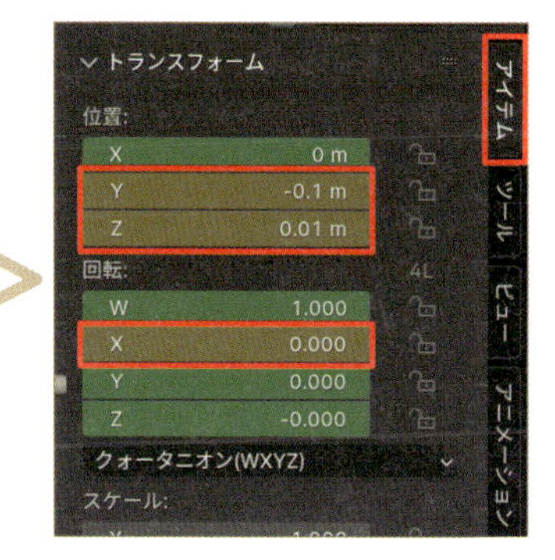


## 08 Step 左足のかかとの回転

左足のかかとを少し持ち上げます。左足のかかとを制御するボーン**Footheel.Control.L**（**かかとにある矢印のボーン**）を選択し、**トランスフォーム**パネルから、回転Zに**40**と入力します。

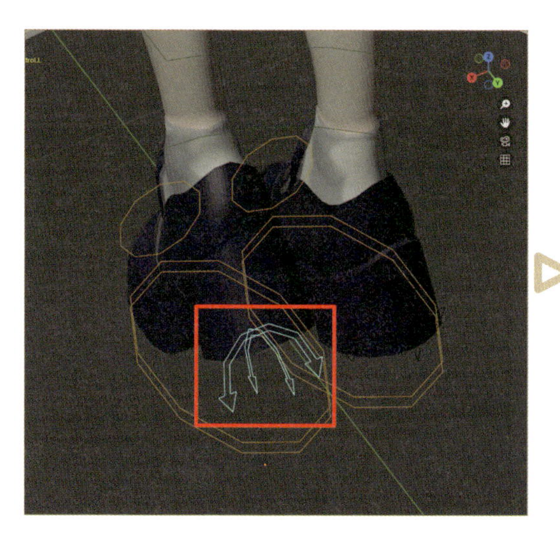

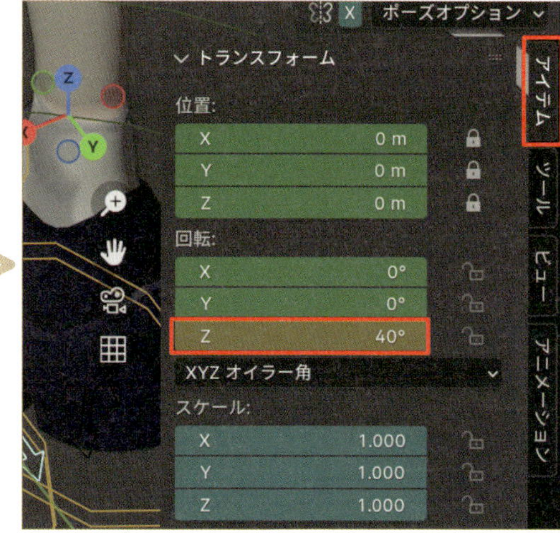


## 09 Step ポーズのコピー&ペースト

次に右クリックをし、**ポーズをコピー**（**Ctrl+Cキー**）を実行します❶。続けて右クリックから**X軸反転ポーズ貼り付け**（**Shift+Ctrl+Vキー**）を実行し❷、反対側のかかとにも反転ペーストします。

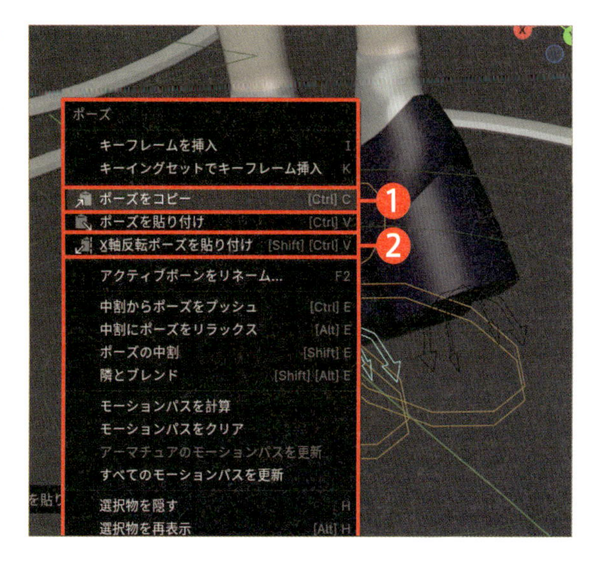

## 10 Step 右足の回転を変更

両足が左右対称だと、キャラクターの動きが機械的になり、硬く感じられます。片足を少し前に出すなどして、左右非対称にして自然に見えるように調整します。ここでは、右足のかかとの回転Zを**-30**と入力します。

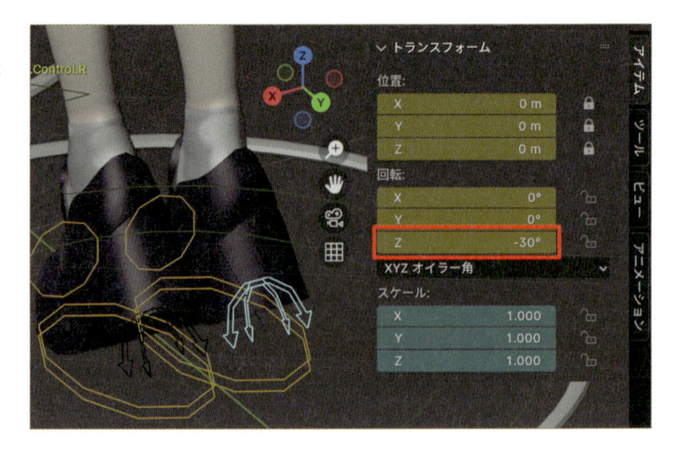


## 11 Step 14フレーム目にキーフレームを挿入

**14**フレーム目にいることを確認したら、3Dビューポート上で全選択のショートカットの**Aキー**を押して、表示されているすべてのボーンを選択状態にします。次にキーフレーム挿入メニューを表示するショートカットの**Kキー**を実行し、メニュー内から**位置・回転**をクリックします。

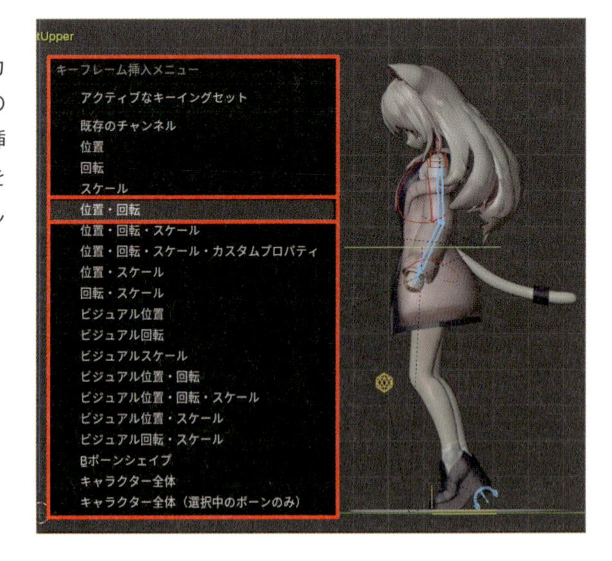


## 12 Step 17フレーム目にキーフレームを挿入

次は空中のポーズを作成します。ドープシートから**17**フレーム目に移動し、再び**Rootupper**を選択します。**サイドバー**（**Nキー**）の**アイテム**タブの**トランスフォーム**パネルから、位置Y（前後の位置）に**-0.35**、位置Z（上下の位置）に**0.1**と入力します。ジャンプをしたことで宙に浮いた状態となり、少しだけ前に進んでいます。手動の場合は移動の**Gキー**で調整します。位置Zでジャンプの高さ、位置Yでどれだけ前に進めるかを数値で管理するのも良いでしょう。

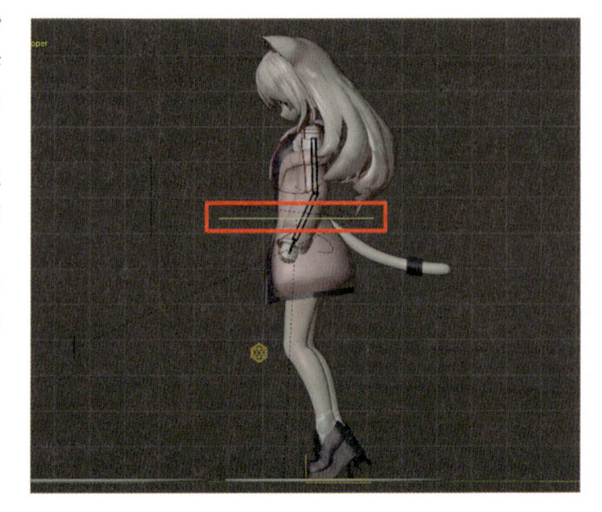

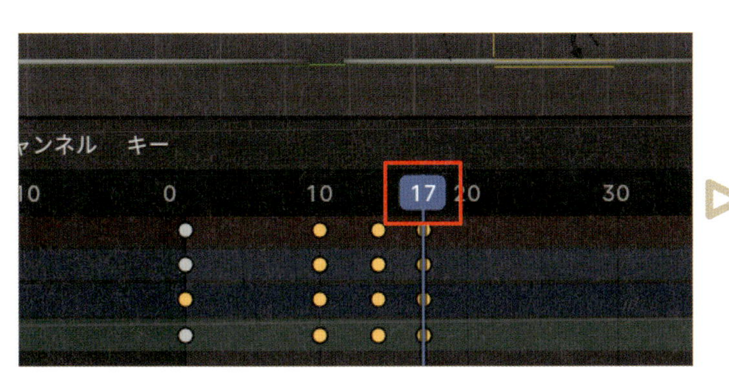


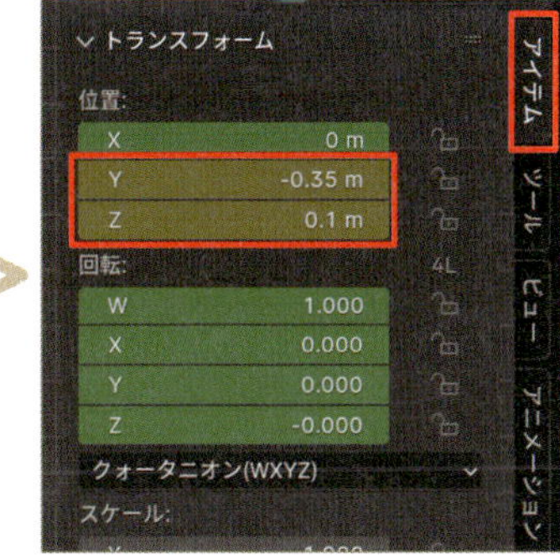


## 13 Step 足を少し曲げる

空中のポーズで大事なのは、キャラクターが**気持ちよく飛んでいるように見えるか**という点です。足の配置や角度に気を配り、軽やかに飛んでいる印象を作りましょう。空中では、足を少し曲げることで浮遊感を演出できます。この時、膝の向きが不自然にならないよう注意が必要です。左膝の向きを制御するボーン**KneeIK.L**（**膝の正面にある球体のボーン**）を選択し、**サイドバー**（**Nキー**）の**アイテム**タブの**トランスフォーム**パネルから、位置Yに**1**と入力します。すると、このボーンがジャンプの先に移動します。足をIKで制御すると、膝は常にこのボーン（KneeIK）の方向を向くため、足を動かす際は膝の向きにも注意しましょう。

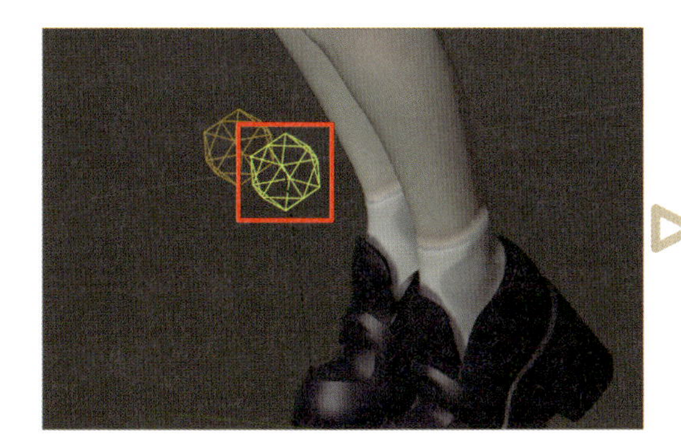

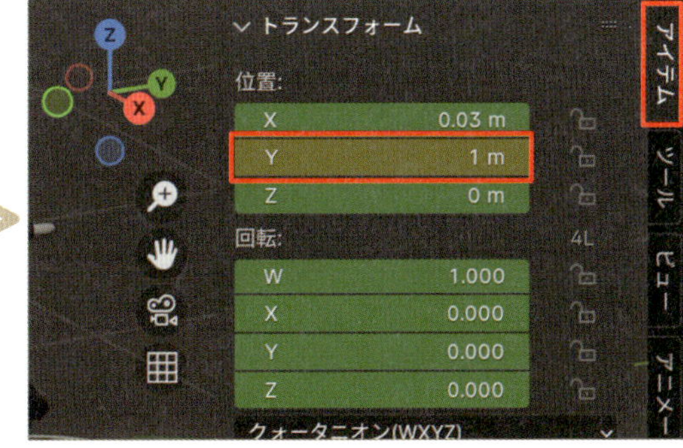


## 14 Step ポーズのコピー&ペースト

こちらもポーズをコピー→反転ペーストをして、反対側のボーンにも適用します。**KneeIK.L**が選択されていることを確認したら、右クリックをし、**ポーズをコピー**（**Ctrl+Cキー**）を実行します❶。続けて右クリックから**X軸反転ポーズ貼り付け**（**Shift+Ctrl+Vキー**）を実行します❷。反対側の**KneeIK.R**が横に並んだら成功です。

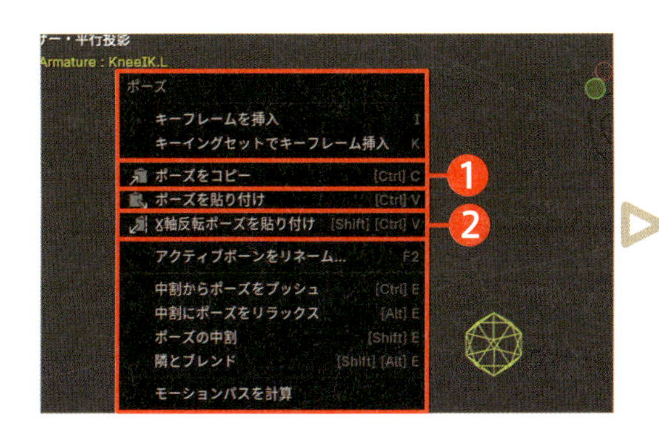

## 15 Step 足の調整

次に足の調整を行います。左足を制御するボーン**FootIK.L**を選択し、**サイドバー**（**Nキー**）の**アイテム**タブの**トランスフォーム**パネルで、位置X（前後）を**-0.1**、位置Y（上下）を**0.2**、位置Z（左右）を**0**、回転Zを**0.5**と入力します。空中では足がリラックスしているため、つま先を正面に向けるのではなく、少し回転させて地面の方に向けるのが良いでしょう。また、位置Xを**-0.2**や**-0.3**にして、もう少し足を前に突き出しても良いでしょう（あるいは移動の**Gキー**>**Yキー**を2回押しで**グローバル**にし、足を前後に移動して調整）。

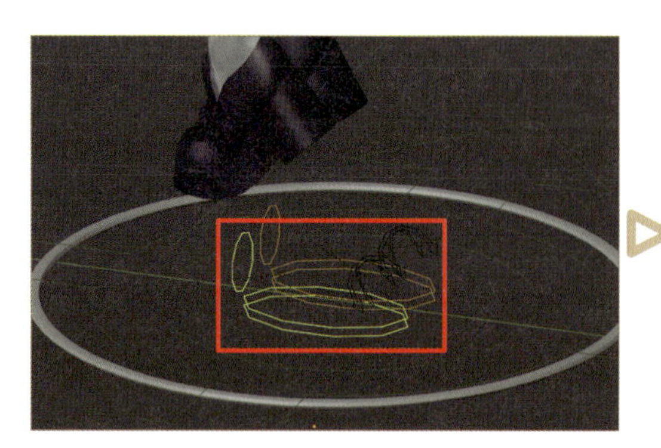

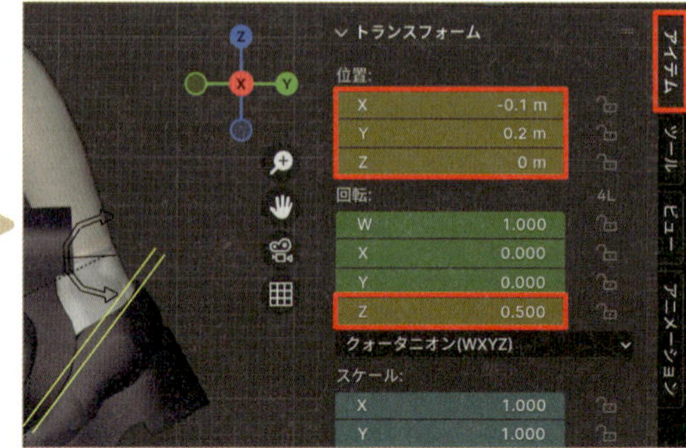


## 16 Step 回転をリセット

かかとが上がっていて不自然なので変形をリセットします。左かかとを制御するボーン**Footheel.Control.L**を選択し、回転をリセットするショートカットの**Alt+Rキー**を押します。

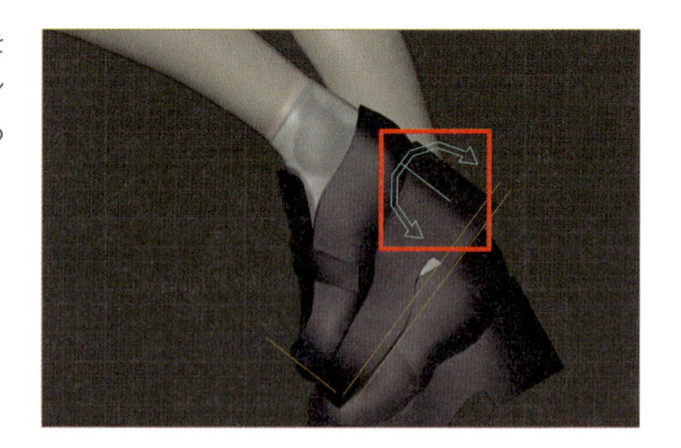

## 17 Step ポーズのコピー＆ペースト

反対側の足とかかとのボーンに反転ペーストをします。**FootIK.L**と**Footheel.Control.L**をShift＋左クリックで複数選択し、右クリックをし、**ポーズをコピー**（**Ctrl+Cキー**）を実行します❶。続けて右クリックから**X軸反転ポーズ貼り付け**（**Shift＋Ctrl+Vキー**）を実行します❷。

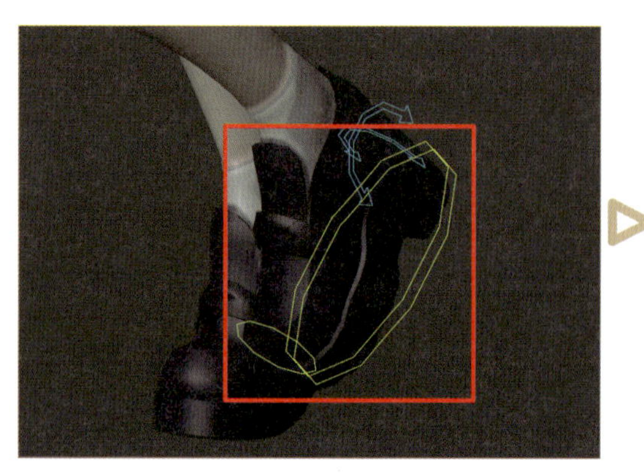

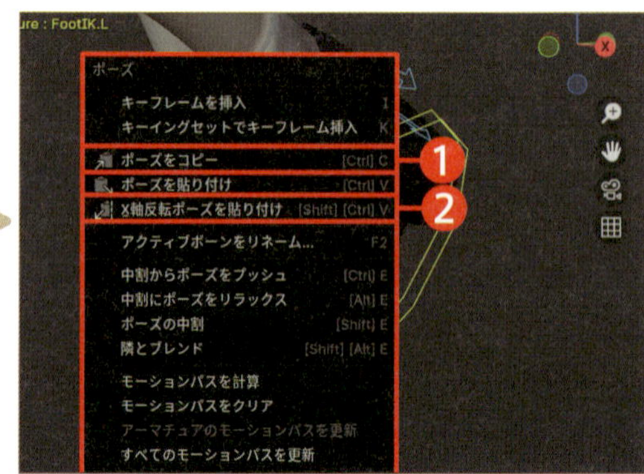

## 18 Step 足の回転を制御

こちらも両足が左右対称で不自然なので、非対称にします。右足(**FootIK.R**)を選択し、**サイドバー**(**Nキー**)の**アイテム**タブの**トランスフォーム**パネルから、位置Yに**0.3**、回転Wに**1**、回転Zに**-0.7**と入力します。

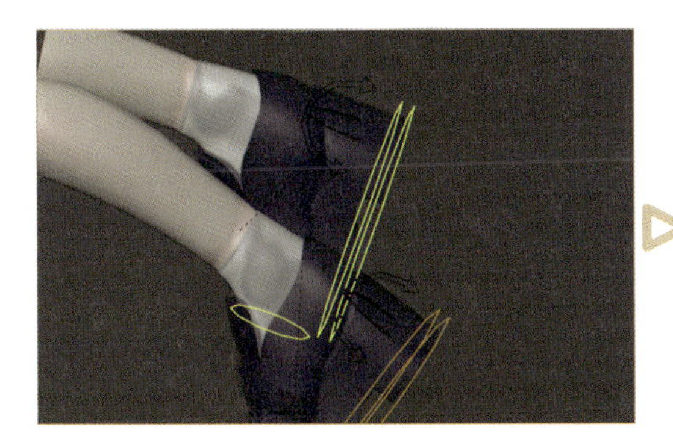

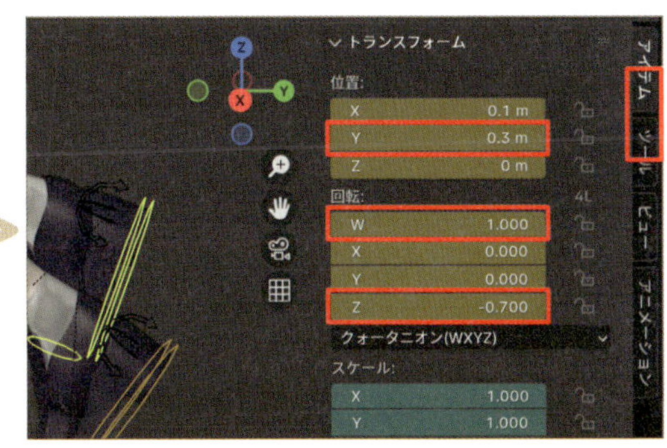


このように、両足を左右非対称に配置することで、より自然なアニメーションに仕上げることができます。特に空中のポーズでは軽やかにバランスを取っているように見せたいため、足を非対称な配置にしてみました。

## 19 Step 17フレーム目にキーフレームを挿入

キーフレームの挿入も忘れずに行います。**17**フレーム目にいることを確認したら、**Aキー**ですべてのボーンを選択します。3Dビューポート上でキーフレーム挿入メニューのショートカットの**Kキー**を実行し、**位置・回転**をクリックします。

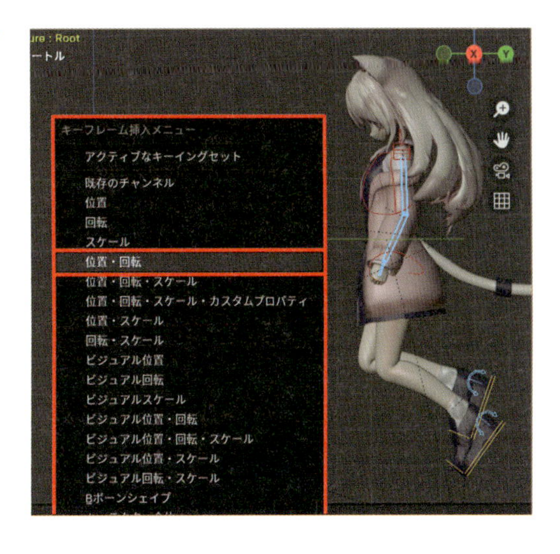

## 3-3 まずは腰と足を調整しよう その2

引き続き、ジャンプのポーズを制作していきます。地面に着地する直前のポーズ、地面に着地するポーズ、着地した後にエネルギーを吸収するためのポーズなど、重要なポイントがいくつかあります。

### 01 Step 21フレーム目にキーフレームを挿入

地面に着地するまでのポーズを作成します。**ポーズモード**にいることを確認し、**21**フレーム目に移動します。**Rootupper**を選択し、**サイドバー**（**Nキー**）の**アイテム**タブの**トランスフォーム**パネルから、位置Yに**-0.55**、位置Zに**0.02**、回転Xに**0.07**と入力します。着地地点に向かっているため、足で衝撃を吸収できるよう、腰の位置を調整する必要があります。

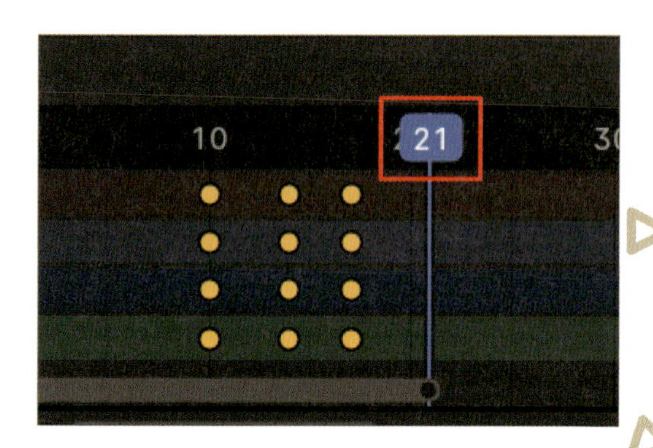


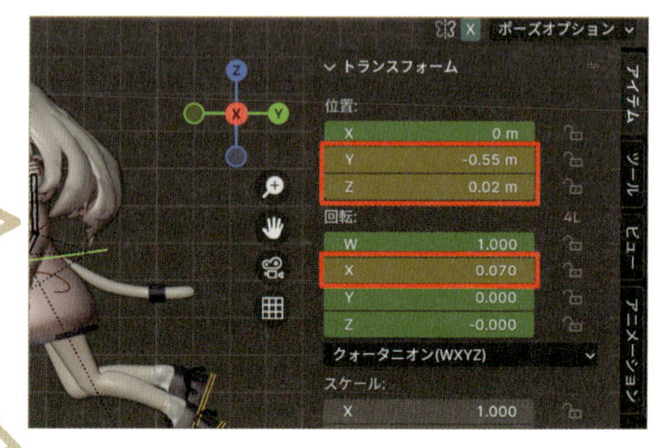

### 02 Step 左足を制御

左足を制御するボーン**FootIK.L**を選択します。**サイドバー**（**Nキー**）の**アイテム**タブの**トランスフォーム**パネルから、位置Xに**-0.6**、位置Yに**0.04**、位置Xに**0.02**、そして回転Zに**0.15**と入力します。着地する寸前は、両足を地面に近づけましょう。Next Page

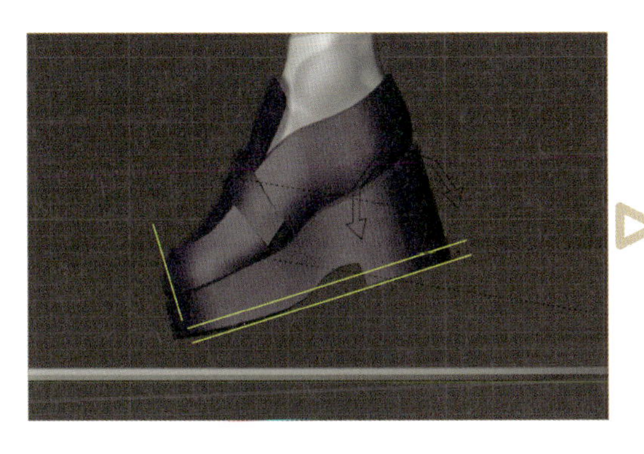

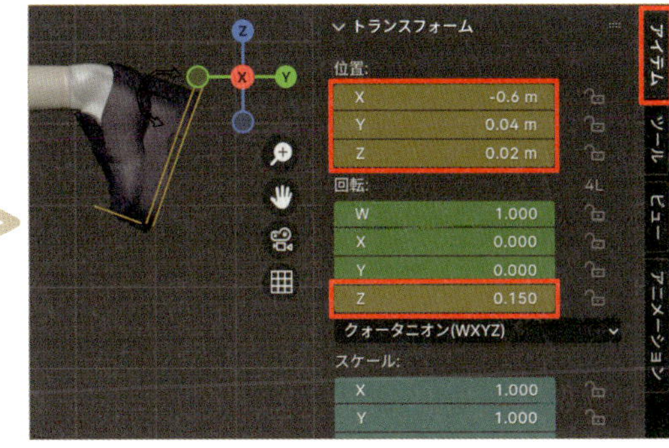


03 Step

**ポーズのコピー＆ペースト**

反対側の右足のボーンに反転ペーストをします。**FootIK.L**を選択し、右クリックをします。**ポーズをコピー**（**Ctrl+Cキー**）を実行し❶、続けて右クリックから**X軸反転ポーズ貼り付け**（**Shift＋Ctrl+Vキー**）を実行します❷。

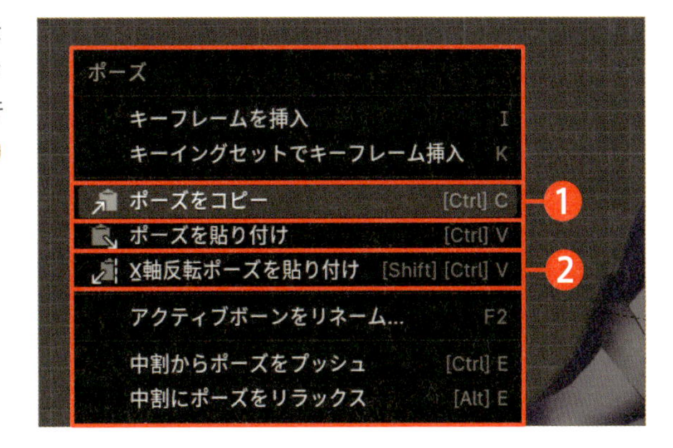


04 Step

**右足の調整**

このままでは両足が左右対称なので、視点を変更して右足の**FootIK.R**を選択します。**テンキーの3キー**で側面視点にし、移動の**Gキー**で調整して両足を左右非対称にします。

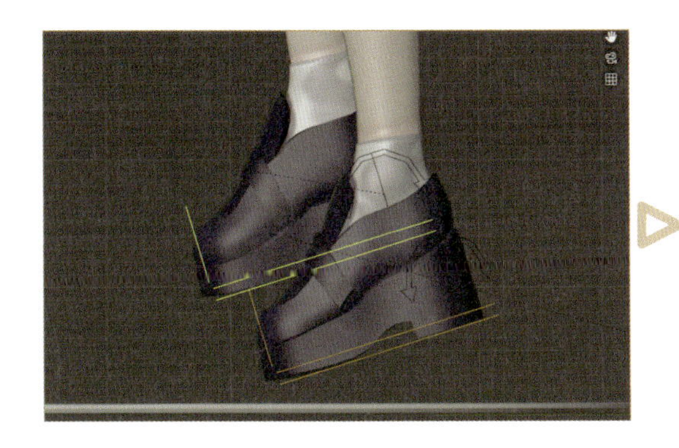

## 05 21フレーム目にキーフレームを挿入

Step

すべてのボーンにキーフレームを挿入します。**21**フレーム目にいることを確認したら、3Dビューポート上で全選択のショートカットの**Aキー**を押して、表示されているすべてのボーンを選択状態にします。次にキーフレーム挿入メニューを表示するショートカットの**Kキー**を実行し、メニュー内から**位置・回転**をクリックします。

### Column

**「かかと」から着地するか、「つま先」から着地するか**

前方に向かって大きくジャンプをするときには、衝撃を吸収するために**かかと**から着地するのが自然です。しかし、真上にジャンプ、あるいは小さくジャンプする際は、**かかと**からだと衝撃が強すぎるので、その場合は**つま先**から着地すると安定します。こういった理由で、本書で制作するジャンプは小さいので、後者の**つま先**から着地する方を採用しています。

## 06 22フレーム目にキーフレームを挿入

Step

着地するポーズを作成します。**22**フレーム目に移動し、**Rootupper**を選択します。**サイドバー（Nキー）**の**アイテム**タブの**トランスフォーム**パネルから、位置Yに**-0.6**、位置Zに**-0.08**、そして回転Xに**0.1**と入力します。着地する際は、ジャンプの衝撃を和らげるために、身体を少し曲げましょう。

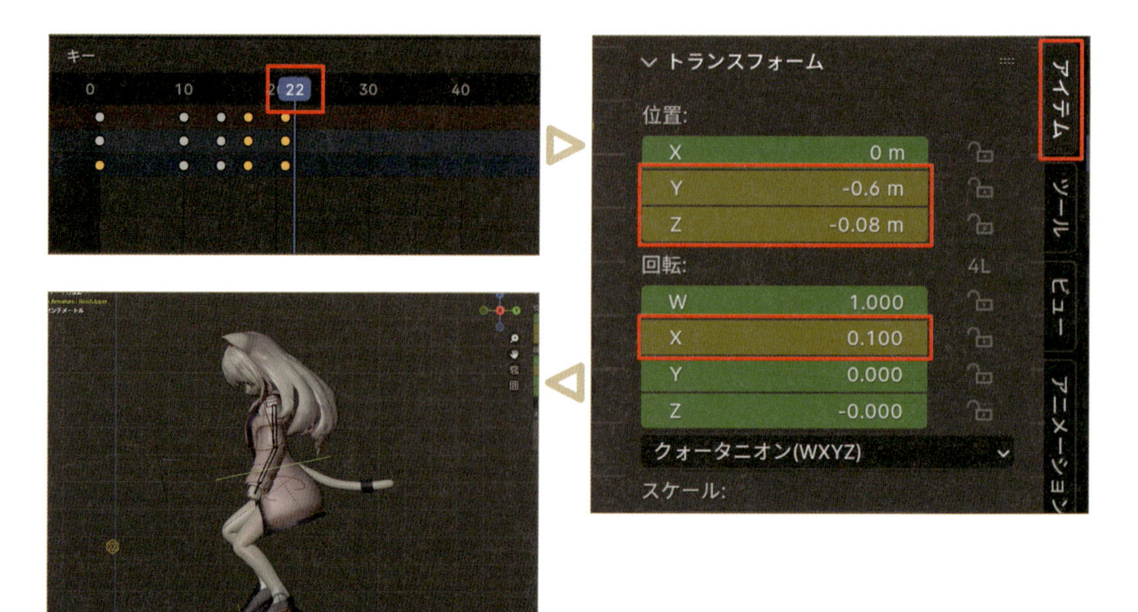

## 07 Step 左足の調整

左足を制御するボーン**FootIK.L**を選択します。**サイドバー**（**Nキー**）の**アイテム**タブの**トランスフォーム**パネルから、位置Xに**-0.65**、位置Yに**0**、そして回転Zに**0**と入力します。

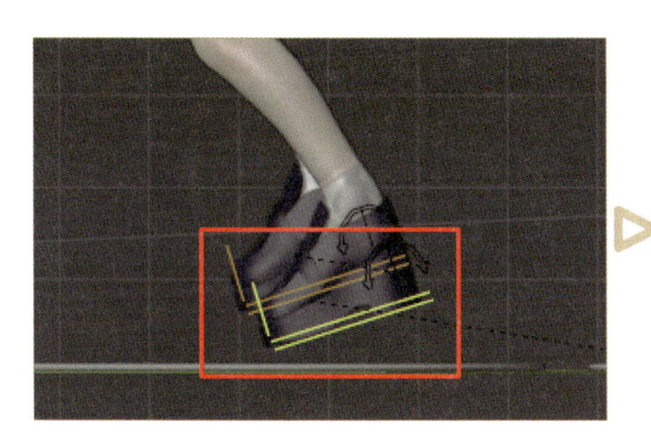

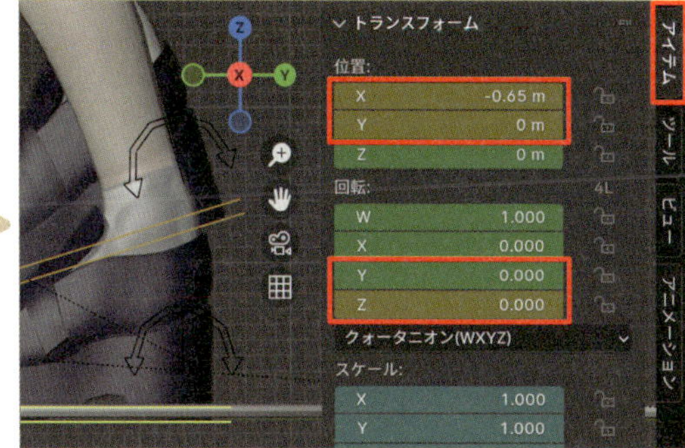


## 08 Step ポーズのコピー＆ペースト

左足を制御するボーン**FootIK.L**が選択されていることを確認します。右クリックをし、**ポーズをコピー**（**Ctrl+Cキー**）を実行します❶。続けて右クリックから**X軸反転ポーズ貼り付け**（**Shift＋Ctrl+Vキー**）を実行します❷。

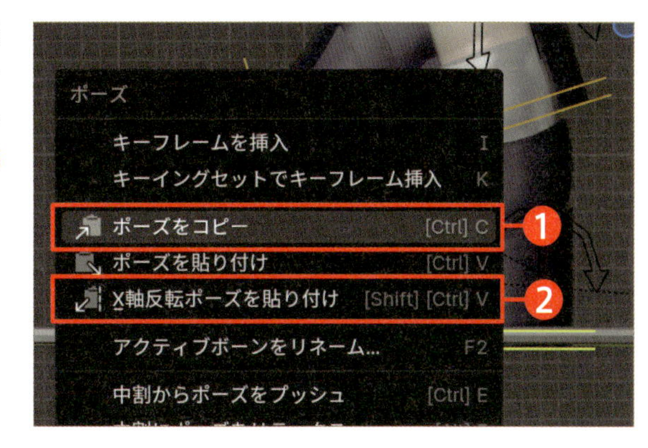


## 09 Step 右足の制御

反対側の右足を制御するボーン**FootIK.R**を選択します。移動の**Gキー**からの**Yキー**を2回押しで座標系を**グローバル**にします。やや前の方に移動し、左右非対称にします。

## 10 Step 29フレーム目にキーフレーム挿入

次は着地をしたことで、衝撃を抑えるために身体をやや沈み込ませます。**29**フレーム目に移動し、**Rootupper**を選択します。**サイドバー**（**Nキー**）の**アイテム**タブの**トランスフォーム**パネルから、位置Yに**-0.66**、位置Zに**-0.1**と入力します。

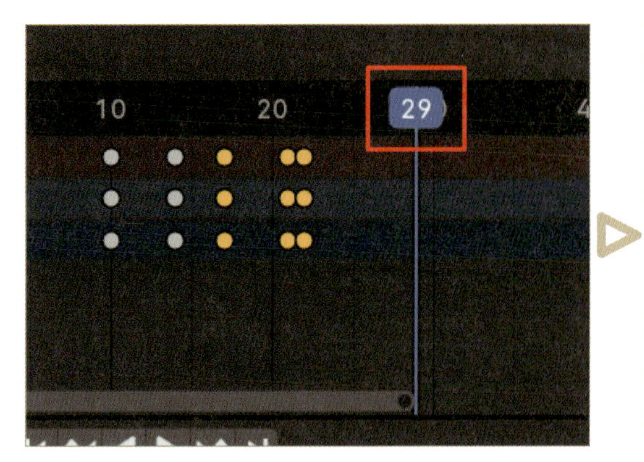


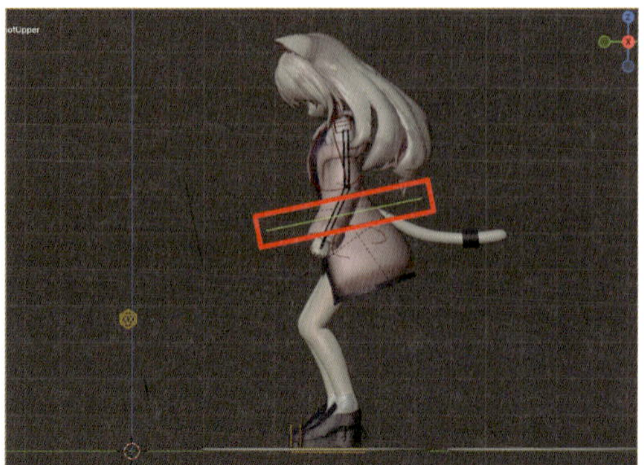

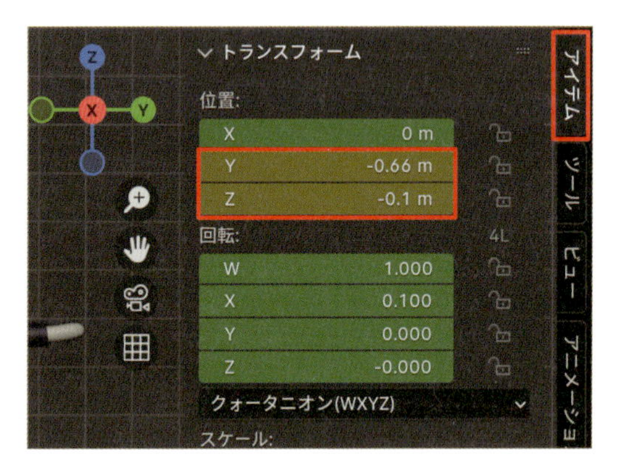


手動で調整する際、前のめりになりすぎると倒れそうな姿勢になるため注意して下さい。ただし、この後に倒れる動作を作るのであれば問題ありません。側面視点（**テンキーの3キー**）から、腰と頭の間に縦線を引き、その縦線が両足の間に来るようにすると安定します。

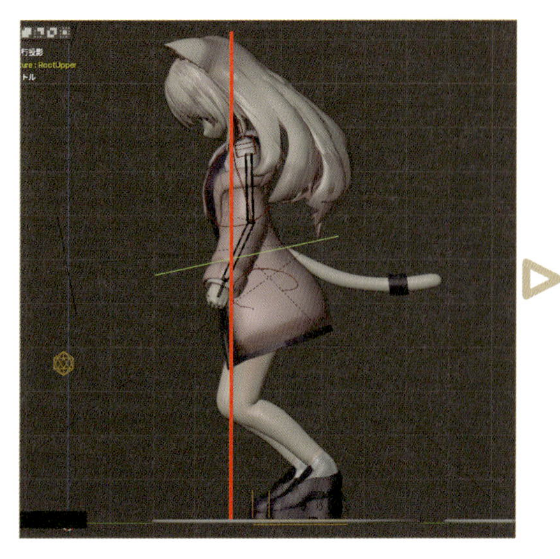

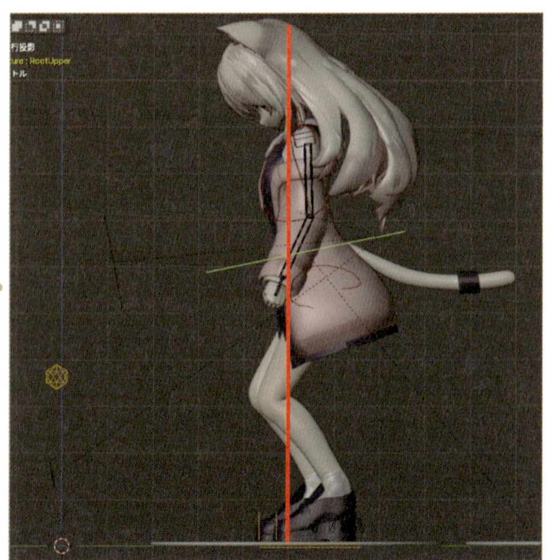

## 11 Step 39フレーム目にキーフレーム挿入

ジャンプのエネルギーを吸収したことにより、次の動作をすることができるようになりました。ここでは、沈み込んだ身体を上に持ち上げます。**39**フレーム目に移動し、**Rootupper**を選択します。**サイドバー**(**Nキー**)の**アイテム**タブの**トランスフォーム**パネルから、位置Yに**-0.7**、位置Zに**-0.01**、そして回転Xに**0**と入力します。こちらのポーズも、側面視点から腰と頭の領域に縦線を引き、両足の間の領域に縦線が来るようにしてポーズを安定させせましょう。

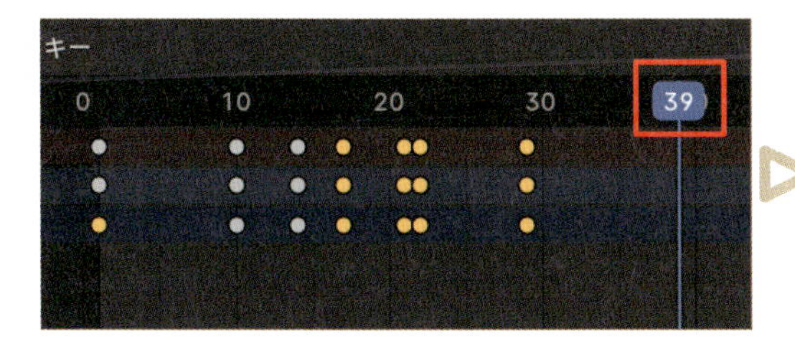


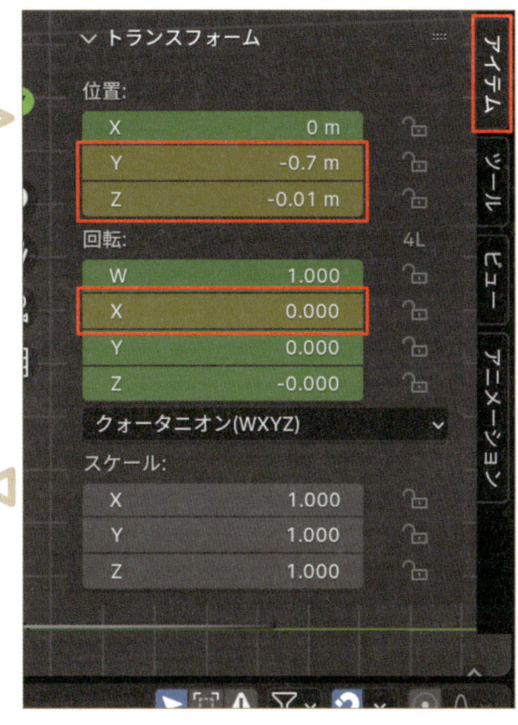


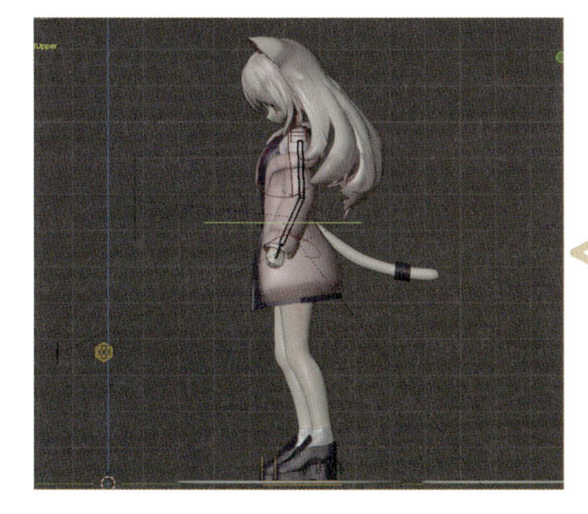

## 12 Step キーフレームを22、29、39フレームに入れる

それぞれのポーズの調整が終わったら、キーフレームを挿入します。**22**フレーム目に移動し、3Dビューポート上で全選択のショートカットの**Aキー**を押して、表示されているすべてのボーンを選択します。次に、キーフレーム挿入メニューを表示するショートカットの**Kキー**を押し、メニュー内から**位置・回転**をクリックします。同じ操作を、**29**フレーム目、**39**フレーム目でも行います。念のため、ドープシートの左側からチャンネルを開き、キーフレームが打たれているかを確認すると良いでしょう。

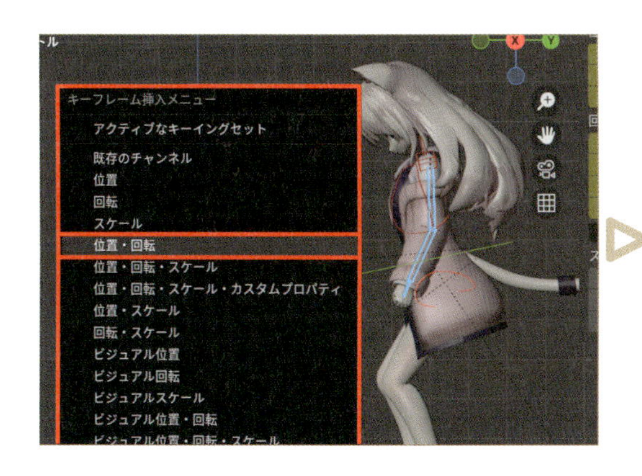

## 13 Step 放物線の確認

ここで一旦ジャンプが放物線を描いているかを確認します。**Rootupper**を選択し❶、プロパティの**オブジェクトデータプロパティ**をクリックします❷。**モーションパス**パネルを開き、**計算...**をクリックします❸。**選択ボーンのパスを計算**というメニューが出てくるので、デフォルトの設定のまま**計算**をクリックします。

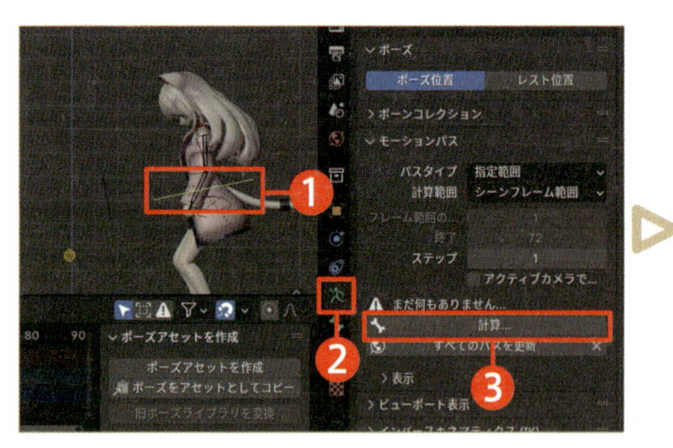


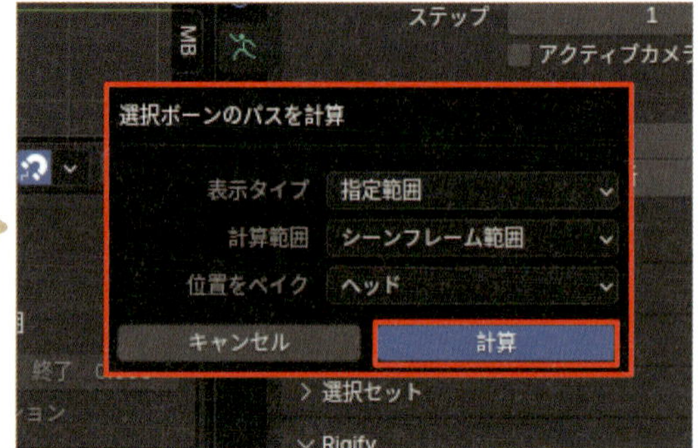


**Rootupper**の動きの軌跡が表示されました。この軌跡がある程度、放物線を描いていれば問題ありません。ジャンプ動作は、上昇し、ピークに達し、重力の影響を受けて降下するという放物線の形になります。これは物理法則に基づいた自然な軌跡なので、軌道が直線的だったり、放物線から大きく外れていたりすると、重力の影響を無視した不自然な動きに見え、ジャンプとして説得力がなくなってしまいます。動きに問題がある場合は、キーフレームの位置や回転の調整や、**グラフエディター**での確認や修正が必要です。特に問題がなければ、**パスを更新**の右側にある**×ボタン**をクリックして軌道を削除しましょう。

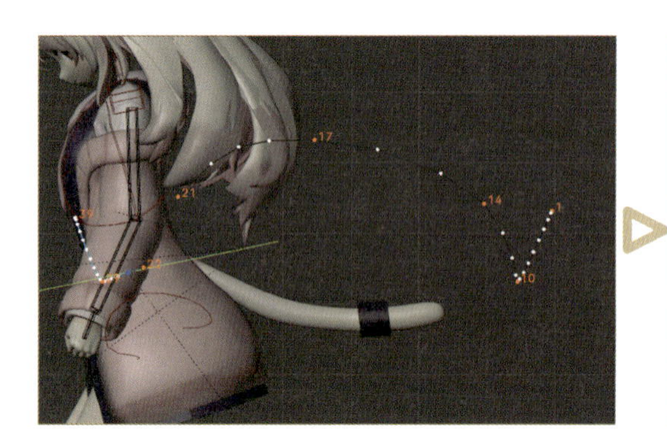

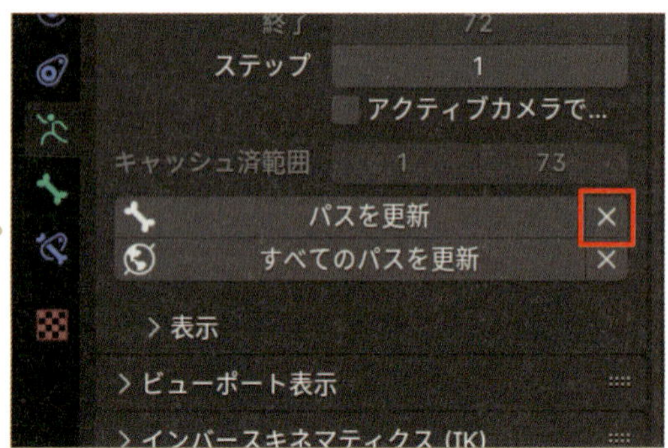


## 3-4 身体、頭、腕の調整をしよう

腰と足の調整が終わったら、次は身体全体のポーズを作成します。

### 01 Step 10フレーム目にキーフレーム挿入

**Rootupper**で腰の位置を決めていますので、ここで調整するのは主に回転となります(位置はお好みで調整すると良いでしょう)。**10**フレーム目に移動し、赤い骨盤型のボーン**Hips.Control**を選択します。**サイドバー**(**Nキー**)の**アイテム**タブの**トランスフォーム**パネルから、回転Xに**-0.1**と入力します(手動の場合は**Rキー**>**Xキー**で調整しましょう。)。ジャンプする直前は、腰をやや前側に向けると良いでしょう。 Next Page

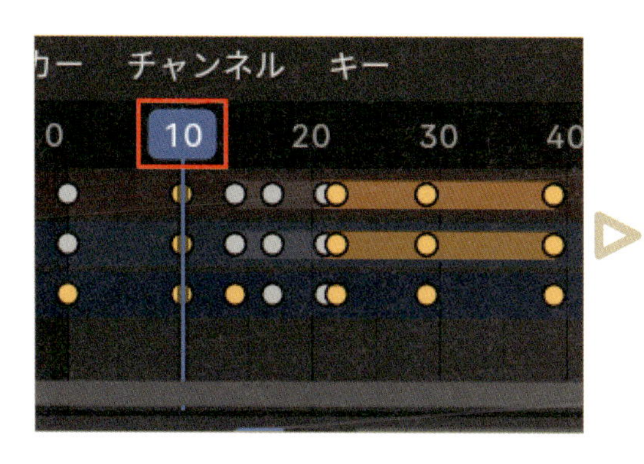


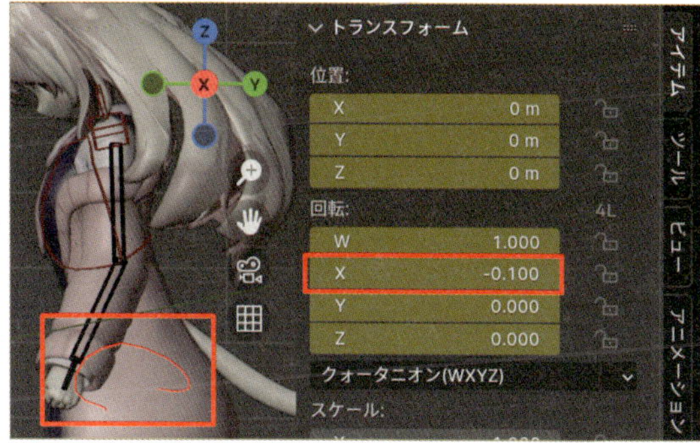


## 02 上半身を制御

Step

上半身を制御するボーン**Chest.Control**（**赤い肺型のボーン**）を選択し、回転Xに**0.1**と入力します。こちらは身体をやや前に倒し、縮ませることで次のジャンプに勢いを付けます。

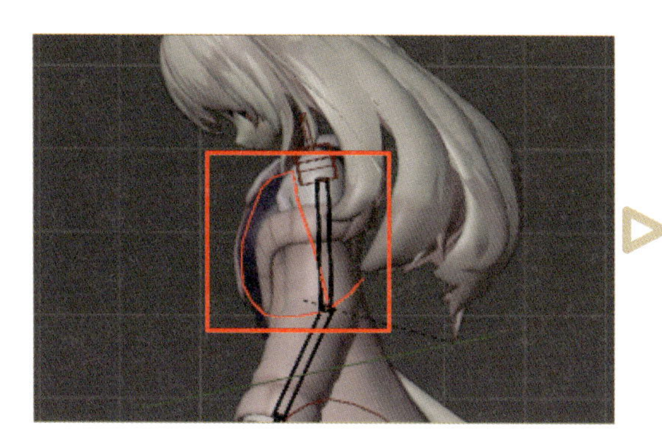

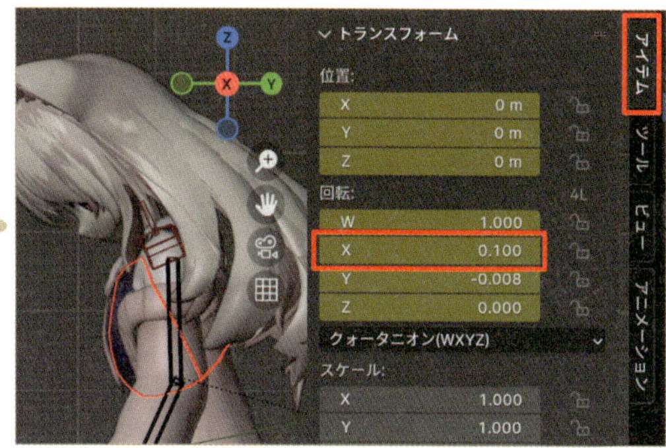


## 03 腕の向きを変更

Step

腕の向きを変えます。ジャンプは瞬発的な動作で、身体全体を縮め、力を溜めてから一気に爆発させるような動きです。ジャンプする直前に腕がまっすぐだと、キャラクターがジャンプの準備をしているようには見えません。キャラクターが**ジャンプするぞ！**と準備している意識を表現するためには、膝や腕、身体を少し曲げた状態にする必要があります。左上腕のボーン**UpperArm.L**を選択し、回転Xに**0.1**、回転Yに**0.2**回転Zに**-0.3**と入力します。さらに左上腕のボーン**LowerArm.L**も選択し、回転Xに**-8**、回転Yに**-20**回転Zに**50**と入力します（ここの数値は目安なので、お好みで調整すると良いでしょう）。正面（**テンキー1**）から見た際、腕と身体の間に隙間があると、シルエットがはっきりとするため、キャラクターの動きがより強調されます。 Next Page

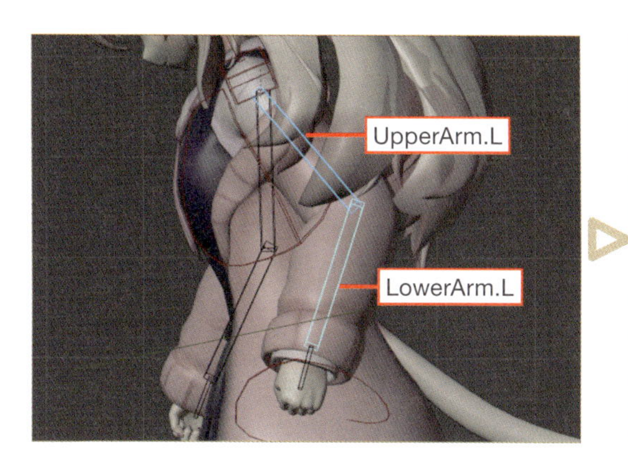


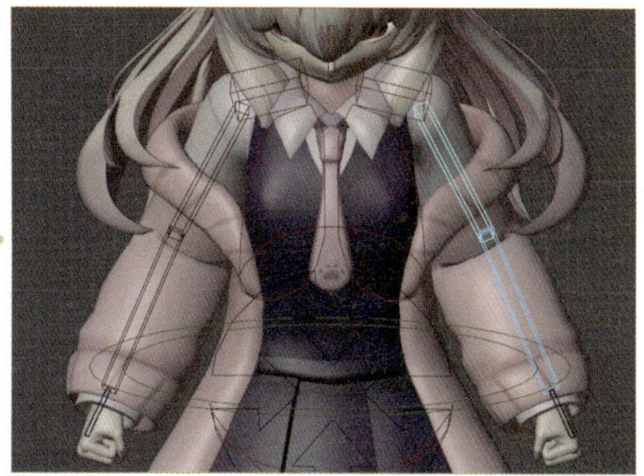

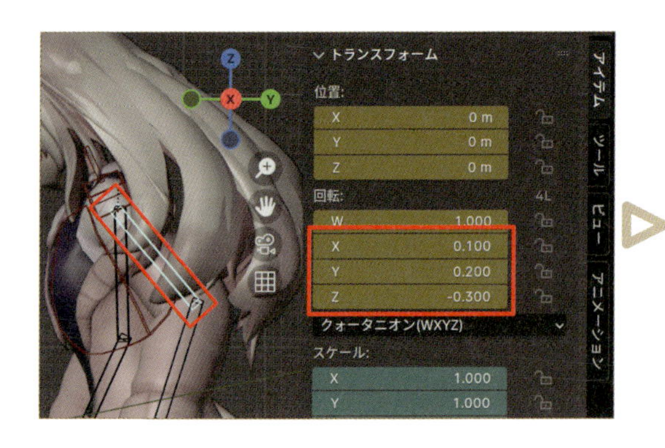


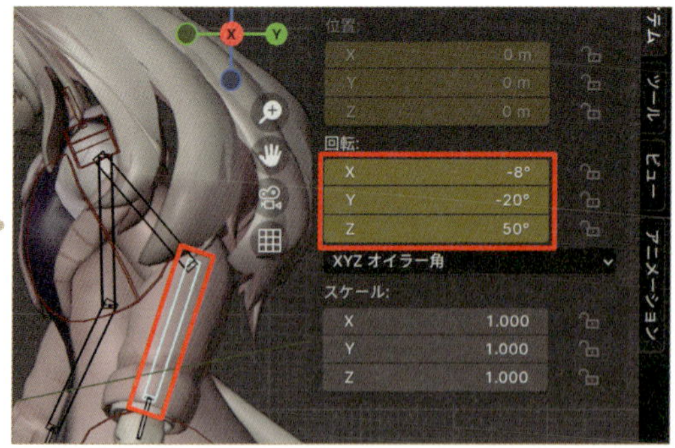


## 04 Step ポーズのコピー&ペースト

反対側の腕に、数値をペーストします。**UpperArm.L**と**LowerArm.L**を**Shift＋左クリック**で複数選択し、**右クリック**をします。**ポーズをコピー（Ctrl+Cキー）**❶を実行し、続けて右クリックから**X軸反転ポーズ貼り付け(Shift＋Ctrl+Vキー)**❷を実行します。

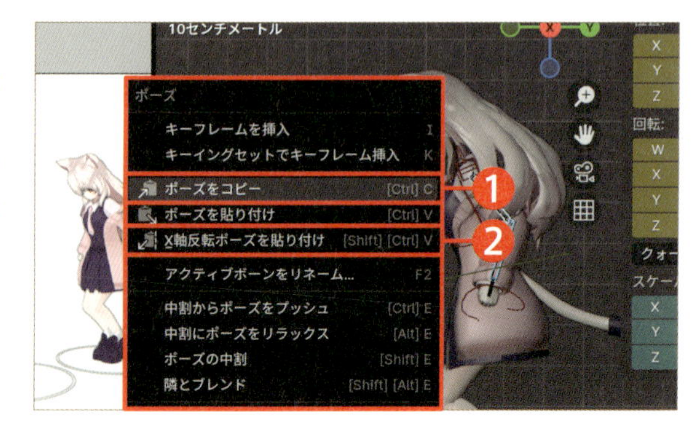


## 05 Step 腕を曲げる

ジャンプする直前のポーズでは、腕を曲げることで、身体に力が溜まっている様子や、ジャンプ前の緊張感を表現することができます。**14**フレーム目に移動し、左上腕のボーン**UpperArm.L**を選択します。上腕のボーンは回転Xに**0**、回転Zに**0.2**と入力します。続けて左前腕のボーン**LowerArm.L**も選択し、こちらは回転Xに**-5**、回転Yに**0**回転Zに**130**と入力します。数値入力が大変な場合は、回転の**Rキー＞Zキー**で調整したり、様々な角度から確認しながら回転の**Rキー**で腕が曲がるように変形する必要があります。正面(**テンキーの1**)から見た際に、肘が斜め下を向くようにすると良いでしょう。2つのボーン(左上腕と左前腕)を選択し、右クリックからの**ポーズをコピー（Ctrl+Cキー）**と、**X軸反転ポーズ貼り付け(Shift＋Ctrl+Vキー)**も忘れずに実行しましょう。

※余裕があれば、肩の向きも少し調整すると良いでしょう。肩のボーン**Shoulder.L**を選択し、回転の**Rキー＞Xキー**で少しだけ上げると、よりポーズが自然に見えます。

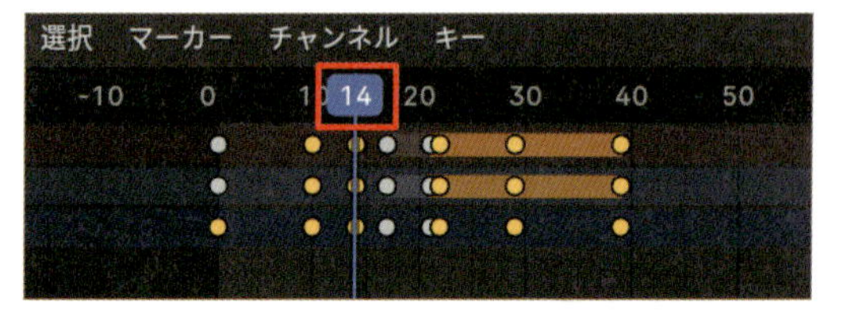


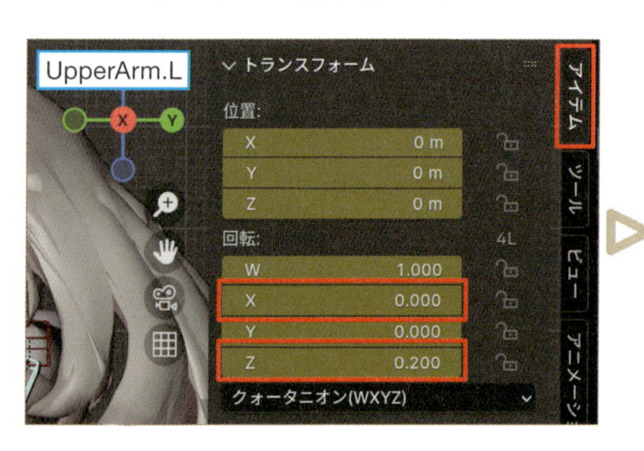


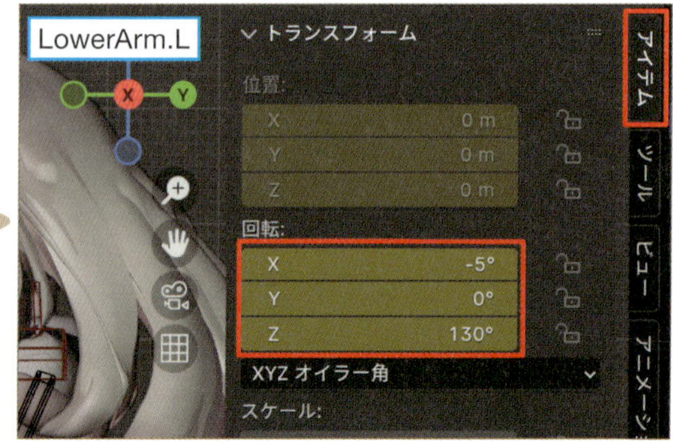

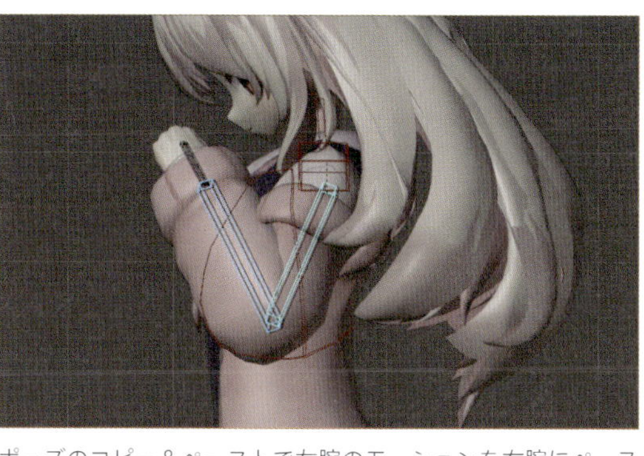

ポーズのコピー＆ペーストで左腕のモーションを右腕にペーストした

## 06 Step 17フレーム目にキーフレーム挿入

空中のポーズでは、上半身を反らせることで、気持ちよく飛ぶような表現ができます。**17**フレーム目に移動し、**Chest.Control**（**赤い肺型のボーン**）を選択します。こちらは、回転Xに**-0.1**と入力します。手動の場合は回転の**Rキー**＞**Xキー**で調整して下さい。

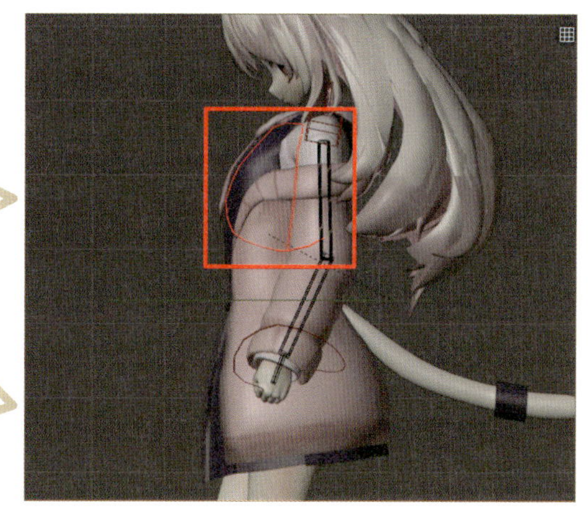
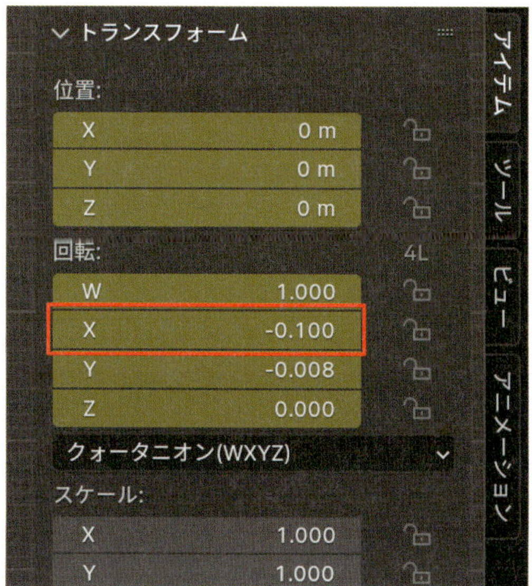

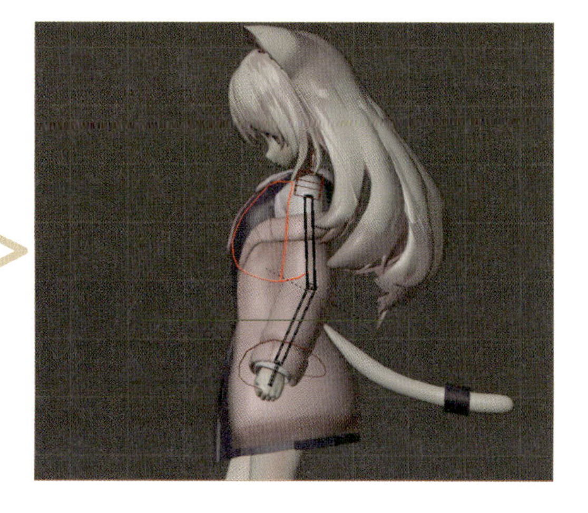

## 07 Step 17フレーム目で腕を曲げる

続いて腕の調整をします。ジャンプ中の際、腕を曲げることで親しみやすさや、可愛らしい印象を強調します。**17**フレーム目に移動し、左上腕のボーン**UpperArm.L**を選択します。上腕のボーンは回転Xに**0**、回転Yに**-0.8**、回転Zに**0.1**と入力します。続けて左前腕のボーン**LowerArm.L**も選択し、こちらは回転Xに**-6**、回転Yに**0**、回転Zに**130**と入力します。手動で調整する場合、正面(**テンキーの1キー**) から見た際に腕がW字になるように調整をして下さい。最後に2つのボーン(左上腕と左前腕) を選択し、右クリックからの**ポーズをコピー** (**Ctrl+Cキー**)と、**X軸反転ポーズ貼り付け**(**Shift+Ctrl+Vキー**)も忘れずにしましょう。

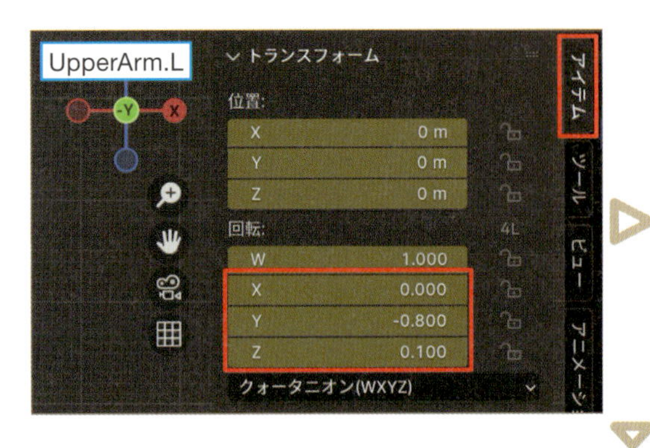


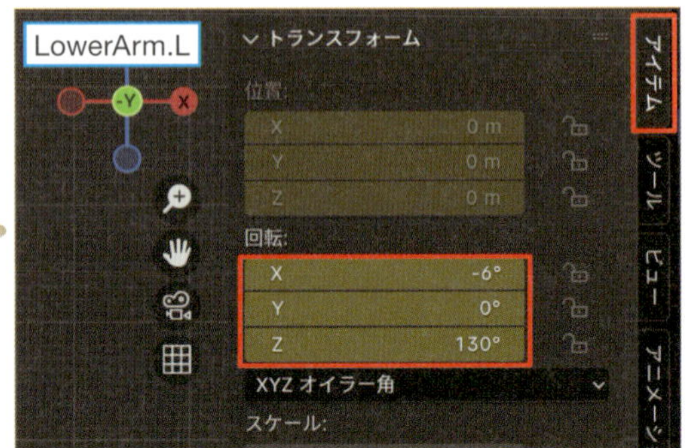


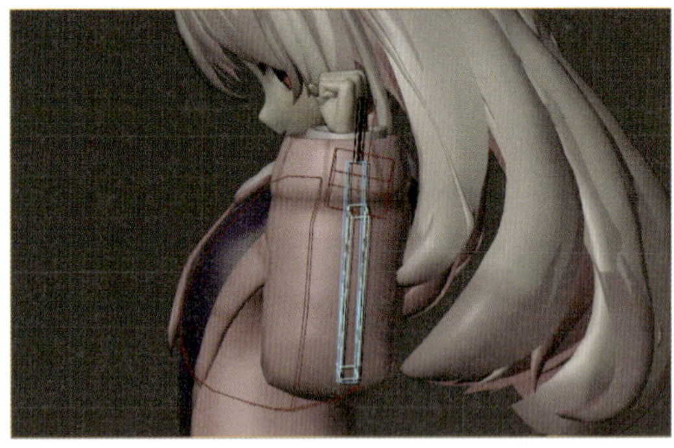

## 08 Step キーフレームを選択

キーフレームを複製して貼り付けます。3Dビューポート上から**正面視点**(**テンキの1キー**) にし、左右の上腕と前腕の、合計4つのボーンを**Shift+左クリック**で複数選択します(間違えて他のボーンを選択しないように注意して下さい)。次にドープシートの**17**フレーム目のキーフレーム上部を選択し、このキーフレームのみを複製できるように選択します。

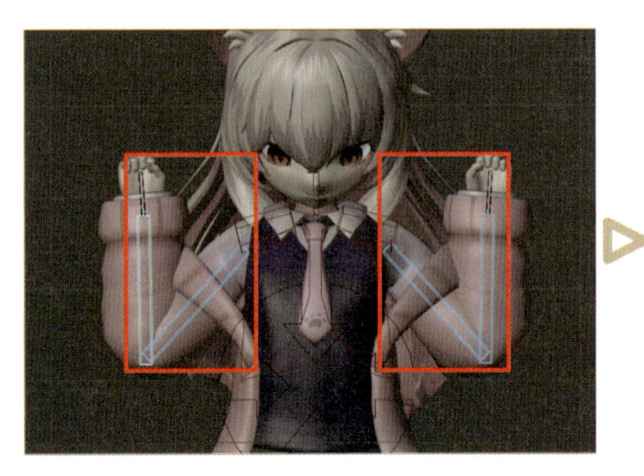

## 09 Step キーフレームを複製

**複製**(**Shift＋Dキー**)を行い、マウスカーソルを動かして**21**フレーム目に複製します。間違えて他のフレームに複製してしまったら、**Ctrl+Zキー**で戻ってもう一度複製を実行して下さい。

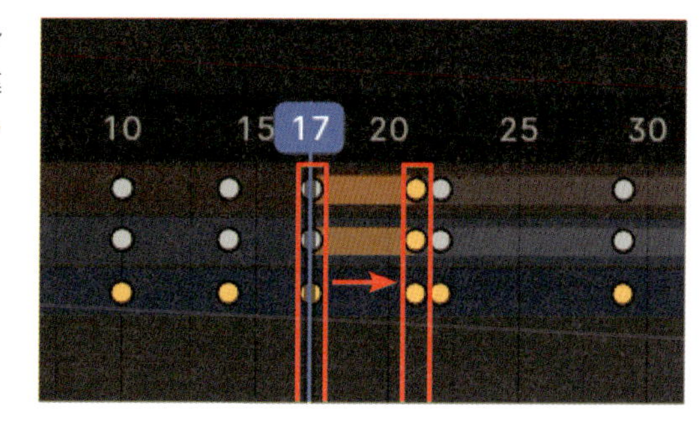


## 10 Step 22フレーム目で腕を曲げる

着地する瞬間のポーズの調整をします。**22**フレーム目に移動し、左上腕のボーン**UpperArm.L**を選択します。上腕のボーンは回転Xに**0**、回転Yに**0.2**と入力します。続けて左前腕のボーン**LowerArm.L**も選択し、こちらは回転Xに**-22**、回転Yに**0**、回転Zに**130**と入力します。ジャンプの衝撃を吸収するために、身体全体が縮んでいるのだと思うと分かりやすいかもしれません。最後に2つのボーン(左上腕と左前腕)を選択し、右クリックからの**ポーズをコピー**(**Ctrl+Cキー**)と、**X軸反転ポーズ貼り付け**(**Shift＋Ctrl+Vキー**)も忘れずにしましょう。

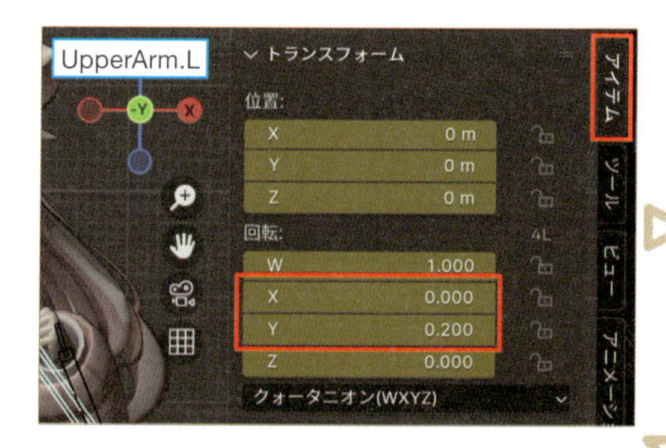


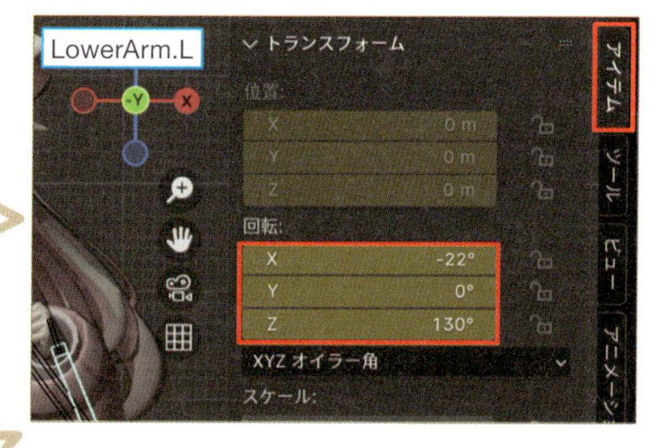


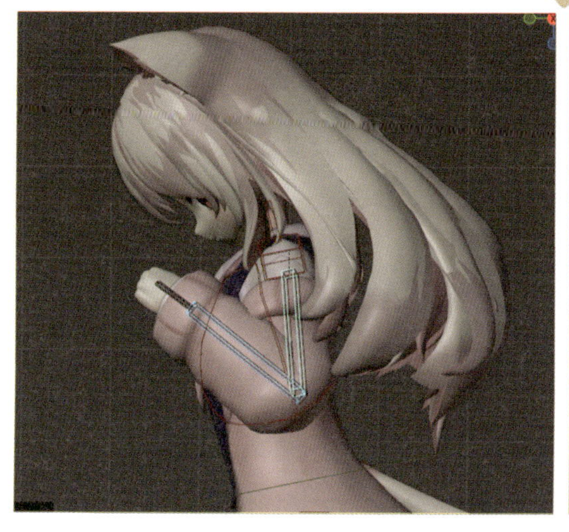

## 11 Step 上半身を回転

上半身にある**Chest.Control**（**赤い骨盤型のボーン**）を選択し、回転Xを**0.1**と入力します（手動の場合は**Rキー**＞**Xキー**で調整）。身体を沈みませて、衝撃を和らげています。

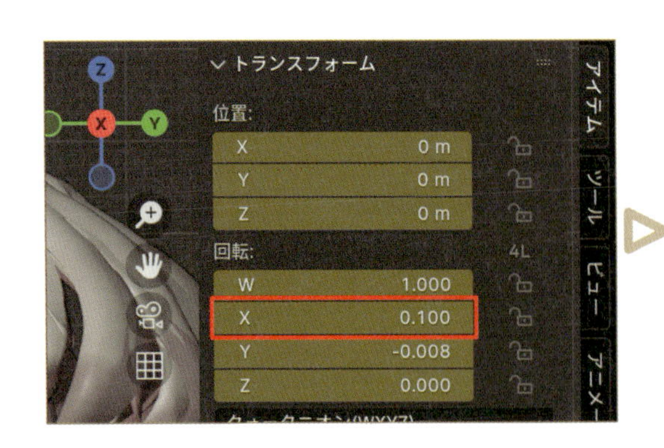


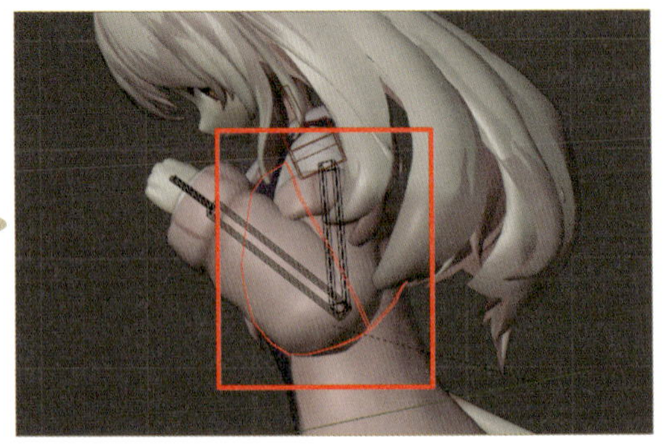

## 12 Step 22フレーム目のキーフレームを29フレーム目に複製

キーフレームを複製します。3Dビューポート上から**正面視点**（**テンキーの1キー**）にし、左右の上腕、前腕のボーンと上半身のボーン、合計5つのボーンをShift＋左クリックで複数選択します（他のボーンを選択しないように注意して下さい）。ドープシート上で**22**フレーム目のキーフレーム上部を選択し、このキーフレームのみを複製できるように設定します。次にマウスカーソルを動かして**29**フレーム目に**複製**（**Shift＋Dキー**）します。間違えて他のフレームに複製してしまったら、**Ctrl+Zキー**で戻ってもう一度複製を実行して下さい。

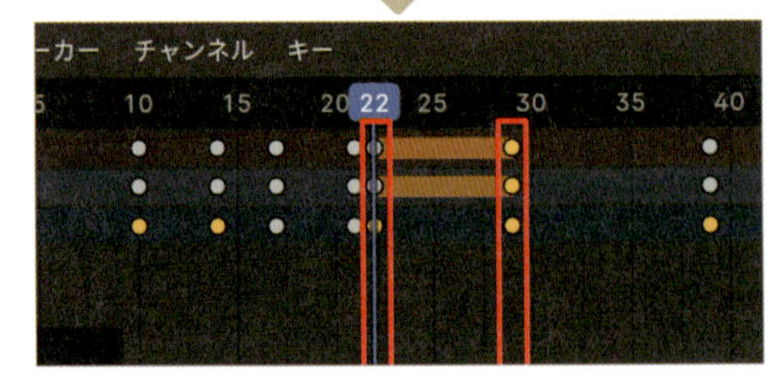

## 3-5 振り向く動きを作ろう

ジャンプが終わった後に、一芝居を加えることでストーリー性のあるアニメーションに仕上げます。ここでは、後ろを振り向く動作を制作します。

### 01 Step 39フレーム目のキーフレームを反転

先程、意図しない動きを防ぐためにすべてのボーンにキーフレームを挿入しましたが、ここから**後ろを振り向く**を作成するため、**39**フレーム目の**Rootupper**以外のボーンのキーフレームを削除します。**39**フレーム目に移動し、**Rootupper**を選択します。次に、3Dビューポートのヘッダーにある**選択**>**反転**(**Ctrl+I キー**)を実行します。これは、選択中の対象と未選択の対象を入れ替える機能です。

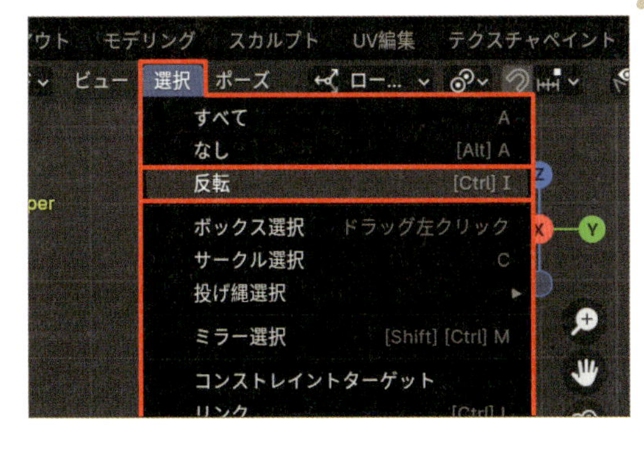


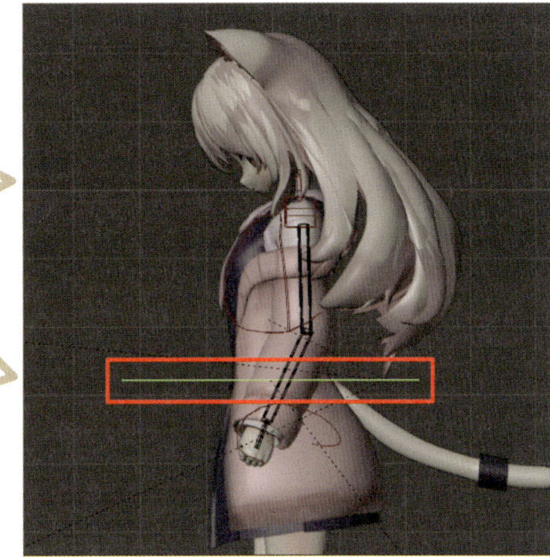

### 02 Step キーフレームを削除

**Rootupper**以外のボーンが選択されていることを確認したら、ドープシート上で**39**フレーム目のキーフレーム上部を選択します。その後、ドープシート上で**Xキー**を押して**キーフレームを削除**をクリックします。念のため、**Rootupper**を選択して、このボーンのキーフレームが削除されていないかを、ドープシートで確認しておくと良いでしょう。**Rootupper**のキーフレームが残っていれば問題ありません。

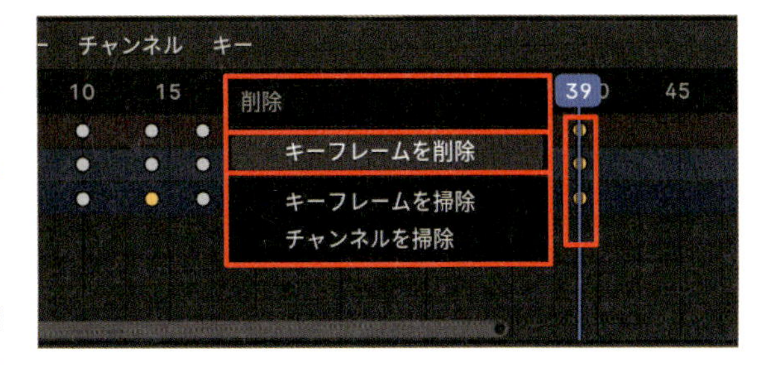


※そのフレームで最後に設定したポーズは、新しいキーフレームを挿入しない限りは、そのまま次のフレーム以降にも引き継がれます。

## 03 44フレーム目にキーフレームを挿入

Step

まず顔の調整から始めます。後ろを振り向く動作では、頭から先に動くことが多いためです。また、ただ後ろを向くだけでは、動きが機械的でぎこちなくなります。そこで、1度下を向いてから後ろを振り返り、その後ゆっくりと動きが止まるようにします(いきなりピタッと止まると、キャラクターが緊張しているように見えます)。**44**フレーム目に移動し、顔の向きを制御するボーン**HeadIK**を選択します。右側の**サイドバー**(**Nキー**)の**アイテム**タブにある**トランスフォーム**パネルから、位置Xに**-0.15**、位置Yに**-0.3**、位置Zに**-0.12**と入力します。手動で調整する場合は、顔が左下を向くように移動すると良いでしょう。

## 04 上半身の調整

Step

次に上半身の調整に入ります。立ったまま後ろを向く際、顔だけが動いて身体が一切動かないのは不自然なので、身体もしっかりと動かしましょう。**44**フレーム目であることを確認し、**Chest.Control**(**赤い肺型のボーン**)を選択します。回転Xに**0.05**、回転Yに**0.1**と入力します。手動で調整する場合は、顔の向きよりも少し控えめに左側へ回転させましょう。顔の向きと上半身の向きを完全に一致させるのではなく、上半身の回転をやや小さくすることで、動きをより自然に見せることができます。

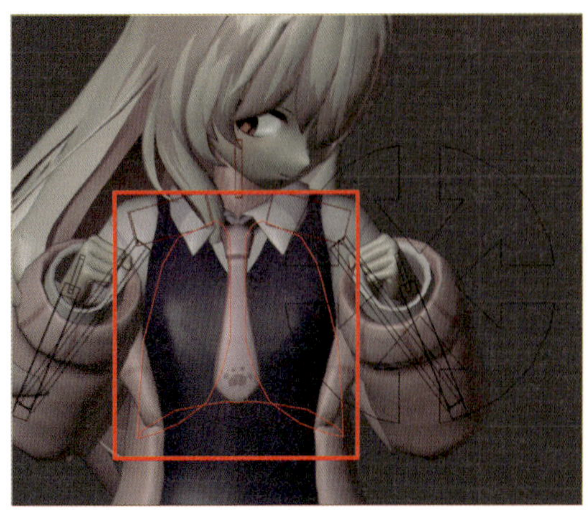

## 05 Step 腰の調整

上半身だけでなく、腰も少しだけで良いので動かしましょう。**44**フレーム目にいることを確認し、**Hips.Control**（**赤い骨盤型のボーン**）を選択します。回転Yに**-0.05**、回転Zに**0.05**と入力します。手動の場合は、上半身よりも小さめに左側に回転します。上半身の回転Yは**0.1**だったので、こちらの回転Yはそれよりも小さめの数値を入力することで、動きのバランスを取ることができます。

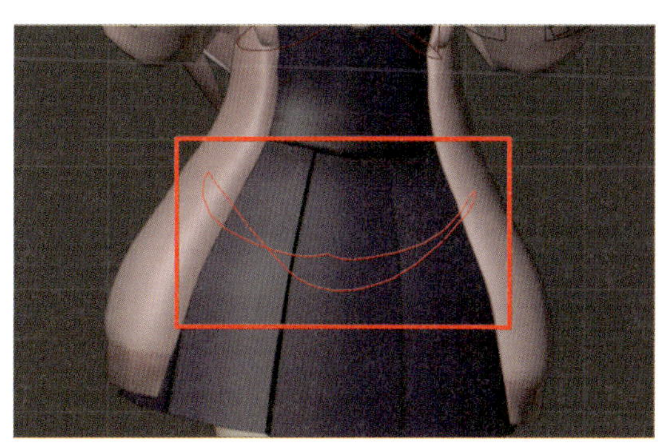

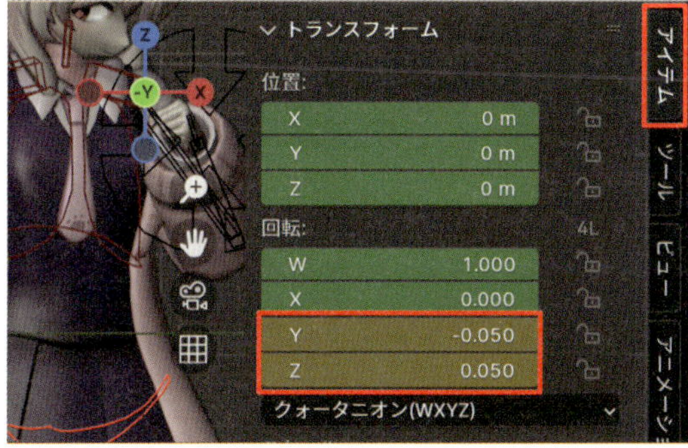


## 06 Step 目の調整

キャラクターは後ろに意識が向いているので、目もそれに合わせて調整します。目を制御するボーン**EyelkCenter**を選択します。位置Xに**-0.3**、位置Yに**-0.65**、位置Zに**-0.2**と入力します。

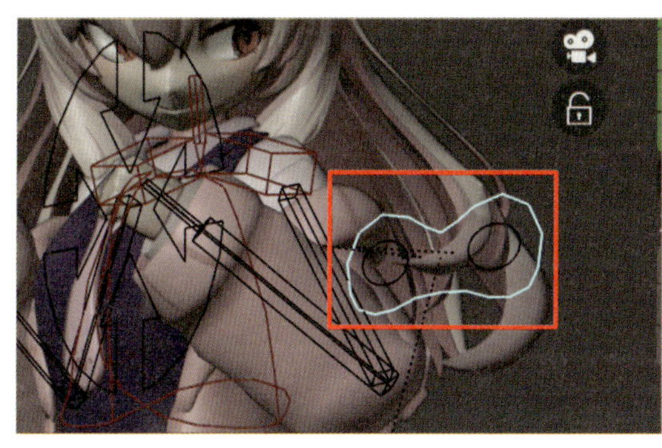

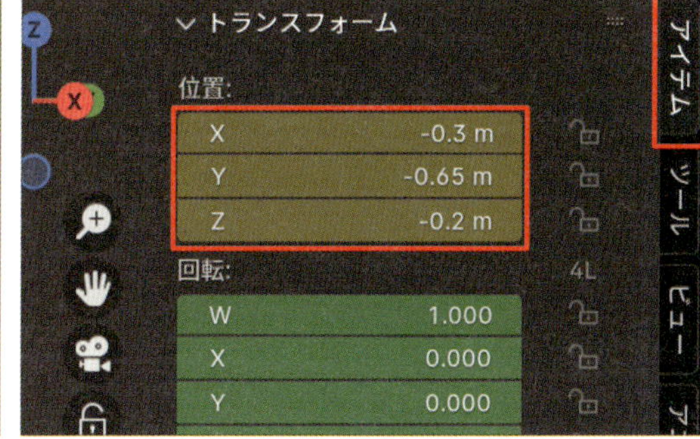


## 07 Step 60フレーム目のキーフレームを調整

現在のままだとピタッと動きが止まってしまうため、動きが徐々に止まるように調整します。**60**フレーム目に移動し、顔の向きを制御するボーン**HeadIK**を選択します。Next Page

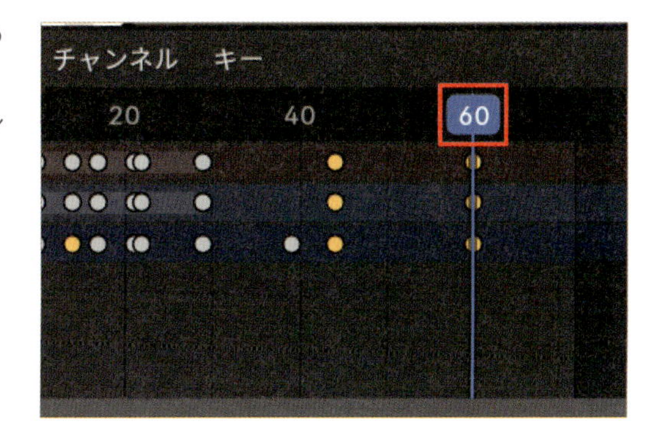

位置Xに**-0.2**、位置Yに**-0.36**、位置Zに**-0.06**と入力します。これによって、下を向いていた顔が少し上がり、後ろを振り向いている状態になります。カメラ視点(**テンキーの0キー**)で確認し、表情がしっかり見えるようにすると良いでしょう。

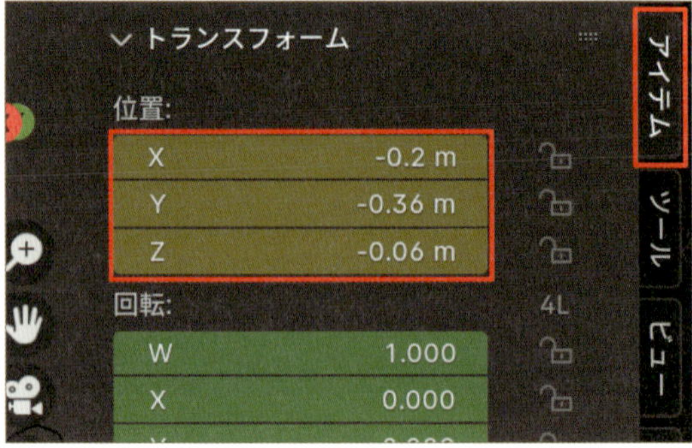


## 08 Step 上半身の調整

**60**フレーム目にいることを確認し、**Chest.Control**(**赤い肺型のボーン**)を選択します。回転Yに**0.2**と入力します。

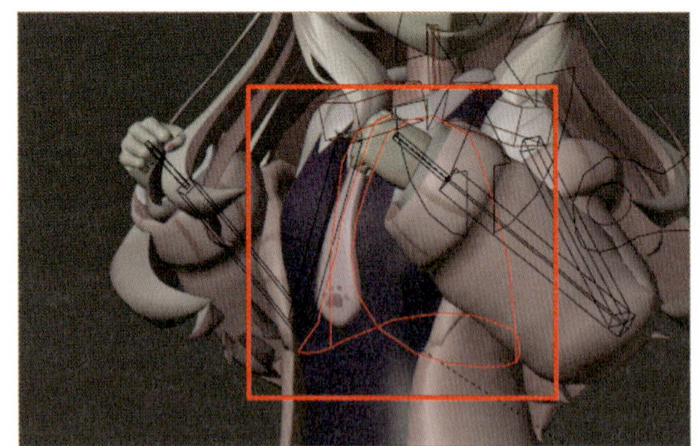

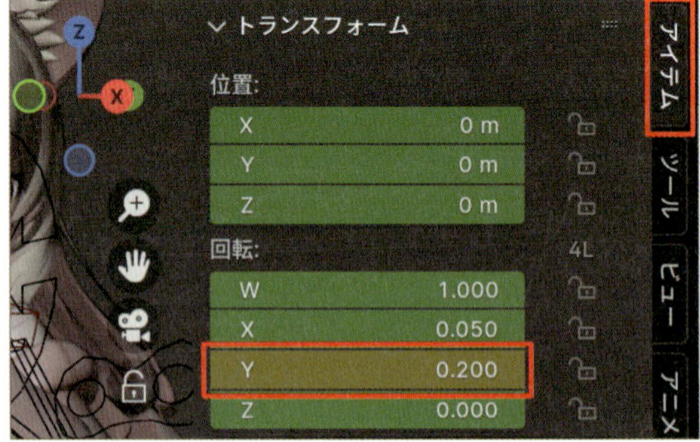


## 09 Step 腰の調整

60フレーム目にいることを確認し、**Hips.Control**(**赤い骨盤型のボーン**)を選択します。回転Yに**-0.15**、回転Zに**0.1**と入力します。

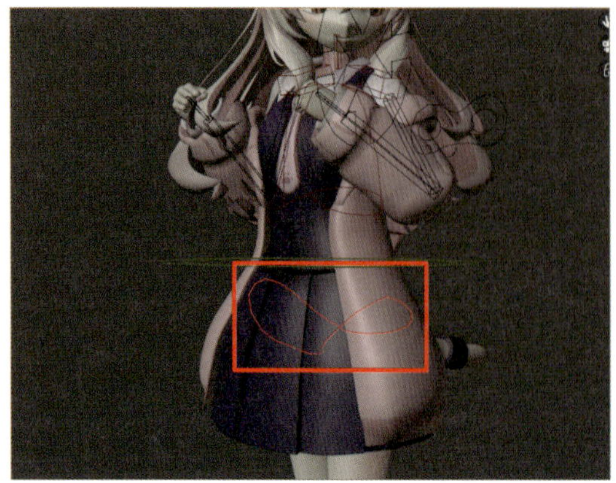

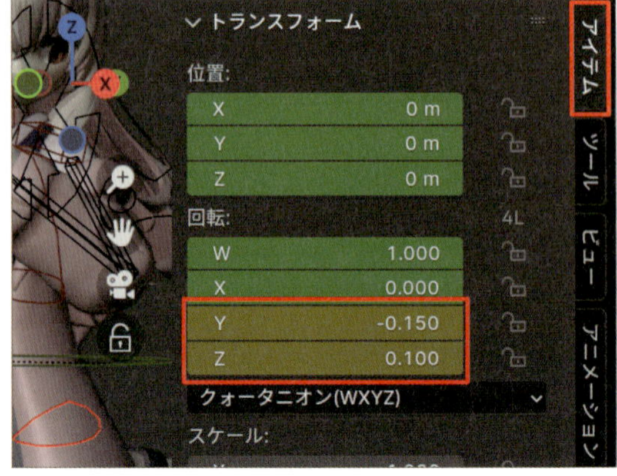

## 10 Step 29フレーム目のキーフレームを調整

現在のままだと腕の動きがほとんどなく、ぎこちなく見えてしまいます。少しだけで良いので前腕を動かしましょう。**29**フレーム目に移動し、左前腕のボーン**LowerArm.L**を選択します。回転Xに**-15**、回転Zに**115**と入力します。着地して身体が沈み込んでいるため、腕もジャンプの衝撃に合わせて少し下に沈み込んでいます。左前腕を選択した後、右クリックからの**ポーズをコピー**（**Ctrl+Cキー**）と、その後の**X軸反転ポーズ貼り付け**(**Shift+Ctrl+Vキー**)も忘れずに実行しましょう。

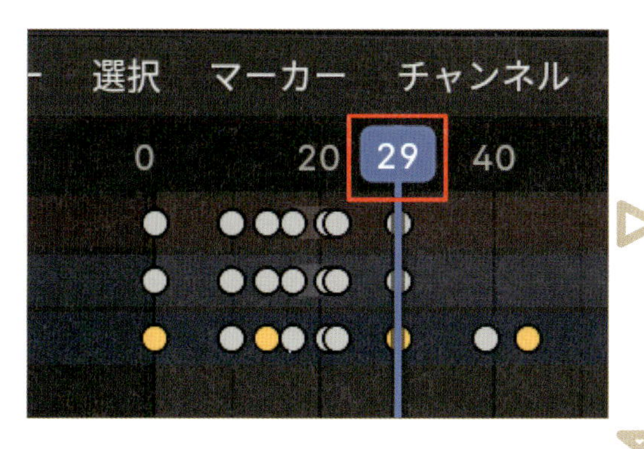


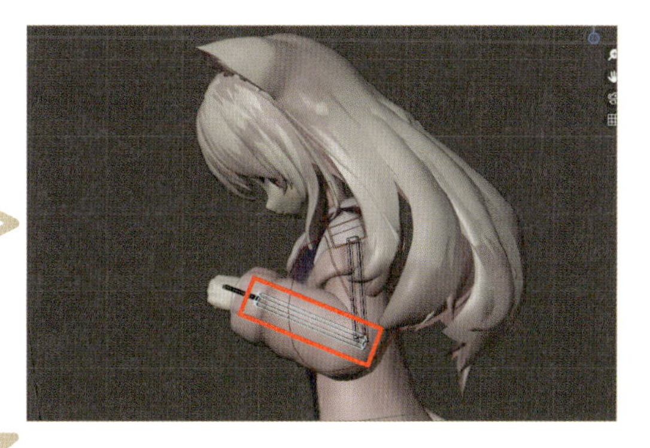

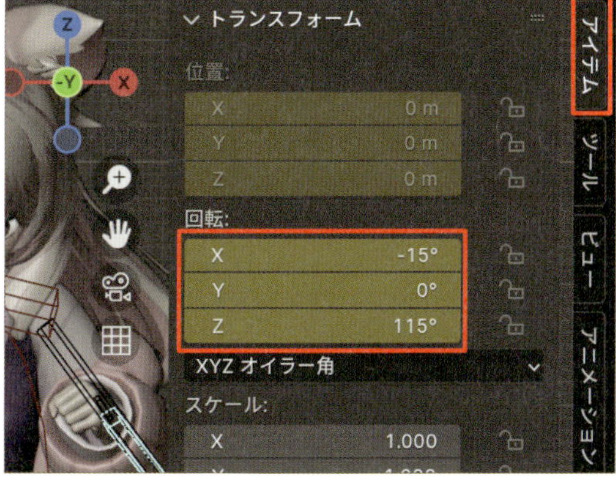


## 11 Step 39フレーム目のキーフレームを調整

左右の腕をそれぞれ動かし、細かく調整します。**39**フレーム目に移動し、左上腕のボーン**UpperArm.L**を選択します。Next Page

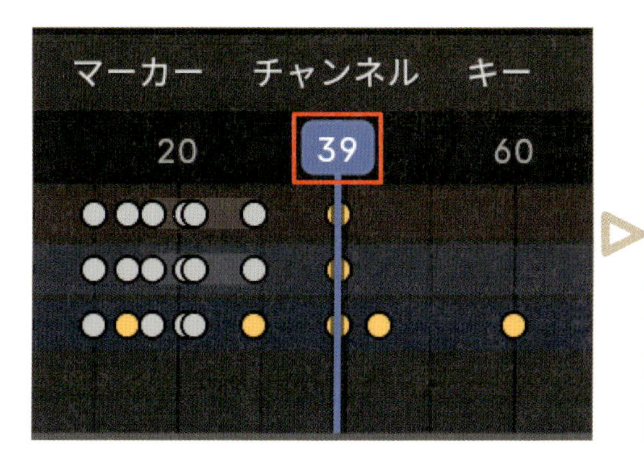


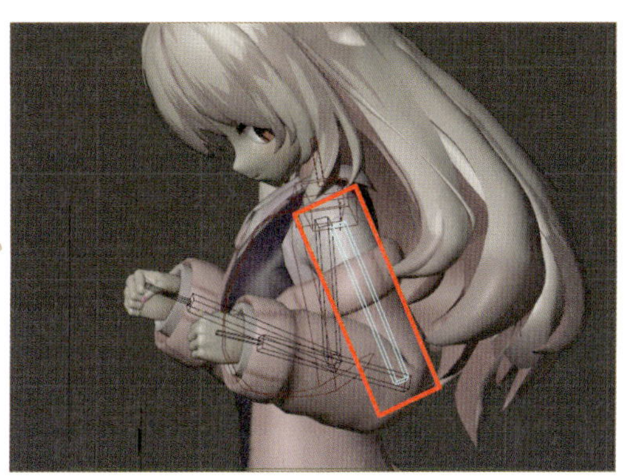

回転Xに**0.2**、回転Yに**0**、回転Zに**-0.2**と入力します。ここで左上腕を動かす意図ですが、上半身をひねながら後ろを向く際に、腕も一緒に動かさないと動きが固く見えてしまうからです。

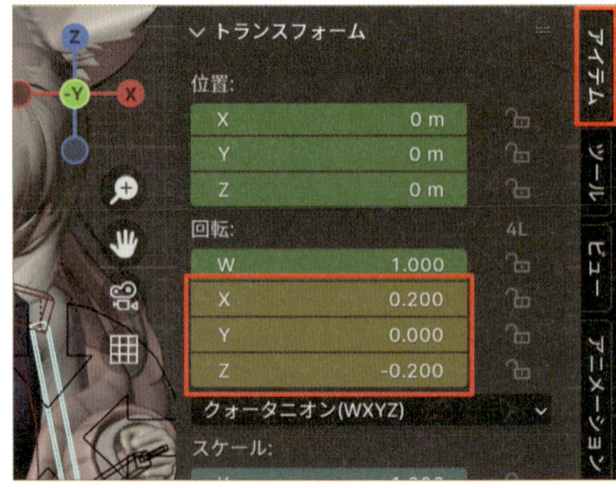


### 12 Step 45フレーム目のキーフレームを調整

髪の毛が右前腕を貫通しているので、これを防ぐために右前腕を少し動かします。**45**フレーム目に移動し、右前腕のボーン**LowerArm.R**を選択します。回転Xに**0**、回転Yに**0**、回転Zに**-100**と入力します。髪の毛がまだ若干貫通しているかもしれませんが、次の髪の揺れのアニメーションで修正します。ここでは**グラフエディター**で動きの修正はしません。

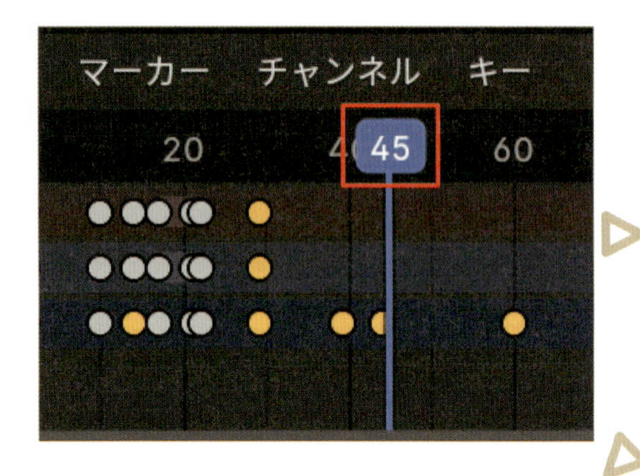


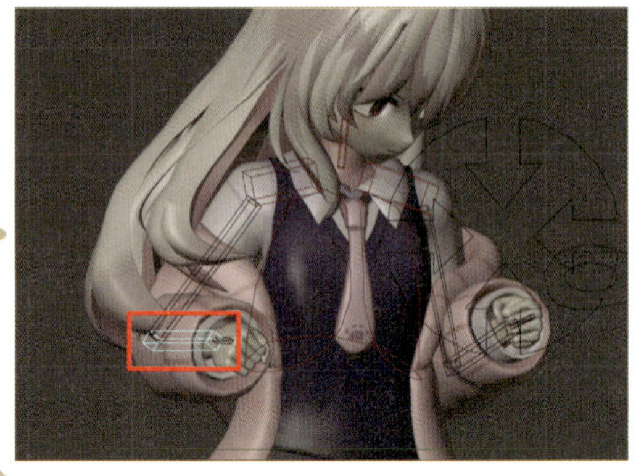

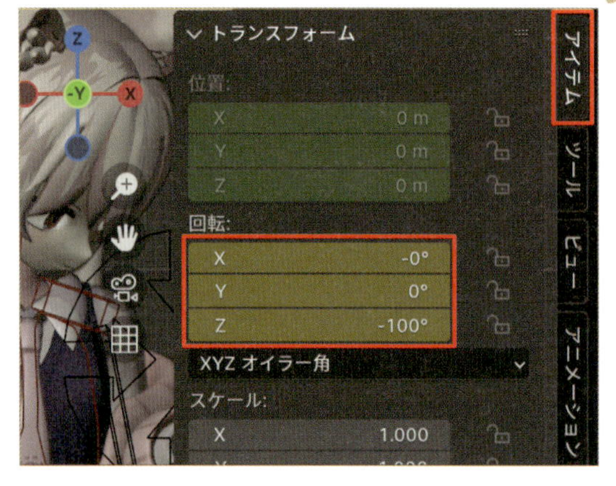

## 3-6 髪の毛の揺れを作ろう

主要ポーズがすべて完成したので、次は揺れに関わるパーツのアニメーションを制作します。

### 01 Step 2nd_Hair_outと2nd_Hair_inコレクションを表示

後ろ髪の揺れから制作します。右側のプロパティの**オブジェクトデータプロパティ**の**ボーンコレクション**パネルから、**2nd_Hair_out**と**2nd_Hair_in**コレクションのソロ(星アイコン)を有効にします。

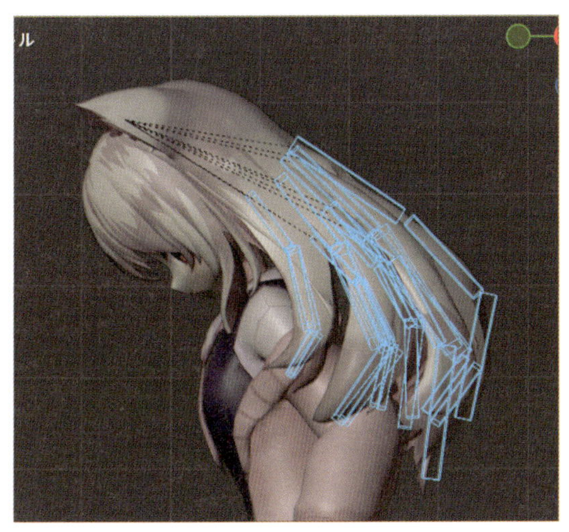

### 02 Step 10フレーム目のキーフレームを調整

**10**フレーム目に移動し、3Dビューポート上で全選択のショートカットの**Aキー**を実行します。後ろ髪のボーンがすべて選択されていることを確認しましたら、回転の**Rキー**>**Xキー**(**ローカル**)>**-10**と入力します(左下のオペレーターパネルから調整することもできます)。手動で調整する場合は、髪の毛が腕を貫通しない程度に**Rキー**>**Xキー**(**ローカル**)で調整すると良いでしょう。

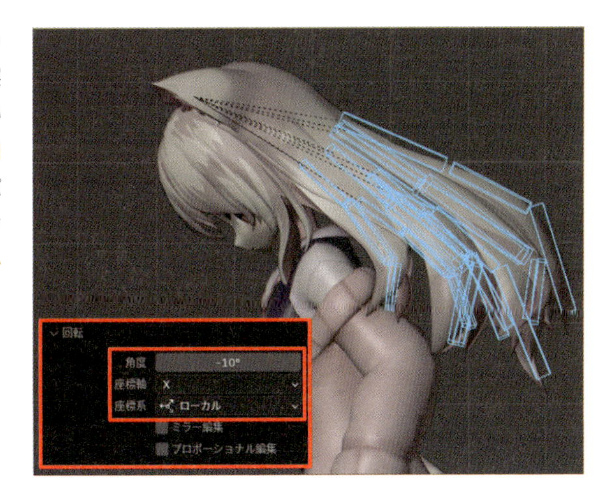


### 03 Step 10フレーム目のキーフレームを複製

キーフレームを複製します。**10**フレーム目のキーフレーム上部を選択し、**複製**(**Shift+Dキー**)を行います。**15**フレーム目に複製したキーフレームを貼り付けます。

## 04 Step 22フレーム目のキーフレームを調整

**22**フレーム目に移動し、3Dビューポート上で全選択のショートカットの**Aキー**を押します。後ろ髪のボーンがすべて選択されていることを確認したら、回転の**Rキー**>**Xキー**（**ローカル**）>**-15**と入力します。空中でピークに達し、その後重力によって落下する際、髪の毛を少し上に揺らすことで、髪の毛の軽さや柔らかさを表現することができます（髪が風や空気の抵抗を受けて、一瞬浮き上がります）。この動きがないと、硬くて重たい髪という印象を与えてしまいます。

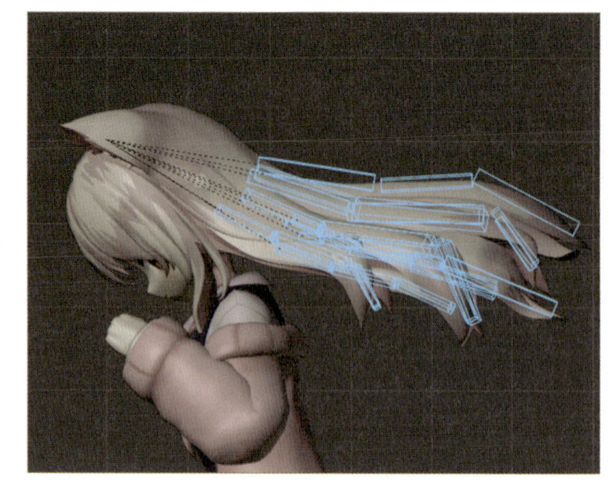

## 05 Step 27フレーム目のキーフレームを調整

**27**フレーム目に移動し、後ろ髪のボーンがすべて選択されていることを確認したら、回転の**Rキー**>**Xキー**（**ローカル**）>**16**と入力します。地面に着地したことで、浮き上がった髪の毛は重力の影響を受けて、再び落下します。

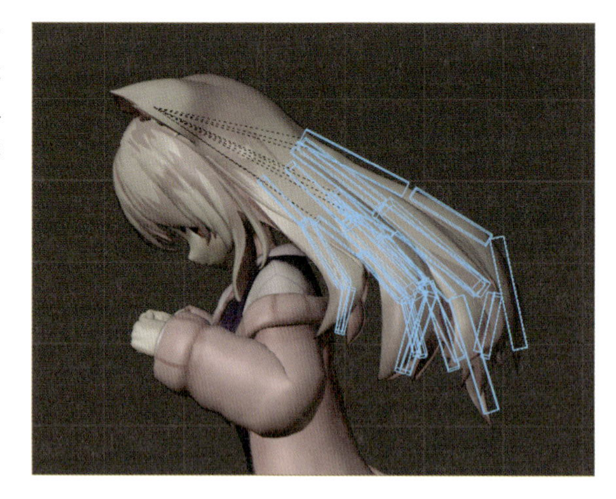

## 06 Step 27フレーム目のキーフレームを複製

キーフレームを複製します。**27**フレーム目のキーフレーム上部を選択し、**複製**（**Shift＋Dキー**）を行います。**37**フレーム目に複製したキーフレームを貼り付けます。

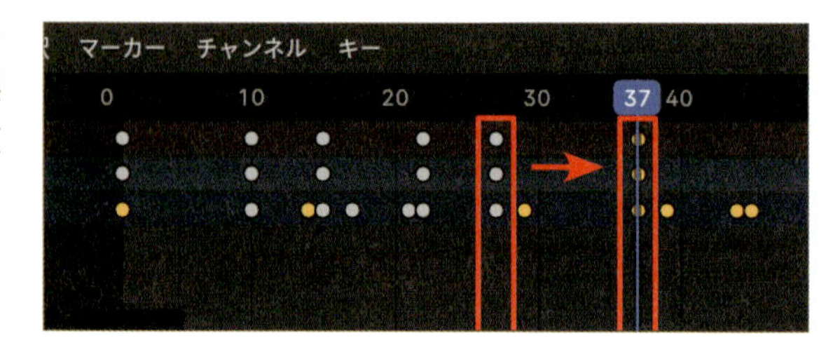

## 07 Step 50フレーム目のキーフレームを調整

後ろを振り向くので、髪の毛も顔の動きに合わせて小さく揺らします。**50**フレーム目に移動し、後ろ髪のボーンがすべて選択されていることを確認したら、回転の**Rキー**>**Zキー**（**ローカル**）>**-5**と入力します。

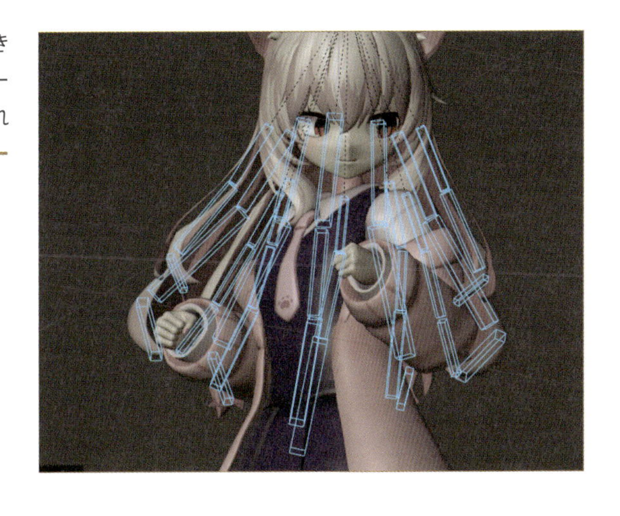

## 08 Step 70フレーム目のキーフレームを調整

**70**フレーム目に移動し、後ろ髪のボーンがすべて選択されていることを確認したら、回転をリセットするショートカットの**Alt+Rキー**を3Dビューポート上で押します。頭の動きが停止したことで、揺れ動いた髪の毛も次第に止まる、という動きです。

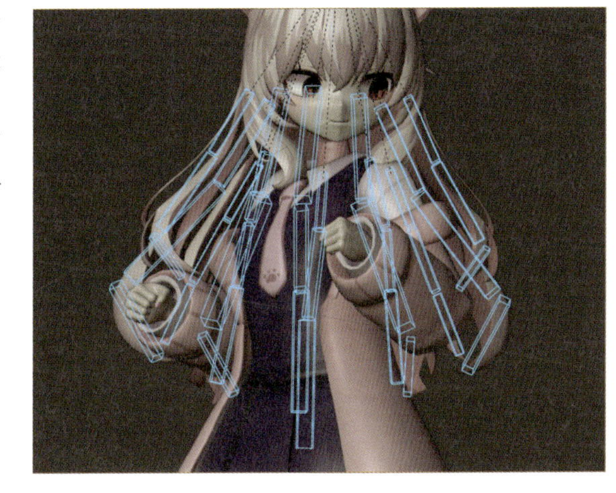

### Column

#### 後ろ髪の動きをズラそう！

後ろ髪の揺れをズラす手順は、これまで制作した**うなずき**、**手を振る**アニメーションと同じなので、ここでは箇条書きにしてまとめます。以下の手順を参考に、髪の毛の動きをズラして下さい。

❶プロパティの**オブジェクトデータプロパティ**の**ボーンコレクション**から**2nd_Hair_middle**の**ソロ**（**星アイコン**）のみを有効にし、3Dビューポート上で**Aキー**を押します。次にドープシート上で同じく**Aキー**でキーフレームを選択し、移動の**Gキー**を実行します。ここでは**5**フレームほど進めます。作業が終わったら**2nd_Hair_middle**の**ソロ**を無効にします。
❷同じく、ボーンコレクションから**2nd_Hair_tip**の**ソロ**のみを有効にし、3Dビューポート上で**Aキー**を押します。次にドープシート上で同じく**Aキー**でキーフレームを選択し、移動の**Gキー**を実行します。ここでは**10**フレームほど進めます。作業が終わったら**2nd_Hair_tip**の**ソロ**を無効にします。

## 09 Step 2nd_Hair_Frontのソロ(星マーク)を表示

次は前髪と横髪を揺らしていきます。プロパティの**オブジェクトデータプロパティ**の**ボーンコレクション**から**2nd_Hair_Front**の**ソロ**のみを有効にし、3Dビューポート上で**Aキー**を押します。

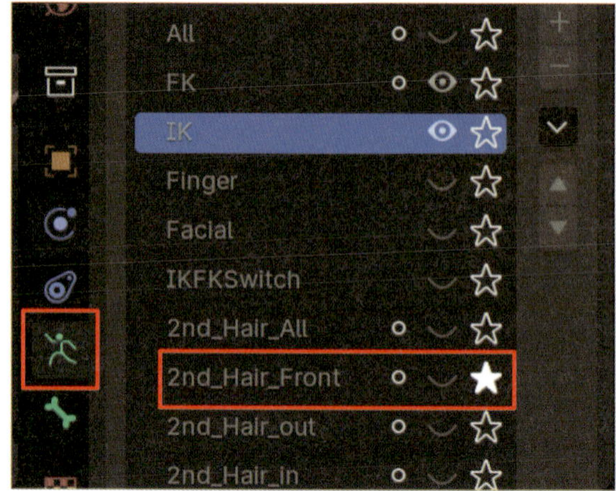


## 10 Step 前髪の形状を確認

ここでの前髪と横髪は、数値入力するよりも手動で調整した方が早いので、3Dビューポート上で**テンキーの3キー**を押し、側面視点にして動きに合わせて回転の**Rキー**、あるいは**Kキー>位置・回転**で調整しましょう。**10**フレーム目では、顔が下に向いているため、重力の影響で前髪と横髪も自然に垂れ下がるようにしましょう。ただし、前髪は激しい動きや風があっても、前髪を大きく揺らしたり変形させたりしないようにしましょう。前髪が動きすぎると、キャラクターのイメージが崩れてしまうことがあります。ここでは、前髪は完全に垂れ下がるのではなく、やや斜めを向くようにしています。

## 11 Step 10フレーム目のキーフレームを複製

**10**フレーム目のキーフレームを**複製**(**Shift+Dキー**)し、**22**フレーム目に貼り付けます。

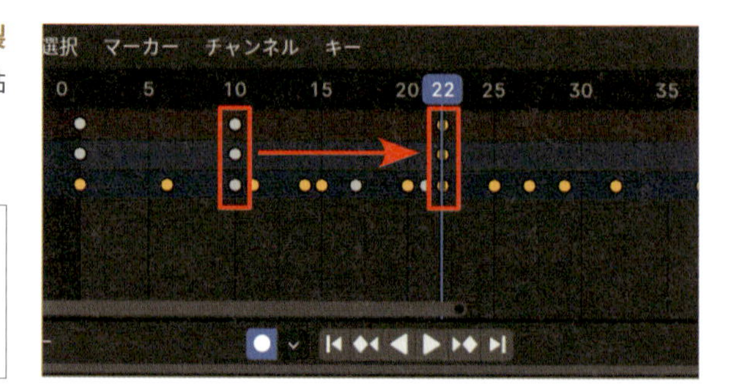


MEMO

**STEP10**で10フレーム目の**2nd_Hair_Front**に**キーフレーム**を入れていないと**STEP11**では編集できません。

## 12 Step 29フレーム目のキーフレームを編集

**29**フレーム目に移動し、こちらも**テンキーの3キー**で側面視点になっていることを確認して、回転の**Rキー**で動きに合わせて揺れを修正します。ジャンプの着地により、前髪と横髪がやや手前側に揺れ動きます。

## 13 Step 40フレーム目のキーフレームを編集

**40**フレーム目に移動し、視点をキャラクターの顔の正面にします。回転の**Rキー**を押して、顔の振り向きに合わせて右側に揺らします。前述のように前髪の揺らし方は控えめとし、髪の毛が衣装を貫通する場合は、別の角度から確認し、回転の**Rキー**で髪と衣装を離すように調整して下さい。

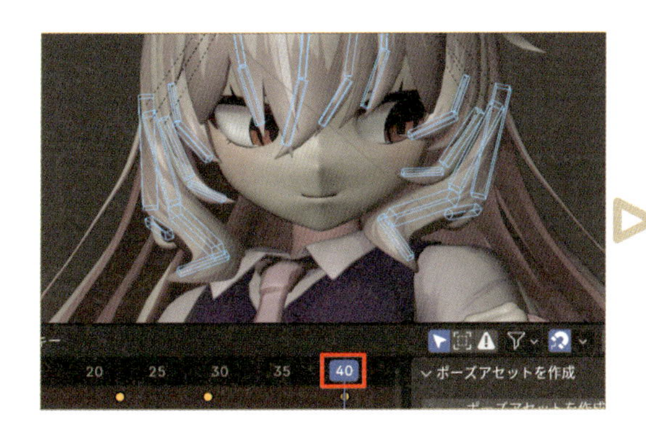


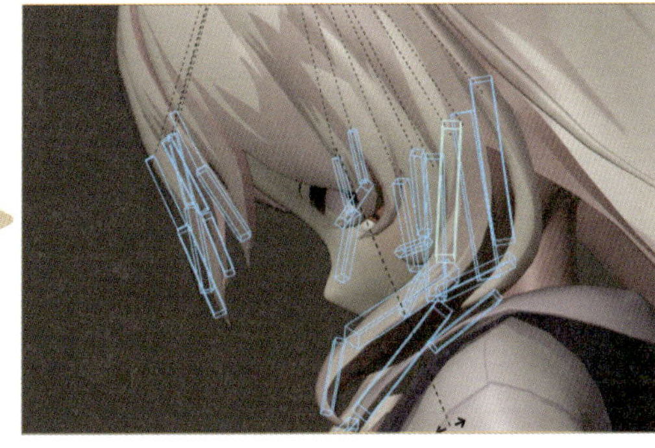

## 14 Step 59フレーム目のキーフレームを編集

**59**フレーム目に移動し、視点をキャラクターの顔の正面にします。回転の**Rキー**を押して、顔の振り向きに合わせて左側に揺らします。顔の振り向きが終わった後も髪が揺れ続けることで、髪の軽さが表現されます。髪の毛が不自然に浮いていたら、別の角度から確認しながら回転の**Rキー**で調整して下さい。

**15** Step

**72フレーム目のキーフレームを編集**

**72**フレーム目に移動し、左側に進みすぎた髪の毛を右側に揺らして戻すように調整します。ここでは、すべてのボーンを選択した状態で揺れを作成していますが、より細かく揺らしたい場合は、各ボーンを個別に選択し、回転の**Rキー**で調整すると良いでしょう。これで前髪と横髪の揺れの調整は完了です。作業が終わったら、プロパティの**オブジェクトデータプロパティ**の**ボーンコレクション**で**2nd_Hair_Front**のソロを無効にします

## 3-7 スカートの揺れを作ろう

スカートが全く揺れないと不自然なので、こちらの揺れも作成します。

**01** Step

**2nd_Hair_skirtのソロ(星マーク)を有効**

まずはスカートの揺れから作成します。プロパティの**オブジェクトデータプロパティ**の**ボーンコレクション**で**2nd_Hair_skirt**のソロ(星アイコン)を有効にします。ジャンプする寸前のポーズ(予備動作)の**10**フレーム目に移動し、3Dビューポート上で全選択の**Aキー**を押してスカートのボーンを選択します。

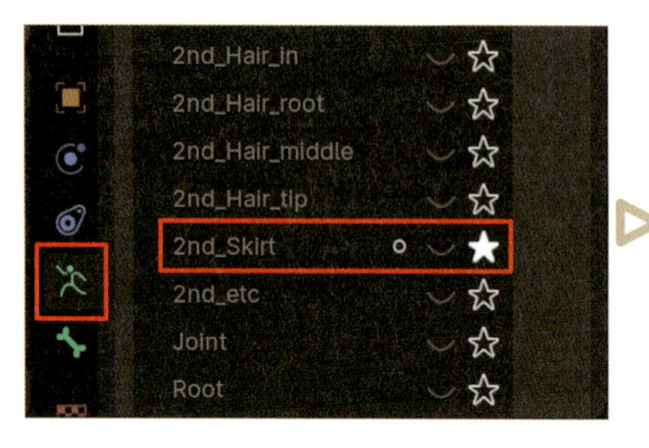


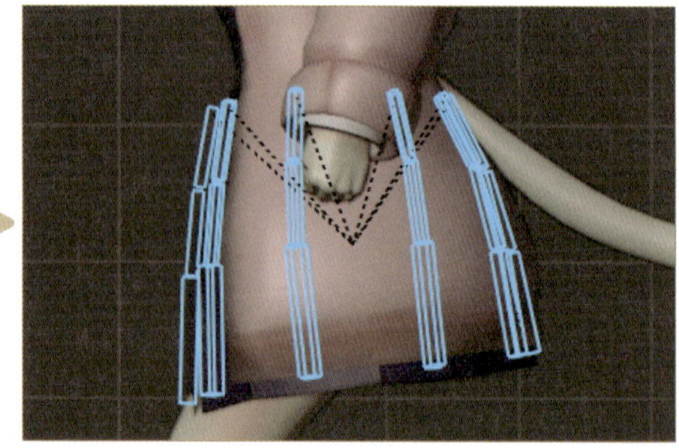

**02** Step

**10フレーム目のキーフレームを編集**

回転の**Rキー**から**Xキー**を2回押して**グローバル**のX軸にします。次に**-4**と数値入力をして、脚の動きに合わせてスカートを揺らします。手動で調整する場合は**テンキーの3キー**から側面視点にし、回転の**Rキー**で調整します。この動きは大きくないため、スカートの揺れも控えめで問題ありません。ただし、脚がスカートを貫通しないように注意して下さい。

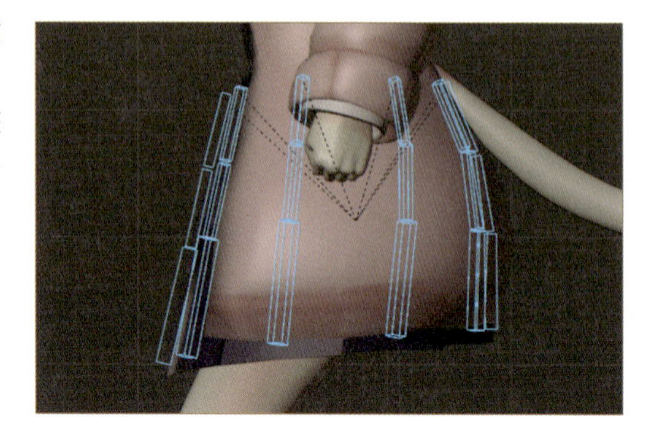

## 03 Step 14フレーム目のキーフレームを編集

ジャンプする瞬間の**14**フレーム目に移動し、スカートのボーンがすべて選択されていることを確認します。回転の**Rキー**から**Xキー**を2回押して**グローバル**のX軸にし、**5**と入力します。

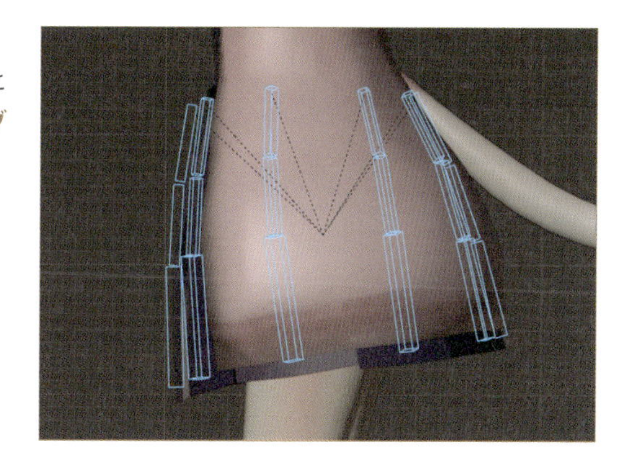

## 04 Step 18フレーム目のキーフレームを編集

空中時のスカートの揺れを作成します。**18**フレーム目に移動し、すべてのスカートのボーンを選択します。回転の**Rキー**>**Xキー**（**ローカル**）を押して、次に**13**と入力します。

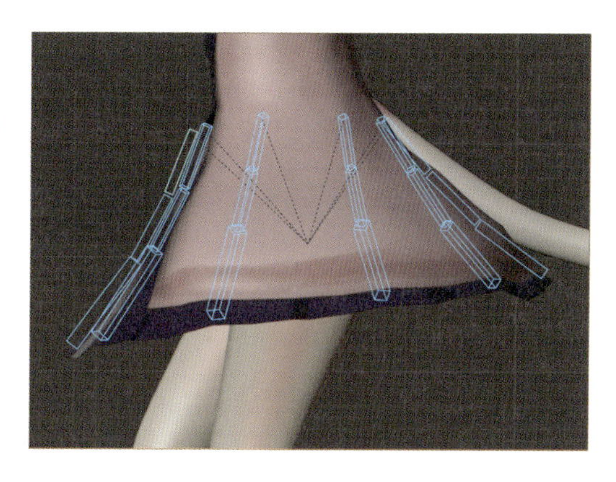

## 05 Step 20フレーム目のキーフレームを編集

**20**フレーム目に移動すると、右足がスカートを貫通しているので修正します。視点を変えてスカートのボーンの付け根を2つ選択します。回転の**Rキー**>**Xキー**で、右足が隠れるまでスカートを上げます。このようにスカートの揺れは細かく修正する必要があります。他にも修正箇所がありましたら、各自調整をして下さい。

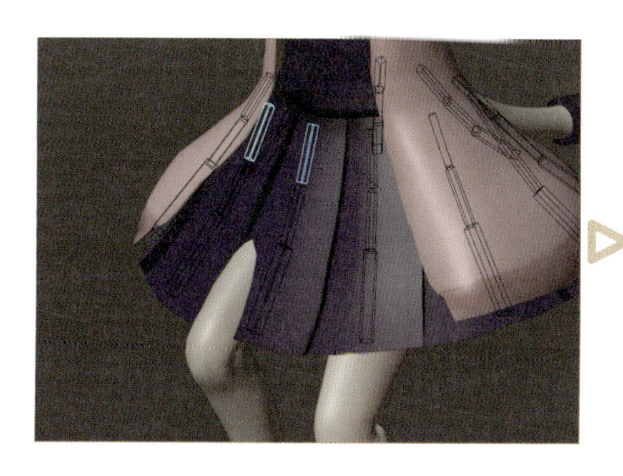

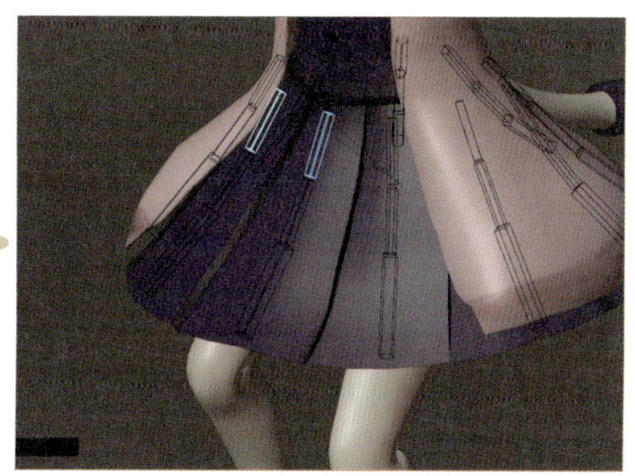

## 06 Step 20フレーム目のボーンすべてのキーフレームを挿入

**20**フレーム目のボーンすべてのキーフレームを挿入します。3Dビューポート上でキーフレーム挿入メニューの**Kキー**を押し、**位置・回転**をクリックします。

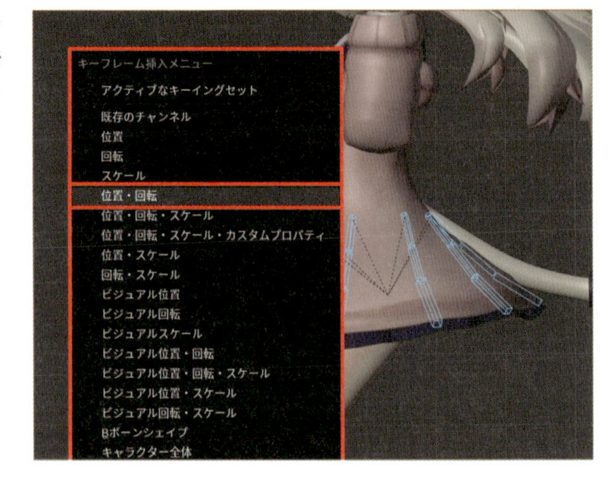


## 07 Step 20フレーム目のキーフレームを複製

挿入したキーフレームを複製します。ドープシート上で**20**フレーム目のキーフレーム上部を選択し、**22**フレーム目に貼り付けます。

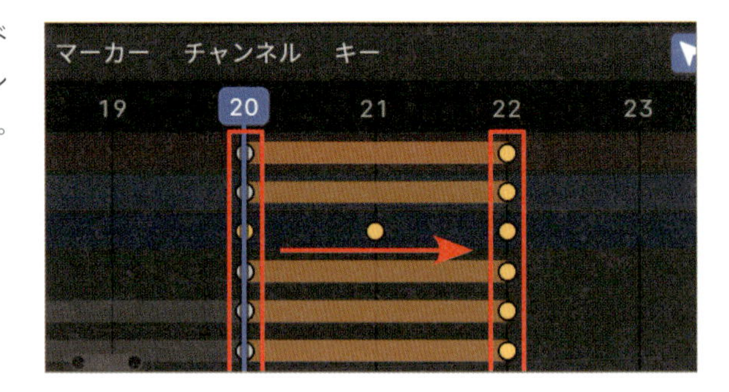


## 08 Step 26フレーム目のキーフレームを編集

次に、キャラクターが着地した際にスカートが自然に揺れるように調整します。調整をしやすくするために、まずスカートの回転をリセットします。地面に着地した瞬間の**26**フレーム目に移動し、回転をリセットするショートカットの**Alt+Rキー**を押します。動きに合わせて時々回転をリセットすると、修正がしやすくなることがあります。スカートの回転がリセットされたら、回転の**Rキー**を押し、**Xキー**を2回押して**グローバル**のX軸に切り替えます。次に、**-10**と入力すると、身体の傾きに合わせてスカートも自然に傾きます。

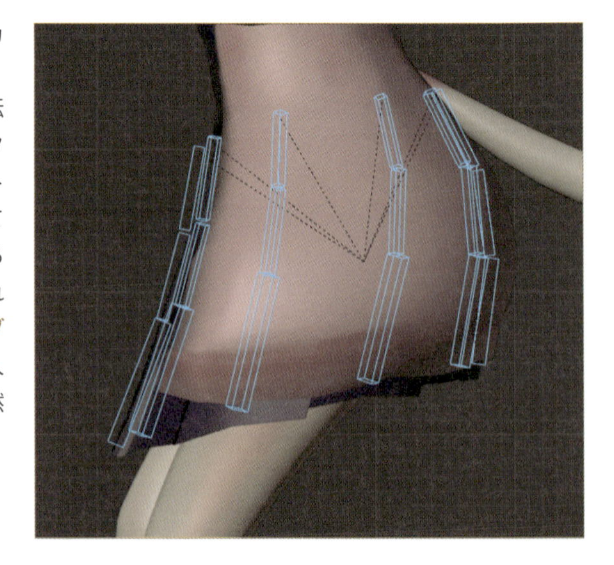

## 09 Step 40フレーム目のキーフレームをリセット

**40**フレーム目に移動し、回転をリセットするショートカットの**Alt+Rキー**を実行します。これで着地後にスカートの揺れが元に戻るようになります。

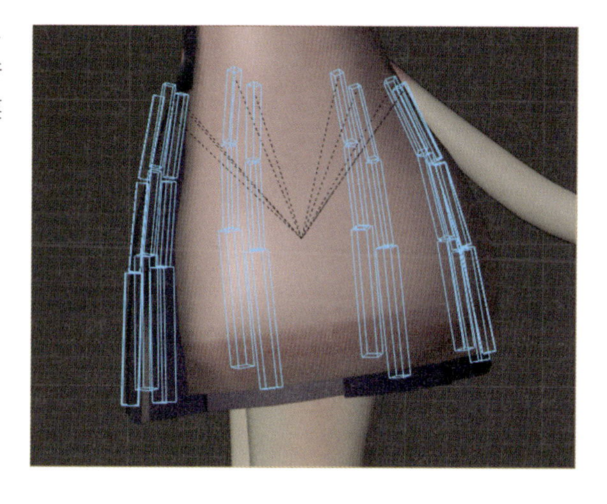

## 10 Step 46フレーム目のキーフレームを編集

身体をひねる際のスカートの揺れを制作します。この動きは大きくないため、揺れも小さめにしましょう。身体をひねる際に最も加速する**46**フレーム目に移動します(手動で調整している方は該当するフレームを探して下さい)。3Dビューポート上で回転の**Rキー**>**Zキー**（**ローカル軸**）から**-0.5**と入力します。僅かな揺れですが、少し動かすだけでアニメーションがよりリッチに仕上がります。

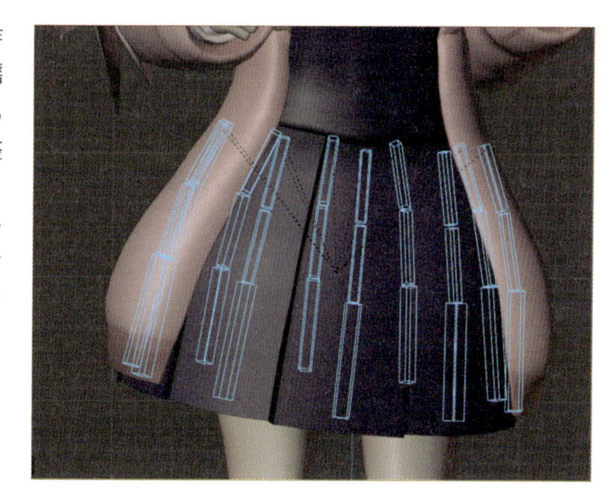

## 11 Step 72フレーム目のキーフレームを編集

最後に、**72**フレーム目に移動し、3Dビューポート上で回転の**Rキー**>**Zキー**（**ローカル軸**）から**1**と入力します。これにより、身体が止まった後もスカートが揺れ続けるようになります。

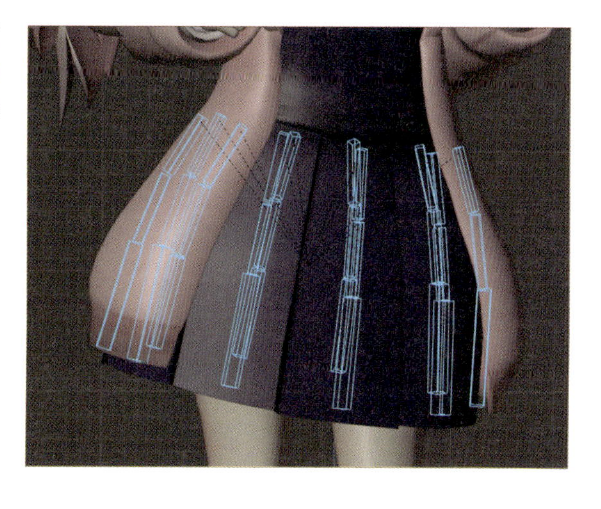

Column

### 尻尾を揺らそう！

本書では詳しく触れていませんでしたが、キャラクターの尻尾を揺らすことで、アニメーション表現がより豊かになります。余裕がありましたら、以下の手順を参考に尻尾を揺らしてみて下さい。

❶ プロパティの**オブジェクトデータプロパティ**の**ボーンコレクション**で**2nd_etc**のソロ（星アイコン）のみを有効にします。これは尻尾の動きやカーディガンの調整など、より細かく動きが管理できるコレクションです。

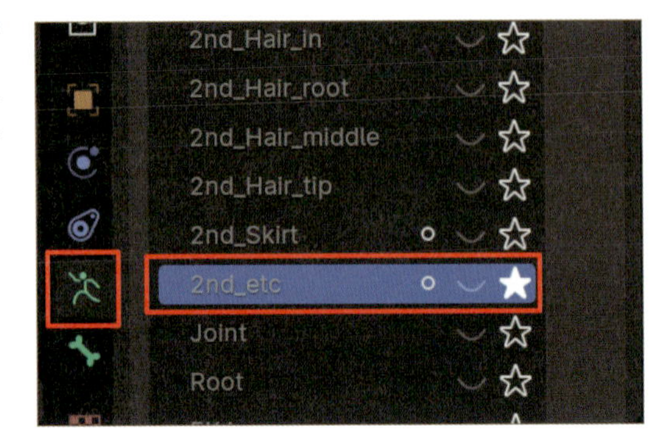


❷ 3Dビューポート上で尻尾のボーンのみを選択し、**テンキーの3キー**を押して側面視点にします。回転の**Rキー**で、動きに合わせて尻尾を揺らします。**10**～**15**フレーム目では、身体に力を入れるために尻尾を少し下げます。宙に浮いている**20**フレーム目では尻尾を上げ、地面に着地する**25**フレーム目では尻尾を下に向けて、エネルギーを吸収するような動きを加えると良いでしょう。

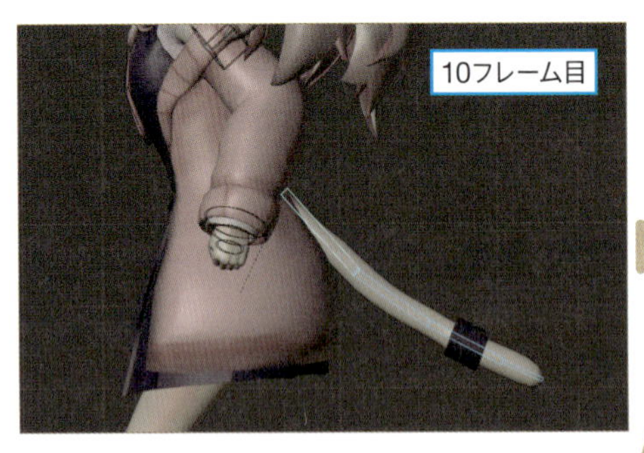


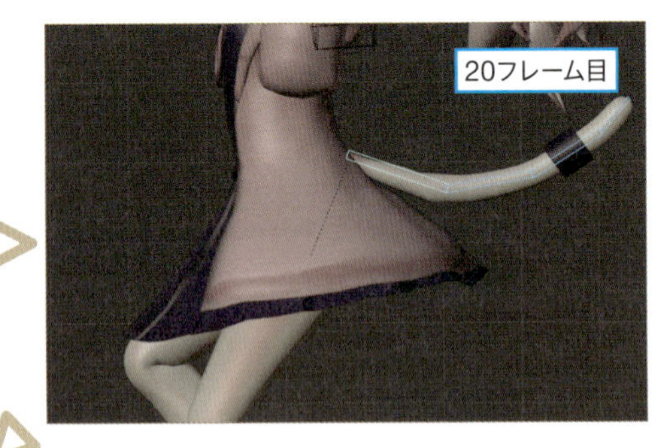


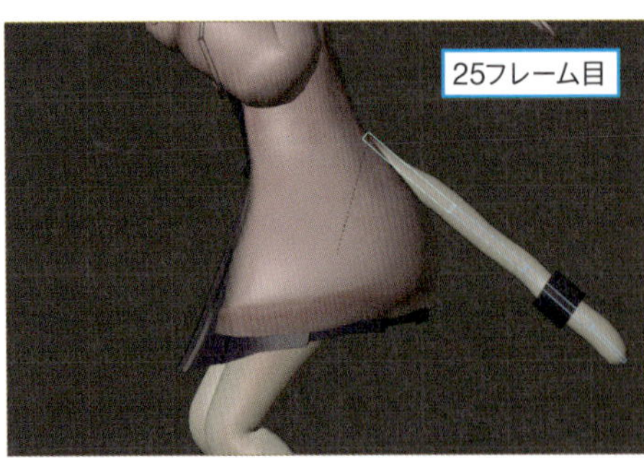

❸ **40**フレーム目では尻尾の向きを元に戻します（**Alt+Rキー**）。**テンキーの7キー**から**真上視点**にし、**46**フレーム目以降は、回転の**Rキー**で身体の回転に合わせて尻尾を揺らします。こうすることで、キャラクターの動きに自然に追随する尻尾の表現ができます。

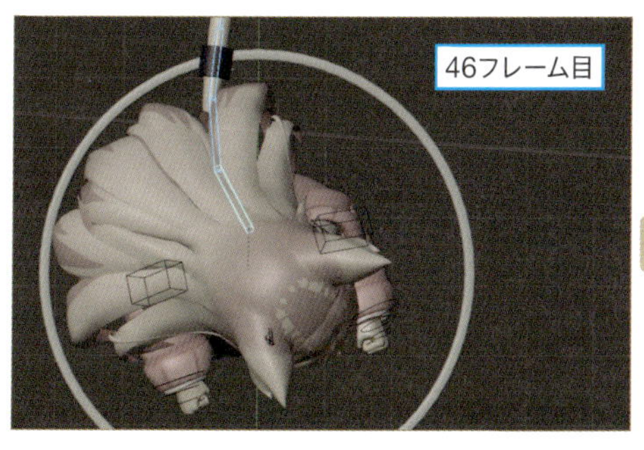


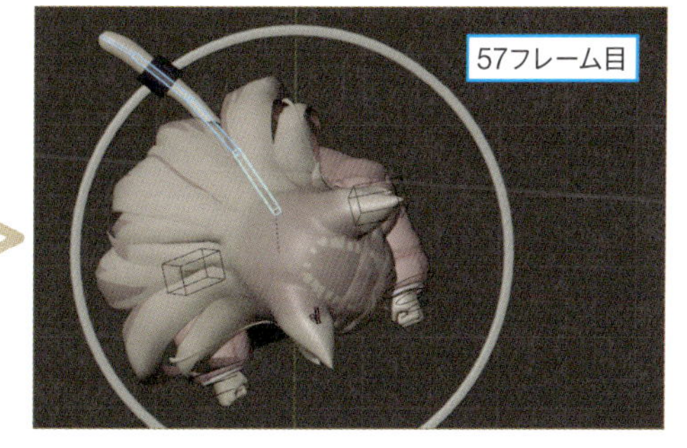


尻尾はキャラクターの動きに合わせて反応し、バランスを取ったり、感情を表現したり、動きに勢いを付けたりする役割があります。基本的な揺らし方は、髪の毛やスカートと同じだと思うと良いでしょう。

## 3-8 レンダリングをしよう

最後はジャンプアニメーションをレンダリングしましょう。工程はこれまで制作したアニメーションとほぼ同様です。**解像度X**と**解像度Y**（**出力プロパティ**内の**フォーマット**パネルから設定できます）は、サンプルでは**1200**、**1200**と設定していますが、各自お好きなサイズに変更して構いません。

### 01 Step 出力プロパティの設定

右側のプロパティの**出力プロパティ**から、終了フレームが**72**であることを確認します。次に、**出力**パネルから出力先を指定します。ファイルフォーマットを**FFmpeg動画**にし、エンコーディングパネルの右側にあるプリセットメニューから**H264**（**MP4内**）を指定します。

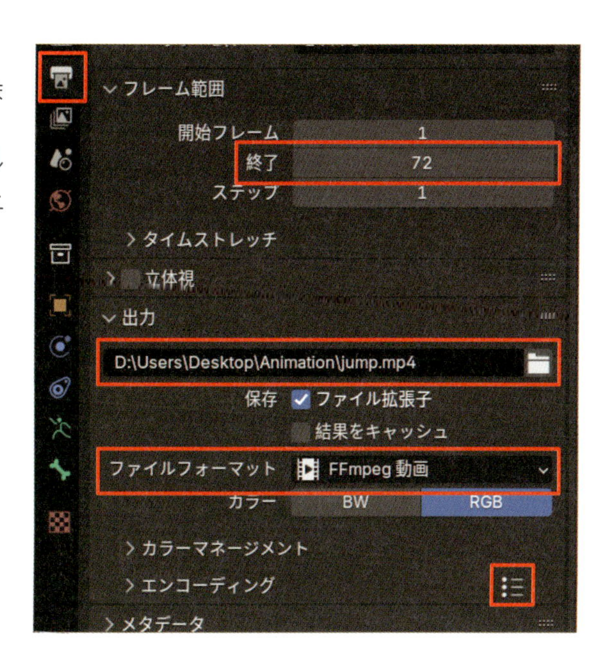

## 02 Step Lineを有効

アウトライナーから**Line**コレクションの**ビューレイヤーから除外**を有効にし、キャラクターのアウトラインを表示します。

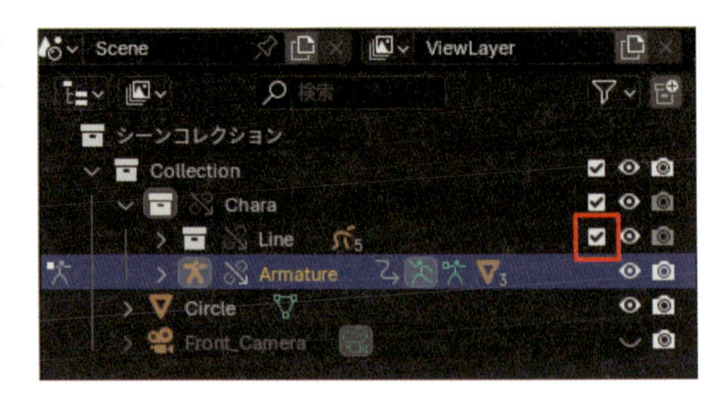


## 03 Step アニメーションをレンダリング

トップバーの**レンダー>アニメーションレンダリング(Ctrl+F12キー)**を押して動画を出力します。**レンダー>アニメーション表示(Ctrl+F11キー)**からすぐにアニメーションの確認ができます。以上で、ジャンプアニメーションの完成です。

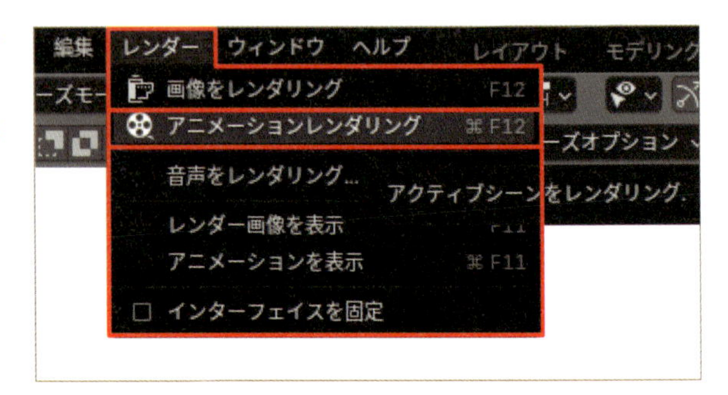


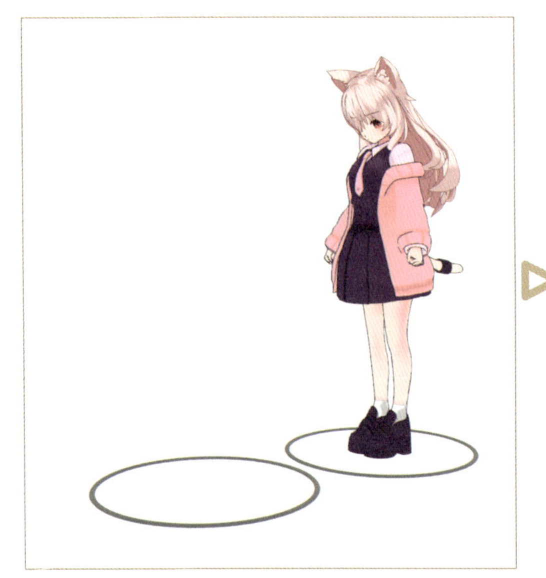

Chapter 4

4

# 物を握るアニメーションを制作しよう

これまで学んだ基礎動作を応用し、より複雑な動作に挑戦しましょう。ここでは、取っ手のついた道具を握り、持ち上げる2秒程度のアニメーションを制作します。なるべく「物を握る」動作に集中できるように、足の動きは一切加えず、身体と腕、顔の動きで完結する映像に仕上げます。また、物が手の動きに追従する設定についても紹介します。

## 4-1 握るポーズを作るポイント

物を握るときは、水平に握るのではなく、❶のように手を少し斜めにして握るようにしましょう。実際に物を持つときは、小指と薬指に特に力が入ります。一方で、❷のように水平に握ると、指がまっすぐ並び、動きが硬く見えてしまいます。❶のポーズを制作するときは、小指と薬指の隙間をしっかりと埋めて、掴んでいる様子を表現しましょう。

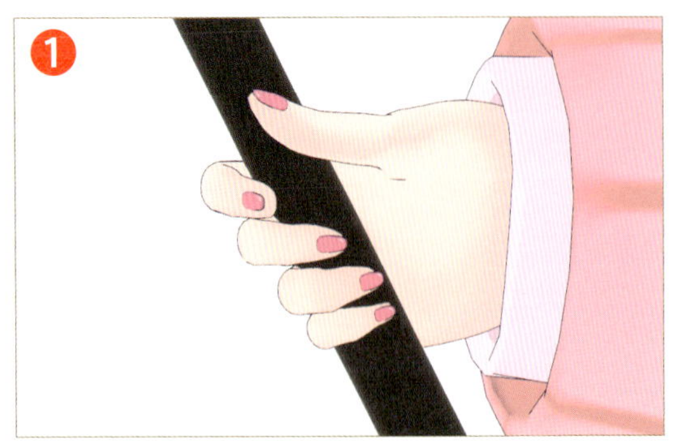


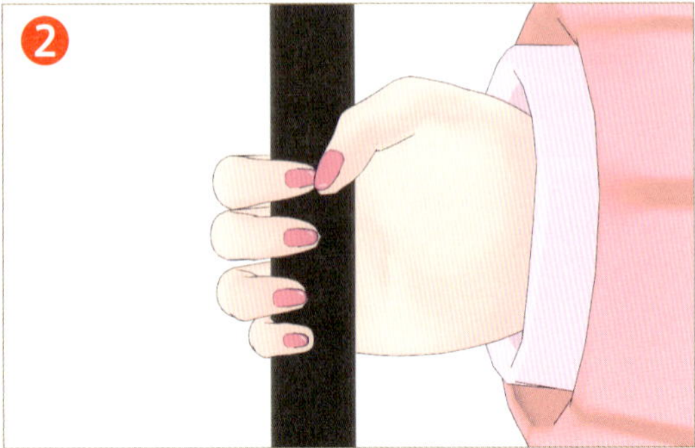


## 4-2 物を掴むポーズを作成しよう

サンプルファイルに含まれているデータを使用します。これまでの手順では主要ポーズを先に制作しましたが、今回は「物を掴むポーズ」を先に作成し、その後に物(オブジェクト)と手の位置を一致させる設定を行います。設定が完了したら、再度ポーズを調整し、全体のアニメーションの流れを決めます。この手順により、キャラクターが物を握った状態でポーズを制作することができます。

### 01 Step サンプルファイルを開く

サンプルファイル内にある**04_sample_Grab**フォルダから、**Animation_Grab.blend**をダブルクリックして開きます。これまで制作したアニメーションと同様に、最初のポーズは完成した状態です。

## 02 15フレーム目に移動

Step

まずは腰の位置を決めましょう。物を掴むアニメーションを制作する際、腰の位置は必ず明確にしましょう。**ここが曖昧だと、後で腰を動かす必要が生じた際に他のパーツも修正することになり、とても手間がかかるから**です。**テンキーの3キー**を押して側面視点にし(透視投影になっている場合、**テンキーの5キー**を押して平行投影にして下さい)、**Rootupper**を選択します。また、**15**フレーム目にいることも確認しましょう。

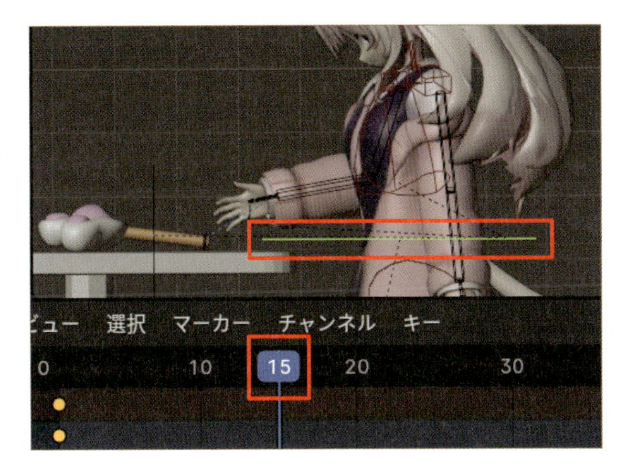


## 03 キーフレームの編集

Step

物を握るために、身体を前に移動させます。**サイドバー(Nキー)**の**アイテム**タブから、**トランスフォーム**パネルにある位置Y(前後の位置)に**0**と入力します。また、現在の身体の高さでは物を掴みづらいため、位置Z(上下の位置)に**-0.01**と入力して、身体を少しだけ下げます。身体が前に移動したことで、上半身をやや前かがみに傾ける必要があります。そこで回転Xに**0.06**と入力して下さい。手動で調整する場合は、**テンキーの3キー**で側面視点に切り替え、移動の**Gキー**や回転の**Rキー**を使って身体を少し前かがみにします。大きな動きではないので、**Gキー+Shift長押し**や**Rキー+Shift長押し**を使って微調整すると良いでしょう。

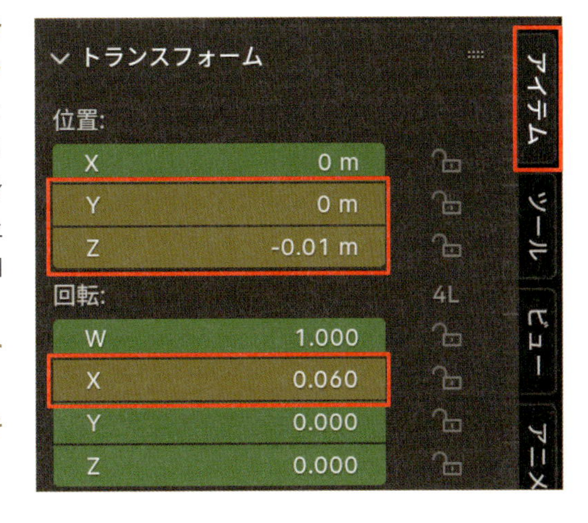


## 04 上半身のキーフレームを編集

Step

物を握るために腕を伸ばすので、上半身もそれに合わせて回転させます。**Chest.Control(赤い肺型のボーン)**を選択し、回転Wに**0.9**、回転Xに**0.06**、回転Yに**0.33**、回転Zに**0.05**と入力します。手動で調整する場合は、回転の**Rキー**から**Zキー**を2回押しで**グローバル**のZ軸に切り替え、向きを変えます。右手で物を握るポーズなので、上半身も右側にひねる必要があります。

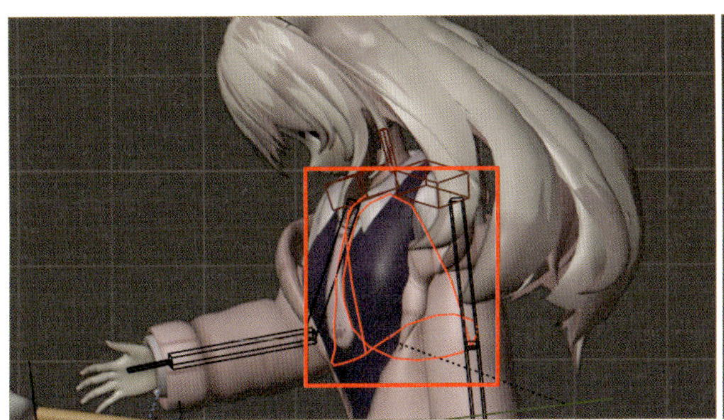

## 05 Step 右肩を調整

物に手を伸ばすポーズを作成するために、まず右肩を調整します。右肩のボーン**Shoulder.R**を選択し、回転Wに**0.99**、回転Xに**0.12**、回転Yに**-0.02**、回転Zに**-0.026**と入力します。腕を前に伸ばしているため、肩も少し前方を向ける必要があります。手動の場合は回転の**Rキー**＞**Zキー**で**ローカル**のZ軸にして調整すると良いでしょう。

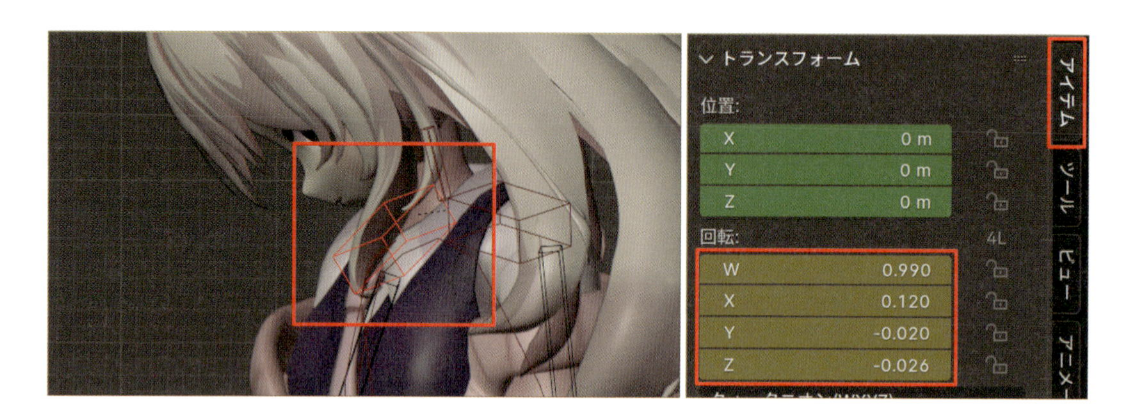


## 06 Step 右上腕の調整

右上腕の調整をします。右上腕のボーン**UpperArm.R**を選択し、回転Wに**0.76**、回転Xに**0.01**、回転Yに**-0.31**、回転Zに**-0.55**と入力します。手動で調整する場合は、**Ctrl+テンキーの3キー**を押して左側視点に切り替え、肘から取っ手に向かって線を引くイメージで調整します。その線上に取っ手を配置すると、自然なポーズになります。さらに、回転の**Rキー**＞**Zキー**で腕を前後に動かし、その後回転の**Rキー**＞**Yキー**で腕をねじると、上腕の調整がしやすくなります。

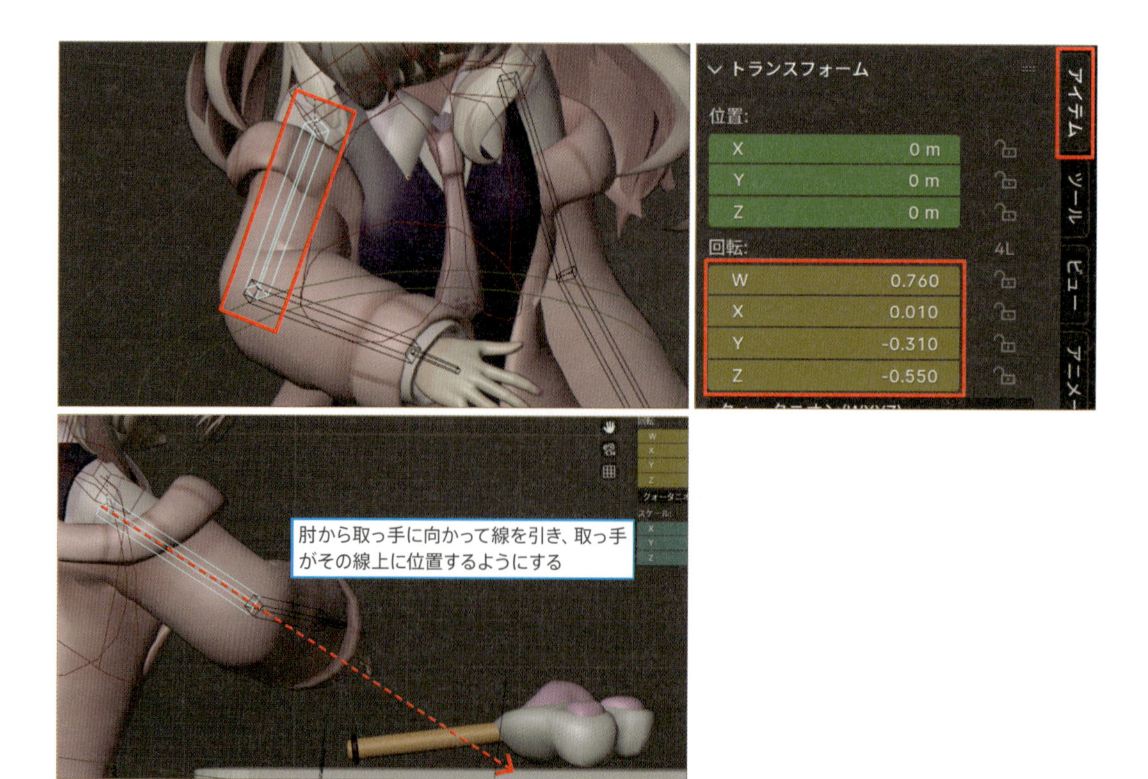

## 07 Step 右前腕の調整

右前腕の調整をします。右前腕のボーン**LowerArm.R**を選択し、回転Xに**-1**、回転Yに**-0.15**、回転Zに**-0.7**と入力します。取っ手が衣装の袖を少し貫通していますが、指のポーズ(一番見せたい箇所)が重要なので、あまり気にせず次に進みます。

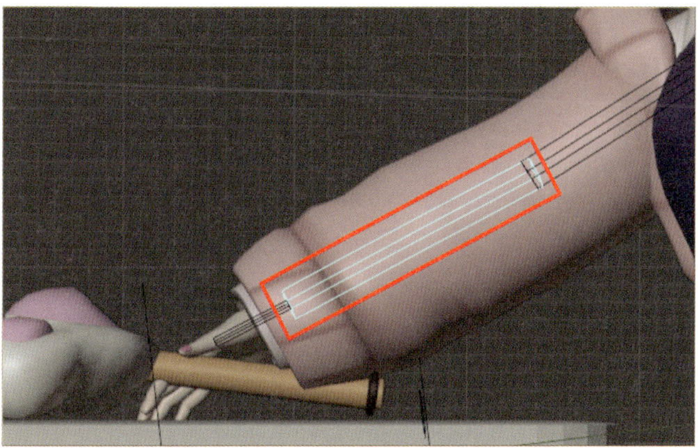

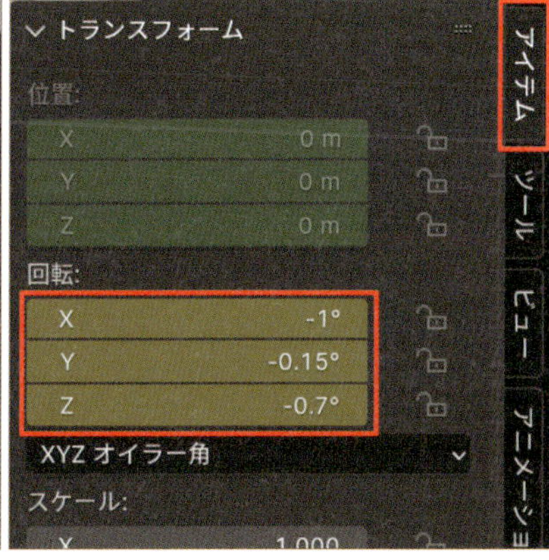


## 08 Step 右手首の調整

右手首の調整をします。右手のボーン**Hand.R**を選択し、回転Xに**35**、回転Yに**60**、回転Zに**38**と入力します。手首が折れ曲がって見える場合は、前腕、上腕、肩も再度調整する必要があります。手動で調整する際のポイントとしては、**テンキーの3キー**を押して**右側視点**に切り替え、小指の第三関節(根元)が取っ手の外側に位置するように意識しましょう。物を握る際は小指に最も力が入るため、小指の第三関節(根元)を取っ手よりも外側に配置しましょう。そうしないと、小指が取っ手に食い込んでしまいます。

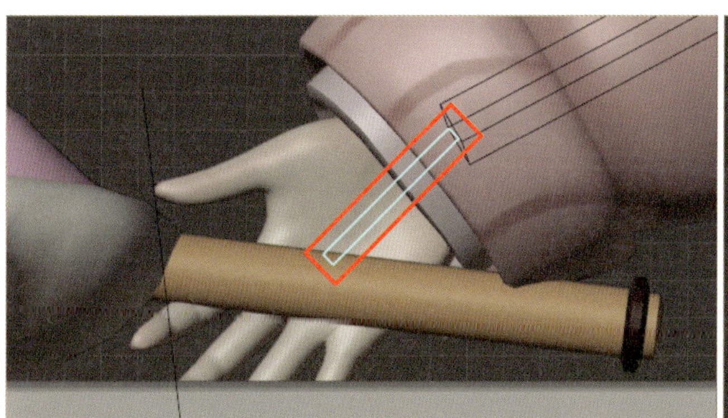

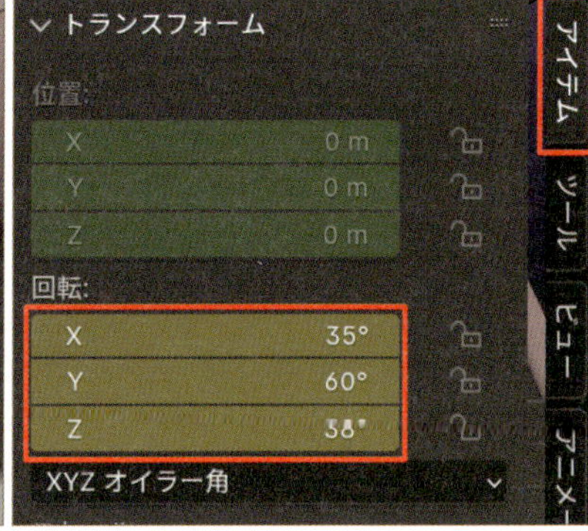


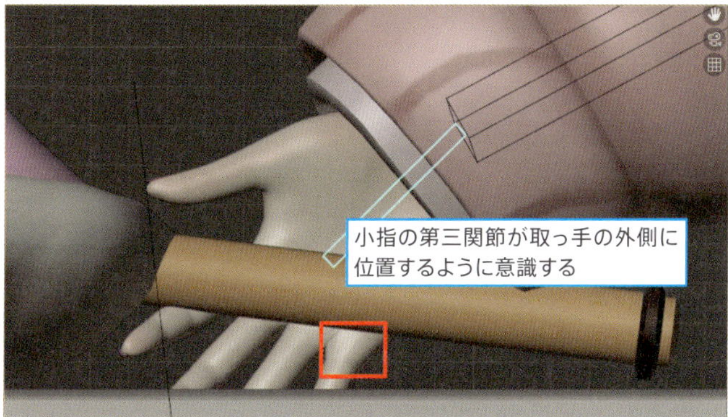

## 09 Step Fingerを有効にする

次は指の調整に入ります。プロパティの**オブジェクトデータプロパティ**の**ボーンコレクション**パネルから**Finger**コレクションのソロ(星アイコン)を有効にします。

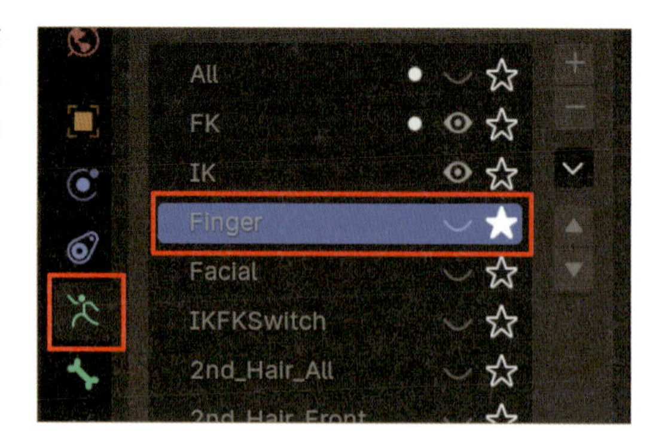


## 10 Step 指の回転のキャンセル

**15**フレーム目にいることを確認し、右指のボーンのみを左ドラッグでボックス選択(**Bキー**)します。回転のキャンセルのショートカットである**Alt+Rキー**を押して、一旦右指の変形をリセットします。

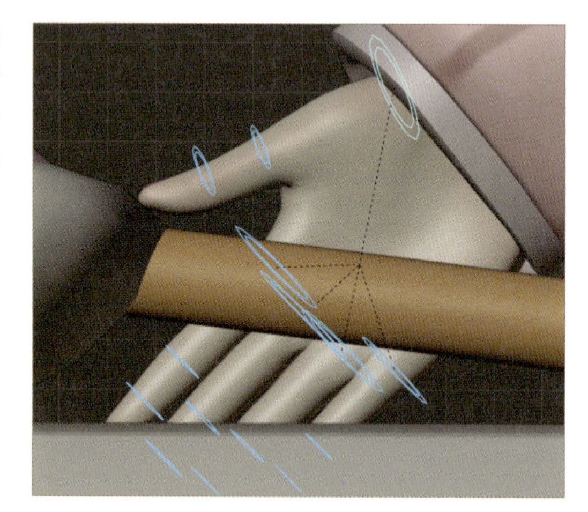

## 11 Step 小指の調整

まず物を握る際、小指から調整します。小指の第三関節のボーンを選択し、**サイドバー**(**Nキー**)の**アイテム**タブの**トランスフォーム**パネルから、回転Xに**100**と入力します。次に第二関節を選択し、回転Xに**60**と入力します。最後に第一関節を選択し、回転Xに**25**と入力します。手動で調整する際のポイントは、小指が一番力が入るので、取っ手との間に隙間を作らないことです。回転の**Rキー**>**Xキー**で**ローカル**のX軸に切り替えて調整しましょう。

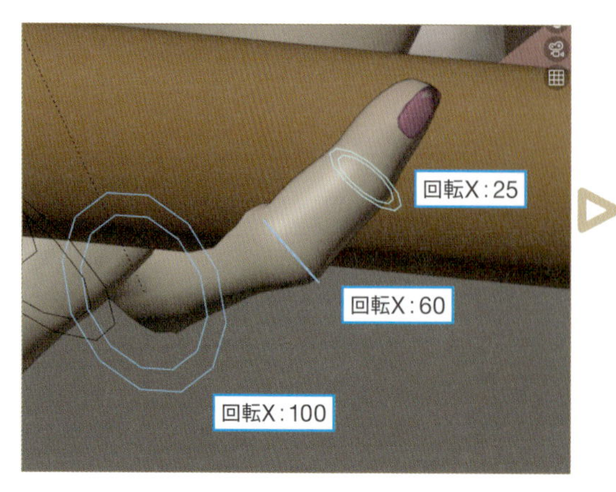


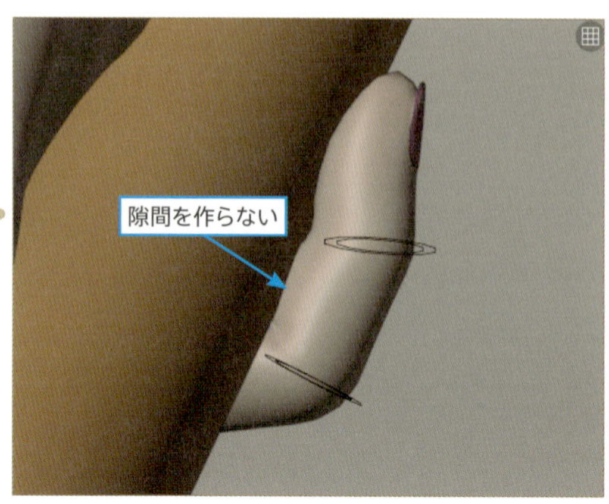

## 12 薬指の調整

Step

小指と同様に、力が入る薬指の調整をします。薬指の第三関節のボーンを選択し、回転Xに**70**と入力します。次に第二関節を選択し、回転Xに**96**と入力します。最後は第一関節を選択し、回転Xに**5**と入力します。手動で調整する際は、回転の**Rキー**＞**Xキー**で**ローカル**のX軸にして、小指と同様に、薬指と取っ手の間に隙間を作らないようにしましょう。

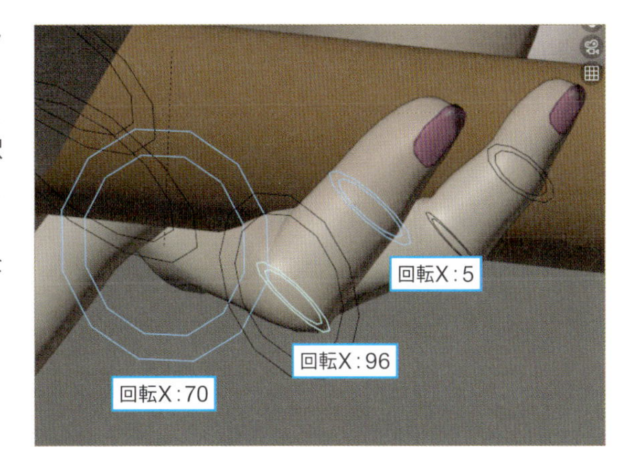


## 13 中指の調整

Step

中指の調整をします。中指の第三関節のボーンを選択し、回転Xに**50**と入力します。次に第二関節を選択し、回転Xに**100**と入力します。最後は第一関節を選択し、回転Xに**20**と入力します。中指もなるべく隙間ができないように調整しましょう。

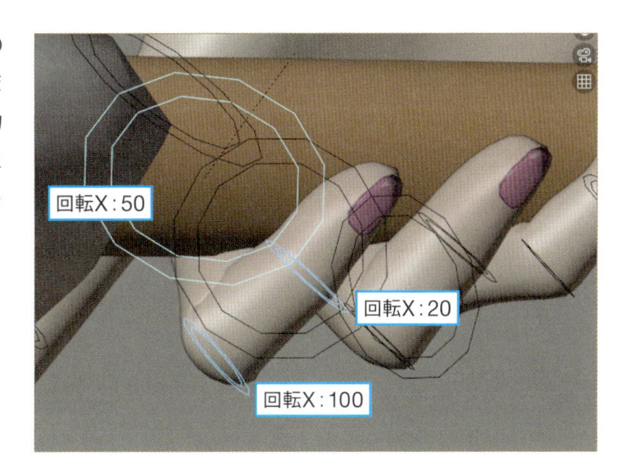


## 14 人差し指の調整

Step

人差し指の調整をします。人差し指の第三関節のボーンを選択し、回転Xに**20**と入力します。次に第二関節を選択し、回転Xに**85**と入力します。最後は第一関節を選択し、回転Xに**11**と入力します。他の指に比べてややリラックスしており、指と取っ手の間に隙間があります。

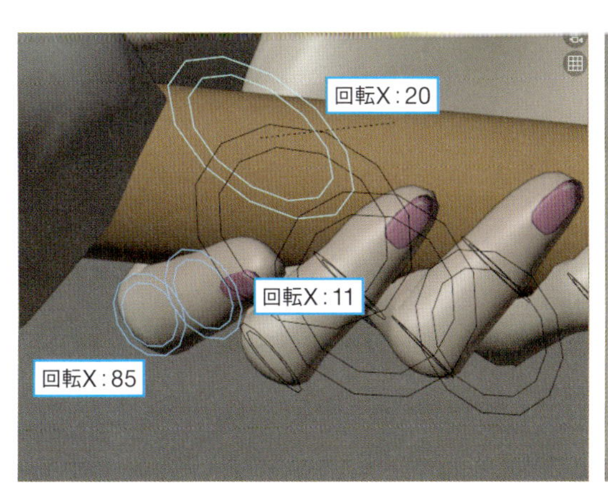


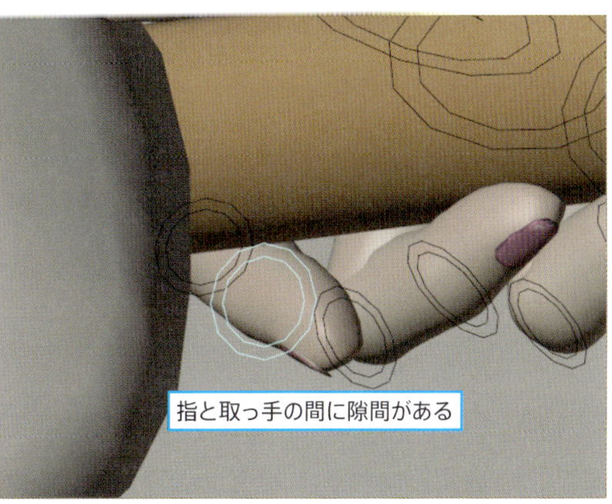


Chapter 1 Chapter 2 Chapter 3 Chapter 4 Chapter 5

## 15 Step 親指の調整

最後は親指の調整をします。親指の回転Xに**-20**、回転Yに**-10**、回転Zに**10**と入力します。次に第二関節を選択し、回転Xに**6**と入力します。最後は第一関節を選択し、回転Xに**5**と入力します。親指の第一関節は反らすようにすると、より掴んでいる感じが強調されます。

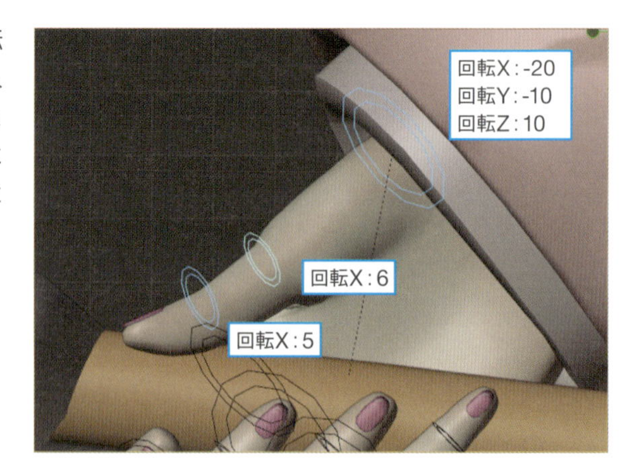


## 16 Step Fingerを無効

指のポーズの制作が終わったので、プロパティの**オブジェクトデータプロパティ**の**ボーンコレクション**パネルから**Finger**コレクションのソロ(星アイコン)を無効にします。また、**FK**、**IK**コレクションが表示(目玉アイコン)されていることを確認しましょう。

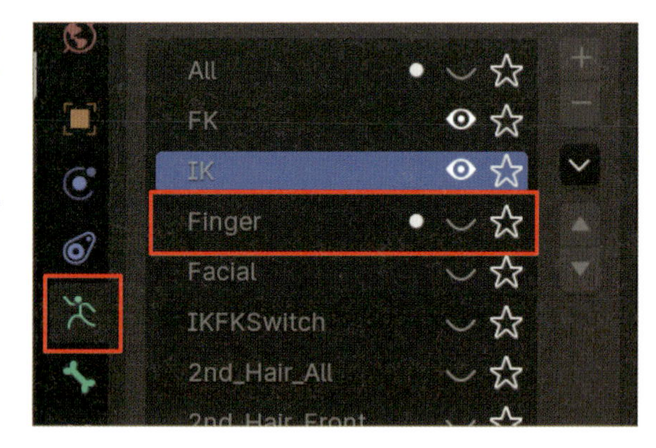


## 17 Step キーフレームを挿入

**15**フレーム目にいることを確認し、3Dビューポート上で全選択の**Aキー**を押して全ボーンを選択します。続けてキーフレーム挿入メニューを表示するショートカットの**Kキー**を押します。メニュー内から**位置・回転**をクリックしてキーフレームを挿入します

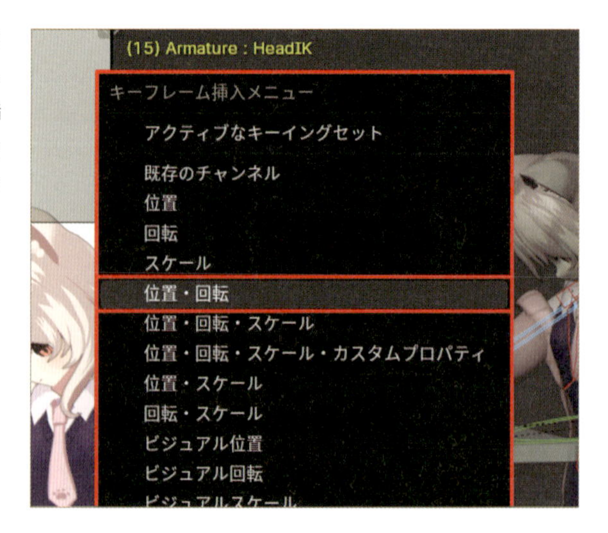

## 4-3 コンストレイントの設定をしよう

物を握るポーズが作成できたら、次は**キャラクターの手の動きに合わせて、物(オブジェクト)が一緒に動くように設定をします**。この設定には**コンストレイント**という機能を使用します。**コンストレイント**とは、オブジェクトやボーンの動きを制約する機能で、主にアニメーションでよく用いられます(コンストレイントは直訳すると**制約**)。**IK(インバースキネマティクス)**もコンストレイントの一種です。ここでは、物に予め設定されているコンストレイントを調整して、手と物の動きがしっかり連動するように設定します。

### 01 Step オブジェクトモードに切り替える

コンストレイントの設定をするには、対象のオブジェクトを選択するために**オブジェクトモード**に切り替える必要があります(**ポーズモード**では他のオブジェクトが選択できません)。3Dビューポートの左上にあるモードを**オブジェクトモード**に変更します。

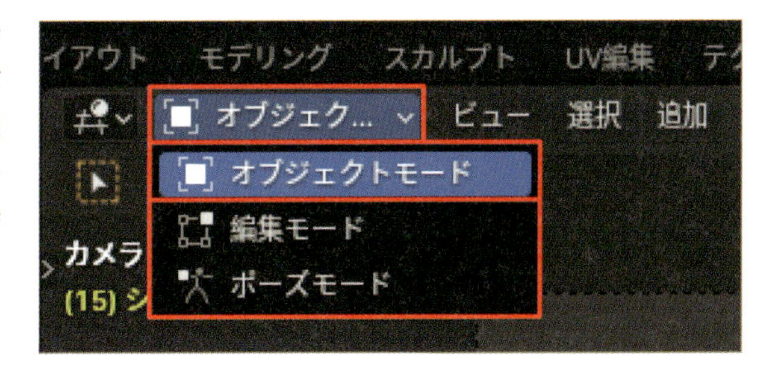


### 02 Step Object>Cathandを選択

サンプルデータでは、3Dビューポート上でオブジェクトは選択できないように設定されています(3Dビューポートの右上にある**選択可否と可視性**の**メッシュ**の選択が無効になっています)。そのため、アウトライナーから対象のオブジェクトを選択します。右上のアウトライナーから、**Object**コレクションの矢印アイコンをクリックして展開し、**Cathand**を選択します。

### 03 Step オブジェクトコンストレイントプロパティを表示

次に、右側のプロパティで**オブジェクトコンストレイントプロパティ**をクリックします。すると、**オブジェクトコンストレイント**に関する項目が表示され、その中に**チャイルド**というオブジェクトコンストレイントが追加されていることを確認できます。**オブジェクトコンストレイント**は、オブジェクトの変形に制約(コンストレイント)をかける機能です。**チャイルド**は、オブジェクトをボーンの動きに追従させるコンストレイントで、キャラクターの手にオブジェクトを持たせることなどができます。

## Column

### 「チャイルド」について

**チャイルド**は、右側のプロパティ内にある**オブジェクトコンストレイントプロパティ**から、**オブジェクトコンストレイントを追加**というプルダウンメニューで追加できます。**ターゲット**は、対象となるオブジェクトやアーマチュアを選択する項目❶で、**ボーン**は、ターゲットがアーマチュアの場合、どのボーンを対象にするかを選択する項目❷です。位置、回転、スケールは変形をより細かくできる項目ですが、基本的にはすべて有効にしておきましょう❸。**逆補正を設定**は追従の設定を行い、**逆補正を解除**は追従を解除します❹、**影響**はコンストレイントそのものの影響で、**0**にするとオブジェクトが一切追従しなくなります❺。ちなみに**影響**はキーフレームの挿入ができます。

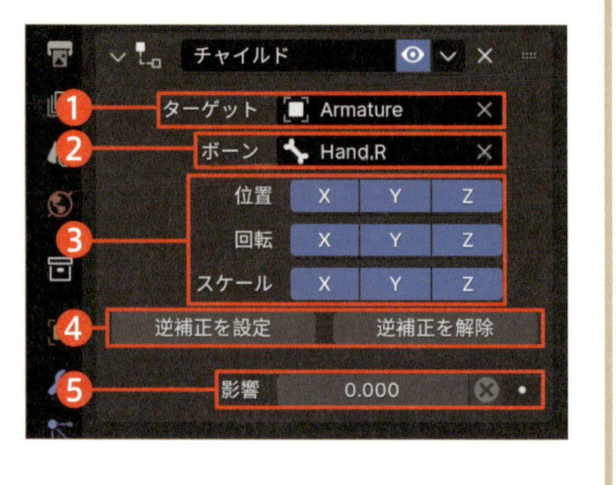


## 04 キーフレームを挿入

Step

**コンストレイント**に**キーフレーム**を挿入します。まず、**ドープシート**で**15**フレーム目にいることを確認し、**影響**の数値が**0**であることを確認します。次に、右側にある小さな点をクリックすると、**影響**に**0**のキーフレームが挿入されます。小さな点がダイヤ型に変わり、**影響**の数値欄が黄色くなっていれば、キーフレームが正常に挿入されています。この小さな点は、キーフレームの挿入や削除に使用でき、他のモディファイアーやコンストレイントでも同様に利用できます。

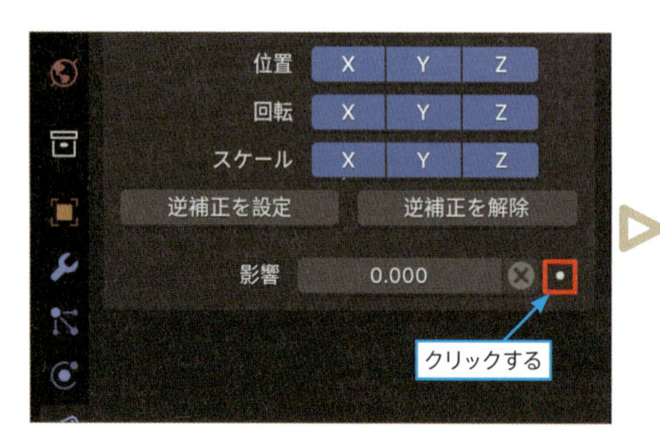


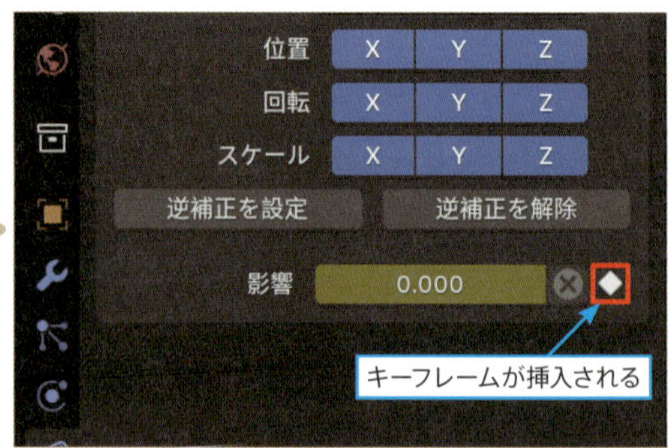


## 05 コンストレイントの影響の数値を1に設定

Step

次にドープシートで**16**フレーム目に移動し、**コンストレイント**の**影響**の数値を**1**に設定します。タイムラインで**自動キー挿入**が有効になっているため、数値を入力するだけで自動的にキーフレームが挿入されます。このようにキーフレームを挿入することで、キャラクターが取っ手を握った瞬間、オブジェクトが手の動きに追従するようになります。 Next Page

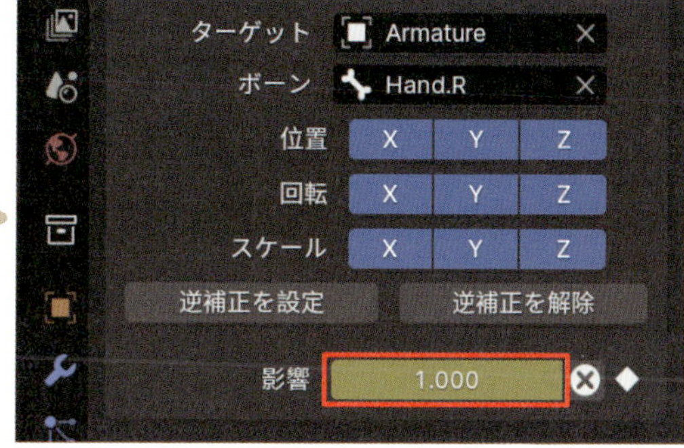


## 06 Step 逆補正の設定

次に、**逆補正**の設定を行います。まず、ドープシートでキャラクターが取っ手を掴んでいる**15**フレーム目に移動します。**コンストレイント**内で**逆補正を解除**を選び、一旦追従を解除します❶。その後**逆補正を設定**を選ぶと、オブジェクトが再び手に追従します❷。このように、対象のポーズに移動して**逆補正を解除**→**逆補正の設定**と行うことで、オブジェクトがそのポーズに合わせて追従するようになります。追従が上手くいかない場合は、この操作を参考にして下さい。

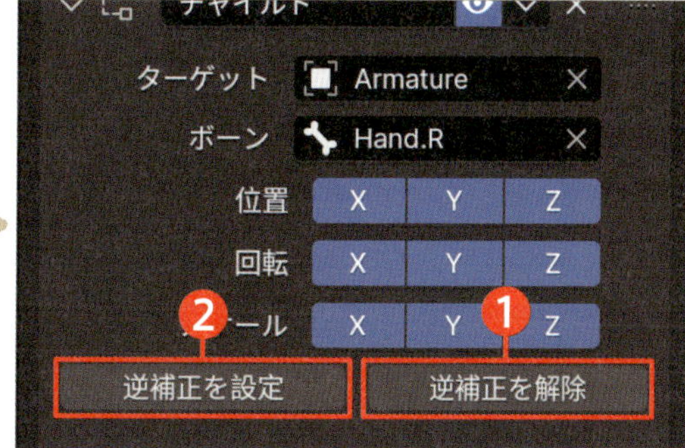


## 07 Step ポーズモードに変更

設定が終わったので、**ポーズモード**に再び戻ります。キャラクターのリグを選択し、左上のモードを**ポーズモード**に切り替えます。

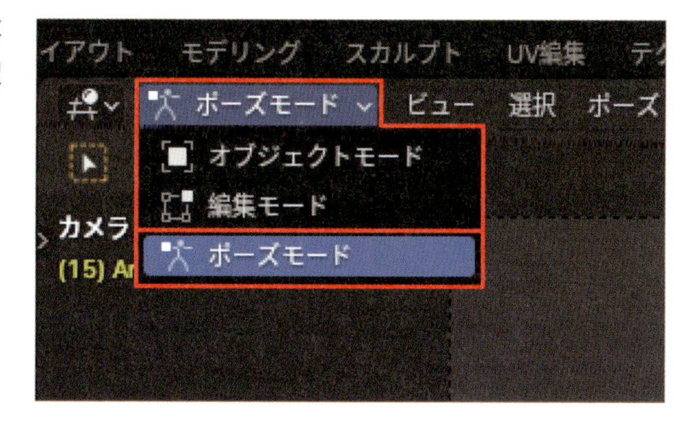

## 08 Step コンストレイントの確認

オブジェクトが手の動きに追従しているか確認しましょう。コンストレイントの**影響**を**1**に設定している**16**フレーム目以降に移動し、右前腕ボーンを**Rキー**で回転させると、オブジェクトが手に合わせて動くことが確認できます。このとき、回転は確定せずに右クリックでキャンセルしましょう。もし、うっかり左クリックで確定させてしまった場合には、**Ctrl+Zキー**で元に戻すことができます。

# 4-4 物を見るポーズを作成しよう

次は掴んだ物を確認するポーズを作成します。

## 01 Step 26フレーム目のキーフレームを編集

物を掴む際にやや前のめりになっているため、掴んだ後も身体を少しだけ前に進めます(物体は急に止まらず、徐々に減速して止まります)。**26**フレーム目に移動し、**Rootupper**を選択します。**サイドバー**（**Nキー**）の**アイテム**タブにある**トランスフォーム**パネルから、位置Yに**-0.01**と入力します。

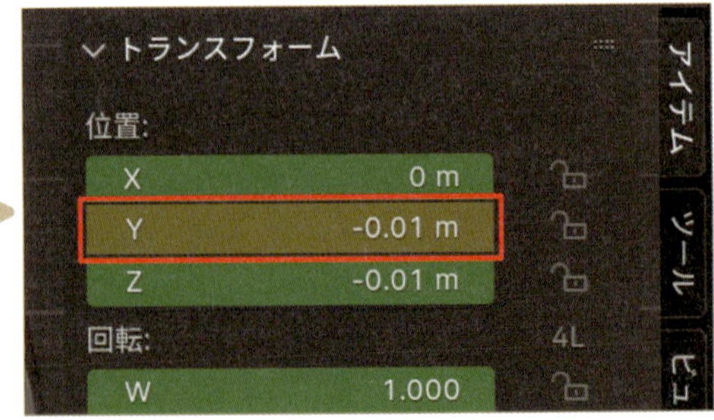


## 02 Step Chest.Controlの編集

他のボーンも同様に、少しずつ動かしていきます。上半身を制御するボーン**Chest.Control**（**赤い肺型のボーン**）は、回転Xに**0.1**と入力します(手動の場合は回転の**Rキー**>**Xキー**で調整)。身体がやや前に移動したため、上半身も少し前のめりにすると良いでしょう。前腕のボーン**LowerArm.R**は、回転Xに**-15**と入力します。キャラクターが腕を持ち上げると、それに合わせて物も動くため、**掴んだ**という動作がしっかりと強調されます。

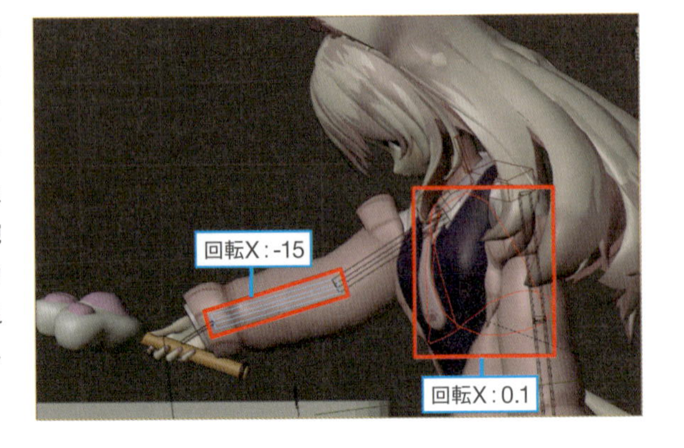

## 03 Step HeadIKとEyeIKCenterの調整

顔を制御するボーン**HeadIK**と、目を制御するボーン**EyeIKCenter**も調整します。これらは手動で調整した方が早いので、視点を変更し、**Shift＋左クリック**で両方のボーンを選択しましょう。その後、移動の**Gキー**＞**Zキー**で、キャラクターが目で物を追うように調整します。

※**15**フレーム目の**HeadIK**と**EyeIKCenter**の位置も調整すると良いでしょう。

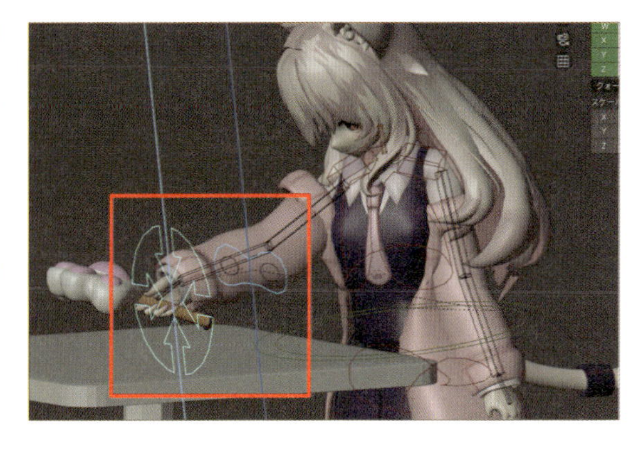

## 04 Step 26フレーム目でキーフレームを挿入

**26**フレーム目にいることを確認し、3Dビューポート上で全選択の**Aキー**を実行してすべてのボーンを選択します。続けてキーフレーム挿入メニューを表示するショートカットの**Kキー**を押します。メニュー内から**位置・回転**をクリックしてキーフレームを挿入します。

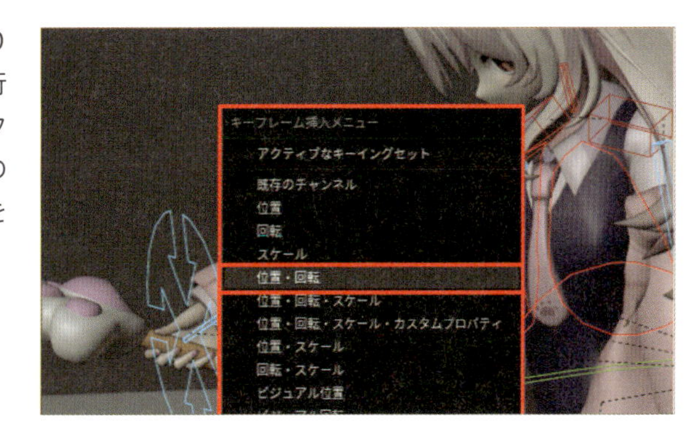


## 05 Step 48フレーム目のキーフレームを編集

**48**フレーム目に移動し、**Rootupper**の位置Yに**0**、回転Xに**0**と入力して元の姿勢に戻します。上半身を制御するボーン**Chest.Control**は、回転Wに**1**、回転Xに**0**、回転Yに**0**と入力します。やや身体を傾かせることで、物の確認の表現がより強調されます。前腕のボーン**LowerArm.R**は、回転Xに**-50**、回転Yに**-25**、回転Zに**-30**と入力します。

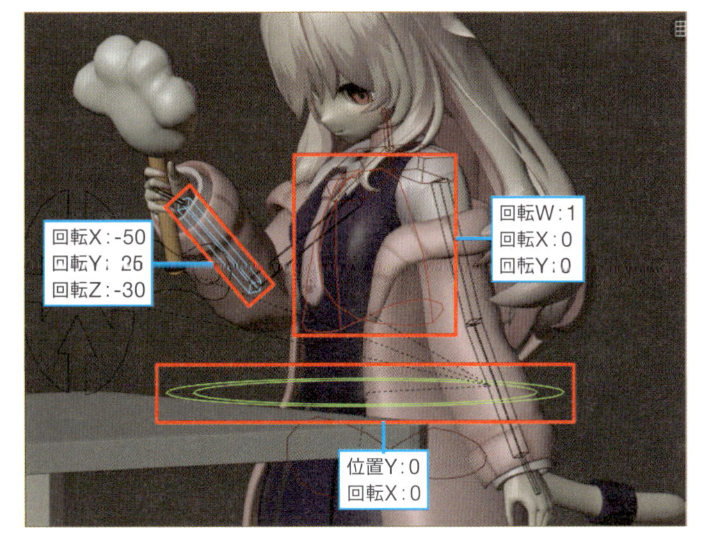

## 06 Step HeadIKとEyeIKCenterの調整

顔を制御するボーン**HeadIK**と、目を制御するボーン**EyeIKCenter**を**Shift＋左クリック**で選択します。その後、移動の**Gキー**＞**Zキー**で、キャラクターが目で物を追うように調整します。

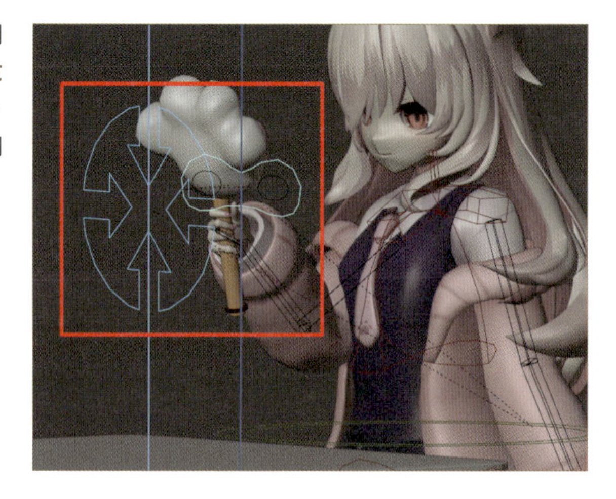

## 07 Step 48フレーム目でキーフレームを挿入

最後は3Dビューポート上で全選択の**Aキー**を実行してすべてのボーンを選択します。続けてキーフレーム挿入メニューを表示するショートカットの**Kキー**を押します。メニュー内から**位置・回転**をクリックしてキーフレームを挿入します。

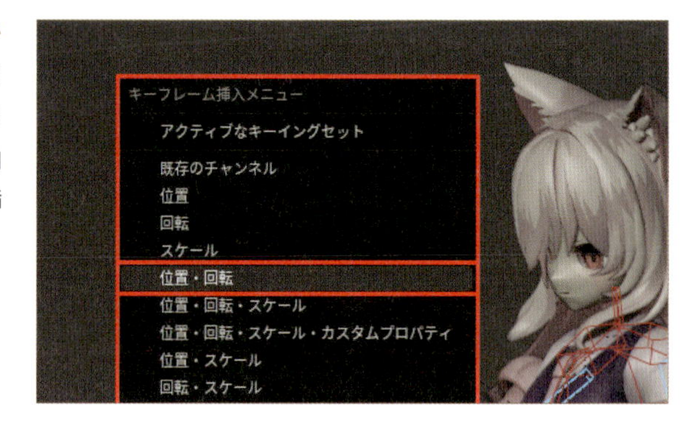


### Column

#### 手の動きを細かく制御しよう

物を掴む際にオブジェクトを貫通してしまう場合、まず**10**フレーム目あたりに移動し、右手のボーン**Hand.R**を選択します。**サイドバー**（**Nキー**）の**アイテム**タブの**トランスフォーム**パネルから、回転Xに**-12.5**、回転Yに**40**、回転Zに**0**と入力して、手の向きを調整しましょう。この数値で上手くいかない場合は、別の数値を試すか、さらに細かくキーフレームを挿入して調整する必要があります。

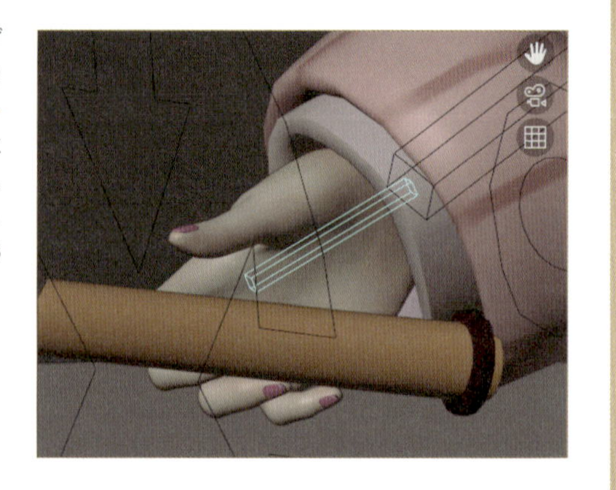

## 4-5 髪の毛を揺らそう

これまでのアニメーションと同様に、髪の毛も揺らします。ただし、動きは大きくないので、髪の揺れも控えめにしましょう。複雑な動きは制作しないので、最低限のキーフレームを挿入して前髪と横髪の揺れを作成します。

### 01 Step 2nd_Hair_Frontを有効

右側のプロパティから、**オブジェクトデータプロパティ**の**ボーンコレクション**パネルにある**2nd_Hair_Front**のソロ(星マーク)のみを有効にします。

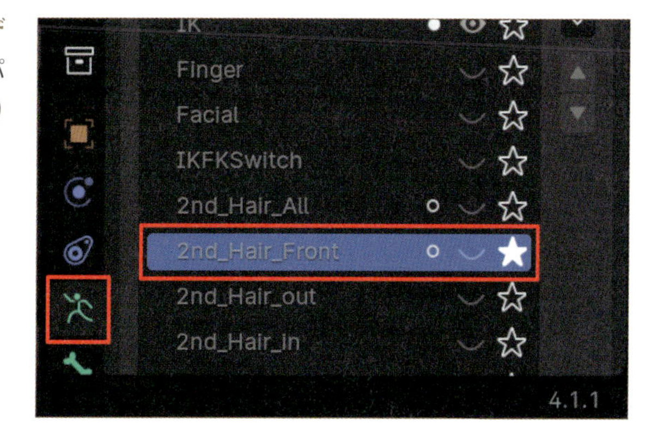


### 02 Step 15、48フレーム目にキーフレームを挿入

**15**、**48**フレーム目にキーフレームを挿入します。3Dビューポート上で全選択の**Aキー**を実行してすべてのボーンを選択します。続けてキーフレーム挿入メニューを表示するショートカットの**Kキー**を押します。メニュー内から**位置・回転**をクリックしてキーフレームを挿入します。この操作を**15**と**48**フレーム目で繰り返します。

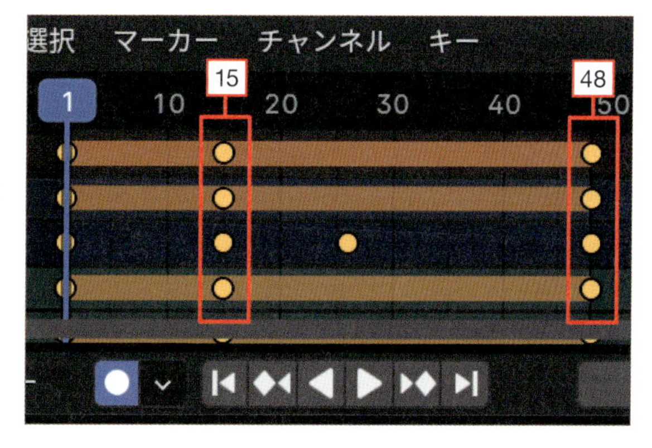


### 03 Step 48フレーム目でキーフレームを挿入

**48**フレーム目で前髪と横髪の揺れを作成します。3Dビューポート上で全選択の**Aキー**を実行して前髪と横髪のボーンを選択します。回転の**Rキー**からの**Xキー**を2回押しで**グローバル**のX軸に切り替え、**10**と数値入力します(左下に表示されるオペレーターパネルで調整も可能)。顔を下に向けたときは、重力の影響で前髪と横髪も下げ、顔を正面に向けたときは元の位置に戻します。

## 04 Step 2nd_Hair_Frontを無効にする

終わったら、**オブジェクトデータプロパティ**の**ボーンコレクション**パネルにある**2nd_Hair_Front**のソロ(星マーク)を無効にします。

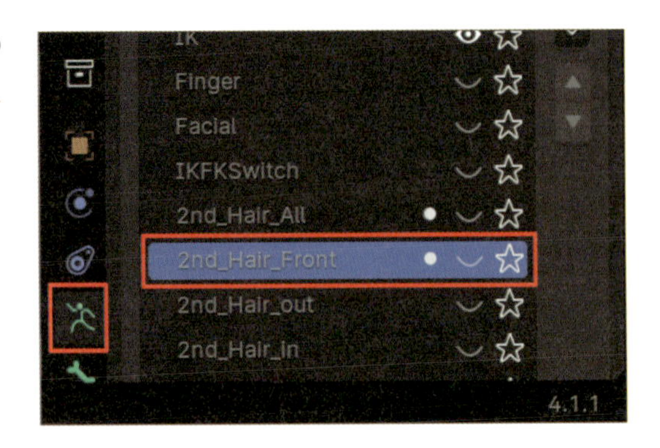


## 4-6 レンダリングをしよう

これまでと同様に、最後は動画を出力します。**出力プロパティ**の**フォーマット**パネルにある**解像度X**と**解像度Y**は、サンプルでは**1200**、**1200**と設定していますが、各自お好きなサイズに変更して構いません。

## 01 Step 出力プロパティの設定

右側のプロパティの**出力プロパティ**をクリックします。終了フレームが**48**であることを確認し、**出力**パネルから出力先を指定します。ファイルフォーマットを**FFmpeg動画**にし、エンコーディングパネルの右側にあるプリセットメニューから**H264(MP4内)**を指定します。

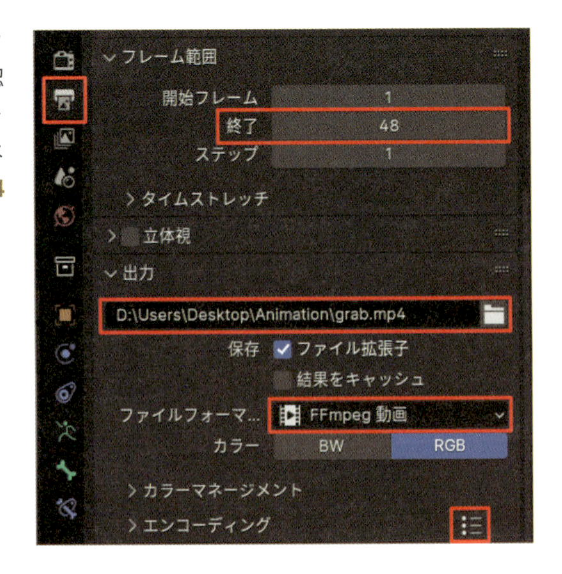


## 02 Step Lineを有効

アウトライナーで**Line**コレクションの**ビューレイヤーから除外**を有効にし、キャラクターのアウトラインを表示します。また、**Object_Line**というテーブルなどのオブジェクトのアウトラインに関連するコレクションもあるため、こちらも**ビューレイヤーから除外**を有効にします。

## 03 Step アニメーションをレンダリング

トップバーの**レンダー＞アニメーションレンダリング**(**Ctrl+F12キー**) を押して動画を出力します。**レンダー＞アニメーション表示**(**Ctrl+F11キー**) から、すぐにアニメーションの確認ができます。以上で、物を握るアニメーションの完成です。

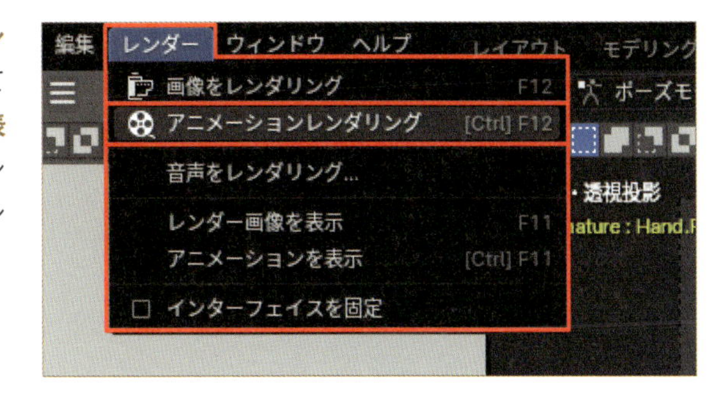

Chapter 4

5

# 歩きアニメーションを制作しよう

これまでに「うなずき」、「手を振る」、「小さくジャンプ」、「物を握る」といった動作を制作しながら、アニメーションの基本動作やBlenderの操作を学んできました。これらを順に学ぶことで、歩きアニメーション制作に必要な基礎スキルや注意力をしっかりと養ってきました。ここでは、一見シンプルでありながらも、キャラクターに生命を吹き込む重要な動作である「歩き」について解説します。

## 5-1 歩きを構成するポーズ

歩きはアニメーションの中で最も基本でありながら、とても奥深く難しい動きです。普段よく見慣れている動作だからこそ、少しの違和感でも歩きとして成立しなくなります。ここでは、歩きを構成する4つのポーズについて解説します。歩きのポーズには**コンタクト**、**ダウン**（**ダウンポジション**）、**パッシング**、**アップ**（**アップポジション**）があります。これらのポーズは手足の動きだけでなく、上半身と下半身の動きやひねりも重要です。

### コンタクト

コンタクトは「力が入る前のポーズ」といえます。前に出ている足はまっすぐで、かかとが地面に接しているのが特徴です❶。このとき、前足の膝はまっすぐです❷。膝が曲がっていると、それは足に体重が掛かっていることを意味します。コンタクトではまだ体重は乗っていないため、膝は基本的に伸ばしておくのが望ましいです。ただし、完全に膝を伸ばしきるとロボットみたいにぎこちなくなるので、ほんの少しだけ曲げる方が自然です。そして、後ろの足も少し曲げてあげると、ポーズがもっと柔らかく見えます❸。さらに、足を前に出すと骨盤もそれに合わせて傾きます。たとえば左足を前に出した場合、骨盤が左上に持ち上がります❹。この動きに加えて、腕の動きに合わせて上半身をひねると、より自然な印象になります❺。Next Page

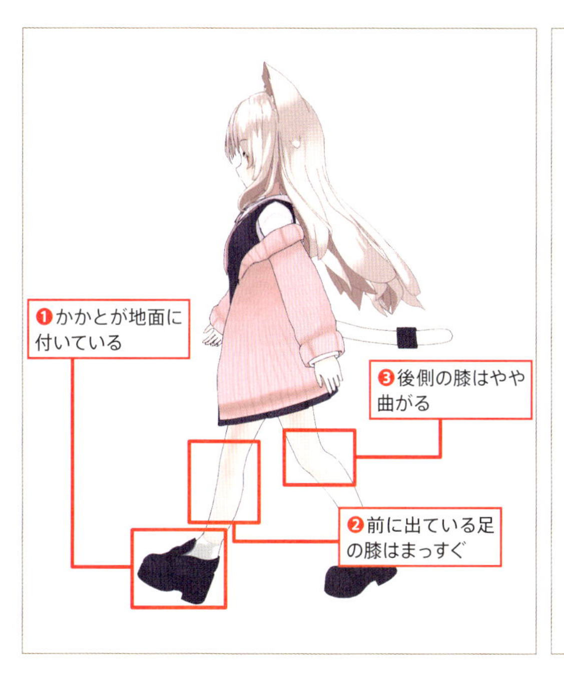


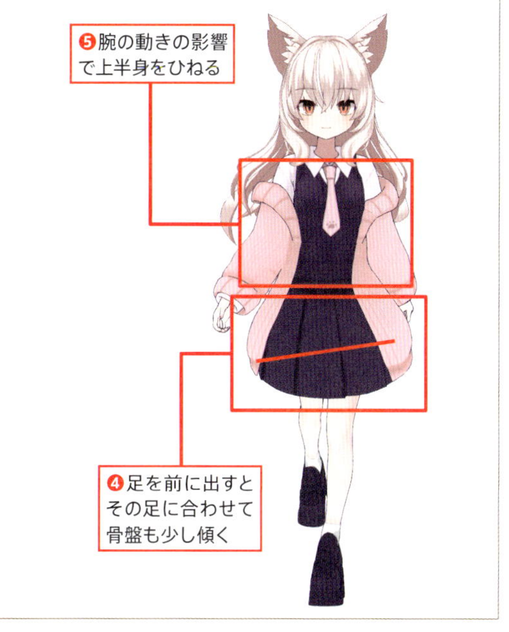


## ダウン

ダウンは「足に体重が乗っているポーズ」です。踏み込んだ前足に体重が掛かり、腰はポーズの中でも一番下がります❶。「コンタクト」では足はまっすぐにし、「ダウン」では膝を曲げた上で❷、腰を一番下に下げることでキャラクターに「体重が乗っている」ように見せることが可能です。この「ダウン」がないと、地に足がつかないふわふわした歩き方になってしまいます。また、足はしっかりと地面に着地させて下さい❸。骨盤は踏み込んだ足の方向に若干上がります。左足を踏み込んだ場合、骨盤は左上に上がります❹。下半身が傾くことで上半身はバランスを取るために、その逆の方向へ傾きます。また、左足を踏み込んだ場合、上半身は左下へ下がります❺。ちなみにダウンは上半身と下半身の傾きが最も大きいポーズです。

## パッシング

パッシングは足が交差する中間のポーズであり、「踏み込んだ足の方へ身体が傾いているポーズ」です。両足が交差している点に注目して下さい❶。ダウン、パッシング、アップはそれぞれ体重が乗っている足の方へ重心が寄るので、身体を踏み込んだ足の方へ少しだけ寄る必要があります❷。また、ダウンで大きく傾いた上半身と下半身は、次第にどんどん小さくなっていきます。

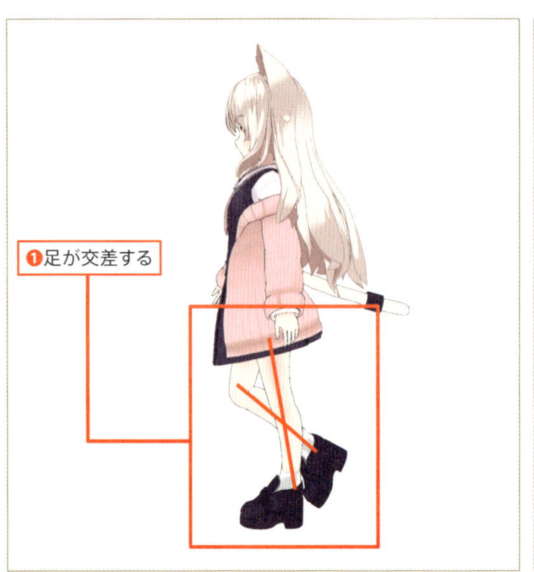

## アップ

アップは踏み込んだ足をバネに、最も腰が高くなるポーズです❶。また、腕の振りが交代するポーズでもあります。画像では前に出ていた右腕が後ろに下がり、左腕の方が前に出るようになります❷。その他、左前方に突き出ていた骨盤が、右足が前に出たことで右前方に突き出ます❸。以上が歩きを構成する4つのポーズです。これらのポーズを踏まえて、実際に歩きアニメーションを制作していきます。

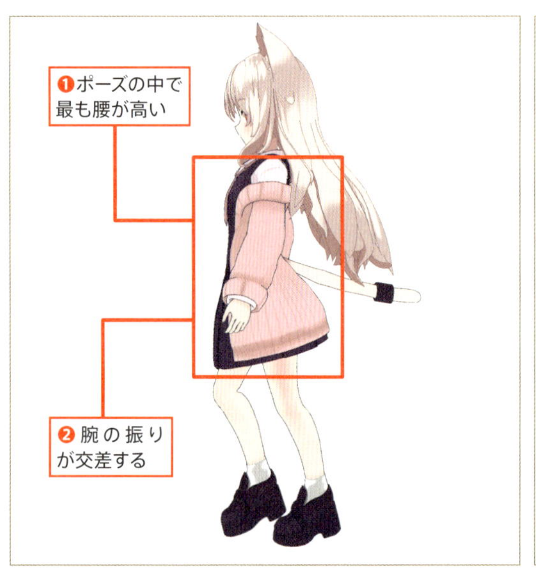

## 5-2 制作手順

本書で制作する歩きアニメーションの使用フレーム数は**120**ですが、そのうちキーフレームを打って調整するのは**1**フレーム目から**25**フレーム目までとなります。**26**フレーム目以降は**ノンリニアアニメーション**というエディターを解説しつつ、こちらを用いてアニメーションをループさせます。ここでは、コンタクトを**1**フレーム目、ダウンを**3**フレーム目、パッシングを**7**フレーム目、アップを**9**フレーム目に制作し、**1**フレーム目に制作したコンタクトを反転したポーズを**13**フレーム目に挿入します。さらにこれらのポーズをコピーし、反転ペーストします。キャラクターが一定のスピードで歩いているアニメーションを制作しておくと、長い歩きを制作する際にループさせるだけで済むので、作業効率を上げることができます。

## 5-3 準備

サンプルファイルに収録されている**05_sample_Animation_Walk**フォルダ内で歩きアニメーションを制作します。このフォルダには2つのBlenderファイル(**Animation_Walk.blend**、**Chapter04Chara.blend**)が含まれています。**Animation_Walk.blend**には、**Chapter04Chara.blend**のキャラクターデータが**リンク**で読み込まれています。作業を行う際は、これらのデータを移動したり、名前を変更したりしないよう、十分注意して下さい。

### 01 Step サンプルファイルを開く

**Animation_Walk.blend**をダブルクリックして開きます。右側の3Dビューポートで変形を行いつつ(左側はカメラ視点の3Dビューポート)、下のドープシートでキーフレームを挿入してアニメーションを制作します。また、3Dビューポートのヘッダーにある**トランスフォーム座標系**が**ローカル**(**ボーンの軸を基準に変形する設定**)、**トランスフォームピボットポイント**が**それぞれの原点**(**複数選択した際、各ボーンを基点に変形する設定**) であることも念の為に確認しておきましょう。また、腕を制御しやすくするために腕のみ**FK**に設定しています。

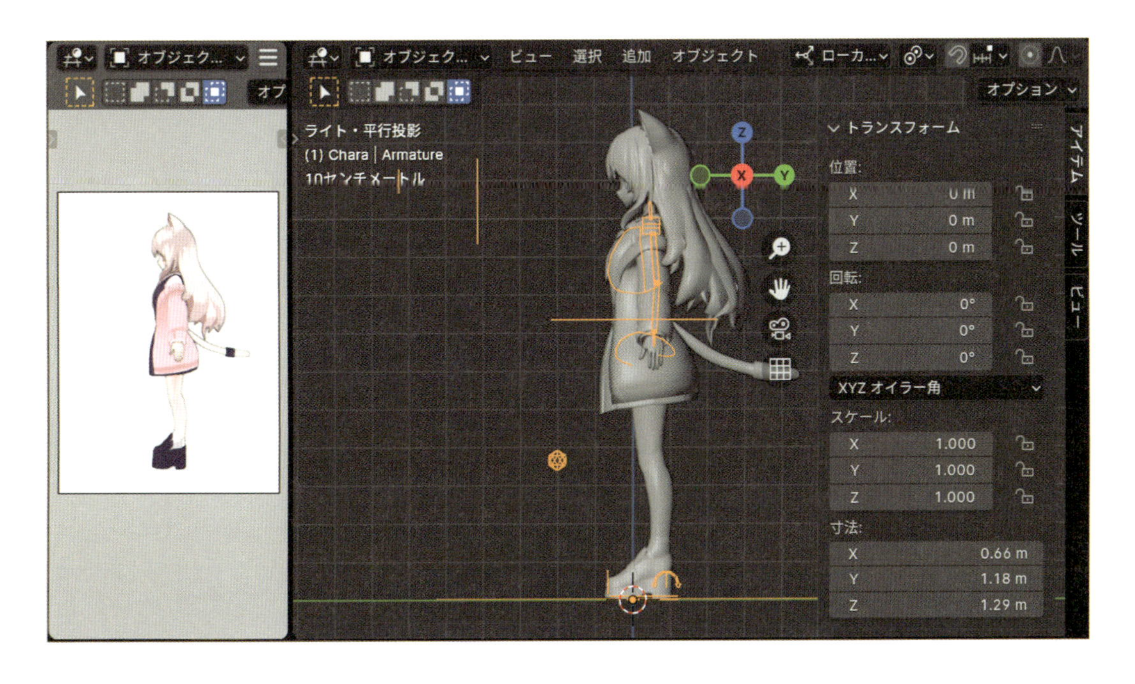

## 02 アウトライナーを確認

Step

アウトライナーを確認します。

このBlenderデータには3つのカメラがあり、それらは非表示になっています。1つ目は**正面視点**のカメラ(**Front_Camera**)、2つ目は側面のカメラ(**Side_Camera**)、3つ目はレンダリング用のカメラ(**Finish_Camera**)です。これらのカメラは非表示の状態ですが、右側の目玉アイコンをクリックすることで表示/非表示の切り替えができます❶。また、オブジェクト名の右側にある緑色のカメラアイコンをクリックすると、そのカメラの視点に切り替わります❷。この操作はカメラが非表示の状態でも可能です。この緑のカメラアイコンを有効にしたカメラが、レンダリングで使用されます。確認が終わったら、3つのカメラは非表示に戻し、**Side_Camera**の緑色のアイコンを押してカメラを切り替えます。

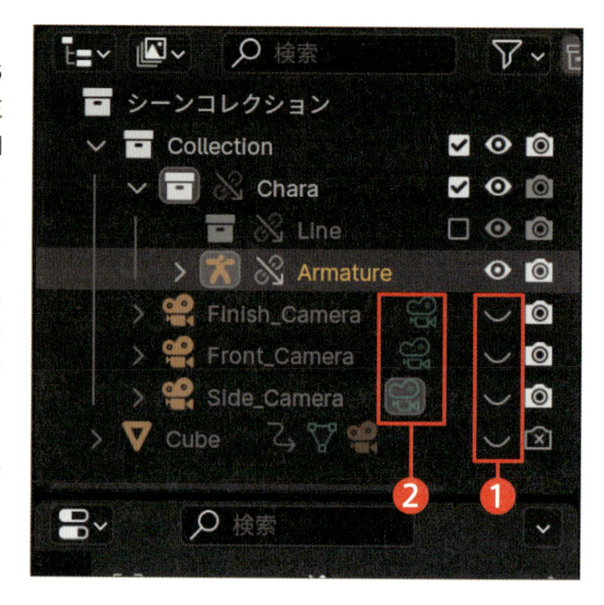


# 5-4 まずは腰を動かそう

これまでのアニメーション制作と同様に、最初は**腰**から動かします(キャラクターの立ち位置は腰の位置で決まるため)。先に腰の動きを決めておけば、全体の動きを調整する際に大きな修正が少なくて済みます。ここでは上下移動のZ軸を使用して**Rootupper**を動かします。後ほどすべてのボーンにキーフレームを挿入しますが、まずは管理しやすくするために、単一の軸を調整するところから始めます。

## 01 ポーズモードに変更

Step

現在のモードが**オブジェクトモード**であることを確認し、アーマチュアを選択して左上のモードを**ポーズモード**に切り替えます❶。また、**テンキーの3キー**を押して**右側視点**、かつ**テンキーの5キー**で平行投影(パースなしの視点)にします。3Dビューポートの左上にあるテキスト情報が**ライト・平行投影**と明記されていれば問題ありません❷。歩きアニメーションは側面のポーズが重要なので、まずは側面視点から始めましょう。

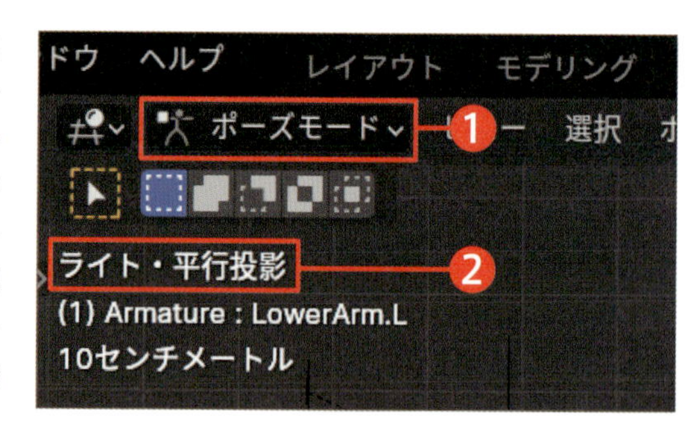


## 02 Rootupperを動かす

Step

現在のポーズでは足がまっすぐ伸びてしまっているため、腰の位置を下げて膝を少し曲げます。キャラクターの腹部にある、円型のボーン**Rootupper**を選択し、右側の**サイドバー**(**Nキー**)の**アイテム**タブの**トランスフォーム**パネルから、位置Zの項目に**-0.045**と入力します。手動で調整したい場合は、**Gキー**>**Zキー**でZ軸固定にし、少し下に移動させましょう。腰を少し下げることで、後の両足の調整がしやすくなります。

Next Page

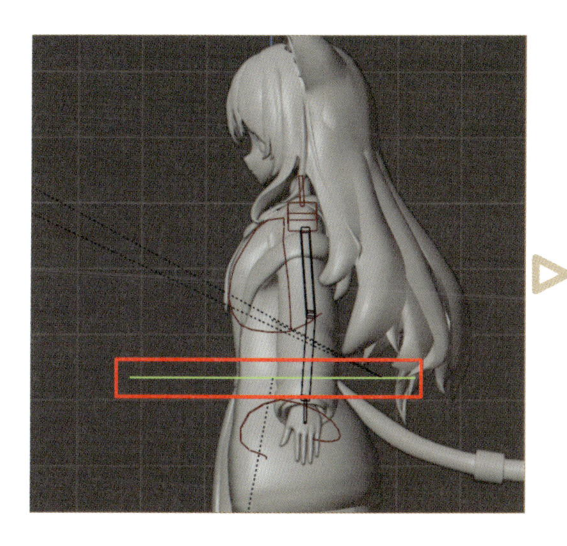

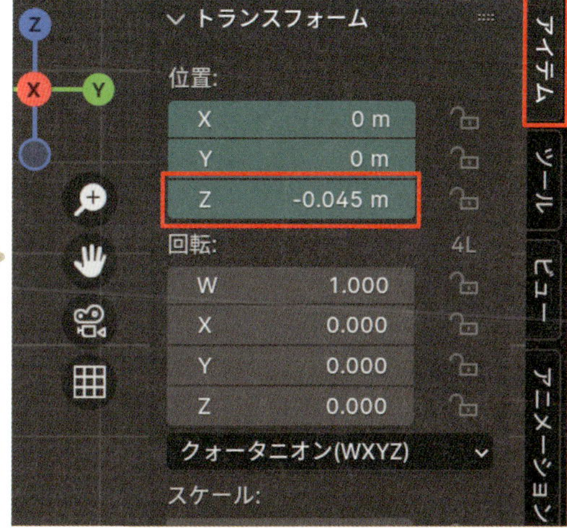


## 03 Step 1フレーム目にキーフレームを挿入

Z軸にのみキーフレームを挿入します。まず、ドープシートで**1**フレーム目にいることを確認します。次に、3Dビューポートから**サイドバー**（**Nキー**）で位置Zの項目にマウスカーソルを置き、右クリックして**単一キーフレームを挿入**を選択します。これで**1**フレーム目に位置Zのキーフレームが挿入されます。さらに、ドープシート上の左側のチャンネルに**位置Z**が表示されていることを確認しましょう。この時点での腰の位置が、**コンタクト**ポーズの位置となります。

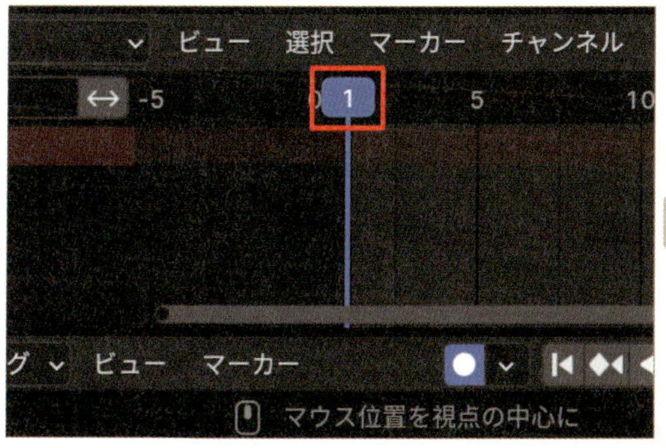


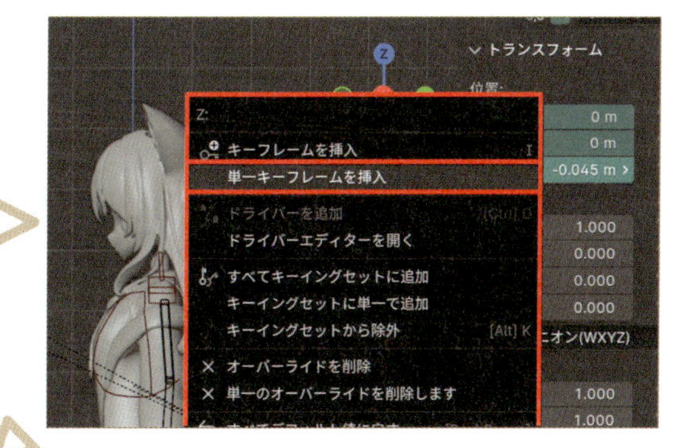


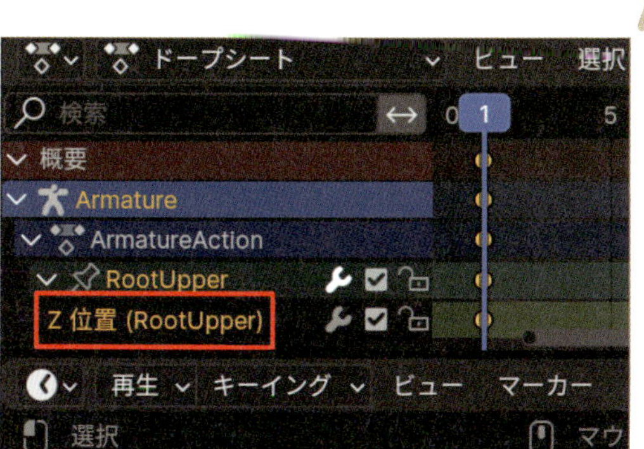

## 04 3フレーム目にキーフレームを挿入

Step

次は**ダウン**ポーズの腰の位置を設定します。**3**フレーム目に移動し、**サイドバー（Nキー）**の位置Zに**-0.05**と入力します。今はタイムラインの**自動キー挿入**を有効にしているので、入力するだけで自動でキーフレームが挿入されます。**ダウン**は最も腰が下がるポーズなので、他の歩きポーズで腰を下げる際、この数値よりも下げないように注意しましょう。

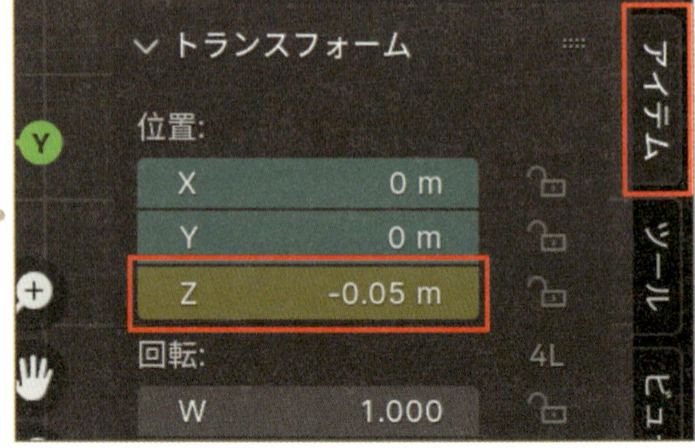


## 05 9フレーム目にキーフレームを挿入

Step

**アップ**ポーズの腰の位置を設定します。**9**フレーム目に移動し、**サイドバー（Nキー）**の位置Zに**-0.02**と入力します。**アップ**は腰が最も上がるポーズなので、他の歩きポーズで腰を上げる際、この数値よりも上げないように注意しましょう。歩きはそこまで大きな上下の動きはないので、数値は小さめで大丈夫です。

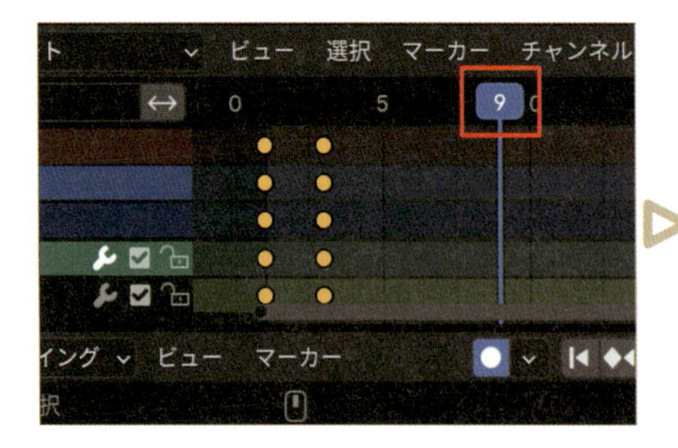


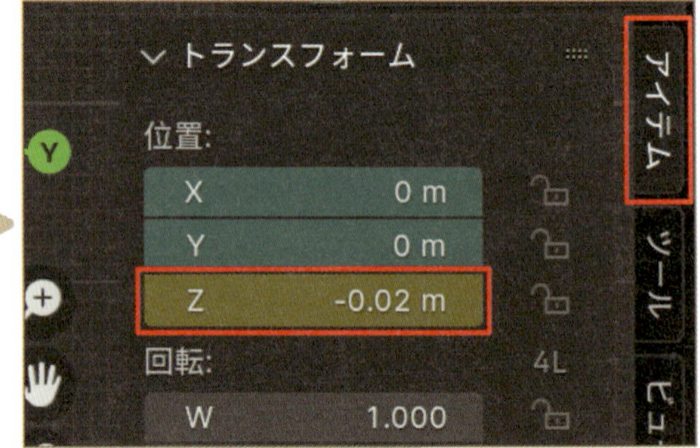


## 06 1フレーム目のキーフレームを13フレーム目にコピー

Step

**1**フレーム目のキーフレームを**13**フレーム目に貼り付けます。**1**フレーム目のキーフレームの上部を選択し、**複製**のショートカットの**Shift＋Dキー**を押します。**13**フレーム目に複製したキーフレームを配置して左クリックで決定します。

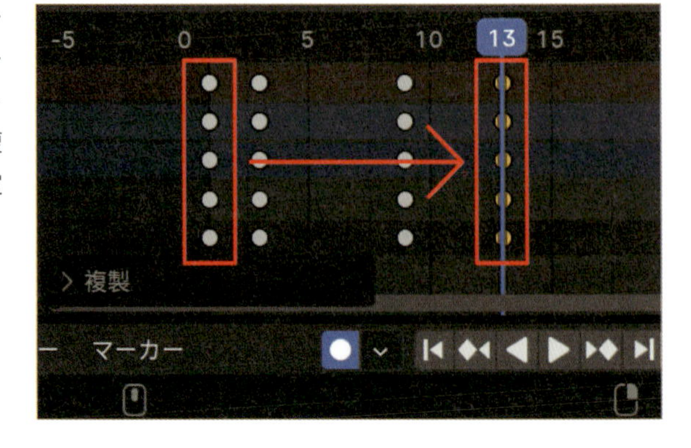

## 07 Step 「プレビュー範囲を使用」を有効にする

一旦動きを確認します。画面下のタイムラインで**開始**と**終了**のフレームを確認し、開始が**1**、終了が**24**と設定されていることを確認します。**Spaceキー**を押すと、この範囲内で再生されます。この数値を調整してアニメーションの確認をしても良いのですが、プレビュー範囲を設定する別の方法もあります。タイムライン上の**開始**の左側にある時計型のアイコンをクリックすると、**プレビュー範囲を使用**という機能が有効になります。

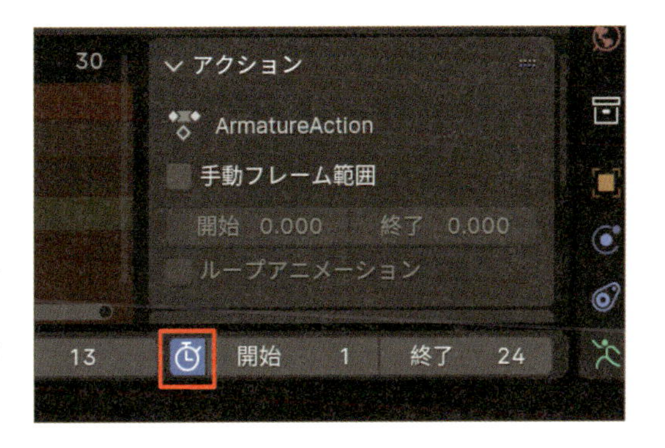


## 08 Step ドープシートを確認

ドープシート(またはタイムライン)を確認すると、オレンジ色の範囲が表示されます。プレビューの範囲外はオレンジ色になり、この範囲は開始と終了で変えることができます。ここでは、終了に**13**と入力しましょう。入力が終わったら、**Spaceキー**でアニメーションを再生すると(停止は再び**Spaceキー**)、**1~13**フレーム間が再生されるようになります。時計型のアイコンをクリックすることで、**プレビュー範囲を使用**の有効/無効を切り替えることができるので、必要に応じて使い分けましょう。

※アニメーションを再生した際、腰がわずかに上下に動いていたら問題ありません。

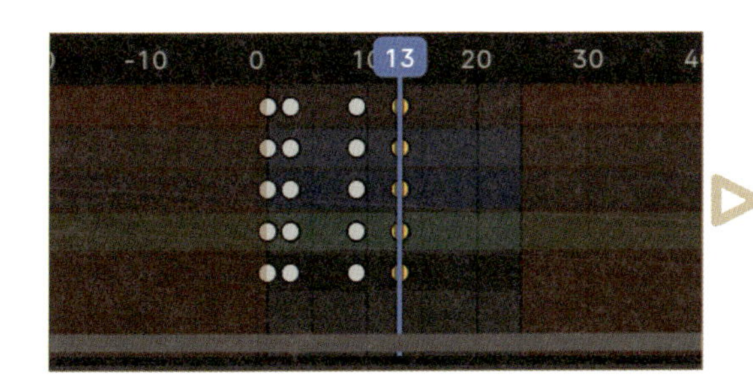

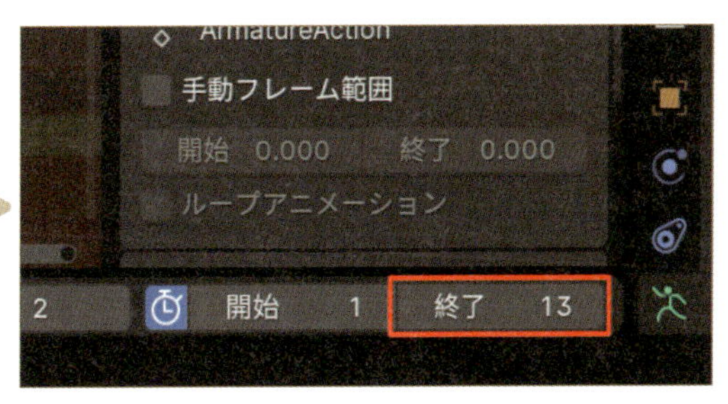


# 5-5 身体の向きを決めよう

次に、下半身と上半身の向きを調整します。歩く際に身体の向きがどのように変わるかを先に確認しておくと、全体のバランスが取りやすくなります。

## 01 Step 1フレーム目にキーフレームを挿入

3Dビューポートで**Hips.Control**(**赤い骨盤型のボーン**)を選択します。

Next Page

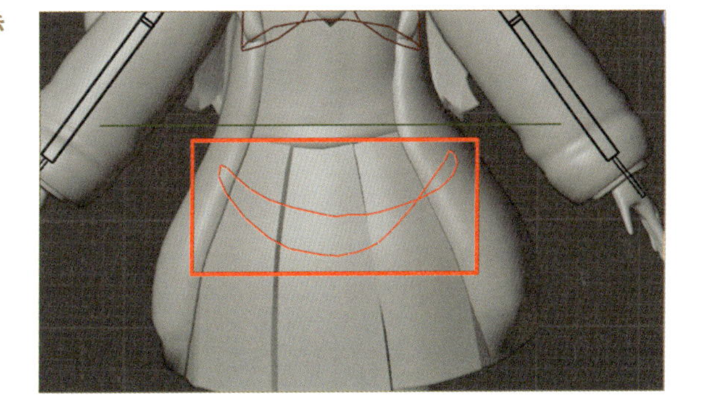

1フレーム目に移動し、回転Xに**0.06**、回転Yに**0.07**、回転Zに**-0.05**と入力します。後に左足が前に出るため、腰も足の動きに合わせて傾ける必要があります。手動で調整する場合は、回転の**Rキー＞Xキー**や**Yキー**を使用して調整して下さい。調整が終わったら、回転の数値欄にマウスカーソルを置き、**右クリック**で**キーフレームを挿入(Iキー)**を実行します。

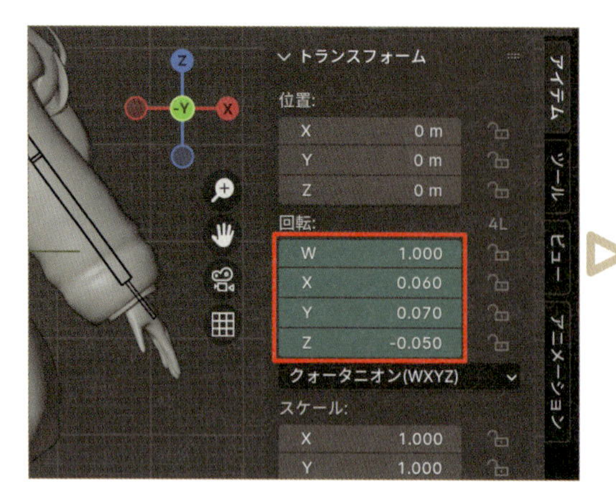

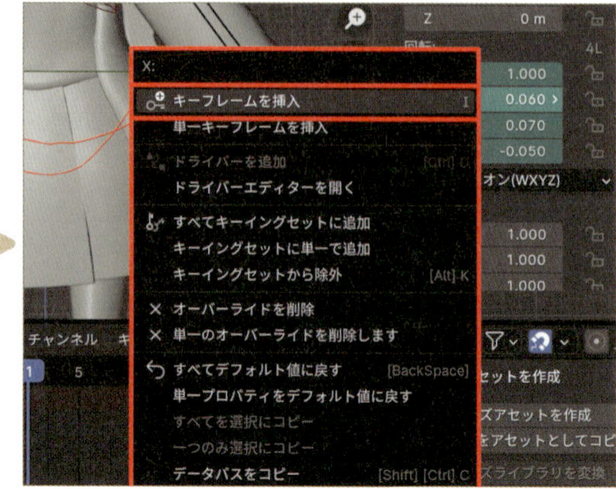

## 02 Step キーフレームをコピー

1フレーム目に挿入したキーフレームをコピーして反転ペーストします。この操作は、3Dビューポート上だけでなく、ドープシート上からも行うことができます。**Hips.Control**が3Dビューポート上で選択され、ドープシート上で**1**フレーム目のキーフレームが選択されていることを確認して下さい。ドープシート上で**右クリック**して表示されるメニューから、**コピー(Ctrl+Cキー)**をクリックします。

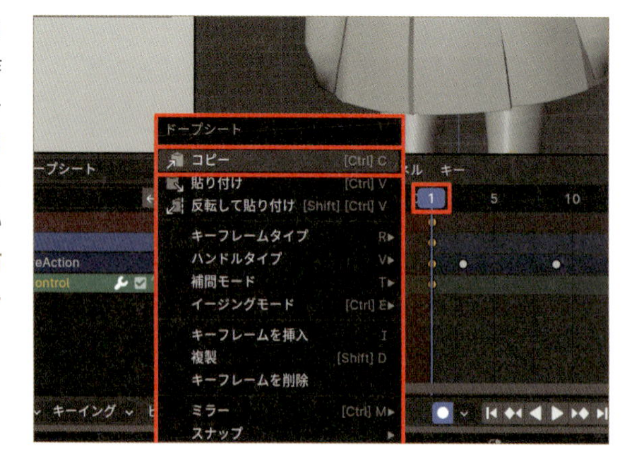

## 03 Step 13フレーム目に反転して貼り付け

**Hips.Control**が選択されていることを確認したら、**13**フレーム目に移動します。ドープシート上で右クリックをし、**反転して貼り付け(Shift＋Ctrl+Vキー)**をクリックします。これで腰の動きが反転されました。

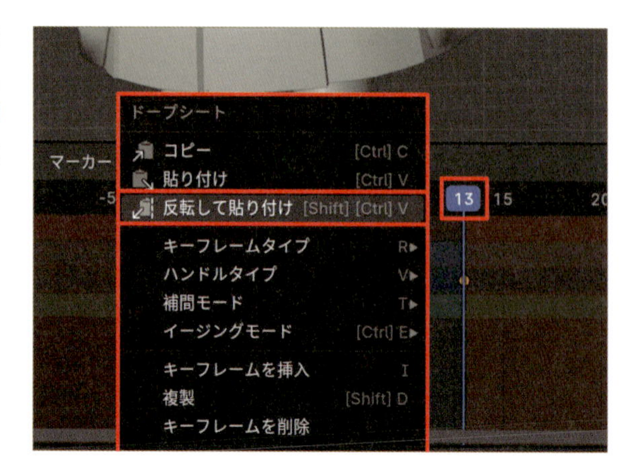

## 04 Step 1フレーム目にキーフレームを挿入

次に上半身の向きを調整します。3Dビューポートで**Chest.Control**（**赤い肺型のボーン**）を選択し、**1**フレーム目に移動して回転Xに**-0.03**、回転Yに**0.07**と入力します。人は歩くとき、左足を前に出すと右腕が前に出ます。それにつれ、上半身が腕に合わせてねじれます。調整が終わったら、回転の数値欄にマウスカーソルを置き、右クリックして**キーフレームを挿入**（**Iキー**）を実行します。

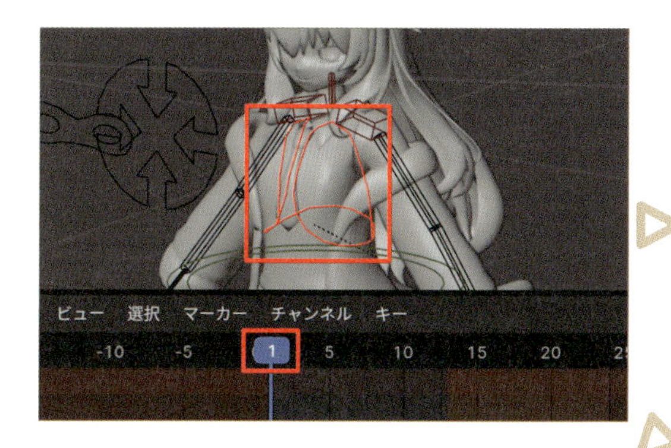


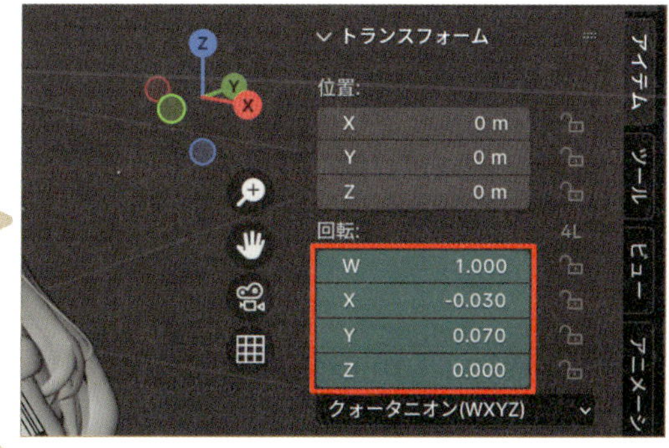


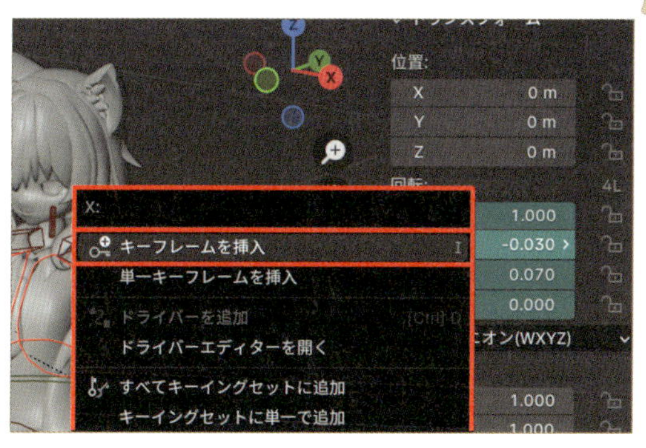


## 05 Step キーフレームをコピー＆反転ペースト

こちらも腰のボーンと同様に、キーフレームをコピーして反転ペーストします。3Dビューポート上で**Chest.Control**が選択されていて、かつドープシート上で**1**フレーム目のキーフレームが選択されていることを確認します。ドープシート上で右クリックして**コピー**（**Ctrl+Cキー**）をクリックします。続けて**13**フレーム目に移動します。ドープシート上で右クリックをし、**反転して貼り付け**（**Shift+Ctrl+Vキー**）をクリックします。これで上半身の動きが反転されました。

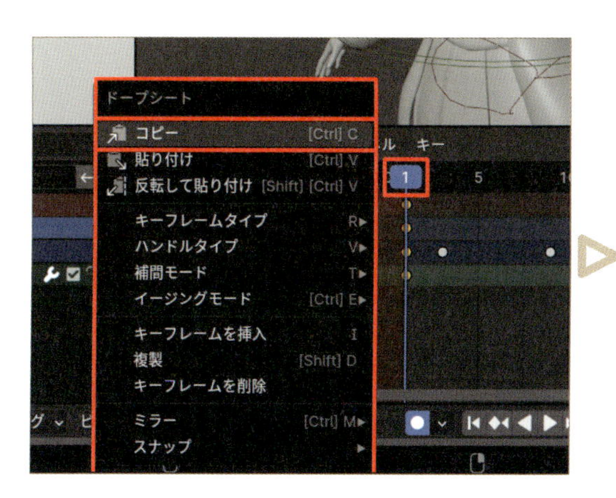


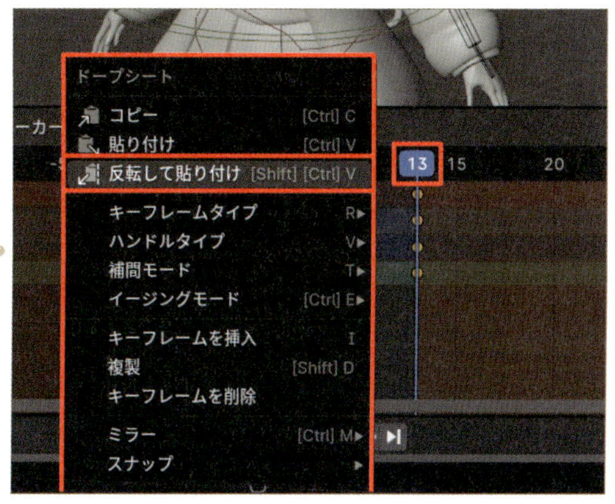

## 5-6 足の位置を決めよう

腰と身体の向きが決まったので、次は足のポーズを制作します。足はいきなり数値入力するのではなく、まず自分で調整して感覚を身につけると良いでしょう。

### 01 Step 1フレーム目にキーフレームを挿入

左足を制御するボーン**FootIK.L**を選択し、側面から調整するために**テンキーの3キー**で側面視点に切り替えます。両足の下にある緑色のY線の線を地面と想定してポーズを作成します。**1**フレーム目に移動し、移動の**Gキー**>**Xキー**、**Yキー**（いずれもローカル軸）を使用します。数値入力をする場合は、位置Xに**-0.24**、位置Yに**0.035**を入力して下さい。後で足の向きを回転して調整するため、少しだけ足を上げたポーズにすると良いでしょう。

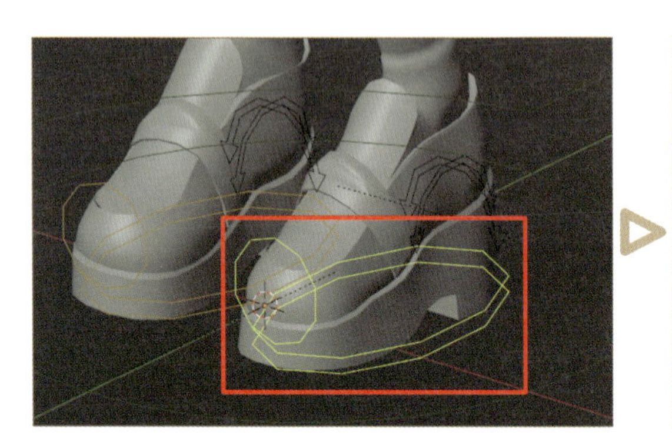

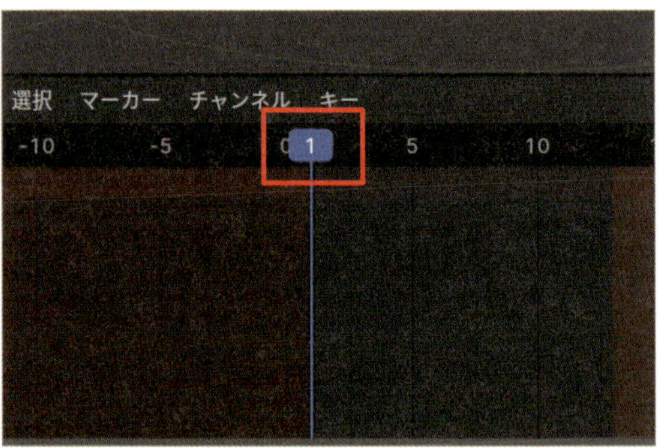


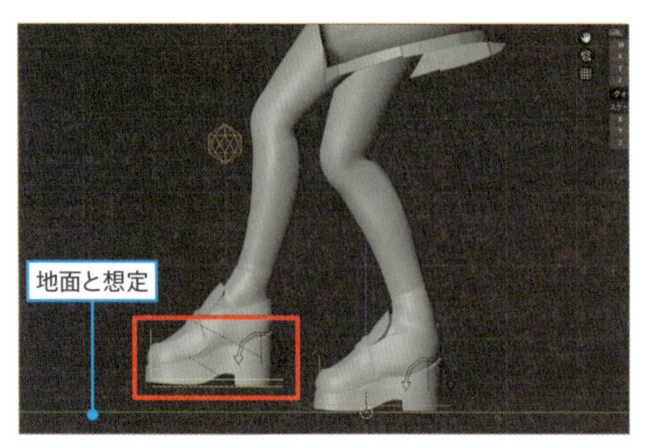


### 02 Step 左足の向きを調整

左足の向きを調整します。側面視点（**テンキーの3キー**）であることを確認し、回転の**Rキー**>**Zキー**（**ローカル軸**）でかかとを地面（緑色のY軸線）に接地させます。数値入力の場合、回転Zに**-0.15**と入力します。

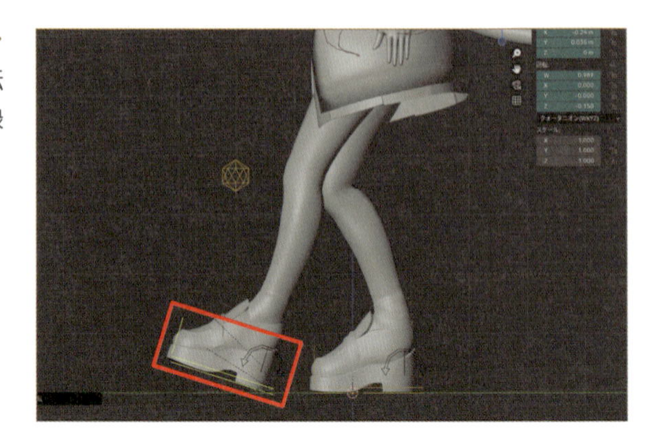

## 03 Step 右足の位置を決定

次は右足の位置を決めます。右足のボーン**FootIK.R**を選択し、移動の**Gキー**>**Xキー**（**ローカル軸**）で調整します。数値入力の場合は、位置Xに**-0.26**と入力します。こちらも後で足の向きを調整するため、少しだけ足を浮かせるようにすると良いでしょう。

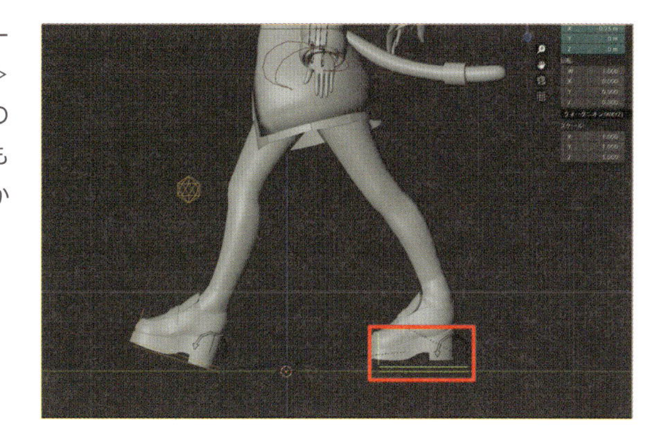

## 04 Step かかとを制御する

後ろ側の足はかかとが少し上がっているので、かかとを制御するボーンを使用します。右足のかかとにあるボーン**Footheel.Control.R**を選択し、回転の**Rキー**>**Zキー**（**ローカル軸**）で、つま先が地面に接地するように調整します。数値入力の場合、回転Zに**-15**と入力します。

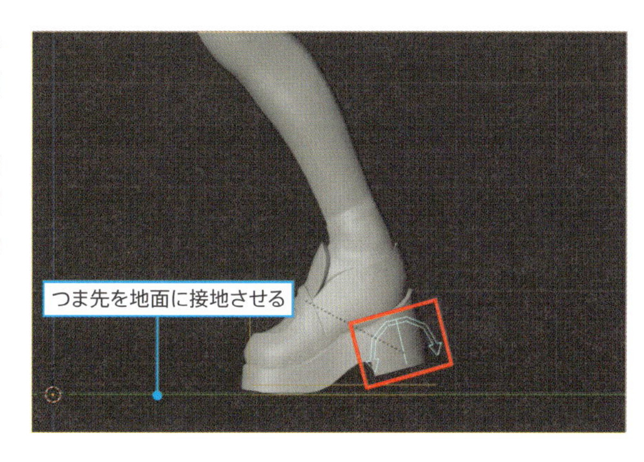


## 05 Step 1フレーム目にキーフレームを挿入

すべてのボーンにキーフレームを挿入します。**1**フレーム目にいることを確認したら、3Dビューポート上で全選択の**Aキー**を押し、**Kキー**でキーフレーム挿入メニューを開きます。**位置・回転**をクリックし、キーフレームを挿入します。

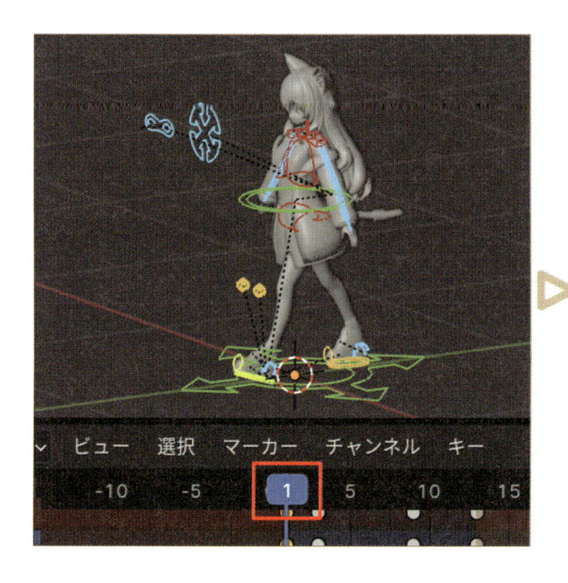


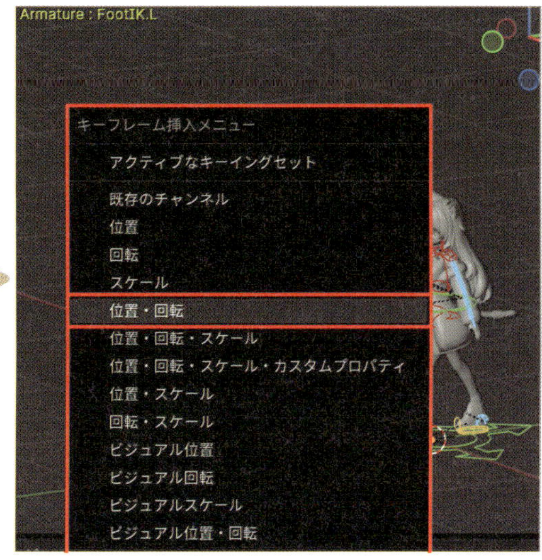

## 06 Step キーフレームをコピー＆反転ペースト

次に、ドープシートで**1**フレーム目のキーフレーム上部をクリックします(キーフレームが選択されていないと正しくコピーされないので注意して下さい)。その後、右クリックして**コピー**（**Ctrl+Cキー**）を選びます。**13**フレーム目に移動し、右クリックして**反転して貼り付け**(**Shift＋Ctrl+Vキー**) を選択します。これで**1**フレーム目のポーズが**13**フレーム目に反転してペーストされました。

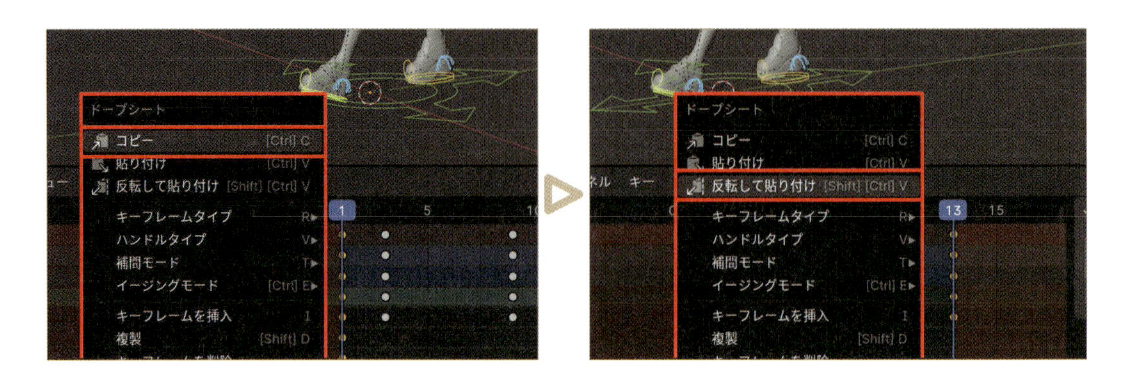


## 07 Step 3フレーム目にキーフレームを挿入

次は**ダウン**の足のポーズを作成します。側面視点(**テンキーの3キー**) に切り替え、**3**フレーム目に移動します。前に出ている左足(**FootIK.L**) を選択し、足を地面に着地するように移動の**Gキー**、回転の**Rキー**>**Zキー**（**ローカル軸**) で調整します。数値を入力する場合は、位置Xに**-0.13**、位置Yに**0**、回転Zに**0**と入力します。**ダウン**の姿勢では、前に出ている足の膝を曲げて、キャラクターの重さを表現することが重要です。足が地面に着地しているため、位置Y（ローカル軸の上下の位置）と回転Zは**0**にするのが望ましいです。**足が地面に接地している**と見ている人に分かるように意識することが、リアリティを表現する上でとても大切です。

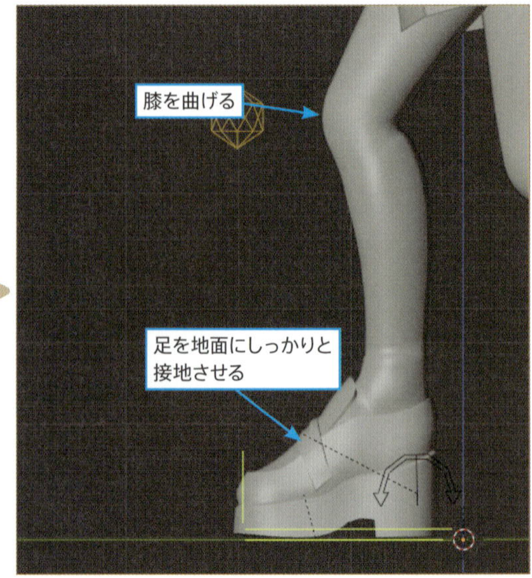

## 08 Step 右足を調整

ダウンポーズの右足(**FootIK.R**) も同様に調整します。数値を入力する場合、位置Xに**-0.32**、位置Yに**0.06**、回転Zに**-0.5**と入力します。足が浮いている状態では、かかとを上げる必要はないため、右足のかかとにあるボーン**Footheel.Control.R**を選択し、回転をリセットするショートカットの**Alt+Rキー**を実行しましょう。後ろ側の足のポーズ制作で重要な点は、足が地面を蹴って浮いている状態を表現することです。足が地面に付かないようにしましょう。ただし、足の位置が高すぎると不自然な歩き方に見えるので、やりすぎには注意しましょう。さらには、足の向きを斜めにして、より地面を蹴っているように見せましょう。

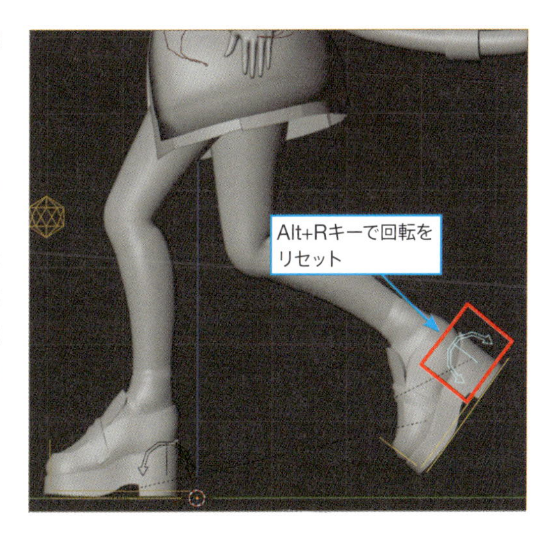


## 09 Step 7フレーム目にキーフレームを挿入

次に、足が交差する**パッシング**のポーズを制作します。**7**フレーム目に移動し、前に出ている左足(**FootIK.L**)を選択します。ここでは、移動の**Gキー**＞**Xキー**（**ローカル軸**）で前後の位置を調整します。数値入力の場合は、位置Xに**0.08**と入力します。

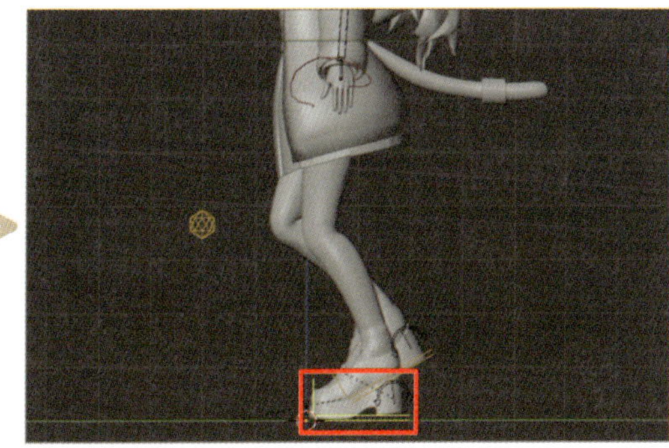

## 10 Step 右足の調整

右足(**FootIK.R**) も同様に調整します。数値入力の場合は、位置Xに**-0.18**、位置Yに**0.09**、さらに回転Zに**-0.7**と入力します。**パッシング**ポーズのポイントは、側面から見たときに両脚が交差しているように見せることです。

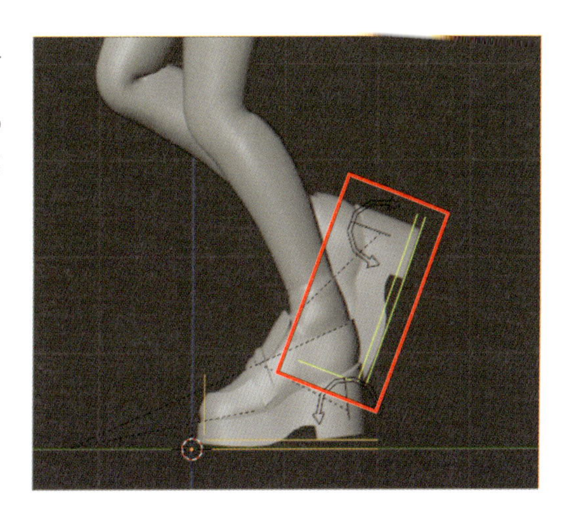

## 11 Step 右足を調整

最も腰が上がる**アップ**ポーズの制作に入ります。キーフレームを最小限に抑えるため、ここでは右足のみを調整します。**9**フレーム目へ移動し、右足のボーン(**FootIK.R**)を選択します。移動の**Gキー**と、回転の**Rキー**>**Zキー**(**ローカル軸**)で調整します。数値入力の場合は、位置Xに**0.05**、位置Yに**0.024**、回転Zに**-0.1**と入力します。ここでは、右足の角度を左足とほぼ同じに調整するのがコツです。**アップ**ポーズは、前足がバランスを取りながら踏み出す様子と考えると理解しやすいかもしれません。作業が終わったら、**Spaceキー**でアニメーションを再生して動きを確認しましょう(停止は再び**Spaceキー**)。

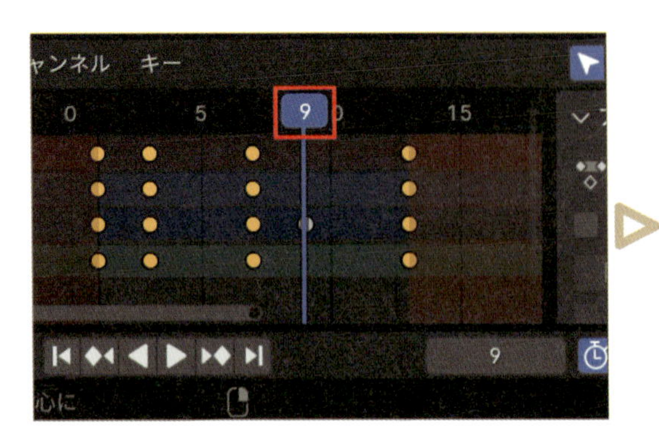


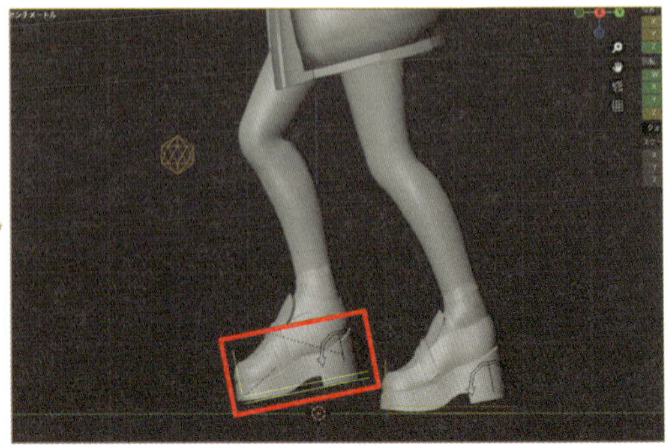

## 12 Step FootIK.Rと、左足のFootIK.Lを選択

足のアニメーションが一通り完成したら、次にキーフレームの補間方法を変更します。キーフレームの補間方法には3種類あります。デフォルトの補間方法は**ベジェ**で、これは動き始めがゆっくりで徐々に速くなり、またゆっくり止まる設定です。しかし、歩きアニメーションでこの設定だと、キャラクターが地面を滑りながら歩いているように見えてしまうことがあります。そこで、一定の速度で動くように補間方法を変更しましょう。まずは補間方法を変えるボーンのみを選択する必要があるので、右足の**FootIK.R**と、左足の**FootIK.L**を**Shift+左クリック**で選択します。

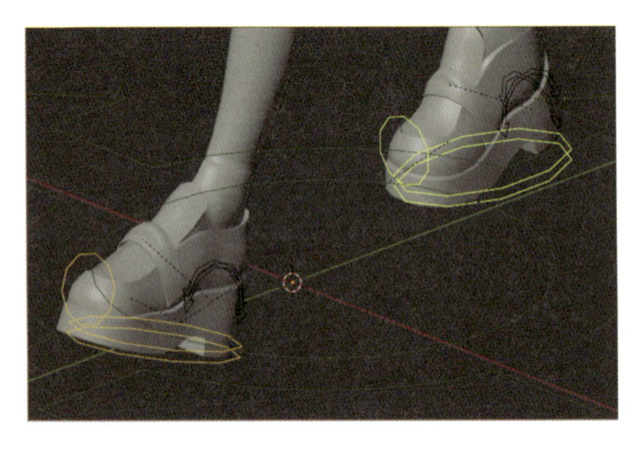

## 13 Step リニアを設定

ドープシートの左側にあるチャンネル内に、**FootIK.R**と**FootIK.L**の2つのみが表示されていることを確認します。 Next Page

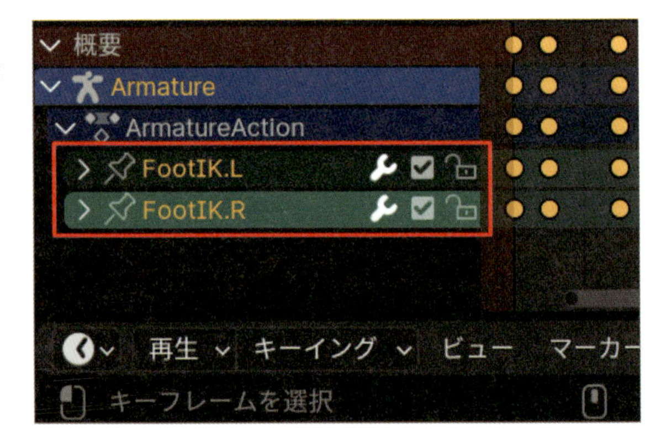

次にドープシート内で全選択の**Aキー**を押して、全キーフレームを選択します。ドープシートで右クリックしてメニューを表示し、**補間モード(Tキー)**＞**リニア**をクリックします。**リニア**は、キーフレーム間の動きを均等にする補間方法です。**リニア**に設定すると、キーフレーム間に緑色の線が表示されます。

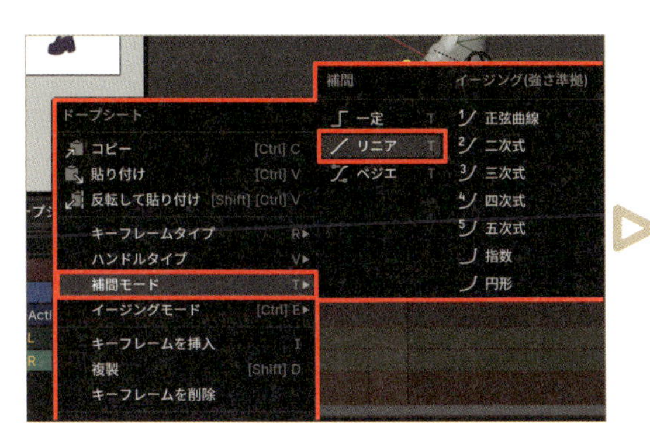


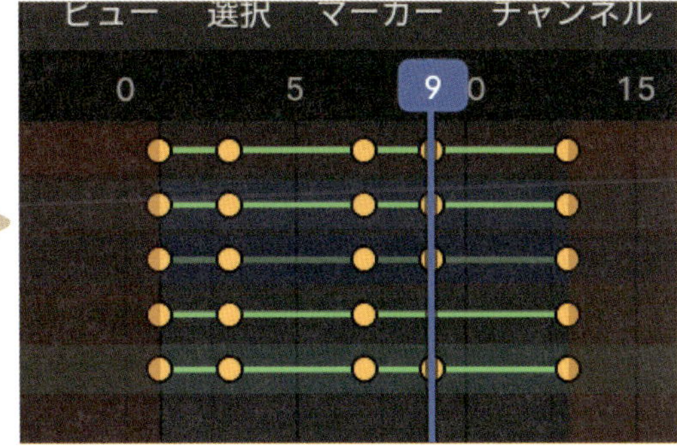


## Column

### キーフレーム補間について

キーフレーム補間とは、キーフレーム間の動きをどう変化させるかを決める設定のことです。補間方法には**ベジェ**、**リニア**、**一定**の3つが存在します。設定方法は、対象のキーフレームを選択し、右クリック。メニュー内にある**補間モード（Tキー）**の、左側にある**一定**、**ベジェ**、**リニア**のいずれかをクリックすることで設定が可能です。**リニア**と**一定**に設定すると、キーフレーム間に緑色の線が表示されます。

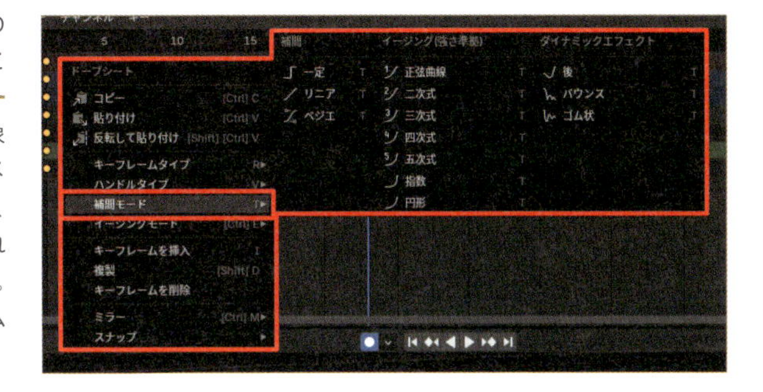


ベジェ

曲線で動きを滑らかにする補間方法です。デフォルトでは「ベジェ」に設定されています。動きの始めと終わりが緩やかになるので、徐々に加速し、次第に減速する動きが作れます。主に、自然で柔らかい動きを制作したい時に適しています。

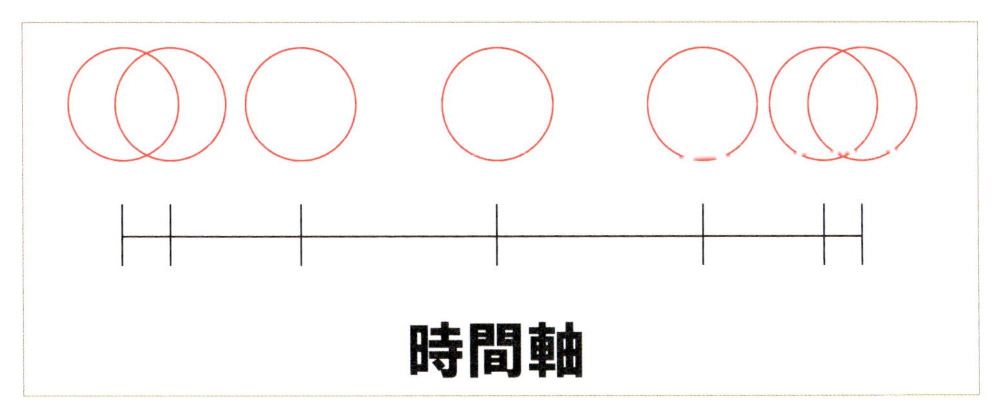

**リニア**

一定の速度で直線的に動く補間方法です。キーフレーム間の動きが常に同じ速度で進みます。主にロボットのような機械的な動き、または速度変化が不要なアニメーションに適しています。

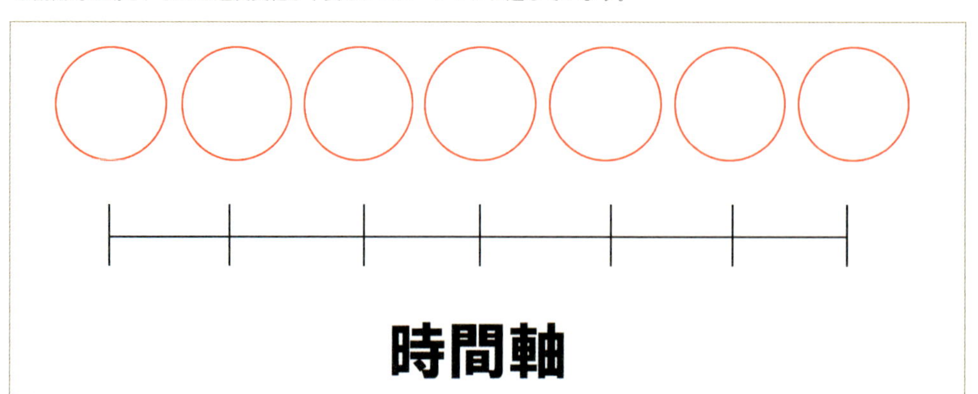


**一定**

キーフレーム間の補間が全く行われず、瞬時に変化します。パッと移動する動きを表現したい時や、あえてコマ数を落とすことで2Dアニメーションのような表現をしたい時に適しています。

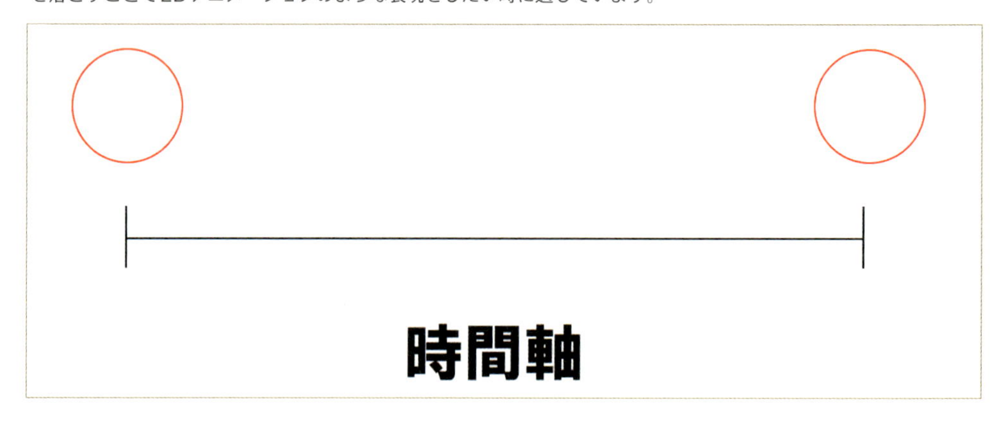


## 5-7 正面から調整をしよう

ここまでは側面視点での調整が中心でしたが、一旦正面視点で腰と足の位置を調整します。

### 01 Step 1フレーム目にキーフレームを挿入

3Dビューポート上で**テンキーの1キー**を押して**正面視点**に切り替えます。両足を確認すると、足が広がってガニ股のように見えるため、内股になるように修正が必要です。**1**フレーム目にいることを確認したら、左足のボーン**FootIK.L**を選択し、移動の**Gキー**＞**Zキー**（**ローカル軸**）でやや内側に移動します。数値を入力する場合は、位置Zに**-0.02**と入力します。手動で調整する際のポイントは、両足が3Dビューポートの中央にある縦のZ軸線(青い線)を超えないようにすることです。足が青い線の外側に出ると、足が交差する際に反対側の足とぶつかってしまう可能性があります。Next Page

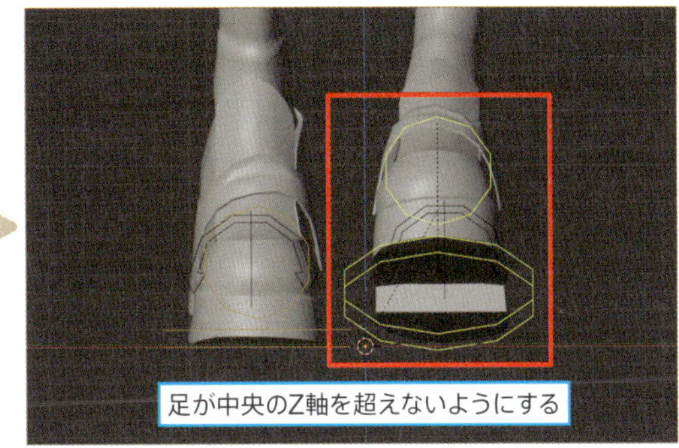


## 02 Step 右足も調整

同様の操作を右足のボーン**FootIK.R**にも行います。移動の**Gキー**>**Zキー**（**ローカル軸**）でやや内側に移動します。数値入力する場合は、位置Zに**-0.02**と入力します。Z軸の線（青い線）を超えないように注意して下さい。

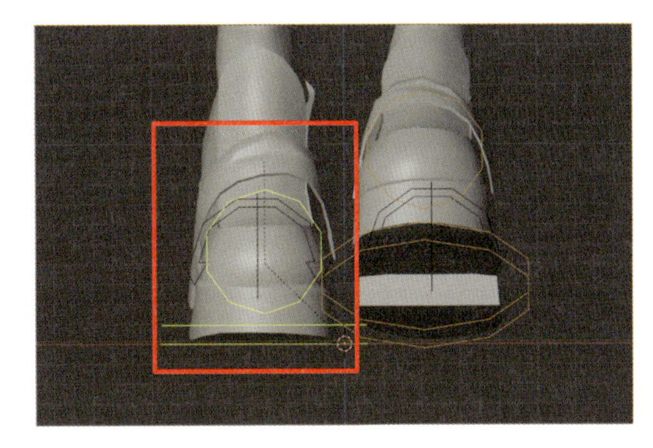

## 03 Step キーフレームをクリアする

Z軸の数値を調整した後、この数値を維持したままZ軸のキーフレームのみをクリアします。右足のボーン**FootIK.R**を選択し、右側の**サイドバー**（**Nキー**）の**アイテム**タブの**トランスフォーム**パネルで、位置Zにマウスカーソルを置きます。右クリックして表示されるメニューから**単一キーフレームをクリア**を選択します。この操作を左足のボーン**FootIK.L**にも実行して下さい。これにより、位置Zの数値**-0.02**を維持しつつ、Z軸のキーフレームをすべて削除できます。正面視点での両足は、基本的に左右に揺れ動かさないようにしましょう。歩き方がふらついてしまいます。

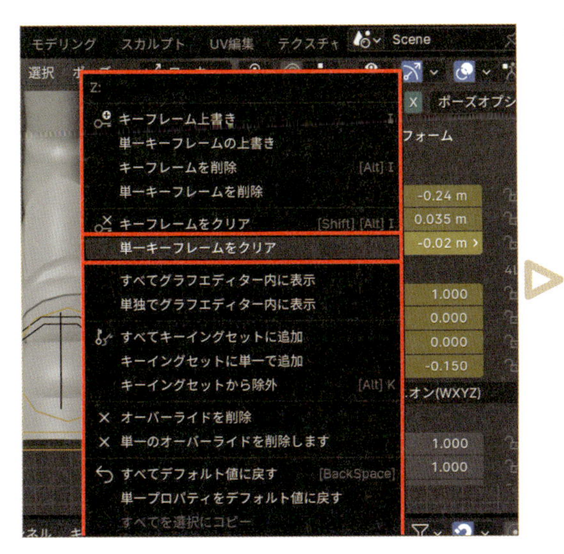


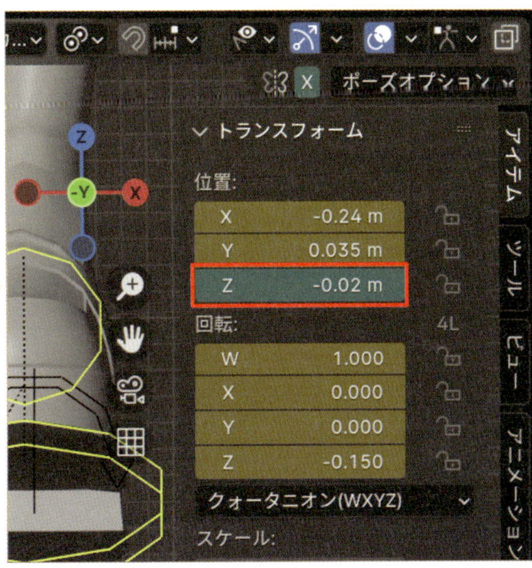

## 04 Step キーフレームをコピー＆反転ペースト

膝の向きを調整します。左膝を制御するボーン**KneeIK.L**（**膝の手前にある球体型のボーン**）を選び、移動の**Gキー**＞**Xキー**で内側に移動させます。位置Xの目安は**0.05**程度です。ただし、膝を内側へひねりすぎると無理のあるポーズになるので注意して下さい。調整が終わったら、反対側の膝のボーンに反転ペーストします。調整した左膝のボーン**KneeIK.L**を選択し、3Dビューポート上で右クリックして**コピー**（**Ctrl+Cキー**）を選びます❶。次に、右クリックして**X軸反転ポーズを貼り付け**（**Shift＋Ctrl+Vキー**）をクリックします❷。

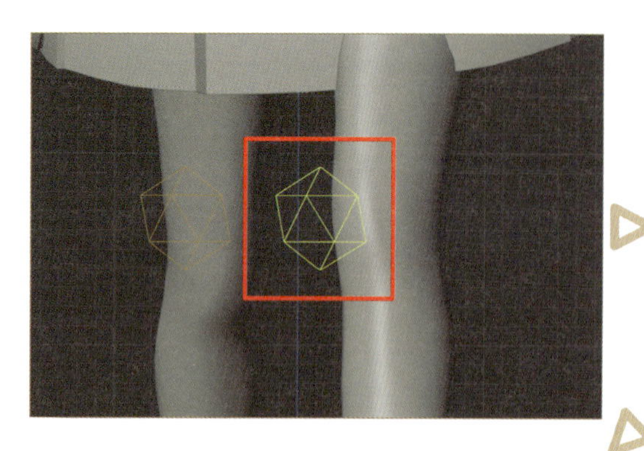

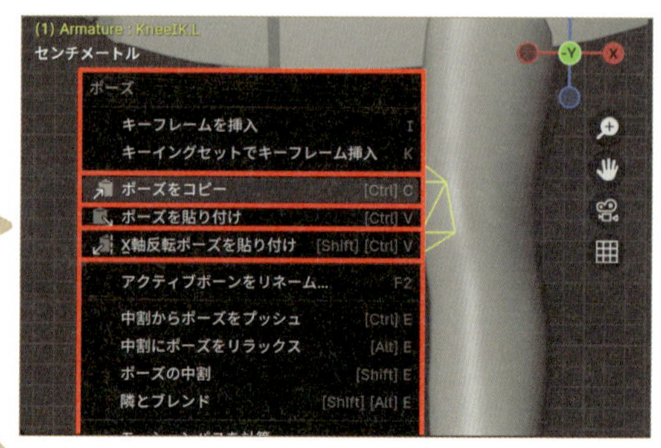


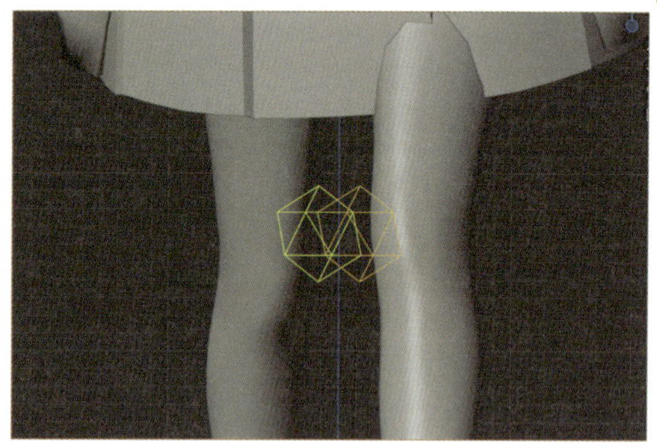

## 05 Step 13フレーム目のキーフレームを削除

両膝のボーンの**13**フレーム目のキーフレームを削除します。左右の**KneeIK.L**と**KneeIK.R**を**Shift＋左クリック**で複数選択します（念のために、ドープシートの左側のチャンネルに**KneeIK.L**と**KneeIK.R**が表示されていることを確認しましょう）。ドープシート上で**13**フレーム目の上部を選択し、**Xキー**で**キーフレームを削除**を選びます。両膝のボーンのキーフレームが**1**フレーム目のみになったら、次のステップに進みます。

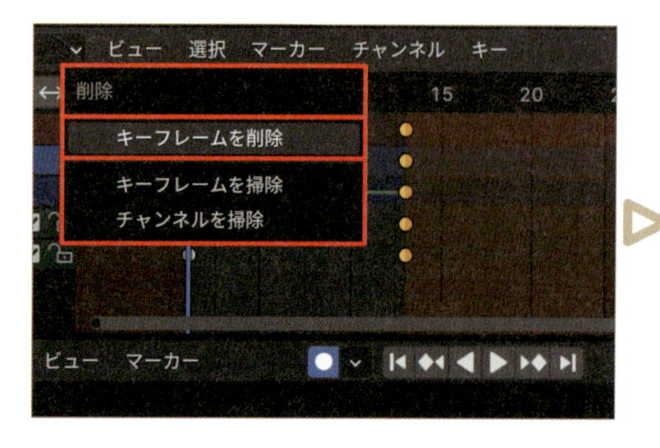

## 5-8 腕の調整をしよう

次は腕の調整をします。ここでは、肩→上腕→前腕→手の順番に調整を進めます。

### 01 Step 左肩と右肩の調整

**1**フレーム目にいることを確認し、左肩のボーン**Shoulder.L**と右肩のボーン**Shoulder.R**を選択します。回転の**Rキー**＞**Zキー**（**ローカル軸**）を使い、肩の前後を調整します。右腕を前方に出す時、右肩も連動して動きます（回転X**0.03**、回転Z**-0.1**が目安）。左腕を後方に下げる時、左肩も連動して動きます（回転X**0.03**、回転Z**-0.1**が目安）。両肩を少しだけ下げると、リラックスして歩いている印象を演出できます。

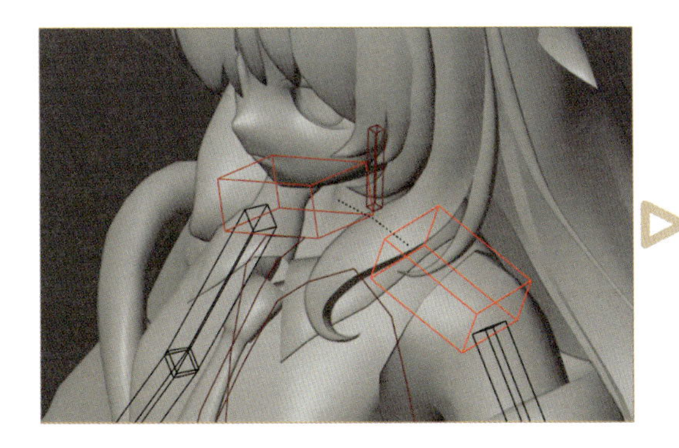

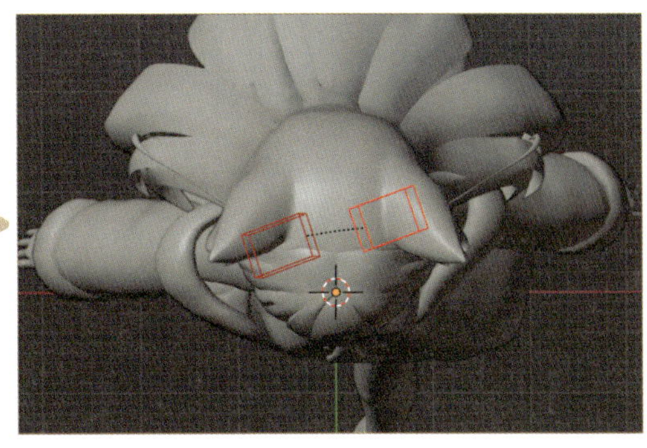

※画像は真上（テンキーの7キー）から見た視点で、両肩のボーンのみを表示しています。右腕が前に出るため、右肩も前側に回転している点に注目して下さい。

### 02 Step 上腕と前腕の調整

上腕と前腕の調整を行います。この作業中は、**テンキーの1キー**（**正面視点**）や**テンキーの3キー**（**側面視点**）を交互に切り替えたり、様々な視点から確認したりすることをおすすめします。上腕と前腕のボーンを選択し、回転の**Rキー**からのX、Y、Zのローカル軸を使い分けて調整します。衣装が多少貫通しても問題ありませんので、腕はできるだけ下げましょう。腕と身体の間に隙間が空きすぎると、リラックスした歩き方には見えません。また、キャラクターの肘の曲がり具合にも注意を払って下さい。前に出ている右腕の肘はそれなりに曲がっていますが、後ろ側にある左腕の肘はほとんど曲がっていません。Next Page

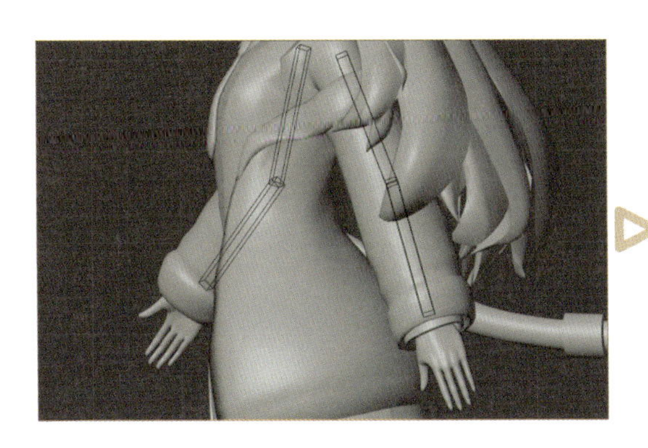

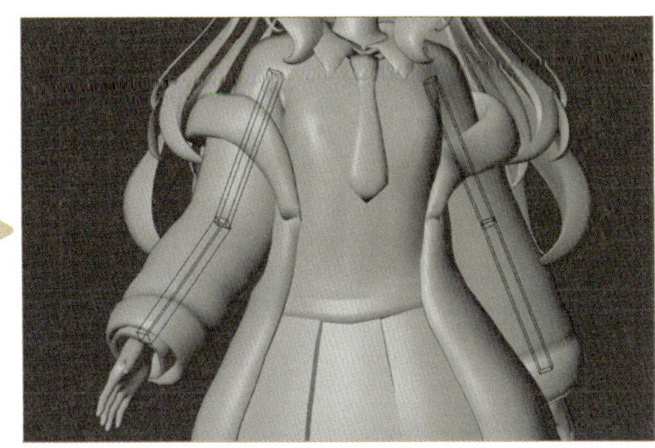

数値で調整する場合は、以下の数値を参考にして下さい。

左上腕**UpperArm.L**

| 回転W | 1 |
|---|---|
| 回転X | 0.13 |
| 回転Y | 0.15 |
| 回転Z | -0.14 |

右上腕**UpperArm.R**

| 回転W | 1 |
|---|---|
| 回転X | 0.17 |
| 回転Y | 0.15 |
| 回転Z | -0.1 |

左前腕**LowerArm.L**

| 回転Z | -1 |
|---|---|

右前腕**LowerArm.R**

| 回転X | -6 |
|---|---|
| 回転Y | 12 |
| 回転Z | -18 |

## 03 Step 左右の手の調整

左右の手の調整を行います。**1**フレーム目にいることを確認し、左手のボーン**Hand.L**を選択します。回転の**Rキー**>**Zキー**（**ローカル軸**）で少し後ろ側に回転させます(目安は回転Z**-10**)。次に、右手のボーン**Hand.R**を選択し、こちらは少しだけ前に回転させます(目安は回転Z**-5**)。この調整により、手の動きが腕の動きに遅れて追従するようになります。

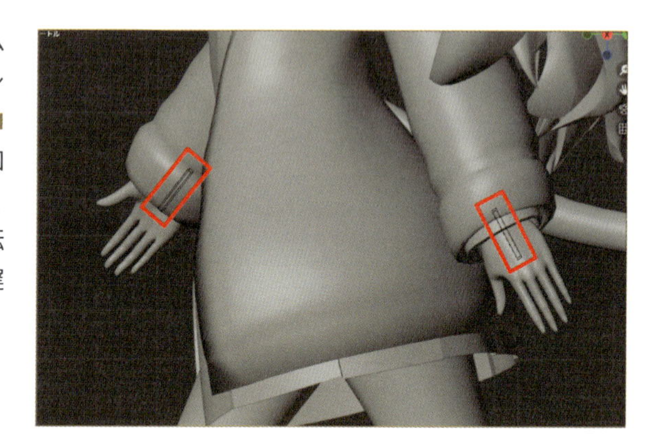

## 04 Step 1フレーム目のキーフレームをコピー

**1**フレーム目のキーフレームを、**13**フレーム目にコピー・反転ペーストをします。ドープシート上で**1**フレーム目にいることを確認したら、3Dビューポート上で全選択の**Aキー**を押して、すべてのボーンを選択します。次に3Dビューポート上で右クリックをして**ポーズをコピー**（**Ctrl+Cキー**）をクリックします。

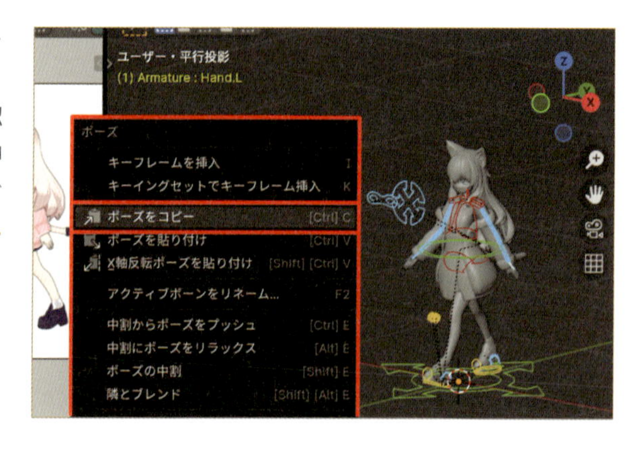

## 05 Step X軸反転ポーズを貼り付け

**13**フレーム目に移動したら、3Dビューポート上で右クリックをして**X軸反転ポーズを貼り付け（Shift＋Ctrl+Vキー）**をクリックします。

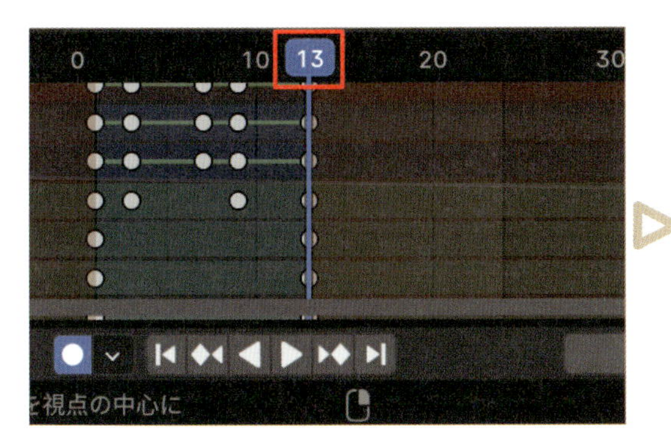


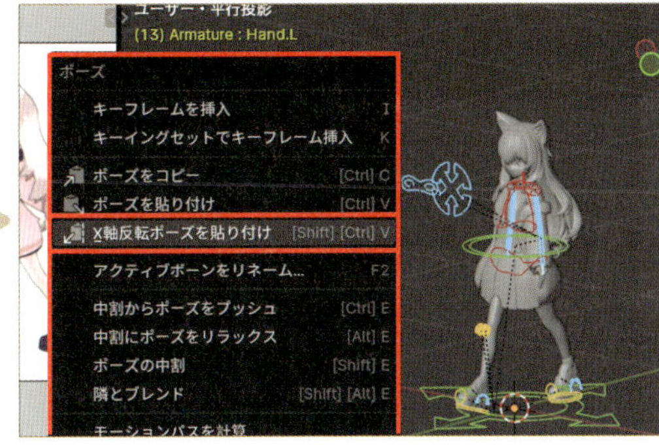


## 06 Step アセットシェルフを開く

指のポーズを決めます。**サイドバー（Nキー）**の**アニメーション**タブから、**アセットシェルフ切り替え**をクリック、あるいは3Dビューポートの右下にある矢印アイコンをクリックして**アセットシェルフ**を開きます。

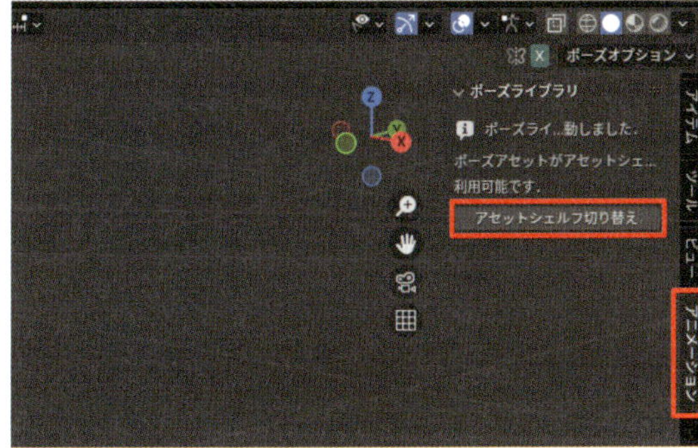


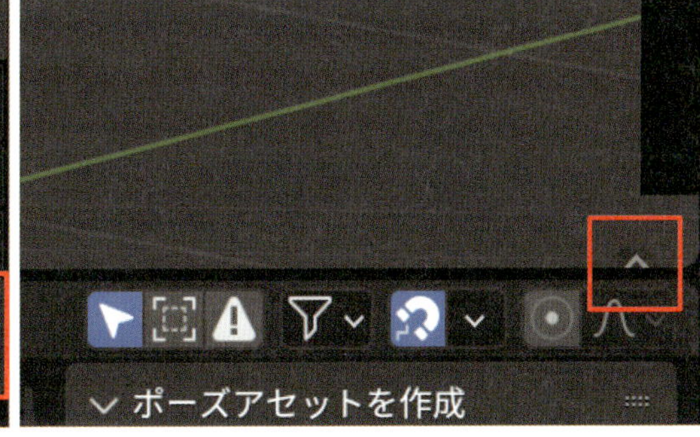


## 07 Step アセットシェルフを適用

3Dビューポート上で選択を解除し（何もない所を左クリック、あるいは**Alt+Aキー**を実行）、3Dビューポートの下にある**アセットシェルフ**から**Relax02**をクリックします（サムネイルにマウスカーソルを置くと、ポーズ名が表示されます）。指のポーズが適用されたら、**アニメーション**タブから**アセットシェルフ切り替え**をクリック、あるいは**アセットシェルフ**上部を下に左ドラッグしてメニューを閉じます。

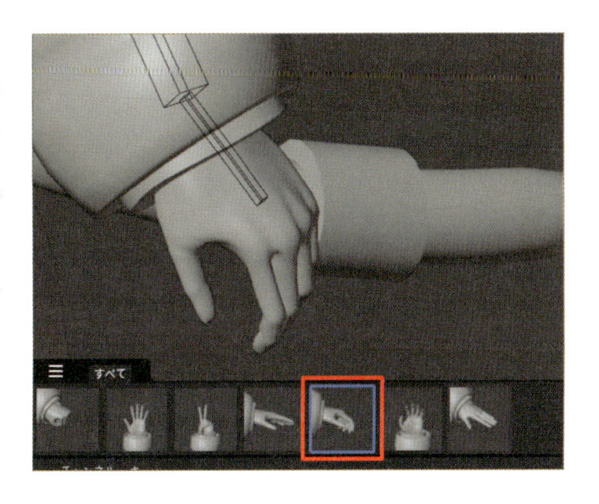

## 5-9 細かい修正をしよう

足や正面の動きの修正など、より細かく調整した後に、髪の毛やスカートなどを揺らしていきます。

### 01 Step 右足の調整

アニメーションを再生すると、膝がカクつくことがあります。この場合**8**フレーム目に移動し、側面視点(**テンキーの3キー**)に切り替えます。右足のボーン**FootIK.R**を選択し、膝の動きが滑らかになるように回転の**Rキー**、移動の**Gキー**で調整します。数値の目安として、位置Xは**-0.07**、位置Yは**0.04**、回転Wは**1**、回転Zは**-0.35**とします。

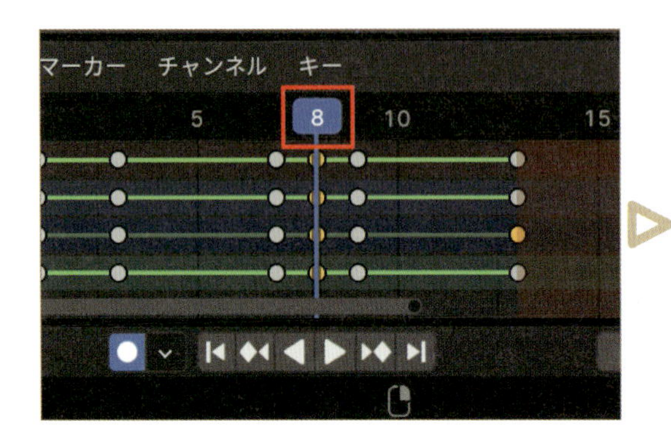


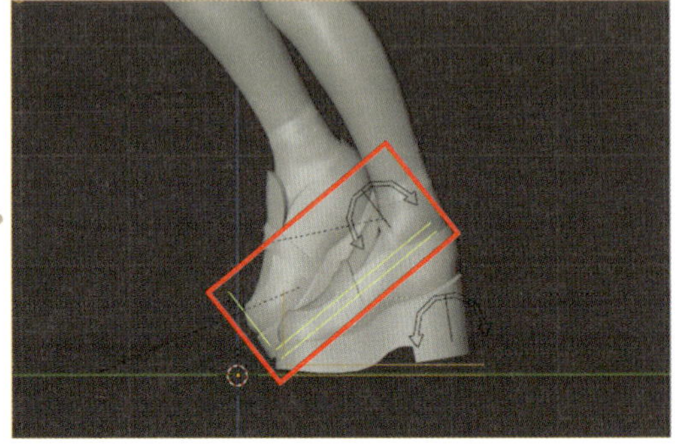

### 02 Step 7フレーム目にキーフレームを挿入

正面からの動きを微修正します。**正面視点**(**テンキーの1キー**)に切り替えて、**パッシング**ポーズの**7**フレーム目に移動します。**RootUpper**を選択し、位置Xに**0.01**と入力します。このポーズは体重が乗っている足の方へ重心が寄るので、正面から見たときに少し身体を傾ける必要があります。

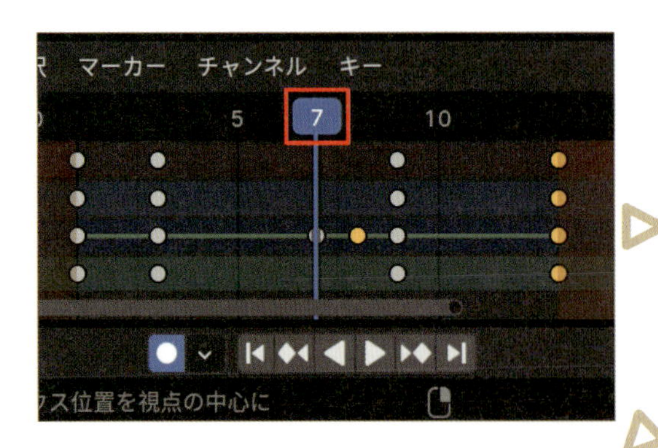


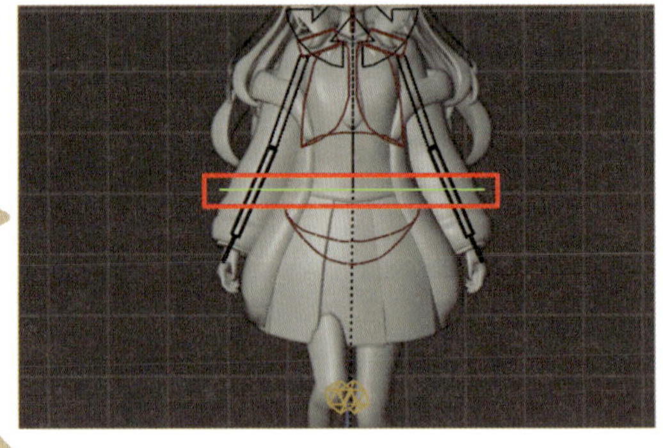

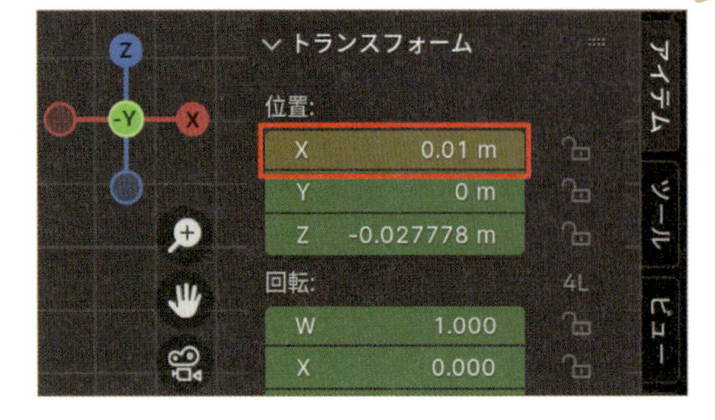

## 5-10 髪の毛を揺らそう

通常、髪の毛の揺れはランダムさがある方が自然に見えますが、ここではループアニメーションを制作するため、アニメーションがスムーズに繋がるように作成します。

### 01 Step 2nd_Hair_out、2nd_Hair_inのコレクションのソロを有効

プロパティの**オブジェクトデータプロパティ**から**ボーンコレクション**パネルにある**2nd_Hair_out**、**2nd_Hair_in**のコレクションのソロ(星アイコン)を有効にし、後ろ髪のボーンだけを表示させせます。

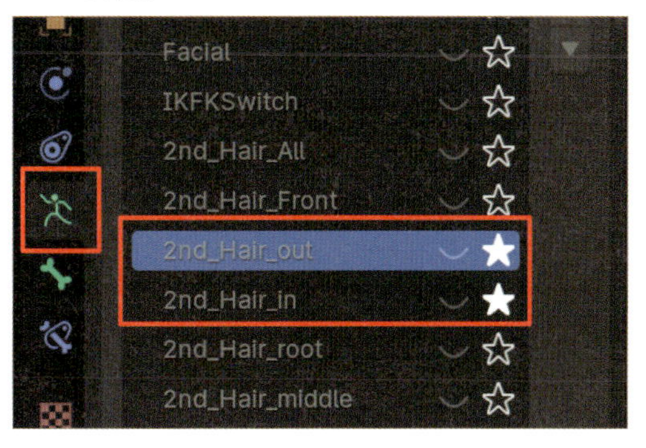


### 02 Step 1フレーム目にキーフレームを挿入

ドープシートで**1**フレーム目にいることを確認した後、3Dビューポート上で**Aキー**で全選択します。次に、回転の**Rキー**>**Zキー**（**ローカル軸**）を押し、数値を**-9**と入力します(この数値はお好みで調整すると良いでしょう)。これにより、後ろ髪が右側に揺れ動きます。**1**フレーム目の**コンタクト**ポーズは、左足に体重がかかる寸前の状態で、少し左側に移動しているポーズです。そのため、後ろ髪も身体の動きに合わせて右側に回転します。

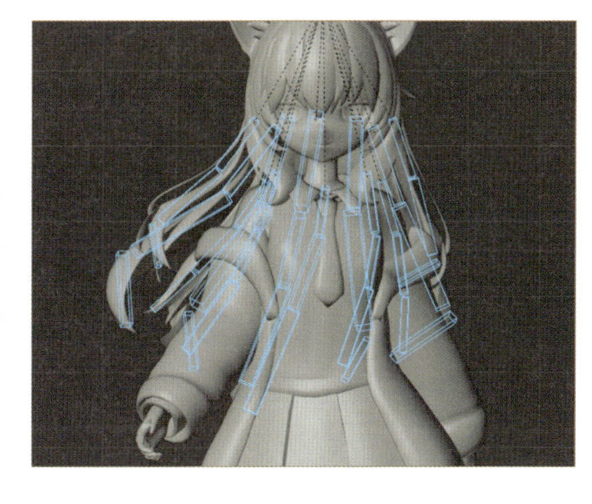

### 03 Step 側面の揺れの調整

側面の揺れも調整します。**1**フレーム目にいることを確認し、3Dビューポートで**テンキーの3キー**を押して側面視点に切り替えます。その後、回転の**Rキー**>**Xキー**（**ローカル軸**）を押して、**-9**と数値を入力します(この数値はお好みで調整すると良いでしょう)。**コンタクト**ポーズは体重が乗る寸前の状態で、身体がやや浮いています。後ろ髪もそれに合わせ、髪の内側に空気の塊が含まれているイメージを持ちながら調整しましょう。

## 04 Step キーフレームを挿入

作業が一通り終わったら、後ろ髪のボーンがすべて選択（**Aキー**）されていることを確認します。3Dビューポート上でキーイング挿入メニューの**Kキー**を押して**位置・回転**をクリックします。

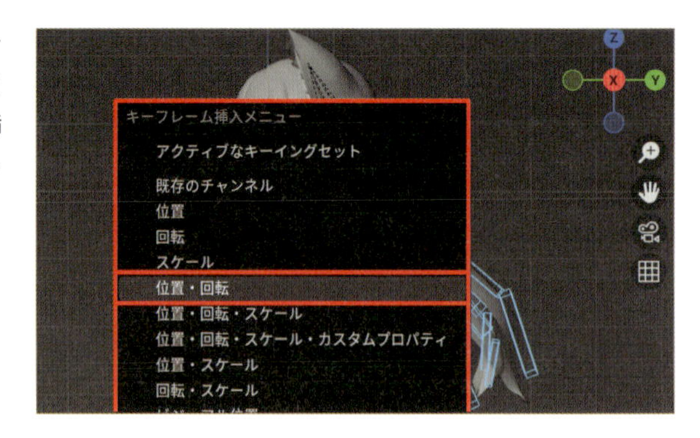


## 05 Step キーフレームをコピー＆反転ペースト

後ろ髪の揺れをコピー、反転してペーストします。まずは後ろ髪のボーンがすべて選択されていることを確認したら、**1**フレーム目のキーフレーム上部を選択します。次に、ドープシート上で右クリックして**コピー**（**Ctrl+Cキー**）を選びます。**13**フレーム目に移動し、ドープシート上で右クリックして**反転して貼り付け**（**Shift＋Ctrl+Vキー**）を実行します。

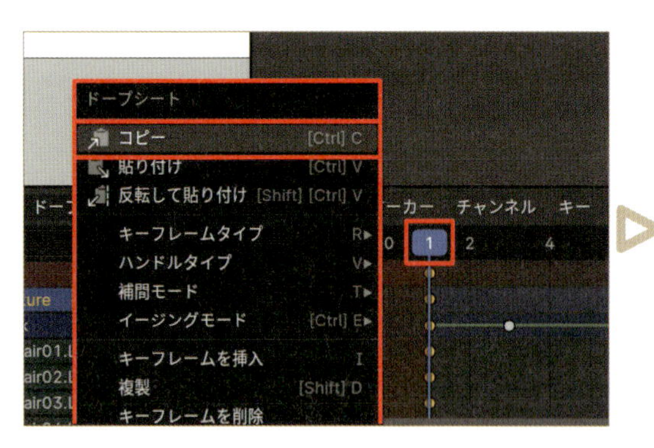


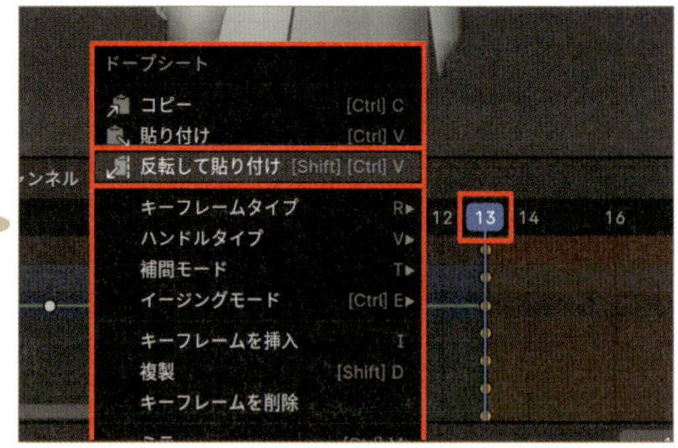


## 06 Step 7フレーム目に側面の後ろ髪の揺れを調整

側面の後ろ髪の揺れを調整します。3Dビューポート上で**テンキーの3キー**を押し、側面視点に切り替えます。**パッシング**ポーズの**7**フレーム目に移動し、回転の**Rキー**＞**Xキー**（**ローカル軸**）を押して、**5**と数値を入力します（数値はお好みで調整して下さい）。**パッシング**ポーズは、最も腰が上がる**アップ**の手前のポーズです。ここで後ろ髪を下げておくと、**9**フレーム目の**アップ**ポーズで髪がふわっと持ち上がり、内側に空気が入ったような柔らかさを表現できます。

## 07 Step 2nd_Hair_Frontコレクションのみをソロで有効

次は前髪と横髪の揺れを作成します。揺れの考え方は後ろ髪とほとんど同じですが、前髪と横髪はキャラクターの印象に大きく影響するため、小さめに揺らすのが望ましいです（大きく揺らしすぎると、キャラクターが別人のように見える恐れがあります）。プロパティの**オブジェクトデータプロパティ**内にある**ボーンコレクション**パネルで、**2nd_Hair_Front**コレクションのみをソロで有効にします。

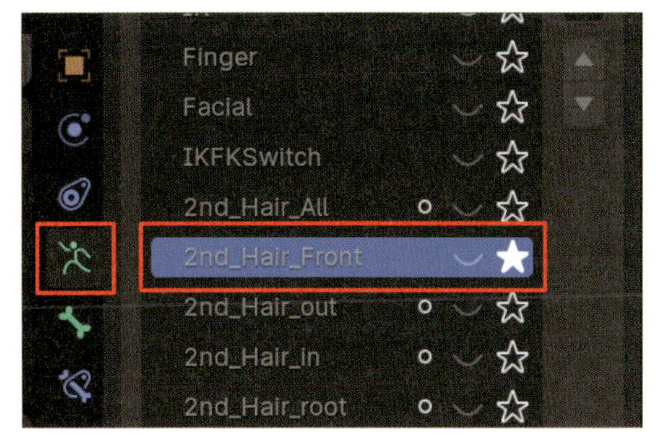


## 08 Step 1フレーム目にキーフレームを挿入

ドープシート上で**1**フレーム目にいることを確認したら、3Dビューポート上で全選択の**Aキー**を押し、回転の**Rキー**から**Yキー**を2回押して**グローバル**のY軸に切り替えます。次に**5**と数値入力して、少しだけ右側に髪を揺らします（左下に表示されるオペレーターパネルから、角度に**5**、座標軸を**Y**、座標系を**グローバル**にすることで同様のことができます）。

## 09 Step キーフレームをコピー＆反転ペースト

キーフレームを挿入し、コピーと反転ペーストを行います。まず、**1**フレーム目で3Dビューポート上で全選択の**Aキー**を押し、前髪と横髪のボーンを選択します。次に、3Dビューポート上で**Kキー**を押して、キーイング挿入メニューから**位置・回転**をクリックしてキーフレームを挿入します。その後、**1**フレーム目のキーフレーム上部をドープシート上で選択し、右クリックして**コピー**（**Ctrl+Cキー**）を選びます。**13**フレーム目に移動し、ドープシート上で右クリックして**反転して貼り付け**（**Shift+Ctrl+Vキー**）を実行します。

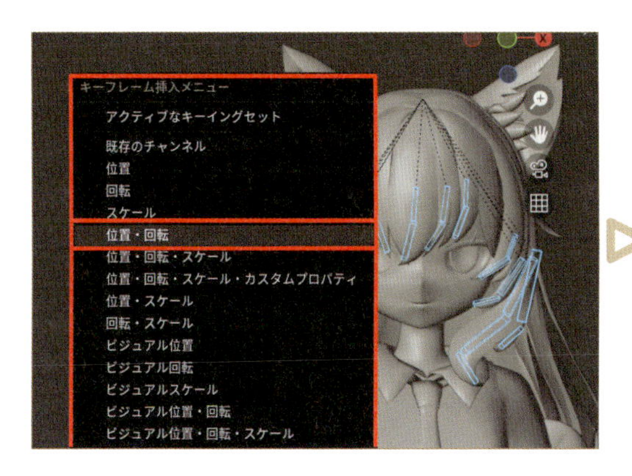


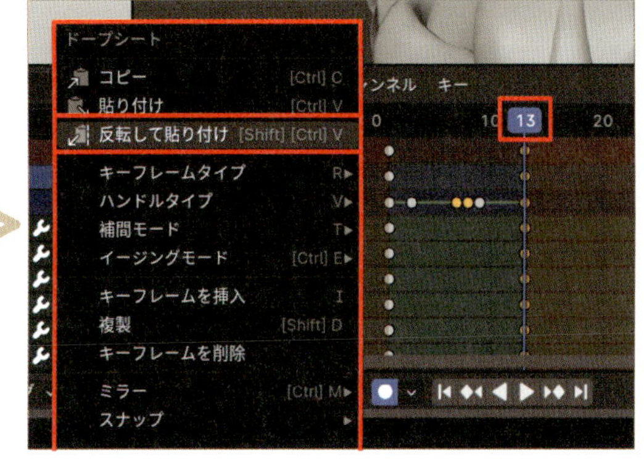

## 5-11 スカートを揺らそう

今回制作しているキャラクターの歩幅はそれほど広くないため、スカートも大きく揺らす必要はありません。ここでは、小さく揺らしながら、脚がスカートを貫通しないように注意します。

### 01 Step 2nd_Hair_Skirtコレクションのソロのみを有効

プロパティの**オブジェクトデータプロパティ**内にある**ボーンコレクション**パネルで、**2nd_Hair_Skirt**コレクションのソロのみを有効にします(その他のコレクションのソロは無効にして下さい)。

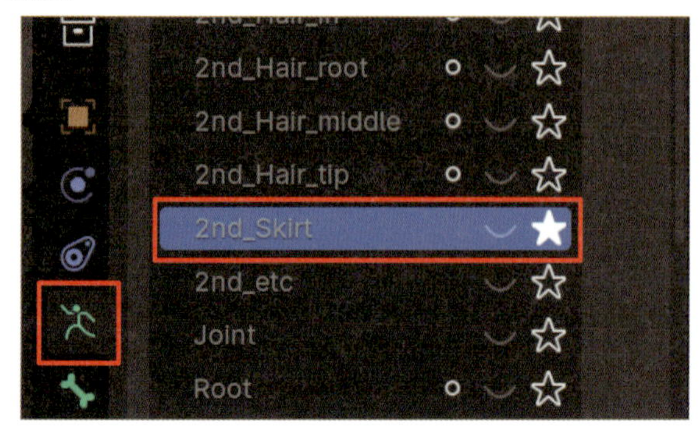


### 02 Step 1フレーム目にキーフレームを挿入

**コンタクト**ポーズの**1**フレーム目に移動し、3Dビューポート上で**Aキー**を押して全ボーンを選択します。次に回転の**Rキー**>**Xキー**(**ローカル軸**)から、**3**と数値入力します(この数値はお好みで調整して下さい)。**コンタクト**ポーズは足が地面に着地する直前の状態なので、スカートの中に空気が僅かに入っています。それを表現するため、少しだけスカートをふくらませると良いでしょう。

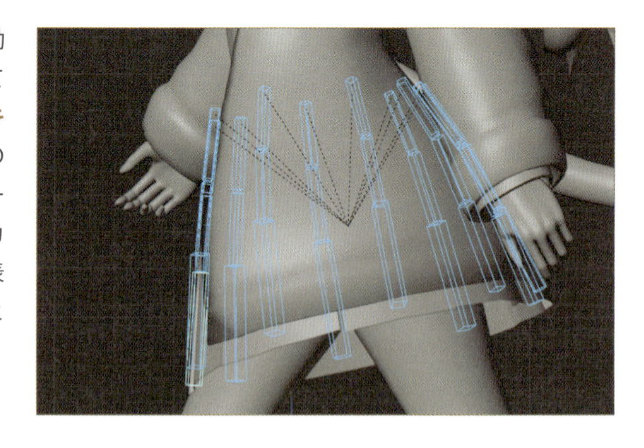

### 03 Step スカートの揺れを細かく調整

スカートの揺れをさらに細かく調整します。スカートの後ろ端を少し後方に回転させ、左脚がスカートを貫通しないように注意します。これにより、風や身体の動きに応じてスカートが自然に揺れる様子を表現できます。

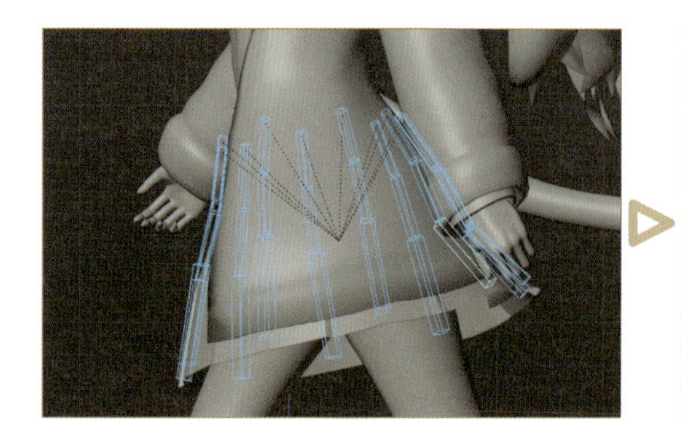

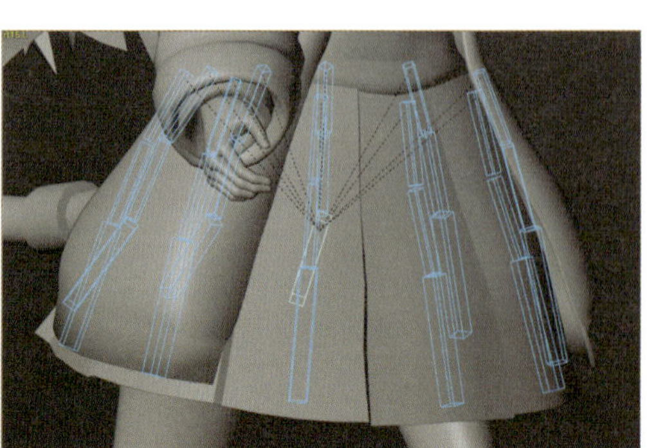

## 04 キーフレームをコピー＆反転ペースト

Step

キーフレームを挿入し、さらにコピーから反転ペーストをします。**1**フレーム目にいることを確認し、3Dビューポート上で全選択の**Aキー**を押します。**1**フレーム目のキーフレーム上部を選択したら、キーフレーム挿入メニューのショートカットの**Kキー**を押します。メニュー内にある**位置・回転**をクリックします。そして、**1**フレーム目のキーフレーム上部を選択し、ドープシート上で右クリックして**コピー**（**Ctrl+Cキー**）を選びます。**13**フレーム目に移動し、ドープシート上で右クリックして**反転して貼り付け**（**Shift＋Ctrl+Vキー**）を実行します。

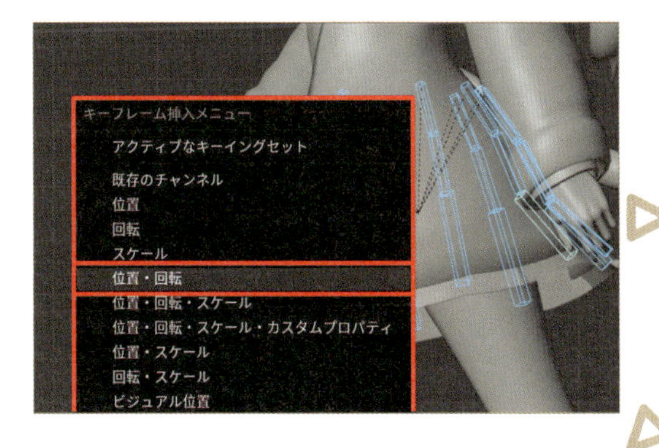

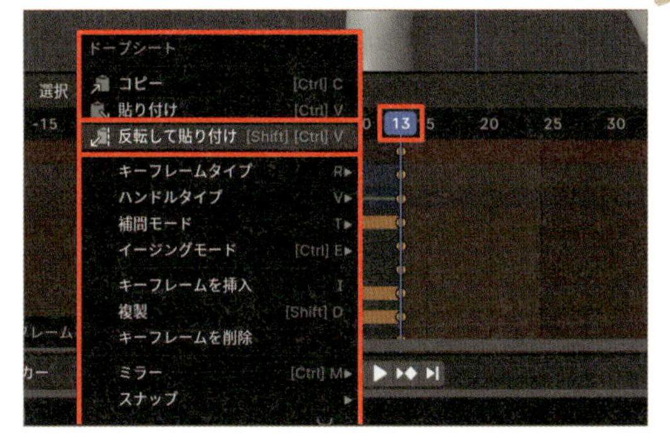


## 05 ダウンポーズのスカートの揺れを作成

Step

**ダウン**ポーズのスカートの揺れを作成します。このポーズでは腰が最も下がるため、スカートの腰回りが縮みますが、スカートの先端部分は遅れて動きます（根元の動さに対して、先端が遅れる**オーバーラップ**というテクニック）。**3**フレーム目に移動し、すべてのスカートのボーンが選択されていることを確認します。次に、回転の**Rキー**＞**Xキー**（**ローカル軸**）を押し、**-5**と入力します。続いて、先端のボーンのみをボックス選択（**Bキー**）などを使用して選択し、再び回転の**Rキー**＞**Xキー**（**ローカル軸**）を押して**23**と入力します。この数値は目安なので、お好みに応じて調整して構いません。足がスカートを貫通している場合は、個別に修正を加えて下さい。

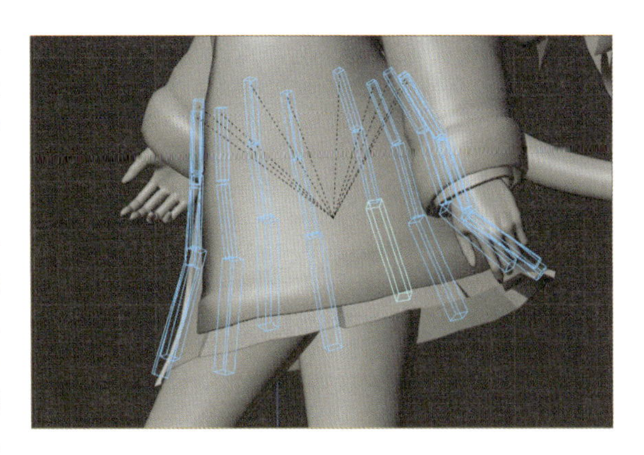

## 06 Step スカートの揺れを作成

**アップ**ポーズでのスカートの揺れを作成します。腰が最も上がるポーズなので、スカートの中に空気がふわっと入り、腰回りが膨らみ、先端は遅れて内側に縮まります。まず**9**フレーム目に移動し、すべてのスカートのボーンが選択されていることを確認します。次に、回転の**Rキー**>**Xキー**（**ローカル軸**）から、数値**3**と入力します。その後、スカートの先端のボーンだけをボックス選択（**Bキー**）などを使用して選択し、再度回転の**Rキー**>**Xキー**（**ローカル軸**）を押して、数値**-20**と入力します。この数値もお好みに応じて調整して構いません。

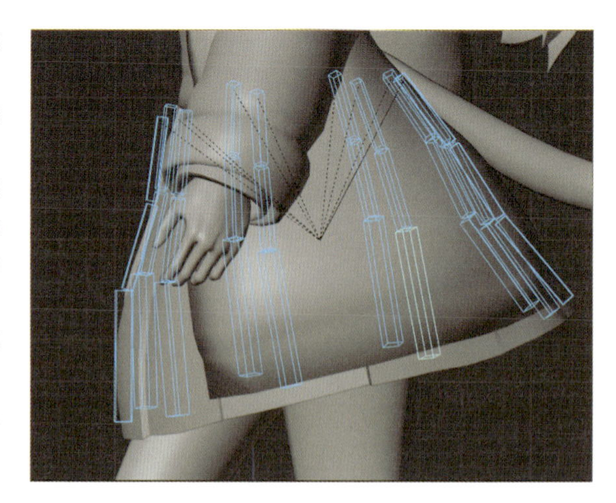

## 07 Step スカートの揺れを修正

足がスカートを貫通している箇所があるので、**11**フレーム目に移動します。スカートの先端部分を選択し、回転の**Rキー**>**Xキー**で調整します。他にも貫通している箇所があったら、各自修正して下さい。

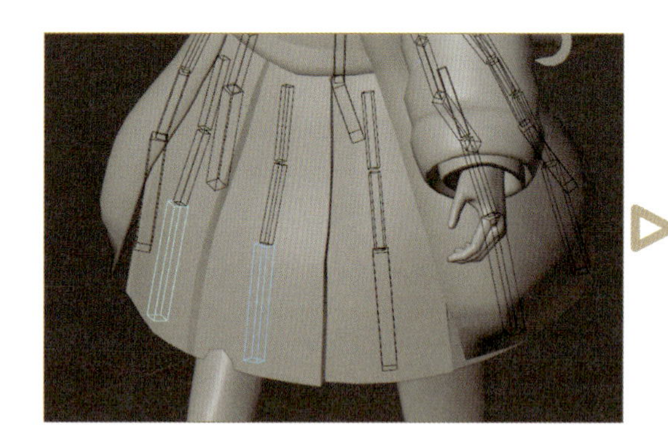

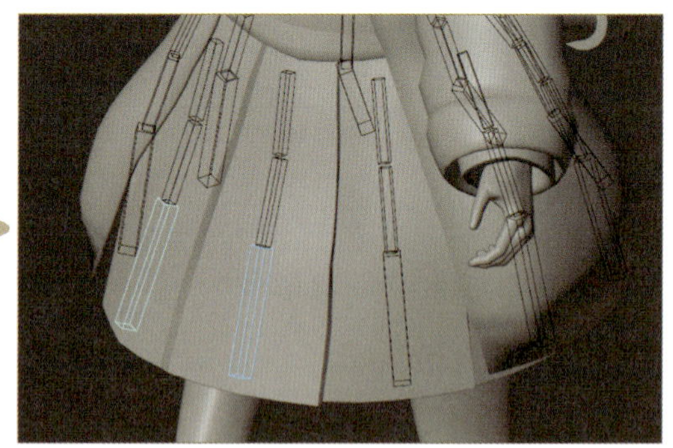

### Column

#### 挑戦！ 猫耳と尻尾を揺らそう！

アニメーションの表現の幅を広げるため、キャラクターの猫耳と尻尾を揺らすことに挑戦しましょう。

**猫耳**

プロパティの**オブジェクトデータプロパティ**の**ボーンコレクション**パネルから**2nd_Hair_All**の**ソロ**（**星アイコン**）のみを有効にし、3Dビューポート上で猫耳のボーンをボックス選択（**Bキー**）などで選択します。**1**フレーム目にいることを確認したら、回転の**Rキー**>**Zキー**（**ローカル軸**）で、右側に回転します（数値は**5**程度）。3Dビューポート上で**Kキー**から**位置・回転**をクリックしてキーフレームを挿入したら、3Dビューポート上でポーズをコピー（**Ctrl+Cキー**）し、**13**フレーム目に**X軸反転コピーを貼り付け**（**Shift＋Ctrl+Vキー**）します。

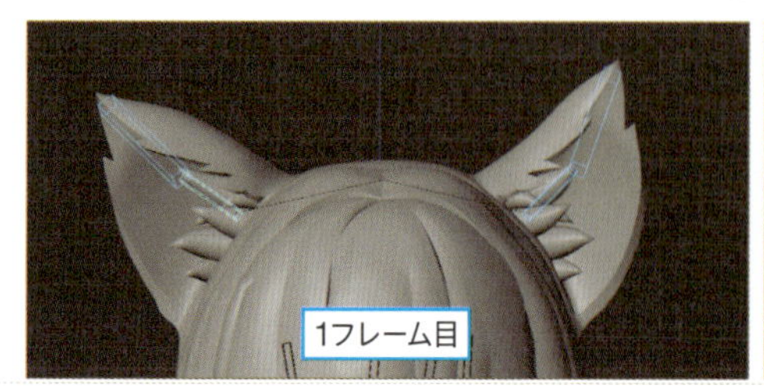


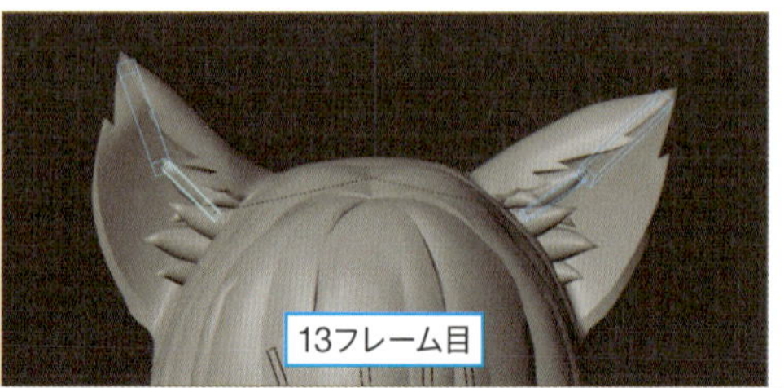

**尻尾**

プロパティの**オブジェクトデータプロパティ**の**ボーンコレクション**パネルから**2nd_etc**のソロ（星アイコン）のみを有効にします。**真上視点**（**テンキーの7キー**）から、3Dビューポート上で尻尾のボーンのみを選択します。回転の**Rキー**>**Zキー**（**ローカル軸**）から、腰のひねりに合わせて尻尾も回転します（数値は**-7**程度）。3Dビューポート上で**Kキー**から**位置・回転**をクリックしてキーフレームを挿入したら、3Dビューポート上でポーズをコピー（**Ctrl+Cキー**）し、**13**フレーム目に**X軸反転コピーを貼り付け**（**Shift＋Ctrl+Vキー**）します。

※作業が終わったら、コレクションのソロを無効にしましょう。

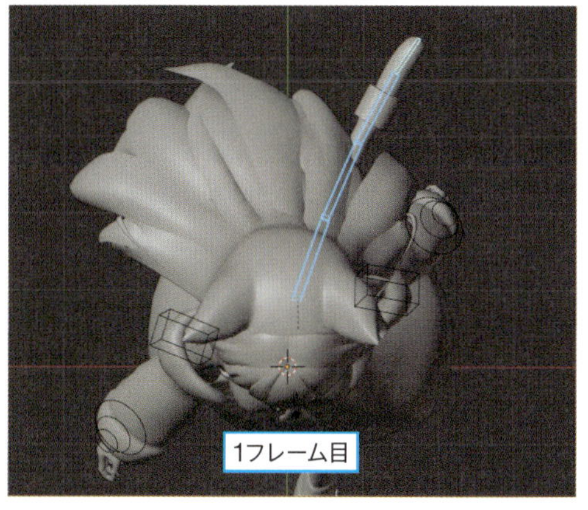


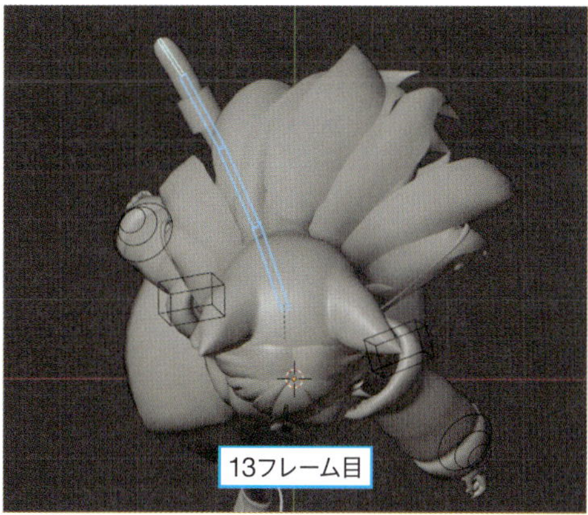


## 5-12 アニメーションをループさせせよう

動きが一通り完成したら、これまで制作したポーズをコピーして反転ペーストします。その後、「ノンリニアアニメーション」というエディターを使って、動きをループさせます。

### 01 Step ボーンを全選択

まずポーズをコピーして反転ペーストします。プロパティの**オブジェクトデータプロパティ**の**ボーンコレクション**パネルから**All**コレクション（すべてのボーンが表示されるコレクション）のソロのみを有効にし、3Dビューポート上で全選択の**Aキー**で全ボーンを選択します。次に、ドープシート上でも同様に**Aキー**を押して、すべてのキーフレームを選択します。この操作を行わないと、一部のキーフレームがコピーされず、反転ペーストが上手くいきません。

## 02 Step キーフレームをコピー＆反転ペースト

ドープシート上で右クリックして**コピー**（**Ctrl+Cキー**）を選びます。これで**1~13**フレームのキーフレームがすべてコピーされました。次に、反転ペーストを開始するフレームに移動する必要があります。中間のポーズとなる**13**フレーム目に移動し、再び右クリックから**反転して貼り付け**（**Shift＋Ctrl+Vキー**）を選びます。画面下のタイムラインにある**プレビュー範囲を使用**（**時計アイコン**）を無効にし、**Spaceキー**を押してアニメーションを再生し、動きに問題がないか確認します。もし問題が見つかったら、**1~13**フレームのキーフレームを調整し、再度そのフレーム間のキーフレームだけをコピーして反転ペーストします。

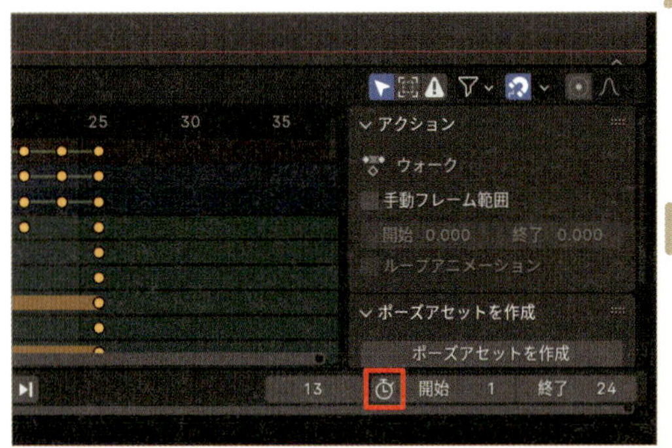

反転ペーストが上手くいかなかった時の対処法です。左側のチャンネルが開いていると、キーフレームがコピーできません。すべてのチャンネルを閉じた状態で、キーフレームをコピーしましょう。

## 03 Step ノンリニアアニメーションに変更

プロパティの**オブジェクトデータプロパティ**の**ボーンコレクション**パネルから**All**コレクションのソロを無効にしたら、次はアニメーションをループさせます。ループさせるには**ノンリニアアニメーション（略してNLA）**というエディターを使用する必要があるので、そちらに切り替えます。ドープシートの左上にあるエディタータイプをクリックし、メニュー内から**ノンリニアアニメーション**を選んで、このエディターに切り替えます。

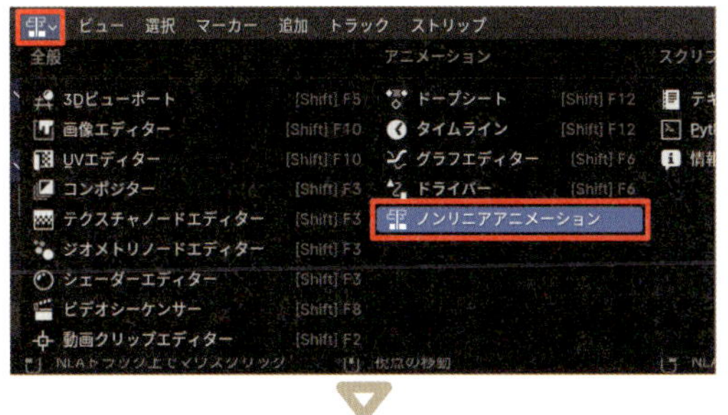

## 04 Step ストリップを作成

**ノンリニアアニメーション**は、アニメーションを**ストリップ**と呼ばれる帯状のブロックにまとめ、編集したり組み合わせてループさせたりすることができるエディターです。このエディターでは、ドープシートやグラフエディターのように個々のキーフレームを選択することはできません。主に歩きや走りなど、ループさせる必要のあるアニメーションを作成する際に使用されます。まず最初に、アニメーションを**ストリップ**化します。ノンリニアアニメーションエディターの左側に表示されているチャンネル内に四角いアイコンがあり、これは現在のアニメーションを**ストリップ**化する機能を持っているのでクリックします。すると、黄色い帯状のブロックが表示されます。これが**ストリップ**で、この中を編集していくのが主な使い方です。

## Column

### ノンリニアアニメーションで編集する方法

左上のエディタータイプから**ドープシート**に切り替えると、これまで挿入してきたキーフレームが消えます。これは、アニメーションを**ストリップ**に変換したため、アニメーションの編集がストリップ内でしか行えなくなったからです。ストリップ化したアニメーションの編集は、**ノンリニアアニメーション**エディターで行います。編集したいストリップを左クリックして選択し、右クリックを押すとメニューが表示されます。その中から**ストリップアクションの調整を開始（下位スタック）（Tabキー）**を選びます。この操作を実行すると、ストリップが緑色に変わり、上部にキーフレームが表示されます。この状態で、変形の調整が可能になります。また、この状態で**ドープシート**エディターに切り替えると、キーフレームが表示されるようになります。再びストリップを右クリックして**ストリップアクションの調整を終了（Tabキー）**を選ぶと、元の状態に戻ります。

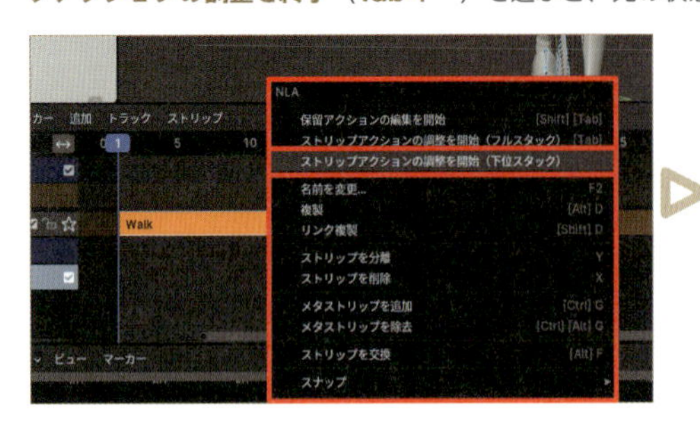


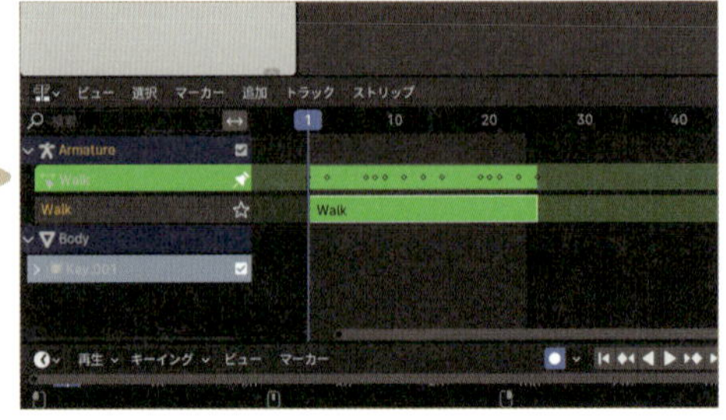


## 05 Step タイムラインの終了を設定

サンプルデータには、アニメーションが設定済みのレンダリング用のカメラ（**Finish_Camera**）があるので、このアニメーションに合わせて終了フレームを設定します。画面下のタイムラインの**終了**を**120**に設定します。

## 06 Step ストリップを複製

**ノンリニアアニメーション**内で**ストリップ**を複製します。ストリップを選択し、右クリックから**複製**をクリックします。複製すると、新たに左側に新規トラックが追加され、下にストリップが表示されます。

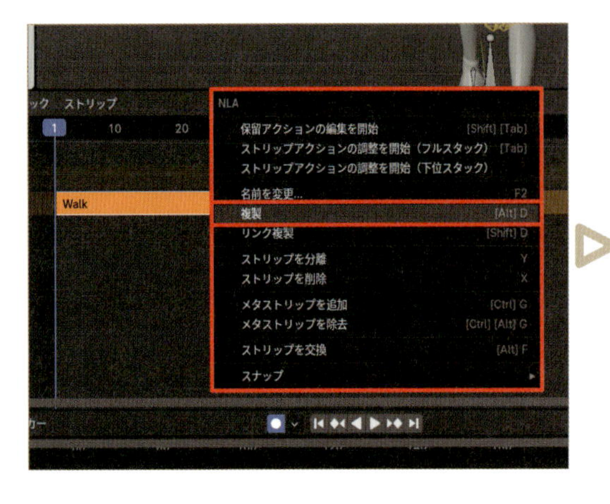


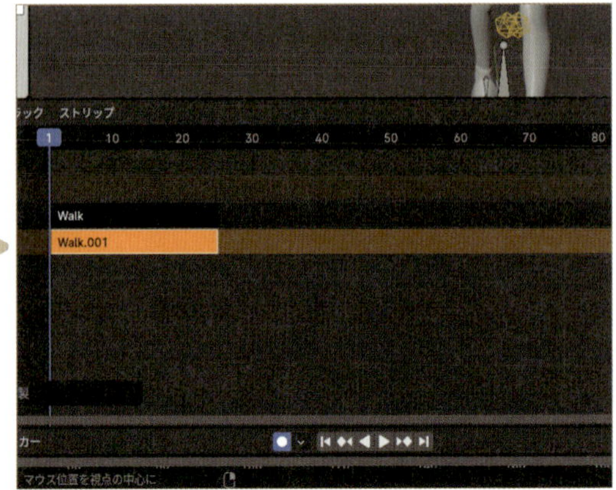

**Column**

### リンク複製について

リンク複製は、コピー元のストリップと共有された状態で複製する機能です。後でアニメーションの修正をしたいと思ったとき、コピー元のストリップを修正するだけでリンク複製されたストリップも同時に更新されます。本書では通常の複製で進めていますが、こちらも知っておくと作業効率が上がるでしょう。

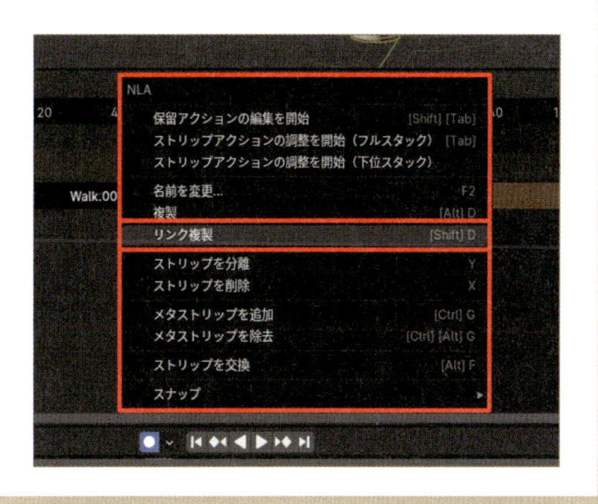


## 07 Step 複製したストリップを移動

複製したストリップを選択して左ドラッグ、あるいは移動の**Gキー**を実行すると、ストリップが紫色に変化します。これはストリップを移動させている最中の色です。この複製したストリップを複製元のストリップのお尻へと移動させます。これで歩きのアニメーションを1回だけループさせることができました。この複製を合計4回実行し、歩きが5回ループするアニメーションにします。

※余分なストリップを削除したい場合は、対象のストリップを選択し、右クリックから「削除(Xキー)」をクリックして下さい。

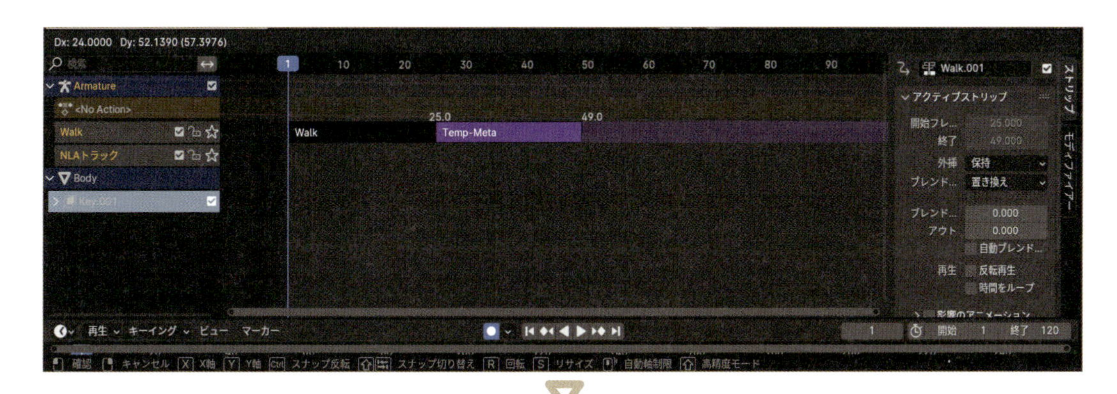


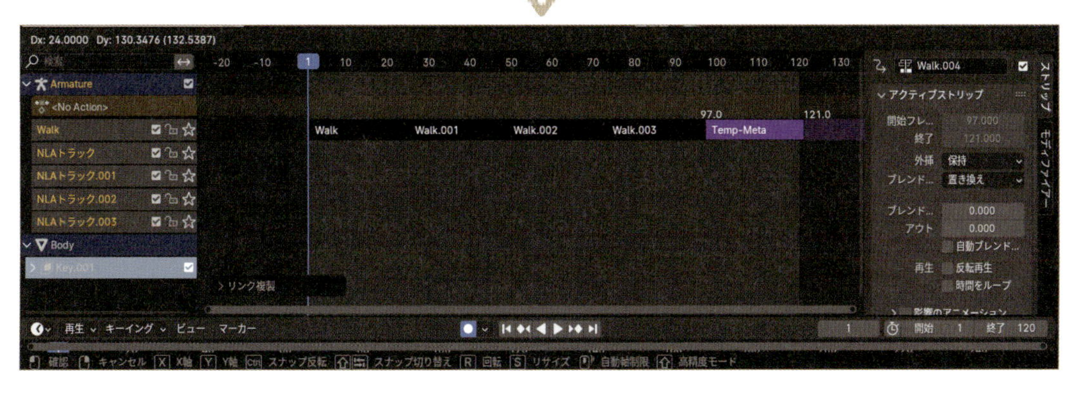

## 08 Step トラックを削除

ストリップを複製したことで、左側のチャンネルに新たにトラックが追加されました。このトラックを使用しないのであれば、トラックを選択し、ヘッダー内にある**トラック＞削除**を選んで削除しましょう。あるいは右クリックし、**トラックを削除**でも同様のことができます。間違えて歩きアニメーションをループさせているトラックを削除しないように注意して下さい。

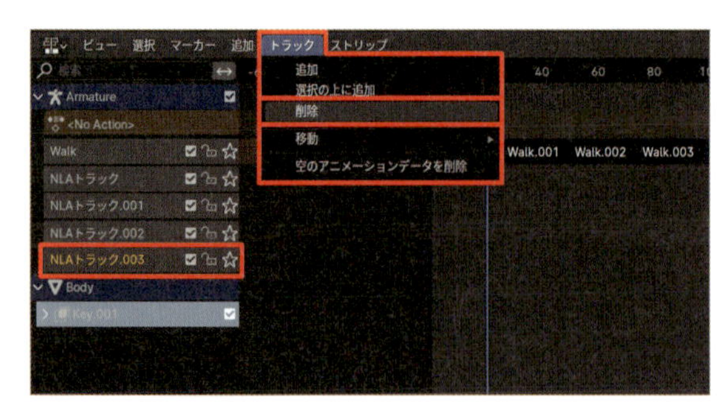


### Column

#### トラック内のアイコンについて

トラックの右側にあるチェックマークは、チャンネルをミュートするかどうかを決める機能です。ここを外すとアニメーションが再生されなくなります。また、錠前アイコンを有効にするとストリップの編集ができなくなります。もしアニメーションが再生されなかったり編集ができなくなったりしたら、ここを確認すると良いでしょう。

# 5-13 レンダリングをしよう

最後は様々な設定を行いつつ、動画を出力します。

## 01 Step カメラを有効

右上のアウトライナーから、レンダリング用のカメラ**Finish_Camera**の右側にある、緑色のカメラアイコンをクリックして有効にします（見づらい場合は、右側の目玉アイコンをクリックして表示しましょう）。ここを有効にしたカメラがレンダリング時に使用されます。

## 02 Step Lineコレクションを有効

続けて、**Line**コレクションのチェックマークを有効にし、キャラクターのアウトラインを表示します。

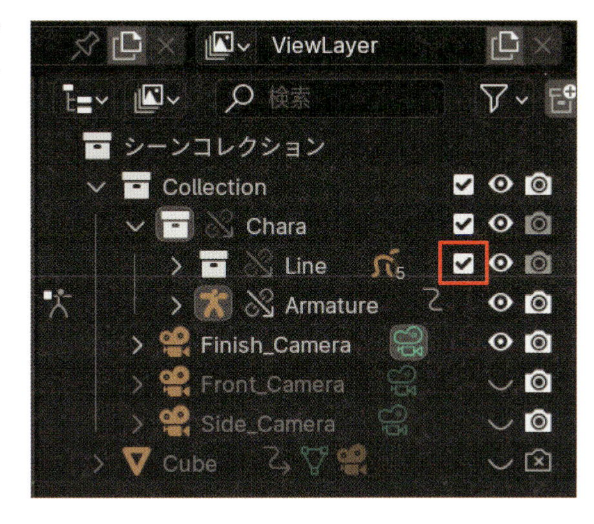


## 03 Step 出力プロパティの設定

右側のプロパティから**出力プロパティ**をクリックします。終了フレームが**120**であることを確認したら、**出力**パネルから出力先を指定します（ここでは、動画データ名を**Walk**にしています）。ファイルフォーマットを**FFmpeg動画**にし、エンコーディングパネルの右側にあるプリセットメニューから**H264（MP4内）**を指定します。

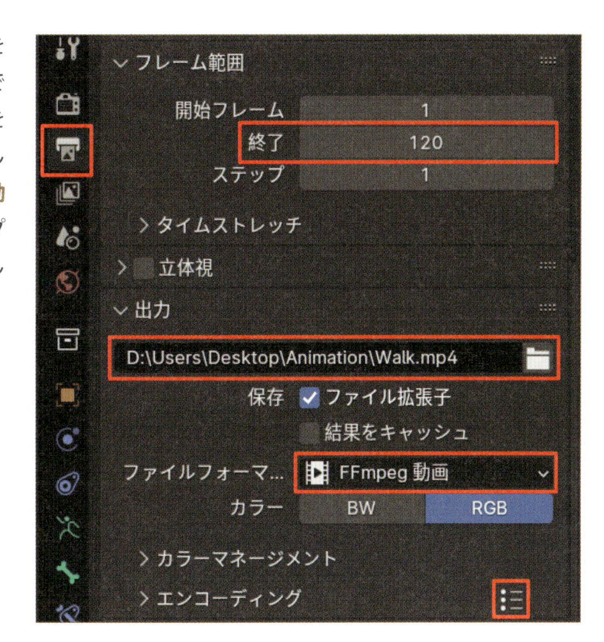


## 04 Step レンダリング

トップバーの**レンダー**＞**アニメーションレンダリング（Ctrl+F12キー）**を押して動画を出力します。**レンダー**＞**アニメーション表示（Ctrl+F11キー）**からアニメーションの確認がすぐにできます。以上で、歩きアニメーションの完成です。

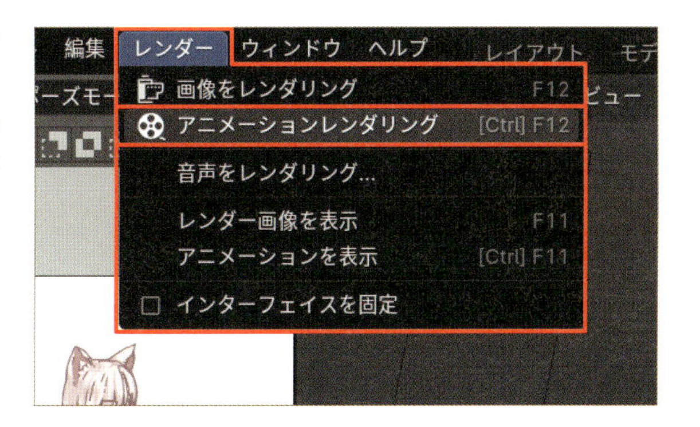

Column

### 走りについて

キャラクターの走りは、基本的に歩きと同じ手順で作ります。走りの動きは、**コンタクト**（力が入る前のポーズ）、**ダウン**（足に体重が乗っているポーズ）、**パッシング**（踏み込んだ足の方へ身体が傾くポーズ）、**アップ**（腰が一番高いポーズ）、**空中**（宙に浮いているポーズ）の5つのポーズで構成されます。歩きの時に作った4ポーズに、**空中**という5つ目のポーズが加わっています。走りには必ず両足が地面から離れる瞬間があり、ここが歩きと走りとの決定的な違いです。ちなみに腕を横に振ることで、所謂**乙女走り**と呼ばれる走り方を制作することができます。
※サンプルデータの**column**フォルダ内にある**Animation_Run.blend**、**Run.mp4**も併せて参照して下さい。

## 5-14 ショートカットまとめ

アニメーションを制作する際、最低限覚えておくことをおすすめするショートカットを掲載します。ショートカットは他にもありますが、特に使用頻度の高い操作のみ掲載します。

| Space | アニメーションの再生と停止 |
|---|---|
| Iキー | （3Dビューポート上で）キーフレームの挿入 |
| Kキー | （3Dビューポート上で）メニューからキーフレームの挿入 |
| Gキー | 選択したキーフレームを移動 |
| Xキー | 選択したキーフレームを削除 |
| Shift＋D | 選択したキーフレームを複製 |
| Ctrl+C | 選択したキーフレームをコピー |
| Ctrl+V | コピーしたキーフレームをペースト |
| Shift+Ctrl+V | コピーしたキーフレームを反転ペースト |
| Tキー | 補間モード |
| Home | 全体を表示 |
| Ctrl+Tab | ドープシート/グラフエディターへ切り替え |
| Alt+Gキー | （3Dビューポート上で）位置のキャンセル |
| Alt＋Rキー | （3Dビューポート上で）回転のキャンセル |
| Alt+Sキー | （3Dビューポート上で）拡縮のキャンセル |

5

Chapter

# カメラワークを学ぼう・<br>リグを生成しよう

このChapterでは、レイアウトの基本とカメラワークのポイントを解説します。

Chapter 5

1

# レイアウトについて

まず、カメラワークを作る上で重要なのは、構図を理解することです。これはレイアウトの基礎となる技術でもあります。レイアウトとは、画面の中のキャラクターや背景、小道具をどこに置き、どの角度や構図で見せるかを決めることです。アニメーションでは、レイアウトは見た目の美しさだけでなく、ストーリーの流れや意図を視聴者に分かりやすく伝える重要な役割を持っています。良いレイアウトとは、**何を見せたいか**が明確で、視聴者にとって分かりやすいものです。

## 1-1 カメラアングル

レイアウトを考える時、まず意識して欲しいのが**カメラアングル**です。画面の印象というのは、カメラの向きや角度によって大きく変わるためです。また、キャラクターの立場や力関係を表現するのにも役立ちます。ここでは、代表的なカメラアングルを四つ紹介します。

### アイレベル

キャラクターの目の高さにカメラを置くアングルです。私たちが普段から見慣れている視点なので、自然で親しみやすい印象を与えます。また、視聴者がその場にいるような臨場感を演出することもできます。

## ローアングル

カメラを下から上に向けて撮影するアングルで、**アオリ構図**とも呼ばれます。被写体を大きく見せる、迫力や威圧感を演出するなどの効果があります。

## ハイアングル

カメラを上から下に向けて撮影するアングルで、**フカン構図**とも呼ばれます。被写体を小さく見せることで、弱々しさや無力さを表現できます。また、キャラクターの周囲の状況を見せるのにも適しています。

### ダッチアングル

カメラを斜めに傾けて撮るアングルです。不安感や緊張感を与えたいときや、ダイナミックさを演出したいときに効果的です。

## 1-2 レンズの選択

レイアウトを決めるとき、もう一つ重要なのが**カメラのレンズ**です。レンズの種類によって画面の見え方が大きく変わるため、レンズの選択というのはアニメーション制作で欠かせない画作りのポイントです。レンズを変更するには、対象のカメラを**オブジェクトモード**で選択し、プロパティの**オブジェクトデータプロパティ**内にある**レンズ**パネルの、**焦点距離**の数値を調整します。

### 標準レンズ：50~70

人の目に近い見え方です。基本的には標準レンズを使って映像を制作するのがおすすめです。

## 広角レンズ：10〜40

広い範囲を映すことができるレンズです。標準レンズより多くのものを写せるので、広大な景色や部屋の中を撮影したいときなどにおすすめです。パース（遠近感）が強くなるため、迫力のあるシーンを作りたい時にも適しています。ただし、**キャラクターの顔が歪んで見えてしまうことがあるため、使う場面をしっかり考える必要があります**。

## 望遠レンズ：80〜300

遠くのものを大きく映せるレンズです。遠くにある物体を近くに見せたい時や、小さなものを目立たせたい時に役立ちます。望遠レンズは、**パースが弱くなる**という特徴があります。これは、遠くのものと近くのものの大きさの差が小さく見えるということです。そのため、画面全体が圧縮されたように見え、**平坦**な印象を与えます。この特徴はまた、キャラクターの顔をアップで映すのにも適しています(顔の形が歪みにくいため)。

## 1-3 避けた方が良いレイアウト

演出意図が分かりにくくなる代表的なレイアウトを紹介します。

### タンジェント

タンジェントという言葉には**接する**という意味があります。この概念は、キャラクターと背景が隣り合っているように見えたり、触れていないはずの二つのオブジェクトが、画面上で触れているように見えたりすることを指します。たとえば、キャラクターの輪郭線が、背景の線とぴったり接していると、キャラクターが背景に触れているように見えてしまいます。**こうしたタンジェントが起きると、視聴者が本来集中すべきポイントから注意を逸らされてしまう可能性があります**。これを避けるために、キャラクターと背景に隙間を作るなどして、分かりやすいレイアウトにするのが大事です。

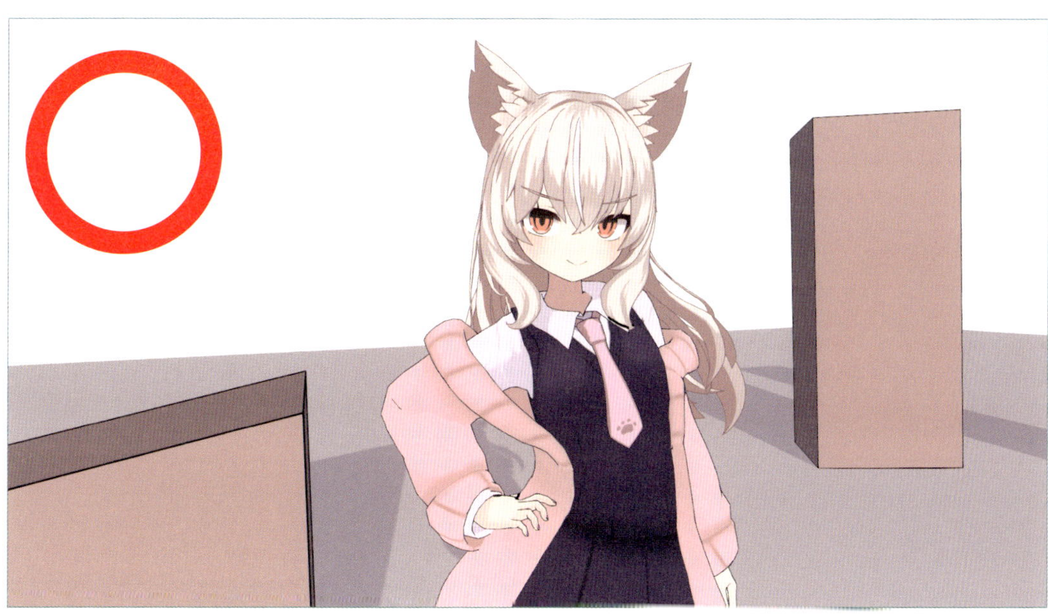

また、キャラクターや背景が、カメラのフレームに接している(タンジェントしている) 場面も注意が必要です。このような配置になると、カメラのフレームがあたかも3D空間の壁や天井のように見えてしまい、視聴者に不自然な印象を与える可能性があります。これを避けるために、**キャラクターをフレームの内側に余裕を持たせて配置することが重要です**。

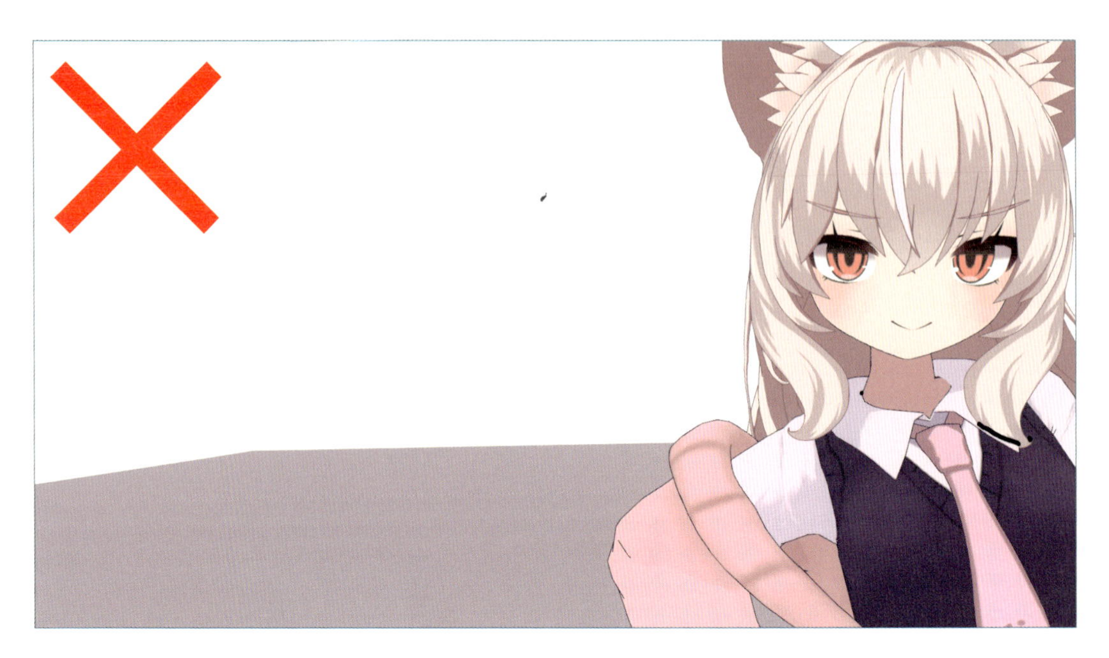

## イマジナリーライン越え

イマジナリーラインとは、キャラクターとキャラクターの間にラインを引き、キャラクターの立ち位置や方向性が混乱しないようにするための基準です。カメラの位置がこのラインを越えているカットをつないでしまうと、映像上で位置関係や進行方向が逆転して分かりにくくなることがあります。キャラクター同士の会話シーンや移動シーンなどは、原則このラインを越えないようにしましょう。ラインを越えたい場合は、間にキャラクターの**正面視点**のカットを入れたり、回り込むカットを入れたりすると良いでしょう。

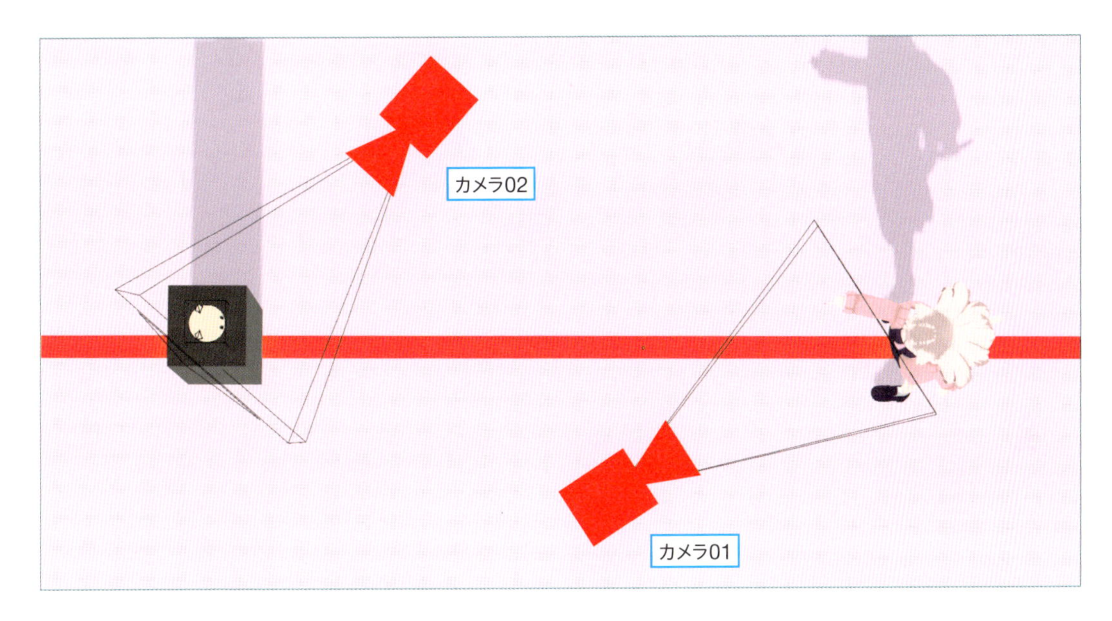

MEMO

この例は、イマジナリーラインを超えてしまっています。**カメラ01**から**カメラ02**へ切り替えると、キャラクター同士が向かい合っていることが伝わりにくくなっています。

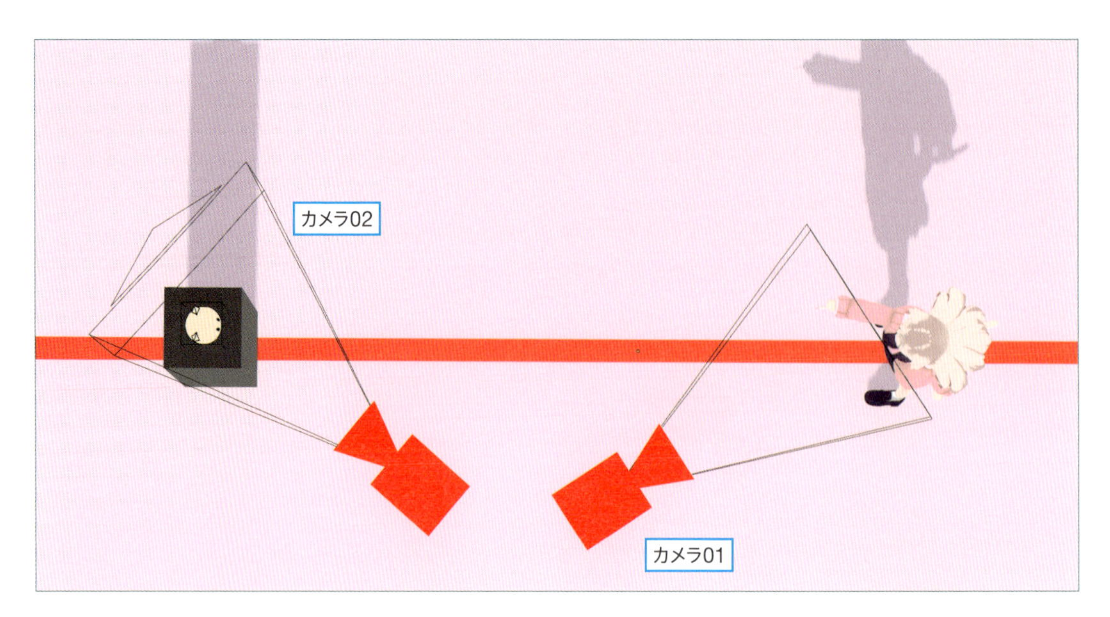

MEMO

この例では、イマジナリーラインを超えていません。**カメラ01**から**カメラ02**へ切り替えても、キャラクター同士が向かい合っていることが分かります。

**Column**

### イマジナリーラインを超えても大丈夫なケース

イマジナリーラインは、視聴者が混乱しないようにするためのルールです。しかし、演出上の明確な意図がある場合には、このルールを破ることが許されることもあります。重要なのは、視聴者がその演出意図を理解できるかどうかです。

Chapter 5

2

# ダンスアニメーションのカメラワークを決めよう！

レイアウトの基本を理解したら、カメラワークを考えていきましょう。カメラワークは、単にキャラクターの動きを追うだけでなく、視聴者に何を見せたいのか、どんな印象を与えたいのかを意識することが大事です。キャラクターの魅力を最大限に引き出すカメラの動きとカット割りを考えましょう。

## 2-1 ダンスアニメーションについて

ここでは、約7秒間のダンスアニメーションを例に**なぜ、このレイアウトにしたのか**を詳しく説明していきます。ただし、サンプルのカメラワークはあくまで一つの例です。**別のカメラワークの方が合いそう**と感じた場合は、自由にアレンジして楽しんで下さい

最初に、キャラクターがステージの中央で目を閉じたまま静かに立っています。

次に、目を開けて前に歩き出します。キャラクターが目を閉じた状態からパチッと開ける動きは、物語の始まりを強調します。

その後、身体をくるりと一回転させます。回転中に手を大きく広げて、動きに美しさと躍動感を加えています。

手でハート型を作ります。キャラクターが自分の魅力をこちらにアピールしている動きです。

最後に、画面全体に大きなハートのエフェクトが広がります。ハートに光のエフェクトを加えると、より華やかさが際立ちます。また、キャラクターの個性や感情を1つひとつの動きに込めることで、観る人を惹きつける魅力的なアニメーションに仕上げていきます。

## 2-2 最初のカメラ　～映像の冒頭でよく使われるショット～

映像がスタートするときの画面構図では、画面を遠くまで引いて全体を映す**ロングショット**と、その作品のテーマとなる何かを大きく映す**アップショット**の二つがよく使われます。**ロングショット**とは、遠くから全体を映すことで、キャラクターの立ち位置や周りの状況が分かるようにするショット（カメラが一度に撮影した映像）のことです。主にシーンの導入において、どんな場所かを伝えたいときなどに使われます。一方、**アップショット**とは、キャラクターの顔を大きく映す手法です。これを使うと、キャラクターの表情がよく見えるので、感情を強調したいときに役立ちます。また、何か重要なものを注目させたせたい時にも使います。このサンプル映像では、最初のカメラ（**Camera01**）を使って**ロングショット**で全体を映すところから始めます。

ロングショット

アップショット

## 01 Step サンプルデータを開く

まず、サンプルデータを開きます。サンプルデータは、**Blender4.1**用と**Blender4.3.2**用の2種類を用意しました。**Blender4.3**を使用している方は、**Blender4.3.2**用のデータで作業することをおすすめします(本書に掲載されている画面と少し違いますが、操作する上で問題はありません)。最新バージョンで**Blender4.1**用データを使うと、ライトやアウトラインが正しく表示されませんので注意して下さい。
フォルダの中にある**Animation_Dance.blend**をダブルクリックしてデータを開きます。

※このサンプルデータでは、画面下のタイムライン上にある**自動キー挿入**が有効なので、変形しただけでキーフレームが挿入されます。

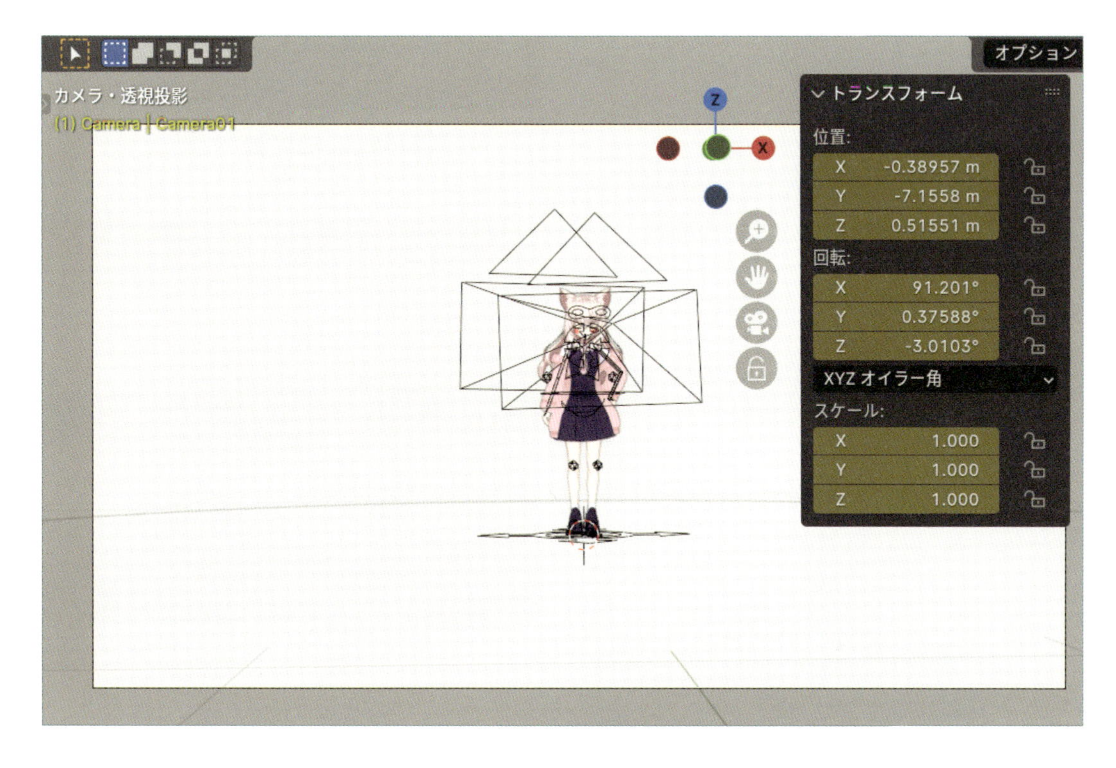


サンプルデータの中身を簡単に解説します。レンダリング用のカメラオブジェクトは、すべて右上のアウトライナーの**Camera**コレクションにまとめられています。カメラの数を増やしたい場合は、**オブジェクトモード**で**Shift＋Aキー**(**追加のショートカット**)を押し、メニューから**カメラ**を選択して追加します。削除の場合は、削除したいカメラを選択して**Xキー**を押します。

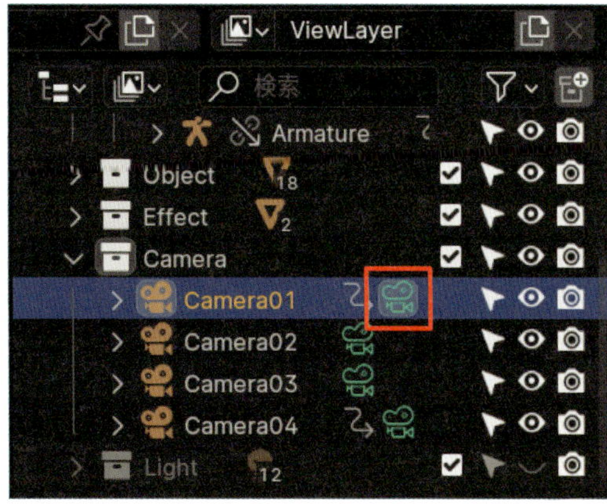

## 02 Step Camera01を選択

右上のアウトライナーから**Camera01**の右側にある、緑色のカメラアイコンをクリックします。この操作により、カメラ視点(**テンキーの0キー**)に切り替えた時に、このカメラの視点が有効になります。カメラを選ぶ時は、このアイコンをクリックする方法がおすすめです。

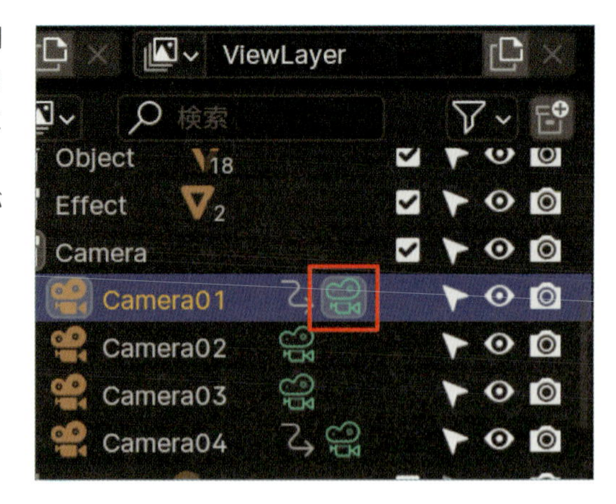


## 03 Step オブジェクトデータプロパティの設定

**オブジェクトモード**にいることを確認し、プロパティの**オブジェクトデータプロパティ**内にある**レンズ**パネルを開きます。**焦点距離**の数値が**50mm**に設定されていることを確認して下さい。キャラクターが舞台の上に立っていることを分かりやすく伝えるため、ここでは標準レンズにしています。

## 04 Step ビューのロック

カメラの位置を決めます。各カメラオブジェクトには、予めある程度のキーフレームが挿入されており、**Camera01**には**1**フレーム目にキーフレームが挿入されています。まずは、**1**フレーム目にいることを確認します。次に、**テンキーの0キー**でカメラ視点に切り替えます。そして3Dビューポートの右上にある錠前アイコン(**ビューのロック**)を有効にします。これにより、視点を動かすことでカメラを直接移動することができます。本書では、デフォルトの位置のまま作業を進めますので、視点の確認が終わったら**Ctrl+Zキー**でカメラの位置を元に戻しましょう。ただし、マウスホイールを上下に動かすことによるズームイン・アウトは**Ctrl+Zキー**が効かないので、その場合は中ボタンドラッグ(視点の回転)など他の操作をしてから**Ctrl+Zキー**を押すと、視点の操作を元に戻すことができます。

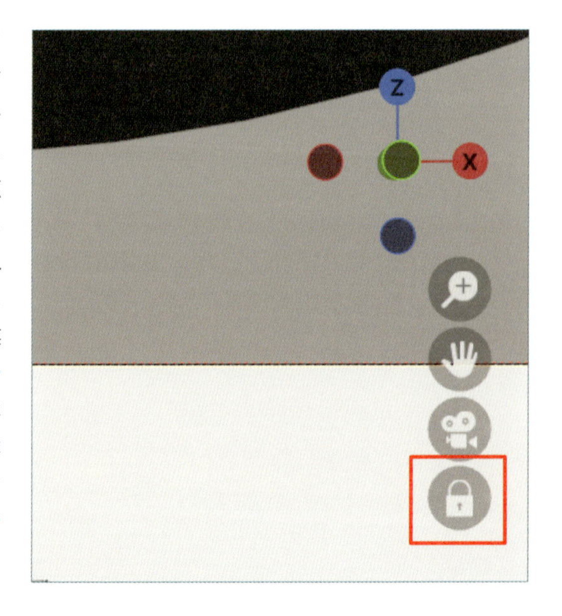

**Column**

### 視点の操作ができなくなった時は

カメラを選択した状態で、カメラ視点から元の視点に戻した際に、視点操作ができなくなることがあります。これは**プリファレンス**の設定で、**選択部分を中心に回転**を有効にしたことで、視点がカメラを中心に回ってしまっているのが原因です。この場合は、**Homeキー**を押して全体を表示、あるいはアウトライナーからオブジェクトを選択し、**ビュー**>**選択をフレームイン**を選ぶことで、視点を戻すことが可能です。

## 05 Step 31フレーム目にキーフレームを挿入

次に、カメラにアニメーションをつけてみましょう。カメラが徐々にキャラクターに近づく動きを作ることで、広い場面からキャラクターに視点が移り、感情移入しやすくなります。**31**フレーム目に移動し、カメラ視点(**テンキーの0キー**)の状態で、移動の**Gキー**>**Zキー**(**ローカル**)でキャラクターに近づきましょう。サイドバー(**Nキー**)の位置Yが**-6.5**程度であれば問題ありません。

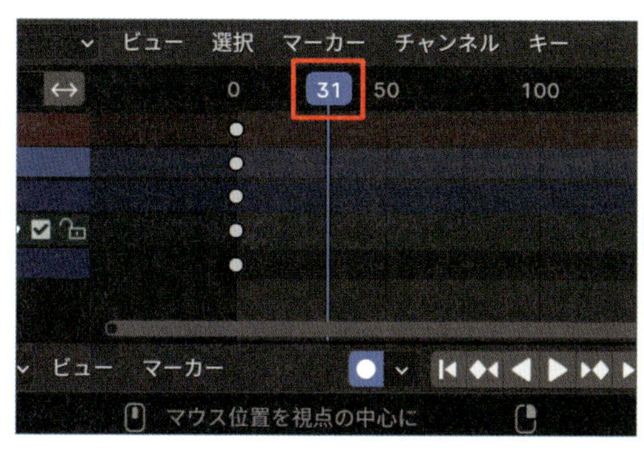


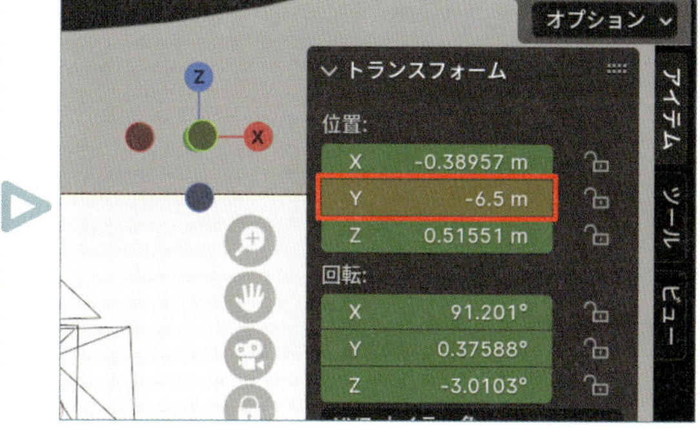


サンプルデータのカメラは、予めキーフレーム間の補間を**リニア**(等速で動くようにすること)にしています。**リニア**か**一定**に設定すると、キーフレーム間に緑色の線が表示されます。ここでのズームインでは、動きの緩急は必要ないので**リニア**に設定しています。もしキーフレームの補間を変えたいと思ったら、キーフレームを複数選択し、キーフレーム補間のショートカットの**Tキー**から設定を変えることができます(デフォルトは**ベジェ**で、スタートは次第に早くなり、終わりはゆっくり停止する補間方法)。

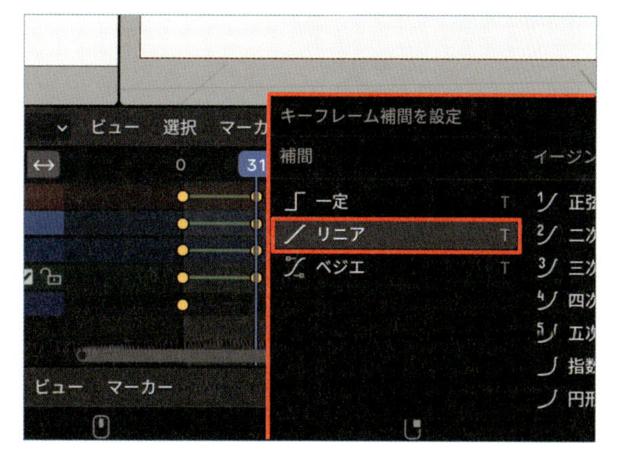


**Column**

### 焦点距離でズームするか、カメラを動かしてズームするか

ズームイン・アウトには、焦点距離を変える方法と、カメラ自体を動かす方法の二種類あります。アニメーションを制作する際は、何か明確な演出意図がない限り、カメラを動かしてズームする方法を使うのがおすすめです。焦点距離で変える方法だと、背景の見え方が変わりやすく、上手く使わないと映像がごちゃごちゃして、視聴者を混乱させる恐れがあるからです。

## 2-3 二番目のカメラ　～カットを分ける際のコツ～

次は二番目のカメラ（**Camera02**）に切り替えて、カットを分けてみましょう。この時重要なのは、**前のカットのレイアウトから、大きく変化させること**ことです。カットが切り替わっても画面の構図や内容がほとんど変わらないと、映像が単調に感じられます。また、その場合、わざわざカットを切り替える必要性が薄れてしまいます。サンプルデータでは一カット目で**正面視点のロングショット**を使いましたが、次のカットで**ほんの少し角度を変えた、正面視点のロングショット**にしてしまうと、変化が少なく見栄えがしません。この場合、カットを分けずにカメラを回して一つのカットでつなげた方が効果的です。もちろん、特別な演出意図があればこの限りではありませんが、特に理由がない場合は、変化が少ないカット割りは避けましょう。ここでは、二つ目のカットはキャラクターのバストショット（キャラクターの胸から上を映すショット）を撮ります。

NG例です。前のレイアウトから大きな変化がないと、映像が一瞬ズレたような印象を与えてしまいます。何か明確な狙いがない限り、このカット割りは避けることをおすすめします。

このように、カットを割る際は、前のカットよりもレイアウトを大きく変化させると良いでしょう。

## 01 カメラをマーカーにバインド

Step

カメラを切り替えるには、**マーカー**という印を、ドープシートに追加する必要があります。まず、右上にあるアウトライナーで**Camera01**が選択されていることを確認します。オブジェクト名がオレンジ色になっていれば選択されている状態です。次に、**1**フレーム目にいることを確認して下さい。その後、ドープシートのヘッダーにある**マーカー**をクリックし、表示される選択肢の中から**カメラをマーカーにバインド**(**Ctrl+Bキー**)を選択します。これでカメラがマーカーに紐づけられ、切り替えることができるようになります。

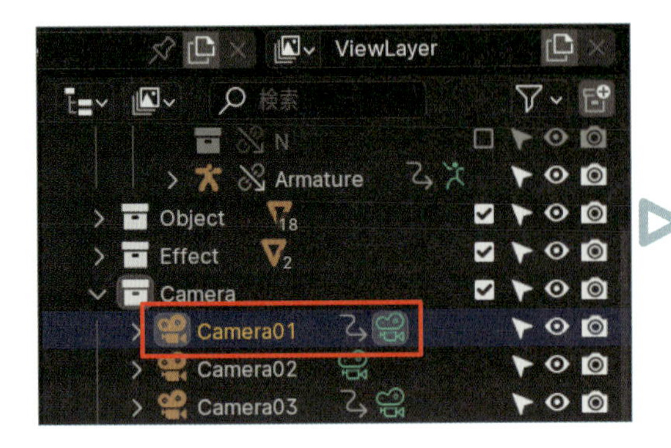


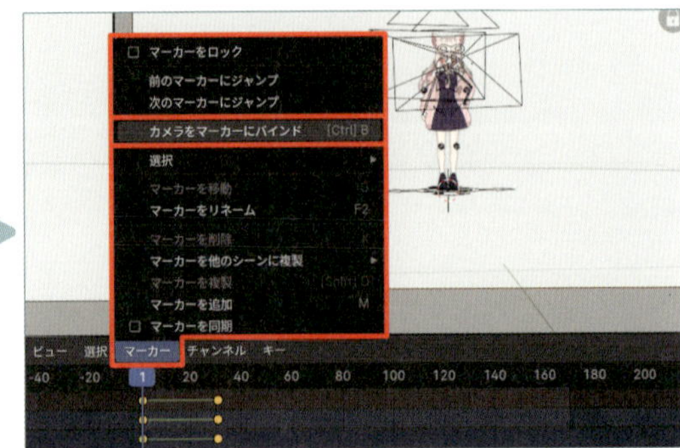


**1**フレーム目の下にマーカーが追加されていることを確認しましょう。マーカーは他のボーンやオブジェクトを選択しても、ずっと下に表示され続けます。マーカーを選択した状態で左ドラッグ、あるいは**Gキー**で、マーカーの移動ができます。また、**Xキー**でマーカーの削除ができます。

## 02 30フレーム目に移動

Step

次はカメラを切り替えるために、**30**フレーム目に移動します。

## 03 Camera02に変更

Step

アウトライナーから**Camera02**の右側にある、緑色のカメラアイコンを選択します。この時、フレーム移動を行うと、**Camera01**の視点に戻ってしまいますので注意して下さい(**Camera01**のマーカーを追加したため)。**Camera01**と同様に、このカメラにもキーフレームが設定されています。 Next Page

デフォルト設定では、**Camera01**がロングショットで全体を撮影しているのに対して、**Camera02**はキャラクターに近づいて上半身を撮影する構図になっています。このように、前のカットと次のカットでレイアウトに大きな変化を付けることで、映像にメリハリが生まれます。また、**Camera02**は**三分割法**という手法を用いてキャラクターと背景を配置しています。

## Column

### 三分割法とは何か

三分割法とは、画面を縦横に三分割し、そのラインや交点に見せたいものを配置するという、よく使われる構図の手法です。線と線が交わる交点は、視聴者の視線が集まりやすいといわれているため、ここに注目させたいものを置くと効果的です。便利なことにBlenderでは三分割の線を表示することができます。こちらに関しては後ほど解説します。

## 04 Step カメラをマーカーにバインド

**Camera02**にマーカーを追加しましょう。**30**フレーム目にいることを確認し、ドープシートのヘッダーにある**マーカー**をクリックします。次にメニュー内にある**カメラをマーカーにバインド**(**Ctrl+Bキー**)を選択します。これでカメラを切り替えることができます。

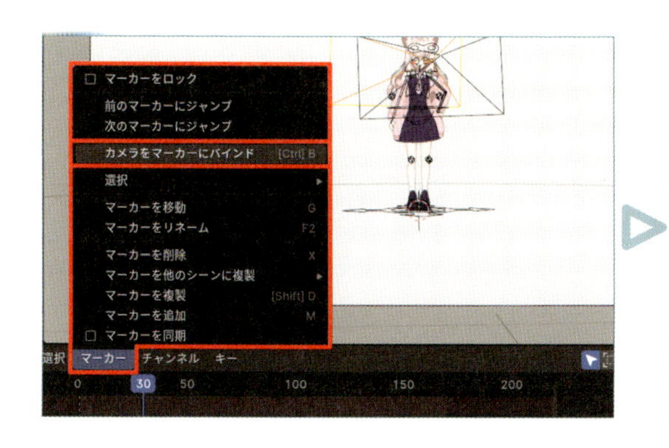

## 2-4 三番目のカメラ　～視聴者の視線を誘導する～

ここでは、三分割法を使って視聴者の視線を自然に誘導します。最初に、キャラクターを画面の左側(三分割の左の線上)に配置します。これは、視線が集まりやすい位置にキャラクターを置くことで、視聴者がどこに注目すればいいのかを明確にするためです。次に、キャラクターが前に歩いて画面の中央に向かうことで、視聴者の視線を中央に集めます。その後、キャラクターがぐるっと一回転する動きの最中に、次のカメラ(四番目のカメラ)に切り替えます(こちらの切り替えは、次の工程で解説します)。四番目のカメラでは、キャラクターが一回転した後にポーズを取る重要なシーンなので、このカットにスムーズにつながるように、視聴者の視線を中央に集める必要があります。このように、カメラワークを制作する際は、常に視聴者の目の導線を意識しましょう。

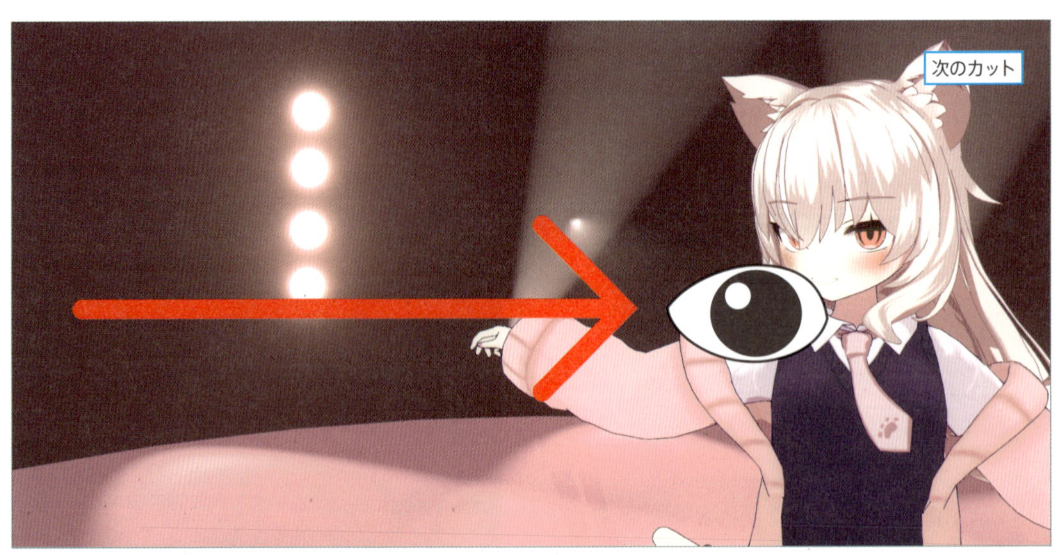


NG例です。前のカットでキャラクターが画面の左端にいて、次のカットでは右端に移動している場合、視聴者は左端から右端へ視線を移動させなければなりません。特別な意図があってこのようにしているなら問題ありませんが、特に理由がない場合、視聴者に余計なストレスを与えてしまうことがあります。

OK例です。前のカットでは、キャラクターがカメラ中央で一回転しています。次のカットでは、レイアウトに変化を加えつつ、回転しているキャラクターを再び中央に配置しています。こうすることで、視聴者の視線が自然と中央に集中し、大きく視線を移動させる必要がなくなるため、視聴者にストレスを感じさせません。視線の導線は、NG例のように急激に飛ばないようにするのがポイントです。また、キャラクターの動きを利用して二つのカットをスムーズにつなげる手法を**アクションつなぎ**と呼びます。

### 01 Step 63フレーム目に移動

まずはドープシートから、カットが切り替わる**63**フレーム目に移動します。

## 02 Step Camera03に変更

次に、アウトライナーから**Camera03**の右側にある緑色のカメラアイコンをクリックし、このカメラの視点に切り替えます。この時、フレーム移動を行うと、**Camera02**の視点に戻ってしまいますので注意して下さい(**Camera02**のマーカーを追加したため)。

## 03 Step カメラをマーカーにバインド

ドープシートのヘッダーにある**マーカー**から**カメラをマーカーにバインド**(**Ctrl+Bキー**)を選択します。ドープシートの下に、**Camera03**というマーカーが追加されていることを確認しましょう。

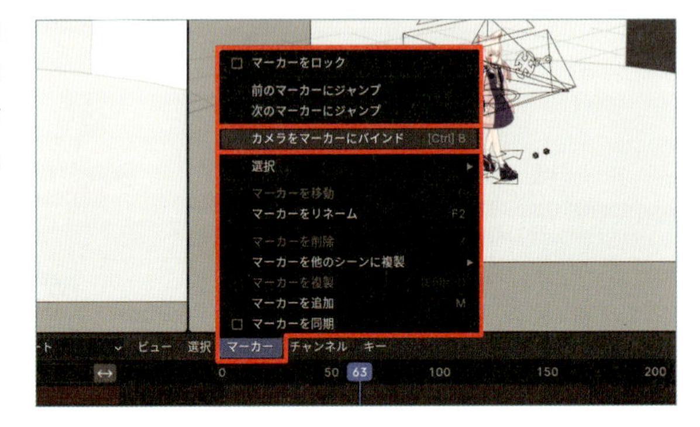


## 04 Step オブジェクトデータプロパティを表示

次は、キャラクターの配置やカメラの動きを決める際に基準となる**三分割線**を表示します。**Camera03**の**オブジェクトデータプロパティ**をクリックし、**ビューポート表示**パネル内をクリックします。このメニューは、カメラオブジェクトの大きさ(**サイズ**から調整可能)や、カメラの外枠の表示方法(**外枠**を有効にして、数値を調整)などを決めることができる項目です。

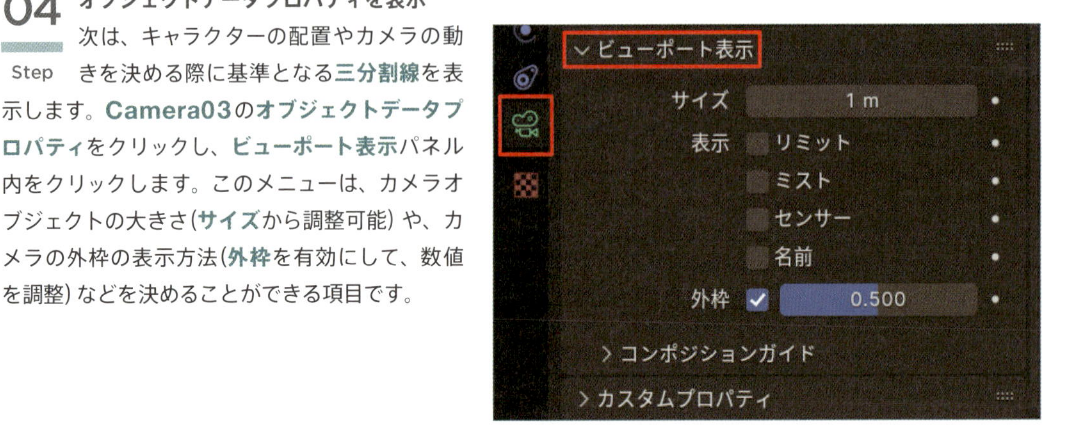

## 05 Step 三分割を有効

このパネル内にある**コンポジションガイド**をクリックすると、カメラに線を表示する項目が複数表示されるので、この中にある**三分割**を有効にします。

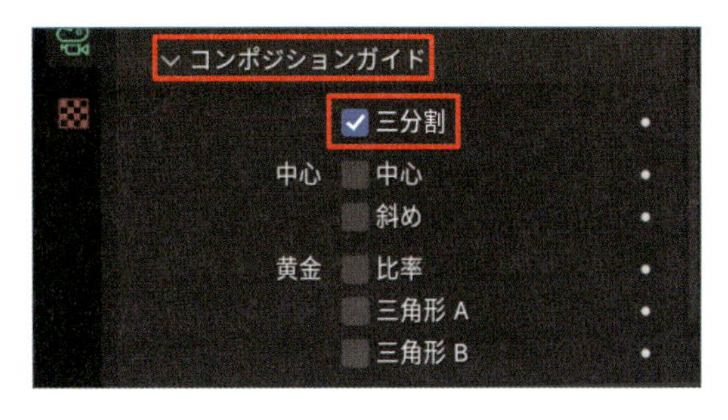


**Camera03**に三分割が表示されました。サンプルデータでは、予め線と線が交差する点にキャラクターが配置されています。レイアウトに迷ったときは、この三分割を参考にすると良いでしょう。ちなみに**Camera03**のレイアウトの意図は、キャラクターがスポットライトを浴びているステージ全体の状態を見せることにあります。また、ステージの中央でキャラクターが一回転する様子を視聴者に分かりやすく伝えるために、カメラをハイアングルにしています。

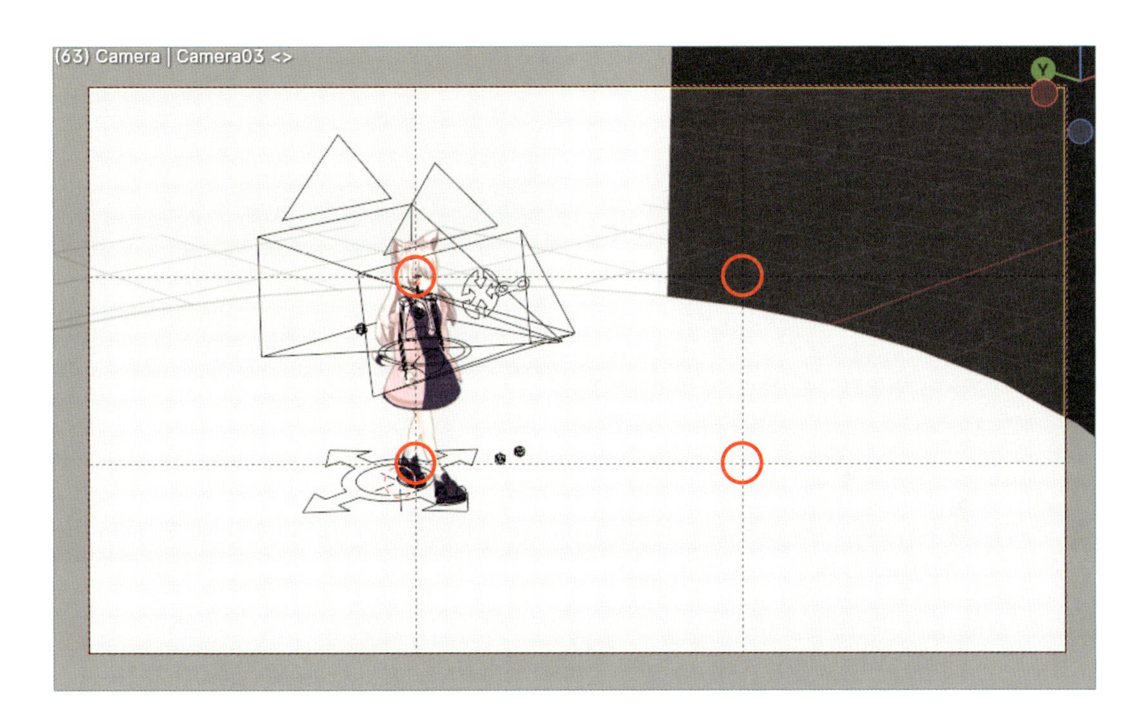


## 06 Step 63フレーム目にキーフレームを挿入

カメラが止まっていると躍動感が薄れるので、キーフレームを挿入してカメラを動かしましょう。**Camera03**が選択されていること、**63**フレーム目にいることを確認したら、3Dビューポート上で**Iキー**（キーフレームを、メニューの表示なしで素早く挿入するショートカット）を押してキーフレームを挿入します。ここでキーフレームを挿入しないと、次のステップで数値入力をする際に（あるいはカメラを動かす際）自動でキーフレームが挿入されないので注意しましょう。

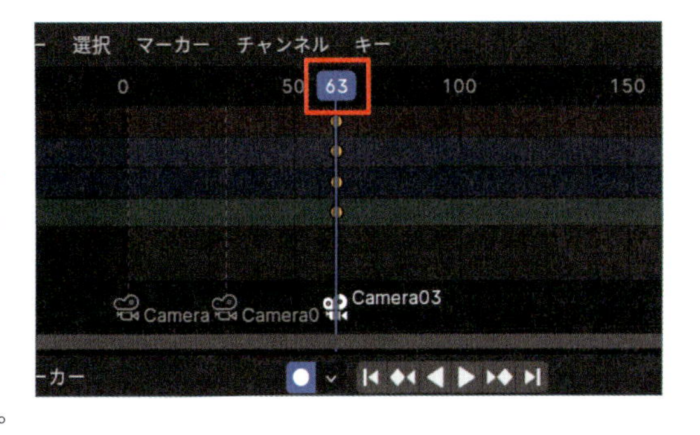

## 07 Step 103フレーム目にキーフレームを挿入

103フレーム目に移動したら、サイドバー（Nキー）を表示します。位置Xに-2.18位置Yに-5.3、位置Zに2.2と入力します。続けて回転Xに72、回転Yに0.5、回転Zに-27と入力します。この数値調整により、カメラがゆっくりと回転しながら、キャラクターに近づくようになります。もし、数値入力ではなく感覚を掴みたい場合は、ビューをロック(3Dビューポートの右側にある、カメラ視点にした際に出てくる錠前アイコン)を有効にした上で、カメラがキャラクターに少しずつ近づくように動きを調整してみましょう。

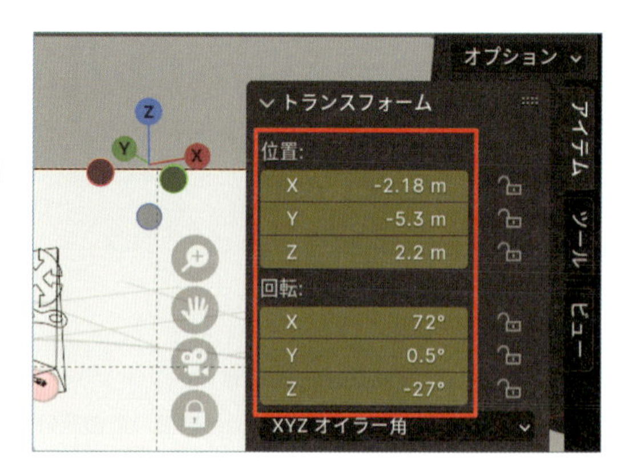


## 08 Step キーフレームを補間

63と103フレーム目に挿入されたキーフレームを左ドラッグで複数選択します。Tキー（キーフレーム補間のショートカット）を押して、リニアを選択し、カメラの動きを等速にします。カメラの動きの補間方法を選ぶ際、ベジェかリニアのどちらを使用するかは、演出の目的によって変わります。ベジェは緩やかに加速し、次第に減速するという緩急のある動きになるので、アクションシーンやドラマチックなシーン、キャラクターの感情を強調するシーンなどに使用すると効果的です。リニアは動きが等速になるので、落ち着いたシーン、視聴者にキャラクターの動きそのものに集中してもらいたいシーンなどに使用すると効果的です。

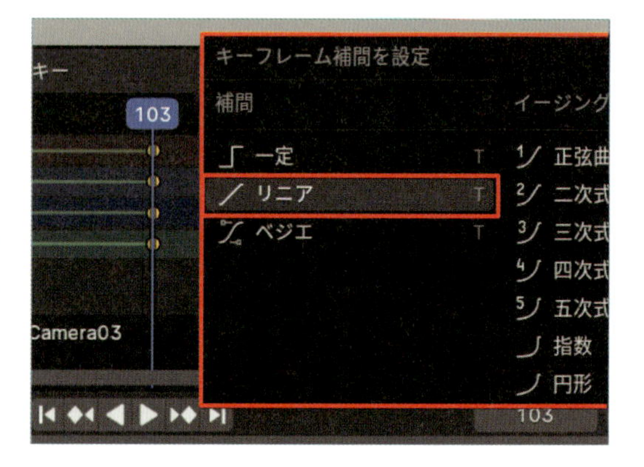


# 2-5 最後のカメラ　～仕上げ～

最後のカメラ(Camera04）について説明します。最初、カメラはキャラクターからゆっくりと遠ざかります。次に、キャラクターがハート型のポーズを取るタイミングで、カメラが一気に引いていき、画面いっぱいにハートのエフェクトが表示されます。このカメラの動きは、ハートのインパクトを視聴者に強く印象付けることが狙いです。複雑なカメラワークのため、キーフレームは予め設定しています。

## 01 Step 104フレーム目に移動

ドープシートから、カットが切り替わる104フレーム目に移動します。

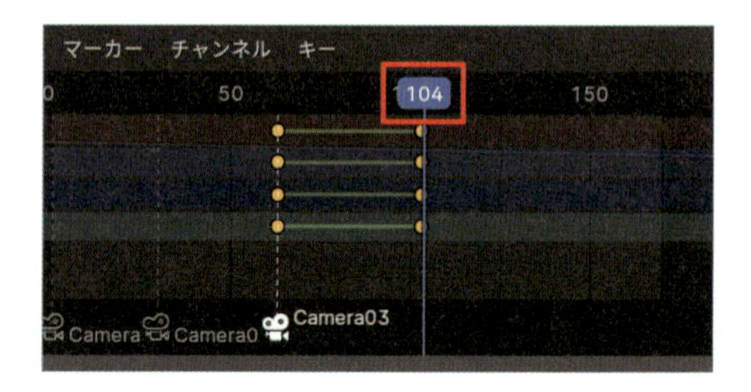

## 02 Step Camera04に変更

アウトライナーから**Camera04**の右側にある緑色のカメラアイコンをクリックします。

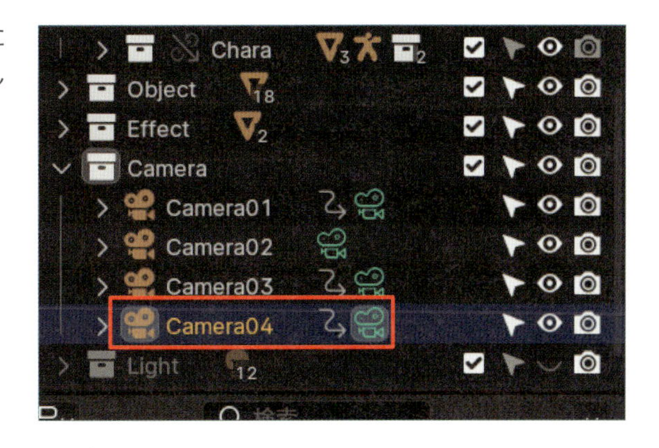


## 03 Step カメラをマーカーにバインド

ドープシートのヘッダーにある**マーカー**から**カメラをマーカーにバインド**(**Ctrl+Bキー**)を選択します。ドープシートの下に、**Camera04**というマーカーが追加されていることを確認しましょう。

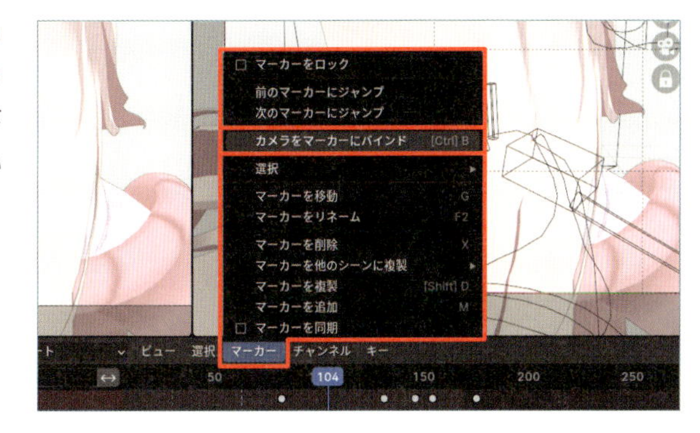


## 04 Step 焦点距離を確認

**Camera04**の設定について解説をします。キーフレームを確認すると、**82**フレーム目にキーフレームが挿入されています。カットを切り替える前からキーフレームを打つことで、カメラの動きが途切れず滑らかにつながります。

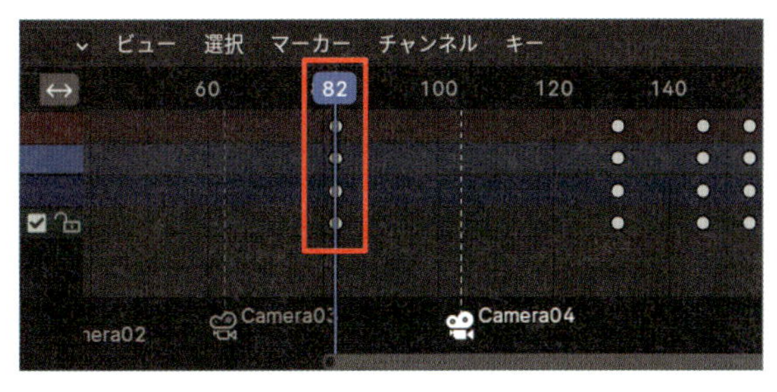


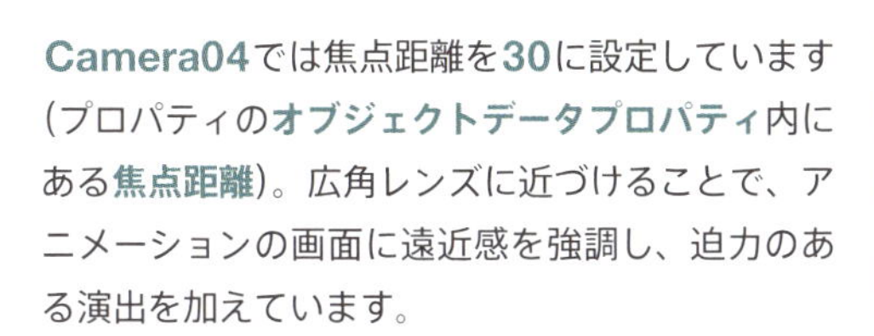

**Camera04**では焦点距離を**30**に設定しています(プロパティの**オブジェクトデータプロパティ**内にある**焦点距離**)。広角レンズに近づけることで、アニメーションの画面に遠近感を強調し、迫力のある演出を加えています。

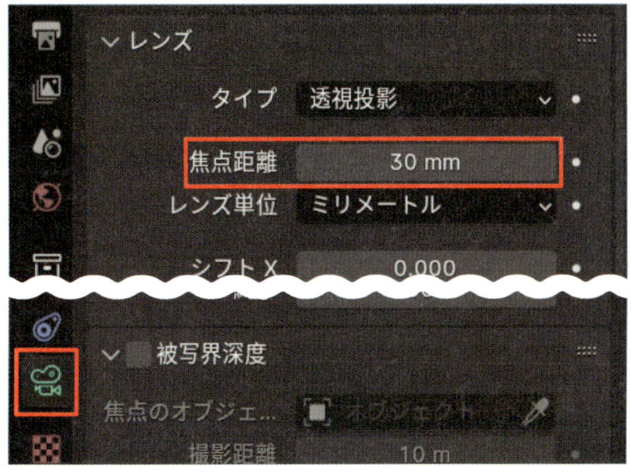

## 05 Step Lineコレクションを有効

確認が終わったら、最後に動画をレンダリングしましょう。まずは、右上にあるアウトライナーから、**Line**コレクションの**ビューポートから除外**を有効にしてアウトラインを表示します。

## 06 Step 出力プロパティの設定

プロパティの**出力プロパティ**をクリックします。**出力**パネル内の**出力パス先**から保存先を指定します。ファイルフォーマットを**FFmpeg動画**に指定し、**エンコーディング**パネルの右側にあるアイコンから**H264（MP4内）**を選択します。

## 07 Step アニメーションをレンダリング

トップバーにある**レンダー**＞**アニメーションをレンダリング**(**Ctrl+F12キー**)をクリックします。以上がダンスアニメーションのカメラワークの解説です。ちなみに、カメラワークを考える際には、先に絵コンテ(アニメを作るときに、レイアウトやキャラクターの動きなどを決める設計図）を作成することで、作品の流れを整理しやすくなります。興味がある方は調べてみて下さい。

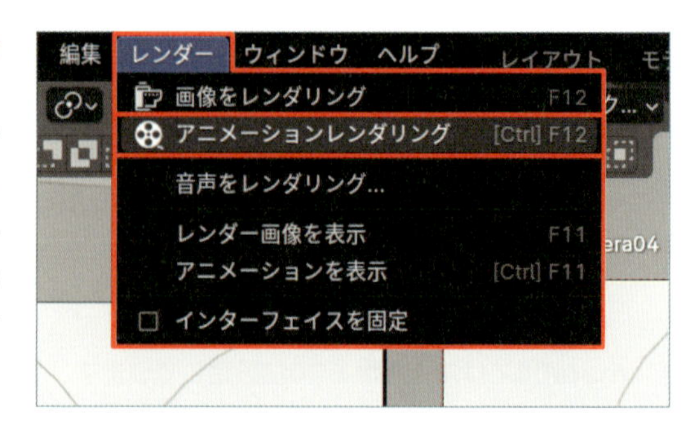

Column

### 被写界深度について

被写界深度とは、カメラの専門用語で**ピントが合って見える範囲の奥行き**のことです。Blenderでは、カメラに被写界深度を設定することができます。まず対象のカメラを選択し、右側の**オブジェクトデータプロパティ**をクリックします。次に、**被写界深度**パネルの左側にあるチェックボタンをクリックすると、そのカメラで被写界深度が有効になります。ピントを合わせたいオブジェクトを設定するには、**焦点のオブジェクト**の横にあるスポイトアイコンから、対象のオブジェクトを選択しましょう。**絞り**パネル内にある**F値**（**絞り値**）の数値を小さくすると、ピントが合う範囲が狭くなり、ボケ具合が強くなります。他にも設定はありますが、まずは**F値**から調整すると良いでしょう。

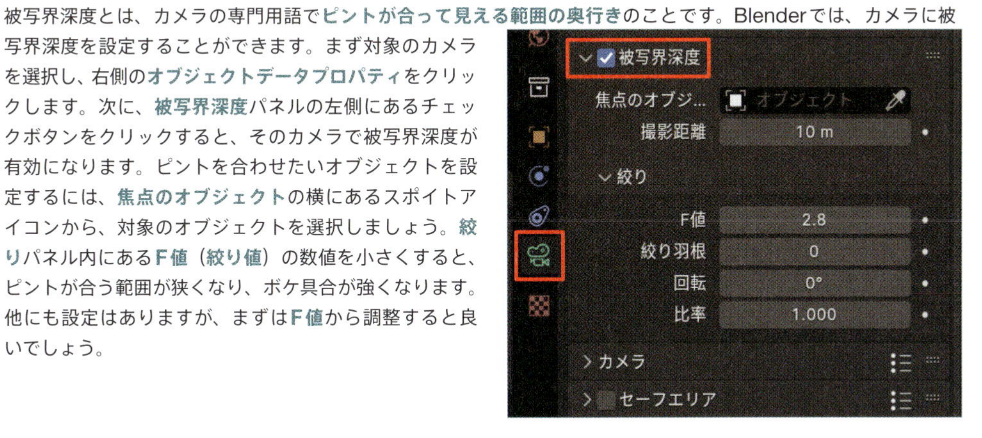

**焦点のオブジェクト**をキャラクターの**body**にし、**F値**を**0.2**にした場合の画像です。

また、Blender4.2以降からは、**撮影距離**（焦点を当てるオブジェクトが選択されていない場合の、焦点までの距離で、ボケ具合を調整できます）の右側にスポイトが追加されました。このスポイトを使用することで、簡単にそのオブジェクトまでの焦点距離を設定できます。

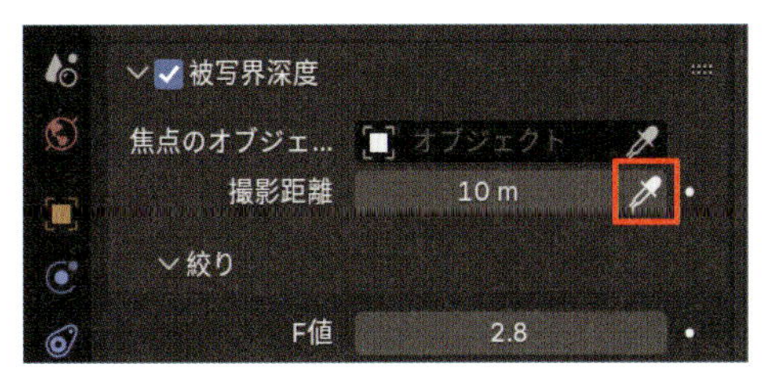

**Column**

## **簡略化**について

各オブジェクトに、**サブディビジョンサーフェス**（**形を滑らかにする機能**）というモディファイアー（非破壊の変形）が沢山あると、画面の動きが重くなることがあります。その場合、**簡略化**という機能を使うと便利です。画面右側のプロパティの**レンダープロパティ**をクリックし、**簡略化**というパネルを見つけて下さい。そこにチェックマークを入れるだけで簡略化することができます。次に、**最大細分化数**という設定があります。これは、サブディビジョンサーフェスをどれくらい細かく分割するかを調整する部分です。**ビューポート**パネルは作業時の画面の設定で、**レンダー**パネルはレンダリング時の設定です。基本的に**ビューポート**パネルの最大細分化は**0**にし、**レンダー**パネルの分割数は最大にしておくと良いでしょう。

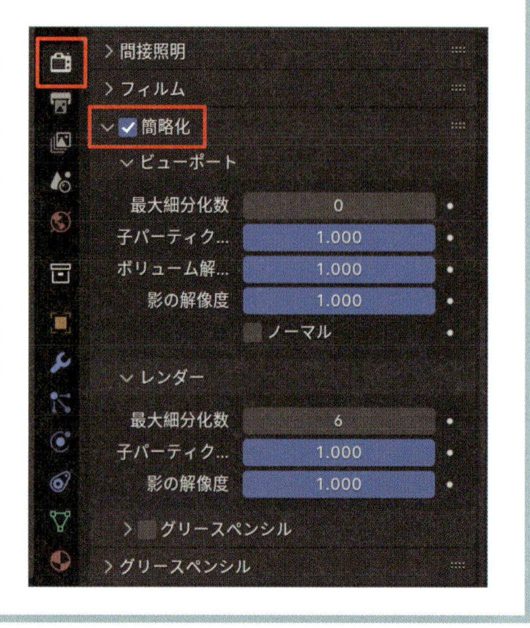


**Column**

## 「シーン」と「ビューレイヤー」について

3Dビューポート上の空間は**シーン**と呼ばれます。**シーン**は3Dビューポートの右上から作成や複製が可能で、それぞれ独立して作業を進めることができます。たとえば、レンダリングする際に必要なオブジェクトだけを新しいシーンにまとめることで、レンダリング時間の節約になります。左の**リンクするシーンを閲覧**から、作成したシーンに切り替えることができます。また、右側のアイコン**新規シーン**をクリックすると、以下のメニューが表示されますので、ここから設定を決めましょう。

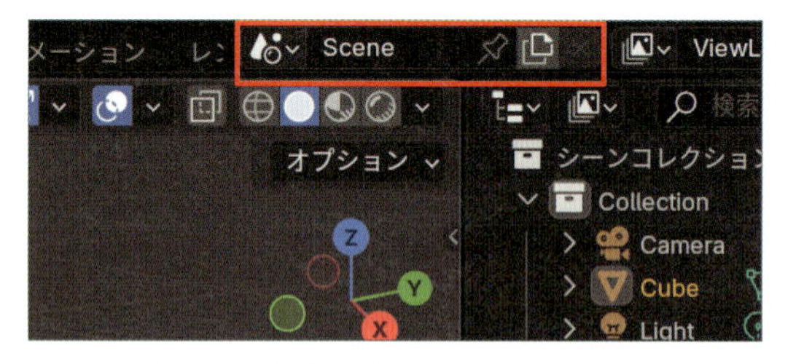


| | |
|---|---|
| 新規 | 何もない空のシーンを作成します。 |
| 設定をコピー | レンダリング設定を引き継いだ空のシーンを作成します。 |
| リンクコピー | シーンをコピーしますが、オブジェクトはリンクされており、どちらかを編集するともう一方にも反映されます。 |
| フルコピー | シーンを完全にコピーします。リンクコピーと違って、こちらはそれぞれ独立しています。 |

**シーン**の右側にある**ビューレイヤー**機能は、オブジェクトやコレクションの表示/非表示や選択の切り替えを一括で行える便利な機能です。右側のアイコン**ビューレイヤーを追加**をクリックし、表示されるメニューから**新規**をクリックすると、新たにビューレイヤーを作成できます。また、左の項目から、作成したビューレイヤーの切り替えができます。作業効率を上げたい時にぜひ活用してみてください。

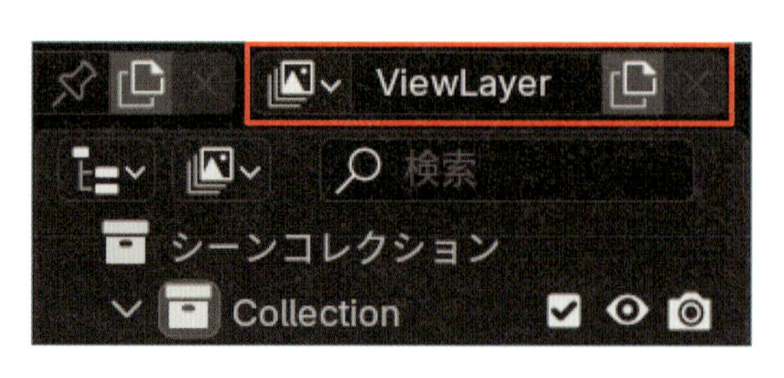

Chapter 5

3

# リグのアドオンについて

ここでは、効率よくリグを作ることができるアドオン(機能を追加すること)を紹介します。本書で使用しているリグは、初心者の方が簡単に操作できるように、著者がシンプルな構造で制作したものです。ただし、より本格的なリグを使用してキャラクターを動かしたい場合は、Blenderに標準搭載されているアドオン**Rigify**の導入をおすすめします。

## 3-1 Rigify

Blenderのアドオンには、**Rigify**というリグを生成できる機能があります。このアドオンは、人間だけでなく動物のアーマチュアも作成可能で、さらにIKとFKの切り替えが可能な高性能リグの作成もできます。ここでは、サンプルデータの**Rigify**フォルダ内にある**Rig.blend**を使用しながら作業します。

### 01 Step プリファレンスを開く

まずはアドオンを導入しましょう。Blenderファイルの**Rig.blend**を開いたら、画面上部にある**トップバー**の**編集**>**プリファレンス**をクリックします。

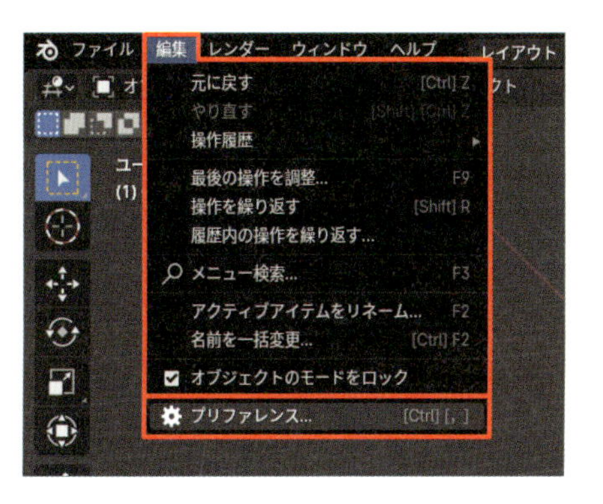

## 02 アドオンを有効

Step

次に、左側のメニューからアドオン❶を選択します。アドオンの一覧が表示されますが、右上の検索窓❷から、対象のアドオンを探すことができます。ここでrigiと入力すると、アドオンのRigifyが表示されます。左側のチェックマーク❸を有効にすると、アドオンを有効にすることができます。

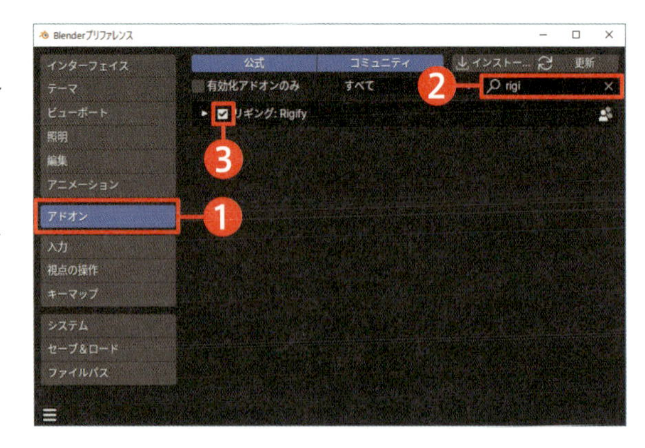


### Column

#### Blender4.2以降のプリファレンスのメニューについて

左側のメニューからアドオン❶を選択し、上部の検索窓❷から、rigiと入力すると、Rigifyが表示されます。左側のチェックマーク❸を有効にすることで、アドオンを有効にすることができます。

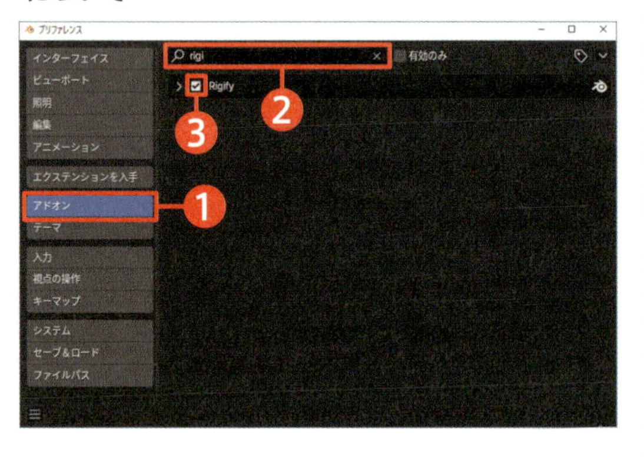


## 03 アーマチュアを追加

Step

オブジェクトモードにいることを確認し、画面上部のヘッダーから追加(Shift＋Aキー)＞アーマチュア＞Human (Meta-Rig)をクリックします。すると、人型のアーマチュアが3Dビューポートに追加されます(Blender4.2以降はアーマチュア＞Rigifyメタリグ＞Humanをクリック)。

### MEMO

Meta-Rigは、アニメーションで直接使うリグではなく、リグを作成するためにボーンを配置する役割を持っています。そのため、Meta-Rig自体でスキニング(メッシュとボーンを関連付ける作業)を行うことはありません。スキニングは、Meta-Rigを基に生成された最終的なリグの、変形用のボーンを使って行います。

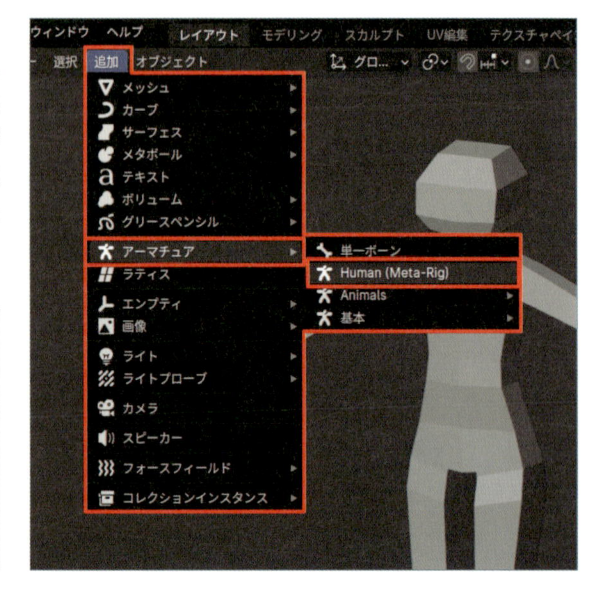

## 04 Step アーマチュアを前面表示

アーマチュアがメッシュと重なって見づらくなっているので、アーマチュアを最前面に表示させます。まず、アーマチュアが選択されていることを確認します（追加直後は選択状態ですが、もし選択を解除してしまったら、アウトライナー内の**metarig**をクリックして選択しましょう）。次に、プロパティの**オブジェクトデータプロパティ**（**人型のアイコン**）をクリックします。**ビューポート表示**パネル内にある**最前面**を有効にすると、アーマチュアがメッシュよりも前に表示されるようになります。このアーマチュアを元に、後で高性能なリグを生成します。

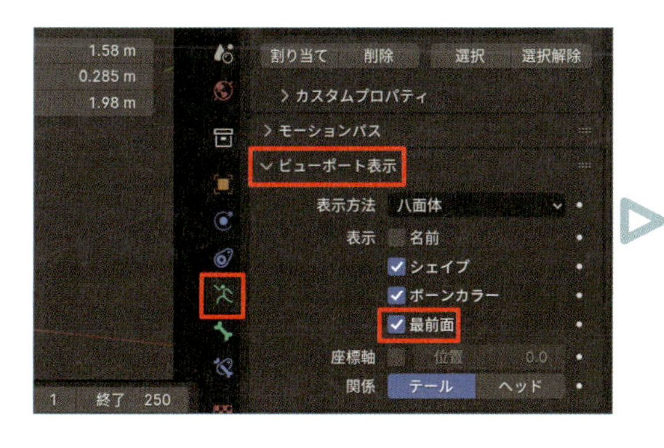


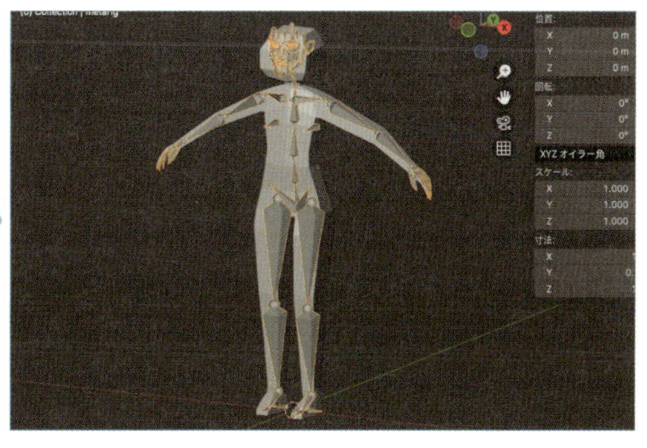

## 05 Step ボーンの操作についてのおさらい

ボーンの操作について解説します。

アーマチュアを選択した状態で、左上のモードを**編集モード**に変更すると、ボーンの変形や追加、削除ができるモードに入ります（**ポーズモード**は、ポーズやアニメーションを制作するためのモードです）。アーマチュアを制作したモデルの形状に合わせたい場合は、**編集モード**からボーンを編集しましょう。また、3Dビューポートの右上にある**透過表示を切り替え**（**Alt+Zキー**）を有効にすると、ボーンが透けて表示されます。必要に応じて切り替えると良いでしょう。

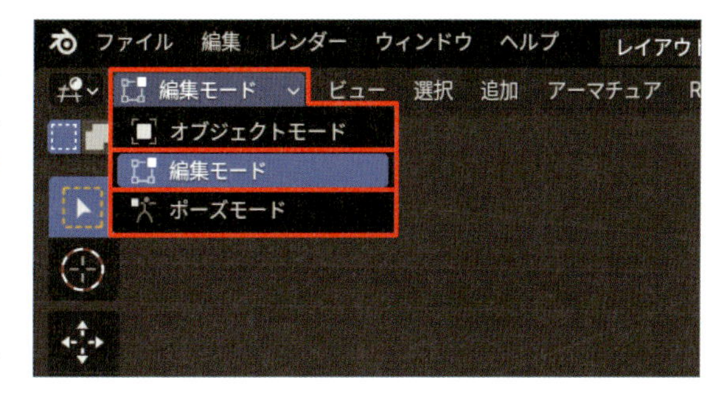


ここではボーンの変形は行いませんが、ショートカットの一覧を紹介します。

| | |
|---|---|
| ボーンの移動 | Gキー |
| ボーンの回転 | Rキー |
| ボーンの拡縮 | Sキー |
| ボーンの複製 | Shift+Dキー |
| ボーンの押し出し | Eキー |
| ボーンの削除 | Xキー |

3Dビューポートの右上にある**X**を有効にすると、ボーンを左右対称に変形することができるので、こちらも必要に応じて切り替えましょう。

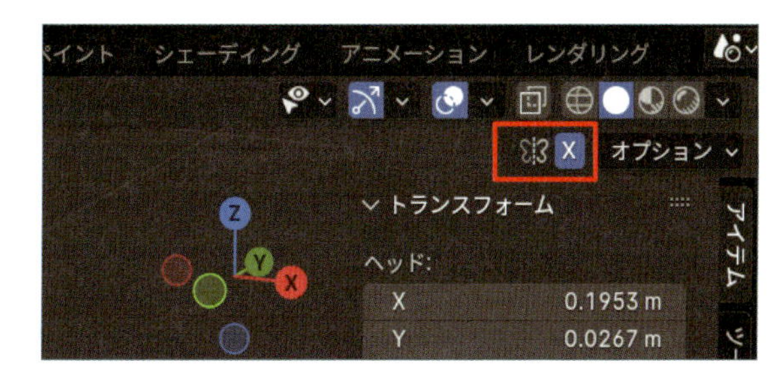

## 3-2 リグを生成する前の注意点

ここでは、リグを生成する前の注意点をいくつか解説します。

### 身体の中央のボーンのX軸の数値は0にする

身体の中央にあるボーンのX軸の数値が**0**になっているか確認しましょう。この確認は、サイドバー（**Nキー**）の**アイテム**タブの**トランスフォーム**パネル内でできます。パネル内に表示されているボーンのヘッド（根元）とテール（先端）のX軸の値が**0**以外の場合、ボーンの位置がズレたリグが生成されるので注意して下さい。

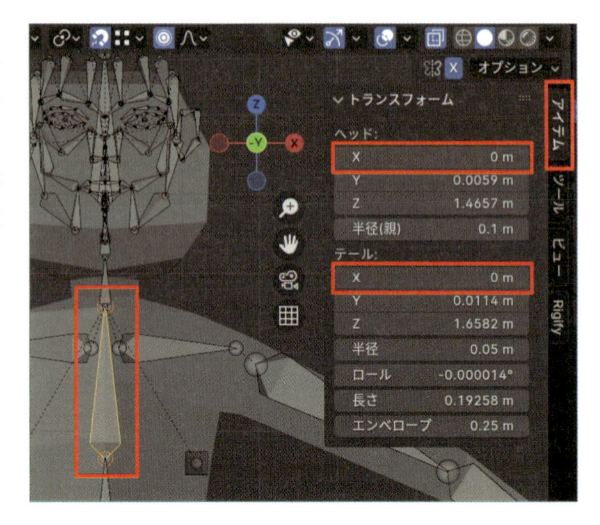


### ペアレントの設定は変えない

ボーンのペアレントの設定は、基本的に変更しないようにしましょう。ペアレントとは、ボーンを親と子に分けて、親ボーンの動きに合わせて子が動くようにする仕組みです。たとえば、ボーンの接続が外れている箇所を**Ctrl+Pキー**（**ペアレントを作成のショートカット**）で接続したり、接続を解除しようと**Alt+Pキー**（**ペアレントを解除のショートカット**）を使用したりすると、リグの生成時にエラーが発生します。ペアレントの設定は、プロパティの**ボーンプロパティ**の**関係**パネル内にある**ペアレント**の項目（この中にあるボーンが親となります）で確認ができますが、ここでの設定を変更することは避けて下さい。

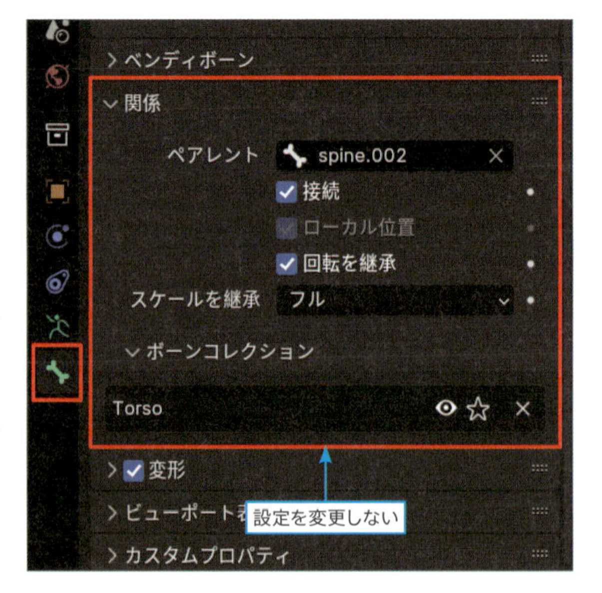

## 元々重なっていたボーンの関節は、離さないようにする

ボーンを移動(Gキー)や回転(Rキー)を行う際、元々重なっていたボーンの関節が離れてしまうと、リグを生成する時にエラーが発生します❶。
これを防ぐには、3Dビューポートのヘッダーにある**スナップ**を有効にし❷、スナップ先を**頂点**に設定して下さい。その後、ボーンの関節同士を重ねるように移動させましょう❸。

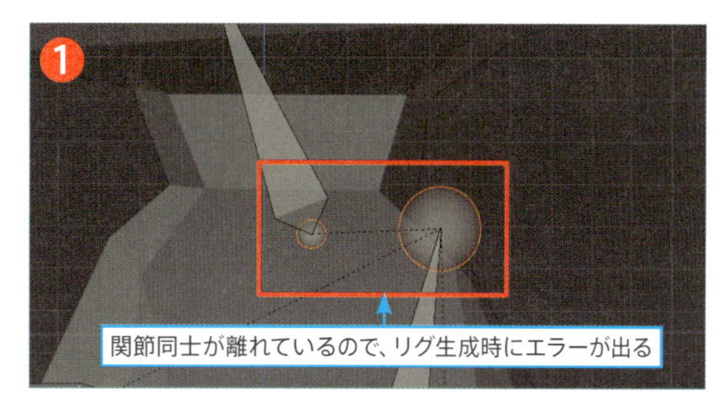


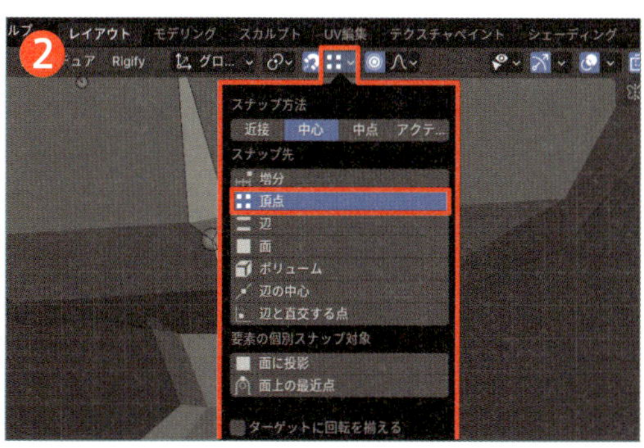


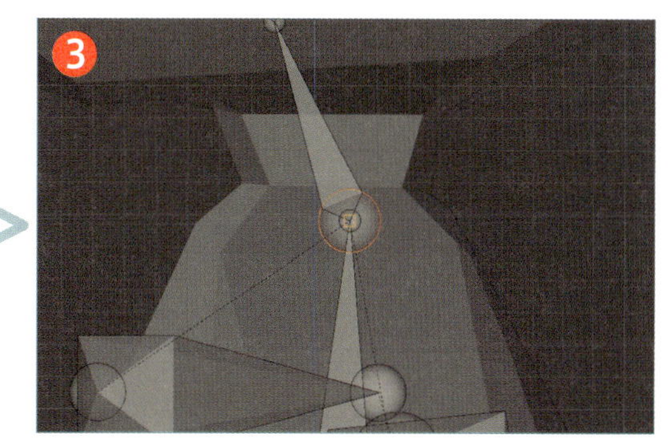


### Column

### ボーンを削除する際の注意点

**Rigify**を使用してリグを生成する際に、必要なボーンを誤って削除してしまうと、リグの生成が正しく行えなくなるため注意が必要です。**Rigify**は、事前に設定されたテンプレートのボーン構造を基にリグを生成する仕組みのため、指定されたボーンが欠けているとエラーが発生したり、期待したリグが生成されなかったりします。
ただし、顔面にある複数のボーン、頭部のボーン内部にある小さなボーン、腰にある斜めに傾いている二つのボーンは、削除しても問題ありません。

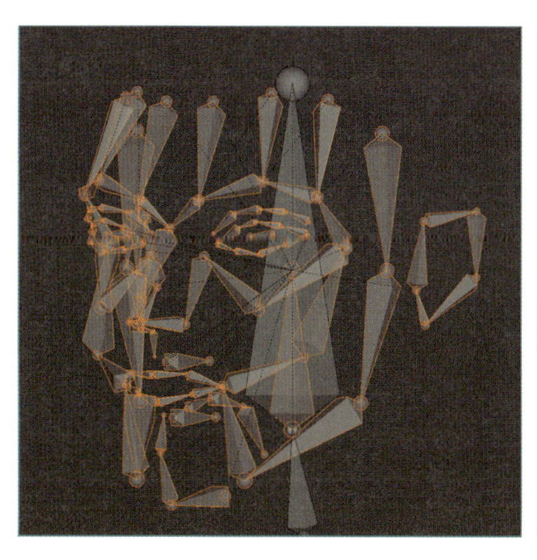

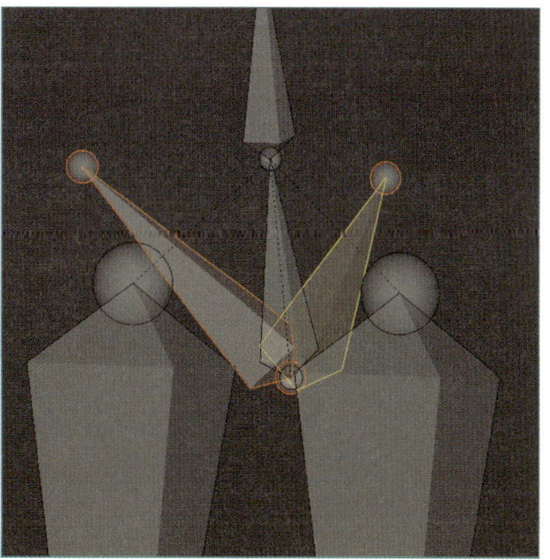

画像で選択されているボーンは、削除しても大丈夫です。顔面の複数のボーンだけでなく、頭部のボーン内部にある小さなボーンも削除しないと、エラーでリグが生成されないので注意して下さい。

## 3-3 リグを生成しよう

### 01 Step リグを生成

次はこのリグを元に、高性能リグを生成します。

アーマチュアが選択されていることを確認し、プロパティの**オブジェクトデータプロパティ**から、**Rigify**パネル内にある**Generate Rig**をクリックします(Blender4.2以降は**リグを生成**をクリックして下さい)。

### Column

#### 生成前に、リグのトランスフォームを適用しよう

リグを**オブジェクトモード**で拡縮（**Sキー**）など変形した状態で**Generate Rig**（**リグを生成**）をクリックすると、正しく生成されません。生成前に、**オブジェクトモード**でリグを選択し、3Dビューポートの上部にある**オブジェクト**＞**適用**（**Ctrl+Aキー**）＞**全トランスフォーム**を実行しましょう。これをすることで、オブジェクトの変形の値がデフォルト値となり、リグが正常に生成されるようになります。

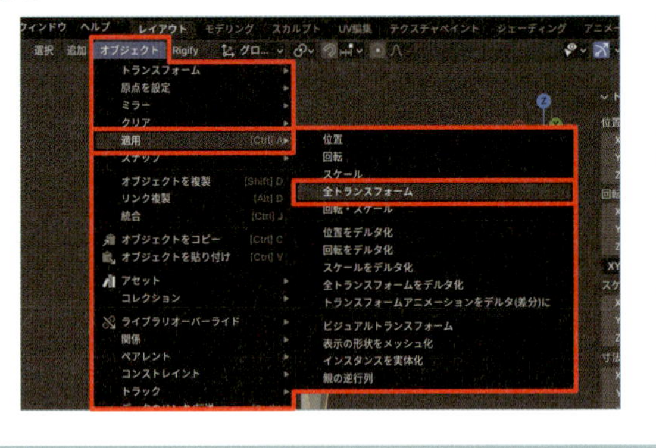


**rig**という名称のアーマチュアが新たに作成されます。このリグとモデルを関連付けて、動かせるようにします。

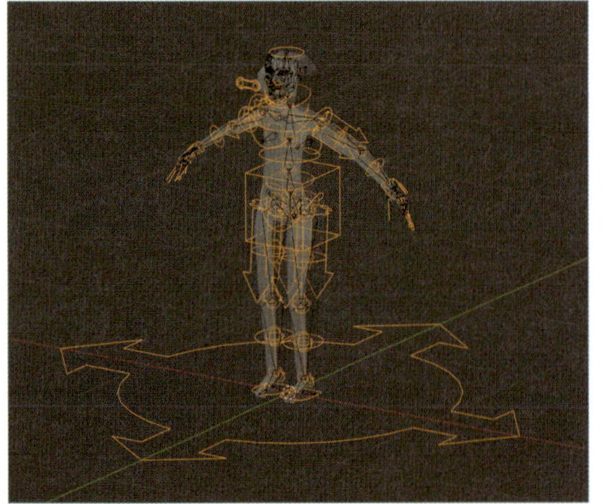

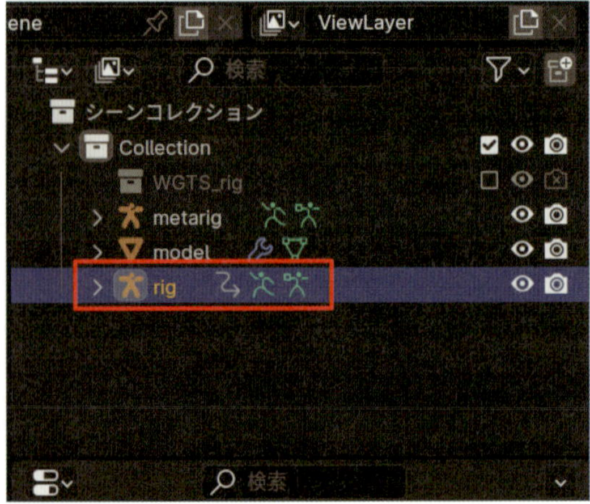

## 02 Step metarigを非表示

生成前のリグである**metarig**は、アウトライナーから非表示(目玉アイコンをクリック)にしましょう。このリグを残しておくと後で高性能リグを生成し直すことができるので、削除ではなく非表示にすることをおすすめします(**metarig**を選択し、プロパティの**オブジェクトデータプロパティ**から、**Rigify**パネル内にある**Re-Generate Rig**をクリックすると、リグを再度生成することができます)。

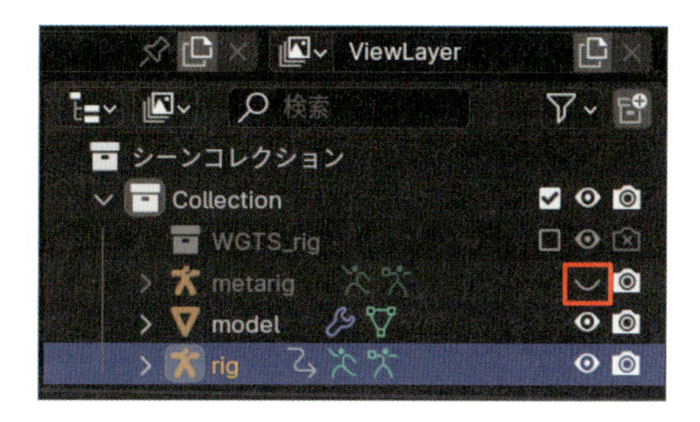


## 03 Step ボーンを非表示

生成された高性能リグは、最初はすべてのボーンが表示されているため、とても見づらい状態です。これを整理するために、必要なボーンだけを表示しましょう。アウトライナーで生成された**rig**が選択されていることを確認し、サイドバー(**Nキー**)の**アイテム**タブから、**Rig Layers**パネルを開きます。このパネルでは、各ボーンの表示/非表示を管理できます。このパネル内にある**(Tweak)**は、ボーンの位置を調整することができますが、通常はあまり使用しないのでクリックして非表示にしましょう。

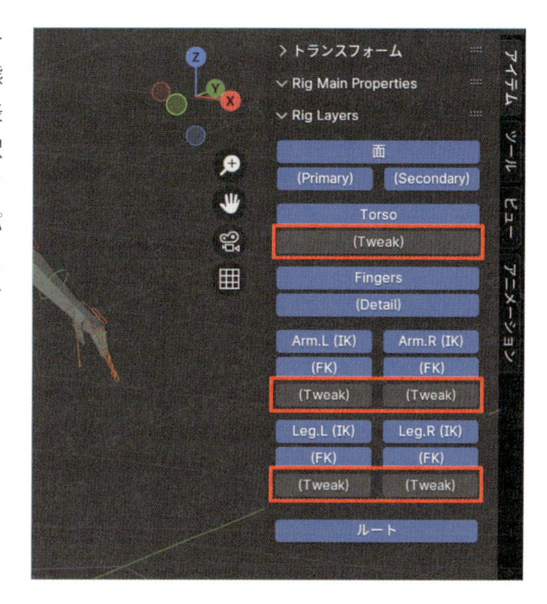


このボーンの表示/非表示の切り替えは、プロパティにある**オブジェクトデータプロパティ**の**ボーンコレクション**パネルからでも、同様のことができます(目玉アイコンをクリック)。

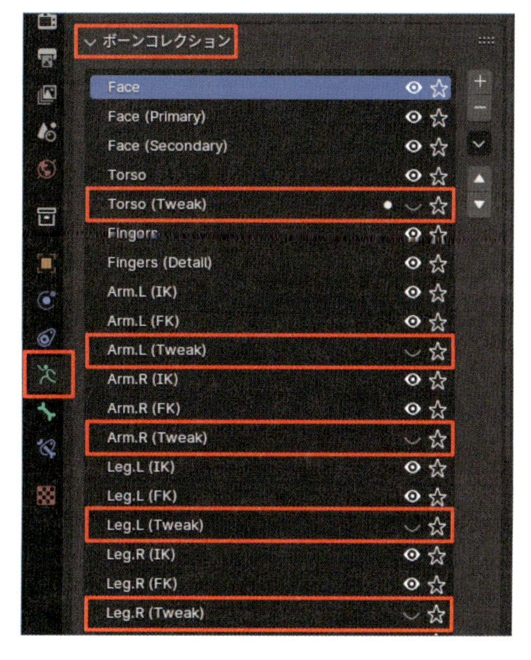

## 04 Step ボーンを追加、編集する方法

この高性能リグでボーンを追加、編集する方法を解説します。まず、プロパティの**ボーンコレクション**パネル内を開きます。この中に**DEF**という名前のコレクションがあります。DEFはデフォームボーン(メッシュ変形用のボーンのこと)が格納されているコレクションを意味します。このコレクションの右側にある**ソロ(星アイコン)**を有効にし、デフォームボーンだけを表示します。

## 05 Step 編集モードに切り替える

**編集モード**に切り替えると、メッシュを変形させるボーンが見えるようになります。この状態で、髪の毛やスカートなどの追加ボーンを作成することができます。ボーンを追加する際は、**DEF**コレクション内で作業するようにしましょう。作業が終わったら、**DEF**コレクションの**ソロ**を無効にしましょう。

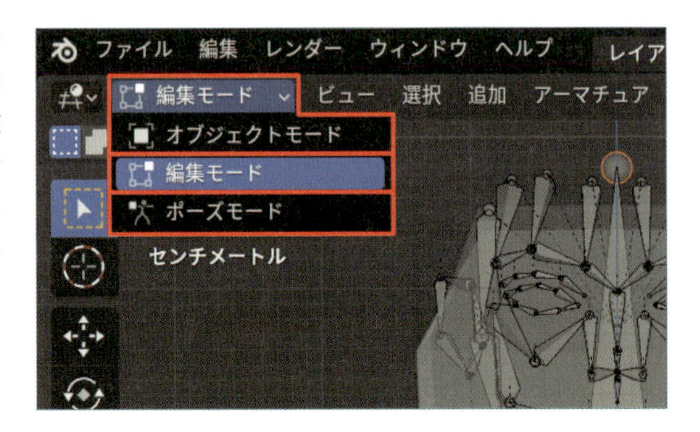


# 3-4 リグの動かし方

それぞれのボーンの動かし方を解説します。ここで解説するのは、主に**IK**に関係するボーンです。

### 腰回り

腰にある四角い箱型のボーンは**torso**❶で、腰を制御するボーンです。骨盤型のボーンは**hips**❷で、上半身は動かさずに下半身だけを動かす際に使用します。

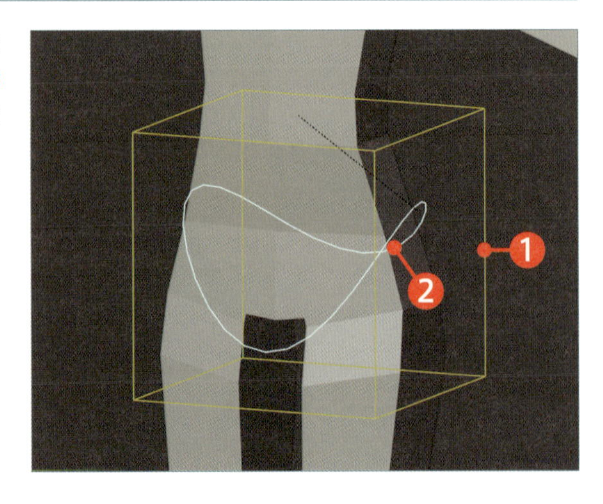

## 上半身

上半身にあるU字のボーンはchest❶で、上半身全体を制御します。左右の肩にある八の字のボーンはshoulder❷で、肩の動きを制御します。首にある円型のボーンneck❸は首を、頭にある円型のボーンhead❹は頭を動かします。胸にある円型のボーンbreast❺は、胸の動きに対応します。

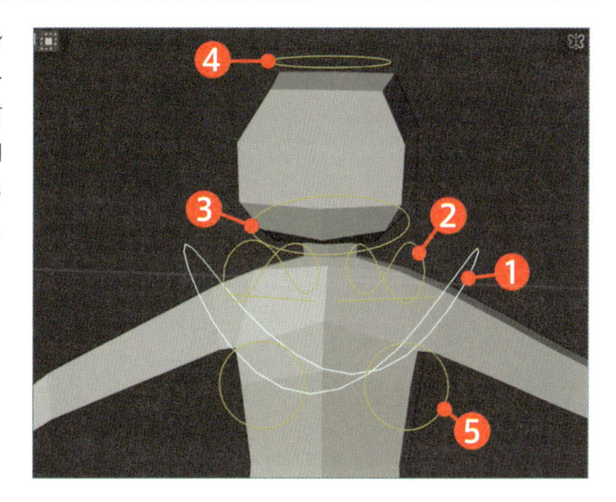


## 腕まわり

手の部分にはhand_ik❶というボーンがあり、手全体を制御します。腕の付け根には大きな矢印型のボーンupper_arm_ik❷があり、腕の付け根の動きを制御します。また、歯車型のボーンupper_arm_parent❸はペアレントに関するもので、通常は使用しません。脚の付け根にある矢印型や歯車型のボーンも同様の役割を持ちます。

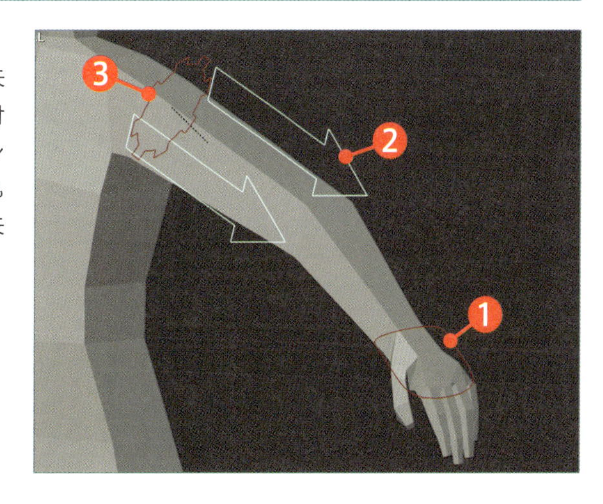


## 足先

足のボーンには、足全体を動かすfoot_ik❶があり、これを操作すると太ももと膝も同時に動きます。かかとの上部にあるfoot_spin_ik❷はfoot_ikと似ていますが、これを回転(Rキー)させると膝も同時に曲がります。つま先にはtoe_ik❸というボーンがあり、つま先のみを動かします。かかとにあるfoot_heel_ik❹は、かかとの動きを制御します。

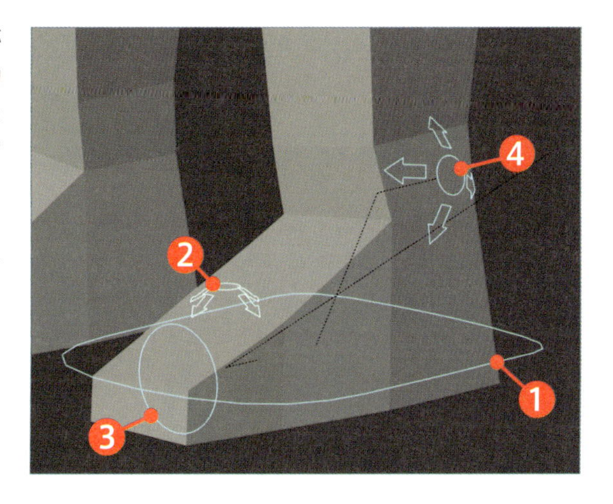

## 手・指先

指には**f_指の部位名.01_master**❶という長い一本線のボーンがあり、これで指全体を制御します。**トランスフォームの座標系**を**ローカル**に変更し、**Sキー**>**Yキー**を使うことで、指を簡単に曲げることができます。また、小指の付け根には**palm**❷というボーンがあり、**Rキー**>**Zキー**（**ローカル**）を使うと、手を広げる動きが簡単にできます。

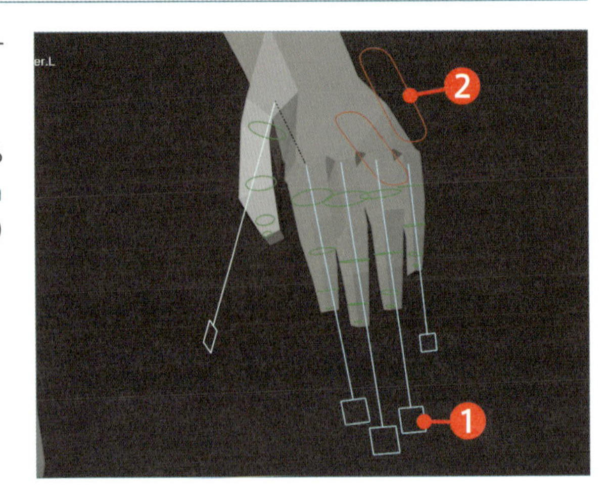


# 3-5 スキニングの解説

アーマチュアとメッシュのウェイトを調整する**スキニング**の方法について解説します。

## ウェイトを付ける

自動ウェイト機能を使ってウェイトを付けます。

### 01 Step アーマチュアとメッシュを関連付ける

アーマチュアとメッシュを関連付けます。左上のモードを**オブジェクトモード**に切り替え、**メッシュ**>**アーマチュア**（**rig**）の順番にShiftで複数選択します（最後に**アーマチュア**が選択されていることを確認して下さい）。アウトライナーからの場合は、**model**>**rig**の順番に、**Ctrl**で選択します。

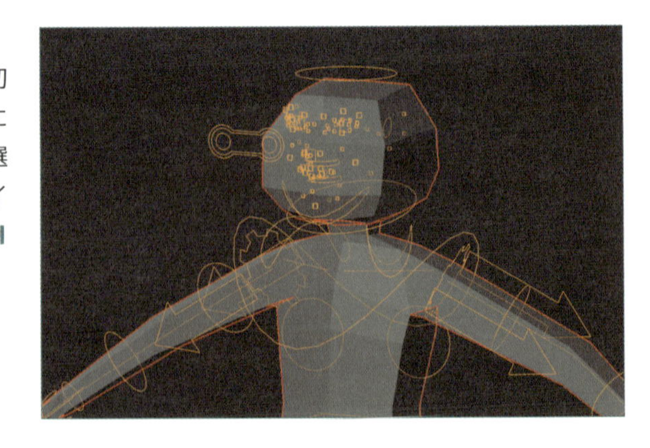

### 02 Step 自動のウェイトを適用

ペアレントのショートカットの**Ctrl+Pキー**から**自動のウェイトで**を選びます。これは、ボーンに応じてメッシュに自動的にウェイトを設定してくれる便利な機能です。ウェイトとは、メッシュの各部分をどの程度ボーンに追従させるかを数値で指定する設定です。設定が完了したら、実際に動かしてみましょう。**ポーズモード**に切り替えて手のボーン（**IK**のボーン）を選択し、移動の**Gキー**で移動させます。すると、ボーンとメッシュの動きが連動しているのが分かります。Next Page

確認が終わったら、移動をキャンセルするショートカットの**Alt+Gキー**を実行しましょう。なお、**自動のウェイトで**を使用すると、意図しない箇所にウェイトが割り当てられることもあります。これを避けたい場合は、**空のグループで**を選択して下さい。こちらを選ぶと、手動でウェイトを設定する必要がありますが、細かい調整が可能になり、予期しないトラブルを防ぐことができます。

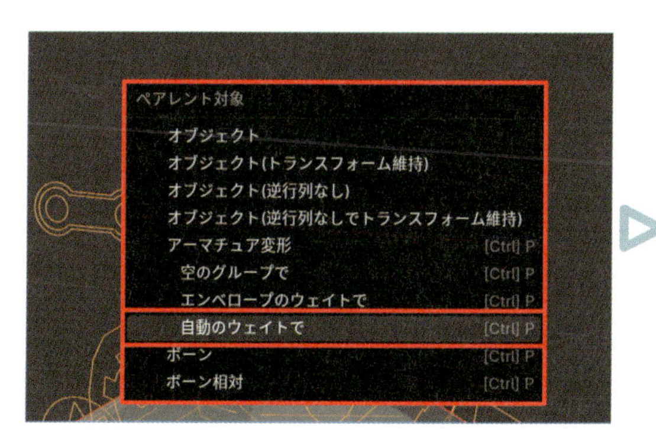


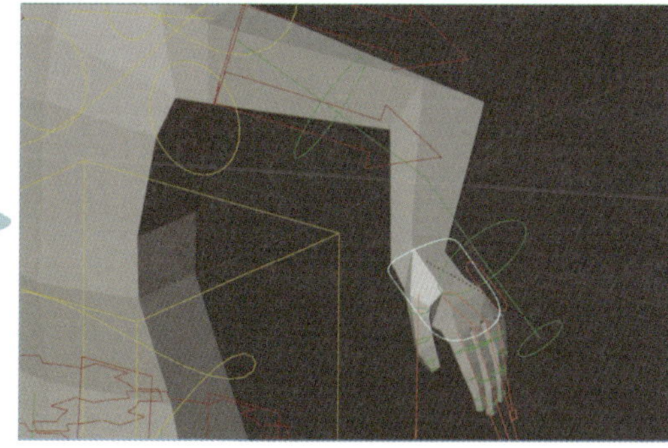

## ウェイトの調整方法

メッシュのウェイトを調整する方法を解説します。

### 01 Step DEFコレクションのソロを有効

まずは**rig**を選択し、プロパティの**オブジェクトデータプロパティ**の**ボーンコレクション**パネルから**DEF**コレクションの星アイコン(**ソロ**)を有効にします。

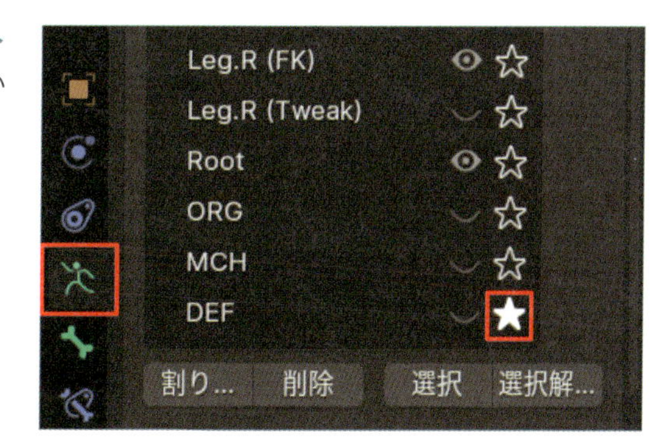


### 02 Step アーマチュア、メッシュの選択

**オブジェクトモード**で、**アーマチュア**(**rig**) >**メッシュ**の順番に複数選択します(ペアレントの設定とは順番が逆なことに注意して下さい)。

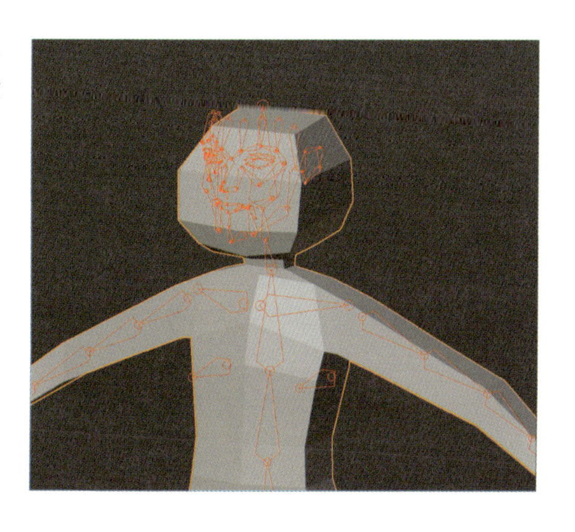

## 03 Step ウェイトペイントに切り替える

左上のモードから**ウェイトペイント**をクリックします。このモードは、簡単にいうとウェイトをペイントで塗るように調整するモードです。青色で表示されている箇所はウェイトが**0**で、ボーンとメッシュは連動しません。赤色はウェイトが**1**で、ボーンの動きにメッシュが付いてくるようになります。

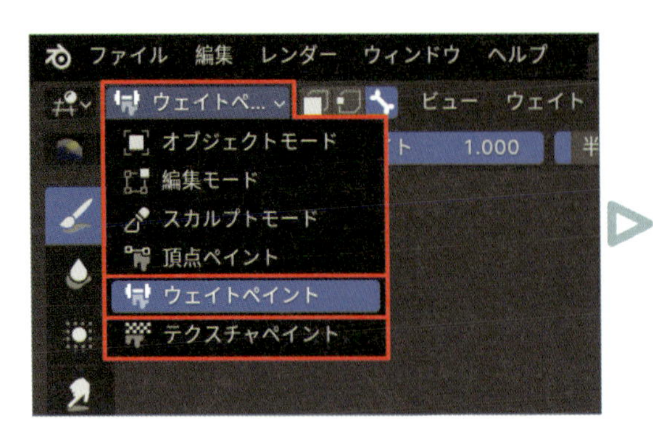


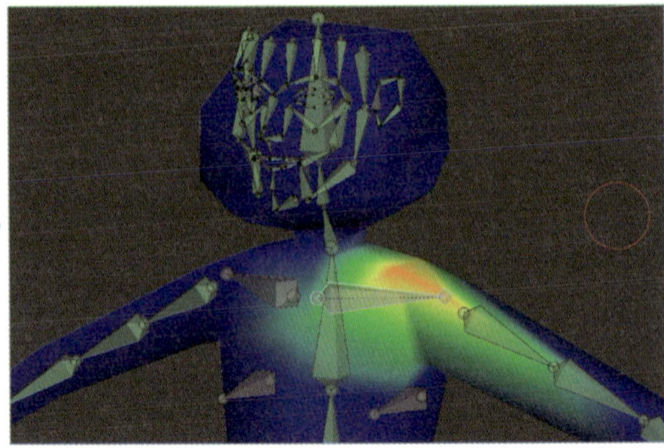

## ウェイトペイントの機能

ウェイトペイントの重要な機能を解説します。

### ブラシ

画面の左側にあるツールバー（**Tキー**）の一番上の**ドロー**を選択すると、マウスカーソルの周辺に赤い円が表示されます。これはブラシの半径で、頂点を左クリックまたは左ドラッグをすることで、ウェイトの設定ができます。

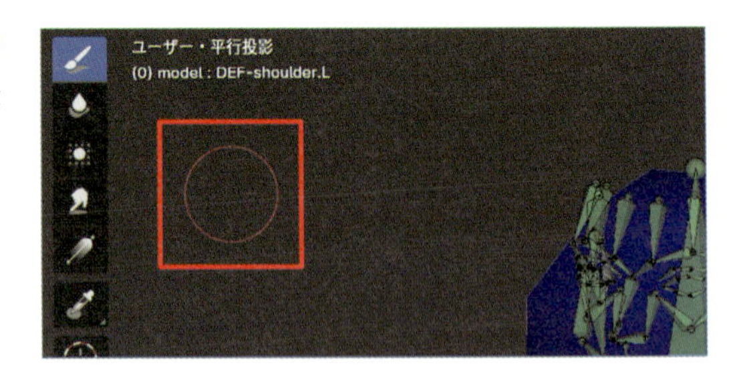


ウェイト(頂点に割り当てる数値)、ブラシの半径、ウェイトの強さ(ブラシの影響度)を調整したい場合は、3Dビューポートの上部にある三つの数値を調整しましょう。また、右クリックでこの三つの数値を調整できるメニューが表示されます。

### ウェイトの調整

ウェイト調整する際は、頂点を見やすくするために、3Dビューポートの**ビューポートオーバーレイ**メニュー内にある、**ワイヤーフレーム**を有効にしましょう。ここを有効にするとメッシュに辺が表示され、ウェイトの調整がしやすくなります(確認や作業が終わったら、無効にしましょう)。

Column

### ウェイトペイントをする際、役立つショートカット

以下のショートカットは、ウェイトペイントをする際に役立ちますので、覚えておくと良いでしょう。

| | |
|---|---|
| Alt+左クリック | ウェイトの設定をしたいボーンの切り替えができます。 |
| Ctrl+左ドラッグ | ウェイトを減らすことができます。 |
| Tabキー | 編集モードとウェイトペイントモードの行き来ができます。 |
| Fキー | 半径の大きさのショートカットです。 |
| 1キー | 面のマスクモードに切り替わります。白い面はウェイトが塗られません。**Alt+左クリック**でマスクの有効/無効の切り替えができます。 |
| 2キー | 頂点のマスクモードに切り替わります。灰色の頂点はウェイトが塗られません。**Alt+左クリック**でマスクの有効/無効の切り替えができます。 |
| 3キー | ボーンの選択モードに切り替わります。基本的にはこのモードにしておきましょう。このモードにしておかないとウェイトペイント中にボーンの選択ができません。 |

## 3-6 IKとFKの切り替え方など

最後はIKとFKの切り替え方や、スナップする方法などを解説します。

### 01 Step ポーズモードに切り替え

左上のモードを**オブジェクトモード**に切り替え、**rig**のみを選択します。次にモードを**ポーズモード**に切り替えます。

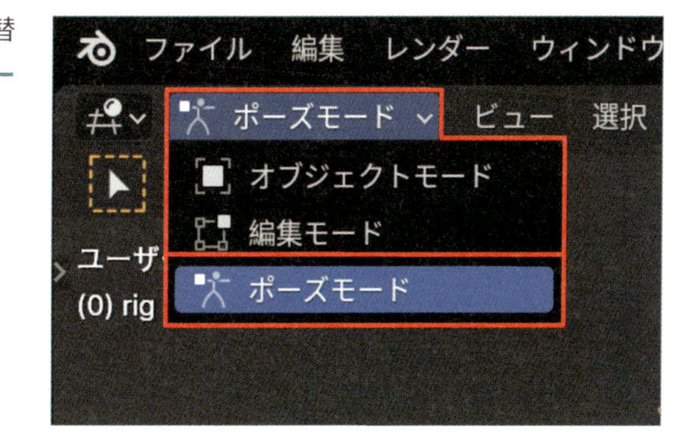


### 02 Step hand_ikを選択

プロパティの**オブジェクトデータプロパティ**から、**ボーンコレクション**内にある**DEF**コレクションの星アイコン(**ソロ**)を無効にしたら、手を制御するボーン**hand_ik**をクリックします。

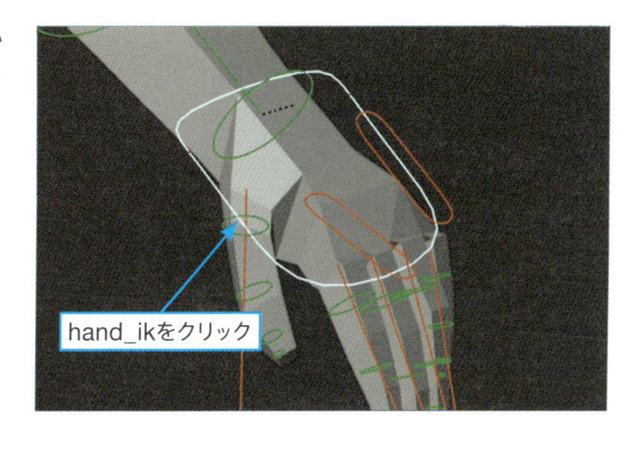

## 03 Step IKとFK

サイドバー**Nキー**の**アイテム**タブから、**Rig Main Properties**パネルを開きます。この中にある**IK-FK**❶の数値を変えると、IKとFKを切り替えることができます。**0**がIKで、**1**がFKです。この項目は各IKに関するボーンに搭載されています。下にある**FK->IK**❷は、FKボーンをIKボーンにスナップする機能で、**IK->FK**❸はその逆でIKボーンをFKボーンにスナップします。このスナップ機能を使用すれば、IKとFKの切り替えを行った時にポーズが急に変わるといった、不自然な動きを防ぐことができます。他にも**IKストレッチ**❹を**0**にすると、モデルの手足が伸縮しなくなります。**IKストレッチ**とは、IKを利用したリグで、ボーンの長さを自動的に伸縮させる機能です。

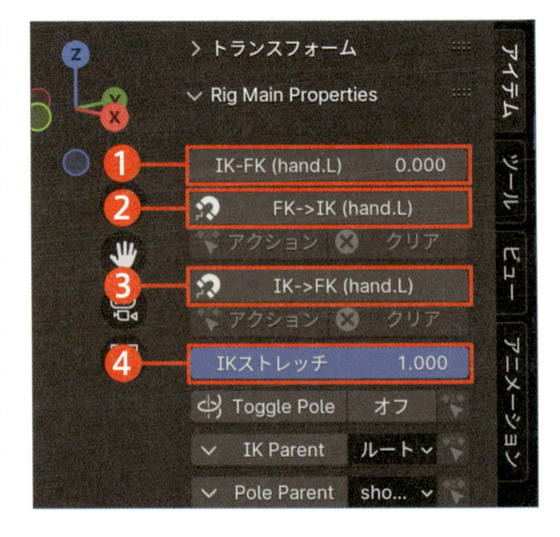


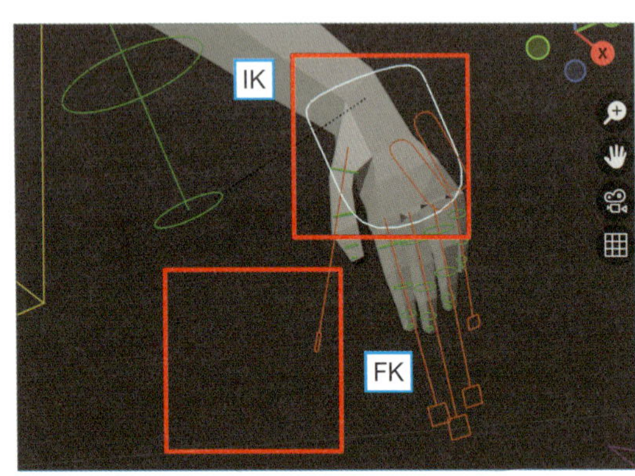


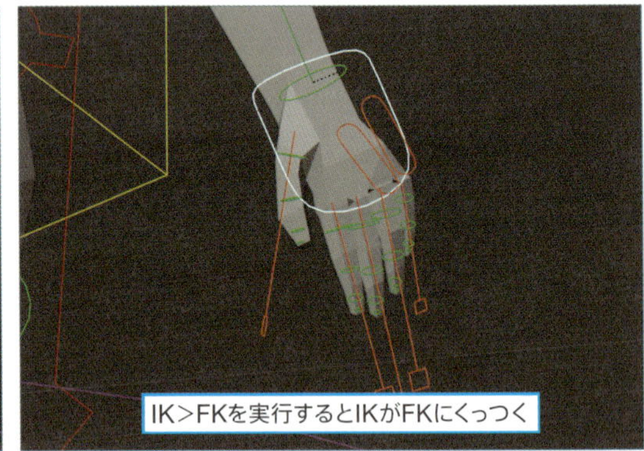


## 04 Step IKとFKで上半身を制御する

次は上半身を制御するU字型のボーン**chest**を選択し、サイドバー（**Nキー**）の**アイテム**タブから、**Rig Main Properties**パネルを開きます。この中にある**Neck Follow**❶と**Head Follow**❷とは、首と頭が、**chest**の傾きに合わせて動くかどうかを設定する項目です。**Head Follow**が**0**だと、どんなに**chest**を回転させても頭部は動きませんが、**1**にすると傾くようになります。以上が**Rigify**の基本的な解説でした。

Next Page

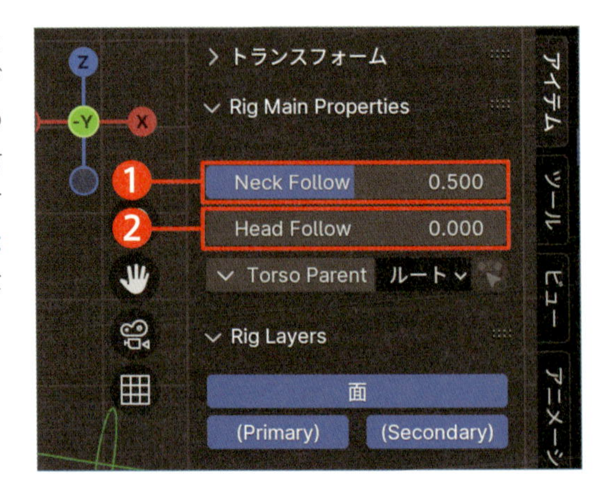

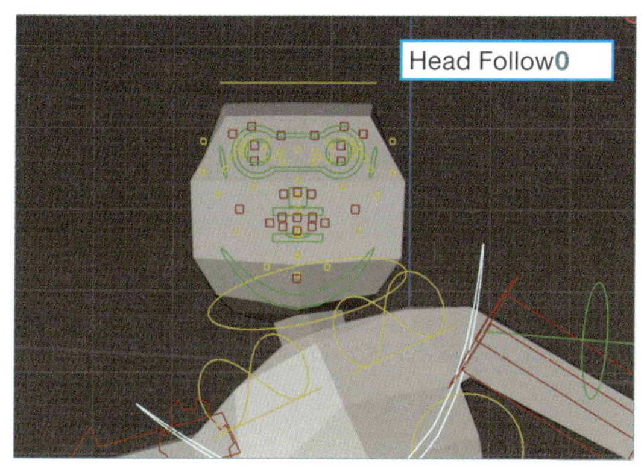


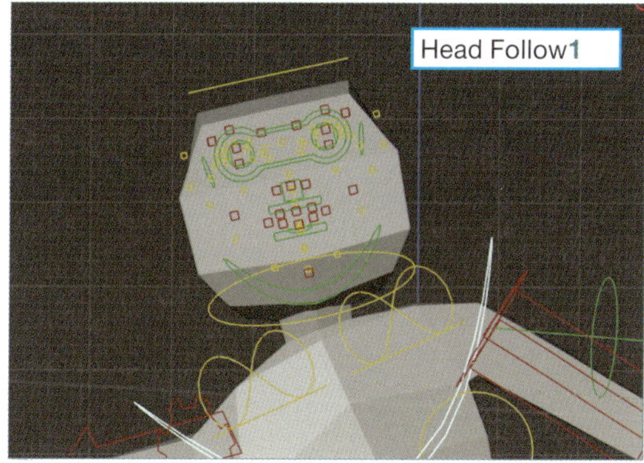


Column

### Pythonスクリプトの自動実行について

**Generate Rig**で高性能リグを生成して保存し、Blenderを再起動すると、**セキュリティの観点から、このファイルのPythonスクリプトの自動実行を禁止しました**というメッセージが表示されます。こういう場合は、**ずっとスクリプトの実行を可能にする**を有効にした後に、**実行可能にする**を選びましょう（Pythonとは、プログラミング言語の一種です）。

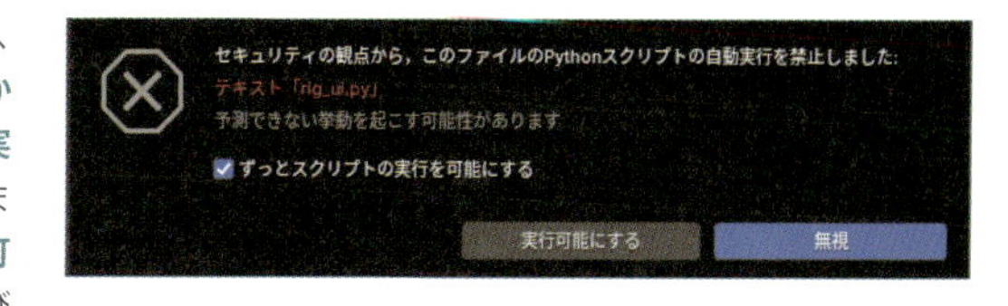


Column

### Auto-Rig Proについて

**Auto-Rig Pro**とは、高度なリグを時短で作成できる有料のアドオンで、プロの現場でも多く採用されています。興味がある方は、Blenderのアドオン販売サイトで**Auto Rig Pro**と検索してみて下さい。

※現時点での**Auto-Rig Pro**のバージョンは、Blender4.2以降を想定しているので、購入する際はBlenderのバージョンを最新版にすることをおすすめします。

## おわりに

本書を最後までお読みいただき、ありがとうございました。この一冊を通じて、キャラクターのアニメーション制作の基礎に触れ、キャラクターに命を吹き込む楽しさを感じていただけたなら、とても嬉しく思います。

ここで紹介しきれなかったBlenderの技術、アニメーションの動きやポーズはまだ沢山あります。好きなアニメーションや映像作品を鑑賞したり、外に出て人間観察をしたりして、新たな動きやポーズをストックしていきましょう。技術を学び、知識を積み重ねることで、より自由で表現豊かなアニメーションの世界を描けるようになります。本書で学んだ基礎を土台に、次のステップへ進んで、さらに素晴らしい作品を作り上げてください。

著者のチャンネルにもアニメーションの解説動画がありますので、こちらも参考にして頂けたら嬉しいです。

【Blender】アニメーション基礎講座　～歩き、走りの作り方～

URL：https://youtu.be/pZagC5_cBu8

最後に、本書を読んで頂き、誠にありがとうございました。出版までお付き合い頂いたマイナビ出版様、三馬力様、そして書籍を手にとって頂いた読者様には心から感謝いたします。それでは、またどこかでお会いしましょう。

2025年2月 夏森轄

## 著者プロフィール

### 夏森 轄（なつもり かつ）

フリーランスの3Dキャラクターモデラー。
2020年から活動を開始し、YoutubeやTwitter（X）でBlenderの解説やTipsなどを発信している。

| | |
|---|---|
| 1992年 | 東京都世田谷区生まれ |
| 2015年 | 東京工芸大学アニメーション学科 卒業 |
| 2017年 | 東京工芸大学大学院芸術学研究科 アニメーションメディア領域 卒業 |
| 2020年 | Blenderに関するYoutubeチャンネルを開設<br>Twitter（X）で活動を開始 |

### 活動リンク

Youtube：https://www.youtube.com/@user-sy9do4tr4h
X（Twitter）：https://twitter.com/natsumori_katsu

Youtube

X（Twitter）

## 編集者プロフィール

**樋山 淳**（ひやま じゅん）

広告デザイン会社からソフトウェア会社、出版社を渡り歩き、企画・編集会社である株式会社三馬力を2010年に起業。現在は書籍企画、編集者、テクニカルライターを兼務し、ディレクター兼コーダーとしてWebサイトの構築、運用も行っている。
https://3hp.me

**STAFF**

**編集・DTP**　：樋山 淳（株式会社三馬力）
**ブックデザイン**：霜崎 綾子
**カバーCG**　：夏森 轄
**編集部担当**　：門脇 千智

# Blender 3DCGアニメーション実践入門
## ― キャラクターの魅力を引き出す動きの作り方 ―

---

2025年 3月15日　初版第1刷発行

著者　夏森 轄
発行者　角竹 輝紀
発行所　株式会社マイナビ出版
〒101-0003　東京都千代田区一ツ橋2-6-3 一ツ橋ビル 2F
TEL：0480-38-6872（注文専用ダイヤル）
TEL：03-3556-2731（販売）
TEL：03-3556-2736（編集）
編集問い合わせ先：pc-books@mynavi.jp
URL：https://book.mynavi.jp
印刷・製本　シナノ印刷株式会社

---


ISBN978-4-8399-8767-1